教育部高等学校
材料科学与工程教学指导委员会规划教材

Fenmo Yejin Cailiao

粉末冶金材料

主编　易健宏

中南大學出版社
www.csupress.com.cn

内容提要

全书共分 12 章，内容包括：铁基粉末冶金结构材料，粉末冶金铜基结构材料，粉末冶金铝基、钛基复合材料，粉末冶金高温合金，粉末冶金减摩耐磨材料，粉末冶金摩擦材料，难熔金属与合金，硬质合金，粉末冶金超硬材料，磁性材料，粉末冶金电工材料、粉末冶金多孔材料。

本书既可供粉末冶金、金属材料及非金属材料、机械工程等相关专业的师生作教学用书，还可供从事相关专业的科研人员、工程技术人员参考。

图书在版编目(CIP)数据

粉末冶金材料/易健宏主编．—长沙：中南大学出版社，2016.7
ISBN 978-7-5487-2364-6

Ⅰ．粉…　Ⅱ．易…　Ⅲ．粉末冶金　Ⅳ．TF12

中国版本图书馆 CIP 数据核字(2016)第 161667 号

粉末冶金材料

主编　易健宏

□责任编辑　周兴武
□责任印制　易红卫
□出版发行　中南大学出版社
社址：长沙市麓山南路　邮编：410083
发行科电话：0731-88876770　传真：0731-88710482
□印　　装　长沙德三印刷有限公司

□开　　本　787×1092　1/16　□印张 25.75　□字数 656 千字
□版　　次　2016 年 7 月第 1 版　□印次　2016 年 7 月第 1 次印刷
□书　　号　ISBN 978-7-5487-2364-6
□定　　价　68.00 元

前　言

在新材料的研究与开发中，粉末冶金技术既具有材料设计与控制的灵活性与精确性，也具有生产与制备过程的环境友好性与成本控制的经济性，已成为新材料领域的一个重要领域。各类粉末冶金材料在机械制造、交通运输、电器仪表、办公器械和家用电器以及航空、航天、兵器、船舶与核工业等领域得到了广泛的应用，在国民经济和国防工业中起到了重要作用。

为了满足粉末冶金专业以及相关专业人才培养和科学技术人员研究开发的需要，促进粉末冶金材料的发展，中南大学、北京科技大学、合肥工业大学、北京航空航天大学和昆明理工大学等高校根据教育部材料科学与工程教育指导委员会的要求与安排，多次进行了协商讨论，决定共同编写《粉末冶金材料》一书。

本书结合国内外粉末冶金材料的研究成果，系统介绍了主要粉末冶金材料体系的制备技术、材料性能与应用。在主要粉末冶金材料体系的选择上，本书主要结合考虑了行业现有的发展情况与材料体系的系统性，没有将目前研究较多的纳米材料与能源材料单独成章。同时，在粉末冶金技术中，粉末本身是粉末冶金材料的原料，有时也直接作为产品；但考虑到粉末种类较多，且已有相关书籍论述，本书也未单独成章介绍。本书既可作为高校材料、冶金与机械等相关专业的教材，也可作为从事新材料的研究、开发与管理的工程技术人员的参考书。

本书由易健宏教授编制全书的大纲，易健宏教授、程继贵教授和赵慕岳教授审定了主要章节；参加编写的有程继贵教授（第 1 章）、尹延国教授（第 2 章）、黄劲松教授（第 3 章）、刘彤教授和马朝利教授（第 4 章）、张兆森教授（第 5 章）、姚萍屏教授（第 6 章）、范景莲教授（第 7 章）、张立教授（第 8 章）、郝俊杰教授（第 9 章）、易健宏教授（第 10 章）、袁铁锤教授（第 11 章）和贾成厂教授（第 12 章）。

在写作过程中，编著者参考和引用了大量国内外科技工作者的文献资料和研究成果，在此表示衷心感谢。粉末冶金材料涉及的知识范围十分广阔，且发展迅速，书中难免出现疏漏和不妥之处，恳请各位专家和广大读者不吝批评指正。

编　者

2016 年 7 月

目　录

第 1 章　铁基粉末冶金结构材料

1.1　概述

1.1.1　铁基粉末冶金结构材料的特点

结构材料主要应用于参与机械运转，并在运转中承受拉伸、压缩、扭曲、冲击等综合应力，或与对偶零件发生相互摩擦等作用的零部件中。铁基粉末冶金结构材料及其制品是以铁粉及其合金粉末为主要原料，通过粉末冶金工艺制造的一类材料及制品。此类材料及制品要求具有较高的密度和力学性能，并能通过渗碳、淬火、调质等热处理手段，进一步提高强度、刚性、硬度和抗磨性能。与其他制造铁基零件的方法相比，粉末冶金技术生产铁基结构零件具有明显的特点：

首先，通过粉末冶金技术制成的铁基零件精度高，表面粗糙度小。通过调节粉末原料配比和设计铁基原料粉末，经模压成形、烧结，以及通过粉末锻造等新技术可以达到很高的尺寸精度。

其次，通过粉末冶金技术制造的铁基零件不需或只需少量切削加工，可以节省材料，生产效率高。在零件重量不超过 400 ~ 500 g 的情况下，铁基粉末冶金无论在材料利用率上，还是在能源消耗上都具有优势。从表 1 – 1 粉末冶金法和其他生产加工工艺的材料利用率和加工能耗的对比中，可以看出铁基粉末冶金技术省材节能的技术经济效果。

表 1 – 1　粉末冶金法与其他制造方法的原材料利用率和能耗（数据来源：EPMA）

原材料利用率/%	加工工艺	生产每千克最终零件的能耗/MJ
95	粉末冶金	29
90	铸造	30 ~ 38
85	冷、热挤压	41
75 ~ 80	锻造	46 ~ 49
40 ~ 50	机加工	66 ~ 82

另外，通过铁基粉末冶金技术生产零件成本的构成要素主要是原料费、模具费、设备折旧费、烧结费，以及生产过程中劳动工资成本等，而当大量生产时，除了模具费用与产品产量相关外，其他因素与产量几乎无关。因此，铁基粉末冶金零件生产量越大，经济优势越突出。图 1 – 1 是粉末冶金法与机械加工法生产链轮零件的生产成本与产量的关系。图中视机械加工 1000 件的成本为 1，并以之为基准，用对比数值来表示。可以看出，只有链轮的生产

量大于3000件时，粉末冶金法与机械加工法相比才是经济的，并且批量越大，粉末冶金工艺的经济效率越好。

需指出的是，由粉末冶金工艺制造的铁基结构材料及零件，因显微结构中存在一定的孔隙，其力学性能要低于相应的致密材料。这也是制约其在要求高性能场合下应用的主要原因之一。正因如此，提高铁基粉末冶金结构材料的致密度一直是铁基粉末冶金制品开发和研究的重要课题之一。自20世纪70年代以来，通过原料铁及其合金粉末性能的改善、成形和烧结工艺的改进和新技术的开发等，有效地提高了铁基结构零件的致密化程度，从而显著提高了铁基粉末冶金的技术水平。

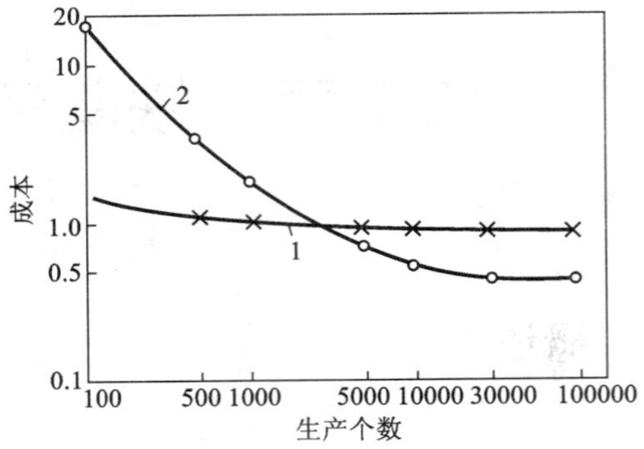

图1-1　机械加工与粉末冶金法制造链轮的成本对比

1—机械加工；2—粉末冶金

1.1.2　铁基粉末冶金零件的应用

铁基粉末冶金的发展与机械装备制造业，特别是汽车工业的发展密不可分。铁基粉末冶金零件最主要的应用领域是汽车等交通运输机械。过去十多年里，全球粉末冶金制品大部分应用于汽车领域，汽车用粉末冶金制品一直占粉末冶金零件总产量的60%~70%，而其中大部分又为铁基粉末冶金零件和制品。粉末冶金在汽车上的应用，几乎涉及汽车的所有部件，如汽车制动器零件、发动机曲轴、连杆、活塞环等，但比较集中于汽车的心脏——发动机。在新型的汽车引擎和同步机构中，包括如链轮、带轮、齿轮，轴承盖，气门导管，进、排气阀座圈等，均采用粉末冶金零件。此外，转向装置中的转子、凸轮、齿条，润滑用齿轮泵中的内外转子、油泵齿轮，以及刮水器、变速箱、空调等也大量使用铁基粉末冶金零件。

据统计，目前国外每辆汽车使用粉末冶金零件已达10 kg重，美国每辆汽车中使用粉末冶金零件则重达20 kg左右，预计未来10年每部汽车中使用粉末冶金零件可能重达25 kg。而目前国产汽车平均每辆约使用5 kg重的粉末冶金零件，与国外相比仍有较大差距，这也反映出我国粉末冶金工业结构零件的生产水平仍相对落后。但是，随着中国汽车工业的快速发展，这一差距将很快缩小。以桑塔纳轿车为例，每辆车用粉末冶金件仅15种，重约3 kg，而在国内市场投放的、以美国技术生产的别克轿车则每辆用粉末冶金件35种，重12.5 kg。根据统计数据，我国汽车产量2012年已突破1900万辆。因此，国内汽车用粉末冶金零件具有很大的市场需求，汽车工业的发展仍将是推动铁基粉末冶金发展的主要动力。

铁基粉末冶金零件在摩托车上也得到了应用。一辆摩托车的各种齿轮、链轮、齿环、变速凸轮、活塞、进排气门座、油泵内外转子等采用的粉末冶金零件的数量可能达30多个品种。

除了在交通运输车辆中大量使用外，内燃机中也使用相当数量的铁基粉末冶金零件。单缸内燃机的基本结构与汽车发动机有许多相似之处，因此，汽车发动机中使用的粉末冶金零件，对于单缸内燃机的设计和应用有许多可借鉴之处。

此外，铁基粉末冶金制品在家用电器、电动工具、文体休闲器材等领域中也得到了广泛的应用。20世纪80年代开始，家用电冰箱、空调的需求量快速增长，其主机中的核心部分制冷压缩机中大量使用铁基粉末冶金零件，如往复式压缩机中的连杆、活塞，旋转式压缩机中的缸体、缸套、平衡块等。表1－2列举了常规铁基粉末冶金零件的应用实例。

表1－2　常规铁基粉末冶金零件的应用实例

应用领域	用途
通用机械	播种机中的浮动凸轮、36齿从动链轮；条播机的槽式强制下种组合件的供种子滚筒与闭合器，行星齿轮组件；拖拉机中的油泵齿轮；195柴油机中的平衡齿轮、调速齿轮、凸轮轴齿轮、起动齿轮、曲轴正时齿轮
家用电器	家用冰箱与空调压缩机中的连杆、活塞、阀板、进、排气阀导管、上下轴承、平衡块、缸体、叶片；洗衣机、干燥机之类设备中使用的偏心齿轮和齿条齿轮；洗涤机中的水泵叶轮
电动工具	电动工具中使用的凸轮、杆件、平衡块、轴承、轴承座、离合器、转子、缸套、侧板、叶片及卡盘夹爪；手电钻、线锯、修剪机、冲击改锤中的直齿轮、伞齿轮、端面齿轮、小齿轮、螺旋齿轮、齿轮组件、棘轮
其他应用	液压件，诸如各种齿轮泵、转子泵、轴向柱塞泵、叶片泵，扭矩马达等中的许多齿轮，次摆线内、外转子，月牙形齿轮；轴向柱塞泵的缸体、压板、球座及滑靴；叶片泵的阀板、凸轮环等

1.2　典型铁基粉末冶金零件材料体系

在粉末冶金结构零件中，铁基结构零件的应用面最广，数量和品种也最多。这主要是因为铁基结构零件材料可以通过合金化技术、热处理技术等来改善和提高其力学性能和物理性能。随着成形技术和材料科学方面的不断发展和创新，铁基粉末冶金结构零件的综合优势和低成本的市场竞争力将更加突出，成为粉末冶金结构零件最为重要的组成部分。

铁基粉末冶金零件的材料体系很丰富，包括烧结碳钢、低合金钢、不锈钢、高耐磨的高合金钢、易切削钢、烧结硬化钢等。不同的材料体系和不同密度的组合，加上选用烧结后处理工艺的差别，使铁基结构零件的性能呈现多样化，从而可以满足不同的使用要求。

1.2.1　烧结钢中合金元素

通过添加合金元素来提高铁基粉末冶金结构零件的力学性能有两种主要途径：一是通过熔点较低的金属或合金烧结熔化来充填孔隙，以提高制品的致密度，进而提高其力学性能；另一是通过与熔铸钢有相似强化原理的合金强化来实现，如通过碳和其他一些合金元素对钢的固溶强化、沉淀强化作用，通过改变铁碳相图中相区的位置而产生强韧化作用，通过强碳化物形成元素的颗粒强化，通过合金元素对热处理时相变和组织转变的影响而发生淬火强化、时效强化、弥散强化作用等。

下面简要叙述一些常用合金元素对铁基粉末冶金结构材料性能的影响。

1. 碳(C)

以碳为合金元素的铁基粉末冶金结构材料称为烧结碳钢。碳是烧结钢中的重要元素，通常以石墨的形式加入。当混料中加入的石墨在烧结时未能全部溶入铁中，就会出现游离石墨，降低烧结钢的强度。一般烧结钢中的化合碳含量控制在0.3% ~0.9%范围内。碳可溶入铁中形成间隙固溶体，还可与铁生成 Fe_3C 而改变材料的显微组织，因而有很好的强化作用。当化合碳含量达1.0%时，会聚集在晶界处形成渗碳体，使材料强度降低。当化合碳含量达到1.2%时，则可能形成网状渗碳体，明显降低强度。

烧结钢中的化合碳含量还和烧结温度有关。当烧结温度低于850℃时，混入的石墨基本不溶入铁中，全部以游离石墨形式存在。而当烧结温度达到1000℃时，石墨绝大部分可溶于铁中。此外，由于混合料中石墨分布不均匀，烧结钢中化合碳的含量也可能不均匀，因此，即使亚共析成分的烧结钢，也可能出现少量的游离渗碳体。故一般烧结钢的显微组织除空隙和夹杂外多为珠光体 + 铁素体 + 少量游离渗碳体。

2. 铜(Cu)

对于熔铸钢而言，铜会使钢脆化，被认为是一种有害元素。但是，在铁基粉末冶金结构材料中，铜常是一种有益的合金元素。铜的加入显著地增加了材料的强度，也降低材料的冲击韧性(图1－2)。铜在铁中的溶解度随温度变化较大。在1094℃时，铜在 γ－Fe 中的溶解度为7.5% ~8.5%，835℃时约为3.5%，而室温下铜在铁中的溶解度只有0.2%，因此铜对烧结钢有一定的固溶强化作用。另外，也可利用铜在铁中的溶解度随温度的急剧变化，对烧结合金进行时效强化处理。需要注意的是，铜的添加量多时，烧结时零件的尺寸胀大，而且由于液相量多，零件的烧结变形大，从而降低零件的尺寸精度。

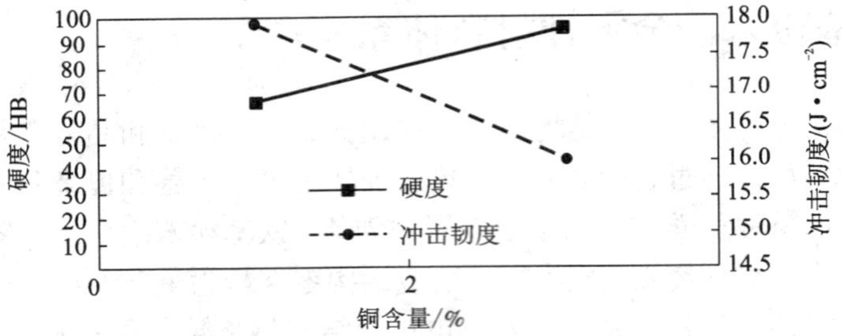

图1－2　Fe－Cu 合金的硬度和冲击韧性与铜含量的关系

3. 钼(Mo)

钼也是烧结钢中常用的合金元素，它可溶于铁中起固溶强化作用，但主要作用是细化晶粒，提高淬透性和防止回火脆性。中等密度(6.5 g/cm^3)以上的结构零件和粉末锻钢材质体系中基本上都有钼。

钼在烧结铁基结构材料中加入量通常为0.4% ~0.6%，在烧结硬化钢中，钼的加入量可提高到0.8% ~1.0%。钼是强碳化物形成元素，在烧结钢中优先形成碳化物，比渗碳体 Fe_3C 更稳定，并具有高硬度、高熔点和高分解温度。形成碳化物的直接作用是弥散强化，提高钢的强度、硬度和耐磨性。碳化物还具有间接强化作用，即阻碍钢的奥氏体晶粒长大而起到细晶韧化作用。钼的另一个显著作用是提高回火稳定性，降低回火脆性。回火稳定性是指淬火钢对回火时发生组织转变和硬度下降的抵抗力。强碳化物形成元素可使回火马氏体组织维持到相当高的回火温度，这使钢的韧性得到大大改善。同时，钼具有抵制第二类回火脆性的作用，而含 Cr、Ni、Mn、Si 等元素的合金钢对第二类回火脆性非常敏感，加入适量的钼（约 0.5%）能有效地抵制这类回火脆性。

4. 镍（Ni）

镍可稳定铁的 γ 相区并稳定奥氏体，镍与铁可互溶起到固溶强化作用。镍可使 Fe－C 相图上的共析点 S 向左下方移动，从而得到较多且细小的珠光体组织，同时珠光体中铁素体含量也较大，因而烧结镍钢在一定含镍范围内，强度提高而塑性和韧性不降低。镍还可以降低钢的临界转变温度和钢中合金元素的扩散速度，从而提高钢的淬透性。研究表明，镍原子有可能偏聚在铁粉颗粒边界，形成一层富镍奥氏体，为铁原子在颗粒之间的快速扩散提供通道。另一方面，铁、镍之间的互扩散还使得铁颗粒烧结颈处过剩空位浓度增高，增加铁颗粒的烧结活性。上述两方面的共同影响，使颗粒之间的铁原子通过偏聚层快速扩散，从而强化了铁粉颗粒之间的烧结。由于铁原子可以无限固溶于镍晶格中，因此，在烧结保温期间，上述强化烧结过程可持续进行，最终使烧结体收缩率明显增加。含镍的镍钢材料的耐候性和耐蚀性均比碳钢要好。

5. 锰（Mn）

锰在烧结钢中，除起固溶强化作用外，还可提高烧结钢的淬透性，从而提高制品的强度。在 Fe－C 系中加入锰，可使材料的耐磨性提高 70% 以上。主要原因是锰在烧结过程中能够和铁形成固溶体，提高了铁素体的强度；同时锰又是碳化物形成元素，生成含锰渗碳体。由于锰是弱碳化物形成元素，因此含锰烧结钢的耐磨性低于含钼烧结钢。但锰可以降低钢的临界转变温度，降低钢共析点的碳含量，这样可使基体中铁素体量减少，增加珠光体含量，所以仍可以显著提高材料的耐磨性。锰与氧的亲和力强，在一般烧结气氛下，锰表面易生成氧化物，且难以被还原，因而不利于合金均匀化和烧结过程。故一般以 Mn－Fe 中间合金粉或母合金（Master alloy）粉的形式将锰加入混合料中。

6. 铬（Cr）

铬对铁基粉末冶金结构材料的微观组织、烧结密度和硬度有很大影响。随着铬添加量的增加，烧结组织得到细化，同时硬度增加。铬的加入除可以提高机械强度外，还可改善钢的抗氧化性能和抗腐蚀性能。钢中所含少量铬主要是通过稳定过冷奥氏体，改善组织而起到强化作用。粉末锻钢中加入少量铬对提高强度和韧性有一定的效果。铬可以以铬粉、Cr－Fe 粉、σ 相或预合金粉的形式加入配合料中。其中，以 σ 相粉加入效果最好，而从合金均匀化考虑，最好是用预合金粉。烧结 Fe－Cr－Cu 合金具有优异的力学性能。如烧结 Fe－2Cu－9Cr 合金的极限抗拉强度可达 85 MPa，延伸率可达 3%。而当铬以 Cr_3C_2 形式加入时，烧结 Fe－Cr－C 合金的极限抗拉强度可达 90 MPa，热处理后，极限抗拉强度可达 140 MPa，延伸率为 2%。

7. 磷（P）

一般优质钢的含磷量皆低于 0.03%。因为磷溶于铁素体中会使其塑性显著降低，故一般炼钢时，除磷钢之类的特殊钢种外，皆将磷看作有害元素而设法除去。烧结钢中加入合金元素磷能活化烧结过程，提高密度、改变孔隙形状，也提高了铁基材料的强度和韧性。因此，适当加入磷可提高材料的机械性能、稳定试样尺寸。磷对提高材料的减摩性能也有较好的作用。磷的加入量增高时，材料密度增高，但冲击强度减低，同时烧结收缩增大，这与添加铜的情况正好相反。可以利用这一特性调节零件烧结时的尺寸变化。磷与碳同时加入时，可进一步提高烧结材料的力学性能。

磷对烧结材料的强化作用可归纳为下述三个方面：

(1) Fe－P 系在 1050℃有共晶反应，产生液相，活化烧结，提高材料的烧结密度，从而提高材料的力学性能，但磷的加入量不得高于 0.8%；

(2) P 对铁有一定的固溶强化作用，效果比 Mn、Ni、Cr、Mo 都强得多；

(3) P 可以缩小 γ－Fe 相区，而铁原子在 α－Fe 中的扩散速度比在 γ－Fe 中的扩散速度高得多，因而能显著活化铁基材料的烧结，提高其力学性能。

磷以磷铁合金粉(Fe_3P)，或 Cu_3P 粉形式加入为宜，这是因为 Fe_3P 容易研磨成细粉，且其硬度不高，不会严重磨损模具。也可以用磷酸及磷酸铵的形式加入磷。直接使用磷粉加入磷会使烧结损失难以准确控制，且烧结收缩变形严重，材料脆性大。

1.2.2 烧结碳钢

1.2.2.1 材料成分设计

设计铁基粉末冶金结构材料的成分应以其性能要求为依据。一般铁基结构零件主要由铁粉加入石墨粉以及其他金属元素粉或合金粉，有时也采用预合金粉末制得。

以结构零件为主要应用对象的烧结碳钢，以共析钢和亚共析钢成分为主，其中以化合碳含量小于 0.3% 的接近烧结铁材料、含 0.3% ~0.6% 碳的亚共析钢和含 0.6% ~0.9% 碳的共析钢三种材料成分居多，并以不同密度组成碳钢系列材料。含碳量低的烧结碳钢可用于制造受力小的零件或焊接件，含碳量高者经化学热处理后可用于制造有一定强度或耐磨性要求的零件。表 1－3 和表 1－4 分别列出了国内(GB/T 14667.1—1993)和国际标准化组织(ISO 5755：2000(E))有关烧结碳钢材料的技术标准。

表 1－3　粉末冶金烧结碳钢技术标准(GB/T 14667.1—1993)

类别	钢种	牌号	化学成分/%	密度(≥)/(g·cm^{-3})	机械性能(不小于) σ_b/MPa	δ/%	冲击韧性/(N·m·cm^{-2})	表观硬度/HB	主要特点与应用举例
第1类	烧结铁	FTG10－10	$C_{化合}$≤0.1，其他≤1.5，Fe 余量	6.3	100	3.0	5	40	塑性、韧性、焊接性与导磁性能好，适于制造受力极低，要求翻铆或焊接以及要求导磁的零件。例如：垫片、尺框、接铁、磁筒、极靴等
		FTG10－15	$C_{化合}$≤0.1，其他≤1.5，Fe 余量	6.8	150	5.0	5	50	
		FTG10－20	$C_{化合}$≤0.1，其他≤1.5，Fe 余量	7.0	200	7.0	20	60	

续表

类别	钢种	牌号	化学成分/%	密度(≥)/(g·cm^{-3})	机械性能(不小于)				主要特点与应用举例
					σ_b/MPa	δ/%	冲击韧性/(N·m·cm^{-2})	表观硬度/HB	
第2类	烧结低碳钢	FTG30－10	$C_{化合}$ >0.1～0.4，其他≤1.5，Fe 余量	6.2	100	1.5	5	50	塑性、韧性与焊接性较好，可进行渗碳淬火处理。适于制造受力较低、要求翻铆或焊接零件以及要求渗碳淬火零件，例如：端盖、滑扶、毛纺钢令、底座等
		FTG30－15	$C_{化合}$ >0.1～0.4，其他≤1.5，Fe 余量	6.6	150	2.0	10	60	
		FTG30－20	$C_{化合}$ >0.1～0.4，其他≤1.5，Fe 余量	6.8	200	8.0	15	70	
第3类	烧结中碳钢	FTG60－15	$C_{化合}$ >0.4～0.7，其他≤1.5，Fe 余量	6.2	150	1.0	5	60	强度较高，可进行热处理。适于制造轻负荷结构零件和要求热处理的零件。例如：隔套、接头、调节螺母、传动小齿轮、油泵转子等
		FTG60－20	$C_{化合}$ >0.4～0.7，其他≤1.5，Fe 余量	6.5	200	1.5	5	70	
		FTG60－25	$C_{化合}$ >0.4～0.7，其他≤1.5，Fe 余量	6.8	250	2.0	10	80	
第4类	烧结高碳钢	FTG90－20	$C_{化合}$ >0.7～1.0，其他≤1.5，Fe 余量	6.2	200	0.5	3	70	强度与硬度较高，耐磨性较好，可进行热处理，适于制造一般结构零件和耐磨零件，例如推力垫、挡套等
		FTG90－25	$C_{化合}$ >0.7～1.0，其他≤1.5，Fe 余量	6.5	250	0.5	5	80	
		FTG90－30	$C_{化合}$ >0.7～1.0，其他≤1.5，Fe 余量	6.8	300	1.0	5	90	

表 1－4　ISO 5755：2000(E)(国际标准化组织)技术标准——结构零件用铁基材料：铁与碳钢

参数	符号	单位	铁				碳钢							备注
			代号				代号							
化学成分			－F－00－100	－F－00－K120	－F－00－K140	－F－05－K140	－F－05 170	－F－05 340H①	－F－05－480①	－F－08－210	－F－08－240	－F－08－450②	－F－08－550H②	
$C_{化合}$③		%	<0.3	<0.3	<0.3	0.3～0.6	0.3～0.5	0.3～0.6	0.3～0.6	0.6～0.9	0.6～0.9	0.6～0.9	0.6～0.9	标准值
Cu		%												标准值
Fe		%	余量	余量	余量	余量	余量	余量	余量	余量	余量	余量	余量	标准值
其他元素总和，max		%	2	2	2	2	2	2	2	2	2	2	2	标准值
抗拉屈服强度，min	$R_{p0.2}$	MPa	100	120	140	140	170			210	240			标准值
极限抗拉强度，min	R_m	MPa						340	450			450	550	标准值
表观硬度		HVS	62	75	85	90	120	280HV10	300HV10	120	140	320HV10	360HV10	参考值
表观硬度		洛氏	60HRF	70HRF	80HRF	40HRB	60HRB	20HRC	25HRC	60HRB	70HRB	28HRC	33HRC	参考值
密度	ρ	$g\cdot cm^{-3}$	6.7	7.0	7.3	6.6	7.0	5.6	7.0	6.6	7.0	6.6	7.0	参考值
抗拉强度	R_m	MPa	170	210	260	220	275	410	550	290	390	520	620	参考值
抗拉屈服强度	$R_{p0.2}$	MPa	120	150	170	160	200	①	①	240	250	③	③	参考值
伸长率	A_{35}	%	3	4	7	1	2	nm④	nm④	1	1	nm④	nm④	参考值
杨氏模量		GPa	120	140	160	115	140	115	140	125	140	115	140	参考值
泊松比			0.25	0.27	0.28	0.25	0.27	0.25	0.27	0.25	0.27	0.25	0.27	参考值
无缺口夏比冲击功		J	8	24	47	5	8	4	5	5	7	5	7	参考值
压缩屈服强度(0.1%)		MPa	120	125	130	210	225	300	420	290	290	400	550	参考值
横向断裂强度		MPa	340	500	660	440	550	720	970	510	690	790	950	参考值
疲劳极限 90% 存活率		MPa	65	80	100	80	105	160	220	120	170	210	250	参考值

①在 850℃，于 0.5% 碳势保护气氛中加热 30 min 进行奥氏体化后油淬火，再在 180℃回火 1 h。②在 850℃，于 0.8% 碳势保护气氛中加热 30 min 进行奥氏体化后油淬火，再在 180℃回火 1 h。③经过热处理的材料，抗拉屈服强度和极限抗拉强度近似相等。④nm = 没有测量。

在某些烧结碳钢品种中还加入少量的硫，以适当提高零件的减摩耐磨性能和切削加工性能。

1.2.2.2 显微组织与性能特点

1. 显微组织特点

烧结碳钢显微组织最典型的特征之一是一般都含有一定量的孔隙。孔隙的存在使得烧结碳钢与同样成分铸造材料的性能有较大的差别。孔隙是粉末冶金材料显微组织的重要组成部分，孔隙对断裂过程有复杂的影响。从现象上来看，孔隙减小材料的真实断面，孔隙处是应力集中点，因而降低材料的临界断裂应力；另外，孔隙又是应力的松弛剂，裂纹进入孔隙时可磨钝裂端，因而能提高断裂应力的水平。从静态强度(抗拉强度、抗弯、抗压强度)分析，烧结碳钢力学性能和孔隙度间有如下关系：

$$\sigma = K\sigma_o f(\theta)$$

式中：σ——烧结材料的静态强度；

σ_o——对应于致密材料的强度；

K——取决于材质和制造工艺的常数；

$f(\theta)$——孔隙度(或相对密度)的函数。

由上式可知，烧结碳钢材料的强度与孔隙度直接有关。需要注意的是，即使孔隙度相同，若孔隙的形状、大小、分布不同，材料的强度也不同。

烧结碳钢的力学性能，除了硬度外，都受到孔隙的形状、大小和分布的影响。大多数力学性能对孔隙形状是敏感的。因此，在材料孔隙度相同的情况下，如果采用高温烧结、活化烧结、应用细粉原料等，就可以依靠孔隙凹凸处的平直化，实现孔隙的球化以及孔隙的均匀分布，从而提高材料的强度。

烧结碳钢的硬度和弹性模量也主要取决于其密度。在孔隙度变化的很大范围内，强度、塑性以及韧性与孔隙度存在着非线性的关系。图1－3至图1－6所示的为烧结铁试样的断裂韧性、抗拉强度、硬度和延伸率与其孔隙度或密度的关系。孔隙度对剪切强度的影响与抗拉强度大致相似，只是剪切强度对孔隙形状的敏感性较小，并且相应地对烧结条件以及粉末特性的敏感性也较小。冲击韧性对孔隙形状最为敏感。孔隙度为15%～20%的烧结体，冲击韧性值一般是很小的，比无孔铸造材料的冲击韧性要小很多。

在烧结碳钢中，化合碳含量一般为0.3%～0.9%。材料的化合碳含量$C_{化}$决定了基体的组织结构为：珠光体＋铁素体($C_{化}<0.77\%$)、珠光体($C_{化}=0.77\%$)、珠光体＋渗碳体($C_{化}>0.77\%$)。

图1－7给出了烧结碳钢化合碳含量对抗弯强度的影响。可以看出，抗弯强度随化合碳含量增加而迅速增加，在0.85%附近达到最大值；当化合碳含量在0.9%～1%之间时，抗弯强度明显下降。因为当化合碳含量在0.85%附近时，烧结钢的显微组织中珠光体最多。当化合碳含量为1.00%，晶界上出现游离渗碳体，使强度降低。当化合碳含量达到1.20%时，晶界上更生成网状渗碳体，强度明显降低。

在通过粉末冶金工艺生产烧结碳钢时，碳多以石墨形式加入铁粉中混合，由于两者密度相差较大，混合时应防止产生偏析。石墨粉一旦发生偏析，当烧结温度和时间不够时，易造成奥氏体中含碳量不均匀，使奥氏体冷却转变后组织组成不均匀，结果使零件性能出现波动。

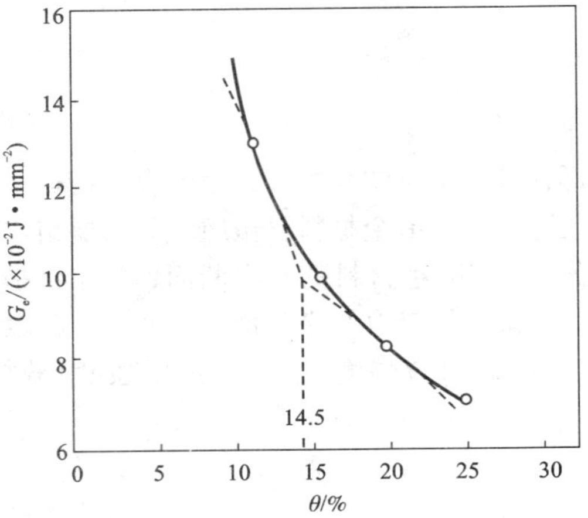

图 1－3　烧结铁的平面应力断裂韧性 G_e 与孔隙度 θ 的关系

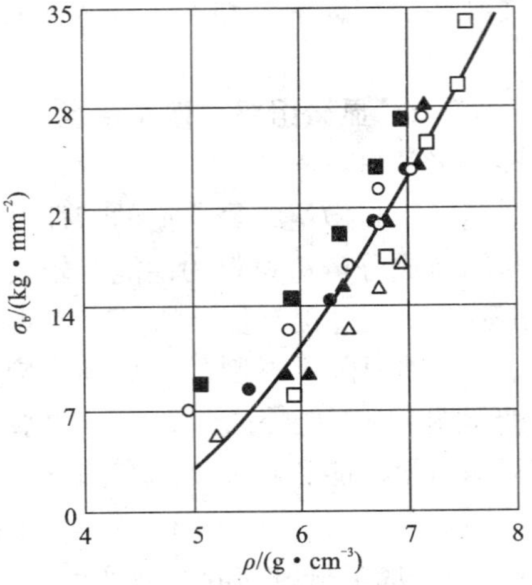

图 1－4　烧结铁的抗拉强度 σ_b 与密度 ρ 的关系

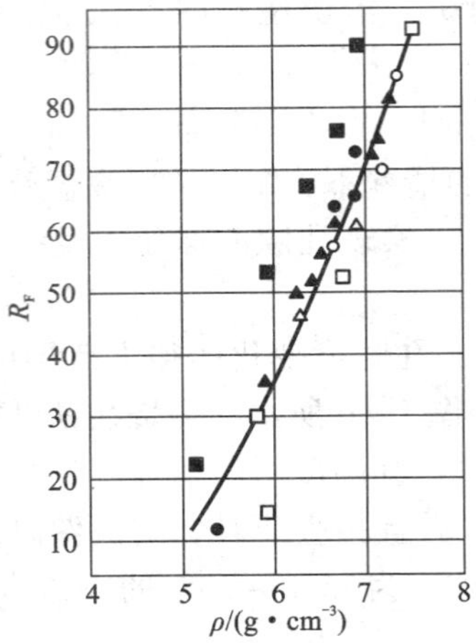

图 1－5　烧结铁的硬度 R_F 与密度 ρ 的关系

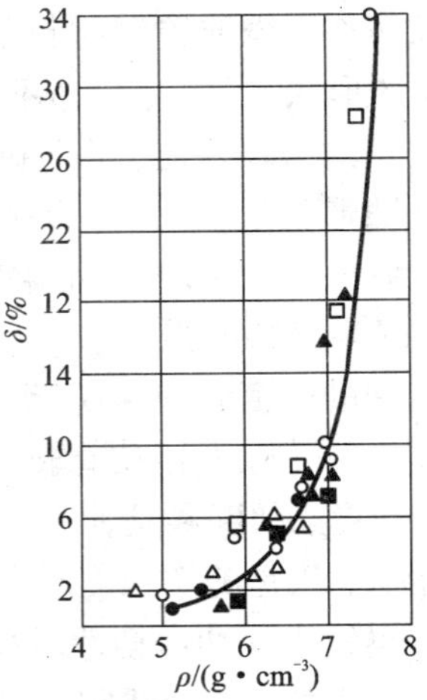

图 1－6　烧结铁的延伸率 δ 与密度 ρ 的关系

2. 性能特点

烧结碳钢价格低廉，制造工艺不复杂，且通过不同含碳量和密度的控制，结合热处理的应用，可以较好地调整和改善性能，满足应用要求。因此，烧结碳钢在铁基粉末冶金材料系列中是应用很广的一类材质。但烧结碳钢也存在淬透性低、回火稳定性差、力学性能不很高、耐磨耐蚀性较差等不足，从而使其应用受到一定限

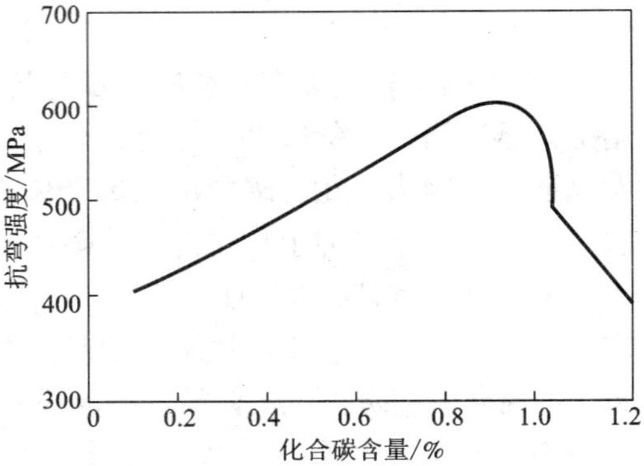

图 1－7　烧结碳钢的抗弯强度与化合碳含量的关系

制。目前烧结碳钢大部分以烧结态应用于性能要求不特别高的结构件。当要求较高强度等力学性能时，可采用淬火热处理，但需注意，凡进行淬火处理的烧结碳钢，密度应大于 6.6 g/cm^3，且化合碳含量控制在 0.6% ~0.9% 时，热处理效果较好。例如，密度为 7.0 g/cm^3，化合碳含量为 0.6% ~0.9% 的烧结碳钢，烧结态极限抗拉强度 σ_b 可达 350 MPa 以上，硬度 HB 可达 90 以上。经淬火处理后，σ_b 可达550 MPa以上，硬度可达 28 ~42HRC。表 1 –5 列出了美国试验材料学会标准（ASTM）烧结碳钢的力学性能标准。

表 1 –5　烧结碳钢的力学性能标准，ASTM 310 –76

类别	级别	密度范围 /(g·cm^{-3})	极限抗拉强度		延伸率/% 标距 25.4 mm 烧结态	压缩屈服点 0.1% 残余变形烧结态 /MPa
			烧结态 /MPa	淬火回火态 /MPa		
Ⅰ	A（C 最大 0.25）	5.7 ~6.1	110	—	2.0	83
	B（C 0.26 ~0.60）	5.7 ~6.1	140	210	1.5	125
	C（C 0.61 ~0.90）	5.7 ~6.1	180	280	0.5	150
Ⅱ	A（C 最大 0.25）	6.1 ~6.5	140	—	3.0	115
	B（C 0.26 ~0.60）	6.1 ~6.5	180	280	2.0	150
	C（C 0.61 ~0.90）	6.1 ~6.5	235	345	0.5	180
Ⅲ	A（C 最大 0.25）	6.5 ~6.9	180	—	5.0	140
	B（C 0.26 ~0.60）	6.5 ~6.9	235	345	3.0	165
	C（C 0.61 ~0.90）	6.5 ~6.9	305	440	1.0	195
Ⅳ	A（C 最大 0.25）	6.9 ~7.3	210	—	8.0	175
	B（C 0.26 ~0.60）	6.9 ~7.3	345	480	4.0	240
	C（C 0.61 ~0.90）	6.9 ~7.3	415	550	2.0	290
Ⅴ	A（C 最大 0.25）	最低 7.3	280	—	10.0	210
	B（C 0.26 ~0.60）	最低 7.3	415	550	5.0	290

注：淬火试样是在 871℃淬火，并于 149 ~316℃回火。

1.2.3　烧结低合金钢

在烧结碳钢基础上，加入总量不超过 5% 合金元素的烧结钢称为烧结低合金钢。铁基粉末冶金结构零件生产过程中，最常用的低合金钢有烧结铜钢、烧结镍钢和烧结硬化钢等。

1.2.3.1　烧结铜钢

铜作为铁基粉末冶金结构零件中应用最广的合金元素之一，主要以三种形式应用于结构零件中：一是 Fe – Cu 系合金形式的烧结铜钢；二是 Fe – Cu – C 系形式的烧结铜钢，亦称铜 – 碳钢，其力学性能比以 Fe – C 系形式的烧结碳钢和 Fe – Cu 系形式的烧结铜钢进一步提高；三是以降低孔隙度为主要目的采用熔渗方法制造的渗铜烧结钢。

铜还广泛应用于多元烧结合金钢中，如烧结铜钼钢、烧结镍铜钢和烧结镍铜钼钢等，这些多元烧结合金钢主要应用于高性能要求的结构零件中。

Fe－Cu 系烧结时，会出现尺寸膨胀的现象。从图 1－8 所示的 Fe－Cu 二元合金相图中可以看出，Fe－Cu 系烧结后期液相消失。铜形成液相后，首先渗透到铁粉颗粒的间隙中和随后渗透到铁粉颗粒内的晶界，且在原来铜粉位置留下一些微孔，故烧结体出现膨胀，这就是所谓的 Kirkendall 效应。当铜含量达到在 γ－Fe 中的饱和溶解度(约 8%)时，膨胀达到最高值。此时铜完全溶于固相骨架，形成固溶体，液相完全消失。当铜含量超过饱和溶解度之后，随着铜含量的增加，收缩又重新增大，烧结时间不同，收缩量也不同。图 1－9 所示为铜含量与 Fe－Cu 系压坯烧结尺寸变化的关系。

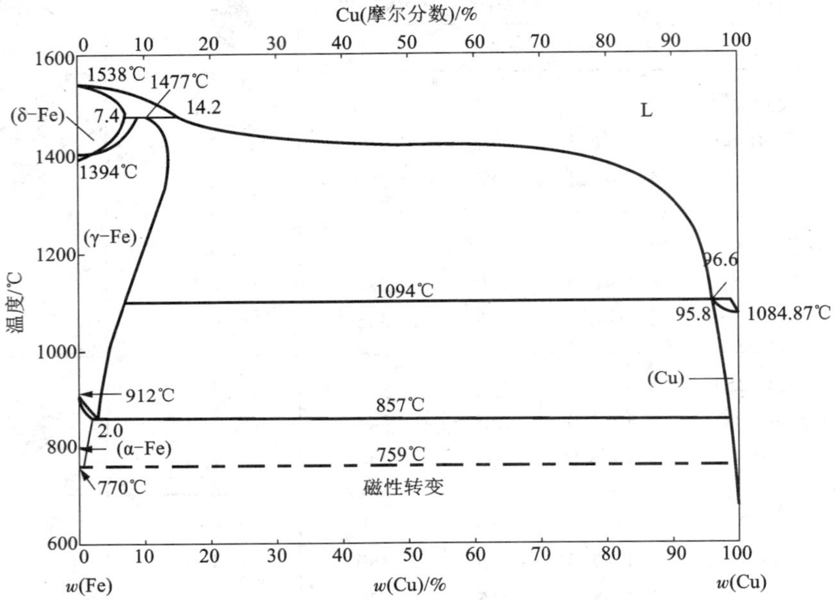

图 1－8　Fe－Cu 二元合金相图

加入石墨可以控制 Fe－Cu 材料烧结后尺寸变化。因为碳的存在降低了 Fe－Cu 系的熔点，降低 Cu 在 γ－Fe 中的溶解度，从而增加了烧结时的液相量，使膨胀减小。如果石墨与铜的配比适当，可使烧结体尺寸既不膨胀，也不收缩，达到精确控制产品尺寸的目的(图 1－10)。

普通烧结铜钢中，铜以电解铜粉形式加入混合料中。此时，烧结温度应控制在铜的熔点以上。烧结铜钢中铜与碳同时影响材料的抗拉强度。图 1－11 给出了不同孔隙率 θ 时，烧结铜钢的抗拉强度与铜含

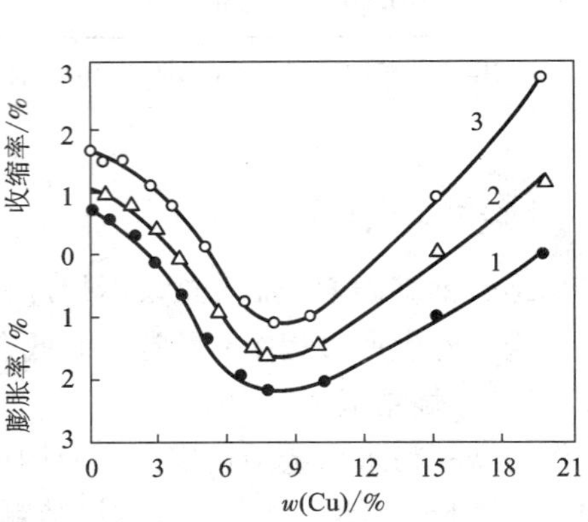

图 1－9　Fe－Cu 系烧结对收缩和膨胀与浓度的关系

1—烧结 15 min；2—烧结 60 min；3—烧结 180 min

量的关系。有关资料显示，在 7% ~8% Cu 及 1.4% ~1.6% C 范围内，烧结体的抗拉强度最高可达 380 MPa。

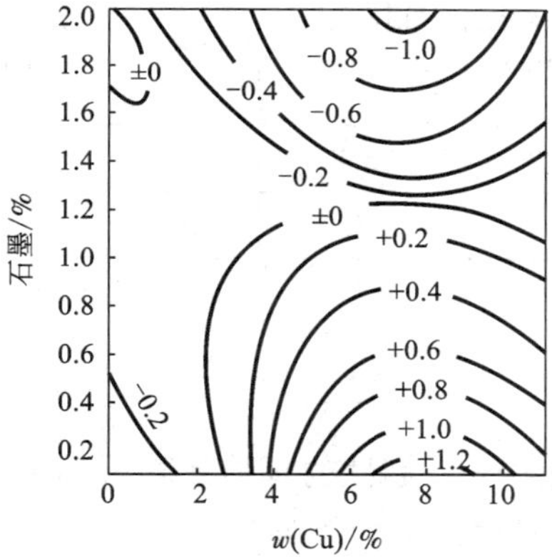

图 1 – 10　铜和石墨加入量对 Fe – Cu – C 压坯烧结后尺寸变化的影响

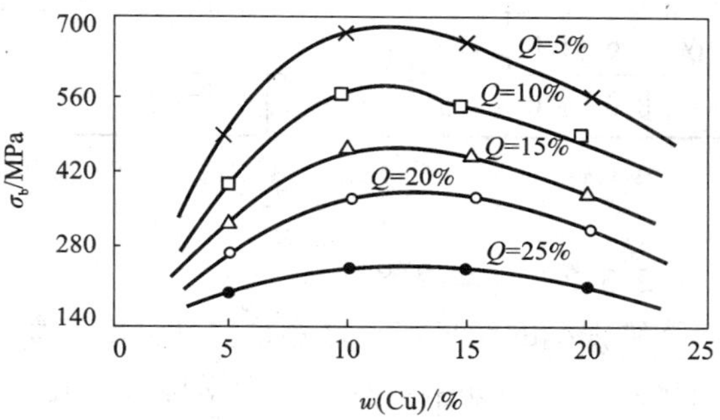

图 1 – 11　铜加入量与烧结 Fe – Cu 合金抗拉强度的关系

烧结铜钢在烧结状态下的强度较高，这可能是由于铜的固溶强化所致。烧结铜钢热处理后会产生沉淀强化，可进一步提高其强度等，但塑性变化不大。例如，采用 925℃ 油淬，400 ~500℃ 时效 60 min 的处理工艺，当 Cu 含量由 1.5% 增至 7.0% 时，处理前的抗拉强度由 340 ~390 MPa 增至 410 ~460 MPa，而处理后相应由 540 ~580 MPa 增至 730 ~740 MPa。表 1 –6 列出了烧结铜钢的力学性能标准。

表 1 –6　烧结铜钢的力学性能标准（按 ASTM）①

级别	类别	化合碳 /%	铜 /%	密度 /(g·cm^{-3})	烧结状态			热处理状态②		
					抗拉强度 /MPa	延伸率 (25.4 nm) /%	表观硬度 /HRB	抗拉强度 /MPa	延伸率 (25.4 nm) /%	表观硬度 /HRB
1	Ⅰ	0.6 ~1.0	1.5	5.9	21	0 ~0.5	20	28	0 ~0.5	48.5
2			4.0		23.8	0 ~0.5	30	31.5	0 ~0.5	48.5
3			8.5		25.2	0 ~0.5	30	31.5	0 ~0.5	47
4			20.0		23.1	0.5	25	28.7	0 ~0.5	43
1	Ⅱ	06 ~1.0	1.5	6.3	28.7	0 ~0.5	50	34.3	0 ~0.5	56
2			4.0		33.6	0 ~0.5	60	37.8	0 ~0.5	56
3			8.5		35.7	0.5	60	39.2	0 ~0.5	53
4			20.0		32.9	0.7	55	35.7	0.5	50.5
1	Ⅲ	0.6 ~1.0	1.5	6.6	42.6	1.0	65	62.3	0.5	59.1
2			4.0		47.6	1.3	70	64.4	0.5	61

续表

级别	类别	化合碳/%	铜/%	密度/(g·cm^{-3})	烧结状态			热处理状态②		
					抗拉强度/MPa	延伸率(25.4 nm)/%	表观硬度/HRB	抗拉强度/MPa	延伸率(25.4 nm)/%	表观硬度/HRB
1	Ⅳ	0.6~1.0	1.5	7.0	53.2	1.4	80	86.8	0.5	63.5
1	Ⅴ	0.6~1.0	1.5	7.35	73.5	2.4	85	107.8	0.5	67

①ASTM 为美国材料试验协会；②热处理是自 870℃油中淬火和 204℃回火 1 h。

1.2.3.2 烧结镍钢

烧结镍钢的明显特点之一是在其强度提高的同时，代表塑、韧性的延伸率降低不多。镍的强化效果虽不如铜，但综合力学性能优良，因而烧结镍钢在结构零件生产中也被广泛应用。在生产烧结镍钢时，因镍的密度与铁相差不大，粉末混合过程中偏析倾向较小。另外，镍与铁对氧的亲和力差不多，对烧结保护气氛亦无苛刻要求。

合金元素镍对钢具有良好的固溶强化作用，镍可固溶于铁素体中，溶解度较高(约 10% Ni)。一般合金元素溶于铁素体起到固溶强化的同时，塑性韧性都会明显降低。唯有镍，即使在铁素体中达到 6% 的固溶度，材料的塑、韧性仍然降低很少。这是镍非常突出的性能特点之一。

镍的熔点高，一般烧结镍钢为固相烧结。镍在 $\gamma-Fe$ 中形成置换固溶体的扩散系数，远比碳形成间隙固溶体要小得多。这意味着以元素粉末混合料来生产烧结镍钢时，要达到扩散均匀化，需要较高的烧结－扩散温度(约 1300 ℃)和较长的烧结－扩散时间，这对烧结炉提出了高的要求并给烧结工艺带来困难。解决上述问题主要有两种方法，一是选用粒度极细的羰基镍粉，粒度小于 3 μm(松装密度仅 0.9 g/cm^3)，可使烧结温度降至 1200 ℃左右。也可将羰基镍粉混于铁粉中制成黏结扩散部分预合金粉，这样有利于烧结过程的扩散。另一种方法是制成含镍的预合金粉，应用最多的是 Fe－2% Ni－0.5% Mo 预合金粉。由于预合金粉的每个粉末颗粒都是合金化的，从而解决了烧结扩散均匀化的困难。

需要指出的是，铁基结构零件中单独使用镍的情况并不多，大多与其他元素配合使用。通常指的烧结镍钢为 Fe－Ni－C 系合金，对力学性能要求高的是烧结镍钼钢、烧结镍钼铜钢等系列。

镍的价格高，烧结镍钢成本较高，主要用于要求耐冲击的中高强度结构零件中，含镍量不超过 5%。一般随含镍量提高，强度值提高。镍和碳含量对烧结镍钢抗拉强度的影响如图 1－12 所示。铁粉、镍粉和石墨混合料在 775 MPa 压力下压制，在 1200℃和 H_2 中烧结。当碳含量一定时，随镍含量增加，抗拉强度增加。当镍含量不高时，强度最大值时的碳含量仍在共析成分附近，但随镍含量增加却向低碳方向移动，当镍含量在 7% 以上时，其最高抗拉强度的碳含量范围很宽。烧结时间对最高强度时的含碳量也有一定影响，对含 9% Ni 的烧结镍钢，延长烧结时间，其最高强度的碳含量也向低碳方向移动。

由铁粉加入 4% 镍和相应石墨粉混合料制得的烧结体，化合碳含量分别为 0%、0.4% 和 0.8%，其力学性能随密度的变化示于图 1－13 中。图 1－14 中为烧结密度为 7.4 g/cm^3 的烧

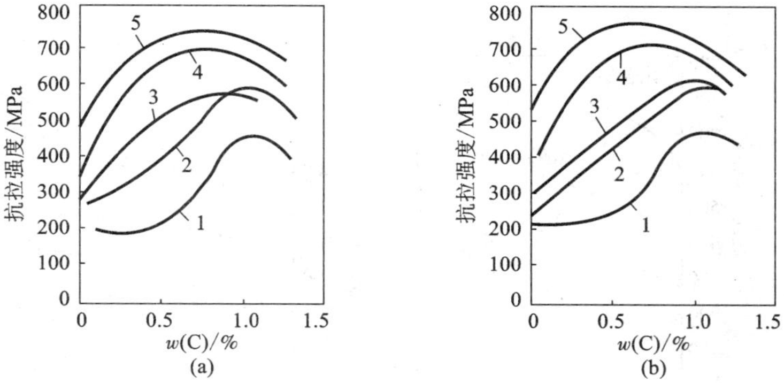

图 1－12　Fe－Ni－C 系抗拉强度与镍和碳含量的关系

(a)烧结 45 min；(b)烧结 90 min

1—1% Ni；2—2% Ni；3—3.5% Ni；4—7% Ni；5—9% Ni

结体的力学性能随镍含量的变化。当烧结密度为 7.0 g/cm^3 时，抗拉强度从无化合碳的 300 MPa提高到 0.8% 化合碳的 500 MPa，屈服强度则由 170 MPa 提高到 280 MPa。另一方面，延伸率随碳含量的增加而降低，即使无化合碳，由于孔隙的存在，延伸率也较低。密度为 7.0 g/cm^{3}时，延伸率由无碳时的 4% 降低到化合碳为 0.8% 时的 0.2%。镍对 Fe－C 烧结的尺寸变化也有影响。当镍含量超过 2% ~3% 时，镍和碳对收缩同时起作用。随镍含量和碳含量增加，收缩增大，温度愈高，收缩倾向愈大。在烧结镍钢中加入少量铜，可控制这种过大的收缩。

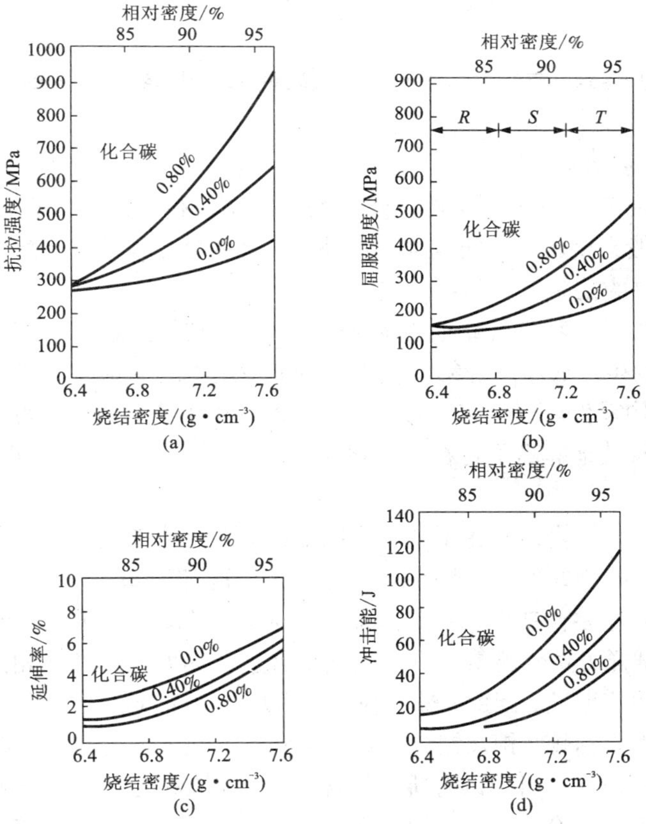

图 1－13　含镍 4% 的烧结镍钢的力学性能与密度的关系

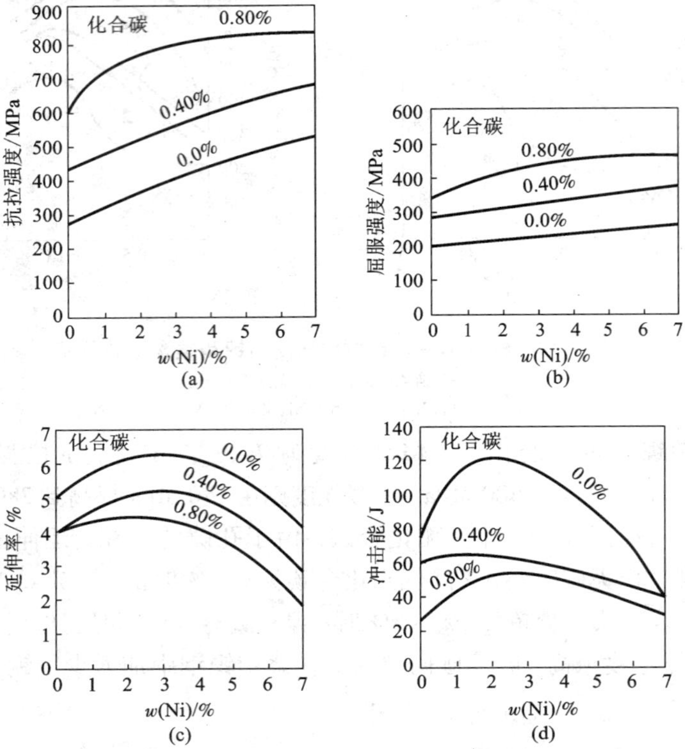

图 1－14　密度 7.4 g/cm³ 的烧结镍钢的力学性能与镍含量的关系

1.2.3.3　烧结硬化钢

粉末冶金零件烧结后往往需要通过热处理，如淬火和回火等，来提高其强度和表观硬度。热处理工序一般会增加产品的成本。另外，淬火将会在零件中产生高残余应力，导致零件变形，给尺寸公差的控制带来困难。

烧结硬化工艺可省去零件烧结后的热处理工序，同时能获得高强度和高硬度之力学性能，从而降低零件的生产成本。烧结硬化工艺特别适用于那些难以处理的大型零件以及形状复杂的烧结铁基结构零件。近年来，已研发出了多种用于烧结硬化的低合金钢粉，这些钢粉中的预合金化元素有效地提高了材料的淬硬性，使得烧结体在烧结炉的冷却带发生马氏体相变成为可能。

与淬火－回火相比，烧结硬化工艺具有明显的优点：铁基烧结零件在烧结的冷却阶段硬化，从而可省去后续的热处理。零件在烧结冷却区的冷却速率比淬火时的冷却速率慢得多。缓慢的冷却速率可减小零件变形，从而提高零件的尺寸精度。采用烧结硬化工艺在大大缩短生产时间的同时，试样力学性能与普通氢气烧结后进行热处理的试样相近，从而在保证试样质量的同时缩短了生产时间，因此，烧结硬化技术具有显著的经济效益。

烧结硬化钢一般是由镍、钼及锰为主要合金元素的预合金化低合金钢粉和元素铜粉的混合粉制造的。为了使最终材料中具有所需的含碳量，在混料时要混入石墨粉。烧结硬化材料一般用于制造中、高密度粉末冶金结构零件。这些材料具有足够高的淬透性，因此在烧结后冷却期间能够淬硬。

1.2.4　烧结不锈钢

20 世纪 70 年代以来，雾化法制取预合金粉末迅速发展，这使得制备高性能的烧结不锈钢成为可能。粉末冶金法生产不锈钢克服了传统熔炼技术生产成本高、材料利用率低、产品尺寸精度不高等缺点，明显改善了传统熔炼技术对不锈钢零件形状特别苛刻的要求，同时烧结不锈钢产品具有良好的物理、力学性能，因此广泛应用于医疗器械、化工、纺织及核工业等领域。

烧结不锈钢是不锈耐酸钢和不锈耐蚀钢的总称。前者不受酸腐蚀，后者在高温下抗氧化，并有足够的强度。不锈钢的耐蚀性能对外界环境和介质具有一定的选择性，即某类不锈钢对这种介质具有耐蚀性，而对另一类介质不一定耐蚀。

1.2.4.1　**材料体系**

按正火组织可将烧结不锈钢分为马氏体型、铁素体型和奥氏体型，更细的分类还有双相型及沉淀硬化型。其中以奥氏体型不锈钢应用最广泛，耐蚀性能优良。表 1－7 列出了几种不同类型烧结不锈钢的化学组成。

表 1－7　粉末冶金不锈钢的名义化学成分/%

钢号	Ni	Cr	Mo	Si	Mn	S	C	Fe
奥化体303L	12.5	17.5	—	0.7	0.35	0.20	0.20	余量
304L	10.5	18.5	—	0.7	0.25	—	0.02	余量
316L	13.0	17.0	2.1	0.7	0.20	—	0.02	余量
316B	12.0	17.5	2.2	2.4	0.25	—	0.02	余量
马氏体 410L	—	13.0	—	0.7	0.40	—	0.02	余量
铁素体 434L	—	17.0	1.0	0.7	0.25	—	0.02	余量

1. 奥氏体型不锈钢

烧结奥氏体型不锈钢材料通常由完全预合金化粉末制造。奥氏体型不锈钢材料成分大多为低 C(<0.15%)、高 Cr(16% ~18%)和较高 Ni(8% ~14%)。镍的存在，扩大了奥氏体相区，从而使得此类不锈钢在室温下具有单相奥氏体组织。奥氏体型不锈钢具有较好的耐蚀性，添加钼等合金元素后，可改善不锈钢在某些特殊腐蚀条件下的耐蚀性。如 316L 不锈钢中加入了 2% ~3% Mo，具有耐含氯离子溶液侵蚀的作用。

奥氏体型不锈钢的不足之处是强度稍低，且不可以通过热处理淬火强化。这在一定程度上限制了其作为结构材料的应用。另外，奥氏体型不锈钢晶间腐蚀倾向稍大，在大于 450℃ 范围内加热时，因在晶界上析出了碳化物 $Cr_{23}C_6$，造成了晶界附近区域贫铬(<12% Cr)，当受到腐蚀介质作用时，将沿晶界贫铬区产生腐蚀现象，受到稍大应力时便会产生脆性断裂。一般通过降低含碳量，使之不形成铬的碳化物。故 304L、316L 都进一步将含碳量降至 0.08% 以下。

2. 铁素体型不锈钢

铁素体型不锈钢的成分特点是低碳（<0.03%），高铬（<16%～18%）。铬是铁素体形成元素，故使此类钢从室温到高温（1000℃左右）均为单相铁素体。低碳高铬单相铁素体型不锈钢耐蚀性优于马氏体型不锈钢。这种不锈钢亦不可以通过热处理强化，故强度和硬度均低于马氏体型不锈钢，而塑性、加工性优良。铁素体型不锈钢主要用于对力学性能要求不高，而耐蚀性和抗氧化性要求高的零件，如耐硝酸、磷酸等环境介质中。铁素体型不锈钢的主要牌号有 FL410、FL430、FL434 等。

3. 马氏体型不锈钢

马氏体型不锈钢碳含量稍高（0.10%～0.25%），含 N 0.2%～0.6%，含 Cr 12%～18%。此类钢只在氧化性介质，如大气、海水和氧化性酸等介质中耐腐蚀，在非氧化性介质中如盐酸、碱溶液等介质中，耐蚀性很低。其耐蚀性随含碳量增加和含铬量降低而变差，但强度、硬度和耐磨性则随碳含量的增加而改善。

马氏体型不锈钢的淬透性良好，可在分解氨气氛中于 1150℃ 的烧结后，通过快冷硬化，然后在 180℃ 回火。此类不锈钢可用以制造高硬度、高耐磨性和耐蚀性相结合的零件。

1.2.4.2　**材料性能**

不锈钢属于高合金钢，合金元素的主要作用是提高钢基体的电极电位，以及在基体表面形成钝化膜等。这是不锈钢具有高耐蚀性的根本原因。不锈钢中的合金元素中，铬是最主要的元素，它能使钢在氧化性介质中产生钝化，即在表面生成约 100 Å 的致密氧化膜，防止氧向深层扩散。钢中铬含量越高，抗蚀性越好。这是因为，当铬含量超过 12.7%，钢为单一的铁素体组织。其次，铬对钢基体的电极电位影响很大。研究指出，当 Cr 含量 >11.7% 时，钢基体的电极电位由 -0.56 V 增至 +0.12 V，从而使耐蚀性显著提高；若基体中 Cr 含量 <11.7%，钢基体电极电位和耐蚀性的提高不明显。若考虑到材料中铬与碳可能相互作用形成碳化物，一般认为不锈钢的含铬量应超过 13%。另外，考虑到碳损害不锈钢的耐蚀性（奥氏体型和铁素体型不锈钢），奥氏体型和铁素体型不锈钢的碳含量一般应控制在小于 0.08% 和 0.03%，而铬含量则达 16%～18%。当碳含量很高时，铬含量即使大于 11.7%，如 Cr12MoV 钢，也不能成为不锈钢。

合金元素使钢表面生成致密的钝化膜，如 Cr_2O_3、Al_2O_3、SiO_2 膜等，其中亦以铬最为有效。加入钼可以进一步增强不锈钢的钝化作用，明显改善不锈钢在某些腐蚀介质中的耐蚀性。钼等强碳化合物形成元素易与钢中的碳生成碳化物在晶内析出，从而可防止 $Cr_{23}C_6$ 在晶界析出，改善不锈钢的晶间腐蚀性能，并在一定程度上提高钢的强度。

表 1-8 列出了一些主要牌号的烧结不锈钢的性能和使用特点。表 1-9 为国际标准化组织有关结构零件用铁基材料中不锈钢的技术标准。

表 1-8　用于烧结不锈钢的主要品种和使用特点

不锈钢材料品种	应用特点
FL303	需要补充机械加工的烧结易切削奥氏体型不锈钢，耐蚀性不如 FL304、FL316
FL304	是 Cr18Ni8 型（简称 18-8）基础上发展起来的，较经济的奥氏体型不锈钢，耐蚀性和机械加工性不如 FL316，适用于材料费用占据比例大的制品
FL316	粉末冶金不锈钢烧结零件中应用最多的奥氏体钢中，耐蚀性和粉末冶金工艺性及机械加工性均好，无磁性
FL410	属于马氏体型不锈钢，可热处理，可增加碳提高其硬度和耐磨性。用于生产硬的耐磨部件，耐蚀性比奥氏体型不锈钢差
FL430、FL434	属于铁素体钢种，耐蚀性比 FL410 好，膨胀系数小，FL430 和 FL434 都含 18% Cr，但 FL434 还加入了 1% Mo，FL434 的耐蚀性是 400 系粉末中最好的，尤其适用于汽车部件。此两种铁素体钢种均是铁磁性的

1.3　铁基粉末冶金结构零件的制造工艺

1.3.1　粉末预处理

用粉末冶金法制造机械零件时，首先要对原料粉末进行处理，以清除杂质、调整粒度及混入润滑剂与合金添加剂等。

1.3.1.1　粉末退火还原

粉末的预先退火可使氧化物还原，降低碳和其他杂质的含量，提高粉末的纯度；同时还能消除加工硬化、稳定晶体结构。在某些特殊情况下，如为了防止某些超细金属粉末的自燃，需要将其表面钝化，这时也要进行退火处理。经退火后粉末的压制性能得到改善，压坯弹性后效相应减少。退火对还原铁粉性能的影响列于表 1-10 中。退火温度通常为 $0.5T_m \sim 0.6T_m$（T_m为该金属的熔点），有时为了进一步提高粉末的化学纯度，退火温度也可超过此值，如对铁粉，还原退火温度可达 800℃。退火气氛可用还原性、惰性气氛或真空。在要求清除杂质和氧化物，即进一步提高粉末化学纯度时，一般要采用还原性气氛（氢、分解氨气氛等）或真空退火；为了消除粉末加工硬化或者使细粉末粗化防止自燃时，则可以采用惰性气体作为退火气氛。退火气氛对粉末压制性能有重要影响。

表 1-9　ISO5755：2000(E)结构零件用铁基材料：奥氏体、马氏体及铁素体型不锈钢技术标准

参数	符号	单位	奥氏体型不锈钢							马氏体型不锈钢	铁素体型不锈钢			备注
			代号							代号	代号			
化学成分			-FL303-170N①303	-FL303-260N②303	-FL304-210N①304	-FL304-260N②304	-FL316-260N①316	-FL316-260N②316	-FL316-150N③316L	-FL410-620H④410	-FL410-140N⑤410L	-FL430-170N⑤430L	-FL434-170⑤434	
Cr		%	17～19	17～19	18～20	18～20	16～18	16～18	16～18	11.5～13.5	11.5～13.5	16～18	16～18	标准值
Ni		%	8～13	8～13	8～12	8～12	8～14	8～14	8～14	—	—	—	—	
Mo		%	—	—	—	—	2～3	2～3	2～3	—	—	—	0.75～1.25	
S		%	0.15～0.30	0.15～0.30	—	—	—	—	—	<0.03	<0.3	<0.03	<0.3	
C		%	<0.15	<0.15	<0.08	<0.08	<0.08	<0.08	<0.03	0.10～0.25	<0.03	<0.03	<0.03	
N		%	0.2～0.6	0.2～0.6	0.2～0.6	0.2～0.6	0.2～0.6	0.2～0.6	<0.03	0.2～0.6	<0.03	<0.03	<0.03	
Fe		%	余量	余量	余量	余量	余量	余量	余量	余量	余量	余量	余量	
其他元素总和，max		%	3	3	3	3	3	3	3	3	3	3	3	
抗拉屈服强度，min	$R_{p0.2}$	MPa	170	260	210	260	170	260	150	⑥	140	170	170	
极限抗拉强度，min	R_m	MPa								620④				
表观硬度		HV5	120	180	125	140	115	125	75	300HV10④	80	80	95	参考值
		洛氏	62HRB	70HRB	61HRB	68HRB	59HRB	65HRB	45HRB	23HRC④	45HRB	45HRB	50HRB	
密度	ρ	g/cm^3	6.4	6.9	6.4	6.9	6.4	6.9	6.9	6.5	6.9	7.1	7.0	
抗拉强度⑥	R_m	MPa	270	470	300	480	280	480	390	720	330	340	340	
抗拉屈服强度	$R_{p0.2}$	MPa	220	310	260	310	230	310	210	⑥	180	210	210	
伸长率	A_{235}	%	nm⑦	10	nm⑦	8	nm⑦	13	21	nm⑦	16	20	15	
杨氏模量		GPa	105	140	105	140	105	140	140	125	165	170	165	
泊松比			0.25	0.27	0.25	0.27	0.25	0.27	0.27	0.25	0.27	0.27	0.27	
无缺口夏比冲击功		J	5	47	5	34	7	65	88	3	68	108	88	
压缩屈服强度(0.1%)		MPa	260	320	260	320	250	320	220	640	190	230	230	
横向断裂强度		MPa	590	nm⑦	nm⑦	nm⑦	nm⑦	nm⑦	nm⑦	780	nm⑦	nm⑦	nm⑦	
疲劳极限90%存活率⑧		MPa	90	145	105	160	75	130	115	240	125	170	150	

表中：①－FL303－170N，－FL304－210N，－FL316－260N 都是于 1150℃在含氮气氛（如分解氨）中烧结的。

②－FL303－260N，－FL304－260N，－FL316－206N 都是于 1290℃在含氮气氛（如分解氨）中烧结的。

③－FL316－150N，是于 1290℃在无氮气氛（如氢气，或真空中反充氩气）中烧结的。

④－FL410－620H 是于 1150℃在含氮气氛（如分解氨）中烧结的，通过快冷硬化，然后在 180℃回火 1 h。

⑤－FL410－140N，－FL430－170N，－FL434－170 都是于 1290℃在无氮气氛（如氢气，或真空中反充氩气）中烧结的。

⑥经过热处理的材料抗拉屈服强度和极限抗拉强度近似相等。

⑦nm = 没有测量。

⑧由旋转弯曲试验测定的存活率为 90% 的疲劳耐久极限，试样是按 ISO3928 切削加工制造的。

注：1. 烧结不锈钢的耐蚀性不必与熔铸不锈钢相同，一般地，奥氏体型不锈钢以 316L 最佳，其次是 304 和 303，而这些又都比马氏体钢和铁素体钢要好。

2. 烧结会影响耐蚀性，因此，－FL316－150N 材料的耐蚀性比在含氮气氛中烧结者要好。

3. 建议采用烧结不锈钢之前，在预期环境中进行腐蚀试验。

表 1－10　不同条件下退火 1 h 还原铁粉化学成分的变化

粉末	退火条件		元素含量/%			
	温度	气氛	$Fe_{总}$	C	Mn	Si
原始粉末			97.7	0.06	0.3	0.4
退火粉末	800℃	H_2	98.9	0.03	0.3	0.4
退火粉末	800℃	H_2 +10% HCl	99.2	0.03	0.23	0.3
退火粉末	1100℃	H_2	99.5	0.03	0.3	
退火粉末	1100℃	H_2 +10% HCl	99.6	0.02	0.1	0.25

1.3.1.2　粉末粒度调整

原料粉末在运输或贮存中可能生成锈块和凝结块，使用前要用筛子将它们筛出。铁粉压制成形时，微细铁粉可能落入模冲与阴模壁或芯棒间的间隙(10～15 μm)中，将模具卡死。因此，也需要通过筛分将这种微细铁粉除去。

有时当原料粉末粒度范围较窄时，还要将其分级后，再按要求的粒度组成混和起来，这一过程称为合批(Blending)。铁粉的分级多采用振动筛，使用的筛网多为 100 目、200 目、250 目及 325 目等。合批除可以调整粉末的粒度组成外，还可以达到调整改善粉末松装密度和流动性等目的。表 1－11 列出了一些铁粉中的微细粉的含量。当小于 15 μm 左右的微细铁粉含量低于 1.5% 时，一般不会卡死模具。

表 1－11　一些铁粉的微细粉的粒度组成

用显微镜测定的粒度/μm	－250 目铁粉的粒度组成/%			
	KIP－240M①	KIP－255M①	KIP－270M①	MH100－24②
30.0～328	74.0	73.8	78.5	65.1
21.0～23.5	16.0	17.0	16.3	19.4
15.5～18.1	5.3	7.7	4.6	13.3
<约 15	0.3	0.7	0.4	1.5

注：①KIP——日本川崎制铁的铁粉牌号。
②MH100－24——瑞典 Höganäs 公司的铁粉牌号。

1.3.1.3　粉末混合

粉末混合(Mixing)是指将两种或两种以上不同成分的粉末混合均匀。通过混合可以向铁粉中加入合金元素和润滑剂等，最终得到符合成分和工艺要求的成形混合料。

1. 混匀度

混匀度可以用来表征粉末混合料的成分均匀性。某种成分的粉末颗粒全部均匀地分布于其他成分的粉末颗粒中的理想的粉末混合是难以达到的。即使在最佳条件下将粉末混合无限长时间，都存在一定的不均匀性。在最佳条件下将粉末混合无限长时间所达到的均匀度是一个有用的概念，因为它为比较粉末混合的程度提供了一个可以比较的能实际达到的最佳混匀度。若用 M 来表示均匀度，则当粉末混合十分不均匀时，$M=0$；当粉末混合无限长时间时，$M=1$；位于两极端情况间的粉末混匀度为：$0<M<1$。

2. 混料机

生产铁基结构零件时，粉末混合多在各种混料机中进行，工业上使用的混料机种类很多。图 1－15 是几种混料机的示意图。对于给定的粉末，选定一种合适的混料机较为困难，因为无法确定哪一种混料机最好。一般需经过试验确定。在铁基结构零件生产中，多采用滚筒型混合设备，使用较多的是双锥型和 V 型混料机。

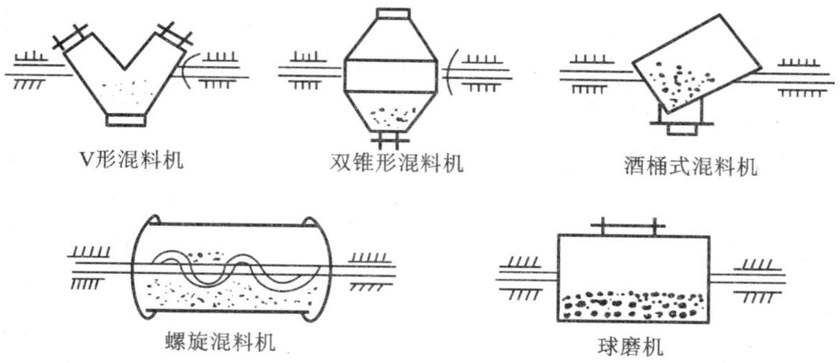

图 1－15　各种类型混料机示意图

（1）双锥型混料机　它由两个圆锥和一个短圆筒组成，绕垂直圆筒轴线的方向回转。为便于混合后出粉，圆锥顶角通常为 90°或 60°。双锥形混料机的容量一般为 200～3000 kg，转速为 20 r/min 左右，混合时间一般为 20～60 min。

（2）V 形混料机　它是由圆筒焊接而成。从二圆筒处装粉，从交锥部出粉。为防止颗粒聚集，有的 V 形混料机内，在回转轴内部装有一贯穿混料机的轴，它的回转方向与机体的回转方向相反，并在轴上装有搅拌棒。V 形混料机的容量为 50～1000 kg，转速为 10～25 r/min，混合时间为 20～60 min。

3. 影响粉末混合的因素

通过混料机来混合铁基粉末时，影响粉末混匀度的相关因素包括：混料机的类型、混料机的容积、混料机的几何形状、混料机内表面面积、混料机的结构材料与表面光洁度、混合前混料机中粉末的容积、混合后混料机中粉末的容积、各组分粉末的体积比、混料机容积对粉末体积之比、各组分粉末的性能、装粉与出粉装置的类型、混料机的转速、混合时间、混合温度，以及混合介质（气体或液体）等。

（1）装粉量。对于每一类型和大小的混料机，混料机容积与粉末容积之比十分重要，往往有一最佳装粉量。小于或大于这个最佳值时，粉末的混匀度都不好。除装粉量外，这个最佳值还取决于混合粉末的种类和影响粉末摩擦性状的许多其他因素。

（2）粉末特性。被混合粉末的许多性能可能不同，若粉末颗粒的密度相差很大，则重力的作用可能大于摩擦力，从而较重的粉末颗粒可能产生偏析。为避免这种偏析，有时需改变混料机的类型和混合方法。

（3）回转速度。混料机的回转速度对混匀度影响很大，将回转速度增大到某一值时，混合时间可以缩短。对于各种混料机和粉末都有一最佳回转速度。大于此值时，由于回转力太大，粉末将附着在混料机内壁上，随着混料机回转，因而混匀度减小。

(4)混合时间。混合时间强烈影响混合质量。一些粉末用某种混料机混合较短时间就可混合均匀，而对于另一些粉末或用其他混料机混合时，要达到同样的混匀度，就必须延长混合时间。而在另一种场合，延长混合时间又可能导致混匀度恶化。

除了上述因素外，在粉末混合中还应注意到粉末粒度分布的变化，混合时，由于研磨作用，粉末颗粒可能变细，也可能由于团聚作用，颗粒变粗。粉末颗粒表面可能发生变化(氧化)。因混料机内壁磨损，混合粉中的杂质也可能增多。

在混合粉末时，当不同成分的粉末比重相差很大时，例如混合铁粉与石墨粉时，可能产生比重偏析。将粉末混合物装于压模中时，也可能产生偏析。此时，加入少量黏度低的有机物液体，例如煤油，可防止粉末混合时的偏析。不同成分的粉末，粒度相差较大时，混合时的重力、涡流、离心力等都将造成偏析，这也可用上述方法来防止。当混入极细的合金添加剂时，粉末不能完全分散，而是呈聚集状分散。这时，宜用小型混料机将合金添加剂与数量为其5～20倍的基本原料粉相混合，再将这种粉末混合物按照适当比例混入基本原料粉中，这样可使它们混合均匀。

需要通过粉末混合添加的一个重要组元是润滑剂。润滑剂在铁基粉末冶金零件的生产中非常重要。粉末在刚性模具中压制成形时，必须进行润滑以减小压坯与阴模壁之间的摩擦力。自动压制时，若不进行润滑，将压坯从模具中脱出时所需的脱模压力迅速增大。压制几个压坯后，压坯就会卡死在模具中。低剪切强度的润滑剂可将金属表面隔离开。但即使充分润滑的表面也不可能实现完全分离，因为金属的粗糙表面可以穿过润滑膜与阴模壁相接触，仍然会产生摩擦力。

1.3.2 压坯密度的控制及压制缺陷形成机理与控制

1.3.2.1 压坯密度的分布与控制

铁基粉末冶金结构零件普遍采用模压成形，或称钢(刚)模压制。模压成形时由压机提供的压制压力通过模冲施加到被压制的粉末混合料上。在铁基粉末冶金结构零件生产中，需要控制的最重要的性能之一是压坯密度。因为它不仅反映钢模压制时对粉末密实的程度，而且可决定烧结时材料的性状。图1－16表示压坯密度与几个重要变量之间的关系。一般说来：

(a)压坯密度随着压制压力增高而增大，这是因为压制压力促使颗粒移动、变形及断裂；

(b)压坯密度随着粉末的粒度或松装密度增大而增高；

(c)粉末颗粒的硬度和强度减低时，有利于颗粒变形，从而促使压坯密度增大；

(d)减低压制速度时，有利于粉末颗粒移动，从而促使压还密度增大。

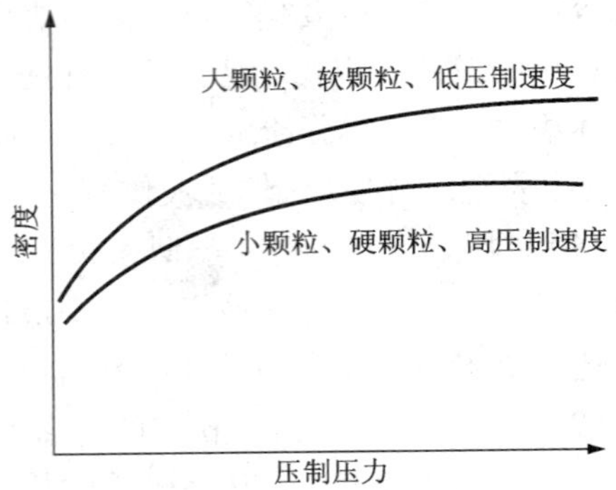

图1－16 压坯密度与压制压力、颗粒大小、颗粒硬度及压制速度之间的关系

钢模压制时粉末颗粒与阴模壁或芯棒表面存在摩擦力，同时粉末颗粒之间也存在摩擦力，因此，压制压力沿压制方向上的传递是不均匀的。此外，压力经模冲传向粉末时，粉末在某种程度上表现出与液体相似的性质——力图向各个方向流动，于是引起了垂直于压模壁的压力——侧压力。这些都导致了压坯的密度分布在高度方向和横截面上的不均匀性。搞清楚压坯中的密度分布对于充分利用烧结零件的性能，避免压坯中产生分层等缺陷极为重要。图 1－17 所示为单向压制镍粉压坯中的实际密度分布状况。

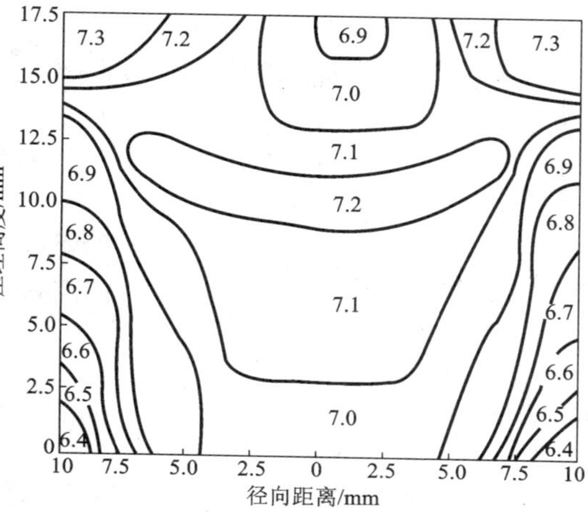

图 1－17　单向压制镍粉压坯的实际密度（g/cm^3）分布

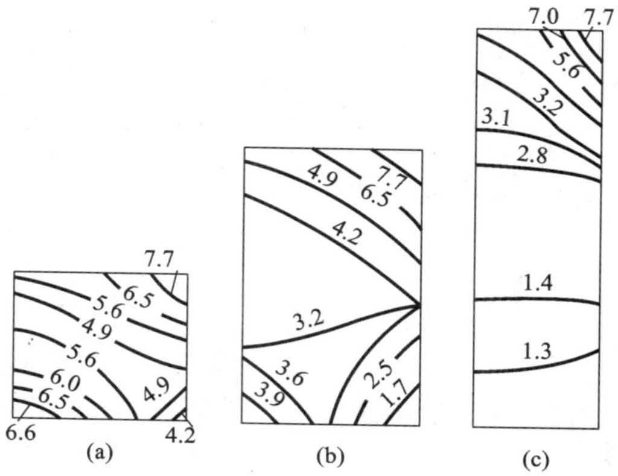

图 1－18　单向压制 *L/D* 不同的铜粉压坯的密度

（压制压力 700 MPa）

（a）*L/D* = 0.42；（b）*L/D* = 0.79；（c）*L/D* = 1.66

压坯的密度分布在很大程度上取决于压坯的长径比（*L/D*）。*L/D* 愈小，密度分布愈均匀。单向压制的 *L/D* 不同的铜粉压坯，其实际密度分布示于图 1－18 中。*L/D* 小于 0.5 时，密度分布较均匀；*L/D* 为 0.8～1.7 时，密度分布很不均匀，特别是压坯下部密度很低。这种密度随压坯长度增大而减小的情况，限制了单向压制压坯的长度（厚度）；甚至双向压制时，*L/D* 都有一定限制。

一般来说，可以采用下列方法来减小压坯密度分布的不均匀性：

（a）采取润滑剂以减小对阴模壁的摩擦；

（b）采用高的压制压力；

（c）采用小的 *L/D*；

（d）采用浮动阴模；

（e）采用双向压制；

（f）对于压坯的某些部分采取预压。

在制造尺寸较大的高密度烧结结构零件时，通常采用上述的某些方法。若能改变金属粉末的性能，则不增高压制压力或不用大型压机，也可增高压坯的密度。

1.3.2.2　压制缺陷形成机理及控制

成形压坯中的缺陷将降低压坯的机械强度，更严重的可能使压坯报废或遗留于烧结后的零件中，影响最终产品的性能。

最严重的压制缺陷，是在压坯中形成分层或平面裂纹，通常它们都垂直于压制方向。它们有的用肉眼可以看出(有时压坯发生爆炸性断裂)，有的很小或很难察觉。分层的主要原因是在压制行程结束时压坯的弹性回复。图1－19表示了分层的形成发展过程：①压制过程中形成扁平孔隙；②当作用在压坯上的压力卸压后，孔隙由于弹性回复而膨胀；③脱模过程中压坯径向胀大时，使几个扁平孔隙合并在一起。

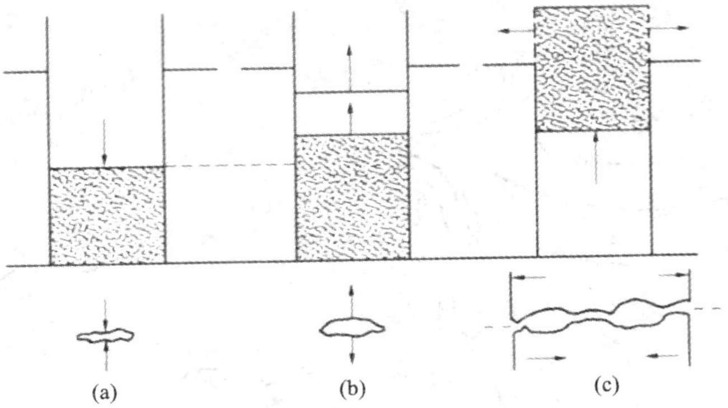

图1－19　由于弹性回复形成分层的示意图

(a)压制过程中形成扁平孔隙；(b)阴模内的压坯轴向弹性回复——形成分层核心；(c)脱模过程中压坯的径向弹性回复——形成分层

一般来说，压坯中形成分层的主要原因是：

(a)弹性回复应力。它趋向于将颗粒间界面拉开；平行于压制方向的应力作用于扁平孔隙上，趋向于使孔隙扩展(实际上，开裂都是从孔隙开始的)。

(b)脱模时产生的应力。如脱模时中间停顿，压坯侧面受到阴模壁表面的压力，压坯从阴模中脱出时产生弯曲应力和拉力，这可能造成沿颗粒间界面断裂，特别是垂直作用于扁平孔隙的应力分力。

(c)压制压力消除后，压坯中产生的应力。这可能是由于模具设计不正确，压制时阴模弹性胀大和压制压力消除后弹性回复造成的。后者趋向于将应力施加于压坯外部，这可能导致压坯发生断裂。

(d)表征压坯密度变化的颗粒间界面。密度猝然变化和孔隙数量增多皆发生于压坯心部，因此，分层往往发生在这里。这意味着负荷是通过颗粒间的小的连接颈或桥传递的，它易于超过颗粒间界面的强度。

(e)高的压制压力可能使扁平孔隙增多和使颗粒本身断裂，从而导致裂纹、孔隙大规模地合并，这对于由脱模或弹性回复产生的应力是很敏感的。

(f)混入的润滑剂过多，将阻碍颗粒间接触，易产生裂纹。

此外，对于几何形状复杂的压坯，因生坯强度过低、润滑不当以及脱模压力过大，脱模过程中都有可能造成压坯截面的碎裂。在压制方向具有高度不同的台面的零件，当成形不同台面的模冲移动速率不完全同步时，在不同台面接合处就可能出现剪切裂纹。

防止分层或裂纹形成的主要措施有：①有效润滑以减少脱模过程中的摩擦力；②在脱模过程中使压坯上保持正压力；③在阴模的压坯脱模出口端加工有轻微锥度，以使压坯在脱模过程中逐渐胀大；④减小压制速率，以避免空气被截留；⑤混合粉的粒度分布适当。

另外一种压制缺陷是表面鼓凸，通常是由于压制时排出空气不充分，使孔隙中包裹有高压空气所致。

轴套类铁基压坯对同轴度要求较高，也是较难控制的一个参数，为了提高同轴度，应提高装粉均匀性，合理设计模具，选择合适的模具安装定位基准等。

模压成形时压坯出现掉边掉角现象也较普遍，这主要是由于压制压力小，粉末的成形性不好，以及压坯较长时没有压制好等造成的。

1.3.3　铁基粉末冶金零件的烧结行为

烧结是一种高温热加工处理过程。烧结是将粉末成形压坯在低于材料主要组分熔点温度以下进行高温处理，在某个特定温度和气氛中，压坯中的粉末颗粒由机械啮合的聚集体变为原子晶体结合的聚集体，最终获得材料必要的物理和力学性能。

1.3.3.1　铁基零件烧结的特点

(1)铁基零件的烧结和材料成分、密度密切相关。依据材料成分，有单元系和多元系烧结。在多元系固相烧结中，有扩散速度较快、形成间隙固溶体的烧结，也有扩散速度相对较慢、形成置换固溶体的烧结。多元系烧结时还可能出现液相烧结。

(2)铁基零件的烧结和要求的材料性能密切相关。如减摩零件的烧结，要求连通孔隙和各项减摩性能指标，对力学性能要求则相对较低，此时烧结温度不宜过高；而结构零件大多要有较高的力学性能，要求孔隙度较低，孔隙形状规则或球化，因而烧结温度要求相对较高。

(3)铁基结构零件品种繁多，形状复杂，尺寸精度要求很高。烧结中控制尺寸精度和稳定性十分重要。烧结工艺尤其是温度和气氛成分波动对尺寸影响大，需要严格控制。

(4)铁基零件要求在还原性保护气氛下烧结，同时要求保护气氛在烧结中不造成零件的脱碳或渗碳。

(5)为制取高密度零件，相继发展了复压－复烧、熔渗、温压、粉末锻造等相关技术，配合这些技术的应用，烧结工艺也要做相应的调整。

在烧结铁基零件的成分中，除了基体金属铁粉，一般添加有石墨粉，有时还要加入铜、钼、镍、磷等合金元素。因此，铁基制品的烧结大多属于多元系烧结。此外，粉末压坯中还含有润滑剂和成形剂等，其烧结过程较为复杂。

1.3.3.2　铁基零件的烧结过程

铁基零件烧结时，一般都要经过预热、烧结、冷却三个基本阶段，即有三个温度区间。每个阶段既有自己的特点，又互相衔接，发生的变化也是相互交错的。图1－20为铁基零件烧结工艺示意图。

1. 预热阶段

预热阶段是指压坯从入炉到进入高温烧结前的阶段，一般温度在60～950℃之间。在此阶段铁基压坯将发生如下主要变化：

(1)压坯中残余应力的消除。铁基粉末在成形时，压制压力使压坯内部产生内应力。脱模后，一部分内应力因压坯产生弹性膨胀而消除，还有一部分内应力残留于压坯内部。通过预热，这部分内应力将得到消除。

(2)压坯中气体脱附和添加剂的分解、挥发。

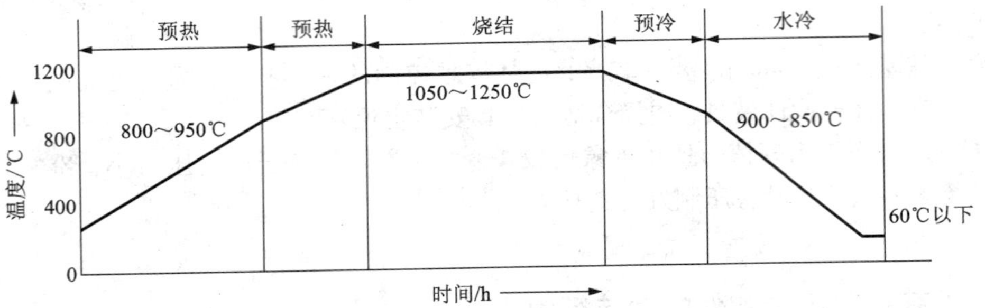

图 1-20　铁基零件烧结工艺示意图

① 铁粉颗粒有很大的表面自由能，在常温下会吸附。各种气体（如氧、氮、二氧化碳、水蒸气等），压坯受热后，随温度升高，被吸附的气体分子活动能力增加，从粉末颗粒表面脱附。气体脱附（从开始到结束）的温度范围在 100～600℃之间。

② 硬脂酸锌、机油等润滑剂、成形剂的分解和烧除。粉末压坯中加入的硬脂酸锌润滑剂[$Zn(C_{17}H_{35}CO_2)_2$]是一种不稳定的有机酸盐。硬脂酸锌和机油开始分解的温度大约为350℃，分解产物为 H_2O、CO_2、ZnO、C_mH_n 等。图 1-21 为粉末压坯中硬脂酸锌随着温度升高而分解的情况。从图 1-21 可以看出，硬脂酸锌在 400℃急剧分解，分解量猛增至 80% 以上。800℃左右有 95% 以上的硬脂酸锌分解。分解后的气体从压坯中迅速溢出。因此升温速度不宜过快，以保证挥发气体有足够的时间从压坯中均匀排出。如果升温过快，由于气体逸出过猛可能造成气泡和变形。如果压坯在进入高温带之前硬脂酸锌等添加剂烧除不干净，残留硬脂酸锌的分解会使烧结体产生气孔，甚至起泡、开裂。因此，应在 600～700℃减慢升温速率，以消除上述缺陷。

(3) 铁粉压坯中氧化物的还原。铁粉在空气中特别是在潮湿的空气中存放一段时间，其颗粒表面容易发生氧化，生成氧化膜。表面氧化膜的存在破坏了粉末颗粒间的金属接触，阻碍烧结颈的形成，对烧结是不利的。

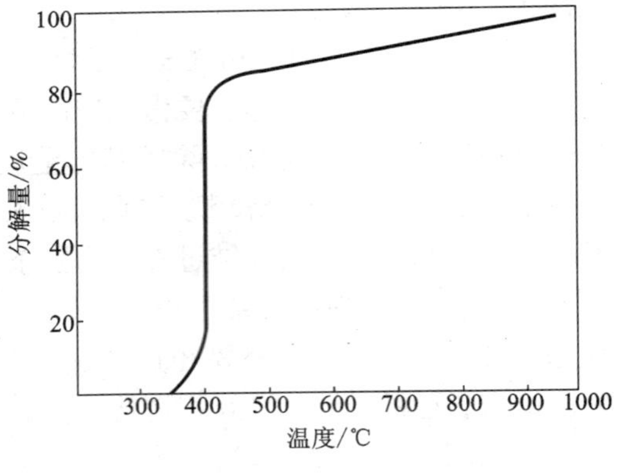

图 1-21　粉末压坯中硬脂酸锌随温度升高分解情况

铁粉压坯中的少量氧化物，在预热过程中随温度升高，在烧结气氛的作用下，逐渐被还原。还原温度因还原气氛不同有所差别，如氧化铁在氢气气氛中 550℃以上即可还原，而在一氧化碳气氛中 750℃以上才能被还原。其还原反应如下：

$$Fe_2O_3 + 3H_2 \xrightarrow{>550℃} 2Fe + 3H_2O \text{（在氢气气氛中还原）}$$

$$Fe_2O_3 + 3CO \xrightarrow{>750℃} 2Fe + 3CO_2 \text{（在一氧化碳气氛中还原）}$$

在预热时，混合料中添加的石墨或与烧结气氛中微量 O_2 和水汽相互作用，或与铁粉颗粒表面氧化物反应而可能被烧损造成脱碳。

2. 高温烧结和冷却阶段

固相烧结温度一般依据主要组元熔点而定，烧结温度 $T_{烧}$ 通常为 $0.7T_{熔} \sim 0.8T_{熔}$，$T_{熔}$ 为粉末压坯主要组元的熔点。Fe 的熔点为 1539℃，据此，铁基零件的烧结温度范围为 1050 ~ 1250℃。烧结温度的选取，还要根据压坯的成分、最终产品的性能要求，以及烧结过程中有无液相出现等因素确定。在烧结阶段，铁粉颗粒间发生烧结现象，但铁粉中添加的石墨对铁粉颗粒起着隔离作用，会阻碍铁粉颗粒烧结时的黏结。一般来说，采用较细的粉末，提高混合料的混匀度，适当提高烧结温度，提高压坯密度等，均能促进铁与石墨的相互扩散和石墨在奥氏体中的均匀化程度。

烧结铁碳系材料时，缓冷至 900℃ 即进入冷却阶段，在这个阶段主要发生奥氏体分解和最终组织结构的形成。冷却后材料的组织结构与奥氏体中的碳含量、碳的均匀度以及冷却速度等密切相关。

铁基材料碳含量不同，烧结冷却后的组织也不同。从 Fe－C 相图可知，奥氏体的分解，一般得到珠光体组织。化合碳含量小于 0.8% 的铁基材料，在正常情况下，其组织应为铁素体＋珠光体＋孔隙。随着化合碳含量增加，珠光体含量相应增多；化合碳含量在 0.8% 的组织为珠光体＋二次渗碳体＋孔隙。减摩材料的组织中则会出现游离石墨。

生产铁基减摩材料时，添加在铁粉压坯中的石墨烧结时不需全部溶解到奥氏体中，冷却后，残留的石墨以游离形式存在。游离石墨的多少，主要取决于石墨的加入量、烧结温度及保温时间。石墨粒度越细、烧结温度越高，保温时间越长，越容易向奥氏体中扩散、溶解，化合碳含量就高，游离石墨含量就低（如图 1－22）。

高温烧结时，由于各种因素的影响，碳在奥氏体中的扩散和分布不均匀，最终铁基材料的组织也不会均匀。一般在晶界上易于形成渗碳体，而晶粒内部可能仍是铁素体。这是由于碳在奥氏体中的扩散速度较慢，来不及向晶粒内部扩散，而主要是沿晶界扩散，导致碳在晶界上的浓度较高。由于碳的的分布不均，有时在同一个烧结体中，可能出现过共析和亚共析组织共存。

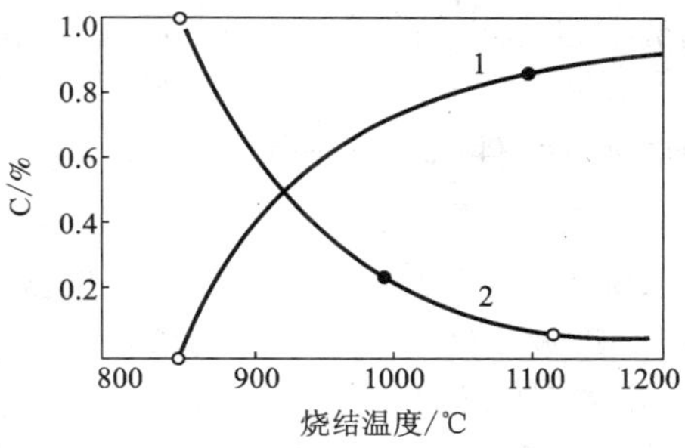

图 1－22　烧结温度对化合碳与游离石墨含量的影响

（分解 NH_3，保温 1 h）

1—化合碳；2—游离石墨

烧结后的冷却速度对铁基材料的组织有很大影响。冷却速度快，得到的珠光体组织较细，烧结材料的硬度和强度较高。冷却速度慢，珠光体晶粒粗，有时还会发生奥氏体的石墨化过程，使溶解于奥氏体中的碳因石墨化而重新析出来。

1.3.3.3　影响铁基零件烧结过程和显微组织结构的因素

铁基零件烧结时，通过自扩散发生粉末颗粒黏结，烧结颈形成和长大，颗粒之间界面转变为晶界面。预烧过程中表面氧化膜的还原，使颗粒间金属原子接触面增大，还原出来的新鲜铁原子活性大，原子扩散迁移能力强，有利于烧结过程的进行。同时，伴随着铁原子的自扩散，多元系中合金成分的互扩散亦开始进行。但互扩散由于形成不同类型的固溶体及有无液相形成，其扩散、流动等物质迁移速度是不同的。

从微观结构变化来看，铁基压坯烧结过程中除了合金元素向奥氏体的扩散，溶解，生成合金化奥氏体外，烧结体内的孔隙也在发生各种变化，包括总孔隙度，孔隙大小、形状和分布的变化。

烧结前，零件压坯内的孔隙度是和压坯密度直接相关的。孔隙的分布与密度均匀性有关。密度低的地方孔隙度高，密度高的地方孔隙度低。孔隙大小则与粉末粒度、粒度组成、粉末形状及压制压力和粉末变形程度有关。

烧结过程中，孔隙在不断变化。高温下保温时间延长，原来的孔隙网络随着粉末颗粒表面原子扩散、体积扩散和塑性流动，以及颗粒界面转变成晶界面等而逐渐变成隔离的闭孔，同时孔隙球化、小孔隙消失，少数闭孔长大。提高烧结温度和延长烧结时间，有利于球形孔隙的形成。一般铁基结构零件烧结过程中，由于烧结温度和烧结时间的限制，多数孔隙仍呈不规则状。

液相烧结过程中液相流动和颗粒重排使物质迁移加快，孔隙收缩也加快，易形成封闭孔隙，孔隙封闭和球化能提高粉末冶金零件的力学性能。因此，在烧结铁基零件时，选择合适的合金元素，实现液相烧结，也是提高零件性能的重要途径之一。

烧结气氛对产品的最终性能有着重要的影响，它通过影响烧结过程而使产品的尺寸发生改变，还影响产品的性能参数，如硬度、强度、韧性等。铁基零件烧结时常用的气氛有吸热型气氛、放热型气氛、分解氨（或氮基气氛）和真空等。吸热型气氛由富碳氢化合物气体（例如甲烷、丙烷和天然气等）和空气混合，通过加热的催化剂而形成。制备放热型气氛的原料与吸热型气氛类似，只是通过不完全燃烧合成。氮基气氛可通过无水氨在催化剂存在时加热分解后通入一定量的分子氮，或纯氢气中通入一定量的分子氮而获得。它能根据烧结对象，调整气氛中的气体比例或加入一些特定气体，以达到预期的烧结效果。氮基气氛属于还原性气氛，对碳而言是中性的。铁基材料在真空气氛中烧结不会发生氧化、渗碳或脱碳。因此真空对烧结铁基零件而言是中性的气氛。真空炉内的压力一般远低于大气压，可以根据具体需要，返充氩气、氮气、甲烷等，以调整气氛进行渗碳、渗氮等处理或防止某些元素蒸发。

一般说来，在吸热性气氛中预烧，得到的铁基材料的抗拉强度较高，主要是因为：

（1）经过吸热性气氛烧结后的碳含量较高。

（2）虽然可能发生脱碳反应造成一定的碳损失，但是产品已经过预烧结，脱碳通道受阻，脱碳不会很严重，因此产品可以维持一个比较合理的碳含量。

（3）镍等合金元素进一步合金化，促进了强度的提高。

1.4 铁基粉末冶金零件的烧结后处理

1.4.1 整形与精整

常温下，可将烧结后的烧结体在模具中再压制一次，使其产生塑性变形，以达到改善某些特性的目的。上述工艺方法，包括精整、精压、复压等，是粉末冶金制品后处理中最常用的方法。其目的是：

（1）提高粉末冶金制品的尺寸、形状和位置精度；

（2）减小制品的表面粗糙度；

(3)获得特定的表面形状;

(4)提高材料的力学性能等。

通过模具矫正制品的烧结变形，达到所需要的尺寸精度及表面粗糙度的工艺叫精整。精整可使制品产生塑性变形。不同的制品，要求塑性变形的大小及方向不同。按照制品在精整时精整余量的多少及余量所留位置可将精整分为两类：正精整和负精整，以及径向精整和全精装。

正精整是指烧结体内径比精整芯棒外径小，外径比精整阴模内径大。精整时，须用上模冲强迫烧结体进入阴模型腔和芯棒。

负精整是指烧结体内径比精整芯棒外径大，外径比精整阴模内径小。精整时，在较大的压力作用下，烧结体在上模冲和下模冲之间发生致密化与塑性变形而充满阴模型腔和芯棒间的间隙。

径向精整是在制品的径向进行的一种精整方法，一般是使零件从精整阴模和芯棒之间通过，以提高零件的径向尺寸精度并减小表面粗糙度，但零件的高度尺寸较难控制。具体方法是模具通过制品或制品挤过模具，使制品产生一定塑性变形，从而改变内外径尺寸，提高内外径精度，降低粗糙度。径向精整如图 1 - 23 所示，包括单整内径(a)、单整外径(b)、外箍内(c)、内胀外(d)、外箍内胀(e)等方法。

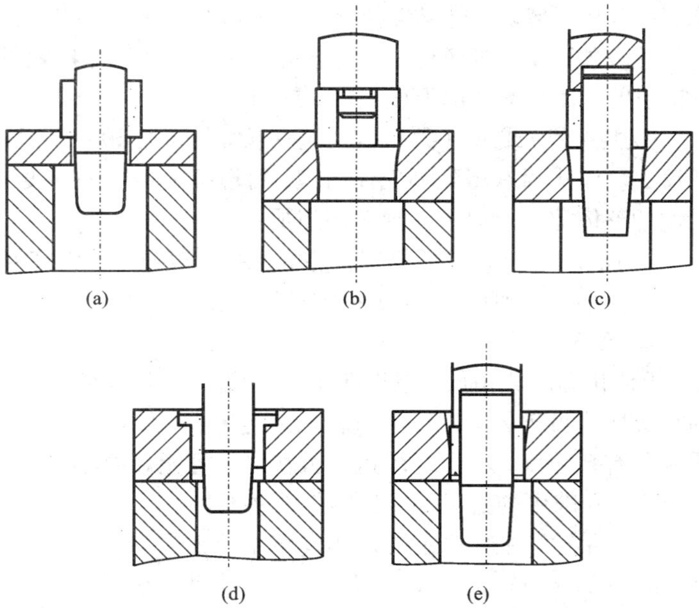

图 1 - 23　通过式精整方案

(a)单整内径；(b)单整外径；(c)外箍内(c)；(d)内胀外；(e)外箍内胀

全精整是指在制品的径向和轴向都进行精整的方法(如图 1 - 24)。精整时芯棒与上模冲一同下行，芯棒先穿入烧结件，继续下行，将烧结体挤入阴模，烧结体碰到下模冲，高度有 2% ~8% 的压下率，因而烧结体在封闭的模具内，内、外径和高度三个方向均产生塑性变形，实现内、外径及高度均精整的目的，同时产生少量的致密化。与通过式方法相比，全精整塑变最充分，出模后，弹性回弹小。异形零件和轴向精度要求较高的零件可采用全精整的方法。

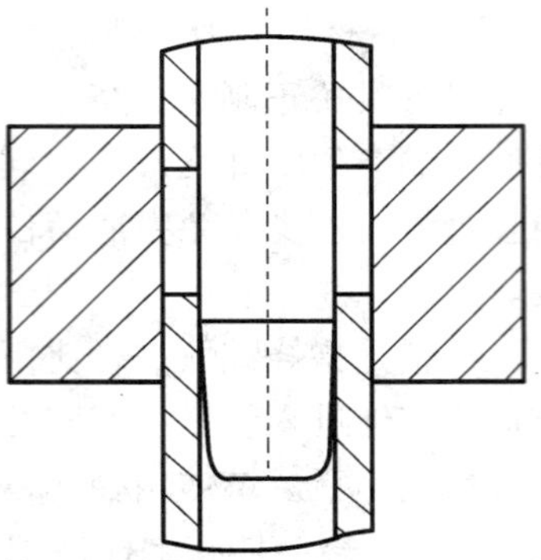

图 1-24　全精整工艺方案

1.4.2　热处理

和致密钢一样，热处理是提高铁基粉末冶金结构零件性能的有效方法之一。

铁基粉末冶金材料内部孔隙的导热率远小于基体本身的导热率，因此其总体的传热速度比致密材料低，材料的淬透性相对较差。当烧结体密度增加时，材料的导热性增加，淬硬深度也增加。

由于烧结铁基零件内部存在孔隙，零件经热处理后的力学性能不仅和处理后的组织结构类型有关，还与其密度密切相关。低密度的零件，虽然可通过热处理完成基体组织结构的转变，但高孔隙度对材料的力学性能起支配作用，因而难以达到相应锻造材料热处理后的性能。尤其是淬火处理后，本身使塑性下降，高孔隙使淬火处理后脆性更大。因此，一般中、低密度结构零件（$<6.5\ g/cm^3$）不适宜通过热处理强化来提高零件的力学性能。

粉末冶金材料与致密材料相比，宏观组织较均匀，无宏观的区域偏析和大型缩孔。但是，热处理时在较小的微观区域内，材料各种组元的重新分布要依靠扩散来实现，粉末冶金材料的微观组织均匀性较差，在同等条件下，完全奥氏体化时间比相应锻件要长近50%。当添加合金元素时，完全奥氏体化需要的温度更高，或时间更长。

将钢加热到 A_{c3}（亚共析钢）或 A_{c1}（共析钢及过共析钢）以上 30～50℃，经保温后快速冷却的操作称为钢的淬火。淬火后获得到马氏体组织，可以提高钢件的强度和硬度等。一般铁基粉末冶金结构零件的整体淬火由以下三道工序组成：

（1）奥氏体化。在具有和化合碳含量相当碳势的保护性气氛下，将零件加热到高于 A_3 温度，通常为 850 ℃，并保温一定时间，其长短视零件形状及尺寸而定，如 30 min，使之奥氏体化。

（2）淬火。从奥氏体化温度或稍低，但仍高于 A_3 的温度，将零件淬于油或水中，使奥氏体转变成硬且脆的马氏体或贝氏体。对于铁基粉末冶金零件，最好是淬于温油（50℃）中，这是因为粉末冶金零件具有孔隙度，淬火冷却速度太快时，可能导致零件开裂。另外，采用盐水淬火时，淬火后存留于孔隙中的盐水会导致零件严重腐蚀。

（3）回火。铁基粉末冶金零件通常是在 180℃（烧结镍钢为 260℃）下回火，回火时间通常依据零件断面厚度，按每 25.4 mm 回火 1 h 而定。回火的目的是消除奥氏体转变为马氏体或贝氏体时产生的内应力。回火可减小马氏体与贝氏体的脆性，提高零件材料的韧性。

为了提高铁基结构零件的强度等力学性能和表面耐磨性，最常用的热处理为直接淬火处理、渗碳－淬火化学热处理和高频表面淬火处理等。

1. 直接淬火热处理

直接淬火热处理主要应用于对整体强度和硬度性能要求高的零件，适合于烧结碳钢和低合金钢等烧结零件的各类钢种。烧结体密度通常在 $6.6\ g/cm^3$ 以上，化合碳含量以 0.3%～0.6% 和 0.6%～0.9% 居多，淬火后要求获得马氏体组织，其强度、硬度等力学性能随密度和化学成分不同而差异很大，同密度零件的烧结低合金钢性能低于烧结碳钢。铁基结构零件的直接淬火－回火热处理，原则上和致密锻钢一致，但由于孔隙的存在而显示出某些特点。

铁基结构零件因导热性差，热处理时比同成分致密钢加热温度要提高 50℃左右。根据相图，亚共析烧结钢零件加热温度应为 A_{c3} +（30～50℃），使零件热加后完全奥氏体化。若加热温度低，零件内部将保留一部分铁素体，使淬火后强度和硬度降低；温度过高，奥氏体晶粒粗化，同样会降低淬火钢性能。烧结过共析钢零件加热温度应为 A_{c1} +（80～100℃）。烧结过共析钢零件淬火后得到马氏体 + Fe_3C 粒，粒状 Fe_3C 不但不降低硬度，还能提高钢的耐磨性。

淬火钢的组织一般由马氏体和来不及发生转变的残余奥氏体组成，它们都是不稳定的组织组成物，会自发地向稳定的铁素体和渗碳体或碳化物的两相混合物转变，从而引起工件尺寸和形状不断变化。回火处理则可以促使它充分转变到一定程度，使得组织结构稳定化，保证工件使用过程中不再因组织的不稳定而发生尺寸和形状的变化。

淬火钢的回火过程是复杂的组织转变过程，不同成分的淬火钢在不同温度下回火时，回火转变产物不同，力学性能亦不同。生产中按回火温度高低分成三类，即低温回火、中温回火、高温回火。铁基粉末冶金零件通常使用的只有低温回火。

低温回火（150～250℃）过程时，工件体积发生收缩，马氏体开始分解，固溶于马氏体中的过饱和碳原子脱溶，并沉淀析出 ε 碳化物。ε 碳化物具有正交晶格的晶体结构，分子式为 $Fe_{2.4}C$。它不是一种平衡相，而是向 Fe_3C 转变前的过渡相。由于低温回火的温度较低，原子活动能力增大不多，马氏体中的碳并未全部析出，组织中仍含有过饱和的碳。所以低温回火转变的组织由含过饱和碳的 α 固溶体和与母相晶格联系的 ε 碳化物组成。将这种组织称作回火马氏体。由于这时的碳化物极为细小，又与母相共格联系，而母相仍为过饱和固溶体，因而低温回火的硬度基本不降低，共析钢和过共析钢的低温回火硬度甚至略有升高。这是由于所析出的 ε 碳化物数量多，晶粒细小，产生弥散硬化所致。铁基结构零件由于淬火硬度低于锻钢，孔隙的存在也会消除一部分内应力，故内应力较低，大多选择低温回火，回火温度取 150～200℃。由于密度的原因，如 7.0 g/cm^3 的各类烧结钢品种，低温回火硬度一般在 30～40HRC，远低于锻钢的低温回火硬度（58～64HRC）。

2. 渗碳－淬火处理

渗碳－淬火是一种化学热处理，它是将零件放置于适当的介质中加热、保温，使介质中活性原子渗入零件表层，改变表层化学成分，随后在冷却介质中冷却，获得一定组织及相应力学性能的一种热处理工艺。它也属于表面热处理，和表面淬火处理不同的是处理过程中不仅有组织变化，还有成分变化。渗碳－淬火处理在烧结钢零件生产中应用很普遍，主要原因有：

（1）粉末冶金机械零件因孔隙的存在，塑性和韧性较低，直接淬火后在提高强度的同时，材料的塑、韧性很低。这对于综合力学性能要求高，尤其是承受冲击载荷的零件有所欠缺。如果烧结态化合碳控制在 0.3% 左右，使材料塑、韧性较高，热处理采用渗碳－淬火，就可在表面获得表观硬度高的高碳马氏体组织，心部获得韧性高的低碳马氏体组织，材料的综合力学性能优良。

（2）成形混合料中采用较少量的石墨粉，有利于适当提高压坯密度。这对提高最终零件的密度和综合力学性能有利。

与烧舟直接接触，产品之间也不宜互相接触，防止出现熔焊现象。铁基材料的熔渗，需在保护气氛下进行，防止材料氧化、渗碳、脱碳。所用的保护气氛可与烧结时用的相同，如分解氨、吸热型气氛等还原性气体。

1.5.3 粉末锻造

粉末锻造通常是将粉末冶金法制造的预成形坯，置于锻模中进行锻造，以提高烧结材料的密度和赋予烧结零件以所需形状的一种方法。它是将传统的粉末冶金和精密模锻结合起来的一种新工艺。

目前常用的粉末冶金锻造的方法有粉末热锻和粉末冷锻；粉末热锻又分为粉末锻造、烧结锻造和锻造烧结三种，基本工艺过程见图 1－29。

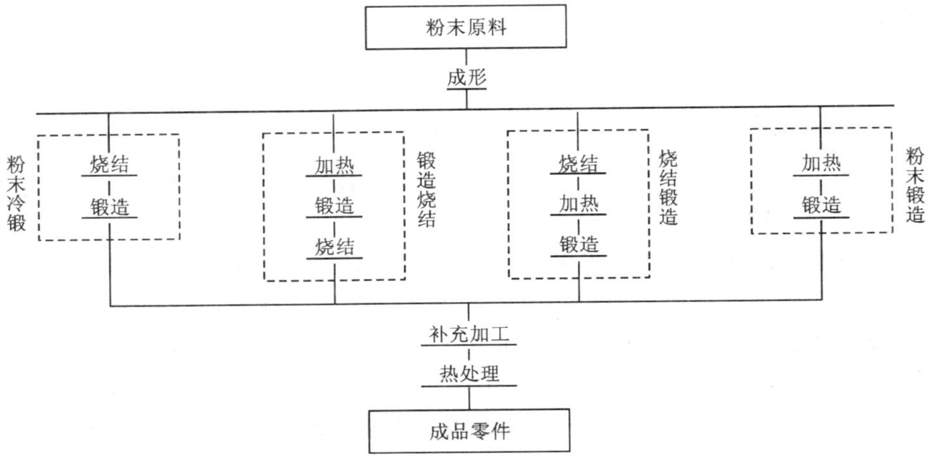

图 1－29 粉末冶金锻造的基本工艺过程

由于铁基粉末冶金结构材料中不可避免地存在孔隙，而孔隙的存在及微观组织的不均匀性严重影响制品的性能，特别是力学性能，也成为铁基粉末冶金结构材料应用中的屏障。因此，铁基粉末冶金结构零件材料的致密化已经成为发展高性能粉末冶金制品的必然趋势。目前粉末锻造已成为减少粉末冶金零件孔隙率，提高材料密度，从而提高其综合机械性能的主要方法之一。粉末锻造具有如下特点：

(1) 使粉末冶金零件的孔隙度显著降低，获得近似致密组织；

(2) 显著提高铁基结构零件的密度，如热锻前密度为 6.70～6.80 g/cm^3，经过粉末热锻后，密度可以提高到 7.60～7.70 g/cm^3；

(3) 经过热锻的铁基零件的表观硬度明显提高，比粉末烧结件增加 50%，密度和表观硬度的提高大大降低了零件由脱落磨屑导致的磨粒磨损，提高了材料的耐磨性；

(4) 热锻件的致密度远远高于烧结件，同时提高了材料的淬透性，更加有利于材料的后续表面热处理。

粉末锻造多以雾化预合金粉作原料，用一般的成形烧结方法将粉末制成预成形坯。预成形坯的形状或与成品零件相似，或呈与成品零件完全不同的简单形状。前者锻造时变形小，锻模使用寿命长；后者锻造时金属流动大，可将残留孔隙完全密合，从而制得机械性能高的零件。预成形坯的密度高时，有利于减小锻造时的氧化与脱碳。有人认为，依据试验结果，粉末冷锻时预成形坯的密度为 6.2 g/cm^3，弯曲强度最高。也有人认为，对完全预合金化粉末，烧结锻造预成形坯的最佳密度应位于 5.6 ~ 6.5 g/cm^3 范围的下限。但是，也有人认为宜接近上述范围的上限，特别是当使用的粉末不含化合碳和无保护涂层时。除预成形坯的形状和密度外，预成形坯的重量误差必须控制在 0.5% 以内，因为烧结锻造零件的尺寸与形状精度、密度及有无毛边皆与预成形坯的重量精度密切相关。

目前，铁基粉末冶金结构零件的热锻大多采用烧结锻造的形式进行。烧结通常在网带式连续烧结炉中于吸热型气氛中进行。烧结温度通常为 1120 ~ 1150℃，等温烧结时间约为 0.5 h。烧结的目的一是增大粉末颗粒间的联结，二是使石墨或合金元素扩散到金属基体中，以强化金属基体。因此，当采用预合金粉作原料粉时，就有可能将预成形坯的烧结和锻造预热结合起来，实现烧结锻造。

美国通用汽车公司与辛辛那提公司合作研制的烧结锻造系统就是按照上述方法设计的（图 1 - 30）。这种方法是用普通的成形—烧结法制造预成形坯。锻造前，以感应加热预热预成形坯。该方法的缺点是要将预成形坯加热二次，生产成本高，形状复杂的预成形坯难以进行感应加热，优点是简化了预成形坯的自动传送，可进行间歇性生产。

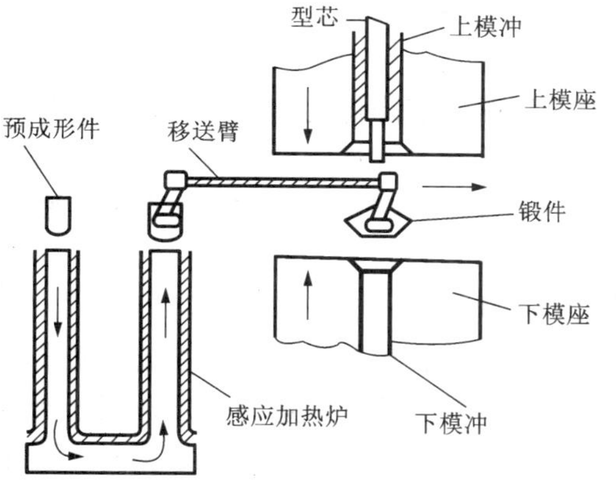

图 1 - 30　美国通用汽车公司与辛辛那提公司合作研制的烧结锻造机组的示意图

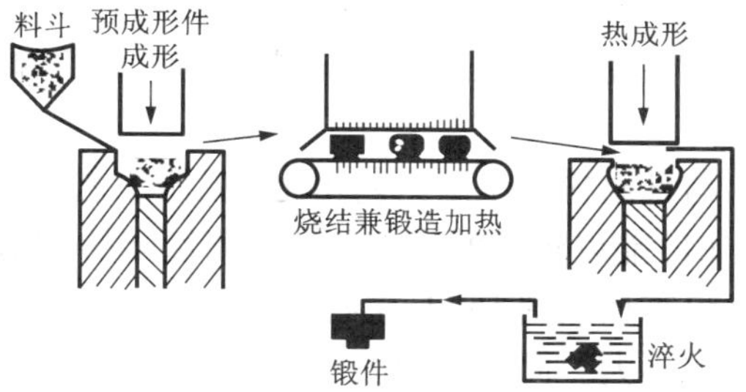

图 1 - 31　英国 GKN 公司发展的烧结锻造方法的示意图

英国 GKN 公司开发出了一种烧结后直接锻造的方法。它是在烧结后从炉子的加热带直接将预成形坯传送于锻模中（图 1 - 31）。这个方法的问题，是如何将红热的、移动的、无定向放置的预成形坯直接从炉子的加热带自动传送到锻模中。另外，炉中不同的温度带产生之碳势不同，也可能引起问题。

日本神户制钢发明了一种感应加热烧结锻造方法。这种方法将上面两种方法结合起来，预成形坯成形后，直接感应加热到锻造温度。这个方法能达到很高的温度，加热时间短，作业面积小，保护气氛的消耗量较小。但因加热时间短，碳不能完全扩散，可还原的氧化物不能完全还原，结果烧结锻造零件的冲击和疲劳强度比普通烧结的材料低。

部分，粉末加热可以采用热油循环加热、微波加热、感应加热和电阻加热等方式。图 1 – 33 所示为温压装置的基本组成示意图，此装置采用的是油加热和保温系统。

加热系统还包括输送软管、装粉靴等粉末送料系统，主要是保证在料仓中已达到均温的粉末不再在输送过程中发生温度波动。输送系统的加温主要保证输送管和装粉靴及从料仓来的粉末体的温度。管壁的温度波动会影响和管壁接触的粉末与中间部分粉末的温度差异。

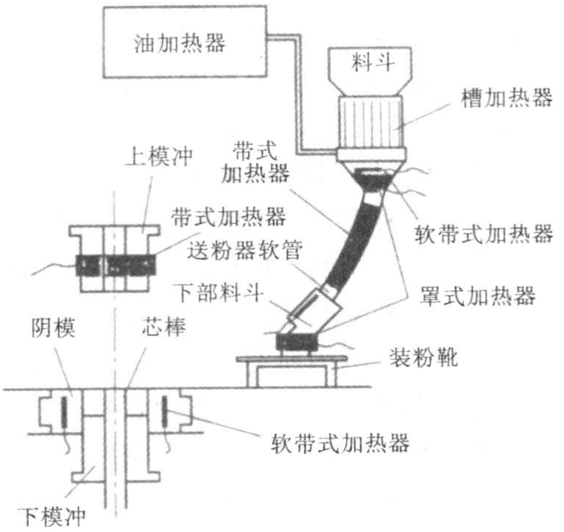

图 1 – 33　温压装置的基本组成示意图

模具加热是实现温压过程的又一关键。阴模壁和上模冲要加热至与粉末体相近的温度，以保证粉末混合料压制过程中，润滑剂挤到阴模壁能保证具有低的摩擦系数和良好的表面状态，使零件高度方向或径向密度差保持在最小范围。

模具加热多选用电阻式加热，用控温仪控制温度。保证模具所有部分处于均一温度状态，上模冲和大的芯棒等组合件均应加热。下模冲一直处在阴模内，经阴模传导可得到加热，故下模冲可不直接加热。但要防止阴模传递给模架太多的热量，可选用隔热措施减少对压机模架和模板的热量。同时，阴模温度较高，阴模外套和阴模之间应保证大的过盈量配合，使阴模在高的压力下不发生阴模从外套中滑动脱落。

温压温度与配入的润滑剂类型、润滑剂熔融相变温度、润滑剂在不同温度下的流变性、粉末混合料的成分组成、压坯和阴模的接触面积、温压压制压力等多种因素有关。每种粉末混合料都有一个最佳的温压压制温度。试验中应测试配制的混合料温压压制温度和压坯密度的关系曲线，即温压压缩性曲线以获得最大压坯密度的最佳压制压力和最佳压制温度，从而确定粉末混合料和模具的加热温度及其控制的波动范围。

温压技术自 20 世纪 90 年代中叶问世以来，短短二十多年间，国内外已采用此项技术开发出高密度、高强度等高性能铁基结构零件数百个品种，包括重达 1.2 kg，用在福特卡车变速箱上的转矩轮毂（图 1 – 34）。温压技术在制造出高密度、高强度零件的同时，工序较少，成本低廉，显示出很强的竞争优势，市场前景十分广阔，被认为是 20 世纪 90 年代以来生产高密度铁基结构零件领域最重要的技术进展之一。

图 1 – 34　通过粉末温压成形生产的转矩轮毂

1.5.5　粉末高速压制

粉末高速压制（HVC）是瑞典 Hoaganas 公司在 2001 年 6 月推介的一项粉末压制成形新技

术。HVC 是近年来粉末冶金领域寻求低成本高密度材料加工技术的又一重要技术进展，作为大批量生产高密度高性能铁基结构零件和其他粉末冶金材料的方法，HVC 可以突破目前粉末冶金工艺的一些局限性。

HVC 与传统的粉末压制有许多相似之处，都是采取压头对压模内的粉末进行压制。但关键是压制速度比传统压制快 500 ~ 1000 倍，可高达 2 ~ 30 m/s，液压驱动的重锤可在 0.02 s 内将压制能量通过压头传给粉末，实现粉末体的致密化。高速压制的另一个特点是产生多重冲击波，间隔约 0.3 s 的一个个附加冲击波将密度不断提高。这种多重冲击提高密度的一个优点是可用比传统压制小的设备制造重达 5 kg 以上的部件。重锤的质量与冲击时的速度决定压制能量与致密化程度，因而可以使材料性能更加优良、生产更加经济，具备用中小型设备来生产超大零件的能力。图 1 - 35 所示为 HVC 压制的基本原理和冲击波压制曲线。

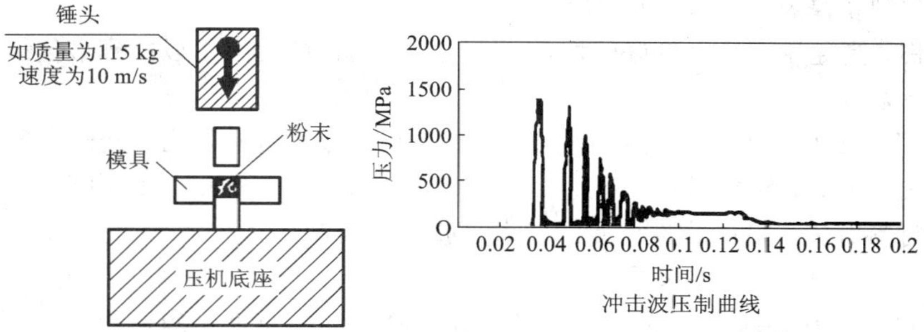

图 1 - 35　HVC 的基本原理及冲击波压制曲线

高速压制技术在生产铁基粉末冶金结构零件时，具有以下技术和经济优势：

1. 高密度、高性能

HVC 用强烈的冲击波来进行压制使铁基粉末冶金零件达到高密度。HVC 不仅可以使零件高致密化，而且可以使其密度均匀化。典型的齿轮冲击试验表明其密度变化范围小于 0.01 g/cm^3。与传统压制相比，HVC 粉末冶金零件的密度提高了 0.3 g/cm^3 以上，相应材料的性能也得到显著的提高。HVC 材料，与传统压制的典型材料相比，其抗拉强度和屈服强度提高了 20% ~ 25%，其他各项性能指标也都有较大提高。图 1 - 36 是通过常规压制和高速压制获得的三种铁基材料的密度比较。

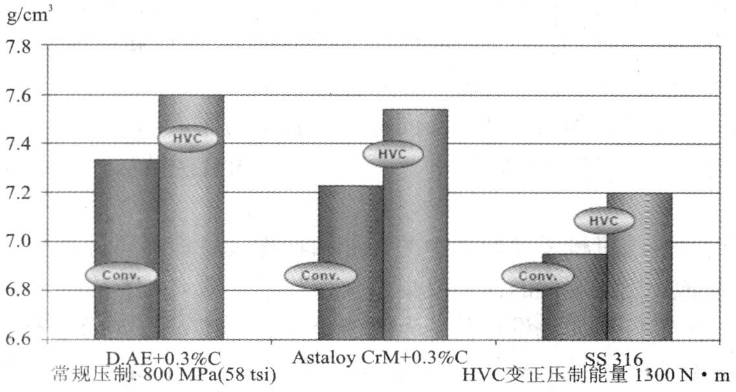

图 1 - 36　常规压制（Conv.）和高速压制（HVC）生产三种铁基材料的密度对比

2. 较低的生产成本

图 1-37 比较了几种不同工艺制备的铁基材料的密度和相对成本。从中可以看出，HVC 的工艺成本与常规一次压制烧结工艺相差不大，比温压稍低，而粉末锻造的工艺成本最高。从成形密度来看，传统工艺约为 7.1 g/cm^3，高速压制为 7.5 g/cm^3，温压为 7.3 g/cm^3，锻造基本可以达到理论密度 7.8 g/cm^3。因此，从生产成本与制品密度之间的性价比来看，对制备高密度、高性能的粉末冶金零部件，高速压制具有良好的性价比，在成本与性能之间可以找到最佳结合点。

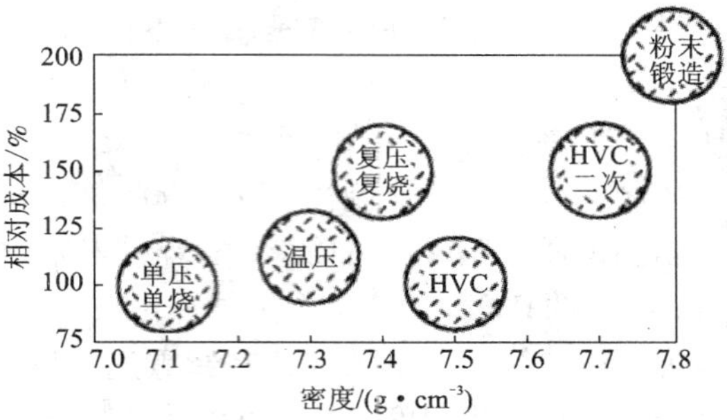

图 1-37 几种不同工艺材料密度与成本比较

3. 低弹性后效

HVC 制备的零部件其径向弹性后效比传统压制要低。研究表明，直径为 31 mm 的圆柱体，材料为铁基粉末 ASC100129，高速压制的生坯径向弹性后效减少了 40%。这与压坯几何形状和粉末材料有关。低的弹性后效的优点是脱模力较低。

4. 高产率比、经济地成形大零件

HVC 压制速度比传统压制快 500 ~ 1000 倍。HVC 的多重冲击致密机制可以用比传统压制小的设备来制备重达数千克的零部件并可用于大批量生产。

随着 HVC 研发的进一步深入，大量的粉末冶金结构材料零部件和软磁材料预期都可以用 HVC 生产。目前，如圆柱体、环形体、棒体和凸轮等单层零件以及内外齿轮、齿条、花键均已成功地通过 HVC 技术生产出来并投入使用。正在开发另外一些几何形状的零件，典型的如阀门座、带轮毂的圆筒或齿轮等。高速压制能够满足很多工业上传动类零部件的要求，大量抗磨、较高疲劳寿命或高强度的零件都可以采用高速压制来生产。具有潜在应用前景的结构零件包括阀座、法兰、导向阀、连杆、链轮、凸轮凸角机构、轴承盖、衬套、齿轮轴、轴承座圈等。HVC 还将扩展结构材料和粉末冶金软磁复合材料的应用空间。

1.5.6 组合烧结

粉末冶金组合烧结工艺，可根据对制品使用需要（不同压力、温度），把不同粒度、不同密度的粉末制品烧结在一起，把不同硬度材料、不同材质（有色和黑色金属）的粉末制品烧结在一起，也可以把粉末冶金制品和轧制钢管（板）烧结在一起。

组合烧结的基本原理是利用烧结时不同材料的收缩与胀大和低熔点金属或合金的熔渗，将几个烧结零件连接为形状较复杂的零件。主要有间隙组合烧结法、熔渗组合烧结法和钎焊组合烧结法等。

间隙组合烧结是烧结机械零件制造中的一种独特连接法。不同材料烧结时，根据材料的密度和（或）化学组成，烧结零件的体积发生胀大或收缩。图 1-38 的零件系由零件 a 与 b 用烧结法连接而成的。零件是如此设计的，为便于组装，压坯 a 与 b 间应有一小的配合间隙。外部的零件 a 是用烧结时收缩的材料制造的，而内部的零件 b 则采用烧结时胀大的材料。烧结时，两零件间产生收缩配合。当需要传递重负荷或零件 a 与 b 间的齿必须对准时，可在连接面上成形以平面或花键。

组合烧结工艺具有如下特点：

(1) 结合面的结合力大，结合面平整且不泄漏；

(2) 可以将多孔材料与致密材料组合烧结在一起，使零件耐高压、耐高温、耐腐蚀、耐爆，安装方便；

(3) 可以将不同材质的材料烧结在一起，难加工材料可用易加工的材料代替，这样省料省时，降低成本。

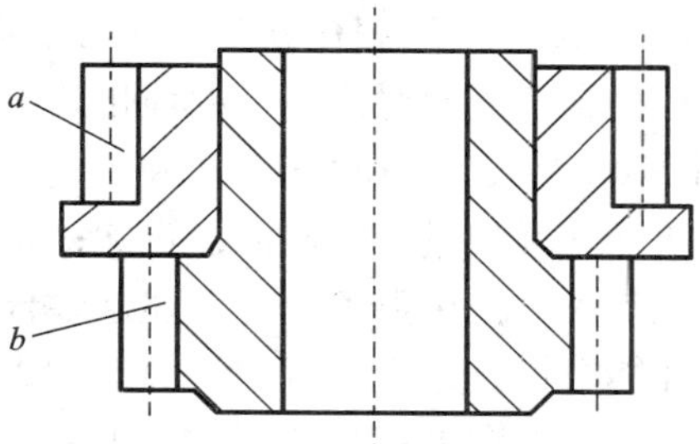

图 1－38　烧结时两零件连接的原理

组合烧结已成功应用于：

(1) 采用不同粒度粉末烧结的"可燃气体报警仪"探头罩子；

(2) 采用不同材质粉末组合烧结而成的汽车钢板弹簧衬套，它是外用钢管内用铜材的组合烧结，既节约了铜材，又节约了加工费，且增加了强度；

(3) 采用不锈钢不同粉末粒度组合烧结而成的防爆型定量装车仪的传声接头；

(4) 采用不同硬度的材质组合烧结的重油燃烧用喷头，使用寿命成倍增加。

以上粉末冶金组合烧结的产品都已投入使用，并且取得了良好的经济效益。

1.5.7　烧结硬化

1.5.7.1　概述

烧结硬化是近年来在铁基结构零件制造中产生的一项新技术。它通过调整合金钢成分，并将烧结过程中的冷却段和热处理中淬火工艺有机地结合起来，从而使烧结结构零件不经过专门的热处理工序就能获得高的强度和硬度等力学性能，不仅降低了成本，而且对一些形状复杂的结构零件，避免了热处理中淬火的热冲击而产生高应力使零件变形大等缺点，在提高零件尺寸精度等方面十分有效。

烧结硬化是在考虑了热处理中影响过冷奥氏体稳定性的因素，运用淬火等热处理的基础知识，并针对铁基零件在烧结过程中出现奥氏体组织这一特点，而提出的一个以铁基粉末冶金零件烧结过程为基础的新的和完整的工艺处理技术。粉末冶金零件通过烧结硬化处理后可以不经过后加工，或者仅需经过热处理零件所必要的少量磨削加工就能应用。

为了获得良好的过冷奥氏体稳定性，提高淬透性，可以专门设计合金成分和含量的烧结硬化用专用粉末原料，这在技术实施上并不会遇到多少困难；然后利用烧结零件的高淬透性，在比直接淬火处理工艺低得多的冷却速度下，将烧结态零件在烧结炉冷却段冷却，完成马氏体转变，使热冲击降低到最小。

为实现通过烧结硬化获得马氏体组织和相应的高强度、高硬度力学性能，必须在以下三个方面控制好：

(1) 要选择强化性能和淬透性好的合金元素及其一定的含量。

(2) 冷却速度虽没有直接淬火处理要求那么快，但烧结炉水夹套冷却速度太小，要给予适当补充加大冷却速度。

(3) 零件要达到一定的密度。正如前面已经多次提到的，小于 6.5 g/cm^3 密度的，材料力学性能主要受密度影响，合金化和热处理强化作用均不能得到充分发挥；材料密度大于 6.6 g/cm³，尤其是 >6.8 g/cm³以后，合金化合热处理强化效果才明显。

1.5.7.2　**烧结硬化铁基粉末冶金合金的材料体系**

根据合金元素对烧结钢的强化效果及对过冷奥氏体稳定性的影响，烧结硬化钢中大多选用 Cr、Ni、Mn、Mo 和 Cu 等几种合金元素及一定含量的组合。Ni、Mn 和 Cu 对钢的固溶强化作用明显并增加过冷奥氏体稳定性；Cr、Mo 等强碳化物形成元素提高钢的淬透性，防止奥氏体晶粒长大的作用显著。将上述这些合金元素的品种和含量适当组合，初步试验获得的钢的力学性能数据是令人满意的。表 1－12 是用于烧结硬化试验的三种低合金钢粉的化学成分，其力学性能如图 1－39 和 1－40 所示。

表 1－12　用于烧结硬化试验的三种低合金钢粉的化学成分/%

合金钢粉牌号①	Mn	Mo	Ni	Cr
ATOMET4601	0.18	0.5	1.75	—
ATOMET4701②	0.45	1.0	0.9	0.45
ATOMET4801(MSP4)②	0.18	0.5	4.0	—

表中：①均为加拿大 QMP 预合金粉

②烧结硬化用预合金粉

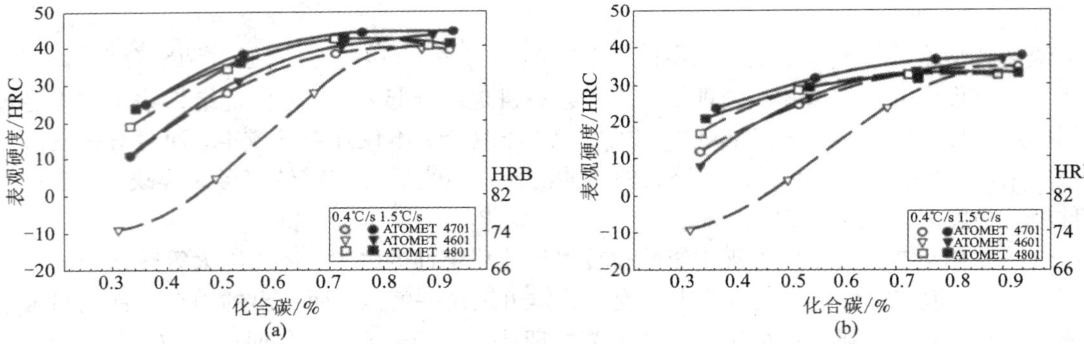

图 1－39　化合碳含量与冷却速度对三种材料的表观硬度的影响

(a)烧结态；(b)于 200℃ 回火 60 min

(试件压制到密度 6.9 g/cm³，所有混合粉都含有 2% Cu)

从图 1－39 可以看出，使用 ATOMET4701 和 ATOMET4801 合金粉试样在含 0.6% C，0.4℃/s 的冷却速度下，烧结硬化表观硬度可达 40HRC，而使用 ATOMET4601 合金粉试样则必须在 0.8% C 的情况下才能达到。回火处理均会降低表观硬度，下降幅度为 4～10HRC。图 1－40 则反映了化合碳含量和冷却速度对三种材料抗拉强度的影响。图 1－40(a)表明，采用 ATOMET4701 和 ATOMET4801 合金粉的试样在 0.4%～0.5% 含碳量和两种冷却速度下，抗拉强度均较高，达到 800～900 MPa。而 ATOMET4601 合金粉的试样只有在 1.5℃/s 的冷却速度下抗拉强度才能达到最高值，约为 800 MPa。图 1－40(b)则表明回火处理可以提高试样的抗拉强度。

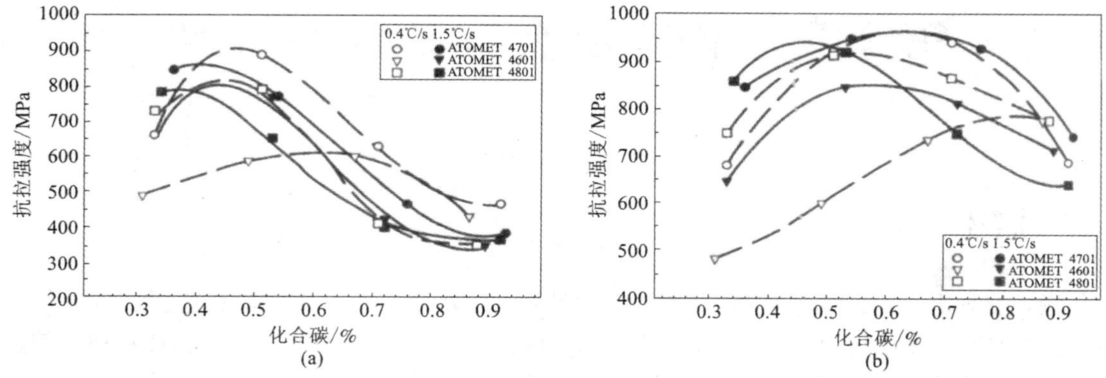

图 1－40　化合碳含量与冷却速度对三种材料的抗拉强度的影响

(a)烧结态；(b)于 200℃回火 60 min

(试件压制到密度 6.9 g/cm^3，所有混合粉都含有 2% Cu)

烧结硬化钢优异的力学性能和较精密的尺寸公差，受到了广泛重视。同时，由于不需要进行专门热处理，虽然选择了较多合金元素，但其含量并不高，因而总体制造成本仍比需要进行热处理的烧结低合金钢降低约 30%，随着有较快冷却速度装置的烧结炉的开发，应用烧结硬化工艺开发烧结硬化钢材料，以及由此制作的零件的优异性能和巨大的技术经济效益，将会受到更多的关注，在许多零件开发中得到更多的应用。

第 2 章　粉末冶金铜基结构材料

2.1　概述

铜具有导电、导热性好，抗腐蚀性、抗菌性佳，以及良好的可成形性和色彩美观等优良特性，在推动工业革命和人类文明发展过程中起到了巨大的作用，尤其在信息技术和通信技术的发展进步中有不可替代的作用，没有哪种金属或金属合金能像铜一样有如此多且用途广泛的使用特性。

铜及其合金粉末冶金产品具有良好的导电导热性能、耐蚀性能、减摩耐磨性能、表面光洁度和无磁性等优点，广泛应用于摩擦材料、含油轴承、电触头材料、导电材料、金刚石制品、过滤器和机械零件等，在汽车、家电、电子、通信等领域发挥着重要的作用。粉末冶金工业中铜的使用，可追溯到 20 世纪 20 年代，当时多孔性青铜含油轴承已经商品化，这些含油轴承是最早使用的多孔性粉末冶金零件，目前粉末冶金铜基含油轴承仍是粉末冶金铜基材料的重要组成部分，表 2－1 所列为粉末冶金青铜含油轴承的应用情况。

表 2－1　粉末冶金青铜含油轴承的应用

应用领域
起动机、照明发电机、油泵和水泵、风挡刮水器、汽车零件防护罩和窗玻璃提升器、加热器、空调、电动天线、电动座椅调节器
家用洗盘机、干燥机、洗衣机、缝纫机、真空除尘器、电冰箱
农场和拖拉机、联合收割机、拾棉花机、剪草机、绳锯切割机、链锯
电子消费品电唱机、自动换盘片器、音响设备
商务机械打印机、计算机、复印机
工业纺织机、包装机、电扇、手提电动工具、钻设备床、锯床

近年来，随着我国经济的持续快速发展，以及汽车工业的进步和世界范围内通信、电子工业的高速增长，铜及铜基粉末冶金材料的应用会大幅度增加。粉末冶金铜基材料主要有烧结青铜（铅青铜、锡青铜和铝青铜）、烧结黄铜、烧结铜银和烧结铜镍合金，此外还有弥散强化铜（如 $Cu-Al_2O_3$）、烧结时效强化铜合金（Cu_2Be、Cu_2Be_2Co 和 Cu_2Cr 合金）以及用于减震的烧结 Cu_2Mn 合金等。

2.2 铜及铜合金粉的制备方法

铜粉作为粉末冶金制品的重要原料，在工业生产中发挥着不可替代的作用。国外工业用铜粉的生产始于 20 世纪 20 年代，当时的生产工艺主要有电解法和氧化还原法两种。50 年代之后又出现了置换沉淀法、水冶法、雾化法、机械研磨法等新的生产工艺。我国于 1958 年开始进行电解铜粉的生产实验，并于 20 世纪 60 年代中期取得成功。不同生产方法得到的铜粉有不同的特征。目前，国内铜粉生产工艺主要有电解法、雾化法和还原法三种，其中电解铜粉占铜基粉末总产量的 65%，雾化铜合金粉占 30%，其余为氧化还原铜粉、化学还原铜粉等，机械合金化作为制取非平衡相铜合金粉末的重要手段，逐渐得到重视。

电解法制取铜粉是在直流电的作用下，阳极的铜不断地溶解进入电解液中，并不断以粉末的形式沉积于阴极板上。电解法生产历史悠久，工艺成熟。用电解法生产的铜粉，具有树枝状的微观形状，还有比表面发达、纯度高、成形性能好等特点，但是生产能耗大导致成本较高，环境污染严重。

雾化法是借助于高压气流或水流介质的冲击作用将液态铜或其合金粉碎成粉末的工艺过程。所产生的纯铜粉末为近球形，松装密度大，流动性好，但压制性能较差，用量不及电解铜粉。由于雾化法生产成本低、效率高、对环境污染小，适应多种金属及合金粉末的生产，是一个很有发展潜力的生产方法。目前，铜合金粉特别是青铜粉主要由雾化法生产。将雾化铜粉末进行后处理可以降低松装密度，改善压制性能，在一些领域已取代电解铜粉的使用。

氧化还原也是大批量生产铜粉的常用方法之一，将铜屑、海绵铜、铜边角料以及其他颗粒状的废杂铜等熔化后，雾化成较粗的颗粒，经氧化焙烧变成铜氧化物，铜氧化物在高温下被气体还原剂还原，得到烧结的多孔铜块，经粉碎后制得铜粉。

机械合金化(Mechanical Alloying，简称 MA)是一种从元素粉末制取具有平衡或非平衡相组成的合金粉末或复合粉末的制粉技术。将铜粉和其他金属或化合物粉末放在高能球磨机中，通过粉末颗粒之间、粉末颗粒与磨球之间长时间发生非常激烈的研磨，粉末被破碎和撕裂，所形成的新生表面互相冷焊而逐步形成合金化非平衡的微细铜合金粉末。

2.2.1 电解法

电解制取金属粉末的原理是：在电解质溶液中通以直流电流，产生正负离子的迁移，正离子移向阴极，负离子移向阳极，在阳极上发生氧化反应，在阴极上发生还原反应，电解质溶液中的金属正离子在阴极被还原并沉积在阴极板上。这是电解的基本过程。因此，电解是一种借助电流作用而实现化学反应的过程，也是由电能转变为化学能的过程。

电解法制取铜粉一般采用抛光的不锈钢作阴极，电解铜板作阳极板，电解液为硫酸盐体系溶液，一般为硫酸铜。在直流电的作用下，阳极的铜失去电子变成离子而不断地进入电解液中，同时铜离子依靠扩散和电荷的定向迁移，源源不断地迁移到阴极附近，阴极附近溶液中的铜离子又不断地还原析出并沉积在阴极板上，然后通过刷子定时采集、清洗、过滤等过程，得到细而疏松的海绵状铜粉末。电解法制取铜粉的具体工艺过程为：

电解→刮取→过滤→收取铜粉→洗涤→防氧化处理→洗涤→烘干→氢还原→粉碎→筛分。

电解过程中可能进行的反应有：

阳极：$Cu - 2e^- = Cu^{2+}$　$E^0_{Cu/Cu^{2+}} = 0.34\ V$

$Me - 2e^- = Me^{2+}$　$E^0_{Me/Me^{2+}} < 0.34\ V$

$H_2O - 2e^- = 2H^+ + \frac{1}{2}O_2$　$E^0_{H_2O/O_2} = 1.229V$

阴极：$Cu^{2+} + 2e^- = Cu$　$E^0_{Cu/Cu^{2+}} = 0.34\ V$

$2H^+ + 2e^- = H_2$　$E^0_{H^+/H_2} = 0\ V$

$Me^{2+} + 2e^- = Me$　$E^0_{Me/Me^{2+}} > 0.34\ V$

从上面的电极反应可知，在阳极只有比铜电位低的金属才会失去电子进入溶液，大于铜电位的金属因不溶解而成为阳极泥沉落于电解槽底部；在阴极只有标准电位比铜大的金属离子能够优先进行还原。电解法的最大优点是产物的纯度高，这是由于在电解时消除了杂质的结果，电解法制得的铜粉经洗涤后脱水、放入干燥箱内烘干，发现铜粉很快就变成土褐色了，这是因为粉末发生氧化的原因。为了提高铜粉抗氧化性，将铜粉分别在不同保护剂（肥皂液、明胶、蛋白质水解液、苯骈三氮唑）中脱水处理相同的时间，使得铜粉表面生成一层多分子的稳定膜，然后再用蒸馏水洗涤三四次，脱水后放入干燥箱内或真空中烘干，烘干后的铜粉再经还原、粉碎、筛分制成铜粉末成品，电解铜粉颗粒照片如图 2－1 所示。

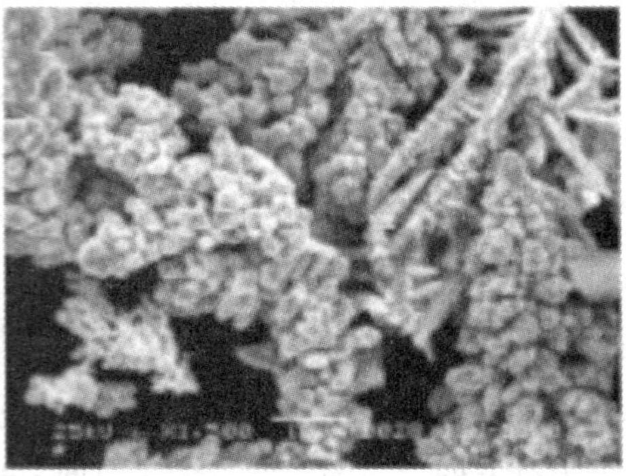

图 2－1　电解铜粉颗粒照片（420×）

表 2－2　电解铜的工艺条件

工艺条件	铜离子浓度/（g/L）	H_2SO_4/（g/L）	电流密度/（A/dm^2）	电解液温度/℃	槽电压/V
电解铜粉方案一	12～14	120～150	25	50	1.5～1.8
电解铜粉方案二	10	140～175	8～10	30	1.3～1.5
电解精炼致密铜	40～45	180～210	1.8～2.2	55～65	0.2～0.4

电解法生产出来的铜粉虽然纯度高，性能上优于其他方法生产的铜粉，但是电解法生产铜粉的效率相对较低，并且废液在排放前要进行严格的治理，这就严重地制约着电解铜粉的生产。开发节能、环保的电解铜粉生产工艺以及研制其他成本低、性能好的铜粉生产方法是铜粉生产的发展方向。

2.2.2　雾化法

雾化法是借助于高压气流或水流介质的冲击作用将液态铜或其合金粉碎成粉末的工艺过程。所产生的纯铜粉末为近球形，松装密度大，流动性好，但压制性能较差。由于雾化法生产成本低、效率高、对环境污染小，是一个很有发展潜力的生产方法。将雾化铜粉末进一步采用氧化还原处理，可以改变形状及表面结构，降低其松装密度，改善压制性能，在一些领域已取代电解铜粉的使用，这是近年来雾化纯铜粉的发展趋势。

图2-2为气体雾化制取铜合金粉的装置示意图。在雾化过程中，雾化介质流体冲击与粉碎液态金属流时，其动能将转化为液滴的表面能。雾化介质流体的有效能量、流体间能量的转换效率、液态金属的表面能及两种流体的相对质量流速都是决定制取粉末的颗粒大小、颗粒形状及粒度分布的因素。因此，应注意以下几点：

(1)在高速与高质量流比率下，利用高压流体使雾化介质流体的能量达到最大化，同时雾化流体还应具有高的黏度、密度及热容；

(2)使流体在冲击前的自由行径距离应最小化，以达到能量耦合效率最大化；

(3)使雾化介质流体对液态金属的质量流比率最大化；

(4)通过提高金属的过热度，使液态金属的黏度与表面能最小化。

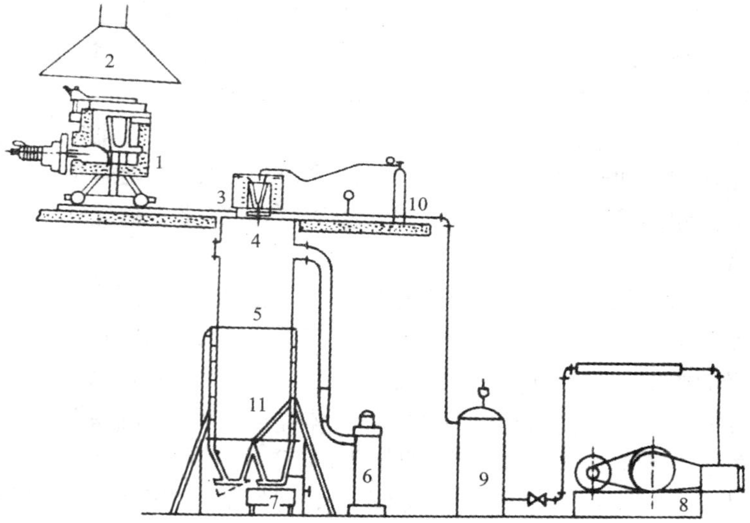

图2-2　气体雾化制取铜合金粉的装置示意图

1—移动式可倾燃油坩埚熔化炉；2—排气罩；3—保温漏包；4—喷嘴；5—集粉器；6—集细分器；7—取粉车；8—空气压缩机；9—压缩空气容器；10—氮气瓶；11—分配阀

当液态铜或铜合金形成液滴后，表面张力作用将使液滴形成球形。倘若液滴中热量散失缓慢，则就有足够的时间形成球形，可是快速冷却的液滴可能在变成球形之前就凝固了，从而形成很不规则的形状。因此，在雾化过程中，所用雾化介质流体对凝固铜或铜合金粉的形状有很大影响，由于水的热容比气体大得多，使得水对铜液滴的冷却能力强，所以用水作雾化介质时，铜或铜合金粉多为不规则形状，并随着雾化压力的提高，不规则形状的颗粒越多，颗粒的晶粒结构越细。相反，气雾化则主要生产球形度高的铜及铜合金粉末。生产粉末冶金结构零件用铜及铜合金粉，通常用水雾化法生产，因为不规则形状的铜及铜合金粉压制成形后，借助于粉末颗粒间的相互连接，生坯具有足够的强度，便于储存、搬运及其他后续加工。图2-3为水雾化铜粉颗粒的光学显微镜照片，雾化铜粉颗粒的不规则形状，是由雾化过程中细小的球形颗粒聚结形成的。

在雾化铜粉的基础上再对粉末进行氧化还原处理，使铜粉表面呈多孔结构以降低粉末的松装密度，称为AOR铜粉制备法，AOR法生产的低松装密度雾化纯铜粉，其微观形状为珊瑚不规则状，比表面发达，成形性好，能够替代电解铜粉。其氧化还原处理过程与氧化还原法生产铜粉类似。由于AOR法解决了电解铜粉生产成本高、能耗大、对环境污染严重的难题，因而具有良好的发展前景。

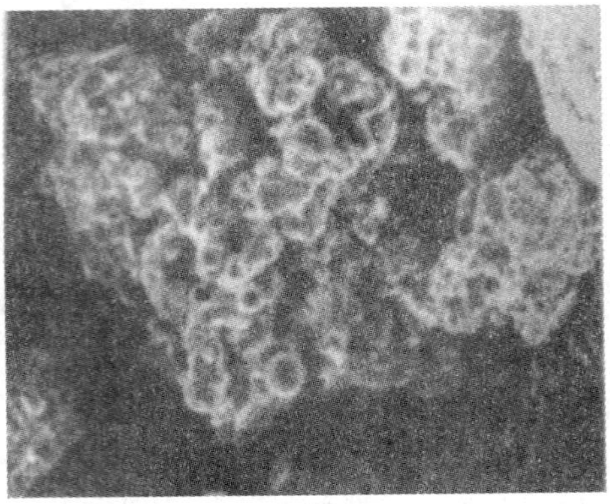

图2-3　水雾化铜粉颗粒的光学显微镜照片(450×)

2.2.3　氧化还原法

将包括铜屑、海绵铜、颗粒状的废杂铜及其他铜的边角料熔化后，雾化成较粗的颗粒，再经在流态床中氧化焙烧，使之氧化成铜氧化物，将铜氧化物进行粉碎、过筛并在有还原气氛的带式炉中进行还原，然后将轻微烧结成块的铜块粉碎成粉末。

原料铜→熔化→雾化或粒化→氧化→粉碎→还原→粉碎→分级→混合→包装。

原料铜的熔化在燃料加热炉或感应炉中进行。铜的大规模雾化通常是在空气中连续进行。从装于熔化炉护侧的管子或中间包处可直接将液态铜雾化。空气和水均可用作雾化介质。用高压空气将铜水平喷入滚筒则不必进行铜粉的干燥。

低压空气雾化或水雾化产生的粗粒铜粉是制取纯氧化铜的常用原料。氧化铜的纯度取决于其氧化完全程度。合格的高压雾化铜粉经球磨粉碎或被部分氧化，进一步改变形状和孔隙率。铜粉氧化的目的主要是改变其形状，以便更好地控制铜粉制件的各种技术性能。具有完整海绵结构的纯粹的氧化还原铜粉和极为密实的气体雾化铜粉是商品铜粉的主要来源，铜的氧化产物有红色的氧化亚铜(Cu_2O)和黑色的氧化铜(CuO)两种。在高温下，就氧化膜厚度范围而言，氧化过程遵守抛物线化率定律，膜厚随时间的平方根而增加；低温下，氧化速度随氧化物的氧化程度不同而呈线性、对数和立方变化。

工业生产中，铜粉的氧化或焙烧通常在温度超过650℃的空气中进行。在回转窑或流化床中氧化，可增加粉末与氧化性气体的接触面积，因而具有较快的氧化速度。但由于氧化反应强烈放热，故操作上比在带式焙烧炉里焙烧难控制些。

铜的两种氧化物均呈脆性，易于粉碎至-100目，这些氧化物的颗粒本身是多孔性的。粉末状氧化铜的还原一般采用连续带式炉。氧化铜置于不锈钢带上，料层厚度大约25 mm。通常还原温度范围是425~650℃。反应从上面逐渐进行到料层底部。炉内还原气体与传输带呈逆向运动。还原气体包括氢气、游离氨、水重整天然气和其他吸热或放热气体的混合物，氢气或一氧化碳还原铜氧化物是放热反应，氢气易于扩散进入固态铜中，是一种比一氧化碳更有效的还原剂，低温下尤其如此。在较高温度下，各种还原反应包括氢气和一氧化碳参加的反应进行得较为完全。应对氧化物的粒度、还原气体种类和还原温度进行综合考虑，以便获得最佳还原速度并制取适宜孔隙结构和粒度分布的铜粉。

从还原炉产出的还原铜为多孔铜块，经颚式破碎机或类似的设备破碎后，再入球磨机细磨，磨出的粉末其粒度和形状取决于多种因素。氧化铜颗粒、还原温度以及破碎强度等，将还原和磨碎后的粉末筛分或分级，如有必要还需进行润滑处理和防氧化处理。通过综合控制熔化、雾化、氧化、还原和粉碎过程中的各种参数，可产出具有良好的可压缩性的铜粉，能够满足高生坯强度的要求。

2.2.4　机械合金化法

随着现代科学技术的发展，对铜及铜基复合材料的性能提出了更高的要求，出现了 Cu - W、Cu - Cr、Cu - Zr 等高强度合金，这类合金材料既具有 W、Cr、Zr 的高强度、高硬度、高耐热特性，又具有铜的导电、导热性能好，加工特性优的特点，在电力、电子以及军工等领域发挥了重要作用。然而传统的 Cu - W、Cu - Cr、Cu - Zr 等复合粉末因其互不溶解、润湿性差，力学性能差异大，导致复合粉末的压制成形性不好，粉末烧结时只能形成假合金，烧结后的致密度低、性能差。近年来发展起来的机械合金化法技术对于平衡条件下固溶度很小或互不固溶的元素可以使之形成过饱和固溶体，可以合成许多新型材料，包括非晶态合金、准晶、纳米晶、金属间化合物以及过饱和固溶体等，成功解决了高强度、高导电铜基复合材料粉末烧结时只能形成假合金，烧结后的致密度低、性能差的问题。

机械合金化（Mechanical Alloying，简称 MA）方法是一种从元素粉末制取具有平衡或非平衡相组成的合金粉末或复合粉末的制粉技术。就是将两种或两种以上的金属粉末，或金属与非金属粉末在球磨机内通过粉末颗粒之间、粉末颗粒与磨球之间长时间发生非常激烈的研磨，粉末发生强烈塑性变形、被破碎和撕裂，所形成的新生表面互相冷焊而逐步合金化，过程中几种金属元素或非金属元素粉末的混合物在球磨过程中会形成高密度位错，同时晶粒逐渐细化至纳米级，这样为原子的相互扩散提供了快速通道，其过程反复进行，最终达到机械合金化的目的。由于机械合金化是在固态下实现合金化，不经气相、液相，不受物质的蒸气压、熔点等物理特性因素的制约，使过去用传统熔炼工艺难以实现的某些物质的合金化和远离热力学平衡的准稳态、非平衡态及新物质的合成成为可能。

将 Cu、W、Cr、Zr、Al_2O_3等不同粉末按一定比例放入球磨机中，添加少量过程控制剂，采用惰性气氛保护，经过一定时间的球磨可以有效地制备出微细的 Cu - Ag 合金、Cu - W 合金、Cu - Cr 合金、Cu - Zr 合金、Cu - Mo 合金、Cu - C 合金以及 Cu - Al_2O_3、Cu - ZrO_2等弥散强化合金粉末。W - 25% Cu 经不同时间球磨的 SEM 形貌如图 2 - 4 所示。目前，机械合金化制备铜基复合材料最大缺点是长时间球磨带来了杂质铁含量的增加，而这将降低烧结后的铜基复合材料的导电导热性能。此外，机械合金化工艺复杂，工艺时间长，经济效益不高也是影响机械合金化方法广泛应用的障碍。

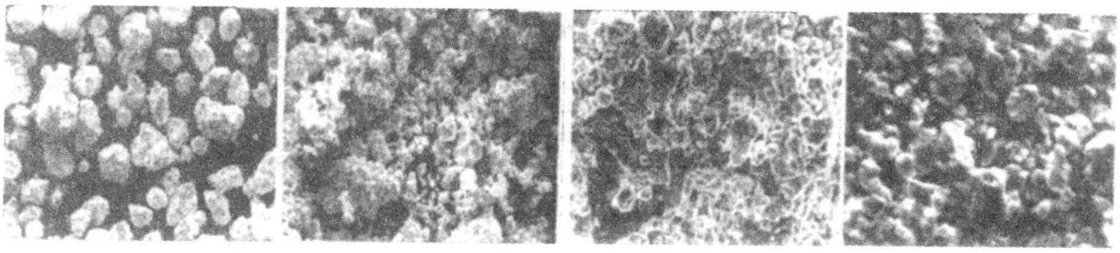

(a) 8 h　(b) 20 h　(c) 25 h　(d) 30 h

图 2 - 4　W - 25% Cu 经不同时间球磨的 SEM 形貌

2.3 粉末冶金铜基结构零件制备方法

本节以国产常用6-6-3青铜合金为例，介绍常规铜基结构零件的制备方法。

2.3.1 工艺流程

铜基材料的塑性较好，采用一般的压制、烧结、精整方法，能够得到较高密度(8.3 g / cm^3)和良好的使用性能。但是铜基结构件的几何形状比较复杂，精度高，而且要求一定的强度和韧性，因而除了保证铜粉的材料性能和合理的模具结构及其模具精度外，还必须严格控制生产中各道工序的工艺条件。常规铜基结构零件的一般生产流程见图2-5。

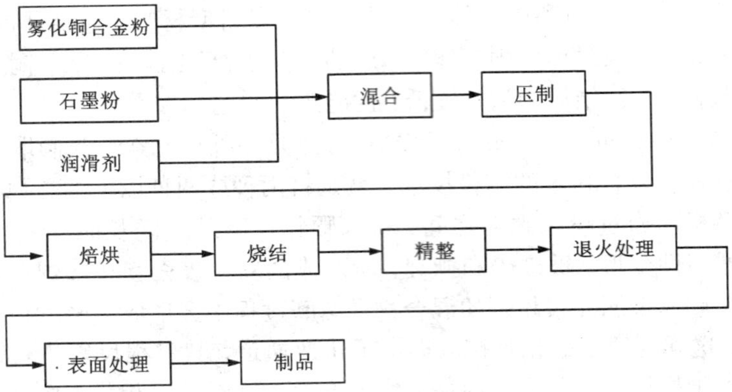

图2-5 铜基结构零件的一般生产工艺流程

2.3.2 粉末料的准备

2.3.2.1 粉末性能的要求

对于铜基结构零件，为了得到较高的密度，要求粉末具有良好的物理、化学性能。表2-3和表2-4分别为6-6-3青铜粉末的化学成分和高密度零件对铜粉形状及粒度组成的要求。同时对青铜粉末的工艺性能也提出了较严格的要求，如必须具有良好的压缩性和成形性，有一定的松装密度(2.8~3.2 g / cm^3)和流动性(28~32 min/50 g)。

表2-3 青铜粉末的化学成分

化学成分/%	Cu	Sn	Zn	Pb	P	Fe	杂质	O_2
	余	5~7	5~7	2~4	<0.5	<0.4	<1	<0.5

表2-4　高密度零件所需青铜粉末的形状及粒度组成

	颗粒形状	粒度组成
形状及粒度组成	>90%以上呈多角形	+80目，1%～2% -80～100目，0.11%～2% -100～150目，19%～25% -150～200目，8%～11% -200～250目，9%～12% -250～320目，9%～11% -320目，>40%

2.3.2.2　**配料，混料**

(1)按照铜粉的粒度和粒度组成要求进行分级过筛配制。

(2)对于受潮湿或氧化的铜粉(呈暗褐色)，需要在分解氨气氛中还原处理，一般采取650～680℃，30 min。

(3)按粉末理化性能和制品的技术要求，适量添加其他成分和润滑剂等，对青铜结构件，石墨含量在0.75%～1%时，抗拉强度达180 MPa，与铸造青铜强度相当。当石墨含量>1.5%时，其强度反而降低。硬脂酸锌一般外配0.5%～0.75%，适宜于焙烘、烧结，若含量>1%，则密度较高的压坯，硬脂酸锌不易挥发干净，影响烧结合金化，降低综合机械性能。如果将焙烘时间延长2～3 h，情况虽略有改善，但是耗电量增加，生产效率降低。

2.3.3　压制成形

压制模具结构力求合理，操作方便，安全可靠。模具中的各零件，按照技术要求应有足够强度、刚性、硬度、精度、光洁度和耐磨性。这涉及模具寿命、制品精度、生产效率、成本和安全问题。

2.3.3.1　**称粉装模**

(1)称粉量要正确，根据天平感量和零件重量来拟定称量偏差范围，以保证制品的密度。

(2)粉末在模腔内应分布均匀、平整，以保证压坯各部分压缩比均匀一致。

(3)形状复杂或薄壁零件，需要采取敲击和振动模套的方法来改善粉末的填充性和流动性。

2.3.3.2　**压制**

压制就是在一定的压力下使装入模具中的铜合金粉末变成一定形状和强度的压坯，压制过程要保证压坯密度的均匀，一般铜基结构零件的初压压力为350～450 MPa，复压压力为600～750 MPa。压坯密度分布不均匀时，将使压坯产生变形、分层、裂纹，或机械性能、尺寸精度不合格，铜基结构零件更要重视这点。为此必须改善粉末颗粒间和粉末与模壁间的摩擦，以减少沿压坯高度方向的静压力损失。可以采取以下措施：

(1)改善铜粉末的压制性能，如粉末加工硬化、表面氧化或带有杂质时，均可使其压制性能恶化。为改善粉末的压制性，需要筛选和还原处理。

(2)加入适当的润滑剂，以减小粉末与模壁间的摩擦力，如外加硬脂酸锌(锂)、20号锭子油或硫黄等。

(3)如压坯壁薄、有锐角和尺寸变化大时，需修改压坯设计或改进压制方法。对于大的、高的、形状复杂的压坯，如粉末流动性差，则需要减慢压制速度和延长保压时间，以得到较好的压坯强度。

当装粉、压制等过程控制不当时，压坯会产生废品。常见的废品有分层、裂纹、尺寸公差不合格、表面划伤及掉边缺角等。

(1)分层、裂纹主要原因有三：一是粉末性能不良，如铜粉颗粒一部分呈球形，表面氧化、吸潮、混料成分偏析，粉末硬化，粒度组成不恰当；二是压制条件不合要求，如压制压力过大、密度太高，造成弹性后效严重，即当压坯脱模去掉压力后，由于压坯内部弹性内应力松弛，使压坯体积发生膨胀，对于复杂形状的制品，由于发生不均匀膨胀，致使压坯产生分层、裂纹而报废；三是模具结构不合理，脱模方式不正确，模具光洁度差、配模间隙过大，压机的精度和平行度较差等。

(2)表面划伤与以下因素有关：粉末硬化并且含有杂质，模具成形面有划痕，粉末过细，配模间隙大，压坯密度过高等。

(3)尺寸精度不合格与以下因素有关：模具的尺寸有问题，模具精度差，压坯内应力大，压机的精度低等。

(4)掉边缺角与粉末成形性差，压坯密度低，配模间隙大，压坯形状不符合压制工艺有关。

2.3.4 烧结工艺

铜基结构件的烧结是关键工序。它是固相烧结，使多种合金元素均匀地扩散，充分合金化，最终形成所要求的组织结构。对具体的烧结是根据压坯的密度、尺寸精度、工件的壁厚，以及形状的复杂程度等进行合理安排，分类烧结。具体烧结工艺条件包括烧结温度、保温时间、冷却速度、保护气氛等。6－6－3青铜结构件的烧结工艺规范见图2－6所示，保护气氛为分解氨。

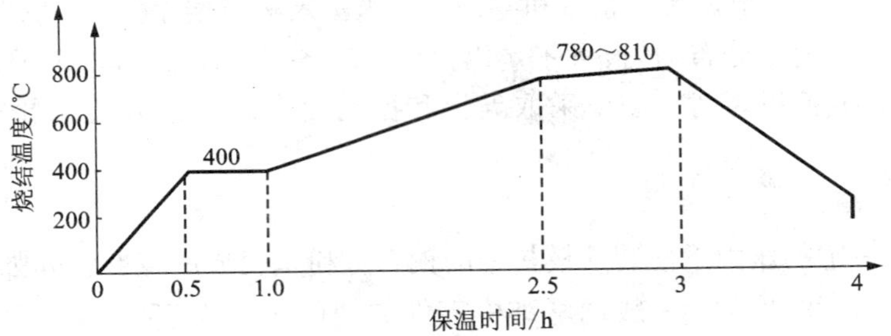

图2－6　6－6－3青铜结构件的烧结工艺规范

2.3.5 常见的烧结缺陷及消除方法

影响铜基烧结材料的因素很多，也比较复杂。大体上有下列几方面的因素：粉末特性、压坯密度及其均匀性，烧结温度，保温时间，烧结气氛，冷却速度等。主要的烧结缺陷，有再生气孔、分层、麻点、裂纹、过烧、欠烧、氧化等。铜基制品的烧结缺陷及其分析见表2－5。

表2－5　铜基制品的烧结缺陷及其分析

缺陷	现象	形成原因	消除方法
分层	层裂纹	铜粉氧化 粉末成形性差 压制不合理	还原处理680℃半小时 减缓加热速度 改进压模设计
再生气孔 (黑麻点)	表面不平 有微孔 制品呈褐色	硬脂酸锌未挥发净 焙烘时间短 工作密度过高	提高焙烘温度 400～450℃ 延长升温时间
收缩量大	尺寸变小 变形量大	烧结温度过高 烧结件排列不妥	适当降低烧结温度和保温时间，按零件形状、大小妥善放置
欠烧	强度硬度低 色暗，无金属色	烧结温度偏低，保温时间短，辅助材料未挥发、粉末未合金化	提高烧结温度 和保温时间 充分焙烘
过烧	局部熔化 工件严重变形	烧结温度偏高 保温时间太长	调整和控制炉温 缩短保温时间
氧化	表面氧化 呈褐色	铜粉吸潮，保护气氛不纯，流量不足，冷却时间短且出炉温度偏高	铜粉还原处理，控制流量，净化气氛，严格控制冷却段的出炉温度

2.4　粉末冶金铜基结构材料及其应用

在历史上，粉末冶金青铜早于粉末冶金铁与粉末冶金黄铜。粉末冶金青铜自润滑轴承(也称为含油轴承)，自1922年开始用于汽车发动机以来，一直是粉末冶金青铜零件的主要组成部分，目前，铜基结构零件的应用十分广泛，主要用于仪器仪表、电工电器、机械产品等领域。粉末冶金铜基材料主要有烧结青铜(锡青铜和铝青铜)、烧结黄铜、烧结镍银和烧结铜镍合金，另外还有弥散强化铜(如$Cu-Al_2O_3$)、烧结时效强化铜合金($Cu-Be$、$Cu-Be-Co$和$Cu-Cr$合金)以及用于减震的烧结$Cu-Mn$合金等。铜基结构材料有如下特点：

(1)体积小、形状复杂、尺寸精度高。

(2)具有良好的物理机械性能(如导电导热性、可焊性、强度高、塑性韧性好)，适宜焊接、铆合、攻丝、反边等后续加工工艺要求。

(3)可以进行电镀、浸渍、喷涂等处理，提高其装饰或防腐蚀性能。

2.4.1 粉末冶金纯铜材料

纯铜的重要特性之一是导电性和导热性仅次于银。铜粉的纯度高于99.5%。用压制和烧结制造的烧结铜，实际上密度是难以达到8.928/cm^3的，烧结铜的性能决定于密度(见图2-7所示)。用压制和烧结制造的烧结铜，导电率为85% ~90% IACS(IACS为相对于标准退火铜线导电性的百分数)。用作纯铜粉末冶金结构零件的原材料必须是高纯度的铜粉，铜固溶体中所含杂质元素应当很低，如果在铜固溶体中含有0.023%的铁，就将使其导电率降低到只有纯铜的86%；铜粉中机械混入少量铁，其导电率降低要少得多，例如机械混入0.023%的铁会降低2%导电率，除非铁在烧结时溶入铜中。生产高密度铜零件的工艺在中等压力下压制，在铜熔点以下50~150℃的温度烧结，再复压至所需的高密度。如果需要的话，还要进行复烧以得到所需的退火组织。烧结铜的性能可接近或达到熔炼铜的水平，将铜粉压制至密度6.5~7.0 g/cm^3，于380℃下氧化20 min，然后再复烧和复压，可得较高性能。

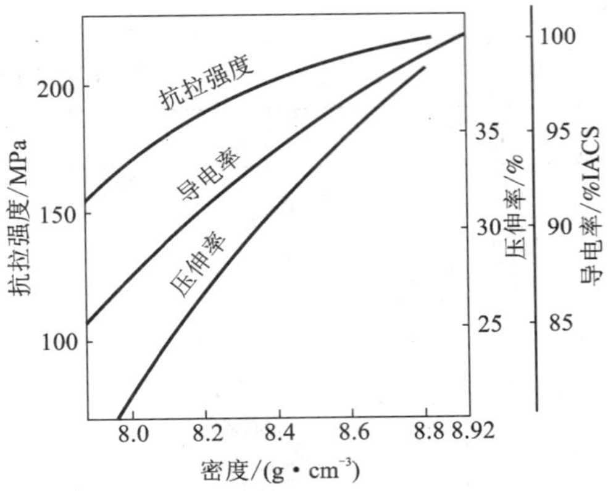

图2-7 烧结铜的密度对其力学性能和导电率的影响

烧结铜由于具有良好的延展性和较高的导电率，可用于需要这些性能的电子、电气零件如整流子环、触点、电气插头、开关机构的零件等。在汽车中它可用作交流发电机用硅整流器底座。对于导电应用的烧结铜结构零件，ASTM标准规定了化学成分和密度范围的要求，烧结铜的力学性能和导电率列于表2-6中。

表2-6 烧结铜的力学性能和导电率

化学成分和密度		抗拉强度/MPa	延伸率/%	导电率/% IACS	导电率/($\Omega^{-1}\cdot m^{-1}$)
Cu，最小99.9%	Ⅰ类8.0 g/cm^3	160	20	85	0.493×10^8
其余，最大0.10%	Ⅱ类8.3 g/cm^3	195	30	90	0.522×10^8

2.4.2 粉末冶金青铜材料

青铜是人类历史上应用最早的合金，原指铜与锡的合金，由于其δ相呈青白色，因此而得名。另外，在工业中应用了大量含铝、硅、铅、铍的铜基合金，习惯上也叫青铜。为了区别起见，人们把铜与锡的合金叫锡青铜，而其他的无锡青铜，可分别叫做铝青铜、硅青铜、铅青铜、铍青铜等。

2.4.2.1 烧结锡青铜

烧结锡青铜应用较普遍。烧结锡青铜中含锡9.5%~10.5%，常用Cu、Sn的混合粉经压制烧结制成零件。当制品密度超过7.0 g/cm^3时，用雾化合金粉较好。

Cu－10% Sn 混合粉的烧结过程为烧结后期液相消失的液相烧结过程，当温度达到 Cu－Sn 包晶反应温度 798℃(见铜－锡相图)时，烧结体发生急剧膨胀，直到 820℃左右又转为急剧收缩。图 2－8 表示 Cu－10% Sn 混合粉压坯以 20℃/min 速度加热，从不同温度冷却下来的烧结体的密度。可以看出，从 798℃开始出现明显膨胀，这是因为温度上升超过包晶温度时，液相迅速消失，氢气自液相析出，造成气孔而出现异常膨胀。如果在 788℃、798℃及 808℃下保温，其尺寸变化为图 2－9 中虚线所示。表明在 788℃烧结时继续发生收缩，而在 798℃、808℃保温则继续膨胀。总之，如果在包晶温度以下烧结，就不会发生异常膨胀；如果在包晶温度以下的 785℃烧结 40 min 后再继续升温，也不会发生异常膨胀。烧结温度愈低，则保温时间要相应延长。760℃烧结需保温 60 min 以上，735℃则需保温 90 min 以上。总之，使液相在包晶温度以下扩散并缓慢消失，或减缓升温速度都可防止异常膨胀。也可采用青铜粉、铜粉和锡粉混合物，或者全部采用预合金粉，或者使压坯轻微氧化以促使烧结收缩，从而补偿尺寸的胀大。常用烧结锡青铜结构零件的材质成分、密度及性能见表 2－7。

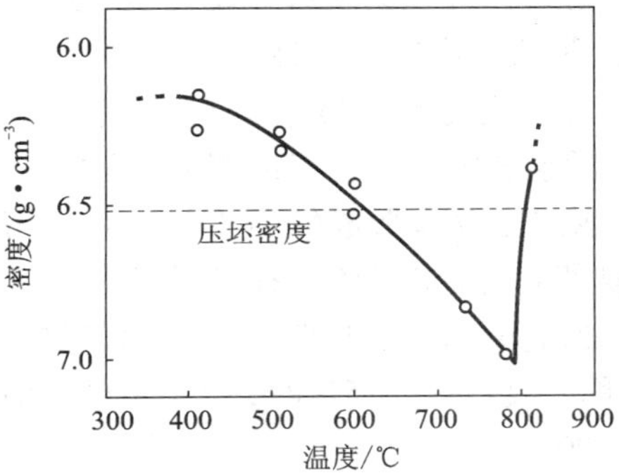

图 2－8　Cu－10%Sn 混合粉压坯加热至各温度冷却后的密度

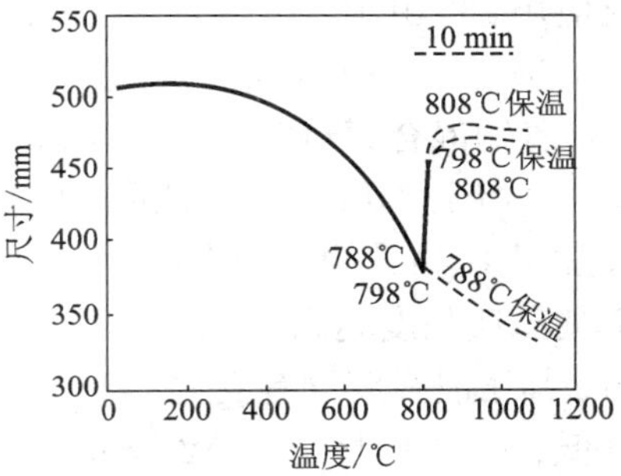

图 2－9　Cu－10%Sn 混合粉压坯在包晶温度(798℃)附近的等温热膨胀曲线

表 2－7　烧结锡青铜材质成分、密度及性能(ASTM B255－70)

材质成分/%	密度/$(g\cdot cm^{-3})$	抗拉强度/MPa	延伸率/%(25.4 mm 内)	压缩屈服极限/MPa	硬度/HRH
Cu87.5～90.5	6.4	93	1	76	45
Sn9.5～10.5					
C≤1.75	6.8	110	2	103	55
Fe≤0.1					
其他总量≤0.5	7.2	138	3	138	65

少量的高密度烧结青铜零件含锡量在 5%～12%之间。有时加入合金添加剂，如 P、Zn、Ni 等。加入 P 可增高硬度，加入 Zn 可改善机械加工性能或降低成本，添加 Ni 能改善锡青铜的质量，镍青铜时效硬化时，可得到不同的抗拉强度和延伸率。90Cu－10Sn 青铜与一种镍青铜的性能比较列于表 2－8 中。美国金属粉末工业联合会(MPIF)技术条件中烧结青铜的成分

列于此以资比较，MPIFCT—0010：86.3% ~90.5% Cu，9.5% ~10.5% Sn，≯1.7% C，≯1.0% Fe。（注：C 一般为石墨，当用户认可时，可另加一种固体润滑剂，量达 1.7% 。）

表 2－8　烧结锡青铜与烧结镍青铜的性能比较

成分	密度/(g·cm^{-3})	热处理	抗拉强度/MPa	延伸率/%
90Cu－10Sn	7.5	退火	180	5
90Cu－10Sn	8.2	退火	220	15 ~20
90Cu－10Sn－5Ni	8.2	退火	320	20
90Cu－10Sn－5Ni	8.2	时效硬化	630	2

2.4.2.2　烧结铝青铜和烧结铍青铜

尽管在铜合金中，铝青铜的力学强度、耐蚀性、耐磨性等较为优异，而且在工业中得到了广泛应用，但由于含 Al 的粉末在烧结时优先氧化，形成强固的氧化物被覆膜，阻碍了粉末间烧结的进行。文献报告，为了除去、破坏这种强固的氧化物被覆膜，促进铝青铜粉末的烧结，在铝青铜混合原料粉中添加了 0.1% AlF_3与 CaF_2的混合粉（AlF_3、CaF_2的质量比为 4∶1），在烧结时，由于 AlF_3与铝青铜粉末颗粒表面的 Al_2O_3膜发生反应形成气相 AlOF，从而可以破坏、除去 Al_2O_3被覆膜。而在同时添加 Al－Ca 氟化物和 P 合金的场合，在 H_2中烧结的铝青铜烧结体的压溃强度达到了 1000 MPa；进一步在 N_2含量（体积分数）达 50% 的烧结气氛气体中烧结时，其压溃强度没有变化；可是，在 N_2含量（体积分数）高达 75% 时，烧结体的压溃强度有所降低，在 N_2中烧结的烧结体的压溃强度仍高于 400 MPa。

烧结铝青铜含铝 4% ~11% ，具有很好的耐蚀性，强度和硬度都超过普通的烧结黄铜及锡青铜，可用于有腐蚀性的环境中。含 5% ~9% Al 的铝青铜合金是一种单相合金，具有好的延展性，并可用冷加工进行强化；含 9% ~11% Al 的铝青铜合金由二相组成，其延展性较差，但可用热处理提高强度。铝含量的高低决定着烧结铝青铜的强度，其中屈服强度是，含 7% Al 的为 43 MPa，含 11% Al 的为 274 MPa，后者进行热处理后，可提高到410 MPa；抗拉强度是，含 7% Al 的为 215 MPa，含 11% Al 的热处理后为 450 MPa；含 5% ~9% Al 的延伸率为 25% ~35% ，二相合金的延展性相当差。烧结铝青铜比锡青铜适合于制造强度高的零件，同时，烧结铝青铜耐蚀性与铸锻合金一样好，它可用于制造叶轮、齿轮、连杆等。热锻烧结铝青铜，含 Al 5% ~11% ，649℃均匀化处理 1 h，891℃水淬，593℃回火 1 h，其力学性能列于表 2－9 中。

表 2－9　热锻烧结铝青铜的力学性能

Al 含量/%	锻造温度/℃	抗拉强度/MPa	屈服强度/MPa	延伸率/%	硬度/HRB
5	871	407	215	46	35
11	871	623	448	4.7	87
11	871	764	456	6.9	92

烧结铍青铜是采用镍铍或钴铍母合金形式加入到混合料中的，粉末料经压制、烧结、复压(至少是95%理论密度)、淬火和时效。也可用铜－铍预合金粉，用非氧化性酸洗涤后，压制成相对密度为89%的压坯，于840℃下烧结，然后进行固溶处理和时效。根据Cu－Be相图，α相是铍溶解在铜中的固溶体，β相是以CuBe电子化合物为基的固溶体。β相在575℃时发生共析转变$\beta \rightarrow \alpha + \gamma$。由于$\alpha$固溶体具有随温度下降溶解度也减低的现象，所以铍青铜有像铝合金类似的时效硬化现象。时效硬化机理也是由于富铍相的沉淀和析出。因而，烧结铍青铜，在时效状态可以得到高强度和较高导电性的综合性能，时效硬化铍青铜与时效硬化镍青铜一样可以用来制取高强度铜基结构零件，特别是用于精密仪器仪表。

2.4.3　粉末冶金黄铜材料

烧结黄铜零件从上世纪50—60年代开始应用，它具有良好的耐蚀性、可加工性及光亮的表面，可用于制造耐蚀和要求外观好的机械零件，如兵器零件、建筑金属构件、锁零件、螺母、齿轮等。普通黄铜是铜与锌的合金，它的颜色随含锌量的增加由黄红色到淡黄色。除铜和锌外，还含有少量其他元素的合金称为复杂黄铜，如锡黄铜、铅黄铜、硅黄铜、铝黄铜、锰黄铜等。

2.4.3.1　烧结锌黄铜材料

烧结黄铜中锌的含量为10%～35%，常用雾化合金粉为原料。为了提高合金的塑性可加入0.5%以下的磷，加入少量铅可进一步改善合金的加工性能。表2－10列举了锌含量及添加磷或铅对烧结黄铜机械性能的影响。可以看出，加少量磷可明显提高合金的延伸率。在上述锌含量范围内，由Cu－Zn相图可知，黄铜是单相α固溶体，这就是它具有良好耐蚀性和易加工性的原因。

表2－10　烧结黄铜的成分与机械性能

成分/%				抗拉强度/MPa	延伸率/%
Cu	Zn	P	Pb		
70	30	—	—	220	12
70	30	0.3	—	250	48
80	20	—	—	210	9
79.5	20	—	0.5	210	10
78.5	20	—	1.5	210	12
85	15	—	—	210	15
90	10	—	—	210	15
90	10	0.5	—	220	34

注：压制压力：750 MPa。

黄铜合金粉的压制压力为600～800 MPa。烧结温度与锌含量有关，一般控制在固相线温度以下100℃左右。含锌小于20%时为850～880℃，含锌大于20%时为820～860℃。烧结黄铜一般采用预合金粉而不用铜、锌混合粉，这是为了便于控制烧结过程及合金的成分，使制品获得更好的性能。Cu、Zn 混合粉烧结时 Zn 易挥发而出现膨胀，预合金粉也同样存在锌的挥发损失，而且压坯孔隙度越大，锌损也越大。为了减少或避免锌的挥发损失，可采用如下措施：①提高升温和冷却速度；②缩短保温时间；③采用干燥的保护气氛，水分应小于2%；④采用含锌的固体填料，并将烧舟密封。为了进一步提高烧结黄铜的密度，可进行复压复烧或锻造。复压复烧可得孔隙度为 3% ~6% 的制品；冷锻可保证制品相对密度达 97% ~98%，冷锻压力为 700 ~800 MPa；热锻是将黄铜坯在保护气氛下于 820 ~880℃ 加热 3 ~5 min，再以 800 ~1000 MPa 的压力进行锻造，锻件孔隙可低于2% ~3%。预合金粉除用雾化法制造外，也可用扩散法制造，所谓扩散法就是将铜粉与锌粉混合均匀，于氢中 450 ~550℃ 下在回转炉中加热 10 ~30 min 使锌扩散到铜粉中以形成预合金粉。结构零件用烧结黄铜的成分与性能见表 2 –11。

表 2 –11　结构零件用烧结黄铜的成分与性能(ASTM B282)

成分 /%	密度 /(g·cm^{-3})	抗拉强度 /MPa	延伸率/% (25.4 mm 内)	压缩屈服强度(0.1%) /MPa	硬度 /HRH
Cu77.0 ~80.0	7.2	140	9.0	70	64
Pb1.0 ~2.0	7.7	160	10.0	80	70
Zn 余量	8.0	180	13.0	100	85

加入 0.1% ~1.0% P 可改善烧结黄铜的力学性能，烧结过程中，P 还有脱氧作用。烧结温度对添加磷的烧结黄铜(90Cu –10Zn)力学性能的影响，见图 2 –10 所示。90% Cu –10% Zn 的压坯在 H_2 与吸热型煤气(5% CO_2，12% CO，15% H_2，68% N_2)中于指定温度烧结30 min。图中数字表示下列条件：1——0% P，成形压力 780 MPa，H_2；2——0.5% P，成形压力 780 MPa，H_2；3——0.5% P，成形压力 480 MPa，H_2；4——0.5% P，成形压力 480 MPa，吸热型煤气；5——0.5% P，1% 硬脂酸，成形压力 780 MPa，吸热型煤气。由图可看出，1 号无 P 者抗拉强度高，但延伸率低；成形压力愈高，抗拉强度与延伸率就愈高。于 H_2 中烧结的比在吸热型煤气中烧结的力学性能高。

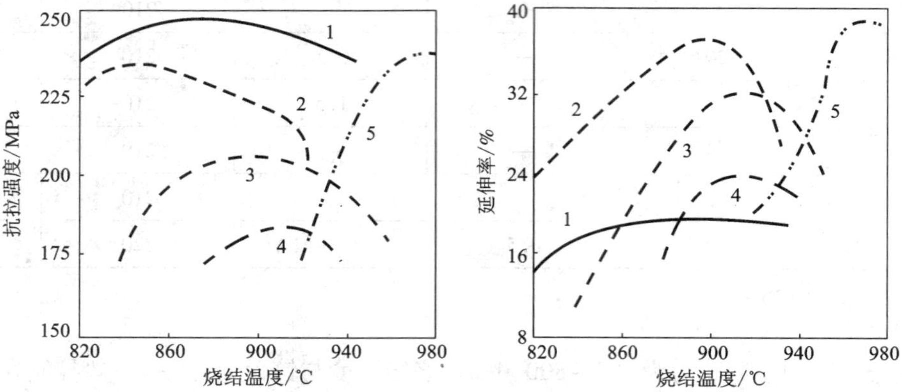

图 2 –10　烧结温度对添加磷的烧结黄铜(90Cu –10Zn)的力学性能的影响

将添加有0.3% P的70/30黄铜粉，在780 MPa压力下压制成形，在H_2中烧结，烧结温度和烧结时间对添加磷的烧结黄铜(70Cu－30Zn)力学性能的影响示于图2－11中。烧结时间为5～30 min时，抗拉强度的峰值皆为270 MPa左右，烧结时间愈长，抗拉强度的最大值就愈移向低温方面。延伸率也有类似倾向，它的最高值达50%左右。

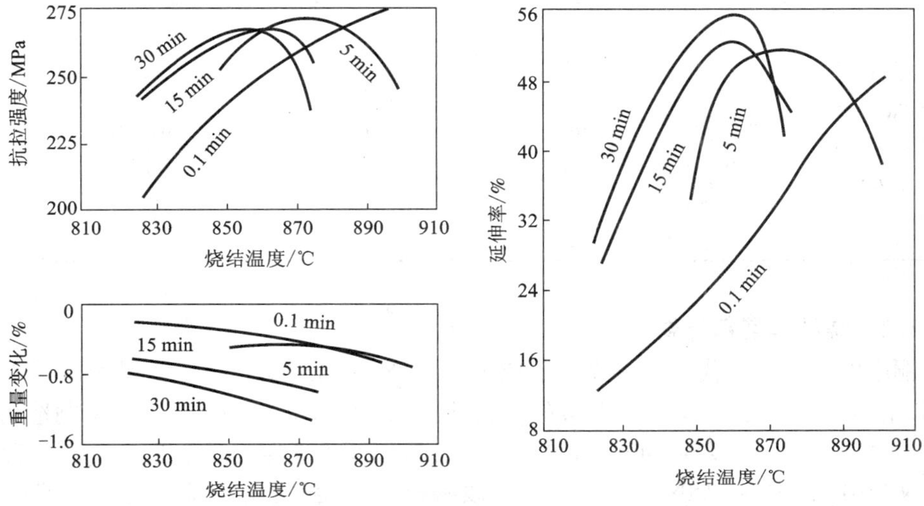

图 2－11　烧结温度和烧结时间对烧结黄铜(70Cu－30Zn)力学性能的影响

烧结黄铜的力学性能列于表2－12中。ASTM B282—70(1976年重新审定)列于表2－13中。美国金属粉末工业联合会(MPIF)技术条件中烧结黄铜和烧结铅黄铜的成分列于此以资比较。MPIF CZ－0010：88.0%～91.0% Cu，8.3%～12.0% Zn，0%～0.3% Fe；MPIF CZ～0030：68.5%～71.5% Cu，27.8%～31.5% Zn，0%～0.3% Fe；MPIF CZP～0010：88.0%～91.0% Cu，1.0%～2.0% Pb，余Zn；MPIF CZP－0218：77.0%～80.0% Cu，1.0%～2.0% Pb，≯0.3% Fe，≯0.1% Sn，余Zn；MPIF CZP－0030：68.5%～71.5% Cu，1.0%～2.0% Pb，余Zn。

表 2－12　烧结黄铜的力学性能标准

性质	70－30				90－10			
	无 P		加 P		无 P		加 P	
成形压力/MPa	480	780	480	780	480	780	480	780
烧结强度/℃	885	885	850	850	920	890	910	880
抗拉强度/MPa	200	242	220	240	181	196	188	205
延伸率/%	11	13	43	50	15	13	31	34
压缩屈服强度/MPa	110	129	59	61	79	97	63	70
硬度(HB，250)	43	51	35	39	38	49	35	41
密度/($g\cdot cm^{-3}$)	—	7.92	—	7.94	—	8.36	—	7.99
相对密度/%	—	97	—	97.2	—	95	—	90.8

表 2-13　烧结黄铜的力学性能标准，ASTM B282-70

化学成分/%	密度 /(g·cm^{-3})	极限抗拉强度 /MPa	延伸率/% (标距 25.4 mm)	压缩屈服强度/MPa 0.1%残余变形	硬度 HRH
Cu77.0~80.0 Pb1.0~2.0 Zn 余量 Ni≯0.1，Sn≯0.1 Sb≯0.1，Fe≯0.25 酸不溶物≯0.1	7.2 7.7 8.0	140 160 190	9.0 10.0 13.0	70 80 100	64 70 85

2.4.3.2　烧结镍黄铜材料

将黄铜中的锌用镍替代 10%~20%，成为 Cu-Ni-Zn 三元合金，因其表面呈美丽的银白色光泽，故也称为镍银合金。该合金的耐腐蚀性和韧性比黄铜更好，可用来制造耐腐蚀的机械零件，如齿轮、电工零件、船用零件、照相机零件及生活用具等。最实用的一种烧结镍黄铜其名义成分为 64Cu-18Ni-18Zn。为了改善机加工性能，有时添加适宜的铅(1.5%)。在制造机械零件时，也是以预合金粉末为原料，烧结温度为 870~980℃。镍黄铜烧结后施以精整也可提高密度和产品精度。烧结镍黄铜的成分与性能列于表 2-14 和表 2-15 中。

表 2-14　烧结镍黄铜的成分

成分/%	70-10-20	60-10-30		
		无添加剂	加 Fe	加 Fe，P
Cu	70±1.0	60±1.0	60±1.0	60±1.0
Ni	10±0.5	10±0.5	10±0.5	10±0.5
Fe	—	—	1.5±0.2	1.5±0.2
P	—	—	—	0.5±0.1
其他	<0.5	<0.5	<0.5	<0.5
Zn	余量	余量	余量	余量

表 2-15　烧结镍黄铜的力学性能

处理与性能	70-10-20	60-10-30		
		无添加剂	加 Fe	加 Fe，P
成形压力/MPa	470	470	470	470
烧结温度/℃(30 mim，分解氨)	890	880	880	860
精整/MPa	710	710	710	710

续表

处理与性能	70－10－20	60－10－30		
		无添加剂	加 Fe	加 Fe，P
密度/(g·cm^{-3})	8.4	8.2	8.2	8.1
抗拉强度/MPa	318	274	338	274
延伸率/%	2.0	2.0	2.0	1.6
硬度/HB	110	115	125	120

烧结镍黄铜的力学性能标准(ASTM B458－70)(1976 年重新审定)列于表 2－16 中。美国金属粉末工业联合会技术条件中烧结镍黄铜的成分列于此以资比较。MPIFCZN－1818：62.5%～65.5% Cu，16.5%～19.5% Ni，余为 Zn；MPIFCZNP－1618：62.5%～65.5% Cu，16.5%～19.5% Ni，1.0%～1.8% Pb，余为 Zn。

表 2－16　烧结镍黄铜的力学性能标准，ASTM B458－70

化学成分/%				密度/(g·cm^{-3})	极限抗拉强度/MPa	压缩屈服强度(0.1%残余变形)/MPa	延伸率/%(标距 25.4 mm)	硬度/RH(烧结态)
Cu	Ni	Pb	Zn					
62.5～65.5	16.5～19.5	—	余量	7.5～8.0	210	110	10	75
				>8.0	255	125	12	85
62.5～65.5	16.5～19.5	1.25～1.75	余量	7.5～8.0	210	110	10	75
				>8.0	240	120	12	85

2.4.4　粉末冶金白铜材料

白铜是以镍为主要添加元素的铜基合金，呈银白色，有金属光泽，故名白铜。铜镍之间彼此可无限固溶，从而形成连续固溶体，即不论彼此的比例多少，而恒为 α－单相合金。烧结白铜合金中含镍量一般为 10%～30%，铜－镍烧结材料是一种单相合金，常用于制造耐腐蚀的机械零件。由于合金中含镍较多，故这种合金与烧结镍黄铜一样，仅用于特别需要之处。图 2－12 为 Cu－Ni(70－30)粉末混合料在 980℃烧结时性能与时间的关系。可以看出，Cu－Ni 混合粉压坯烧结时，开始一段时间内会发生尺寸胀大现象，膨胀是由偏扩散引起的，这是烧结时出现柯肯德尔效应的结果。随着烧结时间的延长，逐渐完成合金均匀化，烧结体尺寸将逐渐缩小。如果采用 Cu－Ni 预合金粉，则不会发生膨胀现象。Cu－Ni 合金料在 758 MPa压力下压制，压坯相对密度可达到 85%～90%，在分解氨中于 1090℃烧结，密度可提高到 92%～94%，硬度 HRB 为 20，延伸率 δ 为 10%～14%，经复压或精整可使相对密度达到 99% 以上。铜－镍合金可进行超固相线烧结，烧结体中出现少量液相可达到全致密，从而大大提高合金的性能。

烧结白铜合金中常用的镍含量有 10%、20%、40% 和 67%。镍含量对铜－镍合金密度和硬度的影响示于图 2－13 中。图中数字表示的条件为：1——混合粉，在 780 MPa 成形，在

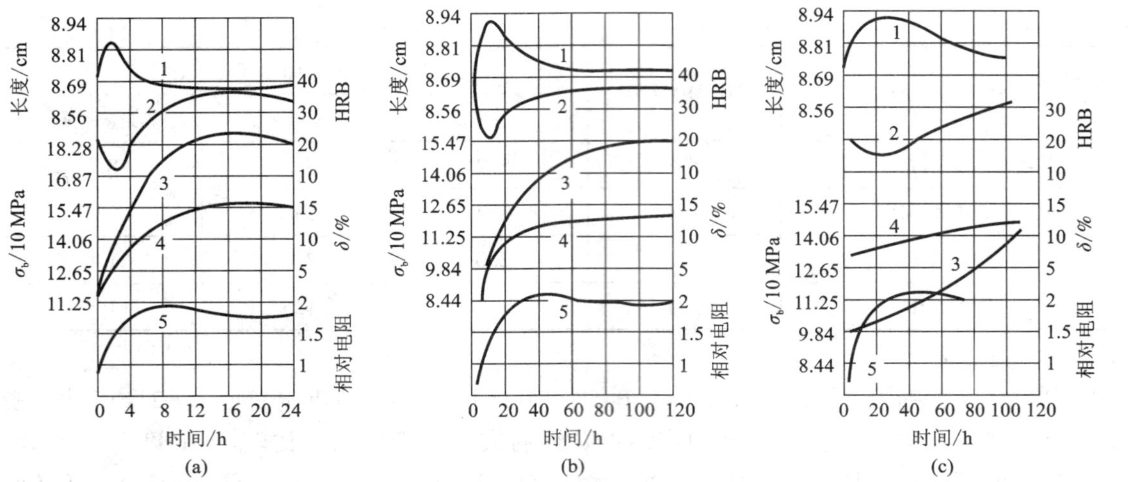

图 2-12　Cu-Ni(70-30)混合粉末压坯烧结时间与性能的关系

粉末粒度：(a)325 目；(b)250～325 目；(c) 150～200 目

性能：1—长度变化；2—硬度；3—抗拉强度；4—延伸率；5—相对电阻

800℃、H_2中烧结 1 h；2——扩散预合金粉，在 780 MPa 成形，在 800℃、H_2中烧结 1 h；3——混合粉，在 780 MPa 成形，在 1000℃、H_2中烧结 1 h；4——扩散预合金粉，在 780 MPa 成形，在 1000℃、H_2中烧结 1 h；5——混合粉，压坯在 400℃、H_2中 780 MPa 热压；6——扩散预合金粉，压坯在 400℃、H_2中 780 MPa 热压；7——混合粉，压坯在 600℃、H_2中 780 MPa 热压；8——扩散预合金粉，压坯在 600℃、H_2中 780 MPa 热压。

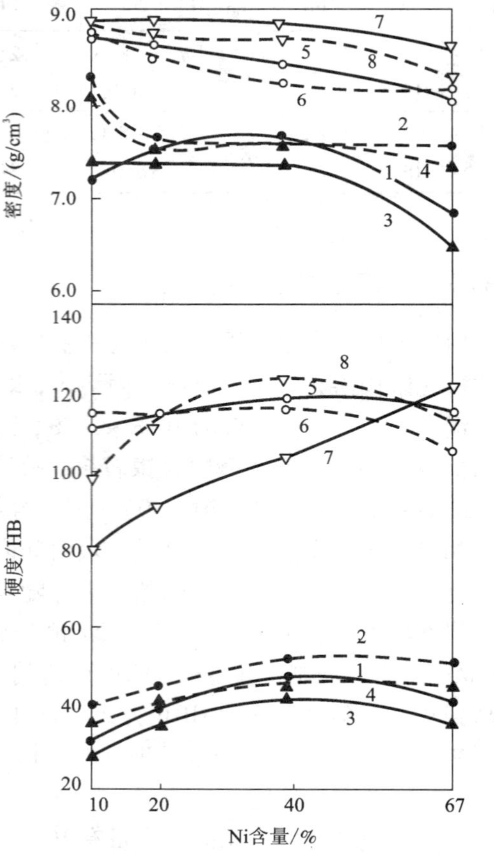

图 2-13　镍含量对铜-镍合金密度和硬度的影响

2.4.5　弥散强化粉末冶金铜基材料

弥散强化铜合金是用各种弥散硬质点强化铜基体的合金。用 Al_2O_3 弥散强化的无氧铜($Cu-Al_2O_3$)就是这类合金的典型例子。制造工艺一般是用共沉淀法或内氧化法先制取 $Cu-Al_2O_3$合金粉，然后热压烧结，再经热挤或锻造成材。弥散强化铜合金的最大特点是在高温下能保持高的强度和硬度(见表 2-17)，并具有高的导电率，常用作高温下导热、导电体，如制作高功率电子管的电极，焊接机的电极。用于弥散强化铜的强化质点除 Al_2O_3 外，还有 ThO_2、SiO_2、ZrO_2、BeO、Y_2O_3等氧化物，本节主要以 TiB_2、Al_2O_3 为例，介绍弥散强化粉末冶金铜基材料。Al_2O_3弥散强化铜合金的成分和性能见表2－18。

表2－17　退火温度对Cu－0.6%(质量百分数)Al_2O_3合金挤压棒性能的影响

退火温度/℃	导电率/% OFHC	σ_b/MPa	$\sigma_{0.2}$/MPa	δ/%	HB/MPa
20	90	600	570		1580
600	90	540	490	10	1430
800	90	510	480	12	1430
900	90	500	460	12	1400
1000	90				1300

注：OFHC——高导无氧铜。

表2－18　一些弥散强化铜合金的室温机械性能

合金	拉拔态		退火态	
	σ_b/MPa	δ/%	σ_b/MPa	δ/%
Cu－2.2% Al_2O_3	410	8	300	20
Cu－5.3% Al_2O_3	460	7	400	13
Cu－2.2% ThO_2	370	13	310	16
Cu－7Al－2% Al_2O_3	650	4	610	12
Cu－8Al－4% Al_2O_3	680	3		
Cu－24Ni－2.5% Al_2O_3	500	9	440	15
Cu－2Be－2% Al_2O_3	710	2	1040	1
Cu－1.5% SiO_2	350	5	240	19
Cu－4.2% Al_2O_3	350	3	240	20

注：氧化物的百分含量为体积百分数。

2.4.5.1　弥散强化铜基复合材料的性能特点

弥散强化铜基复合材料在性能上具有如下几点优越性：

1. 再结晶温度高，组织稳定

工业纯金属的再结晶温度($T_{再}$)一般是金属熔点($T_{熔}$)的35%～40%，即$T_{再}/T_{熔}=0.34\sim0.40$。由于再结晶，金属材料的组织和力学性能都发生变化，弥散强化材料的再结晶温度高，甚至在金属熔点附近的温度下退火也不发生再结晶。

2. 屈服强度和抗拉强度高

一般变形材料的屈服强度是不太高的。屈服强度越接近极限抗拉强度，材料的刚性就越好，就越不容易发生形变。弥散强化材料正具有这一优点。弥散强化材料的屈服强度有很高的绝对值，且接近抗拉强度，这种关系在高温下更加明显。

3. 硬度随温度下降得少，高温蠕变性能好

硬度随温度下降得少是弥散强化材料一个很大的优点，再结晶温度高，高温时硬度变化

小以及蠕变速度低都说明弥散强化合金具有很好的热稳定性。

4. 高的传导率

弥散强化铜基复合材料具有高的热导率和电导率，内氧化法制备的弥散强化铜的电导率均在80% IACS以上。

2.4.5.2 Al_2O_3弥散强化铜基复合材料粉末冶金制备方法

弥散强化铜基复合材料制备方法较多，以下介绍几种常用的Al_2O_3弥散强化铜基复合材料的制备方法。

1. 常规粉末冶金法

将Al_2O_3粉与纯铜粉混合均匀→压制成形→烧结。粉末冶金法工艺成熟，但由于按常规方法难以制得纳米级的Al_2O_3粉，因此粉末冶金法不能同时实现Al_2O_3粒子的细化与分布均匀化。而粗大的Al_2O_3颗粒会限制Al_2O_3/Cu复合材料性能的提高。

2. 机械合金化法

此方法是1970年美国Benjamin研制成功的一种新工艺。采用高能球磨机使铜粉与细小的Al_2O_3粒子混合、变形，使粉末达到原子级的紧密结合状态，直至形成合金固溶体，并使Al_2O_3粒子分布均匀，然后压制、烧结、加工成形。此法的缺点是得到的晶粒尺寸较大而且生产控制困难。

3. 溶胶－凝胶法

将氨水逐滴滴入剧烈搅拌的硝酸铝溶液中至pH=9，得到$Al(OH)_3$溶胶，再将纯铜粉缓慢加入溶胶，搅拌，静置，过虑，得到铜与氢氧化铝湿凝胶的混合物。将混合物放入球磨机中进行湿粉球磨4~5 h，在室温下干燥24 h后将其装入石墨模中进行热压烧结，然后加工成形。此法工艺过程容易控制，制得的材料性能较好，目前仍处于实验阶段。

4. 内氧化法

在合金氧化过程中，氧溶解到合金相中，并在合金相中扩散，合金中较活泼的组元与氧反应，在合金内部生成氧化物颗粒，这个过程定义为内氧化。Al_2O_3粒子与铜的润湿性很差，用传统方法制造这种材料比较困难，采用内氧化工艺来制备，不仅可以得到细小弥散分布的Al_2O_3粒子，而且生成的Al_2O_3粒子还有较高的热力学稳定性，因此得到的Al_2O_3/Cu复合材料性能优于其他方法制备的同类材料。国内外已有多家企业和科研单位开展了内氧化工艺生产Al_2O_3/Cu复合材料的研究，其中美国、日本等国的技术已经成熟，并已进入实用化、市场化阶段。如美国SCM公司制备的Gildcop系列产品，其成分、物理性能及力学性能如表2－19、表2－20和表2－21所示。

表2－19 Glidcop(Al_2O_3/Cu)的化学成分

成分	Al－10	Al－35	Al－60
Al(Al_2O_3)	0.1(0.2)	0.35(0.7)	0.6(1.2)
Cu	99.8	99.3	98.8

表 2－20　Glidcop（Al_2O_3/Cu）的物理学性能

材料	Al－10	Al－35	Al－60
熔点/℃	1082	1082	1082
密度/（$\times 10^3 kg \cdot m^{-3}$）	8.82	8.80	8.78
导电率（20℃）/% IACS	92	85	80
导热率/（$W \cdot m^{-1} \cdot K^{-1}$）	359.82	338.90	322.17
弹性模数/（$\times 10^4$ MPa）	10.8	12.0	14.0
热膨胀系数（～450℃）/（$\times 10^{-6} C^{-1}$）	19.5	20.0	20.4

表 2－21　Glidcop（Al_2O_3/Cu）的力学性能

材料	20℃		220℃		420℃		650℃		925℃	
	σ/MPa	δ/%	σ/MPa	δ/%	σ/MPa	δ/%	σ/MPa	δ/%	σ/MPa	δ/%
Al－10	500	10	500	10	440	24	415	26	395	27
Al－35	585	11	570	12	545	12	535	13	510	13
Al－60	620	3	620	3	600	4	600	4	550	5

注：Al－10 数值取自 90% 冷加工度，Al－35、Al－60 数值取自 55% 冷加工度。

由于 Al_2O_3/Cu 复合材料是应用最为广泛的弥散强化铜基复合材料之一，内氧化法是目前商业化生产性能优越的 Al_2O_3/Cu 复合材料的最佳方法。以下以内氧化法制备的 Al_2O_3/Cu 复合材料为例，详细介绍传统 Al_2O_3/Cu 复合材料的内氧化法制备工艺，如图 2－14 所示。

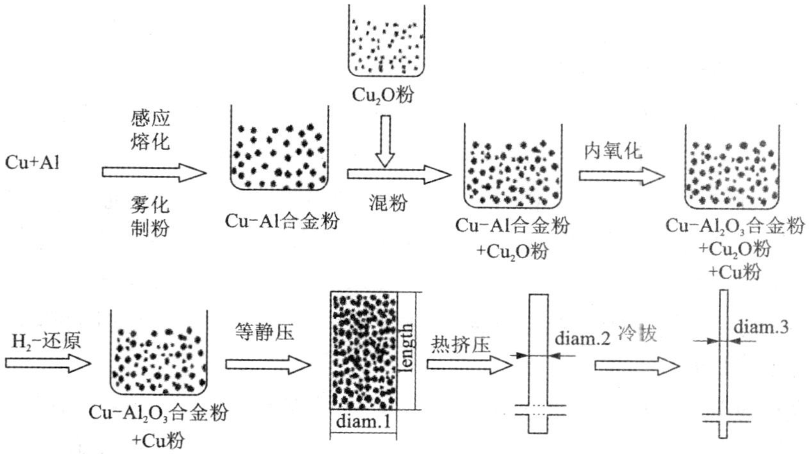

图 2－14　内氧化法生产 Al_2O_3/Cu 复合材料的工艺流程

首先熔炼铜铝固溶合金，然后采用水雾化法或氮气雾化法雾化熔体成粉末，低温氧化粉末表面；将制成的粉末与氧化剂混合，氧化剂主要由氧化亚铜组成；把混合料加热到高温，氧化亚铜分解，生成的氧扩散到铜铝固溶合金的颗粒中，由于铝比铜易生成氧化物，因此合金中的铝被优先氧化成氧化铝；合金中的铝全部被氧化后，在氢或分解氨气氛中将粉末进行加热，还原粉末中的过量氧；将金属粉末采用热静压压制或热等静压压制等手段压制成坯或锭；根据需要再热挤压成圆形棒料、方形料或板料等。

2.4.5.3 TiB_2弥散强化铜基复合材料

由于TiB_2是具有高电导率和高熔点的金属间化合物，使得TiB_2增强铜基复合材料具有较高的电导率和高软化温度(900℃左右)，因而有关TiB_2增强铜基复合材料的研究是复合材料研究领域的一个热点。上世纪80年代以来，美国开展了复合强化高导电铜材的研究，采用了新颖的混合合金工艺，制得了含5vol% TiB_2相的弥散强化复合铜合金，代号为MXT5，某些性能指标超过了Glidcop Al－60。其他国家的科技工作者也都进行了积极的研究工作，如高桥辉男、师岗利政、董仕节等，并取得了一定的成果。表2－22是几种常用的点焊电极用铜合金和两种颗粒增强铜基复合材料的性能比较。

表2－22　弥散强化铜合金性能的比较

合金	σ_b/MPa	δ/%	电导率/%SACS	软化温度/K
Cu－0.15Zr[a]	523	15	90	700
Cu－0.85Cr[b]	592	15	80	700
Cu－0.3Cr－0.2ZrNb[c]	–	14	76	800
Glidcop Al－60[d]	620	14	78	873
MXT5[e]	675	7	76	900

注：a. 固溶处理冷加工98%再时效；b. 固溶后热处理，冷加工90%再时效；c. 固溶处理，冷加工75%再时效；d. 挤压后，冷加工74%；e. 挤压后冷加工95%。

1. 机械合金化制备TiB_2/Cu复合材料

由于Ti和B的亲和力很大，采用一般的铸造和粉末冶金技术制造的TiB_2/Cu复合材料中，TiB_2偏析较大而且呈树枝状分布，使TiB_2增强铜基复合材料达不到预期的性能。为了减少TiB_2偏析和细化TiB_2颗粒，采用原位生成是较理想的方法。利用机械合金化形成Cu(B，Ti)过饱和固溶体，然后在加热和加压过程中生成增强相TiB_2，这种制备金属基复合材料的技术是近年来发展的一种新技术。该技术制备金属基复合材料的优点主要是：①增强相与基体具有良好的结合性；②增强相颗粒在基体内原位生成，增强相颗粒表面无污染；③增强相颗粒分布均匀，尺寸细小。

中南大学熊拥军等采用机械合金化方法和常规粉末冶金工艺制备了TiB_2/Cu复合材料，研究了制备工艺对铜基复合材料的电学性能、力学性能和显微组织的影响。其工艺流程如图2－15所示，研究结果表明：使用机械合金化方法制备的3% TiB_2/Cu复合材料的硬度、强度分别为HV＝1540 MPa，σ_b＝429.6 MPa，软化温度达到980℃，使用常规粉末冶金工艺制备的3% TiB_2/Cu复合材料的硬度、抗拉强度分别为90.5HV，σ_b＝245.4 MPa，软化温度为387℃；而采用机械合金化方法制备的3% TiB_2/Cu复合材料的电导率低于用常规粉末冶金法制备的电导率，前者为 58% IACS，后者为 96% IACS，可见，用机械合金化方法制备的 3% TiB_2/Cu 复合材料的力学性能和软化温度与用常规粉末冶金法制备的相比大大提高。

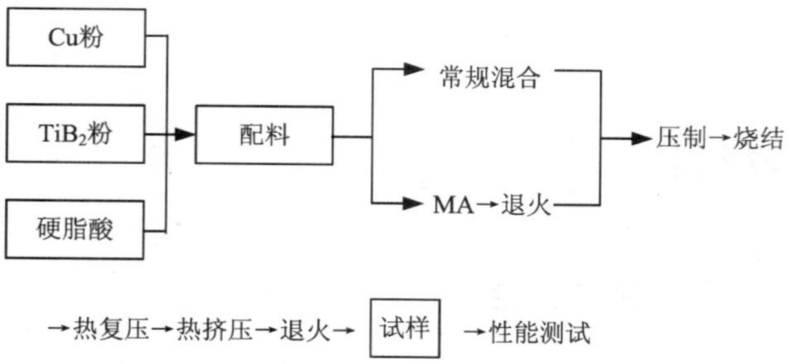

图 2 – 15　TiB_2/Cu 复合材料制备工艺流程

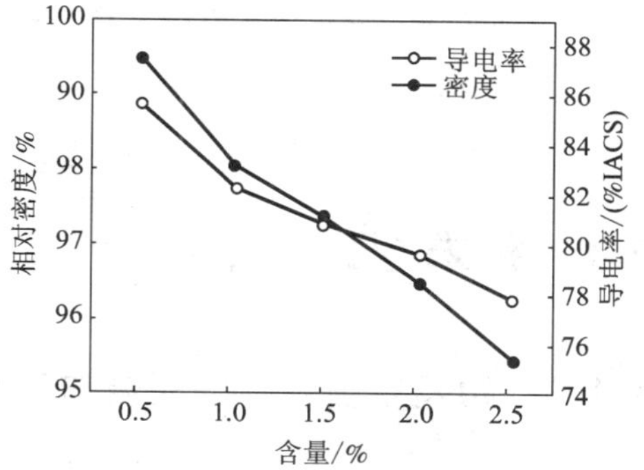

图 2 – 16　TiB_2/Cu 复合材料的相对密度、电导率随 TiB_2 含量的变化曲线

2. TiB_2 颗粒含量对 TiB_2/Cu 复合材料性能的影响

图 2 – 16、图 2 – 17 分别为 TiB_2/Cu 复合材料的密度、电导率以及硬度、抗拉强度随 TiB_2 含量变化的曲线，从上述曲线可以看出，随铜基复合材料中含 TiB_2 量的增加，密度和电导率有所下降，硬度值逐渐上升，抗拉强度先升后降，在 2.0% TiB_2 处出现峰值。图 2 – 18 是不同 TiB_2 颗粒含量的 TiB_2/Cu 复合材料在不同温度保温 1 h 后的室温硬度，表明 TiB_2/Cu 复合材料的软化温度基本保持在 900℃ 左右。

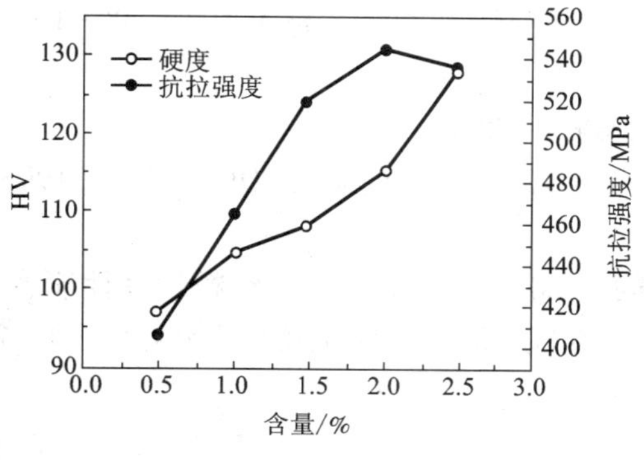

图 2 – 17　TiB_2/Cu 复合材料的硬度、抗拉强度随 TiB_2 含量的变化曲线

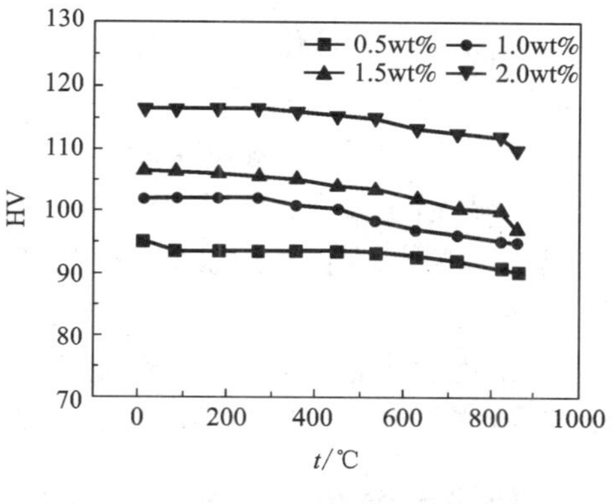

图 2 – 18　TiB_2/Cu 复合材料的室温硬度随保温温度的变化

第3章　粉末冶金铝基、钛基复合材料

3.1　粉末冶金铝合金、铝基复合材料

3.1.1　铝及铝合金粉的粒度与形状、物理与化学性能

金属铝呈银灰色，相对原子质量为27，密度为2.70×10^3 kg/m^3，熔点660℃，沸点2060℃，燃烧热3.093×10^4 J/kg，20～100℃的线膨胀系数为2.35×10^{-3}℃$^{-1}$，延展性良好，易于塑性加工。纯铝的化学性质很活泼，在大气中极易与氧反应形成一层氧化铝膜。氧化铝膜的结构致密，厚度为5～10 μm，使铝具有优异的抗腐蚀性。铝粉除具有金属铝的基本特性外，还具有粉末的特点，铝粉的表面积大，活性比金属铝更大，因此其更易发生化学反应，细铝粉遇空气会燃烧甚至爆炸。

铝粉的性能包括物理性能和化学性能。物理性能是指铝粉的物理特征，主要包括颗粒形状、粒度分布、松装密度、盖水面积(水面遮盖力)、附着率(漂浮力)等。化学性能是指铝粉化学成分的特殊性，主要包括铝及其他主要合金元素的含量、活性、杂质(Cu、Fe、Si、Zn等)的含量等。

国内外对铝粉的要求有明确的规范与标准。

雾化铝粉标准：雾化铝粉国家标准GB/T2085.1—2006，特细铝粉标准GJB1738—1993，美国军用标准MIL－A23950A(AS)。

干法球磨铝粉标准：球磨铝粉国家标准GB/T2085.2—2006。

湿法球磨铝粉标准：色漆用铝粉颜料国际标准ISO 1247，铝粉浆标准HG/T2456—1993。

铝镁合金粉标准：国家标准GB/T5150—2004。

不同种类的铝粉都有相应的性能要求：空气雾化铝粉性能、干式球磨铝粉物理性能、干式球磨铝粉化学性能、特细铝粉性能、氮气雾化铝粉性能、湿式球磨铝粉(铝粉浆)性能、铝镁合金粉性能都可以在相关手册或专业参考书中查找。

3.1.2　铝及铝合金粉的成形、致密化工艺

粉末铝合金成形最简便的方法是模压法和冷静压法(CIP)，此外还有粉浆浇注、粉末轧制、可塑成形等方法。20世纪80年代出现了注射成形等方法。下面介绍几种粉末铝合金成形新技术。

3.1.2.1　粉末铝合金锻造

铝粉末冶金预成形坯适合于用锻造方法生产结构零件。锻造铝预成形坯时，可热锻或冷锻，烧结坯上必须涂石墨润滑剂，以使之在锻造时产生适当的金属流动。对于需要完全充满模腔的零件，一般在300～400℃进行热锻，锻造压力一般不高于345 MPa。锻造一般在封闭

模中进行，因此，只有极少量，甚至无飞边，且锻造时只产生密实与侧向流动。普通锻件的切屑损失接近 50%，而粉末冶金锻件的原材料损失不到 10%。锻造的粉末冶金零件，其相对密度可达理论密度的 99.5% 以上，强度比非锻造粉末冶金零件提高 40% ~60%，疲劳耐久极限提高 1 倍以上。

高强度预合金化粉末铝合金 7090、7091、X7064、CW67 和 IN9021 等，可用现有的锻造技术加工，适用于各种类型的开式模锻件和闭式模锻件。这些合金的流动应力和变形行为与 7075 合金的相似，锻造温度与 7010、7049、7050 或 7075 合金的也基本一致。高强度预合金化粉末冶金铝合金，一般热处理成 T7 × 状态（固溶处理并稳定化处理），以获得所要求的强度与断裂韧性，以及抗剥离与应力腐蚀破裂的最佳组合。预合金化粉末冶金铝合金在高强度水平下的抗腐蚀性远好于铸锭冶金的。一些高强度预合金化粉末冶金铝合金锻件已在航空航天领域得到应用。通常对高强度粉末冶金 IN9021 合金锻件处理成 T4 状态（固溶处理并自然时效）。粉末冶金 IN9052 合金是一种中等强度预合金化铝合金，其力学性能与铸锭冶金法（IM）5083 合金的接近，但抗腐蚀性能更优。此合金在较低温度（小于 370℃）锻造时，其流动应力和变形特性与 5083 合金的相类似。粉末冶金 IN9052 合金也先固结成锭坯，然后挤压，最后锻造，只是该合金适用于精密锻造。

耐高温预合金化粉末冶金铝合金采用快速凝固技术制粉，然后进行锻造加工。锻件的高温性能超过了现有的铸锭冶金锻造铝合金，例如 2219 和 2618 合金，以及 A201 铸造铝合金，特别在 205 ~345℃，性能明显得到提高。这些合金能采用精密闭式模加工，能加工成环形锻件，甚至加工成高精度的精密锻件。

3.1.2.2　粉末铝合金挤锻

铝粉挤锻的制造工艺流程见图 3 – 1，这是一种典型的包套挤压方法。该法具有可利用已有铝挤压设备的优势，但生产工艺流程长，需要长时间高温真空脱气、封装包套、热压、剥离包套，然后进行二次挤压加工。这种生产工艺适用于要求精密机械加工的航空器结构材料，但不适用要求性能较高而成本较低的汽车与家电的小型零件。

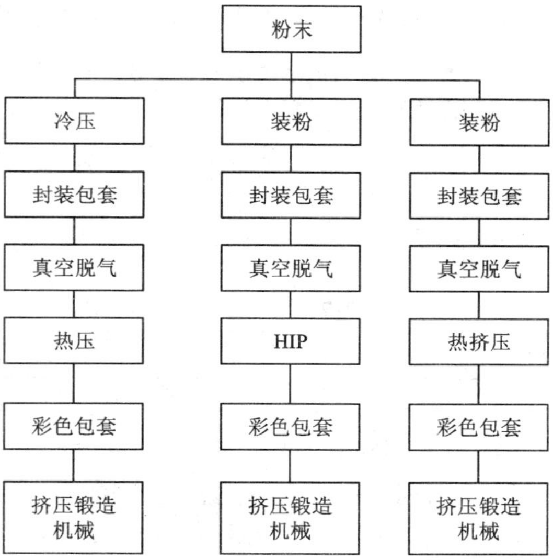

图 3 – 1　粉末冶金挤锻铝制造工艺流程

若未将以吸附水与结晶水状态存在于铝合金粉末表面的氢完全除去就进行挤压固结时，在T6热处理或使用中，残留于挤压坯中的氢将会形成孔隙，产生所谓的泡疤。鉴于微观或宏观缺陷都损害材料的力学特性，封装包套(真空高温脱气）是必须的。

3.1.2.3　**粉末铝合金精密锻造**

铝合金粉末通过真空热压或热等静压，可制成各种规格的锭坯，其质量从45 kg到1360 kg不等。这种高强度预合金化粉末冶金合金锭坯通常可直接制成锻件，或是应用其他加工技术，例如轧制或挤压加工成用于锻造的棒料或板材。应用预合金化粉末冶金技术制成的铝-锂合金要比工业用铸锭冶金7×系合金的价格贵得多，所以精密锻造是最经济有效的锻造方法。

3.1.3　粉末冶金铝合金的性能及应用

超声雾化法制粉，热压Al-8Mn-2Ce合金的硬度为850 MPa，其耐磨性达A355铝合金的3倍。超声雾化法制粉，包套热挤Al-17Si-6Fe-4.5Cu-0.5Mg合金的抗拉强度为450 MPa，T6处理后其抗拉强度达500 MPa，远高于铸态合金的强度；但延伸率均约为1%，与铸态合金的相当。300℃时，热挤态的和T6热处理态的Al-17Si-6Fe-4.5Cu-0.5Mg合金的抗拉强度分别为110 MPa和130 MPa，相应温度下铸造铝合金的强度则几乎接近于零。采用粉末冶金热挤压技术制备的高硅铝合金，在370℃热挤压时，其抗拉强度高达239 MPa，比相同成分的铸轧态的强度提高了77%。粉末冶金Al-9.0Fe-1.9Mo-1.6Si合金的室温力学性能如下：$\sigma_{0.2}>315$ MPa，$\sigma_b>390$ MPa，$\delta_5>3.0\%$。

快速凝固粉末制成的硬铝合金，由于添加了镁、铜、锌等大量合金元素，在时效处理时析出弥散第二相，使其强度增加10%~25%，韧性增加20%，疲劳强度增加40%，比刚性增加30%，比强度增加20%，具有优良的力学性能。Al-12.2Si-4.5Cu-0.9Ni-0.5Mg合金在170 ℃时效处理24 h后的表面硬度为89HRE，屈服强度为171 MPa。粉末冶金Al-Si-Cu合金的力学性能可与铸造铝合金A356媲美，铸造铝合金A356(Al-7Si-0.2Cu-0.35Mg-0.1Mn）的硬度为90HRE，屈服强度为201 MPa。

用控制往复喷射成形技术生产的快速凝固粉末冶金铝合金力学性能如表3-1所列。

表3-1　用控制往复喷射成形的粉末冶金铝合金的力学性能

合金及热处理状态	σ_b/MPa	σ_s/MPa	δ/%
A356，T6	330	268	18
7A04，T6	646	605	12
7075，T6	690	642	11
7075+Ni+0.8Zr，T6	717	751	7
7075+Ni+0.8Zr，T6+T4	711	817	9

三种粉末冶金耐热铝合金Al-28Fe-21V-22Si，Al-26Fe-21V-21Si，Al-26Fe-21V-22Si的力学性能如表3-2所列。美国Alcoa公司研制的粉末冶金耐热铝合金Al-28Fe-24Ce（CU78）合金已实现商品化。Allied公司研制的粉末冶金耐热铝合金Al-28Fe-21V-22Si(FVS0812)已应用于飞行器结构中，如弹翼、涡轮发动机轮圈等。

表 3-2　3 种粉末冶金耐热铝合金的力学性能

材料编号	热处理温度/℃	σ_b/MPa	$\sigma_{0.2}$/MPa	δ/%	ψ/%	E/GPa
1	24	437.0	390.0	10.0		
	100	375.0	341.0	8.0		88
	200	340.0	312.0	8.0		
	300	260.0	242.0	9.0		70
	350	189.0		8.0	12.5	
2	24	282.0	214.0	16.8	33.8	
	150	260.0	240.0	10.0		
	300	124.5		8.7	9.2	
	350	105.0		8.5	7.4	
3	24(L)	357.0	310.0	9.7		68
	24(T)	363.0	310.0	7.7		67
	350(L)	128.0	98.0	6.2		40
	24(T)			4.6		41

注：1 号成分为 Al-27.53Fe-20.5V-21.53Si 的（质量分数%，下同）和 2 号成分为 Al-25.65Fe-20.6V-21.36Si 的合金试样为棒材，采用工艺①；3 号成分为 Al-26.50Fe-20.1V-21.80Si 的合金试样为板材，采用工艺②，L 为纵向取样，T 为横向取样。工艺流程如下：①合金熔炼→快速凝固制粉→预压成形→真空脱气→真空热压→挤压棒材→加工试棒；②合金熔炼→快速凝固制粉→冷等静压→热挤压→热轧→冷轧→加工试片。

20 世纪 80 年代，美国 Alcoa 公司采用传统快速凝固 + 粉末冶金（RS/PM）方法，制备了粉末冶金 7090、粉末冶金 7091、CW67 等合金，其强度与铸锭冶金 7075-T6 相当，耐腐蚀性与铸锭冶金 7075-T73 相当。1992 年，日本住友轻金属公司采用真空平流制粉，真空压制烧结工艺，在实验室制备出 R_m 达 700 MPa 以上的超高强度铝合金。目前，已经在美国铝业协会注册的粉末冶金高强度铝合金有 1990 年的 2009、X2028、7093、8009，1991 年的 6113、8022，1992 年的 6091、6092 等合金。Lockheed 公司已将粉末冶金 7091 铝合金用于 S-3 型飞机机翼上，使质量减轻 116 kg。

20 世纪 90 年代末，美国、英国、日本等工业发达国家利用喷射成形技术开发出含锌量在 8% 以上（最高达 14%）、抗拉强度为 760 ~ 810 MPa、伸长率为 8% ~ 13% 的新一代超高强度铝合金，用于制造交通领域的结构件及其他高应力结构件。目前，北美 7090 铝合金最高强度为 855 MPa，日本超高强度铝合金强度达到 900 MPa，而我国报道的超高强度铝合金强度为 740 MPa。

3.1.4　粉末冶金铝基复合材料

3.1.4.1　粉末冶金铝基复合材料的制备工艺

1. 粉末冶金铝基复合材料的传统制备工艺

常规烧结工艺路线为：配料→混粉→预压→冷压→烧结→热挤压。热压工艺路线为：配料→混粉→预压→冷压→热压→热挤压。热压和常规烧结后热挤压 20vol% SiC_p/5052Al 复合材料的力学性能，如表 3－3 所示。由表 3－3 所见，热压工艺制备的 5052 铝合金的强度与常规烧结工艺制备的 5052 铝合金的强度相当，但塑性仅为后者的一半左右，而热压工艺制备的 20%（体积百分数）SiC_p/5052Al 复合材料的力学性能与常规烧结工艺制备的相比，具有较高的抗拉强度、稍高的屈服强度和稍低的伸长率。复合材料的弹性模量则仅与增强体体积分数有关，不受制备工艺因素的影响。这说明热压工艺与常规烧结工艺相比，所需要的成形压力较小，可提高铝基复合材料的强度，但会降低铝基复合材料的塑性。

表 3－3　经不同烧结工艺后热挤压制得的 SiC_p/5052 铝基复合材料的力学性能

烧结工艺	烧结温度/℃	增强相体积分数/%	σ_b/MPa	$\sigma_{0.2}$/MPa	δ_9/%	E/GPa
热压	580	0	179	115	13	71
		20	251	127	7	107
常规烧结	640	0	182	101	25	68
		20	231	125	9	106

热压工艺制备的复合材料之所以有较高的抗拉强度、屈服强度和稍低的伸长率，主要是由于热压时对坯体有一定的除气效果，可以降低坯体内部气孔率，提高坯体致密度。此外，热压时增强体颗粒和基体粉末颗粒在外力作用下发生协调运动，能更有效地分散丛聚颗粒，改善颗粒分布，提高材料性能。而塑性降低的现象是由于热压温度较低，合金成分及组织的均匀化程度不够引起的。应该看到，模内加压烧结虽然可以得到更好的增强体颗粒分布均匀性和更高的最终材料强度，但也有工艺复杂、设备占用率高、生产周期长、模具寿命较短的不利一面。

在热压初期，颗粒发生相对滑动、破碎和塑性变形，类似冷压的颗粒重排，致密化速度较大。随着热压的进行，致密化达到一个较高的程度，表现为致密化速度很快减小，此时的致密化机构为塑性流动，类似烧结后期的闭孔收缩阶段。热压接近最终阶段时，致密化机构为受扩散控制的蠕变机制，晶粒长大使致密化速度大为降低，达到终极密度后，致密化过程完全停止。

2. 机械合金化法

机械合金化法制备的复合材料中增强体颗粒分布均匀、界面结合良好，增强体颗粒粒度可在纳米至微米范围内变化，增强体含量可高达 70%（体积分数），同时该方法制备的复合材料的力学性能最高，制备工艺较为成熟，但工艺成本较高。据美国 DWA 公司 1988 年的报道，他们用粉末冶金法生产的 SiC 颗粒增强铝基复合材料，产品价格为每镑(454 克)50～100 美元，比基体合金高 10 倍左右，所以还只能用于航空航天及其他军事用途，无法在民用工业推广使用。

3. 喷射共沉积技术

喷射共沉积技术是 20 世纪 80 年代逐渐成熟的一种新的粉末冶金技术，其具体工艺过程如下：将铝合金在坩埚中熔化，熔体在压力作用下流经雾化器后被高速气体分散成极其细小的微滴，微滴高速冷却后沉积到基板上，便可得到理想的快凝材料；若同时通过一个或几个喷嘴射入增强颗粒并使之与雾化液滴一起沉积在基板上，这样便得到复合材料。该工艺综合了粉末冶金和快速凝固的特点，可以一步完成制粉和材料复合。采用喷射共沉积技术制备金属基复合材料时，由于基体合金处于半凝固状态，温度较低，避免了因过高的接触温度引起界面反应，从而提高了材料的界面性能。同时由于喷射共沉积工艺可细化晶粒组织，提高合金元素在基体中的分布均匀性，消除宏观偏析以及生成非平衡亚稳相等特点，可进一步提高复合材料性能。根据增强颗粒添加方式的不同，可以分为分体式添加颗粒和混合式添加颗粒两种方式。

分体式加入颗粒方法：以在铝合金中添加 SiC 颗粒为例，增强相颗粒通过两个位于雾化器下方的喷射管道喷入雾化锥中，其中颗粒尺寸为 3 ~ 15 μm。用此法加入的增强相颗粒的体积分数最高可达 25% 。分体式添加 SiC 颗粒增强铝合金同时表现出较好的强度和韧性，具有较高的弹性模量。

混合式加入颗粒方法：增强相颗粒与雾化气体混合在一起，使得喷嘴末端的冷却速度大幅度提高。SiC 颗粒尺寸为 10 ~ 20 μm。此法要求提高熔体的过热度，以保证适当的固液比值。这种方法可降低沉积坯中的孔隙度，并使增强相颗粒的分布更为均匀。混合式加入 SiC 增强相颗粒的体积分数可达 20% 以上，SiC 颗粒增强铝合金表现出良好的综合性能。

最近几年，在喷射共沉积技术的基础上，又开发出了一种反应喷射成形技术（Reactive spray forming），将喷射成形技术与反应技术结合在一起制备金属基复合材料，增强相颗粒在金属熔体的喷射过程中通过化学反应直接生成，因而与基体的结合更为良好，从而更好地解决了金属基复合材料的界面问题，再加上快速凝固条件下，基体组织进一步细化，使所制备的铝基复合材料性能更高。

3.1.4.2　粉末冶金铝基复合材料性能

日本丰田公司用粉末冶金法制备的质量分数达 15% 的 SiC 颗粒增强的 2080 铝合金连杆，在 150 ~ 180℃ 时疲劳强度可达 70 MPa。美国 DWA 复合材料专业公司和 ACMC 公司采用粉末冶金方法生产了 20%（体积百分数）SiCp/6061Al 复合材料和 20%（体积百分数）SiC_p/2124Al 复合材料，用作结构材料时，前者的 $\sigma_{0.2}$ 为 414 MPa，σ_b 为 496 MPa，E 为 103 GPa；后者的 $\sigma_{0.2}$ 为 400 MPa，σ_b 为 552 MPa，E 为 103 GPa。DWA 还生产了 50% ~55%（体积百分数）SiC_p/Al 电子用复合材料，其热导率为 220 $W \cdot m^{-1} \cdot K^{-1}$，热膨胀系数为(7 ~ 9) $\times 10^{-6}$ K^{-1}。ACMC 生产的 35%（体积百分数）仪表用复合材料的热膨胀系数为(1 ~ 1.3) $\times 10^{-5}$ K^{-1}，密度为 2.88 g/cm^3，弹性模量为 131 GPa，长期放置后尺寸变化小于 2.5 μm。几种粉末冶金法制备的 SiC_p/Al 复合材料的力学性能如表 3 – 4 所列。

表 3 – 4　粉末冶金法制备的 SiCp/Al 复合材料的力学性能

材料名称	制备方法	σ_b/MPa	$\sigma_{0.2}$/MPa	E/GPa	δ/%	厂家
20%（体积百分数）SiC_p/6061Al	粉末冶金	496	414	103		美国 DWA 公司 ACMC 公司
20%（体积百分数）SiC_p/2124Al	粉末冶金	552	400	103		

续表

材料名称	制备方法	σ_b/MPa	$\sigma_{0.2}$/MPa	E/GPa	δ/%	厂家
T6 态 17%（体积百分数）	常规粉末冶金	275	245	86	4.0	国内
SiC_p/6061Al	机械合金化粉末冶金	470	415	108	2.0	

注：6061Al 基体的力学性能分别为抗拉强度 350 MPa，屈服强度 310 MPa，弹性模量 74 GPa，延伸率 10%。

对于一些铝基复合材料，在高应变速率以及变形温度约高于基体固相线温度的情况下，材料具有超塑性。超塑变形时，在晶间产生液相薄层，使变形在固液两相共存状态下进行。通过液相薄层剪切实现晶粒间和晶粒与增强体间彼此滑动，液相薄层像润滑剂一样，使增强体与基体晶粒间滑动更容易，从而提高延伸率。

喷射沉积 Al－Fe－V－Si＋3TiC 合金挤压态和快速凝固/粉末冶金制备 Al－Fe－V－Si 合金的力学性能如表 3－5 所列。从表 3－5 可知，喷射沉积 Al－Fe－V－Si＋3TiC 合金挤压态的室温和高温强度明显高于喷射沉积 Al－Fe－V－Si 合金的强度，在 298 K 的抗拉强度和屈服强度分别提高了 25 MPa 和 20 MPa，在 588 K 时则分别提高了 44 MPa 和 75 MPa，而且与喷射沉积 Al－Fe－V－Si 相比，Al－Fe－V－Si＋3TiC 合金的塑性也有明显的提高，其高温拉伸的延伸率提高了近 57.6%。特别是，喷射沉积 Al－Fe－V－Si＋3TiC 合金的高温强度和塑性与快速凝固/粉末冶金制备 Al－Fe－V－Si 合金的高温强度和塑性相当。

表 3－5　喷射沉积 Al－Fe－V－Si＋3TiC 合金挤压态和快速凝固/粉末冶金制备 Al－Fe－V－Si 合金的力学性能

合金	温度/K	σ_b/MPa	$\sigma_{0.2}$/MPa	δ_5/%
8009(RS＋PM)	298	462	414	12.9
	588	276	255	11.9
8009(SD)	298	351	300	8.0
	588	224	180	8.5
8009＋3TiC(SD)	298	376	320	10.0
	588	268	255	13.4

RS/PM 为快速凝固/粉末冶金，SD 为喷射沉积。

3.1.4.3　粉末冶金法铝基复合材料及其应用

铝基复合材料在航空、航天、军工、铁路、汽车、光学等领域有着广阔的应用前景，并已扩展到电子、体育用品等日用消费品领域。在车辆工程中，铝基复合材料配件越来越多，如汽车连杆、汽缸套、油田抽油机缸套、汽车制动盘、制动鼓、保持架、驱动轴、皮带轮等机器构件，高速客车制动件。铝基复合材料已应用于体育用品，如自行车框架等，制作出的自行车质量比传统自行车的大幅度减少。BP 公司研制的 SiC_p/2124Al 自行车框架已经在 Raleigh's

赛车上使用。

在航空航天方面，SiC/A356 和 SiC/A357 颗粒增强铝基复合材料可制造飞机液压管、直升机支架和阀体。25% SiC/2099 铝基复合材料可以制造火箭发动机零件。用体积分数为20%的 SiC 颗粒增强 A357 铝基复合材料能制造坦克火力控制镜的基片和导弹机翼。美国 DWA 特种复合材料公司用体积分数为25%的 SiC 颗粒增强6061 铝合金，生产出了航空结构导槽、角材、仪表支架，其密度下降了17%，已成功用于 Lockheed 飞机的电子设备。SiC 颗粒增强的2124 铝合金、8090Al-Li 合金铝基复合材料制作的飞机和导弹零件用薄板材、挤压件、锻件，拉伸模量达到100 GPa 以上。此外 Alcan 公司用SiC 颗粒增强铝基复合材料成功地制造出导弹壳体、轻型坦克的履带板、雷达天线、直升机起落架、穿甲弹弹托、导弹镶嵌结构等军用品。北京航空材料研究所已制造多种宇航铝基复合材料零件样品。铝基复合材料作为仪表级材料，由于其具有高刚度、低密度、高微屈服强度、低热膨胀系数、好的导热性和尺寸稳定性，早在1985 年，美国就采用 SiC_p/Al 复合材料制成导弹惯性器件仪表壳体，用来替代铍合金和铝合金，并发展为继铝合金、铍合金之后的第三代航天惯性器件。1985 年以后，这种材料迅速制作成航天飞机、导弹和卫星等航天器的零部件。

DWA 复合材料公司与洛克希德·马丁公司及空军合作，将粉末冶金法制备的 SiC 颗粒增强铝基(6092)复合材料用于 F-16 战斗机的腹鳍，代替了原有的2214 铝合金蒙皮，刚度提高50%，使寿命由原来的数百小时提高到设计的全寿命~8000 h。目前美国空军已将这种铝基复合材料腹鳍作为现役 F-16 战斗机的备用件。Ogden 空军后勤中心评估结果表明：采用这种铝基复合材料腹鳍，可以大幅度降低检修次数，全寿命节约检修费用达2600 万美元，并使飞机的机动性得到提高。此外，F-16 上部机身有26 个可活动的燃油检查口盖，其寿命只有2000 h，并且每年都要检查2~3 次。采用了 SiC 颗粒增强铝基复合材料后，刚度提高40%，承载能力提高28%，预计平均翻修寿命可高于8000 h，裂纹检查期延长为2~3 年。F-18“大黄蜂”战斗机上采用 SiC 颗粒增强铝基复合材料作为液压制动器缸体，与被替代材料铝青铜相比，不仅重量减轻、热膨胀系数降低，而且疲劳极限还提高一倍以上。

英国航天金属基复合材料公司(AMC)采用高能球磨法研制出了高刚度、耐疲劳的 SiC 颗粒增强铝基(2009)复合材料，用该种材料制造的直升机旋翼系统连接用模锻件(浆毂夹板及袖套)，已成功地用于 Eurocopter 公司生产的 N4 及 EC-2120 新型直升机。其应用效果为：与铝合金相比，构件的刚度提高约30%，寿命提高约5%；与钛合金相比，构件重量下降约25%。

更为引人注目的是，20 世纪90 年代末，SiC 颗粒增强铝基复合材料在大型客机上获得正式应用。普惠公司从 PW 4084 发动机开始，将以 DWA 公司生产的挤压态 SiC 颗粒增强变形铝合金基复合材料，作为风扇出口导流叶片，用于所有采用 PW 4000 系发动机的波音777上。普惠公司的研发工作表明：作为风扇出口导流叶片或压气机静子叶片，铝基复合材料耐冲击(冰雹、鸟撞等外物打伤)能力比树脂基复合材料好，且任何损伤易于发现。此外，还具有7 倍于树脂基复合材料的抗冲蚀(沙子、雨水等)能力，并使成本下降三分之一以上。

在车辆工程方面，美国已将铝基复合材料应用于刹车轮，使其重量减轻了30%~60%，且导热性大大改善。Martain 公司将 TiC 颗粒增强铝基复合材料用于汽车活塞等部件，达到了减重和减小摩擦的目的。Alcan 公司生产的 SiC 颗粒增强铝基复合材料汽车刹车片于1995 年由福特汽车和丰田汽车正式投入使用。Lanxide 公司生产的 SiC_p/Al 复合材料汽车刹车片，于

1996 年投入批量生产，日产量达到 1000 片。德国以铝基复合材料为原料生产的制动盘已经应用于火车上，由于价格相对较高的原因，目前主要应用于高档轿车。

作为光学材料，与低体积分数的结构级 SiC 颗粒增强铝基复合材料相比，光学仪表级的中等体积分数(35% ~45%)的 SiC 颗粒增强铝基复合材料的功能化特性比较突出，不仅具有比铝合金和钛合金高出一倍的比刚度，还有着与铍材及钢材接近的低热胀系数和优于铍材的尺寸稳定性。因此，该种复合材料可替代铍材用作惯性器件，并被誉为“第三代航空航天惯性器件材料”。它已被正式用于美国某型号惯性环形激光陀螺制导系统，并已形成美国的军标。此外，还替代铍材被成功地用于三叉戟导弹的惯性导向球及其惯性测量单元(IMU)的检查口盖，并取得比铍材的成本低三分之二的效果。微屈服度(MYS)是表征材料尺寸稳定性的主要指标，而该种复合材料的微屈服度为 118 MPa，该值已显著超过美国布拉什公司研制的高尺寸稳定性新型光学仪表级高强 12250 铍材。

除用作惯性器件外，光学仪表级 SiC 颗粒增强铝基复合材料还可替代铍、微晶玻璃、石英玻璃等用作反射镜镜坯。例如，美国 ACMC 公司制造的光学级 SiC 颗粒增强铝基复合材料，已在卫星太阳能反射镜、空间遥感器高速扫描摆镜、空间激光反射镜及空间望远镜上投入使用。1987—1988 年美国 ACMC 公司与亚利桑那大学光学研究中心合作，采用 SiC 颗粒增强铝基复合材料研制成超轻量化(ULW)空间望远镜(包括结构桁架部件与反射镜)和坦克激光反射镜。该 ULW 空间望远镜的铝基复合材料主镜和次镜的反射面带有经抛光的化学镀镍层，镍反射层与铝基复合材料基材结合良好，膨胀也十分匹配。在 230 ~ 340 K 之间进行 320 次热循环后，镍反射层仍能保持可见光波长的平面度。结构的改进使铝基复合材料反射镜比传统玻璃类反射镜轻 50% 以上。由于多处采用了新材料，该 ULW 空间望远镜的主镜直径达 0.3 m，整个望远镜仅重 4.54 kg。

作为电子封装材料，LEC 公司生产的 SiC_p/Al 复合材料 1996 年应用于 GM 电动汽车和 EV1 客车上，替代了 Cu/W 合金。1997 年用该材料制作 IRIDI - UMO 的系统部件，应用于 Motorola 公司发射的卫星上，此后 70 多颗卫星也使用该材料，这一应用是电子级颗粒增强铝基复合材料发展新的里程碑。铝基复合材料已经制作出了微电子器件的机座，尽管电子信息领域的用量没有交通领域大，但其利润率更高。20 世纪 90 年代末，电子级高体积分数(60% ~70%)SiC 颗粒增强铝基复合材料，作为新型轻质电子封装及热控元件在一系列为世人所瞩目的先进航空航天器上获得了正式应用。其中，采用无压浸渗法制备的电子封装 SiC 颗粒增强铝基复合材料工程应用的实例最多、影响也最大。例如，在 F - 22“猛禽”战斗机的遥控自动驾驶仪、发电单元、飞行员头部上方显示器、电子计数测量阵列等关键电子系统上，替代包铜的钼及包铜的钢作为印刷电路板板芯，取得了减重 70% 的显著效果。由于此种材料的导热率可高达 180 W/(m · K)，从而降低了电子模块的工作温度，减轻了冷却的压力。除印刷电路板板芯外，这种材料被用于 F - 22 战斗机的电子元器件基座及外壳等热控结构。另外，已正式采用无压浸渗法制备的电子封装 SiC 颗粒增强铝基复合材料的航空航天工程还包括：F - 18“大黄蜂”战斗机、欧洲“台风”战斗机、EA - 6B“徘徊者”预警机、ALE - 50 型诱饵吊舱等航空器，以及火星“探路者”和“卡西尼”深空探测器等著名航天器。

3.2 粉末钛合金

钛及其合金的比强度高、中温热强性好、耐腐蚀且资源丰富，因而在航空、化工、冶金、医疗、海洋工程等领域应用很广泛，钛及其合金已成为飞机发动机的主要金属结构用材。

钛的冶炼和加工困难，零件制造费用高。20 世纪 40 年代末出现钛粉末冶金技术，在一定程度上缓和了钛制品加工的困难。直到 20 世纪 60 年代中期，钛粉末冶金工艺才取得大的进展，在降低材料消耗和零件制造成本方面取得了显著的成果。

钛是熔点高、活性大的轻金属，不能由矿石冶炼获得。生产金属钛是以天然或人造金红石（TiO_2）为原料，采用金属热还原或熔盐电解方法制成海绵钛，再经真空电弧熔炼成锭。1946 年出现了由海绵钛直接制得的致密金属钛——韧性钛，它是将海绵钛先破碎成粉末，再经冷压和烧结而成的，这实际上就是钛的粉末冶金方法。当时粉末钛的性能不高，主要是由于孔隙和非金属夹杂的影响，但是由它制成的过滤器却十分耐用。因此，钛过滤器材料作为第一代钛粉末合金产品一直使用至今。

在出现真空自耗电极电弧熔炼工艺以后，常规钛粉末冶金工艺才被淘汰。20 世纪 60 年代中期，应用旋转电极雾化法制成了钛合金粉，并采用 HIP 致密化工艺，粉末钛合金的性能得到显著提高。近净成形工艺（NNSP）粉末钛成功地应用并推广，大大降低了钛零件的制造成本，使得粉末钛合金的应用日益扩大，受到宇航、航空等新型工业部门的日益关注。

3.2.1 钛合金体系

20 世纪 50 年代初钛及其熔炼合金在工业上开始得到应用。到 1972 年，世界上大约有 30 种牌号的钛合金，而其中 8 种主要牌号的纯钛及钛合金又占了销售总额的 90%。它们包括 3 个等级的工业纯钛和 Ti－5Al－2.5Sn、Ti－6Al－4V、Ti－8Al－Mo－V、Ti－6Al－6V－2Sn、Ti－13V－11Cr－3Al。后来出现了著名的 Ti－6Al－2Sn－4Zr－2Mo（也可再添加 0.2% Si）变形合金，再后来又出现了 Ti－10V－2Fe－3Al 钛合金，以及超导钛合金 Ti－50Nb。

1. 钛合金中的元素

钛有密排六方 α 相和体心立方 β 相两种晶型，其转变温度为 882.5℃。加入其他元素将改变同素异晶转变点，使得各种钛合金的组织和性能表现各异。

根据合金元素和杂质（主要是间隙杂质氧、氮和氢）对钛的 $\alpha-\beta$ 转变温度的影响，可以将它们分为三类。凡是提高转变温度的元素称为 α 稳定元素，凡是降低转变温度称为 β 稳定元素，对转变温度影响不大的元素就称为中性元素。另外，考虑到元素在钛合金中是形成间隙固溶体还是置换固溶体，β 共析反应是快速分解还是慢速分解等，还可将合金元素和杂质细分为若干组。在钛的二元系相图中形成包析反应的元素，如铝、镓、氧、氮、碳等，均提高 $\alpha-\beta$ 相变温度，属于 α 稳定元素。同 α 和 β 钛都形成连续固溶体的元素，如锆和铪，以及对 $\alpha-\beta$ 转变温度影响不大的元素，如锡、锗、铈、镧、镁等属于中性元素。中性元素中的锡和锗在 α 钛中有较大的溶解度。β 稳定元素包括与 β 钛形成连续固溶体的 β 同晶元素钼、钒、铌、钽，以及与钛形成共析反应的 β 共析元素，如锰、铁、铬、硅、铜等。图 3－2 为常见合金元素和杂质元素对钛的 $\alpha-\beta$ 转变温度影响分类图。

在 β 稳定元素中，作用最强的是过渡族金属镍、钴、铁、锰、铬和钼。

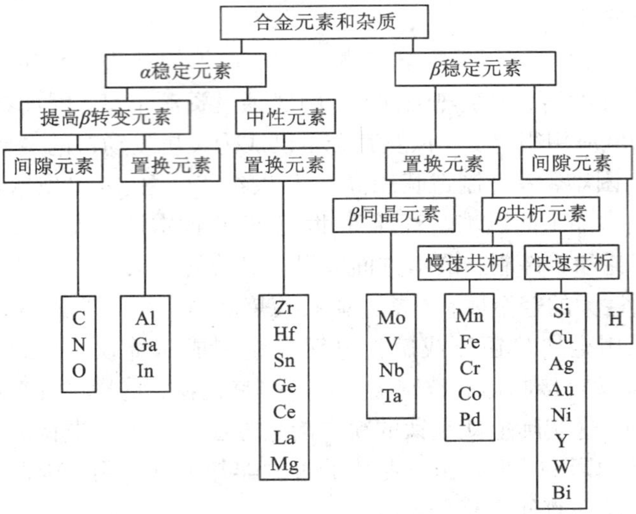

图 3-2　钛的合金元素和杂质分类

铝、锡在 α 钛中有较高的溶解度，被认为是最重要的 α 稳定元素，得到了广泛的应用；而镓、铟虽然也是很好的 α 稳定元素，但由于资源稀少，在实践中很少应用。

2. 钛合金分类

1956 年，麦克魁伦(McQuillan)提出按照退火状态的相组成将钛合金划分为 α 型，α+β 型和 β 型三类。

(1)α 合金。

纯钛和含 α 稳定元素如 Al、Ga 以及 Sn 中之一或两种以上元素的合金。Ti-5Al-2.5Sn 和实验室牌号 Ti-Al-Ga 属这类在室温下呈密排六方结晶的 α 合金。其性能特征是强度、韧性、抗蠕变性能和焊接性能均好。

(2)β 合金。

含过渡族元素，如 V 族 Nb、Ta，VI 族 Mo 的二元或三元合金属于 β 合金。典型例子有早期的 Ti-Mo 及后来的 Ti-15Mo-5Zr、Ti-15Mo-5Zr-3Al、Ti-11.5Mo-6Zr-4.5Sn 等合金。β 合金高温变形加工性能好，但韧-脆性转变温度较高，因而同其他体心立方相合金一样，不适于低温下使用。

(3)α+β 合金。

室温下，合金由 α 和 β 两相组成，Ti-6Al-4V 合金就是典型的两相合金。这类合金难变形，甚至在退火状态下也难变形，但其机加工性能好，室温强度和中、高温强度都较高。一般地讲，这类合金在室温下含有 10%～50%β 相，但当 β 相超过 20% 后，合金焊接性能恶化。可以通过热处理改变 β 相的析出状态，从而改善合金的性能。粉末钛合金基本都是 α+β 型合金，但只有 Ti-6Al-4V(标准成分)、Ti-6Al-4V(超纯)、Ti-6Al-6V-2Sn 和 Ti-6Al-2Sn-4Zr-2Mo 这 4 种合金在实践中得到应用。

3.2.2　粉末制备

钛粉的生产方法有：金属（钠、镁）热还原法，熔盐电解法，氢化－脱氢法，等离子旋转电极法等。金属热还原和熔盐电解从 TiO_2 制得海绵钛，将海绵钛破碎，并经真空退火处理后即制得纯钛粉。氢化－脱氢法可制造纯钛和钛合金粉末。由于成分控制等方面的原因，钛合金粉末的制备相对钛粉更难，制备方法更少。具体的钛合金粉制备方法有离心雾化法、等离子旋转电极法、Leybold－Heraeus 电子束旋转盘、真空雾化和 Colt－Crucible 法、气体超声雾化法，但气体超声雾化法是一种新的发明专利，还有待于工程实践的检验。能制备钛合金粉末的方法基本都能用于制备钛粉。

1. 金属热还原法

天然或人造金红石先在碳参与下进行氯化处理：

$$TiO_2 + 2Cl_2 + 2C \rightarrow TiCl_4 + 2CO$$

$TiCl_4$ 经蒸馏和化学处理净化，再用金属镁或钠还原成海绵钛。

（1）克罗尔（Kroll）法。

$$TiCl_4 + 2Mg \rightarrow Ti + 2MgCl_2$$

（2）亨特（Hunter）法。

第一步　$$TiCl_4 + 2Na \rightarrow TiCl_2 + 2NaCl$$

第二步　$$TiCl_2 \cdot 2NaCl + 2Na \rightarrow Ti + 4NaCl$$

总反应式　$$TiCl_4 + 4Na \rightarrow Ti + 4NaCl$$

还原反应温度尽可能达到 1040℃，目的是保证还原完全并烧结成粗的海绵钛粒。用真空蒸馏或水浸出法除掉残留在海绵钛中的 $MgCl_2$，NaCl 通常用水浸出法就能除掉。

用镁或钠热还原并处理得到的海绵钛粉末，除了在纯度和粒度上有些差别外，可互换使用。破碎海绵钛得到的－100 目钛粉末称为细钛粉（表 3－6），可作为制造钛合金的混合粉原料（表 3－7），合金元素常以预合金粉的形式加入。

表 3－6　钠还原海绵细钛粉的粒度组成

目数（美制筛）	粒度/μm	占总质量百分数/%
+80	+177	0
-80 +100	-177 +149	0.1
-100 +140	-149 +105	11.2
-140 +200	-105 +74	32.9
-200 +230	-74 +64	5.0
-230 +325	-64 +45	23.3
-325	-45	27.5

表 3-7 海绵细钛粉和烧结 Ti-6Al-4V 合金中的元素含量/%（质量百分数）

	Al	V	O	N	H	C	Fe	Na	Cl	Ti
海绵细钛粉	—	—	0.13	0.03	0.07	0.02	0.02	0.10	0.13	余量
烧结 Ti-6Al-4V 合金	6.2	4.1	0.24	0.016	0.002	0.02	0.18	0.10	0.12	余量

海绵钛粉疏松多孔，塑性好，适于冷压成形。由于粉末中含钠、氯杂质较多，烧结性能不佳。但海绵钛粉价格低，可用来制造要求不高的烧结制品和耐腐蚀零件。虽然熔盐电解海绵钛粉的氯含量比还原海绵钛粉低 100 ppm，但是其成形性较差。

2. 氢化-脱氢法

氢化-脱氢（HDH）法是制取粒度细、质量好、价格低的钛粉末的重要工业方法之一。该法利用了钛的活性高，吸氢后生成氢化钛的特性。氢化钛性脆，极易研磨成细粉。氢化钛经真空脱氢后就得到不含氢的纯钛粉。

HDH 法因所用原料的来源广，工艺过程简单，因而日益受到重视。将钛加工后的几何废料、残屑、碎片或铸锭车屑，经清洗去掉其中的砂石、金属杂物及油脂后，在图 3-3 所示 Oremet 氢化炉内进行氢化。原料装在多层式料盘内，反应罐是由 19 mm 厚的 304 不锈钢板焊接而成，其规格为高 914 mm，直径 305 mm。用机械泵和扩散泵抽至真空度为 1.3 Pa，漏气率不超过 15.6 Pa/h。物料靠反应罐外的电阻丝加热至 400℃，根据钛合金成分控制温度。加热过程中保持系统的真空度。达到规定的氢化温度后切断真空阀，将计量准确的氢气送进反应罐与钛起反应。氢化是放热反应，控制好氢流量以保证物料氢化均匀，氢气的纯度不低于 99.995%。

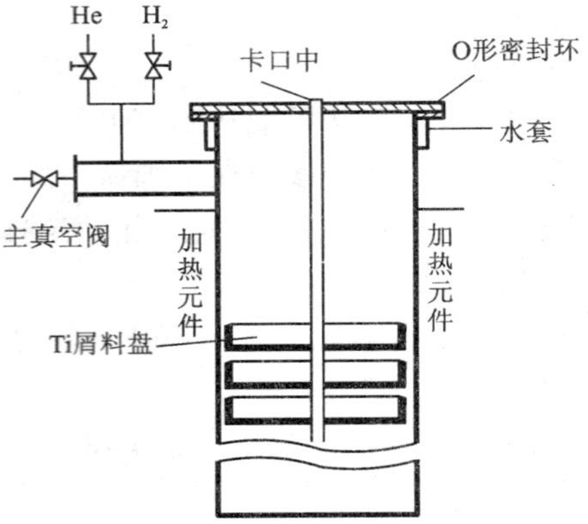

图 3-3 氢化炉反应罐

当达到反应要求的氢含量后切断氢气源并充入氩气。从炉中取出反应罐，罐中的物料在氩气中冷却，冷至室温后才取出氢化钛，用振动球磨机将氢化钛研磨成粉末，整个球磨过程在氩气气氛中。磨碎的料筛分为三级：+35 目粉重新返回球磨机，-35 +200 目粉为合格粉，-200 目粉另行处理。将合格粉用磁选的方法去掉球磨中带进的磁性杂质。氧和氮是钛粉中最有害的元素，HDH 粉的氧含量比原料高 700~800 ppm。HDH 钛粉末的颗粒形状为不规则角状。-35 +200 目粉末的松装密度为 1.5 g/cm^3，摇实密度 1.9 g/cm^3，流动性较差，适合于冷压成形。

3. 旋转电极雾化法

钛在高温下的活性大，如像普通金属那样用强大的流体（气体或水）将其雾化成粉，则会与流体发生反应而得不到纯净的钛粉。旋转雾化的实质是用离心力将熔融钛雾化成粉末的方法，它包括旋转电极工艺(REP)、等离子旋转电极工艺(PREP)和电子束旋转盘工艺(EBRD)等。通常的旋转电极粉末指用 PREP 法制造的粉末。PREP 法如图 3－4 所示，即在惰性气氛下，用等离子加热熔化圆筒容器中的原料金属或合金电极棒，并使之高速旋转，凭借离心力在容器内凝固成粉末。粉末的粒度可通过旋转电极的转速调整。通常转速为 35 m/s 时纯钛粉的粒度为 150～250 μm。PREP 法制得的粉末为球状，流动性好、氧含量低，但成形性不佳，必须用热等静压成形。

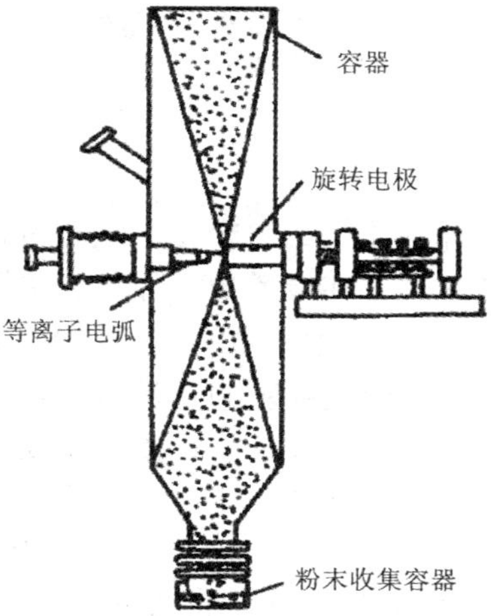

图 3－4　PREP 装置示意图

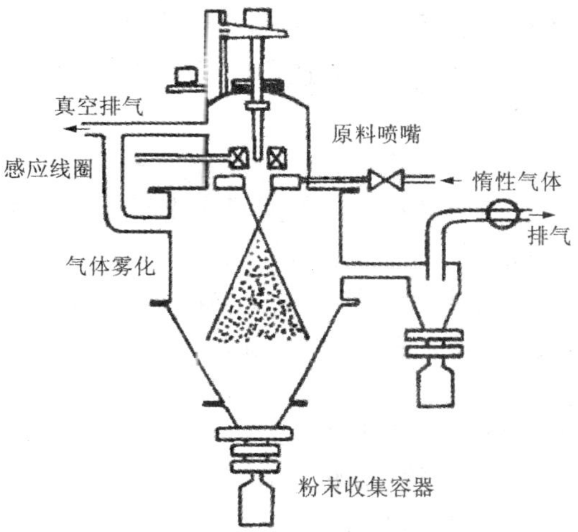

图 3－5　惰性气体雾化装置示意图

4. 惰性气体雾化法

气体雾化法是在坩埚中将金属熔化后，金属熔液流过细喷嘴时吹入高速气体制取粉末的方法。钛是高熔点活性金属，在坩埚中熔化时易污染，降低纯度。最近日本住友硅钛公司开发了一种钛的气体雾化法，其装置如图 3－5。将一根细长的海绵钛棒通过感应圈缓慢下降，感应加热熔化的液体被来自喷嘴的氩气或氦气雾化成粉。改变熔化金属的体积，雾化气体的压力、流量，喷嘴的形状等参数，可以控制粉末的粒度。该法制取的钛粉平均粒度为 70～80 μm，也可以生产粒度小于 45 μm 的粉末。由于熔化的金属不与坩埚和其他器皿接触，粉末不被污染，可制取低氧高纯钛粉。气体雾化法钛粉的成形性、流动性均较好，且氧含量低，既可热等静压成形，又可冷等静压成形，也可自动喷射成形，并且可批量生产。可作为粉末冶金或注射成形原料，有望成为亨特法海绵钛粉的代替品。

适于制造钛合金粉末的其他雾化法有 Leybold－Heraeus 电子束旋转盘、真空雾化和 Colt－Crucible 法。快速凝固法可用来制取微晶钛合金粉以避免合金中的元素在晶界析出。旋转电极雾化粉末具有典型的快速凝固显微结构，Ti－6Al－4V 粉是一种细针状马氏体组织。如果合金元素含量更高，则出现枝晶组织，枝晶间距(DAS)对旋转电极工艺(REP)粉来说，大约为 3～6 μm。REP 粉末颗粒内的气孔或缩孔非常少，这与海绵钛颗粒内由于氯化物残留物生成气孔不同。制备高纯钛合金粉的全过程必须在一个封闭的惰性气体室内进行。从雾化室将粉末转移至处理塔过筛、磁选、取样分析直至装入包套均在全惰性无尘环境中完成。

3.2.3 致密化工艺

由于钛原料贵，加工成本高，故人们非常重视近净成形(NNSP)工艺的应用，它包括等温锻造、精锻、超塑性成形和粉末冶金加工技术。粉末冶金钛合金加工技术是最理想的一种NNSP工艺，它不仅可降低钛零件的制造成本，而且还可使粉末钛合金在性能上达到甚至超过铸造-锻造加工钛合金。制造粉末钛合金零件的方法按原料不同，分为元素粉法和预合金粉法两大类。元素粉法主要采用模压、冷等静压成形，真空烧结工艺。由于产品中仍残留少量孔隙，只能满足力学性能要求不高的产品要求。冷压-烧结的钛材，当接近致密时，其拉伸性能、断裂韧性较高，但疲劳强度稍低。预合金粉法是以预合金粉为原料，主要采用致密成形和热加工技术制造零件或型材，其力学性能，特别是疲劳强度大大提高，适用于制造高性能的金属构件。

1. 元素粉法

把海绵钛粉与其他元素粉或部分预合金粉机械混合，采用不同的致密化工艺制造合金零件。该法的基本工序包括混料、冷压成形、真空烧结、二次加工和最后的机加工。选用粒度细的海绵钛粉和预合金(如60Al-40V)粉及其他元素粉经球磨混合均匀。球磨钛粉外形为等轴状，颗粒表面不规则，压制时容易变形并破坏表面膜，利于形成颗粒间的机械结合。为避免杂质含量增加，成形时不加润滑剂。在400~500 MPa压力下冷压成形，相对密度可达到85%~90%。冷等静压制可成形较复杂的零件，但尺寸受等静压机限制，一般直径不超过60 cm、高不超过240 cm。

压制件烧结后相对密度可提高至95%~99.5%(一般为94%~96%)，而且成分均匀性得到改善。烧结后残留封闭孔隙，只有采用HIP法才能完全消除。真空烧结保温阶段，真空度不得低于0.13 Pa，温度为1200~1260℃，时间1~4 h。烧结后，产品中的Na、Cl和Mg等杂质可进一步降低。

烧结产品最后机加工前，往往还要求提高致密度，HIP是最后的工艺。CIP-HIP联合工艺往往比模压-真空烧结更有效。HIP时不一定非要使用包套，HIP合金坯料还可进行等温锻造或热轧等加工。

温锻和精整也是提高烧结产品致密度和尺寸精度的两种可行工艺。

粉末钛合金的室温韧性好，可进行弯曲、扭转等加工制成所需形状，加工后需进行退火处理。同铸造-锻造加工相比，元素粉法制造零件可大幅降低生产成本，这是由于降低了模具和设备投资费用，提高了材料利用率和减少了机加工的缘故。

元素粉法制得的粉末钛合金的静态力学性能(如拉伸强度)较高，但动态性能(如疲劳强度)却比铸造-锻造材料低得多，原因是少量孔隙和化学杂质(Na、Cl离子)的存在，而且化学成分的均匀性相对较差。它不能用于重要的承载部件，目前唯有在腐蚀环境的紧固件(螺帽和夹具)大量使用它。虽然用钛粉冷压-烧结的工件再经过锻造或轧延生产的各种钛板、棒比熔铸加工钛材更经济，但应用仍然受到一定的限制。

2. 预合金粉法

REP或HDH预合金粉，通常采用HIP或真空烧结两种热致密工艺制造零件或材料，也可用流动模、陶瓷模这样的准热等静压制代替HIP。

(1)HIP。

将预合金粉或其坯料封装在金属或玻璃包套内进行 HIP 致密化，尺寸收缩取决于包套内粉末的装填密度(一般为理论密度的65%)。HIP 有两种温度制度，分别在高于或低于钛合金的 $\alpha \Leftrightarrow \beta$ 相变点。高温 HIP 的作业时间短，压力低，合金组织为粗大的 β 初晶和分布于晶界的 α 相组成，合金性能(主要是疲劳强度)不高。在相变温度区间的 HIP 是常用的工艺，所得合金为细小而均匀的 $\alpha+\beta$ 两相组织，其中 α 为粗板条状晶粒。合金的疲劳强度与熔铸加工的相当。

(2)准热等静压制。

陶瓷模制模技术复杂，费用高，只适于制造批量大的零件，目前小型涡轮发动机转子已采用准热等静压制法生产。图 3-6 所示 Colt-Crucible 陶瓷模准等静压工艺流程，应注意陶瓷模材料不与钛起反应，装模要在惰性气体保护下进行。金属容器与陶瓷模之间用陶瓷颗粒隔开。HIP 温度为 870～980℃，即低于 $\alpha \Leftrightarrow \beta$ 相变温度，压力为 103 MPa，时间为 2～8 h。压制零件从模中取出后，经喷砂去掉表面陶瓷残留物。

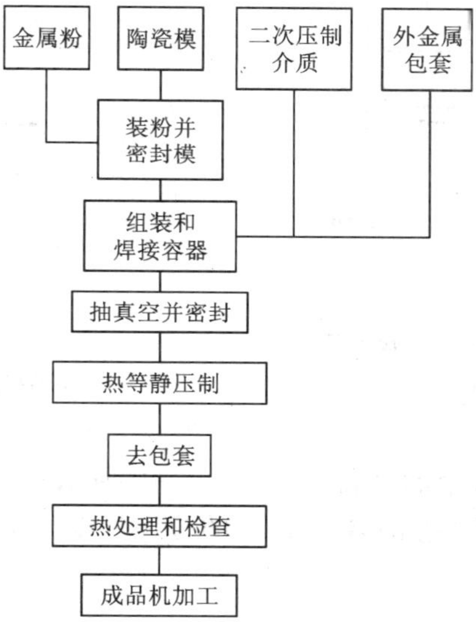

图 3-6　Colt-Crucible 陶瓷模工艺流程

(3)真空热压(VHP)。

热压模用钼合金或高温合金材料制成。装粉后抽真空，热压温度为 925～955℃，感应加热。压力约为 70 MPa，一直保压至致密化完成。模具清刷后可反复使用，刚性模有利于精确控制产品尺寸。由于石墨与钛反应，故很少采用石墨模。VHP 操作时间长，单件作业，模具费用高，但仍比 HIP 更经济，而且两种方法制造的 Ti-6Al-4V 合金性能相近。使用氢化钛粉 VHP 比使用 REP 粉的热压温度降低 110～137℃，而且压力小(当产品 $L/D=0.83$ 时)。经 3～4 h 热压，脱氢反应可以完成。

(4)自蔓延高温合成法。

苏联梅尔扎诺夫等人开发的一种方法，称为 SHS 自蔓延高温合成法，具体过程是利用元素粉末反应引起的放热效应使元素自身相互扩散，生成金属间化合物和陶瓷的生产过程。

3.2.4 粉末钛合金的性能和应用

元素粉烧结钛合金的性能，在很大程度上取决于密度或残余孔隙度。图 3－6 表明纯钛压制和烧结后的密度以及拉伸性能与压制压力的关系，图 3－7 表示 Ti－6Al－4V 混合粉烧结后的密度、拉伸性能与压制压力的关系。

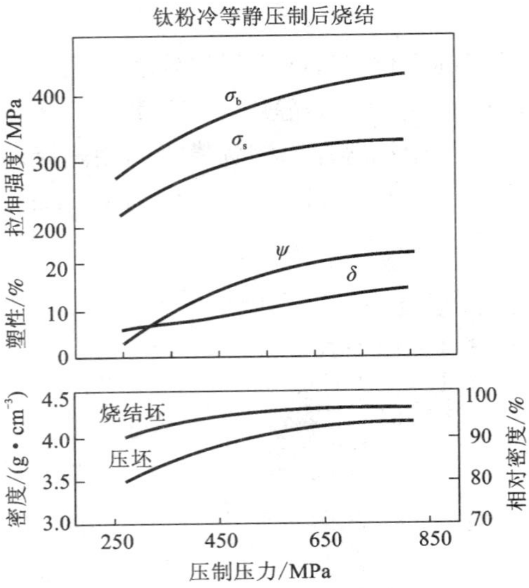

图 3－7　纯钛粉压制和烧结后密度及拉伸性能与压制压力的关系

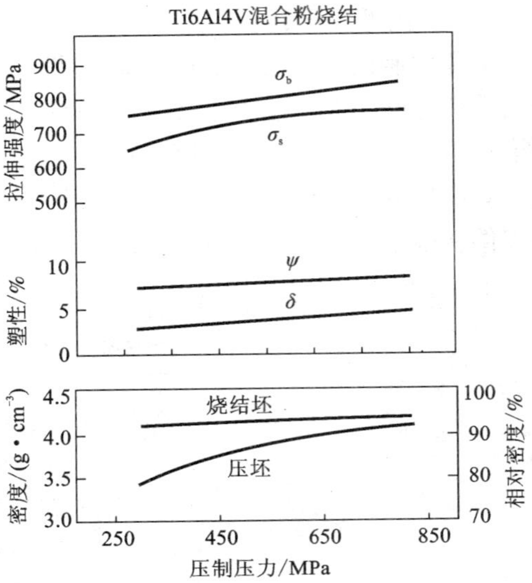

图 3－8　Ti－6Al－4V 混合粉烧结后密度及拉抻性能与压制压力的关系

由元素粉烧结的几种钛合金的室温性能如图 3－9 所示。尽管标准热处理(925℃固溶处理 30 min 后淬火，然后再在 524℃时效 6 h)后的拉伸强度高于烧结合金，不过后者的强度、韧性及综合性能较好。

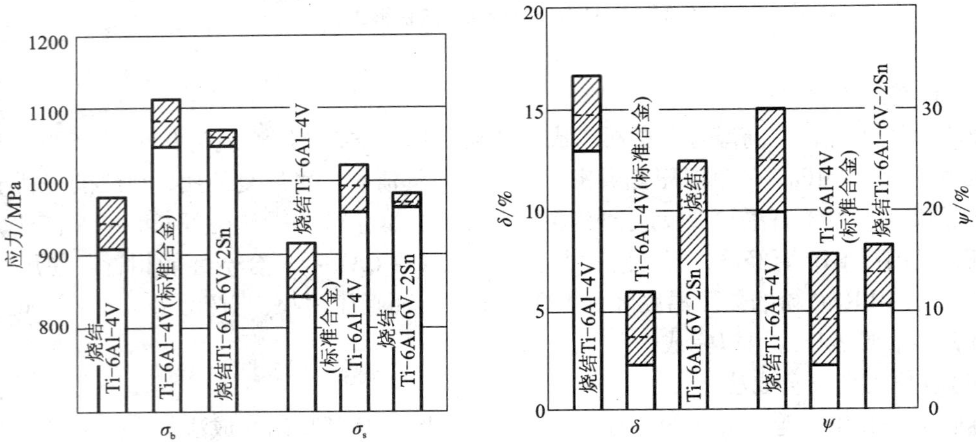

图 3－9　由元素粉烧结的几种钛合金的室温性能

表 3－8 列出了混合粉烧结钛合金的冲击性能数据，它略高于标准合金的冲击强度。

表 3－8　混合粉烧结钛合金的冲击性能（－40℃夏氏 V 型缺口冲击值/N · m）

材料	平均值	标准偏差
Ti－6Al－4V（烧结合金）	7.4	0.941
Ti－6Al－4V（标准合金）①	6.64	0.538
Ti－6Al－6V－2Sn（烧结合金）	7.31	0.559

①925℃固溶处理 30 min 后淬火，然后再在 524℃时效 6 h。

预合金粉采用热等静压致密的钛合金的拉伸性能普遍高于混合粉采用冷压－烧结的合金（表 3－9），合金的断裂韧性趋势也相同（表 3－10）。从表 3－10 还可以看出，预合金粉热致密化合金的断裂韧性甚至高于锻－轧致密合金。

表 3－9　Ti－6Al－4V 粉末合金的拉伸性能

粉末原料（加工工艺）	屈服强度/MPa	抗拉强度/MPa	伸长度/%
元素粉（冷压－烧结）	868	951	15
REP 粉（HIP）	923	985	17
REP 粉（流动模工艺）	937	985	16

表 3－10　Ti－6Al－4V 粉末合金的断裂韧性

粉末原料	K_{IC}/（MPa · $m^{1/2}$）
元素粉	61
PREP 粉	85
锻造件轧延后退火	61

采用不同粉末和工艺制造的钛合金的疲劳性能同锻造合金的对比如图 3－10 所示。原料为元素粉的钛合金的疲劳寿命低于锻造致密合金，而由预合金粉经 HIP 致密的钛合金，疲劳强度已接近锻造的钛合金。

粉末钛及钛合金制品及其应用如下：

（1）由处理过的纯海绵钛粉经冷压－真空烧结制造耐腐蚀的一般零件。航空业应用钛粉烧结成的零部件已经相当成熟。纯海绵钛粉或合金粉直接轧制成多孔钛或致密钛板，前者可以卷焊成多孔管用作过滤器。

（2）以钛粉和铝粉为原料，元素粉烧结的方法生产 TiAl 合金靶材。在电子领域，要求使用能达到高真空度的钛吸气材料，通常使用表面积较大的 HDH 钛粉生产这种吸气材料。

（3）钛合金粉末经冷等静压成形和真空烧结成坯，再经锻造或轧制获得各种型材，这类钛合金型材有着广泛的用途。

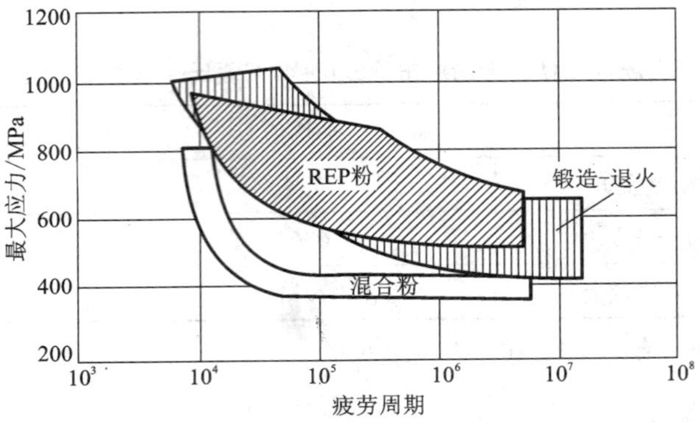

图 3-10　Ti-6Al-4V 粉末合金与铸锻造合金疲劳性能的对比

(室温，R=0.1)

(4)预合金粉末 HIP 直接成形，制造高强度钛合金产品。

(5)用预合金粉直接 HIP 成形为零件，用于中温的航空发动机的零件或对 HIP 坯再热加工成材，以制造用于飞机上的承力构件。

(6)元素混合、真空烧结后热等静压制作的发动机连杆在汽车发动机中得到广泛应用。粉末冶金进排气门在汽车行业应用也非常普遍。

航空用的钛合金要求有高的室温和中温(<500℃)强度。过去用锻造成形再机械加工制造零件，材料利用率仅 16%。铸造虽然可提高一些材料利用率，但加工仍很困难。近十年来，用 HIP 直接成形的粉末钛合金已作为飞机构件和发动机零件使用，如机身支架和发动机的风扇、压气机盘甚至涡轮叶片等。陶瓷模准等静压工艺正被用来加工形状复杂的零件，如压缩机转子(图 3-11)。美国还计划将它用于生产波音 747 的步梁，F-16 战斗机的驱动轴，F-15 战斗机的龙骨接头等。

图 3-11　用陶瓷模 HIP 工艺制造的飞机压缩机转子

日本金属材料研究所的 Hagiwara 和韩国机械与金属研究所的 Kim 采用混合法把 HDH(氢化脱氢法)粉末、合金粉末和强化相粉末均匀混合，经真空烧结后热等静压制成两种低成本的合金。日本丰田公司 Saito 等人采用改进的元素混合法把钛粉适当处理，再经烧结后提高了密度，不仅大大改善了其组织，而且疲劳强度也比采用热等静压处理的高。本田在其 V6NSX 豪华赛车上使用钛合金连杆后，零件自身质量减小 30%。目前在欧洲，钛制连杆已经被应用到法拉利和保时捷系列车型中。美国通用汽车公司(GM)在 2004 年将钛合金汽车连杆应用于 V6 发动机上，2004 年的需求量在 7000~10000 件。美国钛金属公司(Timet)认为钛合金应用在家用车上可大大减小汽车自身的质量，提高耐用性。这些零部件包括发动机元件、传动齿轮、悬挂系统中的操纵杆紧固件、螺帽和螺栓、从动轴、支架、制动器卡钳紧固件、销螺栓等。目前，钛合金减振弹簧、半轴、螺栓和其他紧固件已经用于赛车上。Timet 认为钛合金弹簧在汽车上具有广泛的前景，通过使用低成本的 Ti－4.5Fe－6.8Mo－1.5Al 合金，价格便宜了 50%，其自身质量只有钢弹簧的 1/3，并且具有优良的疲劳寿命。钛合金喷油嘴耐高温，耐磨损，质量小，也是开发产品之一。汽车喷油嘴形状复杂，尺寸小，Stemuchi 等人用金属粉末注射成形技术（MIM）研制的 TiAl 金属间化合物和 50Ti－7.6Al－2.6Cr 合金喷油嘴，其性能及尺寸精度都达到了使用要求。

钛的注射成形技术，为钛及钛合金拓宽了应用方向，其制品合金体系多，如：纯 Ti、Ti－6Al－4V、Ti－Pd、Ti－4Fe、Ti－Mo－Al、TiAl 金属间化合物等。其产品包括钛表壳、表带和表扣，齿科种植体，手术器械，高尔夫球头，刀柄，探头护罩等（见图 3－12）。

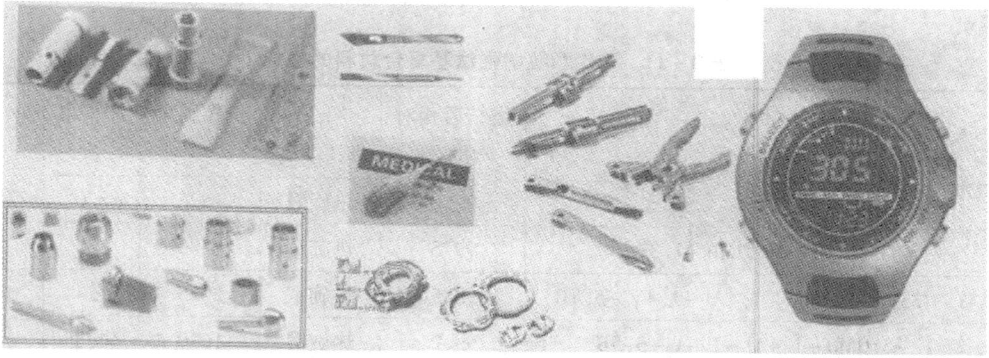

图 3－12　钛粉末注射成形部分典型产品

3.2.5　粉末钛基复合材料

1. 基体

颗粒增强钛基复合材料的基体主要有 α－Ti、β－Ti 和（$\alpha+\beta$）－Ti，其中 α－Ti 合金弹性模量小，在成形加工中回弹大，冷加工性能较差；高温下 β－Ti 合金中的原子扩散系数较大，合金的抗高温蠕变性能下降，高温塑性好。在钛合金中，由于 Ti－6Al－4V 有很高的强度、高的断裂韧性以及良好的高温加工性能，是一种较好的基体材料，而且基体的热膨胀系数还可以通过添加适当的合金元素进行调整。目前，Ti－6Al－4V 已广泛地用作钛基复合材料的基体材料。

2. 增强颗粒

颗粒增强钛基复合材料中的颗粒增强相体积分数一般在 5%～20%。与纤维和晶须增强复合材料相比，颗粒增强复合材料制备工艺简单，容易实现，所制备的材料各向同性，而且材料性能对增强相和基体的热膨胀系数失配的敏感性也较低，更重要的是能够大大降低材料成本。颗粒增强相的主要作用是提高材料的耐磨性能、硬度、高温性能和抗蠕变性能，所用的增强相通常是一些高熔点、高硬度、高耐磨性的金属陶瓷、金属间化合物和氧化物。通过长期的研究，人们认为对于钛基复合材料，目前较为理想的颗粒增强相主要有以下几种：

SiC、TiC、B_4C、Ti_2B、TiB 和 ZrB_2。尽管 Ti_2B 作为颗粒增强相由于与钛完全相容而格外引人注目，但是近年来的一些研究发现 Ti_2B 会和 Ti 发生反应生成 TiB。Gorsse 等人比较了 TiB、Ti_5Si_3、CrB、B_4C 和 SiC 的硬度以及这些增强相与钛复合的化学稳定性、力学相容性，结果如下：硬度由大到小的顺序为 TiB > CrB > B_4C > SiC > Ti_5Si_3，残余应力由大到小的顺序为 CrB > SiC > B_4C > Ti_5Si_3 > TiB，与钛结合的化学稳定性由大到小的顺序为 TiB > Ti_5Si_3 > CrB > B_4C > SiC。由此可见，TiB 是一种最为理想的钛基增强相。

3. 钛基复合材料的性能

TiB 颗粒增强钛基复合材料的性能如表 3－11 所列。在钛合金中添加 Mo、B，在略低于烧结温度下形成主要成分为 Ti－Mo－B 的瞬时液相，形成扩散通道，加速原子扩散，从而达到强化烧结的目的。在 1300℃，烧结 8 h，烧结体的致密度达到 99% 以上，在烧结过程中 Ti 和 B 发生反应生成强化相 TiB，从而提高了材料的强度、硬度和耐磨性能。而且后续加工少，是制备低价格钛合金的较好方法。

表 3－11　TiB 颗粒增强钛基复合材料的性能

编号	合金	烧结后相对密度/%	烧结后加工工艺	抗拉强度/MPa	伸长率/%	弹性模量/GPa
1	Ti－10.0Mo－3.5B	99.0	热旋锻	1525	2.0	157
2	Ti－5.0Fe－8.0Mo－1.8B	99.5	热旋锻	1380	3.8	132
3	Ti－4.3Fe－7.0Mo－1.4Al－1.4V－5.4B	98.5	热旋锻	2025	1.4	180
4	Ti－5.0Mo－1.4Al－1.4V－3.5B	99.2	热旋锻	1630	4.3	160
5	Ti－6Al－4V－1.2Fe－2.0Mo－3.6B	98.5	热挤压	1911	1.5	162
6	Ti－4.3Fe－8.5Mo－1.5Al－3.6B	98.9	热旋锻	1740	1.8	152
7	Ti－4.0Ni－6.0Mo－1.4Al－1.4V－3.5B	98.8	热旋锻	1645	1.0	155
8	Ti－2.0Co－2.0Mo－1.4Al－1.4V－1.8B	99.3	热旋锻	1350	5.2	130
9	Ti－3.0Cu－4.0Mo－2.1B	99.0	热旋锻	1555	2.5	156
10	Ti－4.3Fe－9.0Mo－1.8B	99.0	热旋锻	1585	3.1	145

第 4 章　粉末冶金高温合金

4.1　概述

高温合金是在 600℃以上的高温下具有较高力学性能、抗氧化和耐腐蚀性能以及良好的抗疲劳性、断裂韧性等综合性能的合金。高温合金按基体成分可分为镍基、铁基和钴基等高温合金，其中镍基和铁基高温合金应用最广。高温合金按成形工艺分为变形高温合金、铸造高温合金和粉末冶金高温合金。变形高温合金是指可用压力加工方法使毛坯成形的合金，其强化元素含量相对较少，特别是析出相形成元素的含量受到限制。变形高温合金冷加工性能和焊接性能良好，综合力学性能较好，但是由于析出相较少使其高温强度相对较低。铸造高温合金是指不能进行冷热加工变形而只能通过铸造成形的合金。合金成分复杂，强化元素含量较高，高温性能得到提高，但是铸态合金的偏析严重，导致其显微组织不均匀和力学性能各向异性。粉末冶金高温合金是采用粉末冶金工艺生产的高温合金。由于粉末冶金高温合金大大改善了合金的热加工性能，消除了变形合金和铸造合金的界线，使含有较多合金强化元素的铸造合金也能通过粉末冶金工艺进行成形加工，其应用范围越来越广泛。

采用粉末冶金工艺生产高温合金的主要原因是：①通过采用微细的合金粉末，将元素偏聚与组织不均一性局限于微小粉末颗粒的尺度范围，减小常规铸造工艺中产生的偏聚与组织不均一性。②为了获得更高的高温强度，在合金中增加了促进 γ'相生成元素，通常采用铸造方法获得 γ'相体积分数达到约 60% 的合金，但是无法进行机械加工，而粉末冶金工艺则使此材料能够进行热机械加工。③添加超细氧化物弥散相，其高温强化效果远高于 γ'沉淀相，能够进一步提高合金的使用温度范围。

粉末冶金高温合金按强化方式可分为非弥散强化粉末冶金高温合金（常简称为粉末高温合金，以固溶强化和析出强化方式为主）和氧化物弥散强化粉末冶金高温合金（常简称为 Oxide dispersion strengthened，ODS 高温合金）。下面本书将详细介绍以上两种粉末冶金高温合金的制备方法、组织和性能以及它们的应用范围。

4.2　非弥散强化粉末冶金高温合金

目前商业高合金化 γ'相沉淀强化型镍基高温合金包括 Rene95、IN100、Rene88DT 和 Rene104等，是制造航空发动机涡轮盘等主要部件的关键材料。这些合金由于元素含量高、强度高，所以用普通的铸锻法很难加工，必须采用粉末冶金技术。

4.2.1　非弥散强化粉末高温合金成分设计

高温合金常用熔点高的铁、镍、钴等作为基体。这些高熔点金属的原子间的结合力大，高温下不易产生塑性变形，所以具有较高的蠕变强度。非弥散强化粉末高温合金的基体以镍基为主，它经历了3个发展阶段，表4－1给出了3代粉末高温合金的典型成分。从表4－1中可以看出，在基体合金中加入了铬、钼、钨、铌等元素，这是为了提高钢基体的固溶体的原子间结合力，使原子扩散困难，延缓再结晶过程，能进一步提高合金的高温强度。在合金中加入的钛和铝，通过时效热处理能够形成 Ni_3Al 或 Ni_3Ti 金属间化合物（即 γ'相）。γ'相在较高温度（1000℃以下）不易聚集长大，能阻碍位错移动，是提高合金高温强度的主要强化相。另外，合金中加入铬和铝，能够大大提高合金的高温抗氧化和腐蚀性能。

表4－1　典型粉末冶金高温合金的成分（质量分数）

合金		化学成分/%											
		Cr	Co	Al	Ti	W	Mo	Nb	Ta	Zr	C	B	Ni
第1代	Rene95	13.0	8.0	3.5	3.5	3.5	3.5	2.5	—	0.05	0.07	0.01	Bal.
第2代	Rene88DT	16.0	13.0	2.1	3.7	4.0	4.0	0.7	—	0.03	0.03	0.015	Bal.
第3代	Rene104	13.0	20.6	3.4	3.7	2.1	3.8	0.9	2.4	0.05	0.05	0.025	Bal.
	Alloy10	11.2	15.7	3.9	3.8	5.8	2.6	1.7	1.0	0.10	0.05	0.03	Bal.
	LSHR	12.7	20.8	3.5	3.5	4.3	2.7	1.5	1.6	0.05	0.03	0.03	Bal.

第一代Ni基粉末高温合金Rene95含有较低的碳和铬，大大抑制了碳化物在粉末边界析出，有利于粉末冶金成形。随着合金的发展，γ'相形成元素（Al + Ti）的含量也越来越高，γ'相的数量最高增加到65%，合金强度不断提高。随着损伤容限设计要求的提出，第二代粉末高温合金Rene88DT的γ'相含量有所下降（45%），抗拉强度、屈服强度降低，但持久抗断裂韧性等性能有了明显提高。比较3代Ni基粉末高温合金可以看出，第二代粉末高温合金的Cr和Co中含量高于第一代，这既提高了合金的熔点，又提高了合金的高温抗氧化和耐腐蚀性能。为了减少碳化物的析出，合金中的C含量降低到0.03%（质量百分数）。另外，它的Al含量有所降低，能够改善合金的塑性。第三代粉末高温合金是在第一代合金的基础上研制而成，目前仅有美国和法国建立自己的合金牌号，主要包括美国的CH98，Alloy10，Rene104和LSHR等以及法国的NRx系列合金。Rene104（ME3）是20世纪90年代，在美国国家航空航天局（NASA）的HSR/EPM（High Speed Research/Enabling Propulsion Materials）项目中资助研制的先进大盘件用粉末冶金高温合金。Rene104合金采用了统计筛分和成分优化设计，其γ'相溶解温度相对于其他第三代粉末冶金高温合金略低，合金淬火开裂倾向小。Rene104和LSHR合金都提高了Co的含量，进一步提高了合金的抗高温蠕变性能，同时也降低了C的含量，减少碳化物的形成。Alloy10合金是美国Honeywell公司在AF115合金基础上，通过调整成分研制的用于微型喷气式发动机的高强型镍基粉末高温合金。Alloy10合金加入了更高含量的W，能够进一步提高合金高温强度。LSHR合金还强调Al和Ti含量平衡。研究表明，Al/Ti比在0.94～1.0之间，在保证合金优异的蠕变性能的同时，合金淬裂的概率更小；而含有1.0～2.1Nb和2.0～3.5Mo既可以提高强度，又保证合金能够获得优异的塑性。我国粉末冶金高温合金牌号FGH95与美国研发的第一代Rene95成分基本相同。

4.2.2　非弥散强化粉末冶金高温合金的制备

人们很早就已经对采用粉末冶金技术减少高温合金的成分偏析问题进行了大量的研究工作。但是，只有当金属粉末的表面氧化膜厚度小于30 nm时，这项技术才真正得以实际应用。高温合金粉末无法采用冷加工和烧结的方法进行成形加工，因此，粉末高温合金必须采用高温热固化成形。它的制备一般包括如下工艺过程：预合金粉末制造→压实（热压、热等静压、挤压等）→热加工变形（模锻、轧制等）→热处理。以上工艺过程决定着合金的晶粒度、基体中的γ'强化相形状、数量、尺寸和分布等组织特征，因此，不同的制备工艺会导致合金具有不相同性能指标。

4.2.2.1　高温合金粉末制备方法

制取高质量的合金粉末是制造无偏析和组织均匀的高性能部件的关键工艺步骤，所以，人们对粉末制备工艺展开了大量的研究工作。制粉工艺为了获得清洁、含有更少杂质、具有一定颗粒大小（53～250 μm）和形态好（最好是球状）的预合金粉末，这也是保证粉末高温合金质量的关键。目前，制备高纯度的高温合金粉末的方法主要有三种：氩气雾化法（Argon Atomization，AA）、等离子体旋转电极法（Plasma Rotating Electrode Process，PREP）和真空雾化法（Vacuum Atomization，VA，又叫溶入气体雾化法或溶氢雾化法。其他的方法如超声波制粉法和冷流法等使用较少。下面对AA、PREP和VA这三种方法进行详细介绍：

1. 氩气雾化法（AA）

氩气雾化法是指合金原料在雾化设备的真空室中熔化后从浇口流出，在高压氩气流的作用下雾化成合金粉末，如图4－1所示。高温合金的气体雾化通常在惰性气体（一般为氩气）下进行，由此制备出的颗粒以球形为主。从图4－2可以看出，每个粉末颗粒约含有5个晶粒，粉末中可以观察到比较细小的碳化物以及枝间距较小的树枝晶。另外，残留在颗粒中的不溶性惰性气体，从而形成部分空心粉，如图4－2中的黑点部分。通常，粉末空心率随粉末粒度增大而增大。这些惰性气体可能混入最终的制备材料中，而使材料性能恶化。粉末的氧含量一般为0.004%～0.020%（质量百分数），粉末粒度为6～353 μm。氩气雾化法通常被认为是成本最低的制备高温合金粉末的方法，在美国的高温合金粉末制备中使用最普遍。

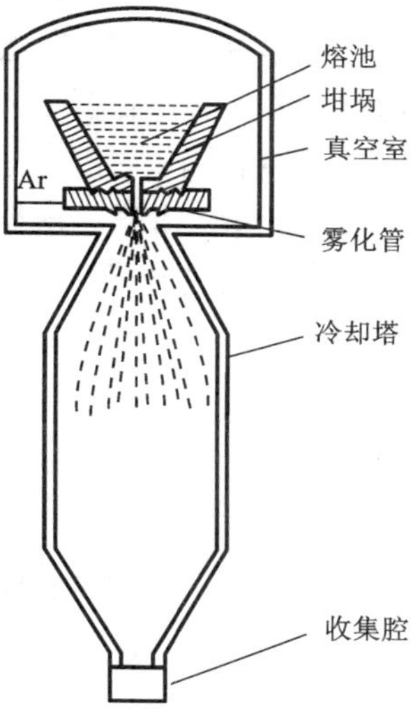

图4－1　氩气雾化法制备合金粉末示意图

对国产AA粉末的透射电镜分析表明，如图4－3，基体上细小弥散γ'相，枝晶间和晶界有条块状沉淀。粉末颗粒越大，二次枝晶臂间距越大。析出相电子衍射结果显示，粉末含有γ'、MC、M23C6、M6C等相。能谱分析结果表明，枝晶干上的W量偏高，而枝晶间和表面的Nb和Ti偏高，Al、Co、Ni、Cr和Mo的变化不大。

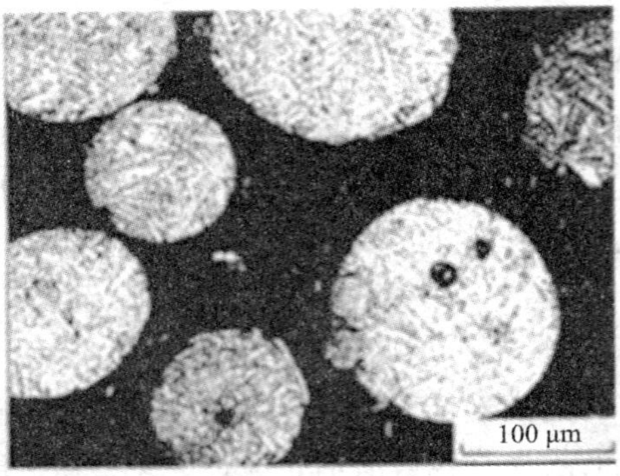

图 4-2　氩气雾化法合金粉末形貌照片

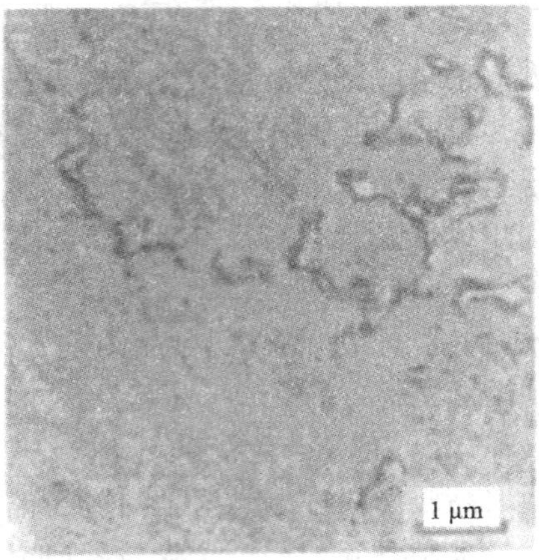

图 4-3　AA 法粉末的透射电镜照片

2. 等离子旋转电极法(PREP)

研究人员曾经尝试了多种离心雾化方法，发现等离子旋转电极法(PREP)可以避免陶瓷相污染，非常适合制备 Ni 基高温合金粉末。目前俄罗斯的镍基高温合金粉末制备主要采用这种工艺，目前我国也将旋转电极制粉工艺作为高温合金粉末制备的主要方法。

PREP 制粉设备结构紧凑，主要包括制粉部分，等离子发生器，供电、供气、供水及真空系统，如图 4-4 所示。制粉主体结构分为雾化室、机械传动室和装料箱三部分。与雾化室相连的是使合金棒料旋转并沿轴向移动的机械传动室。装料箱与机械传动室密封连接，每炉能装 500～1400 kg 合金棒料。根据设备不同，合金棒电极尺寸有 Φ50 mm×700 mm 和 Φ75 mm×900 mm 两种，通过分配机构被送到机械传动室。

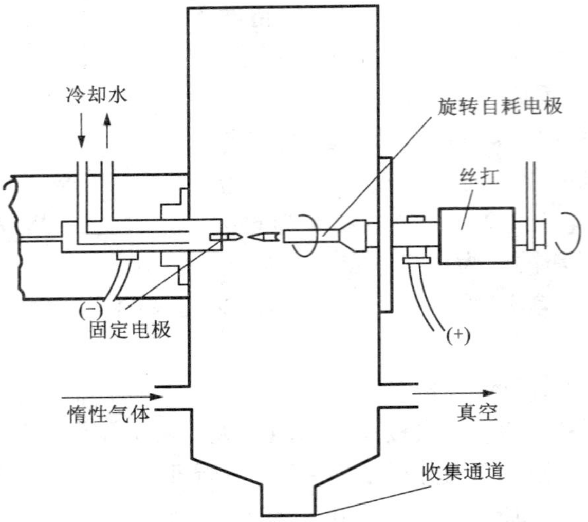

图 4-4　等离子旋转电极法(PREP)制备合金粉末示意图

等离子旋转电极法原理如下：以高温合金作为旋转自耗电极，钨电极为固定电极。在两电极之间产生等离子电弧，使高速旋转的棒料电极端面连续熔化。由于电极旋转使端面熔化的液态金属流向棒料端面的边缘，当熔融金属的质量不断增加，使得其表面张力无法提供旋转所需的离心力时，便从端面飞射出去，在表面张力的作用下形成球状小液滴。喷射出的金属液滴在飞溅到腔壁之前被惰性气体以约 10^4℃/s 的速度冷凝成球形粉末。

PREP 方法要严格控制制粉工艺参数，才能保证粉末成分和组织的高度均匀性，并且氧和其他杂质的含量在允许值范围内。另一方面，粉末高温合金的强度、塑性和高温性能取决于它的组织特征，主要是晶粒尺寸，而粉体的晶粒尺寸随粉末尺寸的增大而增加，因此，通过制粉工艺控制粉末粒度极为重要。PREP 方法中，控制粉末颗粒大小的主要工艺参数包括电极直径、电极转速、等离子枪功率等。合金棒端部金属熔滴所受的表面张力大小可表示为 $\sigma\pi d$，其中 d 为金属熔滴的直径，σ 为金属熔滴表面张力。保持熔滴处于合金棒所需要的离心力大小为 $m\omega^2 D/2$，其中 m 表示液滴的质量，D 表示棒料的直径，ω 表示棒料旋转的角速度。当端部金属熔滴的表面张力无法提供所需要的离心力时，便从合金棒表面飞射出去，形成了小液滴。在临界条件下，可以得到如下关系式：

$$m\omega^2 D/2 = \sigma\pi d \tag{1}$$

由于

$$m = \pi d^3 \rho/6 \tag{2}$$

ρ 为金属的密度。将(2)式代入(1)式得到：

$$d = \frac{\sqrt{12}}{\omega}\left(\frac{\sigma}{\rho \cdot D}\right)^{1/2} \tag{3}$$

由关系式(3)可知，在棒料直径一定时合金粉末粒度主要由棒料转速所决定。实验结果表明(见图4－5)，随着棒料转速的增大，粒度分布曲线向小尺寸方向移动。转速为7500 r/min、10500 r/min、15500 r/min 时，制取的粉末颗粒的实验结果分别为 260 μm、185 μm、120 μm，而通过公式(3)计算出的理论尺寸分别为 268 μm、191 μm、130 μm，可以看出，粉末粒度的理论计算值与实验结果相吻合，可见，此预测公式为控制制备颗粒尺寸提供了非常有价值的参考。

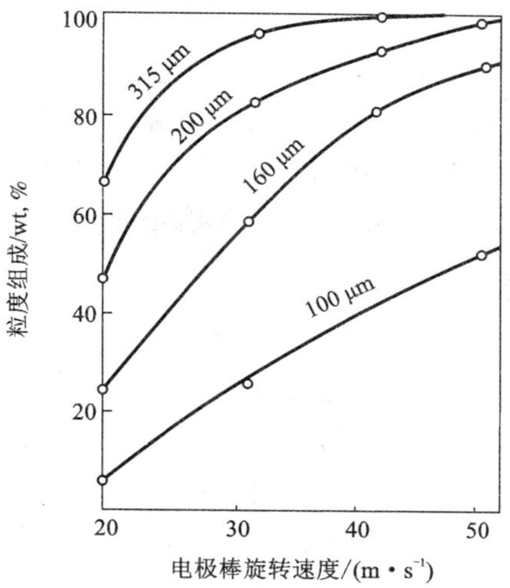

图 4－5　等离子旋转电极法中电极棒转速和粉末粒度组成的关系图

等离子旋转电极制粉的另一个重要工艺参数是惰性气体介质。所用惰性气体通常为氩气和氦气的混合气体，氩气产生等离子弧，用于熔化棒料端面，氦气主要起冷却作用。混合惰性气体的组成、压力和纯度直接影响粉末颗粒的组织、粉末的质量(气体和空心粉含量等)以及等离子弧的稳定性等。为了保证制得的镍基高温合金粉末中的氧含量在 0.003% ~0.006% 范围以内，典型的工艺过程是：使设备中的真空度达到 0.133 Pa 后，快速充入高纯的氩和氦的混合气体(氩和氦气按 1:4 配制)，使雾化室内惰性气体的工作压力达到 0.113 ~0.132 MPa，等离子枪惰性气体的流量必须达到2.5 ~8 m^3/h，以保证等离子弧的稳定性。

等离子旋转电极法制取的镍基高温合金粉末特性与AA法不同。从图4 -6典型PREP方法制备的颗粒剖面形貌可以看出，颗粒中没有残留的惰性气体，表面光滑洁净，粉末的球形度好，无空心粉、片状粉和串状粉，粒度分布比较窄，但是细颗粒组分较低。这种颗粒比AA法颗粒具有更好的成形加工性能。另外还发现，PREP方法合金粉末中MC型碳化物的尺寸大于AA方法。

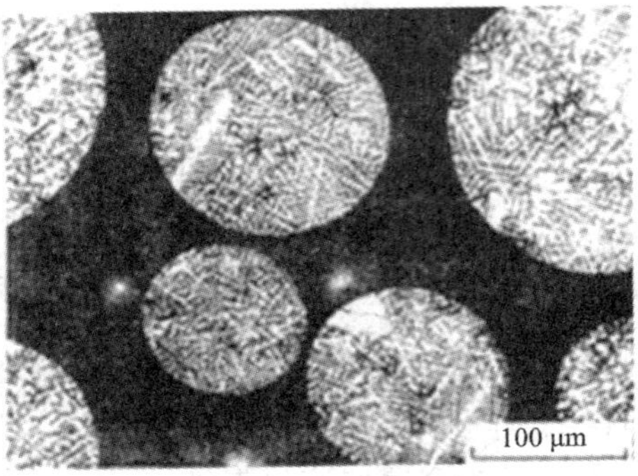

图4 -6　等离子旋转电极法合金粉末形貌照片

表4 -2将等离子旋转电极和氩气雾化两种制粉方法所得到的镍基高温合金粉末的粒度分布进行比较，可以看出，氩气雾化获得的粉末粒度分布范围较宽，而且粗粉和细粉较多，而等离子旋转电极法可以根据使用要求将粒度控制在较窄的范围。在150 ~50 μm粒度范围内，氩气雾化法收得率为46.6%，而等离子旋转电极法收得率高达85.3%。

表4 -2　两种制粉方法所得镍基高温合金粉末粒度分布比较

制粉工艺	粉末粒度分布/μm								
	>315	315 ~200	200 ~160	160 ~150	150 ~100	100 ~63	63 ~50	<50	150 ~50
AA法/%(质量百分数)	4.8	16.9	11.2	4.0	22.0	17.3	7.3	16.5	46.5
PREP法/%(质量百分数)	0.1	0.4	9.5	4.3	42.8	40.5	2.0	0.4	85.3

表4 -3显示出粉末的化学分析结果，镍基高温合金粉末中氧、氢、氮含量高于母合金，但等离子旋转电极法制得粉末中气体元素含量比氩气雾化粉低得多。这是由于等离子旋转电极法在制粉过程中使用工作室内循环的惰性气体，平均每公斤粉末消耗气体约0.01 m^3，而氩气雾化用气量很大，不能炉内循环，平均每公斤粉末消耗气体高达0.3 ~0.5 m^3，因此粉末中氧含量较高。

表4 -3　粉末中气体含量的比较

粉末	气体含量/%(质量百分数)		
	N	H	O
氩气雾化粉	0.0036	0.00028	0.0079
等离子旋转电极粉	0.0013	0.00026	0.0040
母合金	0.0013	0.00012	0.0017

3. 真空雾化法(VA)

真空雾化法，又叫溶入气体雾化法，由 Homogenous Metals 公司首先将这种方法用于商业化生产，它是将高压氢气作用于熔化的高温合金，经过转换管排入真空室时，金属发生激烈的排气反应，同时在回收室中产生细小的金属液滴，进而雾化成粉体，见图 4－7。真空雾化系统主要包括一个熔化室以及一个被不断排气的回收室。此方法制备的颗粒通常比较细小，颗粒趋于球状，大颗粒粉主要是片状，所含的“星形”颗粒少于 AA 法，但是，颗粒外形不规则性增加。从图 4－8 的真空雾化法典型颗粒形貌可以看出，合金粉末的粒度和树枝晶枝间距都比 AA 法颗粒稍微大一些。颗粒内部也含有较多的孔洞，同时表面相对比较粗糙。颗粒中的孔洞相互连接，这是由于氢气的逸出造成的，而非气体残留的结果。由于氢含量过高的危险性等原因，此方法只在美国用于生产小批量合金粉末。

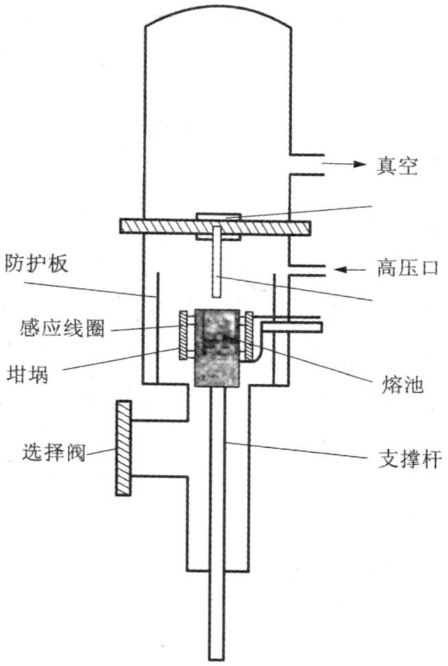

图 4－7　真空雾化法制备合金粉末示意图

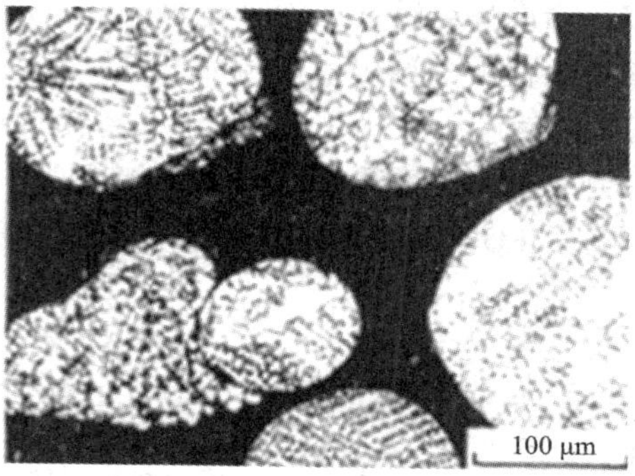

图 4－8　真空雾化法合金粉末形貌照片

表 4－4 总结了以上 3 种高温合金粉末制备方法的特点。

表 4－4　三种制粉工艺特性比较

	AA 法	PREP(REP)法	SHA 法
粉末形状及特征	粉末主要为球形，空心粉较多	粉末为球形，表面光洁，空心粉少	粉末形状最不规则，呈球形和片状，表面粗糙，有疏松
粉末粒度	粒度分布范围宽，平均粒度较细	粒度分布范围较窄，平均粒度较粗，一般大于 50 μm	粒度分布范围宽，平均粒度较粗

续表

	AA 法	PREP(REP)法	SHA 法
粉末纯度	纯度较差，有坩埚等污染	纯度较高，基本保持母合金棒料的水平，无坩埚污染	纯度较差，有坩埚污染
氧含量	氧含量较高	氧含量较低，与母合金棒料相当，小于 70×10^{-6}	氧含量较高
粒度控制因素	喷嘴设计，氩气压力，金属流大小	主要是棒料的转速和直径	金属熔液过热温度，导管孔径，真空室压力
生产效率	最高	最低	中等

4. 粉末处理技术

对于粉末高温合金制备工艺来说，粉末处理是保证粉末质量的一个极为重要的环节。粉末的处理工艺通常包括粉末的筛分处理、静电去除陶瓷夹杂、气体浮选、气流磨、真空脱气处理等。在工艺研究方面，主要集中于静电分离非金属夹杂处理。高温合金粉末摩擦电选分离原理是，在真空和惰性气体保护下，根据粉末中金属颗粒、陶瓷类夹杂在带电金属滚筒动态摩擦表面导电特性的差异进行陶瓷分离。试验结果表明，经电选后分离率达 85% 以上，粉末中夹杂检测的准确度和可靠性得到提高。一般收集 1 kg 待检粉末样品进行 10 次以上的静电分离，然后用金相显微镜分析夹杂收集瓶中的夹杂数量及分类等，并对粉末的夹杂指标做出评判，要求是每千克粉末中非金属夹杂的数量小于 20 颗。表 4－5 是由等离子旋转电极方法制备的 FGH95 原始粉末经筛分和静电分离后粉末中夹杂的平均统计数量变化。

表 4－5　筛分和静电分离后粉末中夹杂的尺寸和数量

粉末状态	夹杂物尺寸/μm					夹杂总数/(个/100 g)
	50～100	100～150	150～200	200～250	＞250	
原始粉末	4	5	2	1	2	14
筛分后	4	＜4	1	0	0	＜9
静电分离后	＜1	＜1	0	0	0	＜2

另外，真空预脱气处理工艺也是粉末处理的一个重要手段，能有效地减少和最大限度地消除热等静压后合金中的残留气孔，改善合金性能，而其他处理工艺如气体浮选和气流磨等尚处于研究阶段。在粉末处理工艺方面，我国采用了新型振动筛分设备，三极静电去除陶瓷夹杂设备和脱气、装套、封焊三功能一体的设备。

4.2.2.2　粉末冶金高温合金成形工艺

镍基粉末高温合金通过压实工艺，不但要获得一定形状和尺寸的致密化部件或预成形坯，而且要使材料的组织发生显著变化，以便通过热处理达到性能要求。球形高温合金粉末具有较高表面活性，而且在冷态下粉末本身的硬度和强度很高，在室温下很难压制成形，所以不能采用常用的冷压成形和热烧结的成形方法。因此，粉末高温合金通常采用的热成形工艺包括热等静压(HIP)、热挤压(HEX)、包套锻造、热模锻和等温锻造(ITF)等。根据不同工件的要求，粉末高温合金的制造工艺分别为直接 HIP、HIP +热模锻、HEX + ITF、热压成形 + HEX + ITF、HIP + HEX + ITF。下面介绍粉末高温合金通常采用的几种热成形加工工艺方法。

1. 直接热等静压方法(HIP)

热等静压技术是 20 世纪 50 年代末 Battelle 公司发明的. 它是利用冷等静压均匀密实化和灵活成形的特点，同时与真空热压工艺相结合而产生的新工艺，成为粉末制件致密化成形的重要技术手段。粉末冶金高温合金最初是为了降低合金的成分偏析，但是此新技术的发展与其工艺成本极为相关。由于热等静压成形工艺过程简单，参数易控制，所以采用此方法进行最终成形已经在 IN - 792 和 Astroloy 合金得到了运用，避免了昂贵的热挤出和热锻加工过程，降低了粉末冶金高温合金部件的成本。

一般 HIP 成形工艺分为预压和终压两个阶段，常用的工艺如下：127 MPa 预压，950 ± 20℃ 保温 2 h；终压压力为 140 MPa，1220 ± 15℃ 下保温 5 h。为了进一步降低成本并提高生产率，俄罗斯研究人员还采用了缩短成形时间的新工艺。在 127 MPa 预压，1030 ± 20℃ 保温 1 h，终压压力为 147 MPa，1220 ± 15℃ 保温时间降低为 1 h。

热等静压的温度对合金的组织和性能影响较大，粉末高温合金的 HIP 通常在 1100 ~ 1300℃ 进行。一般来说在 γ' 相固溶温度以下进行热等静压时，合金的持久性能差，有缺口敏感性，而当热等静压温度高于 γ' 相固溶温度时，虽然晶粒有所长大，强度有所下降，但是消除了细粉在 HIP 过程中形成的原始颗粒边界，合金持久寿命提高。图 4 - 9(a) 和(b) 分别是热等静压温度为 1120 和 1190℃ 时在光学显微镜下观察到的合金的显微组织。由图可以看出，1120℃ 热等静压组织还保留有由 γ' 相构成的原始颗粒边界(PPB) 及树枝晶(见图中箭头所示) 痕迹。大 γ' 相主要分布于原始颗粒边界和晶界，中等尺寸 γ' 相均匀地分布于晶内。而 1190℃ 热等静压组织中 γ' 相分布更均匀，原始颗粒边界和树枝晶痕迹基本消除。TEM 观察表明：1120℃ 和 1190℃ 热等静压组织中等尺寸 γ' 相的形态均为四个方形构成的蝶形状(见图 4 - 10(a) 和(b))。

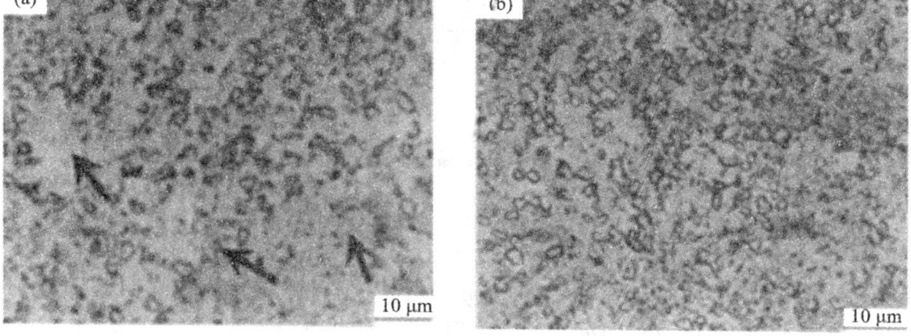

图 4 - 9　热等静压态 FGH95 合金光学显微照片

(a)1120℃；(b)1190℃

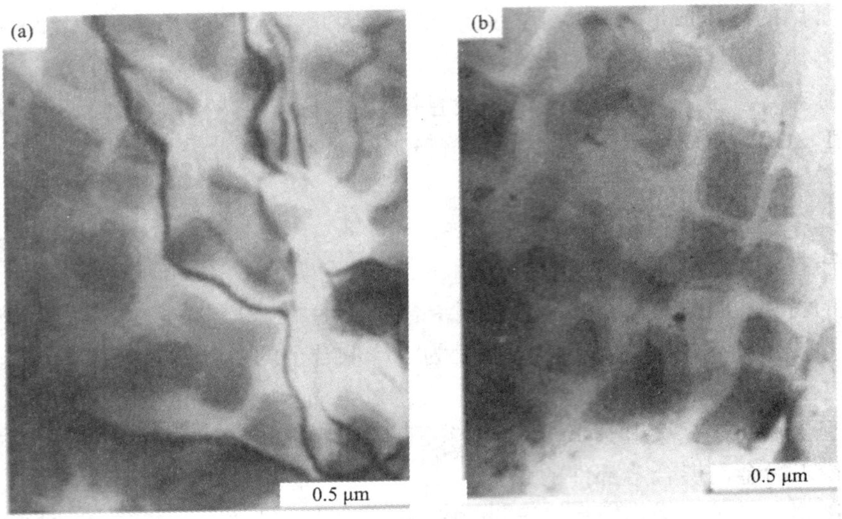

图 4-10　热等静压态 FGH95 合金 γ′相 TEM 照片

(a)1120℃；(b)1190℃

2. 热等静压+锻造方法(HIP+F)

由于 HIP 成形坯能保证锻造所需的塑性，可以直接等温锻造(ITF)，省去 HEX 工序，降低了工艺成本。如图 4-11 所示，热等静压+锻造方法通过在 1150~1260℃对粉末进行热等静压固化成形处理，然后通过传统的锻造方法确实工件形状。由于 HIP 后晶粒尺寸约为 40 μm，小于铸造合金，这使得其锻造载荷只是铸造合金的三分之一。此工艺被认为比HIP+ITF 方法的性能价格比更高，已被用来生产 Rene95 合金盘以及其他粉末高温合金部件。

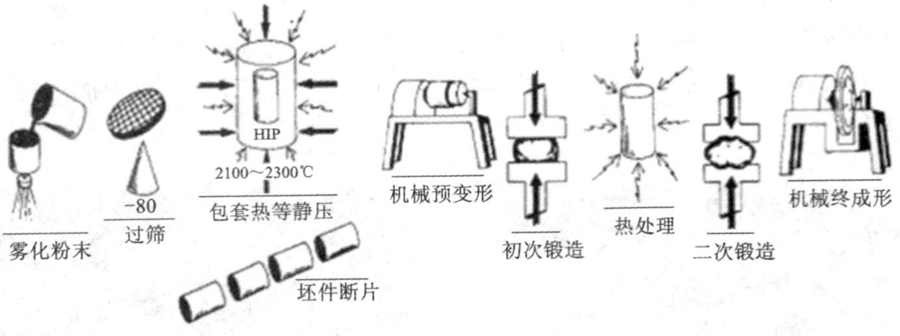

图 4-11　粉末高温合金的热等静压+锻造方法示意图

3. 热挤压+等温锻造(HEX+ITF)

挤压是粉末高温合金压实成形经常使用的一种工艺。在热挤压过程中粉末颗粒受到强烈的剪切变形，形成完全再结晶的细晶组织，PPB 和枝晶组织完全消除，同时非金属夹杂等在很大程度上得以破碎，因而热挤压合金的强度、塑性和持久强度等综合性能好。同时，该工艺对于氧含量高、原始粉末颗粒边界形成倾向较大的氩雾化粉末显得更为重要。

热挤压 + 等温锻造工艺的商业代号为 Gatorizing，是 Pratt&Whitney 公司研发的等温超塑性锻造工艺，通常用于获得超细晶粒材料。如图 4 – 12 所示，Gatorizing 方法包括热挤出加工：合金粉末在惰性气体保护下被放于包套中，然后进行封焊，将其加热到挤出温度，在一定挤出比下实施热挤出加工。与 HIP 相比，热挤出工艺所需时间较短。挤压后获得的细晶组织有利于随后的超塑性等温锻造，实现最终成形。等温锻造变形可以破碎锭坯组织中的残余枝晶和粗大的 γ' 相，促进再结晶，提高合金的蠕变性能。

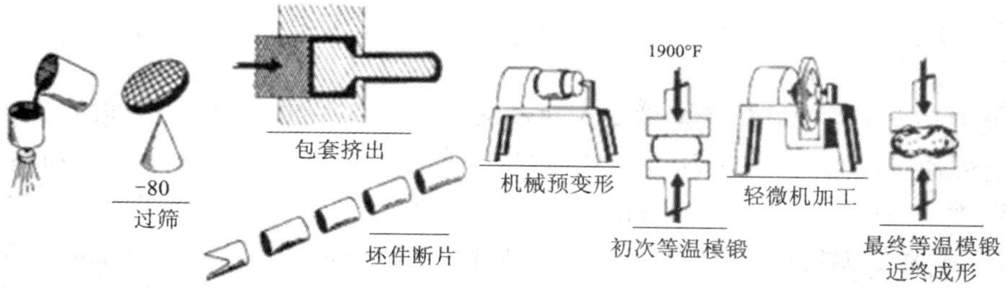

图 4 – 12　粉末高温合金的热挤压 + 等温锻造方法示意图

美国 Rene104 合金的 γ' 相溶解温度约为 1157℃，其通常的挤压温度为 1010 ~ 1107℃，挤压比为 3∶1 至 6∶1。Rene104 通常在应变控制模式下进行高温、低应变速率的等温锻造。研究表明，Rene104 在 1107 ~ 1121℃ 锻造时流变应力并未明显增加，直接锻造后的晶粒尺寸无显著变化，而在 1135℃ 下锻造时，所得到的晶粒组织非常不均匀。因此，Rene104 的最佳锻造条件是：1107℃ 预热 5 h，应变速率为 0.001 s^{-1}，变形温度区间为 1107 ~ 1121℃。

挤压 + 等温锻造工艺能够制备出形状复杂的材料，如含有盘和叶片的轮盘。美国的粉末高温合金涡轮盘的成形工艺主要是挤压 + 等温锻造，有利于保证粉末合金材料组织性能的可靠性，然而，由于其设备成本高和工艺过程复杂，阻碍了它成为粉末冶金高温合金成形的主导工艺。

4. FGH95 合金的成形工艺（HIP + 包套锻造）

我国自 20 世纪 80 年代开始粉末高温合金涡轮盘的研发工作。在借鉴美、俄等国压实成形工艺的基础上，结合我国无大型挤压机和等温锻造机的实际情况，将粉末涡轮盘的压实成形工艺定位在热等静压 + 包套锻造工艺上。工艺流程如图 4 – 13 所示，选取热等静压锭作为锻造坯料，将热等静压锭包以耐火纤维和软钢套，加热温度为 1120℃，采用慢速变形和保温措施，使变形量不超过 45%，终锻温度不低于 1050℃，全尺寸盘件锻造在 3 万吨水压机上进行。此工艺要点是严格控制加热温度、工件转移时间以及变形速率等。锻造结果表明，虽然该工艺在盘件变形的均匀性及控制原有夹杂形状等方面仍有待提高，但通过严格控制终锻温度和最大允许变形量，该工艺对于提高直接热等静压件的疲劳强度和拉伸屈服强度等具有重要作用，能够获得满足性能要求的粉末高温合金制件。

4.2.2.3　粉末冶金高温合金热处理工艺及其组织特征

热处理是制备粉末高温合金的最后一道关键技术，直接关系到最终的组织和性能。粉末高温合金的热处理制度一般为固溶处理 + 时效处理，三个主要因素（固溶处理温度、冷却速度和时效温度）决定着粉末高温合金晶粒组织、γ' 含量和尺寸分布以及碳化物、硼化物的析

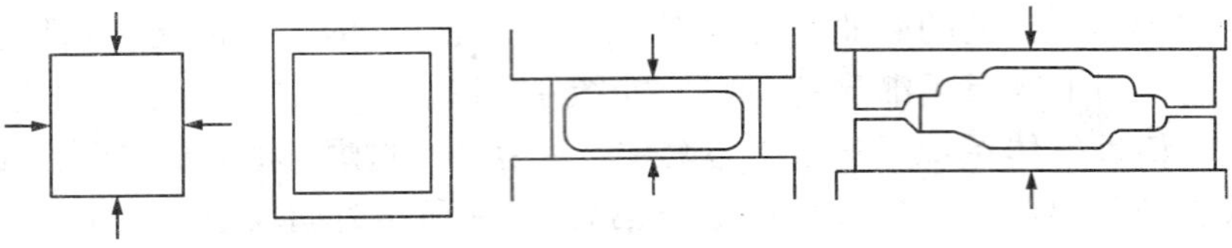

图 4-13　全尺寸 FGH 涡轮盘热等静压 + 包套锻造工艺流程图

出和分布等，其中控制 γ' 相的含量和尺寸分布是优化合金组织结构的关键。

1. 固溶温度

固溶处理是为了溶解基体内的碳化物和 γ' 相，得到均匀的固溶体，以便时效时均匀地析出 γ' 相，另外通过固溶处理还可以获得适宜的晶粒度，从而提高合金的强度和高温蠕变性能。固溶温度的高低通常是以 γ' 相的溶解温度为基准的。一般在低于 γ' 相溶解温度进行亚固溶处理(如 γ' 溶解温度线以下 20 ~40℃)，则合金保持锻造变形后得到的细晶组织，基体过饱和度增大，有效强化相二次 γ' 析出量增加，γ' 相形核优于长大，最终导致 γ' 相大量形核，分布均匀，尺寸相对较小。因此，合金的拉伸强度、屈服强度和疲劳性能较高。如果固溶温度降低，形核与长大均发生困难，γ' 相含量进一步减少，尺寸也更细小。在 γ' 相溶解温度以上进行过固溶处理时，阻碍晶粒长大的晶界和一些碳化物发生溶解或转化，得到粗晶组织，晶界 γ' 相平均尺寸较大且较分散，因此合金的蠕变强度高并且裂纹扩展速率低。在保证 γ' 相含量的同时，调整晶界、晶内 γ' 相的合理配比是保证合金达到预期性能的关键步聚。

2. 固溶处理后的冷却速度

一般来说，γ' 相析出最快，碳化物次之，TCP 相最慢。因此，控制冷却速度，可以控制不同相的析出。通过控制淬火方式可以控制冷却速度，常见冷却方式有油淬、盐淬、风冷、空冷等，冷却速度依次降低。快冷可以增大过饱和度，使时效析出的 γ' 相更细小、均匀而弥散地分布，因而可增大屈服强度，改善低周疲劳性能和蠕变性能，但是会降低合金的持久断裂寿命，尤其是显著影响缺口敏感性和裂纹扩展速率，同时，冷速太快容易诱发淬火裂纹。慢冷的优点是形成粗大的 γ' 相，并产生能改善合金韧性的锯齿状晶界，如图 4-14。这种晶界类型抑制了晶界的滑移，阻碍裂纹沿晶界的扩展，能促进晶粒内部变形，从而提高了断裂强度和延伸率。为了降低缺口敏感性和淬裂倾向，可以在完全固溶后通常采用随炉冷却方式。

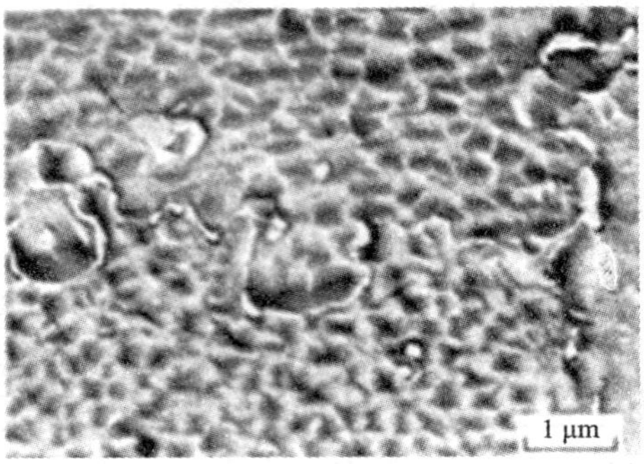

图 4-14　IN-792 合金经过 1220℃/2 h r/AC，845℃/16 h r/AC 热处理后的组织特征

3. 时效处理

从固溶温度进行快速冷却时，会产生一定的残余应力，需要通过时效处理来降低残余应力。更重要的是，时效制度能够保证获得一定体积分数和尺寸的 γ' 相，同时使碳化物的分布更加合理，组织更加稳定，提高合金性能。时效制度的两个主要参数是时效温度和时效次数，一般二次时效后，细小 γ' 相含量将增加。例如，俄罗斯最常用的 ЭП741 НП 合金的常用热处理温度为1210℃，保温8 h，然后炉冷至1160℃出炉空冷，随后在870℃进行32 h时效处理，空冷至室温。为了增加时效过程中晶界二次碳化物的析出量，以提高合金650℃的强度指标，则还要增加760～800℃的二次时效。

4. FGH95粉末合金的热处理工艺

为了确定FGH95合金的热处理制度，钢铁研究总院研究了FGH95合金经过不同固溶温度、时效制度和淬火介质的热处理工艺。FGH95合金中存在大量γ′相、微量碳化物(MC)和M_3B_2相。γ′相和M_3B_2相的完全固溶温度分别为1160℃和1120℃，而MC相直到1200℃仍有少量残留。采用1080℃固溶1 h后油冷，再进行650℃下时效24 h而后空冷热处理时，合金持久强度高，综合性能好。采用1120℃×1 h，油冷，867℃×1 h，空冷，650℃×24 h空冷热处理时，合金屈服强度高，但持久强度稍低。显微组织研究表明，随时效温度由600℃升高到1000℃，γ′相由球形逐渐长大成方形，尺寸由10 nm长大到220 nm，γ′相析出峰在850～900℃之间，最大析出量为50%。

国为民等人还研究了FGH95合金在接近γ′相固溶温度(1150℃)进行140 MPa×3 h热等静压后，在γ′相固溶温度以下固溶处理和快速淬火+高温和低温两次空冷时效处理。如图4－15所示，发现存在着大、中、小三种不同尺寸的γ′相，总含量达到45%左右，以中、小尺寸γ′相为主。在固溶处理时，热等静压保温过程中形成的不规则的岛状大尺寸γ′相发生部分溶解，剩余未溶解的大尺寸γ′相多数分布在晶粒边界周围，大约为1.3～2 μm。在固溶加热时，热等静压过程中形成的中尺寸γ′相大部分溶解，未溶解的中尺寸γ′也有所长大，主要分布在晶内，而且形状上趋于方形或蝶形，大约为150～320 nm。在固溶加热时，热等静压过程中形成的小尺寸γ′相全部溶解，在二次时效过程中析出均匀、弥散而又细小的二次小尺寸γ′相，为40～60 nm，一般都呈圆形或小粒状，数量也相对较多。

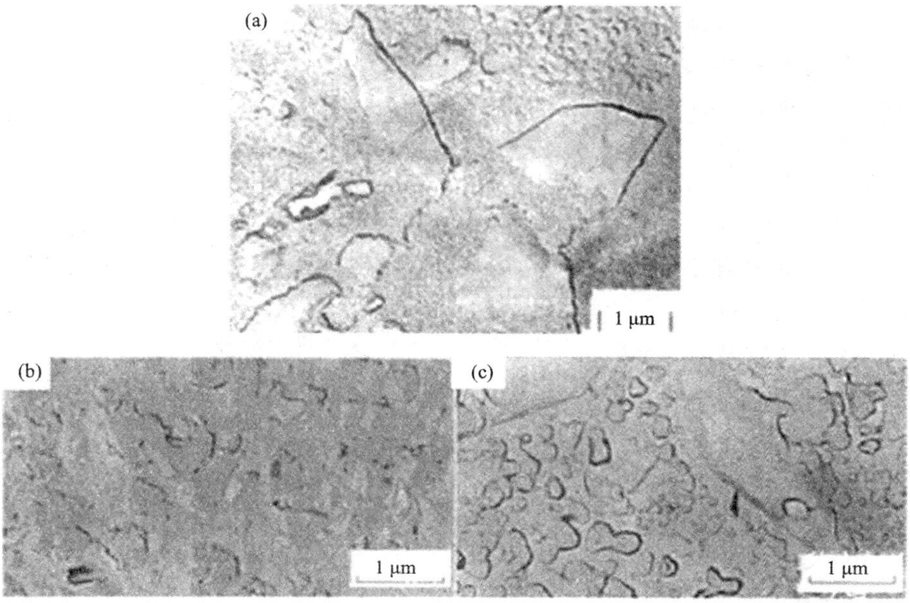

图4－15　FGH95合金(热等静压+热处理后)的γ′相分布

(a)晶粒边界γ′相；(b)枝晶区γ′相；(c)再结晶区γ′相

图4－16(a)和(b)分别显示了直接HIP的FGH95合金(热处理后)中的一次碳化物(MC)和二次碳化物($M_{23}C_6$)的相分布。热等静压后，合金中MC以不连续的颗粒状分布在晶界和晶内，尺寸大约为0.2～0.4 μm。固溶处理后，碳化物尺寸稍微增大，分布较均匀，能谱分析主要为(Nb、Ti)C型，一次性碳化物的含量在1%以下。时效过程中主要析出二次碳化物$M_{23}C_6$，一般在晶界呈不连续的颗粒状排列，在晶内呈粒状分布，尺寸较小，能谱分析结果主要是$(Cr、Ni、Co、Mo)_{23}C_6$。

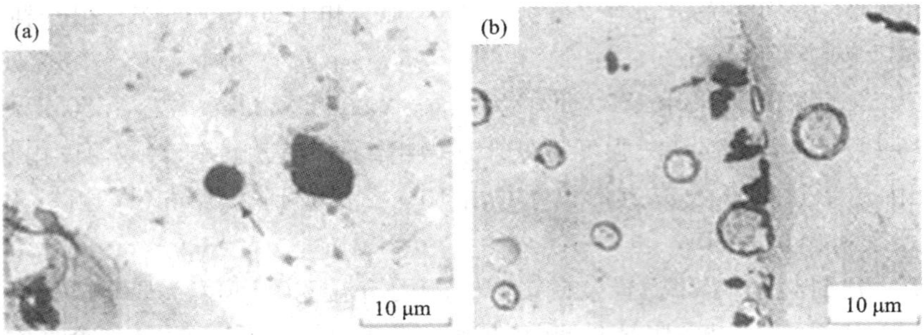

图4－16　FGH95合金热等静压＋热处理后的碳化物形态及分布

(a)MC形态；(b)$M_{23}C_6$形态

5. Rene104的热处理工艺

Rene104的热处理方式分为过固溶处理和亚固溶处理。过固溶处理温度一般在其γ'相溶解温度以上约15℃，常用1171℃。当采用直接1171℃×1 h固溶处理＋空冷时，其典型组织及所含有的强化相γ'的显微组织，如图4－17(a)所示。可以看到，在过固溶处理的晶粒内存在3种尺寸的γ'析出相：①零星的、择优生长的大尺寸γ'析出相(直径为0.3～0.6 μm)，其形状以不规则星状居多，且排列具有一定的取向性；②中尺寸γ'析出相(直径为0.15～0.3 μm)，呈不规则块状；③细小的γ'析出相(直径为0.01～0.05 μm)，呈圆球状。过固溶处理使晶粒长大，降低了合金的抗拉强度和抗疲劳裂纹萌生性能，但是提高了蠕变性能和抗保载裂纹扩展性能。

亚固溶处理温度在γ'相溶解温度以下约25℃，常用1115℃。当采用1115℃×1 h＋1171℃×3 h，然后空冷时，由图4.17(b)可见，亚固溶处理的大尺寸γ'相和中尺寸的γ'析出相尺寸差异比过固溶处理小得多，但γ'析出相分布同样具有一定的取向。粗大的未溶解的初始γ'(直径为0.6～2 μm)往往分布于晶界，但有时也分布于晶内。亚固溶处理可以保持合金的细小晶粒组织，使其具有高的抗拉强度和抗疲劳裂纹萌生性能。

Rene104常采用时效处理工艺为815℃×8 h和843℃×4 h＋760℃×8 h的双重时效处理，以使方块状γ'析出相呈双模态分布。高温时效处理时，碳化物沿晶界呈链状析出，可提高合金的持久寿命及塑性，阻止晶界蠕变变形与蠕变孔洞的形成。当时效温度高于760℃时，会出现碳化物反应倾向，即$MC+\gamma \rightarrow M_{23}C_6+\gamma'$或$MC+\gamma \rightarrow M_6C+\gamma'$。利用碳化物反应能够生成晶界$\gamma'$相，避免应力过分集中，使合金同时具有较高的强度和韧性。

6. 单合金双组织热处理

涡轮盘是发动机热端关键部件，根据其工作状况，希望在较高温度下工作的轮缘部位具有高蠕变强度，而在较低温度和较高离心力下工作的轮毂部位具有高的屈服强度和低周疲劳

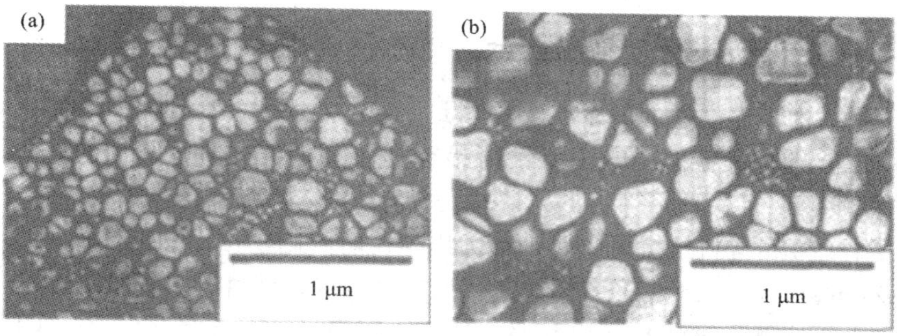

图4-17　Rene104合金亚尺寸盘的典型显微组织

(a)亚固溶处理后盘缘中γ'的形貌；(b)过固溶处理后盘缘中γ'的形貌

性能。为此，美国NASA(国家航空航天局)格伦研究中心发明了一种成本低的单合金双组织粉末高温合金盘的热处理工艺(DMHT)。它是在普通热处理炉基础上，通过使用一些特殊装置，能够很方便地实现单合金双重组织。双性能涡轮盘能够充分发挥材料的潜力，有利于涡轮盘的优化设计，减轻盘体的重量，提高发动机的推重比。美国P&WA公司用DTP IN100合金，采用双重热处理工艺制造出了双性能粉末盘，并于1997年装配在第四代战斗机的发动机上。

DMHT工艺的关键是使盘件在处理时各部位处于不同的温度范围内，轮毂部分温度保持在低于γ'相完全溶解的温度范围，而轮缘部分的温度则高于γ'相完全溶解的温度。如图4-18是LSHR合金涡轮盘经DMHT后的显微组织，在轮缘部位得到较粗大的组织，而轮毂部位是细晶组织，在轮缘和轮毂间的组织均匀过渡。另外，还需要控制盘件各部位后续淬火处理的冷却速度，以获得各部位所要求的组织，同时减小热应力，避免盘件开裂。目前，制造单合金双性能涡轮盘的DMHT工艺主要采用以下4种方法达到各部位不同热处理条件的目的：①直接加热法；②控制冷却法；③间接感应加热法；④蓄热体法。

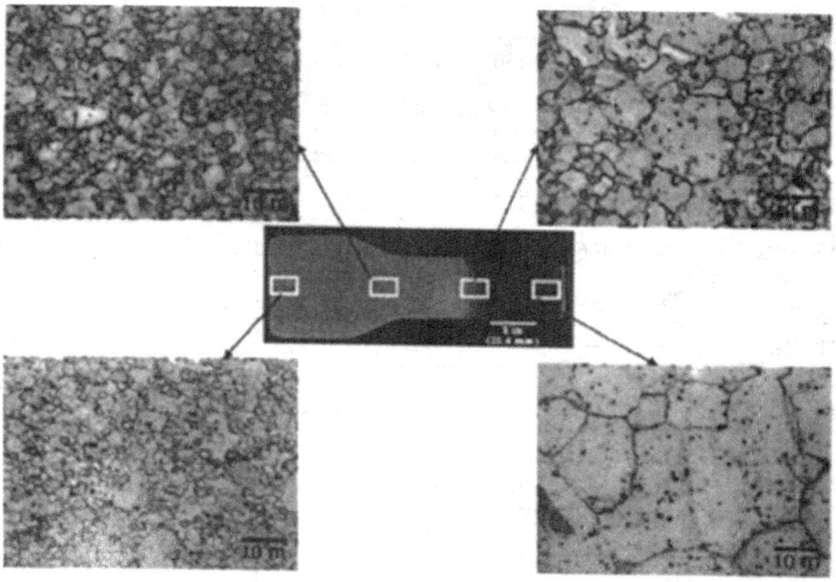

图4-18　LSHR合金涡轮盘经DMHT后的显微组织

4.2.3 非弥散强化粉末冶金高温合金的性能及应用

在高温下，结构零件失效的两个主要原因是：①高温下发生的氧化与腐蚀；②高温下强度的降低。所以，衡量高温材料的主要性能指标是抗高温氧化和腐蚀性能，以及高温强度(蠕变和持久强度)。

一定温度下，金属材料抵抗氧化腐蚀能力以单位时间内单位面积上金属的重量变化来表示，单位为 $g/(m^2 \cdot h)$。在相同条件下，失重或增重越少，材料的热稳性就越高。Ni 基粉末高温合金中加入了抗氧化腐蚀元素铝和铬，在合金表面形成了稳定、致密、牢固的 Al_2O_3 和 Cr_2O_3 薄膜。因此，Ni 基粉末高温合金都具有很高的抗氧化腐蚀能力。

材料的持久强度是指在一定温度下，经过规定时间不发生断裂的最大应力。持久强度大小，表明了金属在高温下抵抗断裂的能力。另一方面，材料在高温下，即使应力远远小于 $\sigma_{0.2}$，也会随时间的延长而发生缓慢的塑性变形，即蠕变。材料在一定温度下、规定时间内、发生一定蠕变变形 ε 的最大应力值称为蠕变强度。它表明了金属在高温下抵抗缓慢塑性变形的能力，对于长期在高温下承载的部件，蠕变强度至关重要。

20 世纪 60 年代的 Waspaloy 合金强度较弱而无法满足先进发动机的涡轮盘的性能要求，为此人们研发了铸造 + 锻造(Cast & Wrought，C&W)法 Astrology 合金，它可以满足部分性能要求。随后的研究表明，粉末冶金 + 锻造工艺制备的 Astrology 合金显示出更优异的性能，可以取代低强度高温合金，如 Waspaloy。直接 HIP 粉末高温合金的强度会略低于锻造合金，如表 4 - 6 所示，然而热处理能够提高低碳 Astrology 合金的性能，使其能够替代 Waspaloy 合金用于 JT8D - 17R 商用发动机的高压涡轮盘。从图 4 - 19 可见，HIP 和 HIP + Forge 法制备的粉末高温合金的性能都高于铸造 + 锻造法合金。

表 4 - 6　高温合金在不同温度下的拉伸性能

		IN100		Astrology			Rene95			MERL76	
		G	C&W	H	H&F	C&W	H	H&F	C&W	H	H + G
24℃	UTS/MPa	1592	1412	1367	1498	1369	1651	1677	1585	1557	1674
	YS/MPa	1088	1034	914	1065	986	1226	1283	1200	1087	1191
	El	25	13	28	22	17	16	16	12	17	22
538℃	UTS/MPa	1447	1309	1233	—	—	1550	—	—	1399	—
	YS/MPa	1068	1061	854	—	—	1192	—	—	1047	—
	El	28	10	24	—	—	10	—	—	12	—
621℃	UTS/MPa	—	—	—	—	—	—	—	—	1468	1492
	YS/MPa	—	—	—	—	—	—	—	—	1061	1136
	El	—	—	—	—	—	—	—	—	12	18
649℃	UTS/MPa	1330	—	1297	1342	—	1496	1482	1406	—	—
	YS/MPa	1089	—	936	990	—	1128	1183	1109	—	—
	El	18	—	36	24	—	14	12	14	—	—

续表

		IN100		Astroloy			Rene95			MERL76	
		G	C&W	H	H&F	C&W	H	H&F	C&W	H	H + G
704℃	UTS/MPa	1254	1233	—	—	—	—	1295	1302	1288	—
	YS/MPa	1058	1027	—	—	—	—	1157	1089	1047	—
	El	21	20	—	—	—	—	9	15	22	—
760℃	UTS/MPa	—	—	—	1092	1031	—	—	—	—	—
	YS/MPa	—	—	—	919	877	—	—	—	—	—
	El	—	—	—	23	22	—	—	—	—	—

表中简写的意义：G = Gatorized，C&W = Cast + Wrought，H = HIP，H&F = HIP + Forged，H&G = HIP + Gatorized。

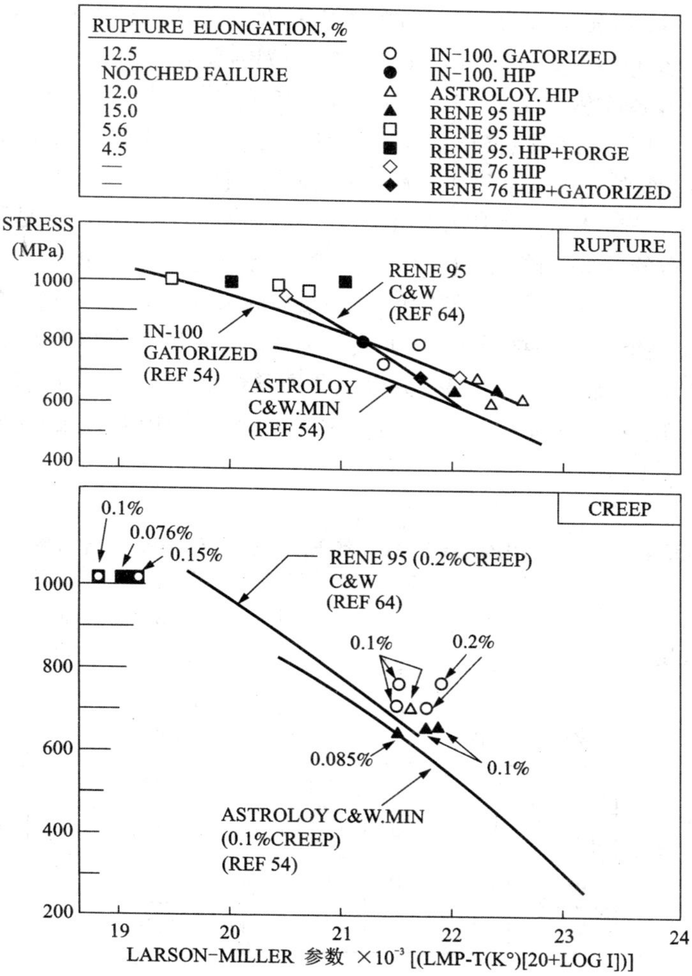

图4-19　粉末高温合金的高温断裂强度、蠕变强度和延伸率

在 Astrology 基础上进而研发的 IN100 合金中，显示出比传统锻造合金更优异的拉伸性能，如表 4－6。合金 γ'相的含量较高(60 vol. %)，使其蠕变和断裂强度又明显高于 Astrology (40 vol. %)，如图 4－19。通过 HEX＋ITF 工艺制备的 IN100 合金被研制出来用于军用飞机的涡轮盘。

Rene95 合金是 GE 公司研发的商用高温合金，其 649℃具有很高的强度，是第一代粉末高温合金的代表。表 4－6 列出了 HIP 和 HIP＋锻造粉末高温合金与 C&W 法合金的性能比较，可以看出，粉末高温合金的室温和高温屈服强度都明显高于 C&W 法合金，649℃时其延伸率也不低于 12%。另外，粉末高温合金还显示出更高的蠕变强度，如图 4－19。

MERL76 合金是在 IN100 基础上改进产生的，它比 IN100 合金碳含量降低，并去除了 V 元素，而增加了 Hf 和 Nb 元素。成分的改进使合金中的碳化物颗粒均匀分布，而并不是像 IN100 合金那样碳化物处于颗粒界面之间。低碳含量还提高了合金的断裂延伸率和蠕变强度。此合金既可以采用 HEX＋ITF 工艺也可以采用直接 HIP 工艺进行成形加工。如表 4－6 所示，HEX＋ITF 法获得的粉末高温合金改善了一些拉伸性能。而 HIP 法粉末高温合金显示出与 HEX＋ITF 法 IN－100 合金相似的性能。MERL76 涡轮盘于 20 世纪 80 年代进行了商业化生产，用于制造 Pratt&Whitney 飞机公司的 JT9D－7R4 涡轮发动机。

FGH95 合金是我国钢铁研究总院在美国 Rene95 粉末高温合金基础上研制的。表 4－7 是直接 HIP、HIP＋HIF 和 EX(热挤压)3 种不同工艺制备的 FGH95 合金性能的对比。可以看出，EX 法合金的拉伸强度、塑性和持久性能都明显优于另外两种成形工艺合金。而 HIP＋HIF 成形工艺合金的强度和塑性也比直接 HIP 合金有所提高，但持久强度几乎无变化。同时发现，直接 HIP 合金的持久性能稳定，但直接 HIP 成形工艺对粉末的质量(孔洞和杂质含量等)要求较高。另外，两种不同粉末粒度(＜150 μm 和＜100 μm)分别经过直接 HIP 和热处理制备 FGH95 合金性能测试的结果表明(如表 4－8)，直接 HIP 的 FGH95 合金具有良好的综合力学性能，其中拉伸、蠕变、持久和疲劳等主要力学性能指标都达到或超过了 A 级技术标准的要求。同时发现，粉末粒度在＜150 μm 和＜100 μm 范围内对直接 HIP 制备的 FGH95 合金力学性能的影响不明显。

表 4－7　直接 HIP，HIP＋HIF 和 EX 制备的 FGH95 合金的性能

成形工艺	粉末粒度 /μm	室温拉伸				650℃拉伸				650℃，10 s，5 MPa 持久	
		σ_b /MPa	$\sigma_{0.2}$ /MPa	δ/%	ψ/%	σ_b /MPa	$\sigma_{0.2}$ /MPa	δ/%	ψ/%	τ /h：min	δ/%
直接 HIP	＜0.104	1487	1312	8.8	7.1	1482	1207	7.3	7.5	87：17	0.8
		1556	1342	7.8	10.1	1462	1218	5.3	6.7	105：40	—
	＜0.104	1617	1360	8.0	11.6	1426	—	—	—	21：50	2.4
		1706	1345	13.1	14.7	1473	1179	6.48	13.2	85：50	2.56

续表

成形工艺	粉末粒度/μm	室温拉伸				650℃拉伸				650℃，10 s，5 MPa 持久	
		σ_b/MPa	$\sigma_{0.2}$/MPa	δ/%	ψ/%	σ_b/MPa	$\sigma_{0.2}$/MPa	δ/%	ψ/%	τ/h：min	δ/%
HIP + HIF	<0.177	1699	1417	9.7	12.4	1600	1338	14.2	14.6	64	4.48
		1780	1499	11.8	12.8	1569	1315	12.4	13.1	105	3.44
	<0.104	1778	—	16.7	19.3	1580	1316	9.92	11.2	60：30	5.52
		1756	1463	19.1	20.8	1552	1316	9.84	10.5	46	5.60
EX 6：1	0.177～0.044	1770	1434	14.6	20.8	1640	—	18.8	15.4	190：55	—
		1787	1452	15.4	22.2	1672	1208	17.6	15.0	243：55	6.72
EX 9：1	0.177～0.044	1782	1454	14.6	21.5	1668	1996	18.4	10.0	237：15	3.76
		—	—	—	—	—	—	—	—	—	—
EX 12：1	0.177～0.044	1784	1464	13.7	20.5	1656	1202	16.0	15.0	362：20	3.84
		1806	1477	15.91	25.4	1682	1242	14.4	15.0	213：45	3.44

以 Rene88DT 为代表的第二代粉末高温合金是按照损伤容限的理念进行设计的，合金中 γ' 相含量下降到 45%，使抗拉强度和屈服强度有所降低，但持久抗断裂韧性明显提高。图 4－20 为变形高温合金 DA718、粉末高温合金蠕变性能的对比，可见在相同条件下，第二代粉末高温合金 Rene88DT 的抗蠕变寿命是第一代 Rene95 合金的 2 倍以上。

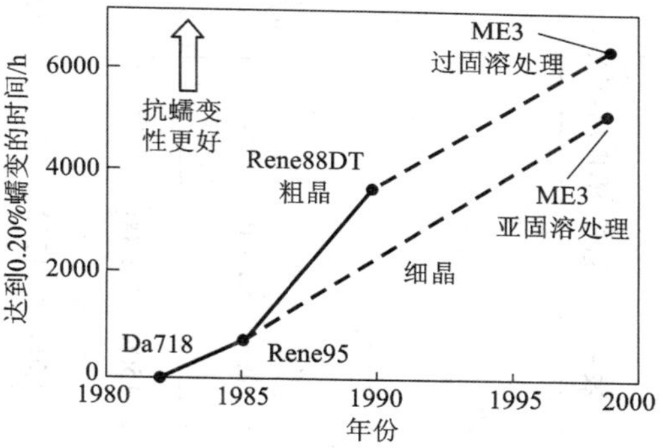

图 4－20　粉末冶金高温合金蠕变性能与变形高温合金的比较

第三代粉末高温合金的合金化程度提高，并且采用了合适的冶金工艺，因此获得的合金组织较前两代的更为理想，使其具备了强度和损伤容限兼优的性能特点，而且可以在更高的温度下使用，为研制更高推重比的航空发动机打下了良好的基础。由图 4－20 可见，过固溶处理的第三代 Rene104 合金的抗蠕变寿命约为第二代粉末高温合金 Rene88DT 的 2 倍。

第三代粉末高温合金 Alloy10 中加入更多 Nb 元素，Nb/Ta 的比大于 2∶1，提高了合金的抗拉强度，Rene104 合金中 Ta 含量几乎是 Nb 的 3 倍，所以该合金具有更好的静态裂纹扩展抗力。LSHR 镍基粉末高温合金是 NASA 格伦研究中心在 Alloy10 和 Rene104 合金基础上，优化合金成分而研发出来的。LSHR 合金则强调 Nb/Ta 的平衡，从而保证获得更加优异的性能。表 4－9 总结了 Alloy10、Rene104 和 LSHR 三种合金不同热处理下拉伸性能，热处理条件见表 4－10。从表 4－9 可见，采用高(低)于 γ' 溶解温度传统热处理的抗拉强度相差较大，但

表 4-8　直接 HIP FGH95 合金力学性能测试结果

编号	20℃拉伸				650℃拉伸				持久(650℃，1034 MPa)/h			蠕变	缺口周期持续/(N/次)	低周疲劳/(Nf/次)
	σ_b /MPa	$\sigma_{0.2}$ /MPa	δ/%	ψ/%	σ_b /MPa	$\sigma_{0.2}$ /MPa	δ/%	ψ/%	缺口持久 $R=0.2$ mm	光滑持久 δ/%		590℃ 1034 MPa 100 h	650℃ 0～1000 MPa $r=0.9$ mm	538℃ 0.33 HZ $r=0.95$
T100 (<100 μm)	1673	1286	16.2	19.6	1500	1200	12.6	14.2	>260	140：40	3.2	0.112	>300	>5000
	1671	1273	15.8	21.2	1506	1212	12.8	13.8	>260	136：36	4.0	0.046	>300	>5000
T150 (<150 μm)	1640	1286	14	14	1540	1170	13	16	>300	126：10	5.5	0.037	>300	>5000
	1600	1270	13	17	1530	1160	16	15	>300	138：03	5.1	0.108	>300	>5000
技术标准(A)	1590	1240	10	12	1430	1150	8	10	缺口>光滑	≥0	≥3.0	≤0.2%	≥300	≥5000

是采用DMHT工艺处理则相差不大。这是因为，在合金盘坯进行DMHT工艺处理之前或之后，要进行低于γ'相溶解温度固溶处理，这弥补了盘缘和盘心部位的强度差别，在保证盘缘性能的基础上，使盘心性能进一步提高。Rene104合金已在GP7200发动机上得到了应用，该合金在较高燃气温度下使用时，有助于综合提高发动机燃料利用率，减少燃料消耗，使排放物减少5%。目前，第三代粉末高温合金的研究尚处于实验室或工业实验研究阶段，如英国计划将某第三代合金应用在AE1107C发动机上，目前已经成功进行了工业性实验。

表4-9 第三代粉末高温合金在不同热处理下的拉伸性能

合金	热处理工艺	$\sigma_{0.2}$/MPa	UTS/MPa	El/%
Alloy10	低温固溶处理	1207.5	1400.7	9
	高温固溶处理	1035	1345.5	16
	DMHT/盘心	1214.4	1428.3	10
	DMHT/盘缘	1062.6	1366.2	10
ME3	低温固溶处理	1086.8	1304.1	16
	高温固溶处理	1026.7	1302.0	17
	DMHT/盘心	1076.4	1200.6	14
	DMHT/盘缘	1090.2	1338.6	18
LSHR	低温固溶处理	1171.8	1331.8	11
	高温固溶处理	1005.3	1329.4	16
	DMHT/盘心	1207.5	1373.1	6
	DMHT/盘缘	1097.1	1366.2	7

表4-10 粉末高温合金采用不同的热处理工艺

工艺名称	工艺参数
低温固溶处理	1135℃(2.5 h)/油冷/时效(815℃/8 h)
高温固溶处理	1171℃(2.5 h)/风冷
DMHT	1135℃(2.5 h)/1191℃(1 h)/油冷/时效(815℃/8 h)

4.2.4 非弥散强化粉末冶金高温合金的发展方向

1.粉末制备和处理工艺研究的新热点

自从粉末高温合金诞生以来，去除粉末中陶瓷等非金属夹杂一直是为了提高合金的断裂韧性和疲劳寿命。目前研究人员对等离子旋转电极法和氩气雾化法都在进行工艺改进研究。其中氩气雾化法的发展方向是进一步降低陶瓷杂质含量和细化粉末粒度，具体包括对雾化设备中喷嘴、坩埚等的改进。而对于等离子旋转电极制粉工艺，主要是降低母合金在熔炼过程中陶瓷熔渣等非金属夹杂含量，同时通过提高电极转速或电极棒直径来提高细粉收得率。粉末处理是保证粉末质量的一个重要手段，脱气处理新工艺已成为粉末处理研究的一个新热点。

2. 高温性能的平衡发展

目前世界各国科研人员都在对第三代粉末高温合金进行系统和深入的研究，与此同时，还在通过热等静压复合技术、热机械处理以及特殊热处理研制盘芯高强度和高低周疲劳性能，而盘缘持久和蠕变性能好的双性能粉末盘。然而，双性能盘的制备技术复杂，工艺难以掌握。因此，如何完善双性能粉末盘的制备工艺是今后各国研究的重点。

3. 成本的降低

降低粉末高温合金成本，是扩大粉末高温合金应用的关键。目前降低合金成本的发展方向包括：①降低合金材料自身的成本。通过对合金成分的调整，省去某些稀贵金属元素或用较便宜的金属元素代替。目前第三代粉末高温合金的一个研究方向就是开发低成本民用粉末高温合金。②提高雾化制粉的成品粉收得率。③选择低成本的成形工艺。直接 HIP 成形工艺简单、成本低，而且可以获得综合性能良好的粉末高温合金，因此，仍然是在今后的重要研究课题。④制定有效的无损检测标准，提高制件的成品率。

4. 计算机模拟技术的应用

计算机模拟技术正在粉末高温合金的设计和制备过程中发挥着越来越重要的作用。目前采用计算机技术进行合金成分设计、等温锻造成形过程的计算机模拟、热处理数学模型的建立(包括预测组织和性能的分布，淬火应力分布等）以及热等静压包套的设计、预制坯设计和锻造模具设计已取得显著成果。随着粉末高温合金技术的不断发展，计算机模拟技术在其中的应用会越来越广泛。

5. 我国粉末高温合金的发展方向

由于粉末高温合金被首选用作高推重比航空发动机涡轮盘材料，因此，它的研发具有重要的战略意义。我国自从 20 世纪 70 年代末开展了粉末高温合金的研究以来，已经完成 FGH95 和 FGH96 两代合金的研制，而且第三代 800℃以上粉末高温合金的预研已经立项。但是，应该看到，我国在涡轮盘材料和结构设计上与国外的差距依然很大。为了满足航空航天以及其他民用领域的迫切需求，我国应当在参照国外先进制备工艺的基础上，开发出具有自主知识产权的高性能新型粉末高温合金。

4.3 氧化物弥散强化(ODS)粉末冶金高温合金

航空、航天以及能源等工业的迅速发展，对材料的高温性能提出越来越高要求。传统的高温合金一般采用析出相作为主要的强化手段，但是，众所周知，析出相(如 γ'、碳化物等)在高温下(1000℃以上)会发生聚集长大或重新固溶于基体中，失去强化作用，限制了高温合金的使用温度。因此，研究人员开始致力于研发加入纳米级、热稳定性高的弥散氧化物的高温合金。当细小的第二相颗粒被添加到基体合金中，这种微观结构会使材料的强度比基体合金大大提高，这种合金被称为弥散强化合金。氧化物弥散强化高温合金，简称 ODS 高温合金(Oxide Dispersion Strengthened Superalloys)，是粉末高温合金的一个分支，也是高温合金的一个重要发展方向。常用的氧化物颗粒是活泼金属的氧化物，如 Al_2O_3、Y_2O_3、ThO_2等，它们具有高硬度和良好的热稳定性和化学稳定性，其强化效果可以维持到接近合金熔点温度

($0.9T_m$)，这些超细的氧化物质点是高温下强化基体的最佳弥散相。

氧化物弥散强化材料的合金设计和制造工艺都与传统高温合金不同，是一种新型高温合金材料。它利用机械合金化方法，将具有极高热力学稳定性的纳米级氧化物粒子，均匀弥散于Ni、Fe基等合金基体中，形成不溶于基体的氧化物弥散相，从而使合金高温性能得以进一步强化。因此，ODS合金成为航空航天及民用领域1000～1300℃超高温使用的最佳材料。

4.3.1　氧化物弥散强化高温合金的成分设计

ODS高温合金的基体成分设计关键是实现固溶强化和提高抗氧化和耐腐蚀性能，而氧化物颗粒主要是提高材料的室温和高温强度。机械合金化工艺能够实现基体合金的成分均匀化要求和弥散氧化物颗粒的均匀添加。下面分别介绍，Ni基和Fe基两大类ODS高温合金的成分设计特点。

4.3.1.1　镍基ODS高温合金成分设计

表4－11是几种典型商业Ni基ODS高温合金的标准化学成分。由表可见，最初的Ni基ODS合金成分只是在Ni基体中加入2% ThO_2，合金的高温强度提高非常有限。目前，商用Ni基ODS高温合金主要包括两类。第一类合金的化学成分比较简单，Al和Ti含量较低，其相组成是单相奥氏体而不含有γ'相，因而合金的中温强度较低。此类合金包括，MA754、MA758、PM1000等。其中MA758合金是MA754合金的高铬变体，其力学性能与MA754很接近，而高温抗氧化性能有较大提高。另一类合金的成分设计原则与成分复杂的铸造高温合金(IN738，IN100等，成分见表4－12)相类似，此类合金包括，MA6000、MA760和PM3000等。它的合金元素含量经过精心设计，以达到中温与高温强度的平衡，同时又保证有足够好的抗氧化与抗热腐蚀性能。此类合金中增加了Al和Ti元素，生成γ'相含量约60%，大大改善合金的中温强度；并且向合金中添加了W、Mo和Ta等合金元素，实现固溶强化。同时此类合金还提高了氧化钇含量，以进一步提高材料的高温强度。合金的抗氧化性源于合金中的Al和Cr，而Ti，Cr和Ta提高了合金的抗硫化性能。

表4－11　Ni基ODS高温合金的标准化学成分

合金名称	化学成分/%(质量百分数)							
	Cr	Al	Ti	Mo	W	Ta	Y_2O_3	Ni
MA754	20	0.3	0.5				0.6	bal.
MA758	30	0.3	0.5				0.6	bal.
PM1000	20	0.3		0.5			0.6	bal.
MA6000	15	6.0	2.5	2.0	4.0	2.0	1.1	bal.
MA760	20	4.5		2.0	3.5		0.9	bal.
PM3000	20	6.0			3.5		0.9或1.1	bal.
TD Ni	含有2% ThO_2							bal.

表 4-12　Ni 基高温合金的标准化学成分

合金名称	化学成分/%（质量百分数）								
	Cr	Al	Ti	Mo	W	Ta	Co	Zr	Other
IN738	16	3.4	3.4	1.7	2.6	1.7	8.5	0.1	0.9Nb
IN792	12.4	3.1	4.5	1.9	3.8	3.9	9.0	0.1	—
IN100	10.0	5.5	4.7	3.0	—	—	15.0	0.06	1.0V
MAR-M200+Hf	9.0	5.0	2.0	—	12.0	—	10.0	0.08	1.0Nb1Hf.8
PWA454	10.0	5.0	1.5	—	4.0	12.0	5.0	—	—

4.3.1.2　铁基 ODS 高温合金成分设计

通常，铁素体钢在600℃以上时，其蠕变强度明显降低，而 ODS 铁素体钢则可以在更高的温度下使用。铁基 ODS 高温合金是由高抗氧化和耐腐蚀性能的 Fe-Cr-Al 系铁素体不锈钢发展而来，并且由于纳米氧化钇的添加使其蠕变强度高于同类的铸造合金。表 4-13 是几种 Fe 基 ODS 高温合金的标准化学成分。商用 Fe 基 ODS 高温合金包括 Cr 含量较低的 MA957 和 ODM331，以及 Cr 含量较高的 MA956 和 PM2000 等，其中应用最广泛的是 MA956 和 PM2000 合金。国内的 MGH956 合金的化学成分与 MA956 相近。Fe 基 ODS 合金中 Ti 和 Al 的加入不会产生 Ni 基合金中的 γ' 相，Ti 的加入可以形成复合氧化物，达到细化氧化物颗粒的作用；Al 和 Cr 的加入提高了合金的高温抗氧化性能；合金中加入 Cr、Mo 等元素对材料起到固溶强化作用。从表 4-13 还可以看出，PM2000 和 PM2010 合金的成分差别只是氧化钇含量不同，分别为 0.5%（质量百分数）和 1.0%（质量百分数），研究发现，高氧化钇含量的 PM2010 合金中的颗粒密度（小于100 nm的颗粒）并没有大于 PM2000 合金，蠕变抗力也并不高于 PM2000 合金，因此，对于此基体合金来说，氧化钇的添加量存在着最佳值，约为 0.5%（质量百分数）。

表 4-13　Fe 基 ODS 高温合金的标准化学成分

合金名称	化学成分/%（质量百分数）					
	Cr	Al	Ti	Mo	Y_2O_3	Fe
MA957	14.0	-	1.0	-	0.27	bal.
MA956	20.0	4.5	0.5	-	0.5	bal.
ODM331	13.0	3.0	0.6	1.5	0.5	bal.
ODM751	16.5	6.0	0.6	1.5	0.5	bal.
PM2000	20.0	5.5	0.5	-	0.5	bal.
PM2010	20.0	5.5	0.5	-	1.0	bal.

4.3.2　ODS 高温合金的制备

ODS 高温合金的制备包括如下工艺流程：原料粉末→ODS 合金粉末制备→装套、除气和封焊→热等静压或热挤压成形→热锻、热轧及温轧变形加工→再结晶热处理→检验。下面分别介绍 ODS 高温合金各阶段的工艺过程。

4.3.2.1　ODS 高温合金粉末的制备方法

如何将超细氧化物颗粒均匀地加入基体合金中，是制备 ODS 合金的关键步骤。人们很早便开始研究将氧化物加入合金的方法，最初采用混合法以及内氧化法用于生产 Cu、Ag 等合金，但是很难保证基体金属不被氧化；随后，研究出化学共沉淀法，但是很难加入 Al、Ti 等活性元素。直到 20 世纪 70 年代，Benjamin 等人发明了机械合金化(Mechanical Alloying, MA)技术，才使 ODS 高温合金得到快速发展。目前，将氧化物颗粒加入合金基体的方法主要有以下 5 种。

1. 机械混合法

此方法最为简单，通过高速混料机将金属颗粒表面包覆一层氧化物，此颗粒经过固实化热加工后，弥散颗粒之间的距离受到初始金属颗粒尺寸的限制。另外，如果合金中含有 Al 或 Ti 等活泼金属，那么它们会发生严重氧化甚至完全成为氧化物，而失去合金化作用。

2. 金属盐分解法，又称为化学浸润法(Chemical Socking, CS)

此方法是将合金粉末与活泼金属盐溶液混合浸润，然后经过加热干燥，最后在惰性或者还原气氛中加热使金属盐分解，获得氧化物颗粒。例如，将 100 μm 以下的细粉加入 $Y(NO_3)_3$溶液中进行浸润，干燥后在氢气保护下使 $Y(NO_3)_3$分解出 Y_2O_3。此方法制备的颗粒同样属于氧化物包覆颗粒，和机械混合法具有相同的缺点，此外，金属盐分解方法还会引入更多的杂质相，同时氧化物的尺寸分布范围很宽(10 ~ 500 nm)，降低了弥散强化的效果。

3. 内氧化法

此方法是将含有一定活泼金属元素的合金粉末暴露于高温氧化环境中，合金中的活性元素通过扩散氧化而成为弥散氧化物。研究发现，弥散相尺寸随着扩散深度的增加而增大。为了获得细小的氧化物颗粒，需要采用颗粒非常小而且纯度非常高的合金颗粒。当基体合金中需要含有 γ'相时，必须严格控制氧的化学势，以保证只氧化所需的元素，工艺参数控制非常困难。

4. 选择还原法

此方法将基体合金的氧化物和弥散相氧化物的混合物在还原性气氛中进行加热，使基体合金元素被还原，而保留弥散相氧化物。然而，如果基体合金中含有 Ti 和 Al 等活泼元素，那么采用气体很难还原 Al_2O_3和 TiO_2。这些氧化物可以被熔融的碱金属或碱土金属还原，但是，这会引起弥散氧化物颗粒的急剧长大，而且必须除掉额外的反应产物和盐类助剂。

5. 机械合金化方法

MA 方法是通过合金颗粒不断的塑性变形剪断和冷焊而实现的，并由此产生了组织结构细小的金属颗粒。此技术解决了上述方法带来的弊端，使氧化物能被有效地加入基体合金中，同时基体合金中可以含有 Ti 和 Al 等活性元素。自从 1970 年 Benjamin 等人使 MA 方法获得实验室阶段的初次成功以来，此工艺方法已经发展成为一种非常有效而可控的制造技术，已经被用来制备多种新型合金或复合材料。MA 可以使各种金属元素均匀混合并形成固溶体，而氧化物颗粒均匀地弥散于固溶体之中，同时实现弥散强化、固溶强化以及热处理后的析出强化。目前，商业化 ODS 高温合金都是采用 MA 技术将超细氧化物颗粒均匀地分散到基体合金中，然后再经过固结处理得到密实的合金材料。MA 是制备 ODS 高温合金的关键技术之一。

MA 方法制备 ODS 高温合金粉末的工艺过程中，将各种纯金属粉末和超细氧化物颗粒按照合金元素的成分设计装入高能球磨机，ODS 高温合金一般采用搅拌式高能球磨机。为了降低合金中活泼金属的氧化，同时提高合金粉末的成分均匀性，可以采用雾化合金粉末代替纯金属粉末。为了避免金属颗粒的氧化，MA 过程通常在惰性气体中完成，Ar 应用最为广泛。机械合金化获得的组织结构取决于工艺参数以及原料颗粒的特性。这些参数包括球磨的类型、转速、球料比、时间、温度、气氛和介质等。对于不同的合金应选择与之相应的 MA 工艺参数，使原料粉末的冷焊与破碎过程能较好地匹配，这不仅可以达到理想的合金化效果，而且可以保证较高的出粉率。ODS 高温合金的粉末制备一般采用球料比 10∶1 ~ 15∶1，搅拌棒转速 150 ~ 400 r/ min 。球磨的时间取决于每次碰撞时每个颗粒所吸收的能量，也就是取决于球磨机类型和粉末体积以及粉末弹性常数等，通常 ODS 高温合金经过 24 ~ 48 h 球磨能够获得完全合金化粉末。

整个 MA 工艺过程可以分为 4 个阶段，如图 4 - 21 所示。初始阶段完成后，粉末显示出较粗大的层状结构，其组元与原始材料基本相同，氧化物处于冷焊界面上，如图 4 - 21(a)。第二阶段，随着冷焊和断裂的不断进行，此复合粉末的结构发展成为层状结构相互缠绕，并且层厚也极大降低，氧化物颗粒的间距也极大减小，如图 4 - 21(b)。此阶段氧化物颗粒的平均间距与片层平均间距相同，因而使氧化物以 0.5 μm 的间距混乱地分布于粉末中。剧烈的冷变形以及钢球撞击产生的热能都促进了扩散的进程，由于组织结构的不断细化，扩散距离不断减小。固溶体的体积不断增大，亚稳相也可能发生析出。第三阶段，这种层状结构变得更加复杂缠绕而且层厚变小，如图 4 - 21(c)。此时每一个颗粒的成分与初始原料成分比例相同，冷焊和断裂过程达到平衡，颗粒的显微硬度也达到了饱和值。最终，这种层状结构在光学显微镜下已经无法分辨，氧化物间距几乎与冷焊界面间距相同，如图 4 - 21(d)。各个粉末颗粒的成分也与初始原料配比相同，而且分布更为均匀，MA 过程完全完成。

4.3.2.2 ODS 高温合金成形工艺

高硬度的 MA 颗粒阻止了冷压工艺的顺利实施，同时金属颗粒表面通常存在一定厚度的氧化膜，造成简单烧结工艺难以使 ODS 合金粉末密实固化。因此，MA 粉末必须经过高温高压工艺过程(如热等静压或热挤压)进行热固结成形。

1. 热挤压工艺

热挤压工艺能够生产出各向异性结构的具有优异蠕变强度的高温合金。ODS 高温合金一般也采用热挤压工艺进行固实化，可以将粉末包套直接挤压成形，也可以将合金化粉末压实后再进行二次挤压成形。由于 Ar 可能在 MA 过程中残留于颗粒内部，在氧化物颗粒周围会析出细小的 Ar 气孔。因此，将 MA 粉末装入低碳钢包套后，必须在 400 ~ 500℃ 进行抽真空(10^{-3} Pa)脱气处理 1 ~ 4 h，然后焊接封套。挤压温度、挤压比和挤压速度是影响合金性能的重要因素，通常希望在低的挤压温度、大的挤压比和高的挤压速度下进行挤压，以便在合金内建立足够高的储能，经过二次再结晶处理后得到粗大的柱状晶组织，提高合金的高温蠕变性能。热挤出温度、挤出比、挤出速度等工艺参数相互关联，而且必须根据随后的热加工

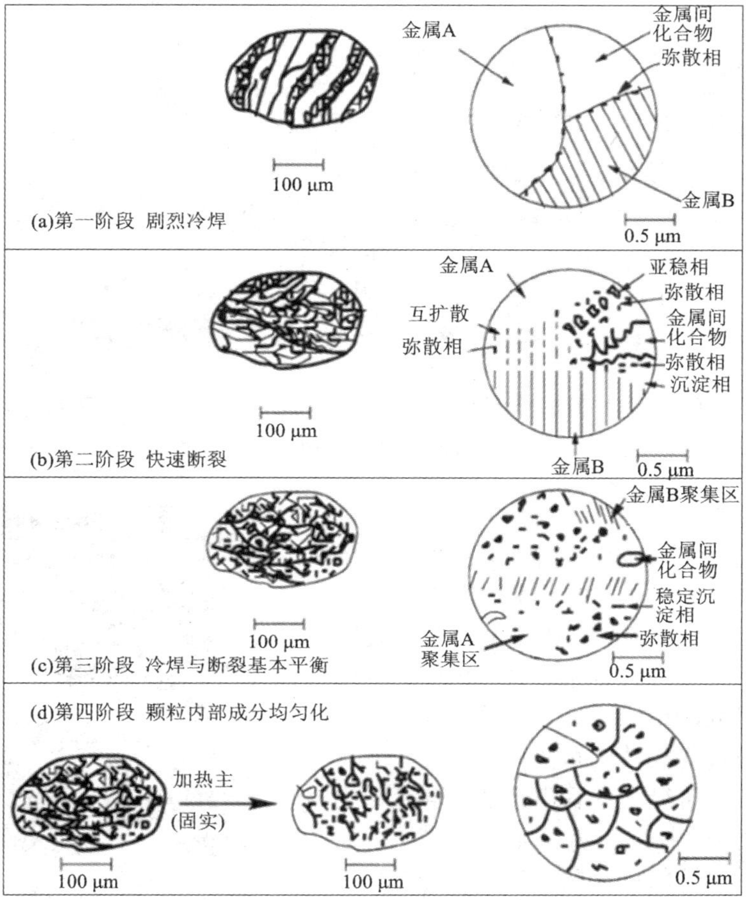

图 4-21　MA 制备 ODS 高温合金粉末的不同阶段颗粒形貌示意图

工艺参数进行确定。一般，ODS 高温合金在热挤出温度(1000 ~ 1250℃)保温 2 ~ 4 h，使所有粉末受热均匀。在此期间，颗粒内部和颗粒之间发生了扩散，使经历了严重塑性变形的合金粉末的化学成分更加均匀化，而且颗粒的物理性能也达到目标合金粉末的性质。随后 ODS 高温合金在挤出比 6∶1 ~ 15∶1 进行热挤出成形。最后，根据合金种类和产品类型，通过机加工或者酸侵蚀去除固实化用的包套。

MA 过程中强烈的塑性变形使合金粉末的晶粒尺寸减小到 1 ~ 2 nm，而热挤压过程使材料发生再结晶而成为亚微米晶粒的组织结构。如图 4-22(a)所示，热挤出使铁基高温合金微观结构处于冷变形状态，属于复杂缠绕的微观组织，晶粒被严重拉长，而且位错密度达到约为 $10^{15}\ m^{-2}$。然而，热挤压后镍基 ODS 合金则处于初始再结晶状态，属于细小等轴晶粒，组织结构清晰，包含未变形的退火孪晶组织，如图 4-22(b)。图中可见，MA6000 合金的微观结构与截面方向无关。目前尚不清楚，为什么 Ni 基 ODS 合金在热挤出和轧制后处于初始再结晶状态，而相同条件下，Fe 基 ODS 合金 MA956 合金经过冷变形而晶粒沿着挤出方向排列。另外，挤出变形工艺导致氧化物颗粒沿着挤出方向排列，铁基 ODS 合金表现得更为显著，如图4－23。这种定向排列反映了单个颗粒在加工过程中的不均匀变形。

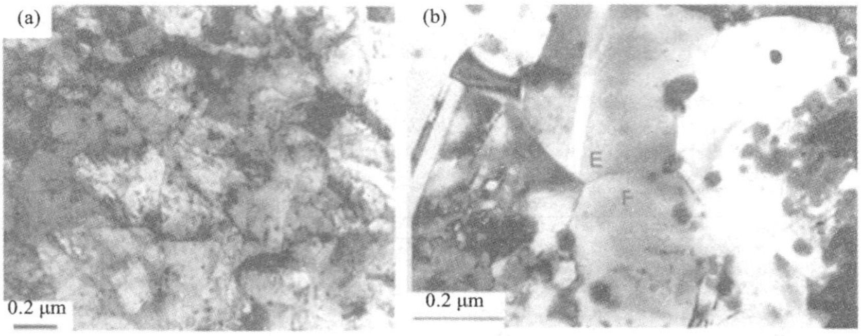

图4－22　ODS合金经过热密实化后，垂直于挤出方向微观结构透射电子显微镜照片

(a)铁基合金MA956；(b)镍基合金MA6000

2. 热等静压工艺

ODS高温合金粉末的热等静压温度范围较宽(1000～1200℃)，在大于100 MPa的压力下即可压成接近理论密度的合金锭。国内钢铁研究总院的课题组对MGH956合金粉热等静压固实化后的组织特征进行了详细研究。结果表明，热等静压后，合金粉末的原始颗粒边界仍清晰可见，如图4－24(a)；但从光学显微镜高倍组织可看出，原合金粉末内因MA加工形成的条带状组织特征则完全消失，如图4－24(b)。透射电镜(TEM)照片证实合金晶粒的形貌基本呈较均匀的等轴状，而且非常细小，仅为1～3 μm，如图4－25。这种组织特征说明，在热等静压过程中，合金粉不仅充分实现了固实化，同时完成了再结晶。此时的再结晶晶粒均匀、细小，呈等轴状，属于较典型的一次再结晶组织特征。

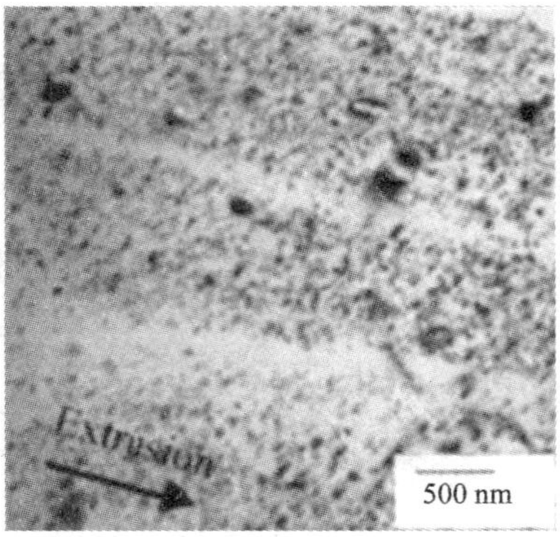

图4－23　PM2000管材中氧化物颗粒沿着挤出方向排列的TEM照片

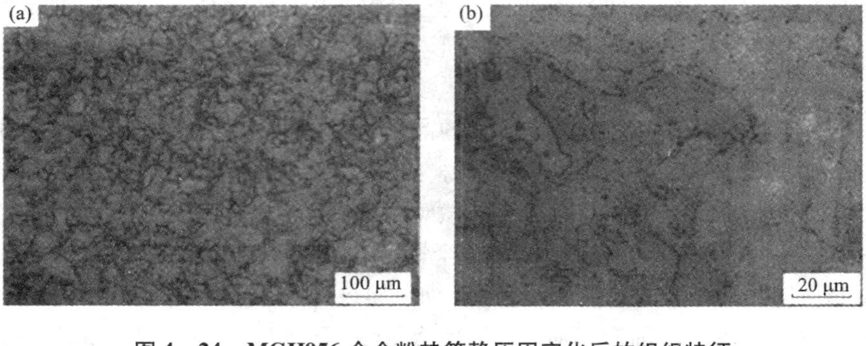

图4－24　MGH956合金粉热等静压固实化后的组织特征

(a)低倍光学显微镜；(b)高倍光学显微镜

4.3.2.3　ODS 高温合金的热处理和组织特征

ODS 合金的性能不仅仅取决于其中的微细弥散强化相，而且还决定于其晶粒结构。ODS 高温合金的组织有三大特点：(1)含有均匀分布的纳米级氧化物颗粒；(2)粗大的柱状晶组织；(3)织构。在大多数应用条件下，如果 ODS 高温合金不通过热处理使微观组织发生粗大化，使晶界表面积增大2～3个数量级，那么，这种合金的蠕变强度会比较低，不能满足高温条件使用。因此，ODS 高温合金成形后的等温或梯度再结晶退火处理工艺是保证材料组织和性能的关键步骤。

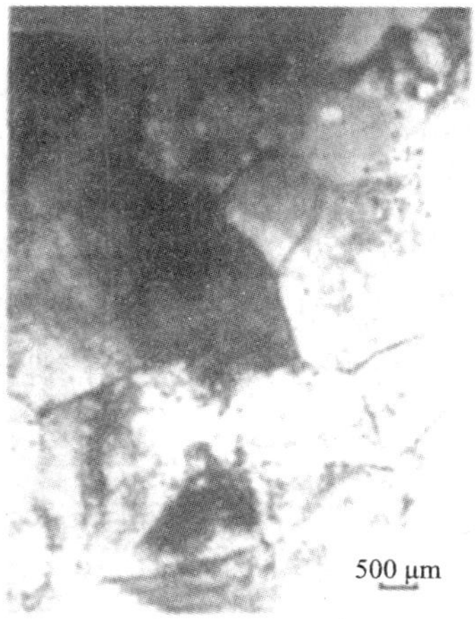

图4－25　MGH956 合金热等静压组织的 TEM 照片

1. 再结晶热处理温度

非弥散强化合金的再结晶温度约为合金熔点的0.6倍，而 ODS 合金的再结晶都发生于非常高的温度，一般在合金熔点的0.9倍左右。通常采用区域退火处理工艺，就是将加热元件沿 ODS 合金棒轴缓慢移动进行加热处理，可使用电阻加热或感应加热方式。ODS 合金的典型退火温度在1250～1350℃，区域退火速度为100 mm/h。

值得注意的是，ODS 合金比传统合金储存了更多的能量，但是它的再结晶温度却要高出很多。研究人员曾对这种高再结晶温度现象给出了几种解释。在早期 Ni 基 ODS 合金的研究中，倾向于将其归因于γ'析出相的存在，但是，一些合金再结晶温度高于γ'相的溶解温度，而且，更重要的是 Fe 基 ODS 合金并不含有γ'相却具有很高的再结晶温度。另一种解释是，固溶相限制了晶界的迁移，但是许多商业合金同样存在着这种限制作用，这仍然无法解释 ODS 合金具有超高的再结晶温度。有人也提出，纳米氧化物在再结晶之前一定会发生粗大化，但是再结晶温度对颗粒钉扎作用并不敏感。最近 Bhadeshia 等人采用晶界尺寸模型比较合理地解释了此现象，如图4－26所示：再结晶过程开始于晶界的弧状弯曲变形，对于通常合金而言，由于弯曲变形区域与晶界相比较小，这种变形会直接发生。但是，当晶粒尺寸非常小时，晶界的边角会起到很强的钉扎作用，因而增大了再结晶形核的激活能，约为自扩散激活能的10倍以上。由于 MA 方法制备的 ODS 合金具有精细的微观组织结构，因此不论合金的类型如何，都拥有较高的再结晶温度。

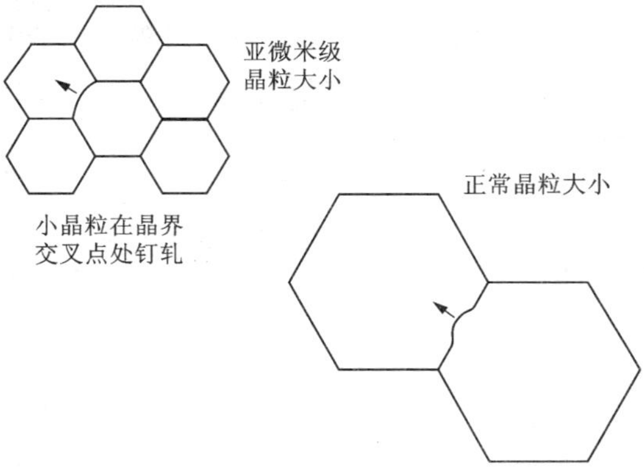

图4－26　晶界弯曲效应对再结晶温度影响机制示意图

2. ODS合金再结晶组织特征

ODS合金的微观组织的独特之处是再结晶生成高度各向异性的粗大柱状晶粒组织。这些晶粒的尺寸可以长大达到试样的长度和几百微米的宽度。ODS高温合金平行挤压方向晶粒尺寸与垂直挤压方向晶粒尺寸之比叫做晶粒纵横比，它对材料高温持久性能有很大影响。图4-27为ODS合金高温持久强度随晶粒纵横比的变化曲线，可以看出它们之间具有很好的相关性，晶粒纵横比小于6时，持久强度随晶粒纵横比增大而迅速增大，而当晶粒纵横比大于6时，断裂强度几乎不随晶粒纵横比而变化。

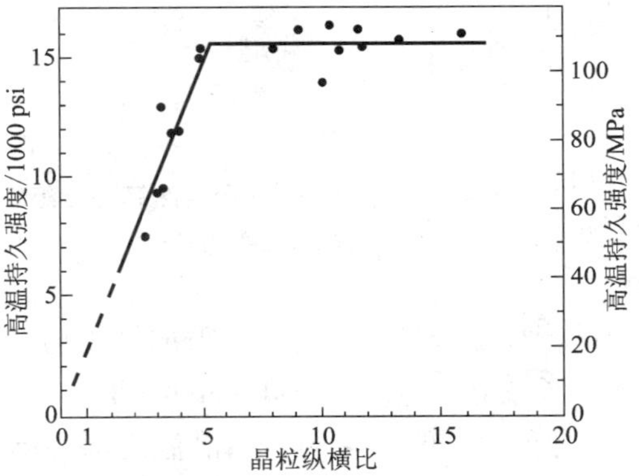

图4-27　ODS合金在1311 K下100 h高温持久强度随晶粒纵横比的变化曲线

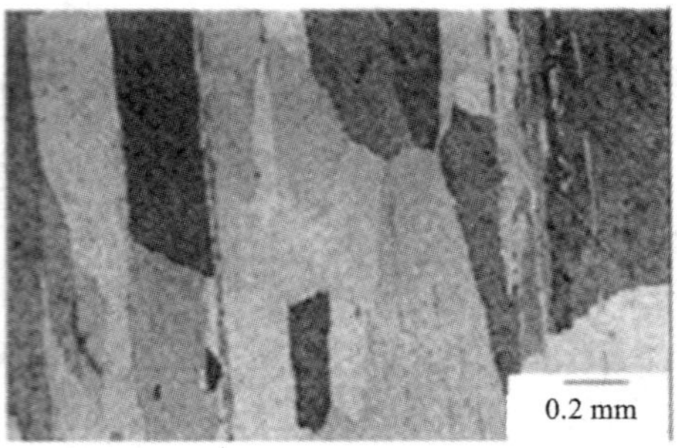

图4-28　铁基合金MA956合金在1400℃再结晶热处理后的光学显微照片

粗大柱状晶粒组织形成原因主要有两个：①区域退火处理像定向凝固一样能够促进晶粒沿着温度梯度方向进行长大；②对于MA956和MA957等Fe基合金，氧化物颗粒倾向于沿着挤出方向定向排列，因此，平行于挤出方向的钉扎作用最小。值得注意的是，虽然弥散氧化物促进了各向异性再结晶组织的发展，但是它并不能控制晶粒长大的程度。形核过程是控制着晶粒长大程度的关键因素。对于Fe基合金，无论是等温退火，还是垂直于挤出方向的区域退火工艺，都得到平行于挤出方向的柱状晶组织，如图4-28所示。另外，Fe基ODS合金再结晶还会产生织构。MA956合金中的主要晶体织构组织是{001}〈1，1，0〉，{111}〈-1，1，0〉，如表4-14。这种织构在再结晶前后都是如此，但是再结晶后织构会变得混乱一些。同时发现，{111}〈-1，1，0〉为主要织构取向时，再结晶过程变得容易进行。然而，MA957合金则没有这种织构组织，晶粒混乱取向，这可能是由于MA957中含有部分奥氏体的原因。虽然MA957具有高储能和低氧化物含量，它的再结晶温度还是高于MA956合金。

表4-14　晶体织构和再结晶关系

	挤压态MA956	挤压态MA957
储存的能量/(J·g^{-1})	0.4	1.00
再结晶开始温度/℃	1273	1429
再结晶结束温度/℃	1334	1447

续表

	挤压态 MA956	挤压态 MA957
织构择优取向	{111}〈-1, 1, 0〉	随机
	{001}〈1, 1, 0〉	随机
再结晶晶粒	高度各向异性	各向异性

Ni 基 ODS 合金，并没有发现氧化物颗粒明显地沿着挤出方向定向排列，但是没有学者对此进行深入解释。由于其氧化物颗粒分布的各向同性程度提高，进行等温退火处理后通常再结晶成为等轴晶。经过区域退火后则会再结晶生成特定取向的柱状晶。通过控制区域热处理，使温度梯度取向平行于挤出方向，能够获得粗大柱状晶的二次再结晶组织。垂直于挤出方向的交叉区域退火，可以使晶粒垂直于挤出方向。另外，高速区域退火柱状晶可能变为等轴再结晶晶粒组织。图 4 - 29 显示出 MA754 合金 1315℃退火后的组织属于粗大的柱状晶。图 4 - 30 是 MA754 合金中氧化物的分布形貌，这样的组织结构决定了合金具有较高的高温强度，合金的使用温度可高达 0.9 T_m。

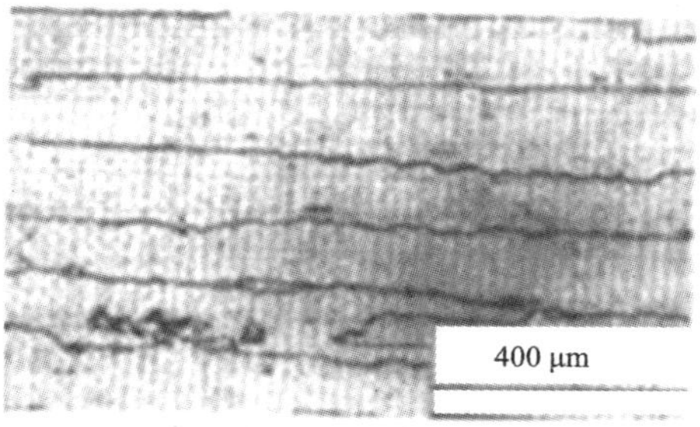

图 4 - 29　MA754 合金 1315℃退火再结晶组织

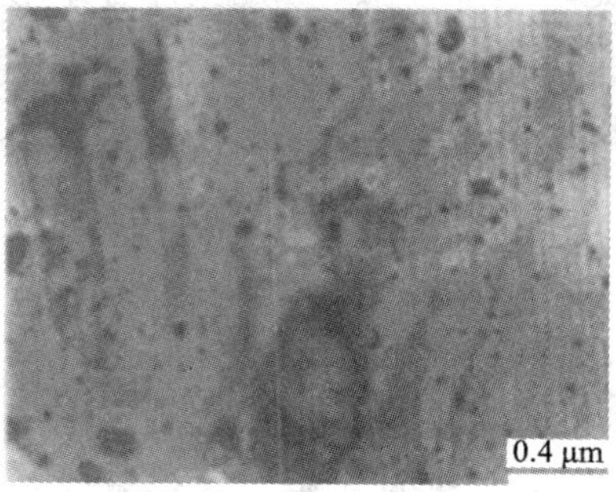

图 4 - 30　MA754 合金中氧化物的分布

3. 冷变形对再结晶的影响

挤出后冷变形加工对 ODS 合金的再结晶行为有着很大影响。通过拉拔或锻造使 MA957 合金发生 10% ~60% 的变形，这两种方法导致了不同的晶体织构，但变形都导致了再结晶温度的降低，拉拔处理的材料降低得更为明显。如表 4 - 15 所示，拉拔处理可以使 MA957 合金再结晶温度最大降低约 400℃（从 1412℃降到 1027℃）。Chou 等人测试了上述试样的储能大小，惊奇发现变形并未提高材料储能而是降低了，见表 4 - 15。他认为织构的变化导致材料储能降低，使相邻的晶粒取向趋于一致，增大了有效晶粒尺寸，使再结晶过程变得容易，从而降低了再结晶温度。Capdevila 和 Bhadeshia 对弯曲变形试样的研究也得出了相同的结论。如图 4 - 31 所示，弯曲变形试样存在着变形梯度，经过再结晶热处理后，可以清楚地发现，各向异性的晶粒组织由于变形而变得精细，而变形量小的区域则未发生再结晶，因此变形产生的织构组织增大了再结晶过程的形核率。

表 4-15 冷拔 MA957 合金再结晶温度和储存能量(DSC 测量)

MA957	再结晶开始温度/℃	再结晶结束温度/℃	储存能量/($J \cdot g^{-1}$)
冷拔 0%	1370	1412	0.93
冷拔 30%	1018	1093	0.78
冷拔 40%	998	1056	0.70
冷拔 50%	989	1041	0.69
冷拔 60%	980	1027	0.65

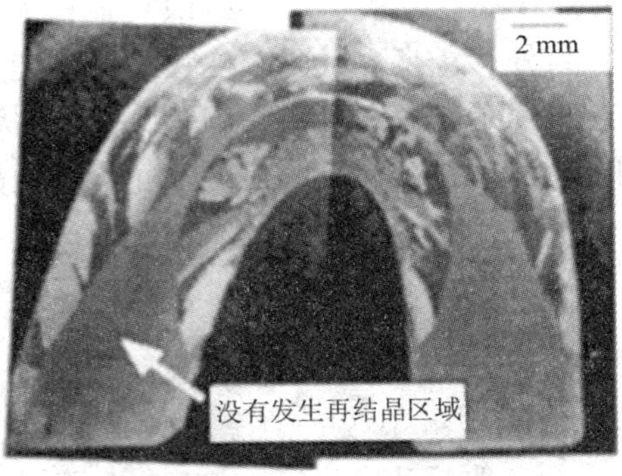

图 4-31 弯曲 MA957 合金试样在 1300℃处理 1 h 后的组织形貌

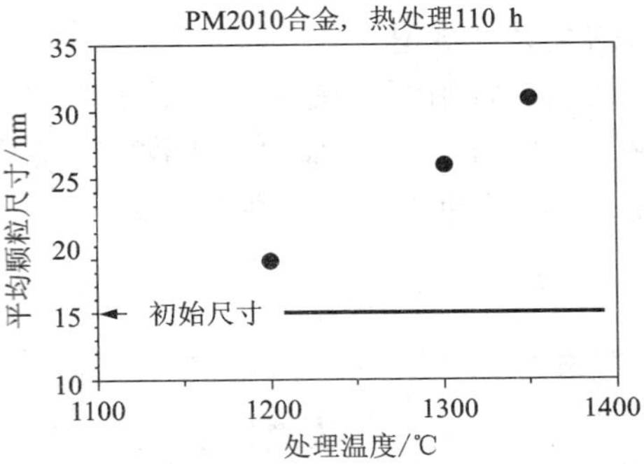

图 4-32 PM2010 合金中氧化物颗粒尺寸随热处理温度的变化曲线

4. 热处理对弥散相影响

细小的 Y_2O_3 纳米颗粒通过机械合金化被加入到合金基体中。在 1050℃左右进行热挤出后，绝大部分氧化物颗粒还是 Y_2O_3，热挤出条件下，MA957 合金中 80% 的氧化物颗粒小于 20 nm，而 MA956 合金的颗粒还要更细小。PM2010 合金中氧化物颗粒尺寸随热处理温度的变化曲线如图 4-32 所示，可见即使在 1350℃进行 110 h 再结晶处理，以 Y_2O_3 存在的颗粒的尺寸变化也非常小。同时应该注意到，高温热处理会使部分颗粒与固溶元素 Al 和 Ti，以及残留的 O 元素发生化学反应，可能生成多种复合氧化物，如 $Y_2O_3 \cdot Al_2O_3$、$2Y_2O_3 \cdot Al_2O_3$ 以及 $3Y_2O_3 \cdot 5Al_2O_3$ 等。此时颗粒粗大过程并非是以界面能降低为驱动力，而是由于氧化钇与 Al 以及残留的 O 元素发生化学反应的结果。

几乎所有的含铝 ODS 合金都包含了氧化铝颗粒，主要是由于 MA 过程中的 Al 与残留氧气反应的结果。这些氧化铝颗粒虽然也很稳定，但是尺寸较为粗大，一般大约为 500 nm，颗粒密度较小，单位体积的颗粒密度远远小于原始的 Y_2O_3 纳米颗粒，以至于无法达到有效的钉扎作用。含有 Ti 的 ODS 合金如 MA957 和 MA6000 合金中，Ti 可能和氧及氧化钇反应生成 YTi_2O_5，此氧化物颗粒通常非常细小，约为 10 nm。总之，ODS 合金中尽管会形成少量的 Garnets 复合化合物，弥散的氧化钇纳米颗粒非常稳定，而其他的颗粒对合金的再结晶过程和蠕变抗力的影响都比较小。

4.3.3　ODS 高温合金的性能

4.3.3.1　**ODS 合金的高温强度**

ODS 高温合金性能取决于合金成分和它的组织结构。Ni 基 ODS 合金可以分为含有 γ'沉淀相(如 MA754)和不含有 γ'沉淀相(如 MA760 和 MA6000 等)的两种类型。图 4－33 显示了 MA754 合金在 1366 K 下 1000 h 的纵向蠕变断裂强度，可以看出，用机械合金化法制备的纳米氧化物弥散强化 MA754 高温合金比铸造法 Ni 基高温合金 Mar－M200(合金成分 Ni－9Cr－20Co－12.5W－5Al－2Ti－1Nb)具有更高的蠕变断裂强度。另外，MA754 棒材的高温应力断裂性能取决于测试方向，如表 4－16 所示，纵向断裂应力总比横向的高，这是晶粒在两个方向的尺寸差异造成的。而且可以看出，温度越高，合金的纵向和横向强度相差越大。

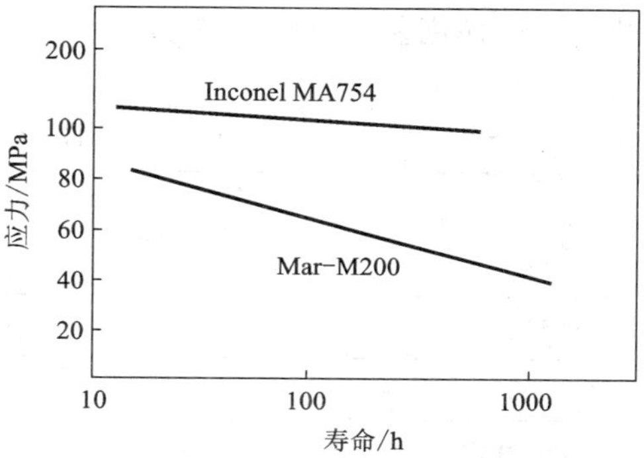

图 4－33　MA754 合金在 1366 K 下 1000 h 的纵向蠕变断裂强度

表 4－16　MA754 合金棒的应力断裂性能

温度/℃	纵向断裂应力/MPa		长横向断裂应力/MPa	
	100 h	1000 h	100 h	1000 h
650	284	256	241	208
760	214	199	172	149
870	170	158	108	91
980	136	129	63	46
1095	102	94	38	24
1150	90	78	23	17

图 4－34 给出了 ODS 高温合金 MA760 和 MA6000 在不同温度下 1000 h 的断裂强度，同时还给出了含铪取向凝固 DS MAR－M200 合金及添加氧化钍镍合金的数据。该图显示了在 700～1200℃温度范围，ODS 合金 MA760 和 MA6000 的断裂强度随温度的变化趋势相同，只是 MA760 的应力断裂性能比 MA6000 略低。同时可以推断出，含有 γ'相的 MA6000 和 MA760 合金的两种强化机制是相辅相成的。在中温 760℃时，MA6000 和 MA760 的强度接近于含铪的复杂、高度合金化的 DS MAR－M200 合金，而且比非合金化的氧化物弥散强化金属加氧化钍镍高近 3 倍。这是因为，MA6000 合金中除 Y_2O_3微细粒子起强化作用外，γ'沉淀硬化在较低温度下起着重要作用。当温度超过 1273K 时，因为 γ'相析出物已严重长大，并已经部分溶解而失去了强化效果，所以，含 Hf 的 DS MAR－M200 合金的强度丧失殆尽。然而，在1273 K

以上，ODS 合金 MA6000 和 MA760 的蠕变断裂强度仍然在 50 MPa 以上，1373 K 的持久强度是定向凝固高温合金的 5 倍以上，如表 4－17 和图 4－34 所示，与不含 γ'相的 MA754 合金的蠕变断裂强度基本一致。由此可见，在高温起强化作用的是弥散分布的氧化物。在 700～1000℃之间，由于两种强化机制相互补充，MA6000 和 MA760 合金的强度比铸造镍基超合金与氧化物弥散强化金属镍的都要高。

表 4－17　几种 Ni 基 ODS 合金的高温强度

合金	密度/(g·cm^{-3})	持久强度/MPa	
		760℃ 100 h	1093℃ 100 h
MA754	8.3	199	102
MA760	7.9	340	105
MA6000	8.1	434	138

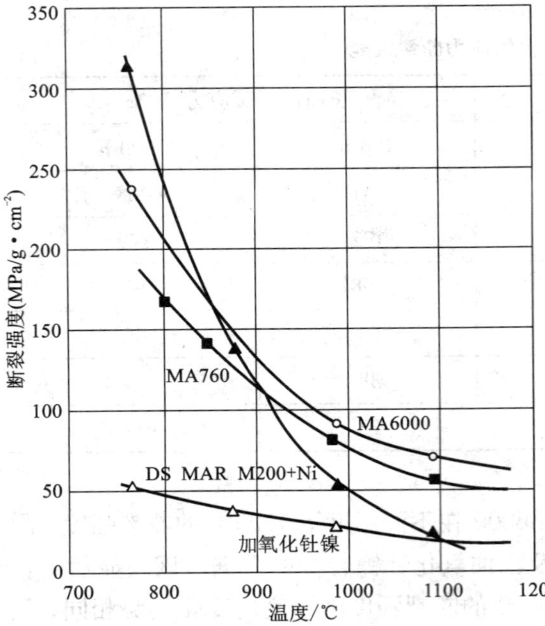

图 4－34　四种高温合金在不同温度下 1000 h 的断裂

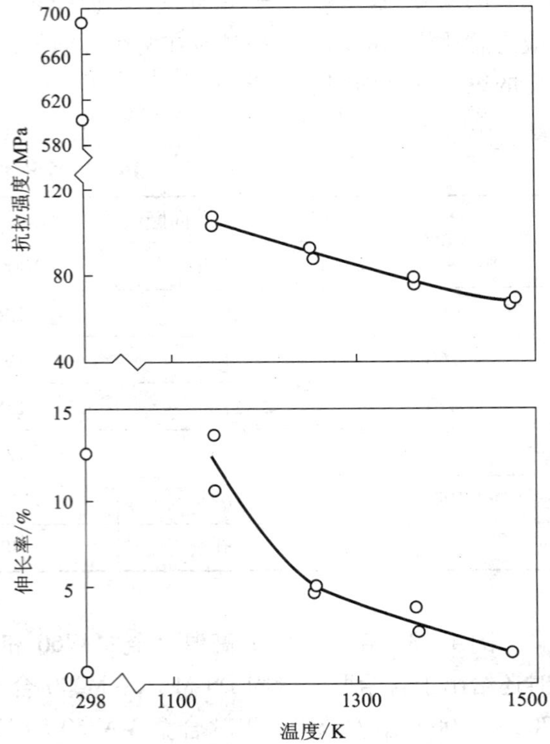

图 4－35　MA956 合金沿挤出方向的抗拉强度和伸长率随温度的变化

Fe 基 ODS 合金 MA956 同样具有优异的高温强度和良好的蠕变性能，而且沿挤出方向的高温强度较高。图 4－35 是 MA956 合金沿挤出方向的抗拉强度和伸长率随温度的变化，可见合金在 1100℃的抗拉强度高于 60 MPa，而且还保持一定的延展性。

4.3.3.2　**ODS 合金的高温抗氧化性能**

作为高温材料，除需要具有较高的高温强度外，还必须具有良好的抗高温腐蚀能力。图 4－36 给出了 Fe 基 ODS 高温合金 MA956 和 Ni 基超合金在高温氧化气氛中，在 1095℃不同加热时间的质量变化。从图中可见，MA956 合金在氧化过程中的质量变化很小，而 Ni 基超合金发生严重的氧化剥离失重。

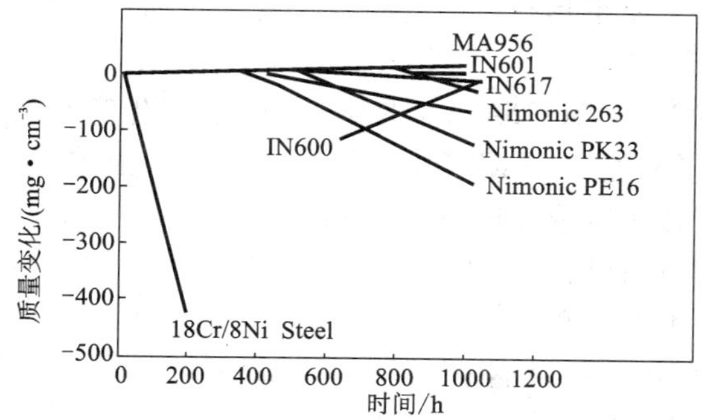

图 4－36　MA956 合金和 Ni 基超合金在 1095℃的循环氧化抗力曲线

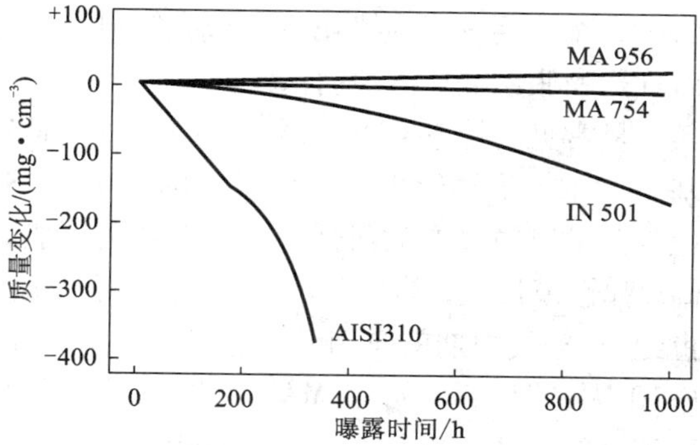

图 4－37　MA956、MA754 以及 2 种 Ni 基超合金在 1200℃的循环氧化抗力曲线

图 4－37 是 ODS 合金 MA956 和 MA754 以及两种 Ni 基超合金在高温 1200℃循环氧化抗力曲线，可以看出，ODS 合金比普通 Ni 基超合金的抗氧化能力提高 10 倍以上。这主要是因为 MA754 和 MA956 合金中加入了 0.5%～0.6%的 Y_2O_3颗粒（平均尺寸小于 50 nm），Y_2O_3具有很高的热稳定性和化学稳定性，它不仅可以阻碍为错的运动，而且可以通过限制阳离子的扩散移动来阻止材料表面氧化层的扩散型增长，从而提高了合金表面层与基体的结合强度。因此，MA754 和 MA956 合金的抗氧化、耐腐蚀能力进一步改善，比其 Ni 基超合金的循环氧化抗力高。另外，MA956 合金具有优异的抗高温氧化性能，可以在 1350℃的氧化气氛中使用。MA956 合金含有较多的 Al 元素，在最终热加工过程中表面生成了稳定的 $\alpha-Al_2O_3$氧化膜，其抗氧化性能好于 MA754。

另外，ODS 合金 MA6000 像 Ni 基超合金 IN－738 和 IN－792 合金一样，含有 Cr，并且 Ta 和 Ti 的配比适度。研究发现，MA6000 合金的抗硫化性能与专门设计的抗硫化合金 IN－738 相当，同时，它的抗氧化性能远好于 MA738 合金。

4.3.4　ODS 高温合金的应用

目前，已经批量生产和正在研制的 ODS 高温合金有 20 多种，主要集中于美国、英国、德国、日本和法国等工业发达国家，其年产量和应用范围在逐年扩大。ODS 高温合金主要应用于航空、航天、钢铁、石化、汽车、玻璃、热处理等行业的耐高温和耐腐蚀部件，使用温度范围在 1000～1350℃。

Fe 基 ODS 合金（如 MA956）综合性能优异，还具有优异的抗氧化性、抗硫化和碳化性能。此类合金的高温组织稳定性好，热膨胀系数低，冷、热和机加工性能好。最初研发此合金是用于涡轮机的燃烧室。由于它直到1300℃都具有较高的强度，因而它不仅是先进航空发动机主燃烧室及加力燃烧室内衬和尾喷管的主要材料，而且广泛应用于其他民用行业的高温腐蚀性环境中。其中包括能源电力领域的火力发电锅炉燃烧室的火焰稳定器，工业燃气轮机燃烧室火焰挡板；石油化工领域中煤气化或油气化系统气化炉的水煤浆或重油喷管；柴油机燃料喷嘴；工业加热炉卡具、炉管、滚轮、滑轨、织带、料架、支撑甚至发热体本身；玻璃产品制造中的柱塞杆、轴衬套等耐熔融玻璃腐蚀部件；以及各种热、腐蚀性环境中的热电偶保护套管等。另外，目前美国、欧洲和日本正在研制第4代核反应堆，其中一种设计就是采用Fe基ODS合金作为核反应堆第一壁包壳管材料，它比不锈钢具有更高的高温强度和抗辐射能力，而且热膨胀系数比Ni基合金低。

最常见的镍基ODS合金包括MA754、MA6000等。MA754合金是第一种大批量生产的镍基ODS合金，同时也是用量最大的一类ODS合金。它与早期氧化社弥散强化材料很类似，但其弥散颗粒没有放射性。其高温持久性能高于传统铸造等轴晶及定向凝固高温合金，熔点高、弹性模量低，热疲劳抗力高，抗氧化、耐热腐蚀性能好。由于它的高温性能优异，在20世纪70年代中期就应用于先进航空发动机的某些高温部件，如美国军用喷气发动机F404、F110从1975年开始用MA754加工导向器叶片和一些环件高温部件。MA6000在700～1150℃的寿命比单晶CMSX3高44%，此合金优异的高温强度使它可以无须内部冷却，同时高耐腐蚀和抗氧化性能使它不需要额外的表面涂层，主要用于制作涡轮叶片。MA758合金主要应用于热加工及玻璃工业。另外，美国兰利研究中心的冒险星飞行器（VentureStar）项目中，正在研究采用氧化物弥散增强合金PM1000、PM2000材料代替Inconel617作为金属热防护系统的面板，获得了更好的热防护效果。

总之，ODS高温合金在民用和国防领域都有非常广阔的应用领域，是一类很有前途的高温合金材料，在高温、腐蚀等苛刻工况下将发挥越来越重要的作用。

第 5 章　粉末冶金减摩耐磨材料

5.1　概述

5.1.1　粉末冶金减摩耐磨材料的特点和发展

摩擦与磨损是各种机器设备在运转中普遍存在的一种现象，一般说来，磨损是摩擦的必然结果，是降低机器设备工作效率、缩短机器使用寿命以及增加无功耗能的主要因素。据有关人员估计，全世界有将近一半的能源以各种形式消耗在摩擦上，而摩擦导致的磨损是各种机械设备的主要损坏失效原因，大约有 80% 的损坏零件是由各种形式的磨损引起的。因此，减摩耐磨材料特别是粉末冶金减摩耐磨材料的研制开发与应用具有重大的科学意义和经济效益。

粉末冶金减摩耐磨材料是指用粉末冶金方法制造的、具有低摩擦因数和高耐磨性能的金属材料或金属与非金属的复合材料，通常由具有一定强度的金属基体和起减摩耐磨作用的润滑组元组成。金属基体应保证减摩零件的强度，以便承受使用条件下外力对接触表面的载荷。均匀分布在基体孔隙中的润滑油或固体润滑组元能起到减摩作用，它们在摩擦表面形成稳定而连续的油膜或固体润滑膜，而使摩擦因数大大降低。这种由材料内部提供润滑源的方式称为“自润滑”，其作用是使减摩耐磨材料在有限外供油的条件下和在干摩擦条件下仍能正常工作。常用的固体润滑剂有石墨、MoS_2、WS_2、PbS、PbO、FeS、CuS、BN、聚四氟乙烯(PTFE)、铅锡合金和银等。

用粉末冶金方法制成的减摩耐磨材料具有以下特点：

(1) 可利用烧结金属的多孔性，以浸渍法来储存润滑油；

(2) 能充分利用各种粉末状的固体润滑剂，也可在制造过程中形成新的固体润滑相；

(3) 可在较宽成分范围内组合各种金属和非金属物质，制造出不同组织和结构的复合材料，满足各种摩擦条件的需要；

(4) 材料的润滑性能稳定，磨损小，磨合性、抗卡性良好，从而可靠性高，使用寿命长。

由于粉末冶金方法可在较大范围内调整金属基体和减摩润滑组元的成分及含量，这种材料具有良好的自润滑性能，因而应用范围比一般铸造金属或塑料减摩材料广泛，能在缺油甚至无油润滑的干摩擦条件下，或在高速、高载荷、高温和高真空等极限润滑条件下工作，使用寿命较长，可靠性较高。

早在 1870 年就有关于利用含油的粉末冶金多孔金属制作轴承的专利记载。1910 年前后出现了用石墨还原氧化铜和氧化锡制成的青铜石墨含油轴承。20 世纪 20 年代铜基含油轴承开始投入生产。到 50 年代，其品种、产量和应用范围大为扩大，成为工业用减摩耐磨部件的重要组成部分。60 年代以来，工程技术的发展对减摩材料提出了更高的要求，各国广泛研制以不同金属和合金为基体的多组元和多种结构的粉末冶金减摩耐磨材料。

作为一类新型自润滑材料，粉末冶金减摩耐磨固体自润滑材料在性能上极大地突破了传统材料的使用极限，这就为现代高端机械装备急需解决的超低温、超高真空、强辐射、高速高负载和特殊介质等典型特殊工况条件下的摩擦磨损问题提供了强有力的技术支持，同时也为提高机械装备的稳定性和可靠性奠定了重要的基础。粉末冶金减摩耐磨材料与技术最早应用于军事工业，接着在一些高科技领域，如人造卫星、宇宙飞船和高技术电子产品中得到应用，解决了一些流体润滑剂难以解决的问题，进而在各种特殊工况中得到成功应用。受此影响，粉末冶金减摩耐磨固体自润滑材料在其他工业部门的常规化生产领域中逐渐推广应用，并取得良好的效果。因此，粉末冶金减摩耐磨固体润滑技术越来越受到重视，从理论上研究润滑机理日益增多，应用固体润滑材料解决润滑问题所取得的成效也日益显著，粉末冶金减摩耐磨材料除大量用作滑动轴承外，还广泛用作导轨、活塞环、密封环和电器的滑动零件等。

5.1.2 粉末冶金减摩耐磨材料自润滑机理

传统润滑技术是在摩擦界面上形成某种形式的流体和半流体压力油膜，靠低阻力的各层润滑膜间“层移”产生有效润滑。粉末冶金减摩耐磨材料固体润滑技术则是靠材料本身或其转移膜的低剪切特性而产生理想的抗磨和减摩作用。

通常粉末冶金减摩耐磨自润滑材料中的固体润滑组元是以粉末、薄膜、涂敷层或整体材料的形式使用，以常用的固体润滑剂材料“二硫化钼”为例：

二硫化钼是一种磷片状晶体，它的良好润滑性能与其本身内在的结构有着密切的关系。二硫化钼为六方晶格，层状分布，如图 5-1 所示，每一个晶体是由很多的二硫化钼分子层组成，每一个二硫化钼分子层又分为 3 个原子层(见图 5-2)，中间一层为钼原子层，上下两层为硫原子层。每个钼原子被 6 个硫原子所包围(6 个硫原子分布在三棱柱体的各顶端)，只有硫原子暴露在分子层的表面，每个分子层的厚度为 0.626 nm。

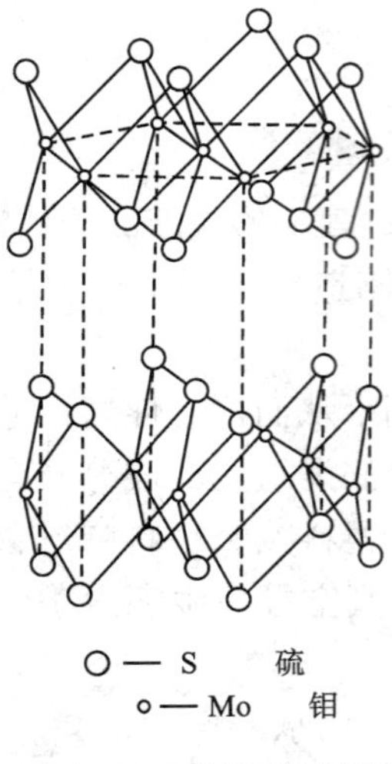

图 5-1 二硫化钼的晶体结构

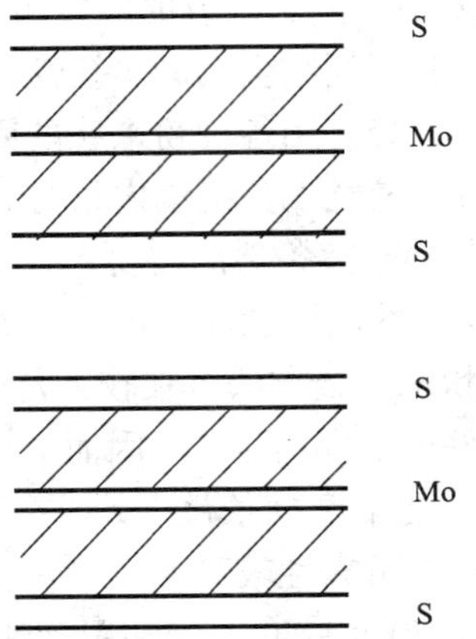

图 5-2 二硫化钼分子层示意图

二硫化钼分子式为 MoS_2，组成其分子的钼(Mo)原子在内、硫(S)原子在外，二者组成相互结合紧密稳定的化学键；二硫化钼各分子之间则是其各自外层的同性硫(S)原子的直接接触，其相互结合能力较弱。如果这种固体润滑材料有 N 个分子层，其间就有 $(N-1)$ 个具有低剪切特性和极易滑动的良好润滑界面。当 N 值达到一定量时，各二硫化钼固体润滑层就能产生出足够的减摩性能，如图 5－3 所示。例如在厚度为 0.5 μm 的二硫化钼表面膜中，就有 800 个分子层和 799 个滑移面。

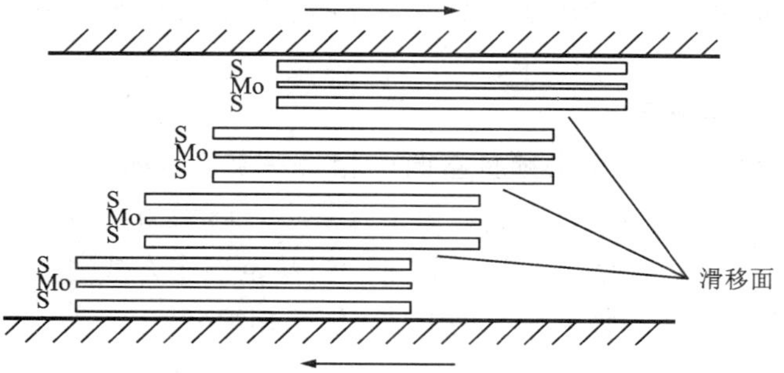

图 5－3　二硫化钼晶体的滑移面

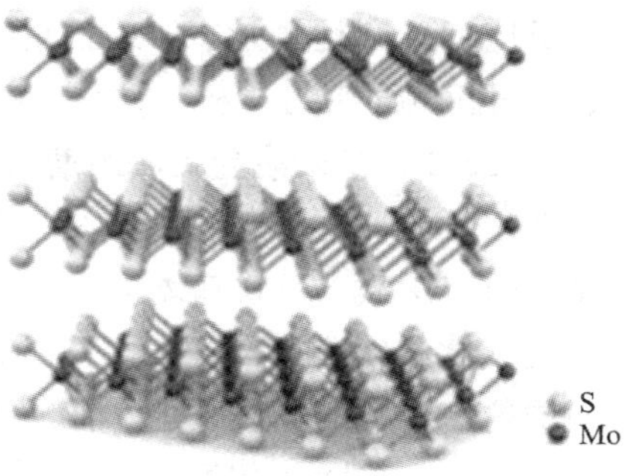

图 5－4　二硫化钼结构图

根据 X 射线衍射分析的数据绘制出来的二硫化钼结构如图 5－4 所示，二硫化钼结构中，黄色为硫原子，黑色为钼原子，经测定，S—Mo—S 层的层厚为 0.315 nm，层间距离为 0.349 nm。每层内，极强结合的 S—Mo—S 键可耐各类溶剂的渗入，而两层间极弱的 S—S 键则极易滑动。

二硫化钼分子惰性较高，但对金属有强烈的亲和能力，具有成膜特性。如果金属表面覆盖这样一层二硫化钼表面膜，表面膜中存在的众多滑移面就使得原来直接接触的两金属表面间的相对滑移转化为二硫化钼分子层间的相对滑移，从而降低了摩擦因数，减少了材料的磨损。这就是粉末冶金减摩耐磨材料中固体润滑组元之所以能突破通常条件下润滑极限的关键。

5.2　粉末冶金减摩耐磨材料的组成及应用

5.2.1　粉末冶金减摩耐磨材料的分类

粉末冶金减摩耐磨材料的分类方法很多，通常按基体组元、组织结构或制备方法等方面划分。

粉末冶金减摩耐磨材料按基体组元可分为铜基、铁基、镍基、钴基、铝基、碳化物及其他难熔化合物基等。

按组织结构可以分为多孔自润滑材料和致密减摩材料两大类。前者常用于制备各种含油轴承，后者有粉末冶金铜铅轴瓦。

按其制备方法可分为两类，一类是在材料孔隙中浸有润滑油或在材料成分中加有(或在其表层涂覆)减摩剂或固体润滑剂(石墨、氧化物、硫化物、氮化物、氟塑料或其他塑料)。

这类材料在干摩擦条件下依靠自身或表层含有的润滑剂润滑，即具有自润滑效果。另一类是钢与烧结合金的复合材料，如在钢带上烧结一层铜铅合金粉末等，这类材料的承载能力比前一类大，一般用以制造重载轴承。

5.2.2 粉末冶金减摩耐磨材料的组成

粉末冶金减摩耐磨材料由基体和润滑材料两部分组成，基体材料包括铁基、铜基、铝基、金属基复合材料和陶瓷等，润滑材料包括流体、润滑脂和固体润滑剂。粉末冶金减摩耐磨材料广泛应用于圆柱轴承、球形轴承、滑动轴承、止推轴承、轴套、导向装置、滑动电触头材料、端面和侧面密封材料、关节装置和活塞环等。

5.2.2.1 粉末冶金减摩耐磨材料基体的选择

在很长的一个时期内，曾认为粉末冶金减摩合金必须具备两个相——软基体和硬质点，即靠硬质点承载，靠软基体提供优异的表面性能，巴氏合金就属于这一类。后来的铜铅合金则为硬基体和软质点，虽然，现在这种观点已受到使用纯锡、铅、铟、银甚至铜作为减摩合金表面层这一事实的非议，但目前大多数性能良好的轴承合金仍由软、硬两相组成。

(1)负荷较大和转速较低的运行工况，可选用铁基烧结金属含油轴承。铁资源丰富易得，成本低，并通过合金化或添加剂可改善基体的强度和减摩性能，且比铜基轴承具有更高的耐磨性和承载能力。

(2)对负荷较低和速度较高的工况，可选用铝基烧结金属含油轴承。铝的密度小，经合金化具有高强度、高模量、耐腐蚀等特点，故现已成为颇具发展前景的轻量化材料；或可选用青铜基含油轴承，铜具有高的减摩性能和导热性、耐腐蚀性，但它的价格比铁基、铝基均高。

(3)对精度高、工作温度变化较大的工况，宜选用铁基烧结金属含油轴承。因为它的线(膨)胀系数与对偶钢轴接近。

(4)工作环境潮湿及交流磁场中的工况，宜选用耐腐蚀性佳和无磁性的铜基或铝基烧结金属含油轴承。

(5)从本国资源及经济性考虑，在性能可满足设计要求的情况下，应尽量选用铁基烧结金属含油轴承，以降低成本。

5.2.2.2 粉末冶金减摩耐磨材料强度的选择

烧结含油轴承的孔隙可在10% ~30%范围内变动，其中的孔隙就是储油孔。但其孔隙对材料的密度及强度有很大影响，材料强度是随孔隙度的降低(即密度的提高)而增加。因此，凡工作受力大的工况，为保证烧结材料的强度，其密度可适当高些(即孔隙度适当低些)；反之，则孔隙度可高些，以提高零件材料的自润滑性能。

5.2.2.3 粉末冶金减摩耐磨材料耐磨性的选择

(1)一般当材料的硬度高时，其耐磨性佳；

(2)材料的金相组织中珠光体含量高的耐磨性好；

(3)材料中含润滑剂(如石墨、二硫化钼等)高的，耐磨性明显提高；

(4)表面处理(如蒸汽处理、硫化、渗碳、碳氮共渗等)可提高材料的耐磨性；

(5)基体中存在适量的弥散分布的硬质点相(如碳化物等)可显著提高材料的耐磨性。

5.2.2.4　**粉末冶金减摩耐磨材料润滑条件的选择**

(1)润滑条件差的工况，需要定期补加润滑油或润滑脂；润滑油脂难以到达的地方，则宜选用自润滑性能高的轴承。

(2)润滑情况好的(如压力润滑、循环油路等)，可选择材料孔隙度低些的，以提高材料的强度。

5.3　典型粉末冶金减摩耐磨材料及生产工艺

如前所述，典型的粉末冶金减摩耐磨材料主要包括多孔含油轴承、钢背双金属减摩材料、铝基减摩材料、金属/非金属复合减摩材料以及其他特殊环境下粉末冶金减摩耐磨材料等。其中多孔含油轴承主要包括铁基和铜基两种。

5.3.1　多孔含油轴承

多孔含油轴承是一种具有直接储存润滑油进行自润滑特点的轴承。这种材料是多孔结构的，孔隙大约占体积的 10% ~35%。它的基体被加工成多孔的组织结构，具有一定渗透性；制成后用适当的润滑剂(一般用润滑油)加以浸渍，使润滑剂充填到基体的孔隙中储存起来。利用烧结体多孔性的浸油特性，工作状态下能实现自行供油的滑动轴承称为多孔含油轴承。轴承运转时，由于轴颈转动的抽吸作用及轴承发热时油的膨胀作用，这些润滑剂会从孔隙中渗出，润滑工作表面；停止运转时，因毛细管作用，润滑剂又重缩回到多孔基体中储存起来。润滑剂的流失量一般甚少，故在相当长时间内，即使不加润滑油仍能很好地工作。如果定期给以供油，则使用效果更佳。但由于其韧性较小，故宜用于平稳无冲击载荷及中、低速情况。

多孔含油轴承的最大优点是结构简单，使用方便。在其尺寸公差、多孔率和表面粗糙度得到可靠控制后，具有较低的加工成本和较好的性能，已在汽车电气设备、音响设备、家电产品等领域得到广泛的应用。常用的有多孔铁和多孔质青铜。多孔铁常用来制作磨粉机轴套、机床油泵衬套等。多孔质青铜常用来制作电唱机、电风扇、纺织机械及汽车发电机的轴承。

由于轴承中的储油空间是用材料换取来的，因而牺牲了部分机械强度，含油轴承的强度比实体轴承低，不适于重载和有冲击载荷的工况。尽管如此，含油轴承与固体润滑轴承相比，摩擦因数低 80%，并且具有工作噪声低和占用空间小的优点。含油轴承另外一个优点是成本低廉。由于制造过程无切削，材料利用率高，适于大批量规模化生产，从而广泛应用于各个行业。我国已有专门制造含油轴承的工厂，需用时可根据设计手册选用。

5.3.1.1　**铁基含油轴承**

铁基含油轴承一般具有承载能力高、抗压能力强等优点(见表 5-1)。铁基含油轴承的化学组成，是在铁粉中加入 Sn、Pb、石墨、Zn 等。目前，我国铁基含油轴承的主要化学组成是 Fe-石墨、Fe-Cu-石墨及 Fe-Pb-Cu，日本主要是 Fe-Pb-Ca 系与 Fe-Cu 系。Fe-Pb-Cu 系含油轴承已大量用于洗衣机电动机、复印机电动机及电风扇电动机等，这种含油轴承的噪声低、耐磨性好，是铜基含油轴承的理想代用品。铁基含油轴承的成形压力为 200 ~500 MPa。烧结温度高，为 1000 ~1200℃，但依据化学组成，有时烧结温度低于上述温度。铁基含油轴承的密度为 5.6 ~6.5 g/cm^3，含油率为 18% ~25%(体积分数)。

表 5－1　粉末冶金多孔含油轴承材料规格(JIS/B 1581)

种类		种类记号	含油率容量/%	化学成分/%							压溃强度/MPa	表面多孔性
				Fe	C^{+}	Cu	Sn	Pb	Zn	其他		
SBF 1 种	1 号	SBF 1118	18 以上	残	—	—	—	—	—	3 以下	17 以上	油要依加热而一致地自滑动面渗出
SBF 2 种	1 号	SBF 2118	18 以上	残	—	5 以下	—	—	—	3 以下	20 以下	
	2 号	SBF 2218				18～25					28 以上	
SBF 3 种	1 号	SBF 3118	18 以上	残	0.2～0.5	—	—	—	—	3 以下	20 以上	
SBF 4 种	1 号	SBF 4118	18 以上	残	0.2～0.9	5 以下	—	—	—	3 以下	28 以上	
SBF 5 种	1 号	SBF 5110	10 以上	残		5 以下	—	3 以上 10 未满	—	3 以下	15 以上	
SBK 1 种	1 号	SK 1112	12 以上 18 未满	1 以下	2 以上	残	8～11	—	—	0.5 以下	20 以上	
	2 号	SBK 1218	18 以上								15 以下	
SBK 2 种	1 号	SBK 2118	18 以上	1 以下	2 以下	残	6～10	5 以下	1 以下	0.5 以下	15 以上	

一般来讲，铁基材料比铜基材料硬度高，虽然轴的磨合性较差，耐蚀性也不好，但其具有力学强度高，能承受高载荷，且原料粉便宜等优点。近年来，轴承价格竞争激烈，而且已开发出了性能几乎和铜基材料相匹敌的铁基轴承材料，故铁基材料的需求量一直在逐渐增加。铜基材料将随着使用机器的高级化，将向更高性能化的方向发展。虽然铜基材质适用于低载荷高速工况，铁基材质适用于高载荷低速工况，但这个大体的标准也在逐渐发生变化。

铁基含油轴承一般采用粉末冶金方法制备，经过原料—混料—压制—烧结—精整—检验—浸油—成品。其中，生产的关键在选择好合适的原辅料配比，设计好正确的压制、烧结工艺参数等。

5.3.1.2　铜基含油轴承

日本、欧美等国家和地区生产的铜基含油轴承，绝大部分是以电解铜粉为原料粉，在其中加入 10% 左右锡粉，根据需要有时还加入 Zn、Ni、P、Pb、石墨、MoS_2 等，此外，再加入 0.5% 左右硬脂酸锌作为成形润滑剂，于混料机中混合 30 min。成形压力为 100 ~ 300 MPa，压坯密度通常不高于 6.4 g/cm^3。烧结是在氨分解气体、C_xH_y 转化气（放热性或吸热性煤气）中，于 750 ~ 800℃下进行的。烧结保温时间为 20 ~ 60 min。压坯烧结后尺寸多少会有一些偏差，同时，烧结件表面变得较粗糙。因此，烧结件必须整形，以使之具有适当的尺寸精度或所要求的形状。烧结件出炉后，为了防锈（对于铁基含油轴承）或整形时润滑，需进行沾油处理。在整形过程中，不得将表面的孔隙堵死，但可适当地调整内径表面的孔隙；此外，还可进行精加工作业，使之达到可与研磨面匹敌的粗糙度。件数少的场合与形状不适于整形的含油轴承，可用车床等进行切削加工。之后，要将含油轴承在生产过程中为防锈或整形而吸附的油清洗干净，随即进行真空浸油。用于浸渍的润滑油要适合于含油轴承的使用性能与用途。按种类，除机油、透平油、液压工作油等矿物油外，还使用各种合成油。铜基含油轴承制成品的密度一般为 6.2 ~ 7.4 g/cm^3，含油率为 12% ~ 30%（体积分数）。表 5 - 2 为一些典型铜基轴承合金的特性及其在高速发动机中的主要用途。

表 5 - 2　铜基轴承合金的特性及其主要用途

合金牌号	特性	高速发动机中的主要用途	轴最低硬度
CuPb10Sn10	具有很高的疲劳强度和抗冲击性；耐腐蚀性好；要求配硬轴	卷制轴套，止推垫片，连杆小端衬套	HRC53
CuPb17Sn5	具有很高的疲劳强度和抗冲击性；要求硬轴；通常用作轴瓦时要有表面镀层	重载的主轴承和连杆轴承，卷制轴套，止推垫片	HRC50
CuPb24Sn4	具有很高的疲劳强度和抗冲击性；适用于摆动和旋转的高速轴；要求硬轴；通常用作轴瓦时要有表面镀层	卷制轴套，止推垫片，主轴承和连杆轴承	HRC48

续表

合金牌号	特性	高速发动机中的主要用途	轴最低硬度
CuPb24Sn	铸造合金具有高的疲劳强度；烧结合金具有中到高的疲劳强度；通常用作轴瓦时要有表面镀层，在这种形式下，可以配硬轴或软轴使用；无表面镀层时，易受变质油的腐蚀作用	主轴承和连杆轴承，止推垫片	HRC45
CuPb30	疲劳强度居中，无表面镀层时，易受变质油的腐蚀作用；无表面镀层时，配硬轴使用	主轴承和连杆轴承，止推垫片	HB270

关于铜基含油轴承，我国基本上是以雾化6－6－3青铜粉为原料粉，根据需要加入适量的石墨粉，再加入1%左右硬脂酸锌作为成形润滑剂，于混料机中混合约30 min。成形压力为150～250 MPa，压坯密度通常不低于6.5 g/cm^3。烧结是在保护气氛氨分解气体或氮基气氛中进行的，烧结温度约为850℃。

铜基含油轴承具有承载能力大，疲劳强度高，导热性能优良，能在更高温度下工作等特点，因此广泛在重负荷和高滑动线速度情况下工作(见表5－3)。它的主要缺点是轴承的顺应性、嵌藏性比较差，合金中的铅易受酸的腐蚀，耐蚀性不好，铜基含油轴承的一个最大缺点是价格较高，尤其对我国来说，铜资源比较匮乏，对海外铜资源的依赖较高，每年铜产品的进口额约占有色产品进口额的50%以上。因此，人们就开始考虑用其他元素代替一部分铜来生产。

表5－3　粉末冶金青铜含油轴承的应用

领　域	应　用
汽车零件	起动机、照明发电机、油泵和水泵、风挡刮水器、防护罩和窗玻璃提升器、加热器、空调、电动天线、电动座椅调节器
家用电器	洗盘机、干燥机、洗衣机、缝纫机、真空除尘器、电冰箱
农场和草坪设备	拖拉机、联合收割机、拾棉花机、剪草机、绳锯切割机、链锯
电子消费品	电唱机、自动换盘片器、磁带录音机
商务机械	打印机、计算机、复印机
工业设备	纺织机、包装机、电扇、手提电动工具、钻床、锯床

随着科学技术的发展，铁铜基含油轴承的研制和应用越来越受到人们的关注，即在铁基含油轴承中，为了提高材料的强度及极限容许PV值，采用在铁粉中加入一定比例纯铜粉的方案，或者是在铜粉中加入一定比例的纯铁粉，再使用粉末冶金的方法得到最终的含油轴承，此类含油轴承综合了铁基含油轴承和铜基含油轴承的优点，能更好地应用于军事或是国民生活中，因此得到了广泛的关注。

5.3.2　钢背双金属减摩材料

钢背双金属减摩材料不仅赋予材料良好的减摩性能和较好的抗咬合性，还使材料具有高的强度和硬度，增强材料的耐磨性能，可以较好地满足现代发动机轴瓦的要求。

钢背双金属减摩材料按成分和结构可分为钢－青铜、钢－高镍青铜、钢－高铅青铜、钢－聚合物等类型。

钢－青铜：在钢带上烧结青铜多孔层，补充熔浸易熔减摩合金、氟化物或油。

钢－高镍青铜：在钢背上烧结一层铜(60%)和镍(40%)粉末混合物，并熔浸巴氏合金。

钢－高铅青铜：在钢背上烧结含铅青铜，根据使用条件调整铅含量。

钢－聚合物：在钢背上制造一层聚合物自润滑材料，如聚四氟乙烯等。

为了实现金属基合金与钢背的有效结合，制备出性能优异的钢背金属基复合轴瓦材料，国内外学者做了大量的研究工作，开发出多种复合方法。这些复合方法主要分为三大类，即固－固复合法、固－液复合法和固－半固复合法。主要包括固－固相复合法中的爆炸复合法、轧制复合法、烧结复合法，固－液复合法中的轧制复合法及固－半固复合法中的半固态凝固法等。

5.3.2.1　爆炸复合法

爆炸复合法的基本工艺是将钢板放在砧板上，将制出的金属基合金覆层放在钢板上，在覆层金属上铺设一层炸药，利用炸药爆炸产生的瞬时、超高压及超高速的冲击能量在两层金属材料中产生高速、剧烈的塑性变形，通过原子间的作用力实现两金属层的固态冶金结合，其示意图如图5－5所示。

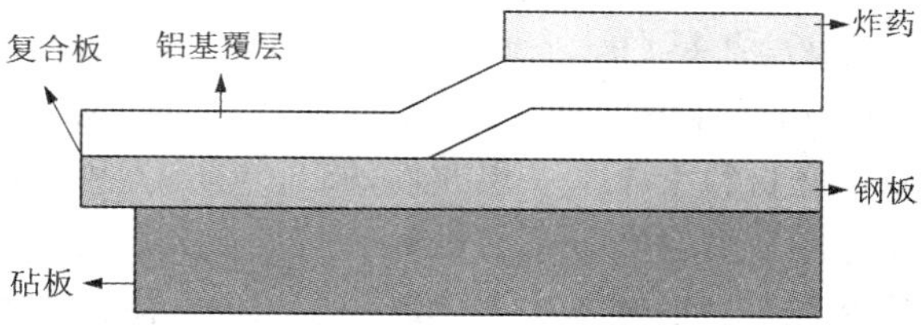

图5－5　爆炸复合法示意图

5.3.2.2　轧制复合法

轧制复合法又可分为热轧复合法和冷轧复合法。基本工艺为：对钢板和基体覆层表面预先进行处理，然后一同喂入轧机，在轧机的压力作用下，两层金属的待复合表面发生塑性变形，使表面金属层破裂，洁净而活化的金属层从破裂的金属表面露出，在压力作用下结合。在后续的热处理过程中结合面继续扩大，形成稳固结合，其示意图如图5－6所示。

5.3.2.3　烧结复合法

烧结复合法是根据成分要求预先制备出均匀的基体合金粉末，然后在保护气氛下加热，通过增加结面处原子的振动扩散，实现基体合金粉末颗粒与金属板的复合。其示意图如图5－7所示。

双金属轴套大多采用08Al低碳冷轧钢带制作钢背，以提高其强度及刚度，并具有良好的

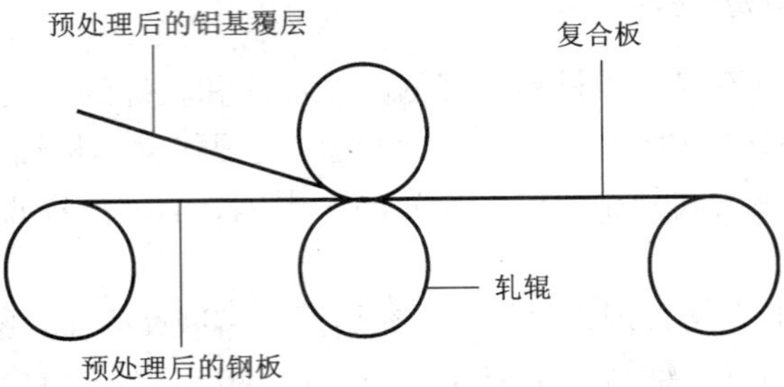

图 5－6　轧制复合法示意图

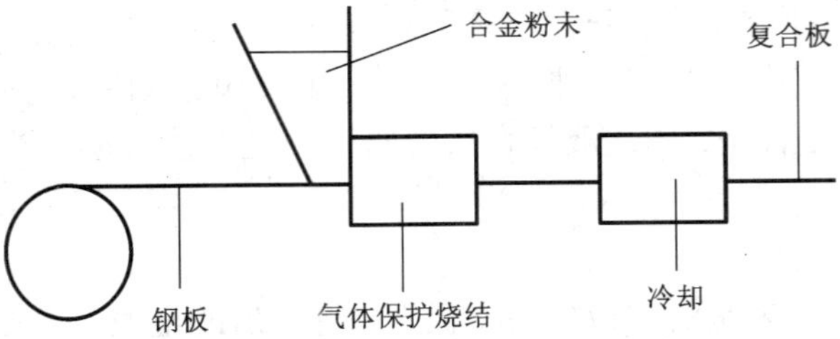

图 5－7　烧结复合法示意图

加工性能，将不同粒度组成的铅青铜粉或锡青铜粉烧结到钢背上，以作为减摩及耐磨合金表面层，从而复合成双金属轴套。东风汽车公司 EQ1141G 载重汽车上采用烧结铅青铜及锡青铜－钢背双金属轴套，共有 17 种 44 件，主要为发动机连杆小头轴套，前、后钢板弹簧衬套，转向节上、下衬套，前、后制动蹄衬套等。除了烧结铜合金－钢背双金属轴套外，还有 3 层复合材料轴承，它是在双金属材料上再加一层改性塑料，形成改性塑料、烧结 CuSn10 粉、钢背 3 层复合材料，其主要应用在离合器分离叉轴衬套等。此外，汽车发动机曲轴瓦和连杆瓦采用铜铅合金－钢背粉末冶金轴瓦，铜铅层上要镀一层镍，再在镍上镀 Pb－Sn－Cu。

5.3.2.4　固－液轧制复合法

固－液复合法是将液相的铝基合金均匀浇注在固相的钢板上，通过两种金属材料间的中间反应实现界面结合的复合工艺方法，其中固－液轧制复合法比较有代表性。其示意图如图 5－8 所示。

5.3.2.5　半固态凝固法

固－半固复合法是将铝基合金半固态浆料与固态钢板进行复合的工艺方法，主要有半固态压力复合法。半固态压力复合法的基本工艺为：按照成分要求制备铝基合金半固态浆料，将制好的浆料浇注在经过表面处理的钢板上，在压力模中加压成形，实现界面凝固复合，其原理如图 5－9 所示。

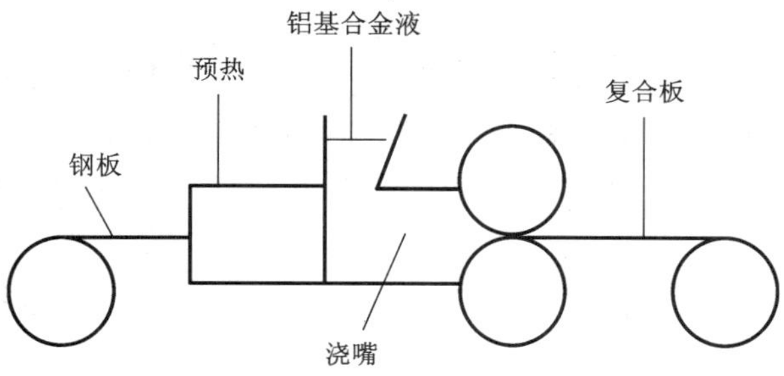

图 5－8　固－液轧制复合法示意图

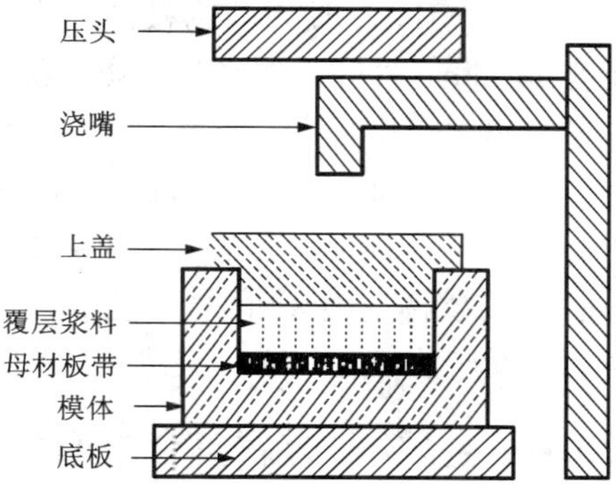

图 5－9　半固态凝固法原理图

5.3.3　铝基减摩材料

现今使用的烧结含油轴承中，尽管铁基与铜基占绝大多数，但在一些特殊条件下，烧结铝基含油轴承仍具有重要地位。烧结铝基含油轴承除具有金属铝及铝合金的一些优异性能外，作为烧结材料，它还具有烧结温度低、尺寸容易控制、整形容易等优点。

根据苏联学者沙尔滨于 1989 年提出的减摩理论，“轴承合金中的金相组织具有一个多相结构，其分布应该是在软基体上分布着硬质点（或相）或硬基体上分布着软质相”。从成分上讲，轴瓦材料的基体应采用与轴颈材料（一般为钢铁材料）互溶性小的元素，以减少轴瓦对轴颈的粘着磨损，同时轴瓦材料应含有适量的低熔点元素，以便于在轴瓦工作过程中，在摩擦力的作用下形成薄润滑层，减小摩擦面的机械磨损。鉴于巴氏合金和铜合金在性能、经济和环保等方面的问题，人们越来越将关注的目光投向最有前途的铝基减摩材料。铝基减摩合金是近代发展起来的优良减摩合金材料，不仅质轻、价廉，而且具有较高的承载能力和疲劳强度、较低的摩擦因数、良好的耐磨性和抗擦伤能力，良好的导热性、机加工性和耐腐蚀性等。因此，广泛用于汽车、拖拉机、航海、航空等高速重压重载发动机中。铝基合金具有良好的导热性、耐磨性、抗咬合性、耐磨蚀性和疲劳强度，且比重较轻。铝基减摩材料主要包括 Al－Sn、Al－Si、Al－Pb 和 Al－Zn 合金等。其中 Al－Pb 合金具有极佳的减摩性能，但是 Al－Pb合金中铅含量高，生产使用中受到限制；中、高锡 Al－Sn 合金的减摩性能好，然而抗擦伤能力和耐磨性有待提高。而 Al－Si、Al－Zn 的减摩性能一般。铝基轴承合金密度小，导热性好，疲劳强度和高温硬度高，又具有较好的化学稳定性和承载能力，适合于制作在高速高负荷下工作的轴承。铝基合金既可以制成单金属部件（衬套、轴承、销绞接等），也可以制成铝衬里钢背底双金属轴承。为了提高铝基减摩材料的强度，采用一定的复合方法把铝基合金复合在钢质底板上，可以弥补铝基合金强度和硬度不足的缺点，形成综合性能优异的钢背铝基双金属复合板，该种材料可以较好地满足现代发动机，尤其是汽车发动机轴瓦的使用要求。

用于粉末冶金的铝粉一般由雾化法制备。铝粉在烧结前，必须在成形时去除其表面的氧化膜，使铝粉颗粒与颗粒之间相互接触，主要有机械法与化学法两种。机械法是利用粉末成

形时 Al_2O_3膜与膜之间的摩擦及变形使膜破碎。化学法是指将 Al_2O_3薄膜转化为含有结晶水的 $Al_2O_3 \cdot xH_2O$，使之容易被破坏去除。一般是采用沸腾的磷酸与铬酸的混合水溶液对铝粉处理60 min，再进行洗涤与干燥。经这种方法进行化学处理后，粉末的烧结强度与未经处理粉末的相比明显提高。

铝基减摩材料一般使用粉末冶金的方法生产获得，特别是在颗粒增强铝基减摩材料的生产上，粉末冶金的方法是至关重要的。经过十几年的发展，原位自生颗粒增强复合材料制备的铝基减摩材料有了很大的进步，该方法很复杂，主要有固－液反应法、气－液反应法、固－固反应法、液－液反应法。

5.3.4　金属/非金属复合减摩材料

金属/非金属复合减摩材料又称为三层复合轴瓦材料。

三层复合轴瓦材料是在传统双金属轴瓦材料的基础上，通过改变加工工艺和设计思路，来实现轴瓦综合性能提高的途径。如在双金属轴瓦上再涂上一层高分子材料，如聚四氟乙烯，这种轴瓦材料即有金属轴瓦的高耐磨性、高强度，又具有高分子轴瓦材料优异的抗腐蚀性和良好的自润滑性能，是目前国内外研究的热点。

而用水平连铸复合法生产的 Al－Pb 钢背轴瓦材料为三层结构，上层为 Al－Pb 合金，中间层为薄纯铝带，下层为低碳钢板，中间层与下层为轧制复合，上层与此复合层再连续铸造复合，形成轴瓦材料。此种轴瓦材料具有优异的耐磨性和顺应性，与传统的 Al 基轴瓦材料相比，综合性能大大提高。

5.3.5　其他减摩材料

金属陶瓷轴承作为一种重要的耐磨材料，由于具有金属所无法比拟的优异性能，近十多年来，在耐磨件制造业中得到了日益广泛的应用。在航空航天、核工业、石油工业、化学工业、轻纺工业、食品工业、高速机床等高温、高速、耐腐蚀、真空、电绝缘、无磁、干摩擦的特殊环境下，陶瓷轴承不可或缺的替代作用正在被人们逐渐地认识。随着加工技术的不断进步，工艺水平的日益提高，陶瓷轴承的成本不断下降，已经从过去在一些高、精、尖领域小范围应用，逐步推广到可以接受的程度，陶瓷轴承大面积应用的时代已经到来。当今世界上著名的轴承巨头们像瑞典的 SKF、德国的 FAG、日本的 NSK、美国的 Temken、俄罗斯的 Rosv 等，无一不在开发、生产陶瓷轴承，而产品质量的高低，已成为衡量其企业实力的一个重要标志。

5.3.6　特殊环境下的粉末冶金减摩耐磨材料

随着科学技术的发展，要求摩擦副能在高温、低温、高真空、强辐射、耐腐蚀和高速运动等特殊工况下工作，因而对耐磨材料及其制造技术提出了更苛刻的要求。许多情况下，必须针对具体使用工况专门设计能满足一种或多种苛刻条件的新材料。

山东海阳金源电子有限公司开发了一种铝基稀土合金减摩耐磨材料，该材料密度低、减磨效果好、可加工性优良，可替代巴氏合金和锡青铜合金用于滑动轴瓦、轴套、涡轮等耐磨件。刘如铁等研究了 Ni－Cr－Mo 基耐海水腐蚀自润滑材料，该材料有优良的抗海水腐蚀性能，可应用于舰船上长期浸泡在海水中且易磨损的部件。山东工业大学研制的新型锌铝基自润滑材料性能达到国际 ISO 标准中关于粉末冶金铜基轴承材料的技术指标要求，其原料成本明显低于铜基材料，具有良好的推广前景。邓陈红等研究了金属纤维基固体自润滑材料，由于纤维具有高的强度和高的弹性模量，烧结后的纤维基体，有点的连接和线的连接，且纤维之间互相咬合，因而构成牢固的多孔骨架，并有良好的蜂窝结构。由于通孔多，利于润滑剂的浸渍、贮存和有效输送。因该材料采用金属或合金粉末为基体，与固体润滑剂为润滑源的固体润滑材料相比，具有更好的力学性能和良好的减磨、自润滑性能。湖南飞碟新材料有限责任公司研制了一种用于制作轴瓦的磷青铜双金属板材，在钢板表面烧结有合金层，该类材料可满足大功率、高转速汽车发动机生产需要，具有强度高、耐磨性好、有利于环境保护、有利于提高汽车运行质量等优点。王砚军等以 TiH_2 和 $CaCO_3$ 为复合造孔剂，以硬质微细颗粒为惰性弥散质点，采用真空烧结法制备出具有贯通型微孔结构的 Al_2O_3 - Ni - Cr - Mo - Si - Fe 系金属陶瓷烧结体，并在烧结体中浸渍 Ag - Cu - Pb - Sn 系浸渍型固体润滑剂，从而制备出一种可在高温工况下使用的新型耐磨自润滑材料。宁莉萍等研制了一种可在高载荷条件下使用的梯度自润滑复合材料，该材料通过其特殊的结构，赋予了材料高机械强度和优异的摩擦磨损性能以及连续润滑功能，且在高载荷条件下材料磨损量极小。孙伟成发明了一种钢背铜合金玻璃复合材料，它是以钢板为基体，在其表面经烧结、轧制复合有由铜合金粉、玻璃粉混合制成的工作层。该材料结构强度高、承载能力大、减摩耐磨性能好、适用范围广。李溪滨等研制了一种铝铅石墨固体自润滑复合材料，该材料由于有石墨与铅的协同润滑作用，其摩擦磨损性能明显优于铝铅材料，适用于高速、低载以及低质量的部件。通过阳极氧化处理工艺，在铝合金表面形成硬质氧化膜或陶瓷膜，然后再通过热处理技术，使 PTFE 与氧化膜结合，从而形成一种与基体结合牢固且具有良好润滑效果的复合膜，采用这项技术可大幅度提高铝合金的减摩耐磨性能。

5.3.7　粉末冶金减摩耐磨材料生产过程

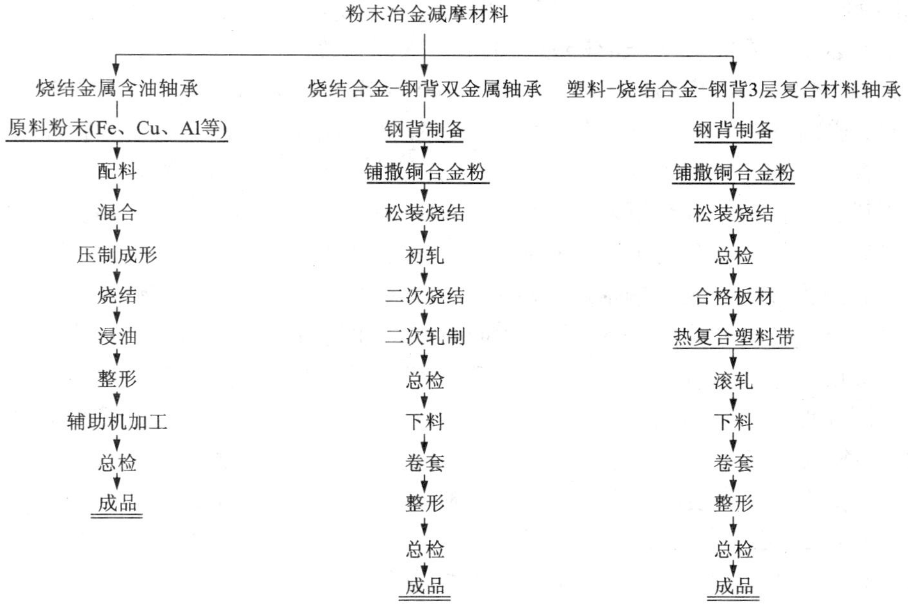

图 5 - 10　粉末冶金减摩耐磨材料生产工艺流程图

5.4 粉末冶金减摩耐磨材料的发展与应用

经历一百多年的发展，粉末冶金减摩耐磨材料取得了长足的进步，已广泛应用于各行各业。然而，随着现代工业的飞速发展，对粉末冶金减摩耐磨材料提出了更高的要求。目前，粉末冶金减摩耐磨材料的发展与应用方向主要集中在无铅化减摩耐磨材料、高温减摩耐磨材料及宽温减摩耐磨材料等方面。

5.4.1 无铅化减摩耐磨材料

软金属铅是固体自润滑材料中应用最为广泛的固体润滑剂，最早的应用可追溯到巴氏合金。巴氏合金由于具有优良的自润滑特性，广泛应用于汽油、柴油发动机的滑动轴承、轴瓦上，其经历了由锡锑合金向铅基合金的变化历程，然而，无论是锡基还是铅基合金，均是软质低熔点材料，难以满足机械设备对滑动轴承提出的“高速、高温、重载”的高性能要求，由此铜合金材料逐渐取代巴氏合金而成为滑动轴承的主导材料，其中铅青铜和铜铅合金是最主要的铜合金轴承材料，现市场上广泛使用的轴承双金属材料表面铜合金主要有 CuPb10Sn10、CuPb24Sn、CuPb23Sn3 和 CuPb7Sn7Zn3 等，其轴瓦平均含铅量高达 24% ~30%，而衬套用铜基合金的铅和锡含量均在 10% 左右。然而，采用含 Pb 的轴承、轴瓦在使用过程中会污染润滑油，维修以及废弃时造成二次污染，对人们的生存环境构成了巨大的威胁，随着人们环保意识的提高和国际化无铅禁令诸如 ROHS(对有害物质的限制使用指令)、WEEE(电子电气产品废弃物指令)、ELV(报废车辆的指令)的相继颁布，以及我国有关部门正在制定相关法规，限制含铅产品的生产和使用，固体自润滑材料的去铅化是粉末冶金减摩耐磨材料发展的必然趋势之一。

目前，在国际标准 ISO4383：2000 的影响推动下，国外的滑动轴承制造厂商已开发用于滑动轴承的无铅铜基合金以及无铅镀层材料，如日本的 HS100、HS210 等，对于轴套类滑动轴承，国外正逐步用磷青铜(CuSn8P)取代传统的双十铜铅合金(CuPb10Sn10)；镀层材料已采用阴极溅镀铝锡合金和电镀锡基合金(如 SnCu6 及 SnSb7)来代替铅基镀层材料。

近年来，遵循着铜基轴瓦环保无铅化的发展趋势，国内许多科研工作者就此已开展了许多试验性的探索。在寻找铅的替代物过程中，石墨由于其化学稳定性好、耐腐蚀、耐高温、无毒价廉等优良特性成为现今铜基自润滑复合材料最常用的固体润滑剂。研究表明，一定条件下石墨可以取代铅，但石墨和铜合金基体的界面结合性能不太理想，极大地降低了自润滑材料承载能力。为改善石墨与铜基体的界面结合，对石墨进行镀铜、镀镍处理后，石墨 - 铜的界面结合强度、密度以及抗弯强度提高，同时润滑性能得到明显改善，但是由于铜基石墨复合材料承载能力和可靠性不理想，严重阻碍了其实用化进程。

铋和铅同属低熔点金属，尹延国等的研究工作表明采用铋替代铅能起到良好的减摩、抗粘着作用，但铋易分布于铜合金基体晶界处，对铜基材料的力学性能产生不利影响，同时，铋具有脆性，易于从磨痕表面脱落，从而影响轴瓦的寿命，采用石墨 + 铋的润滑组合生成石墨润滑膜，可减缓铋组元的脆性脱落，同时铋又可改善石墨润滑膜的附着性与完整性，铋与石墨在减摩和抗粘着方面有相互协同作用，但是有报道指出铋在生物医学中也被认定为有毒元素，对人类的神经系统、消化系统会产生影响。目前，只是由于其未广泛使用而不及铅受人们关注，因而采用铋替代铅来实现轴瓦的无铅化受到质疑，担心其发展成熟后又将引来新的环保问题，即无铋化。

丁莉等研究了采用粉末冶金法制备铝代铅铜基固体自润滑材料，其结果显示铝的添加能改善铜基的润滑性能，但离实际应用仍有一定差距。

当前，实现铜基自润滑材料的无铅化主要发展趋势之一是在材料中添加各种改善材料减摩性能的成分，从而使组织结构多相化，不同的相结构来保证其不同性能方面的要求，同时又实现相互统一。众多研究表明，单一的固体润滑剂所起的润滑效果有限，而采用几种不同性质的固体润滑剂的组合，可发挥各自的优势，起到良好的协同作用，如 Liu 等研究了同时添加 Ag 和 MoS_2的镍基自润滑材料在室温到 700℃的摩擦学性能，结果表明：制备过程中 MoS_2与基体中的合金成分发生了反应，生成了 Cr_2O_3和 Cr_xS_y等新相，在摩擦过程中形成了银钼复合润滑膜，有效地提高了材料的摩擦学性能。LI 等研究了同时添加 Ag、MoS_2和 CeO_2的镍基自润滑复合材料的高温摩擦磨损性能，结果表明：添加银和 MoS_2的材料在 600℃以下的摩擦磨损性能比单纯添加 MoS_2的材料好，而在此基础上再添加 CeO_2能进一步提高摩擦磨损性能，CeO_2能在润滑膜表面形成陶瓷相，其摩擦磨损性能提高的幅度最大，添加 3 种固体润滑剂的材料比单纯添加 MoS_2的材料摩擦因数降低约 80%，磨损率降低约 90%。

虽然国内科研工作者就粉末冶金减摩耐磨材料的无铅化取得了不少成果，但现今依然存在不少的问题，尚需进行更深入的研究。

5.4.2　高温减摩耐磨材料

随着现代工业的飞速发展，对于在高温下工作的减摩耐磨材料提出了更高的要求，传统的低温润滑材料已无法满足在高温环境下的工作要求，促进了相应的高温自润滑材料的研制与发展。

粉末冶金高温金属基固体自润滑材料的高温性能取决于基体组织的性质（强度、抗氧化性等）、固体润滑剂（性质、种类、尺寸、形状、体积分数等）以及在摩擦过程所形成的润滑特性，包括膜的性质、厚度、覆盖程度等。一般认为，在 450～500℃下工作的大多数材料是由铜基和铁基组成；在工作温度高于700℃以上时，通常采用镍基、钴基；而当温度高达 1200～1300℃时，则需采用难熔金属基合金。通过考察环境温度对不同金属基自润滑复合材料的影响，研究发现，当环境温度从 38℃增至 538℃时，铁－石墨复合材料的摩擦因数增加 0.05，而同样的温度变化，对于 Cu－20%（质量百分数）WS_2复合材料，摩擦因数将增加 0.1。Stott 等曾经详细地研究了镍基合金、钴基合金和铁铬基合金在常温和高温下的摩擦磨损行为，发现随着温度的升高，几种合金的摩擦因数和磨损率都发生从高值到较低值的明显转变，这种转变同合金摩擦表面由合金元素氧化物形成的一层釉化物密切相关。

石墨和 MoS_2是目前广泛使用的固体润滑材料，其摩擦因数与温度的关系如图 5－11 所示，石墨在大气压下 540℃可短期使用，在 426℃可长期使用，而 MoS_2在大气压下 399℃可短期使用，在 349℃可长期使用，在高温真空条件下，MoS_2表现出优异的润滑性能。石墨在干燥气氛中或在真空中会逐渐丧失润滑能力，而在成分中加入 MoS_2可以使材料在 400℃以上的真空或干燥气体中工作。在铜或含锡的铜合金中加入 20% WS_2可降低摩擦因数，可降低在空气中和在 600℃真空下的磨损。在铜基 4%～10% 锡 2%～15% 镍的复合材料中加入达 25% WS_2可使材料具有很高的耐磨性，而且在 400～500℃工作温度下具有自润滑能力。铜－石墨材料被广泛用于制造滑动轴承、密封材料、电刷等。

金属硒化物和碲化物的性能与硫化物相似，在真空中摩擦因数比在气体介质中低，它们的热稳定性，根据成分不同可达 400 ~ 1350℃。六方氮化硼具有分层结构，与石墨及 MoS_2类似，但其与石墨及 MoS_2相比，具有极好的热稳定性，在900℃左右性能仍然稳定，表现出良好的润滑性能。

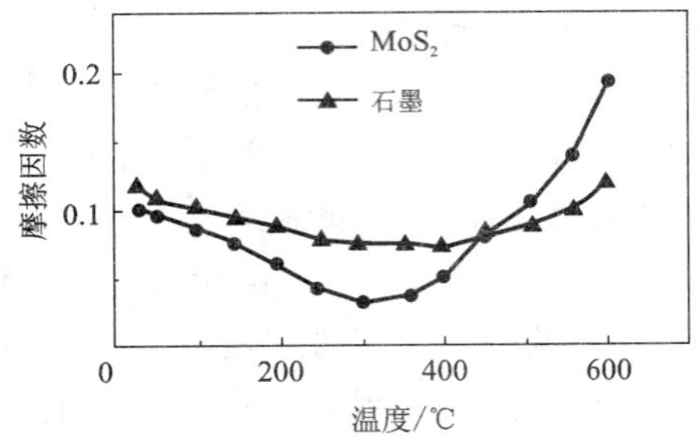

图 5 - 11　含石墨和 MoS_2 减摩耐磨材料摩擦因数随温度变化曲线

氟化物具有高的化学和热稳定性，加到复合材料中仍保持着自己的原始性能。研究表明，CaF_2和 BaF_2在 500℃开始具有润滑特性，在高温下它们具有相当高的抗氧化能力，可以使用至 900℃仍不发生氧化失效。含氟化物(CaF_2或 BaF_2)的材料，可以保证在无润滑、高载和高温(>500℃)下工作。以金属氟化物作为固体润滑剂的铁基材料，在无润滑或真空条件下，能够在高载荷和较高温度下工作，因此这种材料可用于连续铸锭设备轴承等。

金属氧化物基固体润滑剂，在高温领域中占有非常重要的位置。Peterson 曾研究了 40 多种氧化物及其润滑性。其中 PbO 是润滑性能最好的一种润滑剂，PbO 在常温下的摩擦因数较大，但随温度上升而减小，400℃以上显示比 MoS_2 好的润滑性。PbO 从 370℃到 480℃氧化成 Pb_3O_4，使摩擦因数提高，但到 480℃以上又变回到 PbO，因而 PbO 连续显示良好润滑性能的温度范围是 480 ~850℃。研究发现，ZnO 的有效工作温度可达 1000℃，Cu_2O 的使用温度达 540℃。含有金属氧化物(如 Ni，Sn，Cu，Pb，Zn 等的氧化物)添加剂制造的高温滑动轴承，具有高的耐磨性和润滑能力。用金属(Fe，Cu，Ni，Mo)和氧化物 MgO/MoO_3(3% ~50%)基材料做高温条件下的活动关节和轴承，这种材料有低的摩擦因数(在高于 500℃的温度条件下为 0.1)。复合氧化物固体润滑材料在高温领域具有相当大的潜力。

目前，新型高温固体润滑剂的开发和研究，仍是高温摩擦学的重要研究方向。Peterson 等研究表明，某些钼酸盐可在 538℃以上起润滑作用。高洪光制备了新型固体润滑剂——硫代硫钼酸盐($MMoO_2S_2$)，其中 M 代表 Zn、Ni、Co、NH_4，高温磨损实验表明，从室温至 700℃高温，其具有明显的减摩效果，在 100 ~300℃的摩擦因数为 0. 15 左右，高于 400℃时约为 0. 25。李立鑫等采用粉末冶金工艺制备一种新型 $Cr_3C_2-Ni-Ti_3SiC_2$减摩材料，在 400℃大气环境高温摩擦场的作用下，复合材料中的 Ti_3SiC_2能够诱发形成具有良好减摩作用的摩擦氧化膜，不仅降低摩擦副的摩擦因数，避免摩擦因数的较大波动，而且能够显著降低摩擦系统的总磨损率，对摩擦偶件起到极好的保护作用。

关于粉末冶金高温金属基固体自润滑材料的研究正在快速发展，并取得了较为成功的应用，被广泛应用于航空、航天、机械工业等诸多领域。镍和钴是高温自润滑合金中常用的基材，占有特殊重要的地位，镍基合金在 500℃以上仍具有优良的机械性能，能在高温、高应力下工作，而且镍表面易被氧化形成具有较好可塑性和附着性的 NiO 层，有利于减少磨损，同时本身也是一种高温固体润滑剂，镍基高温自润滑合金的研究十分引人注目。中国科学院兰州化学物理研究所先后进行了较为系统的研究，采用 PM 工艺，中频励磁感应加热高温快速热压成形法研制出几种含硫和不含硫的 Ni 基合金高温自润滑材料，取得满意效果，可望成为制造先进内燃机摩擦部件等的材料。

镍基石墨由于具有良好的抗高温氧化的性能，所以在一些高温场合得到了应用，以镍作为基材，分别以石墨、银、锑、PbO、SiC 作为固体润滑剂，用粉末冶金方法制备自润滑材料。其粉末冶金工艺采用真空中频感应加热，在 1100 ~ 1250℃、10 ~ 25 MPa 压力条件下进行高温热压烧结成形，用该材料制作的发动机配气阀座可以在 1000℃下工作。

Ni – Cu 固溶体具有良好的抗腐蚀性能和抗冷变形性能，具有相当高的强度和耐热性。以镍铜为骨架，石墨为固体润滑剂，经 PM 复压复烧方法制成的高温自润滑材料，作为高温水轴承保持架能满足核反应堆驱动机构，满足轴承的各项技术要求，并已在工程中获得了实际应用。

在镍基合金中添加适量的稀土氟化物或混合稀土氟化物，可以获得高强度和优异摩擦磨损性能相结合的高温自润滑复合材料。

铁 – 石墨 – 钼材料可实现高温，无润滑摩擦，具有很低摩擦因数。如铁 – 3% 石墨 – 15% 钼复合材料制作的精密电机轴承，可实现在 400℃下无润滑摩擦。

研制开发粉末冶金高温减摩耐磨材料，必须根据具体的工作条件，合理地选择材料基体和润滑添加剂，并确定它们的最佳含量。然而，对有关此类复合材料的高温摩擦学特性以及机理等方面的认识仍远远不足，涉及具体实际应用，仍需详细的工程数据以及（或者）解决生产与设计方面的问题。因此，全面系统地研制和开发粉末冶金高温金属基固体自润滑材料，发挥其潜在的优越性，仍需要进一步地探索和实践。

5.4.3　宽温减摩耐磨材料

随着现代航空工业的发展，迫切需要发展新一代从室温到高温都具有良好润滑性能的粉末冶金宽温减摩耐磨材料。虽然粉末冶金减摩耐磨材料在现阶段取得了较大的进展，但目前还没有找到一种润滑剂能够在较宽的温度范围内获得较好的润滑性能和摩擦因数。例如，MoS_2和石墨在 350℃以上的温度下润滑作用会减弱甚至失效；CaF_2和 BaF_2在高温下具有较好的润滑性能，但是在 500℃以下时不具备润滑效果。为了能够实现这一目标，多元固体润滑剂的复合使用来制备宽温粉末冶金减摩耐磨材料将是未来一个重要的发展方向。诸如石墨 + $CaCl_2$，MoS_2 + PbO，MoS_2 + 石墨 + ZnS + CaF_2的混合物等，这些组合已被证明不同的相成分能在不同的使用温度区间发挥润滑作用，改善润滑效果，扩大了其使用温度范围。

美国 NASA 研制的 PS212 材料中含有 Ag 和 BaF_2 – CaF_2共晶体，Ag 的加入保证了低温下的润滑效果，BaF_2 – CaF_2共晶体的加入则保证了高温下的润滑性能，因此，该材料可在 800℃以下整个温度范围内有效。

Shi 等研究了在 Ni_3Al 中同时添加质量比为 1∶1∶1 的 WS_2、Ag 和 h – BN 的复合润滑剂，获得了从室温到 800℃都具有较好摩擦学性能的复合材料，在中低温阶段由 WS_2和 Ag 来保障材料的润滑性能，而在高温时由 h – BN 发挥良好的润滑效果，体现了其协同作用效果。TY-AGI 等在镍基复合材料中同时添加纳米银和 h – BN，结果表明，同时添加 Ag 和 h – BN 的复合材料其摩擦学性能均优于金属基体和单纯添加 h – BN 的复合材料，Ag 的添加能较好地降低低温范围（200 ~ 400℃）的磨损率，从而使得其在宽温带范围都具有较好的摩擦学性能。

李溪滨等通过硝酸镍分解 – 氢还原法制取镍涂覆二硫化钼粉末，加入到 Ni – Cr 基体合金中，以防止二硫化钼在高温制备及高温使用过程中氧化分解。对（MoS_2/Ni）20%（质量百分数)的高温自润滑材料的分析表明：在室温和600℃，材料有较低的摩擦因数，室温磨损率也较低，在高温下与未添加包覆材料相比，前者具有优异的宽温带摩擦学性能。

戴俊峰用粉末冶金方法制备含石墨和二硫化钼的镍基自润滑材料，于室温～600℃下测试材料的摩擦学性能，发现：中低温段石墨或硫化物发挥润滑作用，高温段硫化物和自生氧化物发挥润滑作用。吕晋军等在镍基合金中添加 CeF_3 和石墨用粉末冶金法制备自润滑材料，室温到600℃的摩擦因数为0.22～0.35。兰化所欧阳锦林等人研制了镍合金－银－石墨自润滑材料，其中70Ni－15Ag－15石墨在20℃的摩擦因数为0.29，600℃时为0.14。

5.4.4 其他减摩耐磨材料

钛基粉末冶金减摩耐磨材料密度低、密封性好，主要用来制造各类飞行器的轴承、密封件等部件，成本也相当高。

银基粉末冶金减摩耐磨材料具有摩擦因数低、接触电阻小而稳定、电导率高等优点。银－石墨复合材料广泛用于电接触零件、电刷、轴瓦、滑块、触点和化学溶液中的衬套等。Ag－MoS_2 系自润滑复合轴承材料可在超高真空、强辐射等特殊工况下使用。Ag－Ta－MoS_2 石墨系自润滑电刷材料，可用于宇宙空间电力输送与信号传递机构。

纳米材料具有比表面积大、扩散性高、易烧结和熔点低等特点，因此，将其用于摩擦系统中，不但可以在摩擦界面处形成一层易剪切的薄膜，降低摩擦因数，还可对摩擦表面进行有效的填补和再修复，起到抗磨作用。胡献国等对比研究了含纳米和微米 MoS_2 的固体自润滑材料，发现：含纳米 MoS_2 的自润滑材料表现出了最优的减摩和耐磨性能。因而，纳米粉末冶金减摩耐磨材料也是其发展的趋势之一。

5.5 粉末冶金减摩耐磨材料的检测与评价

粉末冶金减摩耐磨材料应具有的性能是很多的，如抗疲劳性能、承载性能、耐腐蚀性能、抗咬合性能、顺应性及嵌藏性、耐磨性与减摩性、良好的机械强度、合适的导热性和热膨胀系数、结合强度等。一种良好的粉末冶金减摩耐磨材料不一定要全部具备上述所有性能，而且也不可能完全具备，要看其具体的工作环境来选择其要具备的性能。

5.5.1 疲劳强度测试

疲劳强度是合金层在交变载荷(为变化的压缩应力及其伴随产生的拉伸应力)作用下，不发生疲劳开裂的能力。通常由于最大周期性负荷重复作用，耐磨材料往往会发生疲劳损坏，图5－12是不同形式疲劳裂纹及剥落示意图。

为了研究减摩耐磨材料抗疲劳强度这一重要性能，世界各国相继研制出各种试验台。如Glacier公司在上世纪末推出的新型“蓝宝石”试验机，它在原来标准蓝宝石试验机的基础上，增加了反向载荷，从而得到了人们的关注。图5－13为其示意图。

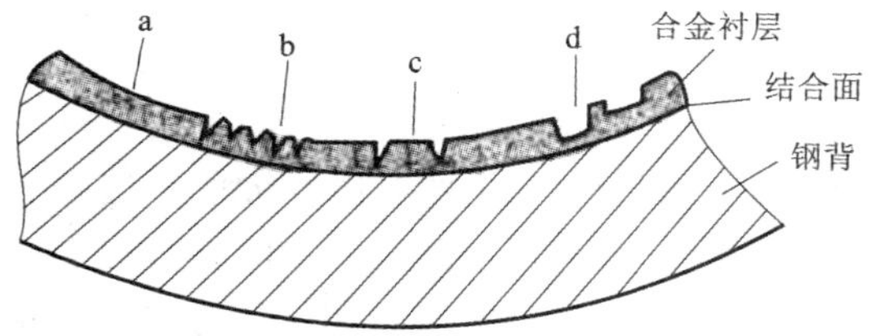

图 5－12　不同形式疲劳裂纹及剥落示意图

a—裂纹；b—剥蚀裂纹；c—有垂直扩展的裂纹；d—剥落

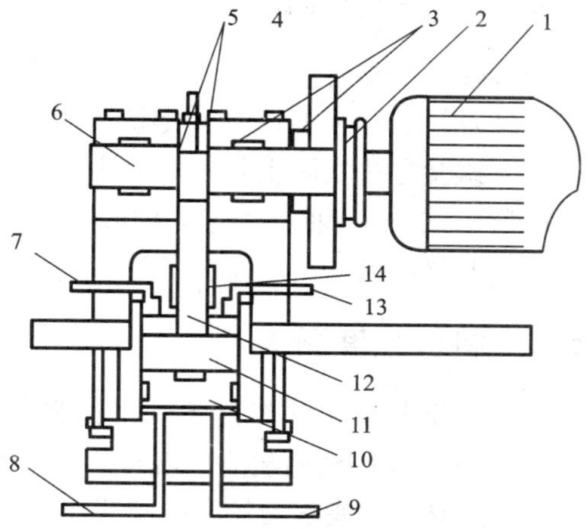

图 5－13　新型“蓝宝石”试验机

1—驱动电机；2—扰变联轴带；3—支承轴承；4—飞轮；5—实验轴承；6—实验轴；7—反向载荷液压油入口；8—控制压力的正向载荷液压油出口；9—正向载荷液压油入口；10—活塞；11—活塞销；12—连杆；13—控制压力的反向载荷液压油出口；14—应变片

5.5.2　承载能力测试

在工程实践中，减摩耐磨材料的承载能力通常是指在给定条件下使结构丧失工作性能的极限载荷，通常以材料的比压力(载荷/投影面积)表示，承受的比压力越大意味着材料承载能力越大。

5.5.3　抗咬合性测试

减摩耐磨材料的抗咬合性由材料的摩擦相容性、顺应性和嵌藏性等三个主要性能组成。摩擦相容性是指轴承材料抵抗由轴承表面凹凸不平或摩擦界面的微小焊合引起的咬粘或擦伤的能力。顺应性是指在运转过程中，耐磨材料以微小的塑性变形，克服由曲轴、缸体和连杆的热膨胀引起的边缘载荷，使载荷均匀分布的能力。嵌藏性表示嵌入或吸收外来微粒和摩擦过程中产生磨粒的能力。随着内燃机日益向高速、大马力、高增压强方向发展，轴承耐磨材料因黏附磨损和咬合而失效的情况经常发生，因此，很多的耐磨减摩材料制造厂都建立了专门的实验装置，以深入研究轴承材料的抗咬合性。图 5－14 为著名的轴承制造商——英国 Glacier 公司和美国的 Federal－Mogul 公司的抗咬合装置。

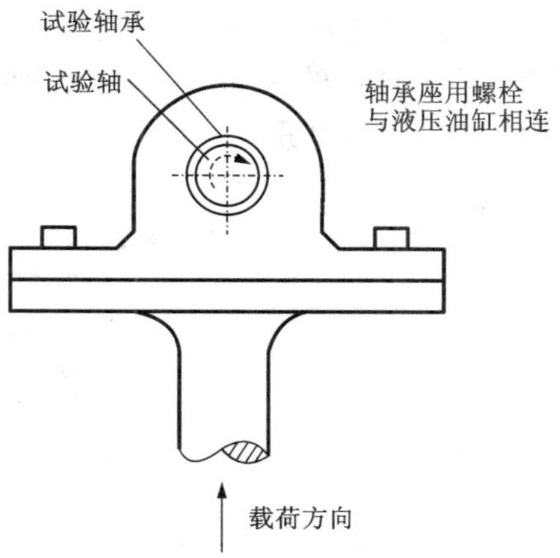

图 5－14　贝尔咬合试验台原理图

5.5.4 结合强度测试

结合强度是指合金层对背层的结合牢度。结合牢度评价方法的选取应与零件衬层和背层材料类型及衬层厚度相适应，没有单独建立的适合于所有情况的试验方法。制造过程中所采用的许多试验方法实际上是以经验为基础的，并只同规定的材料组合和结合工艺有关。通常可采用凿子试验、弯曲试验、剪切峰值试验。结合强度的好坏直接影响到材料的使用寿命，是减摩耐磨材料的一个很重要性能。

5.5.5 机械强度测试

减摩耐磨材料工作温度下的机械强度可以决定轴承材料能否承受得住较大的油膜压力（载荷）并有较高的疲劳寿命，温度对机械强度的影响很大，只有轴承合金材料具有高温强度，在工作温度才能承受较高的油膜压力，并且有高的疲劳强度。试验表明，随着工作温度的升高，轴承材料的机械强度都有所下降，但是下降的速率不同。图 5－15 表示的是不同轴承合金材料的硬度与温度的关系。

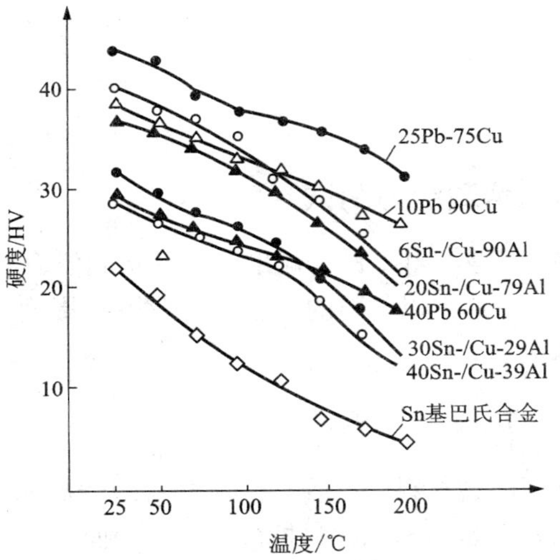

图 5－15 不同合金轴承合金材料的硬度与温度的关系

当然，减摩耐磨材料的加工工艺性和成本也十分重要，也要考虑在内。一般在满足各种工况使用要求的条件下，尽量选择那些容易加工而造价便宜的材料，否则将提高材料的制造成本。

总之，理想的减摩耐磨材料应具有的特性是很多的，而且理想的减摩耐磨材料应具有的特性彼此还是相互矛盾的，不可能为一种材料所具备。一种较好的减摩耐磨材料只能是这些性能折中的“产物”。减摩耐磨材料应具有的特性取决于它的使用条件，每一种减摩耐磨材料的主要应用决定于其使用场合。法国的 A. 希林对粉末冶金减摩耐磨材料的典型应用——轴承的每一性能都给出了百分数，以示其重要程度，见表 5－4。

表 5－4 轴承材料性能重要程度比例表

轴承特性	百分数/%
机械强度	60
顺应性	10
嵌藏性	10
抗咬合性	5.0

续表

轴承特性	百分数/%
抗腐蚀性	5.0
轴的硬度	5.0
结合强度	2.0
高温强度	2.0
导热性	1.0

可以认为，像这样给每个轴承特性以一定的百分数的做法，虽然并不一定恰当，但是可供设计者和使用者选择粉末冶金减摩耐磨轴承材料时做参考。

5.6　粉末冶金铜基含油轴承生产示例

粉末冶金铜基含油轴承是典型粉末冶金减摩耐磨材料的实际应用，本节将简单描述铜基含油轴承的生产过程。

我国早在 20 世纪 50 年代研制开发并投入批量铜基含油轴承生产，目前已形成系列规格。

铜合金作为轴瓦材料应用很广泛，性能也很好，又由于青铜的减摩性和耐磨性比黄铜好，故青铜是最常用的材料。青铜有锡青铜、铅青铜和铝青铜等几种，其中锡青铜的减摩性和耐磨性最好，应用较广。但锡青铜比轴承合金硬度高，磨合性及嵌入性差，适用于重载及中速场合。铅青铜抗黏附能力较差，适用于低速、重载轴承。由于铜基含油轴承具有噪声低、振动小、不需要外部补加润滑油、节材省能等优点，广泛应用于音响机械、家用电器、事务机器、运输机械等领域。下面就举例介绍铜基含油轴承的生产流程。

5.6.1　铜基含油轴承产品图的确定

铜基含油轴承主要用于家用电器传动机构上。它的尺寸规格按 GB2686 规定，产品形状及尺寸见图 5 – 16。

5.6.2　原辅材料的选择

5.6.2.1　原材料的选择

铜基含油轴承生产用的原材料——铜粉，主要有 Cu – Sn – Pb 及 Cu – Sn 两种规格的雾化铜粉。其中图 5 – 16 中铜基含油轴承使用的是 Cu – Sn 雾化铜粉。材料规格见表 5 – 5。

表 5 – 5　铜基含油轴承用原材料

材料编号	化学成分混合比例/%			松装密度/(g · cm^{-3})	流速	粒度分布/%			
	Ca	Sn	添加剂			+150 μm	–150 μm +75 μm	–75 μm +45 μm	–45 μm
CS – 100	89 ~ 92	9 ~ 10	0.7	2.78 ~ 2.87	≤45	<1	30 ~ 45	35 ~ 45	<4

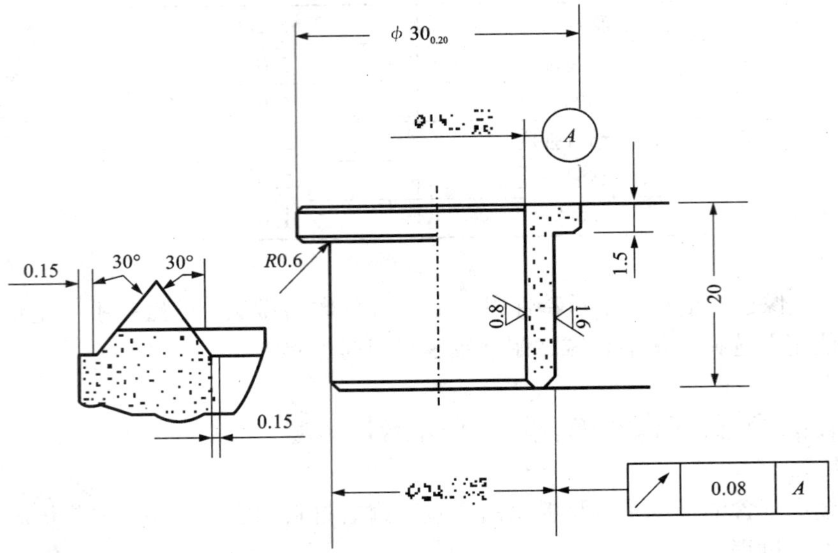

图 5-16　铜基含油轴承产品图

5.6.2.2　**辅材料的选择**

铜基含油轴承生产用的辅料(添加剂)是石墨和硬脂酸锌。其中石墨在含油轴承里起润滑剂的作用，硬脂酸锌起黏合剂作用。

5.6.3　铜基含油轴承生产工序

5.6.3.1　**粉末混合**

铜基含油轴承生产使用的混合粉，配料上根据材料混合粉配方表所规定的配料号，对各种添加剂进行称量。

铜基含油轴承生产时混料粉的配料为：1.0%石墨，另加0.7%硬脂酸锌。添加剂要求如表5-6。

表 5-6　添加剂技术条件

辅料	化学分析/%					物理性能		
石墨(F-2)	固碳碳	灰分	水分	PH	挥发物	粒度	形状	松装密度
	≥99	≤1.0	≤0.5	6~7	≤0.2	10~14 μm占90%	鳞片状	0.22 g/cm³
硬脂酸锌	Zn含量	游离酸	水分	灰分	自由脂肪酸	粒度	熔点	松装密度
	10.9	≤0.1	≤0.5	13~15	≤0.5	<75 μm占99%	120±3℃	0.25~0.3 g/cm³

使用双锥形混料机进行混料，转速为20~30 r/min，混合时间为10~30 min。由于铜基含油轴承带肩面由阴模内台面型腔成形，装粉高度不能调节，因此对混合粉的松装密度误差

要求较小，应控制在 2.75～2.85 g/cm³ 范围内。

5.6.3.2　压制

铜基含油轴承的压制设备采用经改造过的 30 t 冲床。配成形模具进行自动压制，生产效率较高。压制压力因其成分不同而不同，一般应在 150～300 MPa。

压制生产前应做下列准备：①凭生产指令单，领取产品压制工序卡及成形模具，检验量具、电子天平等；②将模具装配在压机上的模架中；③根据产品压制工序卡上配料号领取混合料，并清除压机料斗中的残余粉末；④调试成形模。

压制需用的铜基含油轴承模具，是须要进行专门设计并调整的。具体可参照模具设计大全、轴承合金模具设计等书，在此不做具体叙述。

5.6.3.3　烧结

铜基含油轴承烧结生产在网带式烧结电炉上进行。烧结温度为 760～780℃，网带速度为 65～75 mm/min，烧结保护气氛为分解氨，烧结后轴承的金相组织为 α 固溶体。

5.6.3.4　精整

铜基含油轴承一般采用 30 t 冲床进行精整，精整前需浸润滑油。

5.6.3.5　浸油

铜基含油轴承浸油设备为真空浸油机。真空度为 -0.09 MPa（真空表读数），真空浸油油温为 100～120℃，时间为 10～15 min。浸渍用的润滑油品质，对含油轴承工作稳定性及使用寿命影响很大。这里介绍一种品质较好的合成润滑油，适用温度范围宽、低挥发、清洁，轴承的使用寿命长。此种合成润滑油的品质如表 5-7 所示。

表 5-7　合成润滑油的品质

黏度/Cst		凝点/℃	闪点/℃	着火点/℃	挥发率/%	密度/(g·cm⁻³)
40℃	100℃					
12.8	3.3	-62.5	218.3	235	0.3	0.917

总而言之，采用粉末冶金方法制造减摩耐磨材料由于在制备工艺、结构组成等方面具有许多独特的优越性，可以制造出几乎无偏析、组织均匀和热加工性能良好的材料，特别是在改善耐磨性方面大大优于传统铸造材料。

第6章　粉末冶金摩擦材料

6.1　概述

6.1.1　引言

"以提高摩擦磨损性能为目的，用于摩擦离合器与摩擦制动器的摩擦部分的材料称为摩擦材料。这类材料是摩擦离合器和制动器的关键材料。离合器用来传递扭矩，制动器用来消耗动能而制动。两者都是机器或机械安全、可靠工作的重要部件。随着机器的功率、运转速度和载荷不断增高，对摩擦材料提出了更高的要求。如某种飞机着陆时，刹车装置在30 s内吸收的能量高达438 MW，相当于将820 kg铁加热到1480℃所需的热量。同时，随着人类活动范围的扩大，空间传动装置对摩擦材料提出了更苛刻的要求，这些都要求摩擦材料具备十分优异的综合性能，即除了有足够的摩擦系数并在高温高压甚至在真空状态下保持稳定外，还要求耐磨性好，强度高，导热性好，耐腐蚀，不发生黏结，抗咬合性好。

通常所用的摩擦材料，如铸铁、钢、青铜、石棉－树脂等，或者因摩擦系数小，或者能正常工作的温度低，抗咬合性能差，寿命短，因而都不能满足上述要求。粉末冶金摩擦材料是一种以金属或合金为基体，添加了摩擦组元、润滑组元，经混合、成形、烧结等工艺生产的复合材料。这种材料综合了金属与非金属的优点，并能按需合理调配材料组元及其含量。因此综合性能好。

6.1.2　粉末冶金摩擦材料的特点

摩擦离合器与摩擦制动器的摩擦部分常常称为摩擦副。摩擦副是由摩擦材料片与摩擦对偶片组成，实际上使用的是一组或多组摩擦副而不是单一的摩擦材料。粉末冶金摩擦材料与各种对偶材料(包括粉末冶金材料)可以匹配不同的摩擦副。与传统的摩擦材料相比，粉末冶金摩擦材料具有以下特点：

(1)摩擦系数μ大，且可在较宽的温度范围内保持稳定。如石棉－树脂摩擦材料，常温下干摩擦系数($\mu_{干}$)为0.37，到250℃就开始下降，500℃左右仅为0.15，而且由于树脂碳化，已不能正常工作。烧结铁基摩擦材料的干摩擦系数为0.35～0.50，在摩擦表面温度达700～800℃情况下仍能正常工作。

(2)导热性好。石棉－树脂材料的导热系数约为0.42 W/(s·cm·K)，而烧结铁基摩擦材料约为42 W/(s·cm·K)。

(3)强度高，可提高使用的许用压力。石棉－树脂材料在设计时选用的许用压力为0.3 MPa，而烧结摩擦材料的许用应力为1～1.5 MPa甚至更高。

(4)可在相当大的范围内调整材料的成分，如加入不同类型和不同含量的润滑剂和摩擦剂，以适应各种不同的要求。

(5)使用寿命长。烧结摩擦材料磨合性好，不易变质，耐磨性优异，工作可靠。一般比石棉 - 树脂材料寿命长 5 ~ 10 倍。

图 6 - 1 出示了粉末冶金摩擦材料与其他类型摩擦材料摩擦特性的比较。随着技术的不断创新与发展，也会出现一些新的摩擦材料，如 c/c 复合材料，它具有更优异的摩擦磨损性能。但随着粉末冶金技术的不断发展，粉末冶金摩擦材料的性能将得到更加优化，应用领域也将进一步扩大。尽管粉末冶金摩擦有其优异的性能，但也有一些局限性。最大的局限在于其动摩擦系数与静摩擦系数相比差异较大，其生产成本与工艺要求有时影响在某些领域的应用。同时材料本身的密度较大，无疑会增加摩擦机械装置的重量。

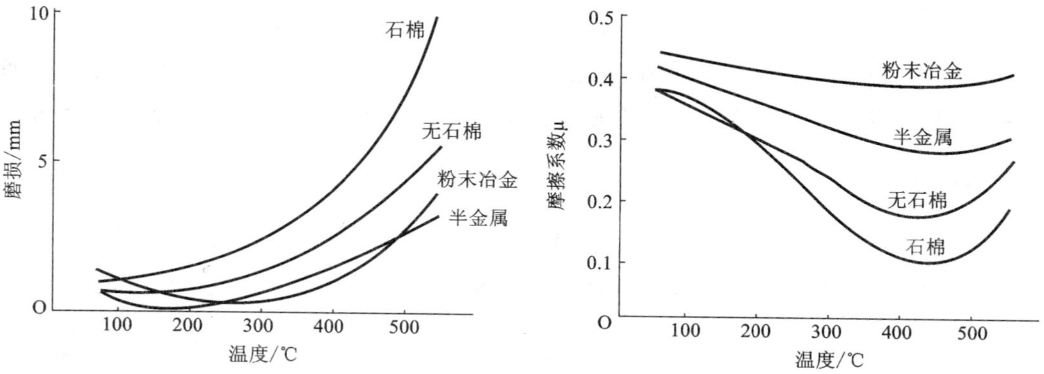

图 6 - 1　各种干式摩擦材料的摩擦特性比较

6.1.3　粉末冶金摩擦材料的分类

摩擦材料尤其是粉末冶金摩擦材料的分类是一个相对的概念，不同目的分类，往往有不同的结果。一般有如下几种分类的方法：

(1)以使用的功能来划分：制动摩擦材料——用于吸收动能，并以热量的形式传递，这种材料的响应时间(即制动开始到结束)为 1 s 至几十秒；离合摩擦材料——用于传递力矩，这类材料的响应时间仅为 1 s 之内。

(2)按工作介质分为润滑油中工作的湿式摩擦材料，在空气中工作的干式摩擦材料以及使用在空间或真空状态环境下的无介质摩擦材料，无介质摩擦材料又称为纯静摩擦材料。

(3)根据摩擦承载中摩擦材料承受负荷大小划分为轻负荷摩擦材料、中负荷摩擦材料、重负荷摩擦材料。负荷大小往往由材料能承载的摩擦热也就是保持使用性能的温度来区分的，如表 6 - 1。

表 6 - 1　对材料摩擦热稳定性的要求

载荷状态		轻负荷	中负荷	重负荷
保持使用性能的温度/℃	短时间	200	400	1100
	长时间	150	250	400

(4)按材料的基体材质来划分，分为铜基、铁基、铁/铜基、金属陶瓷等摩擦材料。

• 铜基摩擦材料基体成分以铜或铜的合金为主。这类材料首先是做湿式介质润滑油中的摩擦材料，随着组成不断改善与复杂化，现在也广泛应用于大功率干式制动器中。其常见的组成见表6－2。

表6－2　铜基粉末冶金摩擦材料的配方组成(质理分数/%)

基体组元			摩擦组元(摩擦调整剂)					润滑组元	
铜	锡	锌	莫来石	二氧化硅	铁	镍	钼	石墨	二硫化钼
40～80	3～10	3～10	3～10	1～5	2～8	0～2	0～5	5～25	1～5

• 铁基摩擦材料基体成分以铁为主，这类材料广泛地用于干式介质制动材料，可以承受比较高的工作负荷，也可以用于湿式介质中。其中利用其磁性广泛应用于磁制动器和离合器。其常见的组分见表6－3。

表6－3　铁基粉末冶金摩擦材料的配方组成(质量分数/%)

基体组元			摩擦组元(摩擦调整剂)			润滑组元	
铁	铜	磷	锰	莫来石	碳化硅类	石墨	二硫化钼
50～80	3～20	0.5～1	0～3	3～20	3～10	5～23	1～5

• 铁/铜基摩擦材料基体以铁铜为主，这类材料应用于大功率运载条件的干式制动材料，例如安全制动器。一般铁铜合金各为30%～40%，这种材料在局部区域仍然是铁基或铜基摩擦材料。

6.2　粉末冶金摩擦材料组成及其作用

粉末冶金摩擦材料是一种含有金属和非金属组元的复合材料，是一种金属或合金基体镶嵌多种独立存在的物质的混合体。正是这种复合成分的特殊性，使其粉末冶金摩擦材料具有优良综合摩擦磨损性能。尽管组成很复杂，但这些组成大致可分成基体组元、润滑组元、摩擦组元三大类。

6.2.1　基体组元

基体组元构成粉末冶金摩擦材料的基体，是承载其他组分的基础。其成分、组织结构在很大程度上决定材料的强度、耐热性和耐磨性。常用的基体金属为铜、铁及其合金。

6.2.1.1　铜及其合金

在铜基摩擦材料中铜含量在50%～90%范围内变动。为了提高基体的强度，改善摩擦性能和提高耐热性，常加入其他合金元素以强化基体。如加锡可提高压坯强度和烧结制品的强度和硬度，降低磨损。表6－4列出了不同含量锡的铜基摩擦材料的机械性能和摩擦性能。

当烧结温度为780℃时，随着锡含量增加，抗压强度和硬度都相应增高，而摩擦系数和磨损量相应减小。铜基摩擦材料的锡含量多在5% ~12%范围内。铝也是强化铜基体的元素，加入量在7% ~10%范围内，其强化效果比锡更好。另外，铜铝合金的耐热强度和耐蚀性也比锡铜合金高。图6 -2示出了铝含量对铝铜基摩擦材料性能的影响。为了降低成本，可用锌部分或全部取代锡，锌含量可达12% ~15%。此外，还可用Ni、Fe、Sb、Ti、Mo、W等合金元素来强化铜基体。铜基摩擦材料中合金元素的加入量，应根据材料的使用条件来确定。如果在工作过程中，材料的破坏是由疲劳过程(如在润滑摩擦条件下)造成的，则基体应具有单相组织；如果在工作过程中基体发生明显的塑性变形，则基体应为两相组织。

表6 -4　不同含锡量对铜基摩擦材料性能的影响

锡含量/%	烧结温度/℃	抗压强度/MPa	硬度(HB)/MPa	不同压力(MPa)下的摩擦系数			经10次制动后的摩损量/μm
				0.5	1.0	2.0	
10	720	192	206	0.067	0.050	0.047	1 ~3
	750	161	213	0.070	0.050	0.046	
	780	250	273	0.071	0.052	0.049	
5	720	129	272	0.081	0.064	0.059	2 ~4
	750	126	271	0.078	0.060	0.052	
	780	144	268	0.076	0.056	0.053	
0	720	69	239	0.085	0.060	0.065	6 ~10
	750	73	239	0.090	0.070	0.064	
	780	74	206	0.080	0.062	0.064	

近来，也出现了用纤维强化和弥散强化铜基合金的研究。例如加入短切炭纤维可以提高铜基体的变形能力，进而提高铜基摩擦材料的允用功率。

6.2.1.2　**铁及铁合金**

铁比铜的熔点高，强度也大，但是与对偶材料(铸铁和钢)容易产生黏附，这可以通过加入合金元素降低铁的塑性、提高强度和硬度来克服。合金化还可提高材料的耐热强度和抗氧化性。为了提高导热性，可加入铜或铜纤维。表6 -5列举了合金元素Cu、Mn、Al、Co、Mo(加入量为4 ~5.5%)对含MoS_2和SiC的铁基摩擦材料摩擦性能的影响。可以看出，加入合金元素后，最大摩擦系数$\mu_{最大}$降低。加Mn、Al、Co能提高材料的耐

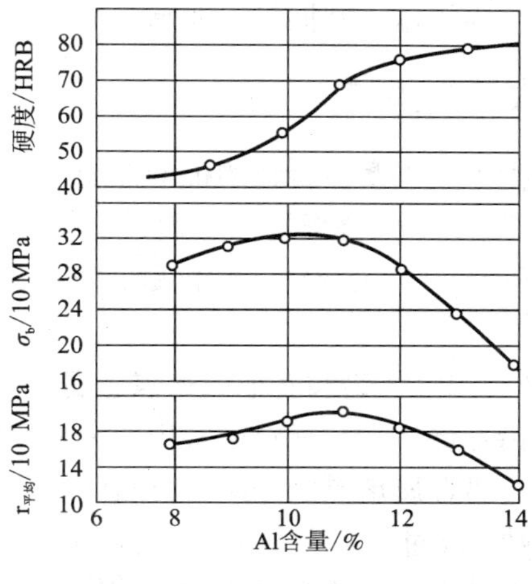

图6 -2　铝含量对铜基摩擦材料性能的影响

磨性；加入 Mo 因形成铁钼固溶体而阻止 Fe_2O_3 的形成，可降低制动中的噪声和振动；加铬可显著提高材料的耐磨性，但摩擦系数的稳定性较差。有人研究了铜含量对含 8% 石墨、3% 石棉、5% 碳化硼和碳化硅、硫酸亚铁的铁基材料摩擦磨损性的影响，表明铜含量为 7.5% ~ 10% 时，该铁基摩擦材料的综合性能最好。

表 6－5　合金元素对铁基材料摩擦系数磨损的影响

合金元素	摩擦系数		单次制动线磨损/μm	
	$\mu_{平均}$	$\mu_{最大}$	烧结材料	铸铁
	0.28	0.39	12.0	5.5
Cu	0.29	0.37	12.0	2.5
Mn	0.30	0.37	10.0	4.0
Al	0.24	0.36	3.5	4.5
Co	0.25	0.31	8.5	3.0
Mo	0.27	0.33	11.5	3.0

6.2.1.3　铁/铜基

铁基粉末冶金摩擦材料和铜基粉末冶金摩擦材料各有缺点和优点，如铜及铜合金导热性能比铁及铁合金优良，抗氧化性能比铁好，与铁基对偶相容性小，故铜基摩擦副接合平稳，耐磨性好。铜基摩擦材料在高负荷条件下摩擦系数不够稳定，没有铁基摩擦材料耐高温，且铜的价格高。为了综合以上两种材料的优点，研制了铁/铜基摩擦材料。该材料在较宽的能量负荷范围内摩擦系数基本稳定。铁/铜基摩擦材料在小尺度范围内仍可以看成是铁基和铜基摩擦材料混合体。

此外，还有镍基及钨基的基体组元。基体组元或是单质金属组元或是合金组元。选择组元的主要依据是摩擦材料要承受的功率工作环境以及材料的生产成本等因素。

6.2.2　润滑组元

为了改善摩擦材料的抗卡性能，提高材料的耐磨性，常加入一些起润滑作用的物质，它们是铅、铋、锑等低熔点金属，还有石墨、二硫化钼、二硫化钨、硫化亚铜、某些金属（Cu、Ni、Fe、Co）的磷化物、氮化硼、滑石、硫酸钡、硫酸亚铁等。下面介绍几种常用的固体润滑剂。

6.2.2.1　铅和其他低熔点金属

铅是烧结摩擦材料中常用的一种固体润滑剂。在无润滑摩擦工作过程中，当摩擦表面温度超过铅金属熔点时，这类金属便熔化，并在摩擦表面形成润滑薄膜。薄膜的形成降低了摩擦系数，反过来又使摩擦表面温度降低，这样熔融金属又重新凝固，使摩擦系数又提高到原有水平。表面液体润滑膜的形成促使滑动平稳，并提高材料的抗黏结、抗卡滞能力。这在高温时特别重要，因为高温下金属基体具有很大的黏结和卡滞倾向。

图 6－3 表示铅含量对粉末冶金铜基摩擦材料摩擦系数的影响。检验条件为：压力

2.6 MPa，起始速度40 m/s，润滑油耗量3～4 L/min，制动周期为1 min。可以看出，随铅含量从2%提高到12%时，最大摩擦系数稍有降低，各次制动的平均摩擦系数则明显降低，从0.07降到0.05。检验结果表明，总线磨损量也相应减小。由图6－4可以看出，对烧结铁基摩擦材料来说，增加铅含量会降低材料的机械性能而提高耐磨性，在研究的含量范围内，摩擦系数实际上没有变化。烧结摩擦材料中铅（或者加上其他易熔金属）的含量可从百分之几到15%～20%，多数在3%～15%之间。

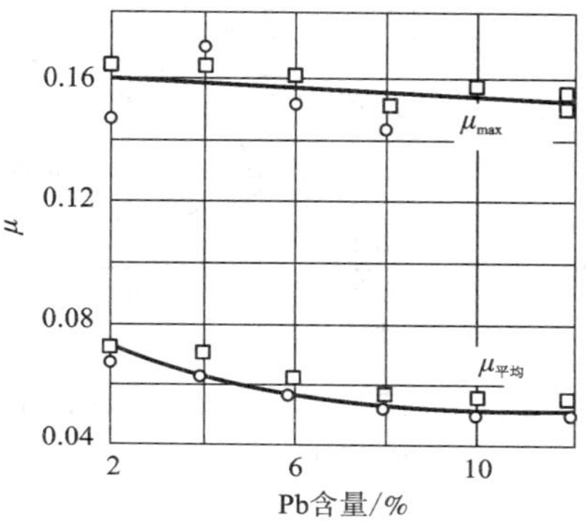

图6－3 铅对铜基摩擦材料摩擦系数的影响

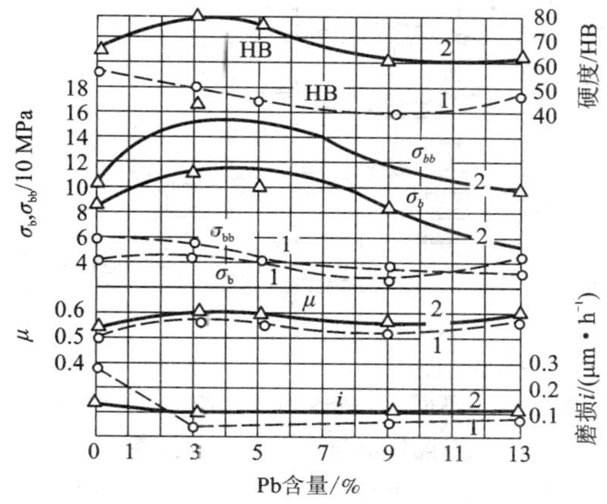

图6－4 烧结铁基材料的性能与铅含量的关系

铅不仅影响摩擦材料的摩擦系数和磨损量，还可以改善摩擦副工作的平稳性，降低摩擦材料的制动噪声。特别是多片式铜基摩擦副，加入铅之后，其噪声降低15%。但是，铅对人体健康有不利影响，近来有限用的趋势，而改用同样性质的低熔点金属铋。

6.2.2.2 **石墨**

严格说，加入摩擦材料中的润滑组元是层状结构的鳞片石墨。这种石墨的润滑作用基于以下三点：一是石墨微粒对金属（合金）的黏附作用，这种黏附改变了金属表面状态，使得滑移更加容易；二是石墨晶体各层中的原子间结合力强，而各原子层之间的结合力弱（仅为前者的几分之一），层间相对滑移的摩擦系数低；三是石墨可以吸附有润滑作用的水气，这种潮湿的石墨更具有润滑作用。研究表明，在真空下，水蒸气和其他气体从石墨表面解析，摩擦材料的摩擦系数明显增加。

石墨对铜基摩擦材料摩擦磨损性能的影响关系，在铜基材料中加入石墨，能提高材料的耐磨性能，有利于摩擦平滑，改进摩擦性能。铜－石墨和铜－锡－石墨合金的石墨含量分别大于2%和5%时，耐磨性最好，在铜－锡－石墨合金中最佳石墨含量取决于含锡量，含锡量越高，石墨含量也越高。在青铜基材料中，大多数情况下，最佳石墨含量为5%～10%。当铜基摩擦材料体系中所含非金属添加物不大于20%时，石墨最低含量3%～6%就完全满足要求。

石墨对铁基摩擦材料性能的影响，不仅与石墨的加入量有关，而且还与石墨存在状态有关。因为在烧结过程中，部分石墨溶于铁，改变基体显微组织，强化了基体。研究表明，铁素体基体材料的耐磨性最差，特别是在高温时，而基体为珠光体或珠光体－渗碳体组织时，材料的耐磨性能好。图 6－5、图 6－6 表明，随石墨含量增加，铁基摩擦材料的强度下降，但摩擦系数 μ 和耐磨性提高。石墨含量为 7％～9％时，材料的综合性能较好。铁基摩擦材料中石墨含量的变化范围一般为 5％～30％。

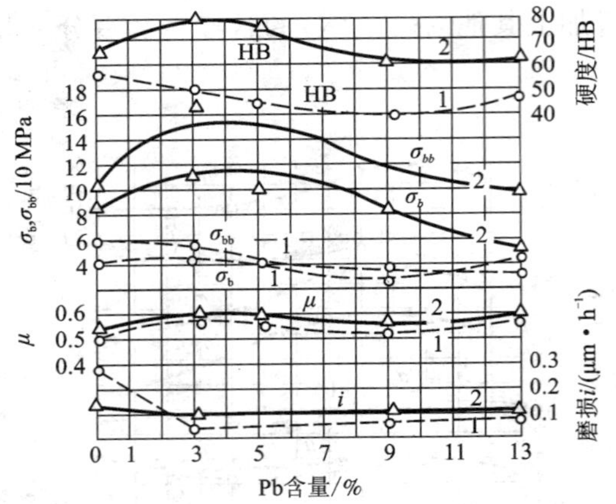

图 6－5　不同检验条件下烧结铁基材料性能和摩擦性能与石墨含量的关系

1—p＝0.5 MPa，v＝19 m/s；2—p＝0.8 MPa，v＝21 m/s；3—p＝0.5 MPa，v＝19 m/s

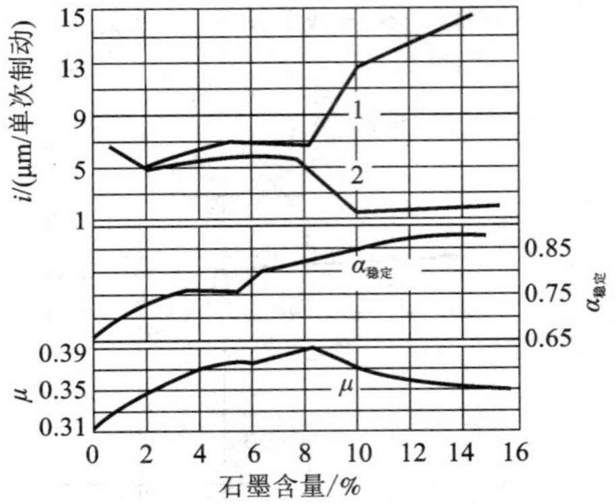

图 6－6　烧结铁基材料摩擦性能与石墨含量的关系

1—烧结材料；2—铸铁

应该指出：如果加入的是颗粒石墨，特别是经由石油裂解而成的合成石墨，其结果与上面的层状鳞片石墨是不相同的。很多资料都表明，颗粒石墨的加入往往会提高材料的摩擦系数，颗粒石墨加入量有时高达 15％（质量百分数）左右，无论是铜基还是铁基摩擦材料，其摩擦系数都大于含石墨量为 6％（质量百分数）的材料的摩擦系数，因此，在很多实验中石墨由鳞片石墨与颗粒石墨同时存在，此时鳞片石墨为润滑组元，颗粒石墨只是充填物质，在摩擦材料占据的位置仅仅起孔隙的作用。

值得特别说明的是：实际应用的摩擦材料大多是一个多元复合材料，当材料中石墨、铅及耐磨质点共存时，三者各自含量以及石墨、铅的共同含量都对材料的摩擦磨损性能有影响。图 6－7 出示了两种铜基摩擦材料的摩擦系数与石墨、铅、SiO_2加入量的关系。从中可以看出：摩擦系数随石墨含量增加降低，而且当 SiO_2含量愈低，Pb 含量愈高时，摩擦系数降低愈显著；在含 70％铜的材料中，高耐磨性材料区的最高石墨含量为 13％。在多数情况下，铜基材料中最佳石墨含量为 5％～10％。如果材料中同时含有石墨、铅等多种润滑剂，则总量不能高于 12％～13％。

6.2.2.3　硫化物

硫化物（MoS_2，WS_2等）也是一种层状结晶的润滑体。MoS_2适用于工作温度高于 400℃的摩擦材料的润滑组元。在铁基摩擦材料中，由于 MoS_2与石墨的作用不尽相同，在增加耐磨性的同时，显著降低摩擦系数。因此，应综合考虑材料的综合摩擦磨损性能。将 MoS_2含量控制在 4％（质量百分数）以下。图 6－8 出示了 MoS_2含量对铁基摩擦材料性能的影响。在铜基摩擦材料中也有类似的情况，例如添加 MoS_2与石墨总含量为 9％时，随着 MoS_2减少、石墨含量

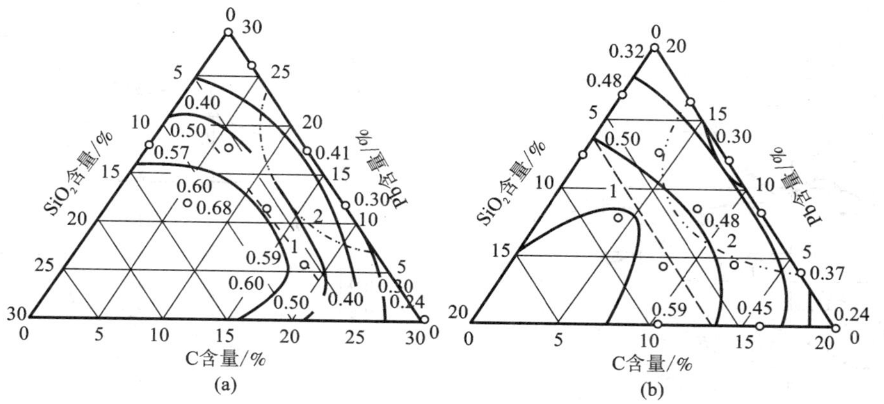

图6-7　不同α青铜含量的青铜基材料的摩擦性能与石墨、铅、二氧化硅含量的关系

青铜含量(a)70%；(b)80%

增加时，摩擦系数降低，而磨损量增大。材料密度硬度都有所降低。图6-9出示了MoS_2与石墨综合含量对铜基摩擦材料的影响。

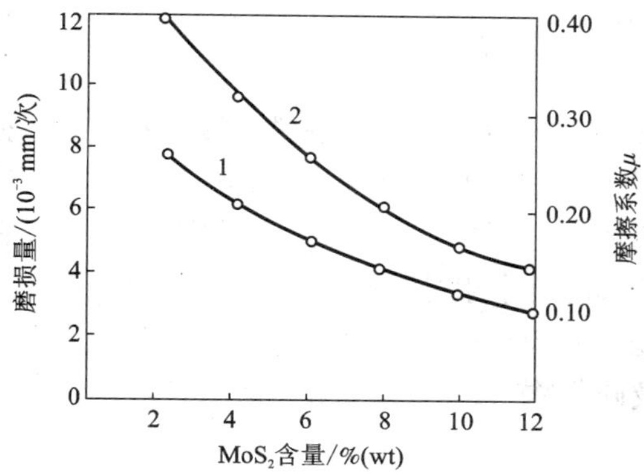

图6-8　MoS_2含量对铁基摩擦材料性能的影响

1—摩擦系数；2—磨损量实验条件：$p=2$ MPa，$v=32$ m/s，对偶30CrMoVSiA

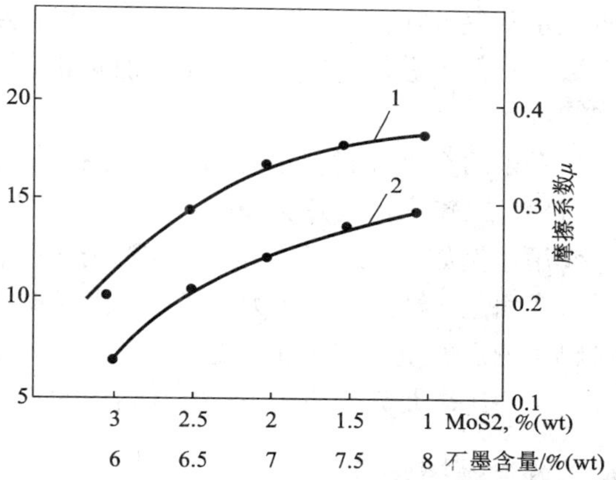

图6-9　MoS_2与石墨配比对铜基摩擦材料性能的影响

1—摩擦系数；2—磨损量实验条件：$p=0.6$ MPa，$v=6$ m/s，对偶HT240

对于MoS_2对摩擦材料的润滑作用，有不少文献与实验有不同的论述。不少实验都表明，在高于850℃以上烧结时一部分MoS_2会分解成Mo与SO_2，同时分解生成的SO_2又与铁反应生成硫化亚铁和硫化铁。WS_2也是很好的固体润滑剂，特别适合高温条件摩擦材料的润滑组元，其在高温下仍有稳定的润滑性能。

在粉末冶金摩擦材料特别是铁基摩擦材料中也用Cu_2S、$FeSO_4$、$BaSO_4$作润滑剂。Cu_2S在高温中以Cu_2S润滑薄膜形式存在。而$FeSO_4$在300℃时分解成氧化铁和SO_2，而SO_2与材料中的Fe、Cu生成分布均匀的硫化物而起润滑作用。$BaSO_4$则是在烧结过程中被碳全部还原成硫化钡而作为润滑剂。这类添加剂的加入量一般在5%左右。图6-10和图6-11显示了

$FeSO_4$和 $BaSO_4$对铁基摩擦材料性能的影响。

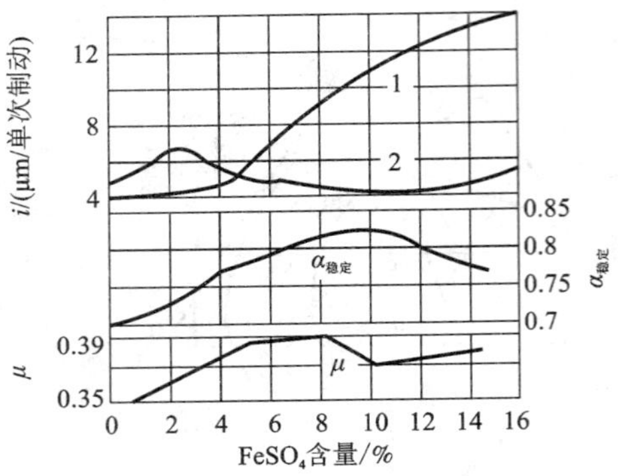

图 6-10　$FeSO_4$ 含量对烧结铁基材料(1)和铸铁(2)摩擦性能的影响

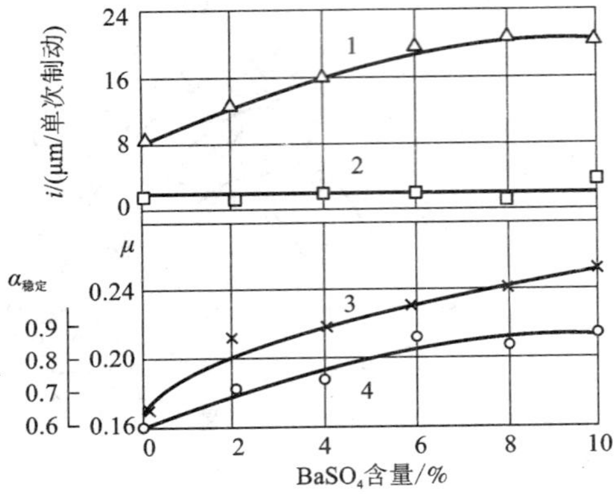

图 6-11　$BaSO_4$ 含量对烧结铁基材料摩擦性能的影响

氮化硼可以用来代替石墨和 MoS_2作固体润滑剂。BN 与石墨、MoS_2不同，对真空热处理很敏感。在真空度 5×10^{-4}mmHg 下，经 1000℃煅烧后，其摩擦系数从 0.18 提高到 0.5。如再经水蒸气、氧、氮的作用，摩擦系数也不会降低到原有水平。但用含 H_2气氛处理后，摩擦系数会降低。总之，BN 是一种有前途的固体润滑剂。在实际应用中，氮化硼的含量可达 6% ~12%。

粉末冶金摩擦材料中的润滑组元往往是多种成分同时存在。例如在铁基摩擦材料中，往往石墨、二硫化钼以及铅同时存在。它们的自润滑性材料应用的环境不一样，分别起着不同的作用。例如，当采用易熔金属作润滑剂时，材料使用过程中，易熔金属以薄膜状态分布在材料表面上，材料的承压力，基本上由材料中强度大的合金组分(金属基体)的硬度确定，而材料接触面的抗剪强度也就是摩擦力，基本上取决于材料中软金属部分的强度。在干式介质环境，尤其是大负荷功率下，层状结构的石墨以及硫化物、氮化物的润滑作用就重要些。

6.2.3　摩擦组元

烧结摩擦材料中加入固体润滑剂虽可减少材料的磨损，促进摩擦偶工作稳定，但同时也降低摩擦系数，所以为了提高摩擦材料的摩擦系数需要同时加入摩擦剂。摩擦剂的加入除提高材料的摩擦系数外，还可消除对偶零件表面上从摩擦片转移过来的物质，从而减少对偶表面的擦伤和磨损。因此，摩擦剂的基本作用并不是对配偶零件材料起磨料磨损作用，而是保证与对偶工作表面适当的啮合，使材料与对偶匹配，保持对偶表面良好的性能。所以在选择摩擦剂时，必须首先注意它与基体硬度的差别及其颗粒大小和形状。

摩擦剂应满足如下要求：①高的熔点和离解热；②从室温到烧结温度，或在使用温度区间不发生晶型转变；③不与其他组分及烧结气氛起反应，或有反应，能生成更具有摩擦组元性能的物质；④具有足够高的机械强度和硬度，但硬度太高会使对偶材料磨损；⑤摩擦剂与基体金属或合金应具有良好的湿润性，或能牢固地黏附或镶嵌在基体金属中。要将摩擦剂颗粒从基体中分离出来，必须消耗很大的摩擦功，因而促进耐磨性提高。某些金属氧化物、碳化物、硅化物、硼化物和难熔金属可完全满足上述要求。常用的摩擦剂有铁、二氧化硅、氧化铝、石棉、碳化硅等。

6.2.3.1　铁、铬、难熔金属等金属

对于铜及其合金为基体的摩擦材料，其他难熔在铜基体的金属(例如钨)也可以是摩擦组元。金属摩擦剂很牢固地保持在金属基体中。因此，一方面可以增加材料的摩擦系数，另一方面，可以提高材料的耐磨性。铁及难熔金属，例如铬、钼金属在较软的基体中以硬质点的形式存在，有利于防止摩擦表面与对偶的黏结。有些情况下，特别是在无润滑摩擦时，铜基摩擦材料中，铁含量即使变化很小也会引起材料性能显著变化，例如，当铁含量从 3% 增加到 8% 时，在无润滑的情况下铜基材料的摩擦系数可以从 0.37 增加到 0.5，在有润滑摩擦时，铜基摩擦材料铁含量从 0 增加到 10% 时，材料的摩擦系数可达 0.085 左右。除此之外，铁还对铜基摩擦材料的其他摩擦性能也有影响，例如，当含有适量的铁时，材料具有无噪声摩擦性能，又能防止摩擦表面与对偶黏结。

很多实验表明：加入的铁及其他金属起摩擦组元与材料中的碳起反应有关，当反应生成金属碳化物，而这种质硬且难与基体熔解的质点，更能起摩擦组元的作用。显微组织观察：当铁以铁素体的形态存在时，材料的摩擦系数也相对低，当铁以珠光体的形态存在时，摩擦系数就相对高些。耐磨性也好些。在大功率铜基摩擦材料中，铁直接以白口铁或铸铁粉的形式加入。例如，在一种含有 70% 的铜，加入了近 8% ~12% 的铸铁粉末。其摩擦系数可达 0.5 以上。在铜基摩擦材料中，有时加入复合的金属类摩擦剂，例如加入铬/铁、铬/铜喷雾合金粉末，其含量可达 12%(重量)左右。材料在干摩擦时，摩擦系数可以达 0.4 ~0.5。

6.2.3.2　石棉及其他矿物

石棉和莫来石($3Al_2O_3 \cdot 2SiO_2$)也是常用的摩擦剂。加入石棉，摩擦系数和耐磨性有所提高，而材料的机械性能稍有降低；加入莫来石可明显提高材料的强度性能和摩擦系数，其适宜加入量为 3%。很多实验表明：石棉与莫来石配合使用能显示更好的摩擦剂效果。

6.2.3.3　氧化物

二氧化硅等氧化物也是常用的摩擦剂。在干摩擦条件下，铜基材料中加入二氧化硅能提高和稳定材料的摩擦系数，特别是摩擦温度高时。二氧化硅的含量一般不应大于 6%，以避免对偶钢件的过度磨损。很多文献介绍了各种氧化物及石棉对铁基摩擦材料性能的影响。由图 6-12 可以看出，增加二氧化硅的含量，在研究条件下，都使摩擦系数和摩擦温度提高。Al_2O_3的影响与 SiO_2基本相似。图 6-13 表明，铁基材料中加入 Al_2O_3和 MgO，会降低耐磨性，而加入 Cr_2O_3可提高耐磨性。该实验条件为：速度 20 m/s，单位制动功 50 J/cm^2，制动时间 22 s。二氧化硅和石棉对铁基摩擦材料摩擦性能的影响见图 6-14。当加入量超过 2.5% 时，摩擦系数增加。而在研究范围内，含量变化对铸铁对偶材料的磨损影响不大，但对粉末冶金摩擦材料来说，SiO_2加入量为 2% ~4% 时磨损量最小。而增加石棉含量会降低材料的耐磨性。通常，在铁基摩擦材料中二氧化硅和石棉的加入量各为 2% ~6%。

Zr_2O_3也是常用的摩擦剂，与 SiO_2和 Al_2O_3相比，Zr_2O_3的含量更多一些。例如在一种含铜 68% 大功率负载的铜基摩擦材料中，Zr_2O_3含量可达 12% ~14%，材料的摩擦系数可达 0.4 左右，而且对材料本身和对偶(65Mn)磨损都比较小。

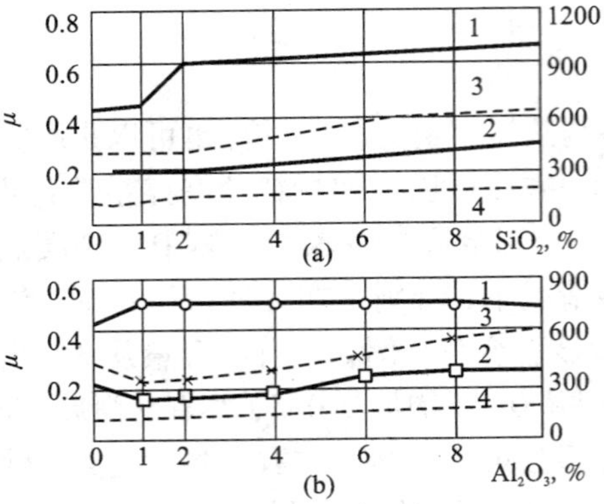

图 6-12 不同滑动速度下 SiO_2 (a) 和 Al_2O_3 (b) 含量对烧结铁材料摩擦性能的影响

—摩擦系数；---摩擦温度

1、4—0.26 m/s；2、3—2.6 m/s

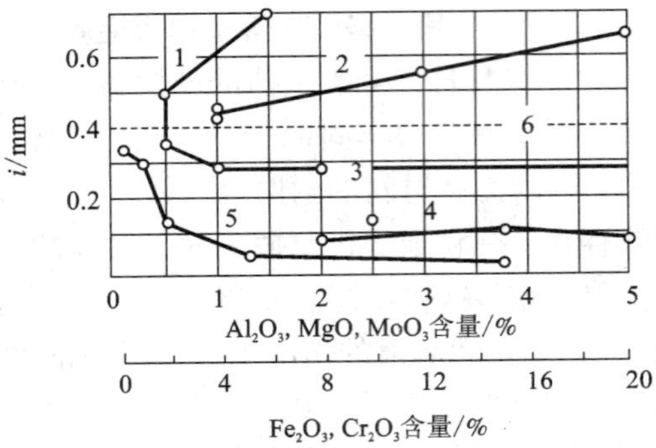

图 6-13 烧结铁基材料耐磨性能与其氧化物含量的关系

1—Al_2O_3；2—MgO；3—MoO_3；4—Fe_2O_3；5—Cr_2O_3；6—ФМК-11

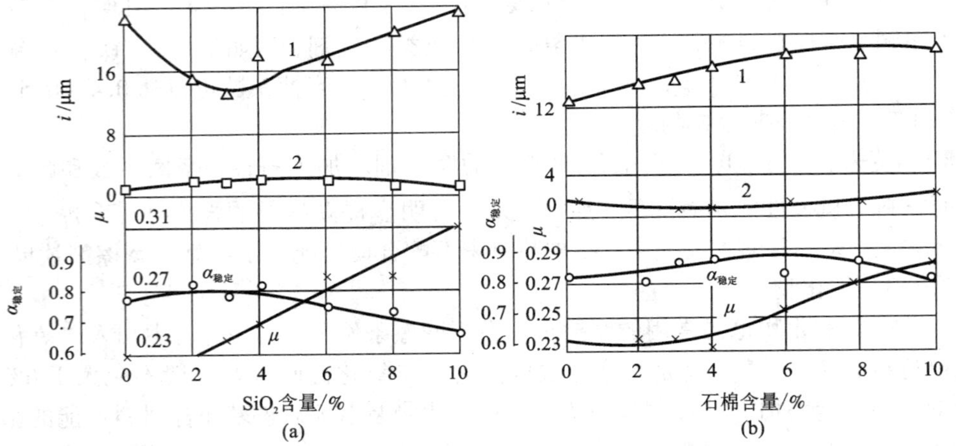

图 6-14 烧结铁基材料摩擦性能与 SiO_2 (a) 和石棉 (b) 含量的关系

1—烧结材料磨损；2—铸铁磨损

6.2.3.4 碳化硅与碳化硼

图 6-15 显示了 1% ~10% 的 SiC 和 B_4C 对含 10% Cu、8% 石墨、3% 石棉、5% $FeSO_4$ 的烧结铁基材料摩擦磨损性能的影响。碳化物含量增加到 6% 时，材料的摩擦系数一直增大。而继续增加 SiC 含量，摩擦系数反而降低，继续增加 B_4C 含量则无明显影响。在稳定摩擦系数方面，SiC 比 B_4C 好；而对于稳定铸铁的磨损，则 B_4C 比 SiC 要好一些。烧结铁基摩擦材料中 SiC 与 B_4C 的加入量以 4% ~6% 为宜。

6.2.3.5 纤维

在近期的研究中，各种纤维包括短纤维以及金属铜、不锈钢纤维都能作为粉末冶金的摩

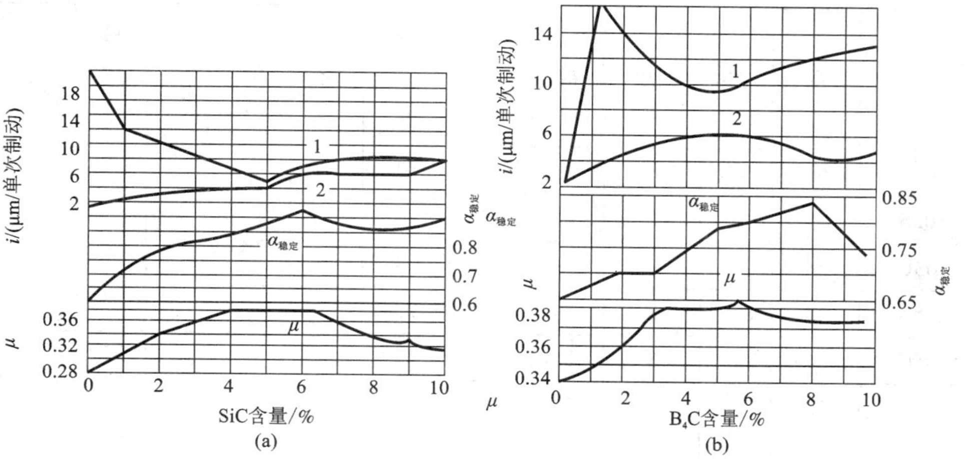

图 6 - 15　烧结铁基材料摩擦性能与其中 SiC(a) 和 B_4C(b) 含量的关系

1—烧结材料磨损；2—铸铁磨损

擦材料的摩擦剂。很多实验中，加入短切碳纤维的含量在 5% 以下，材料的摩擦系数、强度都随着碳纤维含量增加而增大。在铁基或铜基摩擦材料中，加入了 3% ~4% 的铜纤维或不锈钢纤维均能提高材料在大负荷条件的摩擦系数并降低磨损。纤维作为摩擦剂，在材料形变之后增加材料的强度。同时晶界形变也增强了材料的剪切形变能力，从而提高了摩擦时表面的形变抗力，从而提高摩擦系数，减少磨损。

在粉末冶金摩擦材料中，摩擦组元的含量与材料应用的工作条件十分有关。一般来说，用于润滑工作条件或摩擦表面温度不太高的干摩擦条件的摩擦材料，摩擦组元一般在 10% 以下；用于干式摩擦的中等负荷制动装置的摩擦材料，摩擦组元一般在 10% ~15%；用于重负荷制动装置的摩擦材料，摩擦剂含量一般为 15% ~25%，甚至更高，而且加入的摩擦组元是多元的，甚至有时是复合的中间化合物。决定摩擦组元含量的另一个因素是基体附着或镶嵌摩擦组元的能力，当基体不能承受过多的硬质摩擦点，此时材料的强度过低，摩擦组元会优先剥落在制动器或离合器中，会对摩擦副形成磨料磨损。适合的摩擦剂种类以及含量应该兼顾三个原则，一是增加材料本身的摩擦系数，二是减少材料本身的磨损，三是防止对对偶的过度磨损或防止摩擦表面物质的转移。而这三个要求是互为矛盾的，这就需要根据具体的实际情况，合理地选择摩擦剂的种类、含量、粒度，形状以及摩擦剂本身制造的工艺条件等。

6.3　粉末冶金摩擦制造工艺及性能

6.3.1　粉末冶金摩擦材料常用成分

常见的粉末摩擦材料的有铁基与铜基两大类。这两种摩擦材料的成分如表 6 - 6 所示。

表 6－6　粉末冶金摩擦材料的组成/%（重量）（JB3063－82）

牌号	铜	锡	铁	铅	石墨	氧化硅	氧化铝	硫化钼	石棉	碳化硅	铸石	硫酸钡
FM－101S	69	8	6	8	6	3						—
FM－102S	75	3	8	5	5	4						
FM－103G	68	5	8	—	10	4						5
FM－104S	73	8.5	8	4	4	2.5	—	—				
FM－105G	64	7	8	8	8	5						
FM－106G	72	10	5	3	2	8						
FM－201G	5		69	10	11	1		4				
FM－202G	10		73	8	6	—	3	—				
FM－203G	—		69	—	23	1		5	2			
FM－204G	1.5	1	69	8	16	1	—	—	—			
FM－205G	—	3～5	65～70	2～4	13～17	—		3～5		3～4	3～5	

6.3.1.1　铜基摩擦材料成分

以前铜基摩擦材料一般使用在轻负荷下的干式制动器或湿式离合器，其成分见表 6－6。随着技术不断创新，铜基材料的组分越来越复杂，特别是经过对铜基体强化及摩擦组元、润滑组元的多元化，铜基摩擦材料也可以作为大负荷干式制动器。例如一种含 50% 以上的铜，加入 5%～10% 锡强化，用 Pb、MoS_2作润滑剂，加入 15% 的铁或 Si_2O_3、SiC 来提高摩擦系数。可以应用于大中型飞机的制动材料；又如含 60% 铜，用 10% 左右的 Sn 强化，用 15% 的 Zr_2O_3摩擦剂并添加 8% 合成颗粒石墨来作摩擦剂的摩擦材料，可以应用于火车、动车组的制动材料。很多专家学者都对铜基摩擦材料进行研究。铜基摩擦材料的成分见表 6－8。

表 6－7　干摩擦下使用的铜基摩擦材料的成分/%

序号	Cu	Sn	Pb	Fe	C（石墨）	石棉	SiO_2	Al_2O_3	其他成分	国家
1	50～80	—	10 以下	20 以下	5～15	—	5 以下	—	MoS_2—20 以下，钛—2～10	美国
2	60	—	—	—	—	—	5	—	莫来石—20，铋—15	美国
3	70	—	—	—	—	—	5	—	莫来石—20，锑—15	美国

续表

序号	Cu	Sn	Pb	Fe	C(石墨)	石棉	SiO_2	Al_2O_3	其他成分	国家
4	44.5	—	—	—	—	—	5	—	锌—5，莫来石—35，铋—8	美国
5	67.5	—	—	—	7.5	—	15	—	铋—10	美国
6	67.5	—	—	—	7.5	—		15	铋—10；可用 15% MgO 代替 Al_2O_3	美国
7	61～62	6	—	7～8	6	—	—	—	锌—12，莫来石—7	美国
8	70	7	8	—	8	—	7	—	TiO_2—10	日本
9	62～67	6～10	6～12	4～6	5～9	—	4.5～8	—		日本
10	基体	6～10	10 以下	5 以下	1～8	—	—	—	Ti，V，Si，As—2～10；MoS_2—0～6	苏联
11	62～67	6～10	6～2	4～6	5～9	—	3.5	—		日本
12	基体	5	0.5	8	4	2	—	5	MoO3—6	罗马尼亚
13	62～71	6～10	6～2	4.5～8	5～9	—	—	—	硅—4.0～6.0	日本
14	基体	—	—	5～15	25 以下	—		5	锑—4～8	西德
15	60～70	5～12	—		9 以下	—		—	SiO_2，Si，SiC，Al_2O_3，Fe 石棉及其他添加剂≥10%	捷克斯洛伐克
16	67～80	5～12	7～11	8 以下	6～7	—	4.5	—		苏联
17	68～76	8～10	7～9	3～5	6～8	—	—	—		苏联
18	75	—	—	—	—	—	5	—	莫来石—20	法国
19	60	—	—	—	10	-	5	-	莫来石—20，Mo－5	
20	25	3	—	—	—	30	5	—	玻璃料—40	西德
21	18	2	—	—	—	30	—	—	玻璃料—40，硫化铝—10	西德
22	62～86	5～10	5～15	2 以下	4～8	3 以下	3 以下	—	镍—2 以下	苏联
23	67	6	9	7	7	—	4	—		苏联
24	72	5	9	4	7	—	—	—	SiC—3	苏联

续表

序号	Cu	Sn	Pb	Fe	C(石墨)	石棉	SiO_2	Al_2O_3	其他成分	国家
25	86	10	—	4 以下	—	—	—	—	锌—2 以下	苏联
26	75	8	5	4	1 ~ 20	—	—	—	硅—0.75，锌—6	苏联
27	70.9	6.3	10.9	—	7.4	—	4.5	—		美国
28	73	7.0	14.0	—	6.0	—	—	—		美国
29	62	12	7	8	7	—	4	—		美国
30	67.26	5.31	9.3	6.62	7.08	—	4.43	—		美国
31	68	8	7	7	6	—	4	—		美国
32	66 ~ 70	8 ~ 12	9 ~ 13	—	2 ~ 4	—	1 ~ 6	—		美国
33	60 ~ 90	10 以下	10 以下	18 以下	10 以下	—	2	—		日本

表 6-8　在润滑条件下使用的铜基摩擦材料的成分(%)

序号	Cu	Sn	Pb	C(石墨)	SiO_2	Fe	其他添加剂	国家
1	基体	12	7	4	1.5	0.5	硅铁—0.5，石棉—2，镍—1	苏联
2	73	9	4	4	—	6	皂土—2，石棉—2	苏联
3	72	9	7	5	—	4	石棉—3	苏联
4	73.5	9	8	4	—	4	莫来石—1.5	苏联
5	68 ~ 76	8 ~ 10	7 ~ 9	6 ~ 8	—	3 ~ 5	—	苏联
6	基体	3 ~ 9	6 ~ 7	6 ~ 7	—	—	滑石—7 ~ 8	苏联
7	基体	5 ~ 9	5 ~ 15	0.5 ~ 10	0.5 ~ 8	—	滑石—1 ~ 16，石棉—0.5 ~ 8	苏联
8	68	8	7	6	4	7	—	美国
9	62	7	12	7	4	8	—	美国
10	50 ~ 80	—	0 ~ 10	5 ~ 15	0 ~ 5	0 ~ 20	Ti，V，Si，As—2 ~ 10，MoS_2—0 ~ 6	美国
11	青铜	75	—	—	12	10	碳化硅—3	美国
12	青铜	73.8	—	3.5	9.7	10	碳化硅—3	美国
13	72	7	6	6	3	3	三氧化钼—4	英国
14		4 ~ 8	—	25	—	5 ~ 15	Al_2O_3，刚玉，金刚沙或石棉—5	西德
15		4 ~ 5	—	20 ~ 30	—	5 ~ 30	刚玉，金刚沙或石棉—3 ~ 10	西德
16		—	—	25	—	5 ~ 15	Al_2O_3—5，Sb—4 ~ 8	西德
17		5	4.7	17.5	—	—	—	西德
18	68	5.5	9	6	4.5	7	—	意大利

续表

序号	Cu	Sn	Pb	C(石墨)	SiO_2	Fe	其他添加剂	国家
19	60 ~ 75	5.8	0 ~ 10	4 ~ 7	3 ~ 4	7	石棉—3 ~ 4	波兰
20	60 ~ 75	5 ~ 15	—	5 ~ 8	2 ~ 7	5 ~ 10	锌—5 ~ 10	波兰
21	62 ~ 72	6 ~ 10	2 ~ 6	5 ~ 9	—	4.5 ~ 8	硅—4 ~ 6	日本
22	62 ~ 72	6 ~ 10	6 ~ 12	5 ~ 9	4.5 ~ 8	4 ~ 6	—	日本
23	60 ~ 75	1 ~ 15	5 ~ 10	1 ~ 10	—	3 ~ 15	二硫化钼—1 ~ 10	日本

即使是湿式铜基离合摩擦材料，由于要求承载的负荷越来越大，例如一种大功率的装载机械，要求在润滑油工作状态下材料摩擦系数达 0.11 左右。为了适应要求对湿式铜基摩擦材料也进行了大量的研究，形成了一些复杂成分的湿式铜基摩擦材料。

6.3.1.2　铁基摩擦材料成分

铁基摩擦材料主要用于高速、重负荷条件下的制动装置，如飞机、载重汽车、工程机械等大功率机械，要求既有比较大的摩擦系数，又有比较好的导热性能。国内铁基摩擦材料的成分见表 6 - 9。为了增加摩擦系数特别是在 400℃ 以上工作的摩擦系数，有时会用碳化硅、碳化硼、氧化锆、氧化钼代替 SiO_2 和 Al_2O_3。例如时速为 250 km/h 的高速列车的制动材料中含有 SiC、Zr_2O_3 等 15% 左右，这种材料与一种经过特殊处理的合金钢为对偶，其摩擦系数为 0.31 左右，运行中磨损也很小。为了提高摩擦副的耐磨性，铁基摩擦材料中往往加入 15% ~ 20% 的铜，而且铜还是以合金化形式加入的。例如，当铁基摩擦材料中加入近 20% 的 Cu - Sn 合金后，与耐磨铸铁为对偶，摩擦系数可以达 0.32 左右，而且耐磨性非常好。铁基摩擦材料中加入的润滑组元除 MoS_2 之外，也有加入 WS_2 作润滑剂。因为 WS_2 更能在高温下保持润滑性能。

表 6 - 9　干摩擦下使用的铁基摩擦材料成分(%)

序号	材料牌号	Fe	Cu	Ni	C(石墨)	SiO_2	石棉	其他成分	国家
1	ФМК - 11	64	15	—	9	3	3	$BaSO_4$—6	苏联
2	МКВ - 50Λ	64	10	—	8	—	3	FeSO4—5，SiC—5，B4C—5	苏联
3	СМК	基体	9 ~ 25	—	—	—	—	Mn—6.5 ~ 10，BN—6 ~ 12，BC—8 ~ 15，SiC—1 ~ 6，MoS_2—2.0 ~ 5.0	苏联
4	СМК - 80	48	23	—	—	—	—	Mn—6.5，MoS_2—2.5，BN—6.5，BC4—10.0，SiC—3.5	苏联

续表

序号	材料牌号	Fe	Cu	Ni	C(石墨)	SiO_2	石棉	其他成分	国家
5	CMK－83	54	20	—	—	—	—	Mn—7.0，MoS_2—2.5，BN—6.5，B4C—9.5，SiC—1.0	苏联
6	—	基体	—	—	5～15	—	—	MoS_2—2～10，$MoSi_2$—5～20，SiC—5以下	美国
7	—	31.25	31.25	—	10	—	—	Mo—5，Sb—2.5，铁磷—20	美国
8	—	基体	10～20	—	4～8	—	2～4	Co—5以下，B4C—2～10，SiC—2～10，$FeSO_4$—5～10	苏联
9	—	60	—	5	—	—	—	Mo—5，W—5，莫来石—5，WS2—20可能添加Bi，Cd，Pb	东德
10	—	3～35	—	—	—	—	—	B4C—10～50，BN—1～5，ZrC—余量	苏联
11	—	84	9	—	5	—	—	Pb—1，Sn—1	日本
12	—	60～75	—	—	10～25	—	—	SiC—20以下；以及莫来石，Al_2O_3；MoS_2，Pb和Sn—20以下	美国
13	—	71.4～93.2	—	1.9～11.4	—	1.9～11.4	—	Co—6.5以下；Zn—1～2.5	日本
14	—	基体	12～25	—	3～4	0.3～0.9	—	Pb—1～3；Zn—1～2.5	西德
15	—	90～95	—	6～15	5～10	2～13	—	Co—2～8；Cr—2～4	日本
16	—	基体	30以下	—	—	6以下	6以下	P—1以下，Al—9以下	苏联
17	Fe－1A Fe－2B Fe－3C	62～72	—	15	4～8	5～13	—	Co—2，Cr—2	日本
18	—	基体	14～16	—	8～10	2～4	2～4	Ee_2O_3—8～20，$BaSO_4$—5～7	苏联

续表

序号	材料牌号	Fe	Cu	Ni	C(石墨)	SiO_2	石棉	其他成分	国家
19	—	基体	—	—	1.5	—	—	Al－5；Pb—4.6，可能加入≥1.92%以及 NiMg、Ca、Na、Ti、Si、B 总量达 5%	西德
20	—	69～78	—	—	20～25	—	—	MoS_2—2～6	法国
21	—	62.0	—	10	—	—	—	Cr—23，Pb—4.9	东德
22	—	67.0	8	—	20	—	—	Bi—5	法国
23	—	基体	—		10			Al—5	美国
24	—	70	—	—	20	—	—	生铁粉—10	美国
25	—	59～78	5 以下	—	20～25	—	—	MoS_2—2～6，Pb—3 以下，莫来石—2 以下	澳大利亚
26	—	72～77	1 以下	—	20～25	—	—	Pb—1 以下	澳大利亚
27	—	60	—	5				Mo—5，W—5，莫来石—5，WS2—20	东德
28	—	84	—	—	4	—	—	MoS_2—2，Pb—2，Sn—5，Al_2O_3—3	美国
29	—	31.25	31.25	—	10	—	—	Mo—5，Sb—2.5，莫来石—20	美国
30	—	80	—	—	20	—	—		捷克斯洛伐克

6.3.2　粉末冶金材料的制造工艺

粉末冶金摩擦材料因材料不同生产工艺有差别，但基本的工序有：粉末的准备及处理、支撑钢背的准备、混合、压制、加压(压力)烧结、机械加工和性能检验等。也派生了诸如撒粉烧结、喷涂、沉积等方法生产工艺。

6.3.2.1　粉末冶金摩擦材料的加压烧结制造工艺

典型的粉末冶金摩擦材料的制造工艺如图 6－16。

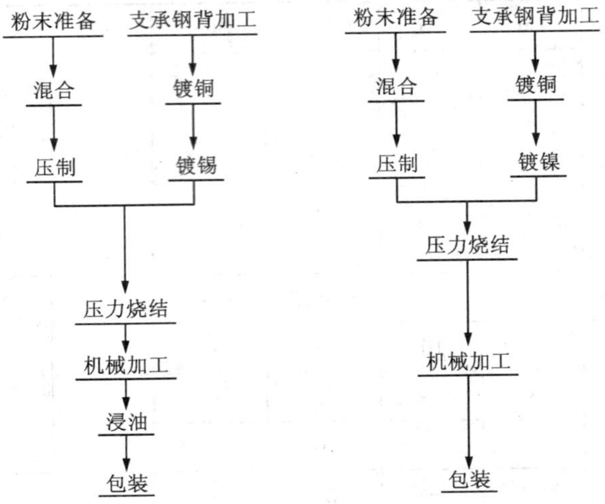

(a) (b)

图 6－16　烧结摩擦片生产工节流程图

(a)铜基离合器摩擦片；(b)铁基制动摩擦片

(1)粉末原料技术条件及处理工艺。粉末冶金摩擦材料的各组元的粉末性能对最终材料性能有直接影响。常用的各种粉末的要求见表 6－10。对于同一种粉末，既要求其纯度，又要有合适的粒度组成、形态。因此，原材料的处理也是一个很重要的工序。

表 6－10　摩擦材料常用粉末技术条件

名称	纯度	粒度/目	处理工艺			备注
			温度/℃	时间/h	气氛	
铁粉	>98%	－200	600～650	2～4	H_2	还原铁粉
铜粉	>99%	－200	400～450	2～3	H_2	电解铜粉
锡粉	>99%	－180				
铅粉	>99%	－180				
镍粉	>98%	－180	600～630	2～4	H_2	
钼粉	>98%	－180	800～900	2～3	H_2	
石墨粉	灰分<5%	－100	140 干燥	4		
二氧化硅	工业纯	－80＋100	140 干燥	4		
碳化硅		－80＋100	140 干燥	4		
硫酸钡	工业纯	－130	800 煅烧	4		
石棉		－130	950～1000 煅烧	4		
二硫化钼	工业纯	－180	100 干燥	4		

(2)支撑钢背的制备。粉末冶金摩擦材料往往烧结在一个支撑钢背上，这样增加了摩擦元件的机械强度或有利于将摩擦元件组装到一个大摩擦盘骨架上。因此，支撑钢背起着十分重要的作用。支撑钢背的性能，特别是与摩擦材料结合强度是选择钢背材料的关键。常用的钢背有 20 号、45#、65Mn 及其他合金钢。支撑钢背经过机械加工达到所要求的尺寸精度。铜基摩擦材料的支撑钢背，电镀一层均匀的铜(10 ~ 15 μm)和锡 (3 ~ 5 μm)。铁基摩擦材料先将钢背镀铜然后镀镍。如果存放期较短，钢背直接电镀 15 ~ 20 μm 的铜层。无论是铜基还是铁基摩擦材料的钢背，在镀之前都要进行去油、酸洗以保证镀层致密牢固。

(3)配料混合。摩擦材料配料后混合均匀程度对材料的最终性能有重要影响。为防止混合料成分偏析和减少粉尘飞扬以及改善压制过程，混料中常加入成形剂，如机油、硬脂酸锌、硬脂酸锂，加入量为 0.05% ~0.20%。对于弹性后效比较的压坯，有时会添加 1% 左右的树脂作成形剂。

混合方式有两种：一是将配料组分一起直接投入混料机混合，也可将混料按 Sn→SiO_2→Pb→Fe→Cu→石墨粉(铜基材料)或石棉粉→SiO_2→$BaSO_4$→Cu→Fe→石墨粉(铁基材料)的先后顺序逐级拌和后再投入混料机进行混合。实验表明，逐级混合方式的混合质量好。表征混合均匀度最敏感的指标是混合料的松装密度，它随混合均匀度增大而增大，并达到某一常值，当继续混合时，往往会降低混合料均匀性。可用这一规律来确定混合的最佳时间参数。混合时间也与混料机类型、装料量、转速、混合料成分及粉末粒度等因素有关，从不足 1 h 到几十小时。

(4)压制。粉末冶金摩擦材料压制有两种常见的方式，一是将摩擦材料的混合料单独压制成片，再与支撑钢背组装在一起加压烧结；另一种是将混合料直接与支撑钢背压制在一起。前者适用于批量自动成形，后者适用于很薄的摩擦层的压制。不管采用何种方式，为了在烧结过程中材料的摩擦层与支撑钢背有更加牢固的结合，往往压坯一面有一层薄薄的过渡层。因此，压制有时分两次装料，然后压制。此外，有时支撑钢背本身就是粉末冶金材料。例如，汽车用铁基粉末冶金刹车片，其支撑基背就是铁 - 石墨粉末冶金材料。此时压制时先在成形模中加入铁 - 石墨混合粉末，再加入铁基摩擦材料混合料，然后一并压制成双层复合片。粉末冶金摩擦材料的压制压力铜基一般为 150 ~ 300 MPa，铁基一般为 300 ~ 600 MPa。压坯的相对密度对产品的最终性能有一定的影响，特别是产品厚度比较大时，如果压坯密度过小，在加压烧结时，往往变形过大。虽然过小的压坯密度可以在加压烧结时得到比较高的烧结密度，但也会造成密度的不均匀。一般将烧结形变控制在 10% ~15% 为宜。因此，仍需控制压制密度。

(5)压力烧结。为了保证粉末摩擦片与钢背之间的紧密结合，要采用压力烧结。在压力烧结时，施压过早(如升温开始就加压)或太晚(保温时才加压)对摩擦片质量都不利。施压过早易使制品破裂，太晚则不能充分发挥压力对烧结的促进作用。一般在熔点温度($T_{熔}$)的 40% ~50% 附近开始施压效果最好。压力大小对烧结质量亦有影响，过大会妨碍金属粉末的充分还原，造成制品内部疏松或密度不均匀；压力过小，则烧结效果差，达不到性能要求。一般来说，铜基摩擦材料烧结时的压力可逐步加大到 1 MPa，铁基材料逐步加压到 1.5 ~ 1.8 MPa。烧结温度：铜基为 750 ~850℃；铁基为 1030 ~1100℃，有时也达到 1150℃。烧结时间(保温时间)也对制品性能也有影响。铜基烧结时间不小于 2 h，铁基不小于 3 h。有些特殊的摩擦材料也可不需要加压烧结。一种汽车用粉末冶金摩擦材料，由于这种材料是 Fe -

Cu－c 支撑材料与 Fe－C－SiO_2 复合后，就可以无压烧结。

(6)烧结后处理。随着粉末冶金技术和工艺不断发展，在生产过程中就能尽可能达到最终产品的要求，但是出于对装配尺寸精度、工艺难易程度以及生产成本的考虑，往往仍然需要机械加工及其他后续处理。粉末冶金摩擦材料制品加工有以下几方式：为了尺寸精度要求进行机械加工，如离合器片要求平面度、平行度很好，往往烧结状态难以满足，需求进行摩擦表面的磨削或其他加工；为了增加润滑油流通顺畅，同时使散热快或为了磨屑的排放而进行的油槽沟的加工，而且这种加工往往形式很多，不同形状的油槽有不同的效果；为了装配需要进行的加工，如在支撑钢背上制齿等；为了防止材料生锈变质，往往会进行真空浸油或喷涂防锈漆等；有时为了增加材料的密度，往往会浸渍耐磨的有机物等。

6.3.2.2 **粉末冶金摩擦材料其他制造方法简介**

(1)喷撒法制造摩擦片。主要工序是：混粉、芯板去油、撒粉、松散烧结、初压(压下量为其最终厚度的110%～115%)、二次烧结、终压(到最终厚度)。该方法与传统压烧法相比，其优点是：摩擦材料层的厚度可减薄至0.2 mm(而在普通的压制烧结法中，其厚度必须大于0.6 mm)；密度不太大，保留一定的孔隙；可补偿芯板厚度公差及粉层厚度的微小波动，又可防止压制时芯板的变形；再烧结时低熔金属不致渗出；油槽可压出，其表面与边角较致密坚固，轮廓清晰；原材料可比压烧法节约50%，还可实现自动化连续生产，摩擦系数可提高10%左右。其生产制造工艺流程见图6－17。

(2)冲压法。在撒粉的基础上发展起来的一种制造摩擦材料的方法。即在钢带上先涂上一层过渡层，再在过渡层上喷撒摩擦材料成分粉末，然后连续烧结，将烧结好的摩擦带冲压成形。这种方法也可以分两次烧结成双面的摩擦片，也可以实行自动化生产。

(3)气相沉积法。该法制取的 TiC 材料摩擦系数达0.4，耐高温(1090℃)，载体用石墨。制法是，将石墨载体置于一容器中，加热温度高于1050℃，并通入碳氢化合物(甲烷)与 $TiCl_4$ 的混合气体。经一不定期时间后，在石墨载体上就会沉积一层 TiC。

(4)松装烧结浸渍法。摩擦片压制之后，经连续自动化无压力烧结，然后经压力浸渍添加较耐磨的材料(如高温改性树脂)。这种方法特别适合轻负荷的湿式摩擦材料，过程也可以连续自动化。

(5)电阻烧结法。将支撑钢背上涂一层焊料，再将粉末片贴到支撑钢背上，然后在大电流加压烧结，十余秒种可以烧结好。

此外，还有等离子喷涂法、金属纤维法、电解沉解法、常压烧结法等制造工艺。

6.3.3 粉末冶金摩擦材料的性能及检测方法

6.3.3.1 **粉末冶金摩擦材料性能**

常见的铜基、铁基摩擦材料的有关物理力学性能见表6－11。

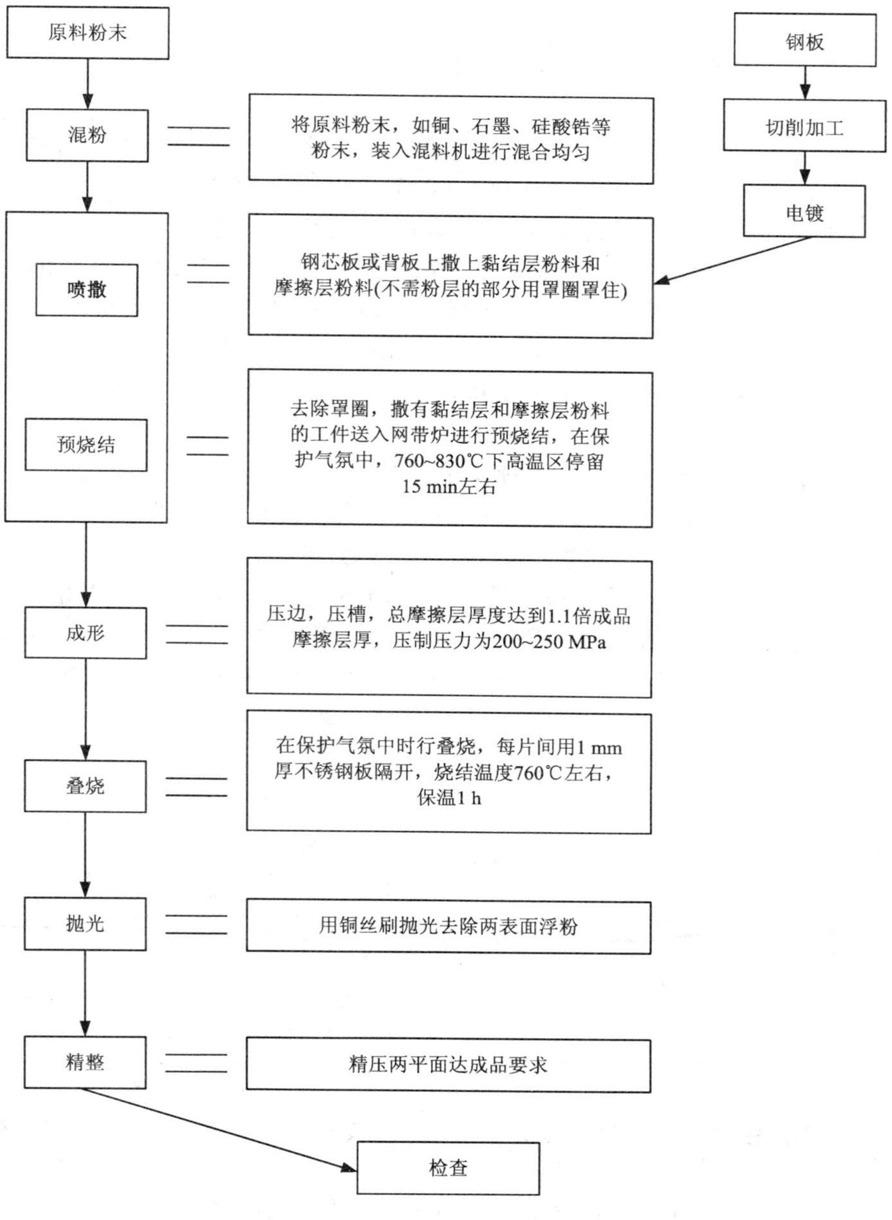

图 6－17　喷撒法制造摩擦片工艺流程

表 6－11　烧结摩擦材料的物理－力学性能

材料		密度/(g · cm^{-3})	硬度/HB	抗拉强度/MPa	抗弯强度/MPa	抗压强度/MPa	剪切力/MPa	热传导率/[W · (m · K)$^{-1}$]	线胀系数/(10^{-6}K^{-1})	比热容/[J · (g · K)$^{-1}$]
铜基	干式	4.0～6.0	10～90	5～60	30～150	50～200	10～40	10～40	10～20	0.3～0.9
	湿式	3.5～5.5	30～80	1～10	20～50			10～50	10～20	0.3～0.9
铁基		4.5～6.0	30～120	3～12	30～70	10～35	20～60	8～35		0.5～0.9

铁、铜基摩擦材料都含有一定的孔隙，因此，其物理力学性能都较低，尤其是抗弯、抗拉强度。这也是为什么要支撑钢背的原因。

一般情况下，湿式铜基摩擦材料摩擦系数为0.05～0.085，特殊处理的材料摩擦系数可达到0.10左右；中小负荷其线磨损在0.001～0.002 mm/次，相当于$1.0\times10^{-8}cm^3/J$，重负荷为0.002～0.003 mm/次，相当于$1.6\times10^{-8}cm^3/J$，其摩擦系数稳定度$\mu_{平均}/\mu_{max}\geqslant0.90$；干式铜基摩擦系数可以达到0.2～0.35之间；其磨损量：轻负荷每1000次制动磨损为0.01～0.02 mm，相当于$5\times10^{-8}cm^3/J$，中负荷每1000次制动磨损为0.04 mm，相当于$5\times10^{-7}cm^3/J$，重负荷每制动一次摩损为0.007～0.01 mm，相当于$3\times10^{-6}cm^3/J$，其摩擦系数稳定度大于或等于0.85。干式铁基摩擦材料与铜基材料相比，摩擦系数相对高一点。其磨损，特别是对偶的磨损也稍大一些。

6.3.3.2　**摩擦环境对材料摩擦磨损性能的影响**

在实际使用中，摩擦环境对材料的摩擦磨损性能有直接的影响。除前面已论述的介质环境之外，影响粉末冶金摩擦材料的摩擦系数有滑动速度、压力以及工作温度。

(1)滑动速度。摩擦系数和滑动速度的关系是比较复杂的，当滑动速度增大，此时由于材料表面强度降低，摩擦表面硬质点啮合强度降低，摩擦系数下降。当滑动速度加到一定之后，此时，材料会产生黏着磨损，磨损增加，摩擦系数增大。摩擦系数随摩擦速度的趋势如图6－18所示。

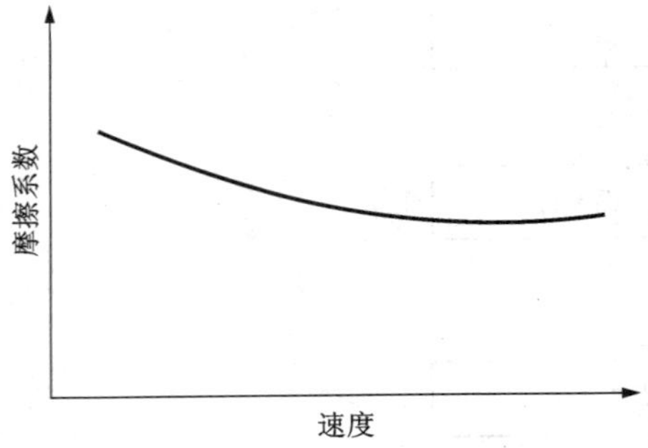

图6－18　摩擦系数随摩擦速度变化趋势

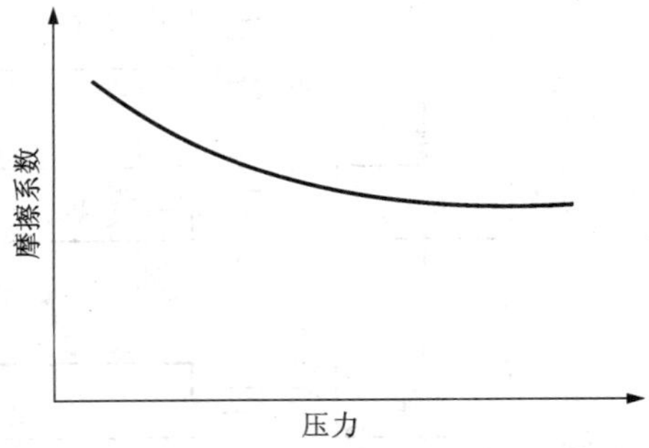

图6－19　摩擦系数随摩擦压力变化趋势

(2)压力。随着压力增大，摩擦系数呈下降趋势(图6－19)。在许用压力范围内，压力增加，磨损率不增加；当超许用压力时，随压力增加，磨损急剧增加。压力允用范围内，速度增加磨损将有所降低，超过允用范围，材料出现黏着磨损，磨损加剧，压力及速度对磨损的影响见图6－20。

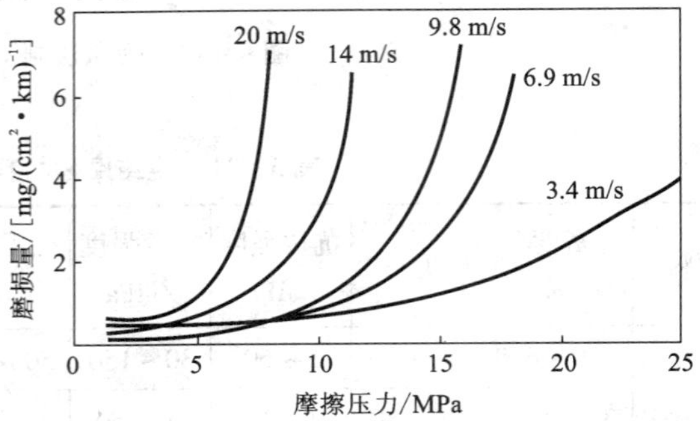

图6－20　摩擦材料干摩擦磨损量随摩擦压力和滑动速度的变化关系

(3)温度。随着摩擦压力和速度的提高，滑动面温度上升或者连续摩擦制动之后，表面累积温度没有传递散出，环境温度增加，材料的摩擦系数会缓慢下降，但对磨损有重大影响，特别是在600~800℃时，表面熔化、氧化，磨损急剧增加，甚至导致制动(离合)系统失效。

综合考虑摩擦系数对材料摩擦磨损性能的影响，是设计制造粉末冶金摩擦材料制品的关键。粉末冶金摩擦材料是一种复合材料，可以通过提高基体转化或熔化温度，或改变摩擦组元的种类、含量、形状来提高许用温度，从而增加材料的适用性。

摩擦片的摩擦系数及磨损性能除了与滑动时间或者热负荷有关之外，还取决使用的摩擦材料及对偶的性质。摩擦材料与对偶材料匹配合适时，每一次接合产生的温度热冲击不超过许用极限时，磨损是微小的，特别是湿式工况，由于有润滑油的冷却，其摩擦系数及磨损比干式都小很多；对于干式工况，通过对制动或离合机构结构调整，也可以达到比较大的摩擦系数和比较小的磨损。有报道，奥地利米巴烧结金属公司生产的铜基离合器面片，在比压5.5 MPa，制动速度21~30 m/s，制动时间为4 s，对偶为HT250的试验条件下，其摩擦系数达到0.55，摩擦材料磨损率为$(9\sim10)\times10^{-9}cm^3/J$，对偶磨损率$6\times10^{-9}cm^3/J$。

6.3.4　粉末冶金摩擦材料摩擦磨损性能的检测

摩擦系数和磨损量是代表摩擦材料的两个主要指标，可以按《金属材料摩擦性能试验方法》来检测，一般可以采用MM－1000型、Mo－1型、MD204、Jo－2型摩擦试验机及各种工业惯性试验台进行试验。

6.3.4.1　摩擦系数测定

克服两个相互接触的物体相对移动时的阻力所需的切向力与接触物体所受压力之比，称为摩擦系数(μ)，可用下式计算摩擦系数

$$\mu=\frac{M}{PR} \tag{6-1}$$

式中：μ——摩擦系数；

M——平均摩擦力矩；

P——作用在试样端面的总压力；

R——试样内外圆平均半径。

6.3.4.2　磨损量的测定

在摩擦力作用下，物体表面的损耗称为磨损，磨损率的表示方法有两种：一是直接用n次磨损的几何尺寸变化，即

$$W=h_o-h \tag{6-2}$$

式中：W——累积线性磨损量；

h_o，h——试样在试验前、后对应处的高度。

二是可以用单位摩擦功摩耗的试样体积，即

$$\delta=\frac{V}{\sum W}=\frac{HA}{\sum W} \tag{6-3}$$

式中：δ——磨损率，单位为$cm^3/N\cdot m$；

V——试样磨损体积，单位为cm^3；

H——试样线总磨损量，单位为cm；

A——试样表观表面积，单位为 cm^2；

$\sum W$——累计摩擦功，单位为 J。

6.3.5 粉末冶金摩擦材料的显微组织结构

粉末冶金摩擦材料的显微组织如图 6－21。粉末冶金摩擦材料在成分选定之后，生产工艺对材料组织结构有很大影响，可以看到，无论是铁基、铜基，还是铁/铜基摩擦材料，其显微组织由金属基体、不与金属基体相互作用的金属和非金属夹杂及孔隙组成。摩擦制品的物理力学性能和使用性能在很大程度上取决于基体组织的性质、相组成及其他成分的分布。

利用显微组织的研究，可以判断烧结过程以及摩擦层和支承钢板界面扩散过程进行的完全性、多层制品各层厚度的均匀性，基体中各结构组成的分布以及孔隙体积、形状和分布等。

性能优良的粉末冶金摩擦材料的金属基体应形成连续骨架，以保证有必要的力学强度和耐磨性。其他少量添加组分（铜基中的铅、铁及铁基中的铜）皆均匀分布在骨架的晶界上。石墨和其他固体润滑剂（MoS_2等）的颗粒大小应符合摩擦制品所要求的粒度范围。添加的摩擦组元（如 SiO_2）应均匀分布于金属基体中。孔隙在基体中也应均匀分布和符合规定要求。孔隙的形状决定于材料的烧结方法：无压烧结，孔隙为圆形；加压烧结，孔隙的取向垂直于加压方向。摩擦层与支承钢板黏结良好，镀铜层厚度符合要求，其厚度要均匀，没有凹陷、杂质和疏松等现象。有过渡层的制品，过渡层应完整，具有一定的厚度，没有杂质和气孔。

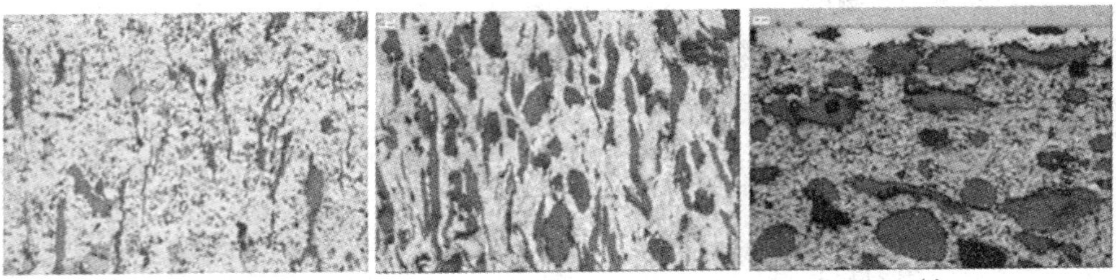

(a)　　(b)　　(c)

图 6－21　粉末冶金摩擦材料的显微组织结构

(a)铁基；(b)铜基；(c)铁/铜基（含过渡层）

6.4 粉末冶金摩擦材料摩擦磨损理论及其应用

6.4.1 粉末冶金摩擦材料摩擦机理

在实际应用中，粉末冶金摩擦材料与对偶组成一组摩擦副，在外作用下，发生相对运动或有运动趋势时，就会产生摩擦。摩擦副两接触面产生切向运动阻力，这种阻力称为摩擦力。把摩擦力与法向载荷之比称为材料的摩擦系数。摩擦是物体两个接触表面相互作用引起的滑动阻力和能量消耗。粉末冶金摩擦材料应用而言，就是一个单元摩擦副两接触表面（摩擦材料与对偶）互相作用引起滑动阻力和能量消耗。因此，涉及的因素很多，因而提出了各种不同的摩擦理论。

6.4.1.1　**机械啮合理论**

早时期的摩擦理论认为摩擦起源于表面粗糙度，滑动摩擦中能量消耗于粗糙峰的相互啮合、碰撞以及弹性形变，特别是硬粗糙峰嵌入软表面后在滑动中形成的犁沟效应。1785年阿蒙顿和库化提出，摩擦力 F_f 与法向载荷 F_N 成正比，把摩擦力与法向载荷之比称为摩擦系数，即

$$\mu = \frac{F_f}{F_N} \tag{6-4}$$

式(6-4)称为阿蒙顿、库化古典摩擦定律，认为：

(1)摩擦力与法向载荷成正比；

(2)摩擦系数的大小与几何接触面积无关，摩擦表面到处是凹凸不平的，而摩擦起因于接触面上微凸体的互嵌作用；

(3)静摩擦系数大于动摩擦系数；

(4)摩擦系数与滑动速度无关。

根据研究发现大多数经典摩擦定律并不完全正确，但是的确在一定程度上反映了滑动摩擦机理，因此在许多工程实际问题中依然近似地引用。

6.4.1.2　**分子机械理论**

由于摩擦副摩擦时，两表面既有凹凸区的机械互嵌作用，又有形变过程的黏附作用。因此，公认的摩擦力应该来自于这两部分。这种理论可以用摩擦副接触表面的微凸体的微观接触点在摩擦时表现来说明：起初处于弹性形变、塑性形变。并伴有犁沟磨损；随后摩擦副两接触面会产生黏附结合；进而会发生剪切接点的剪切，同时，恢复弹性接触。根据这种理论，摩擦副产生的摩擦力为表面接触点上的机械啮合作用和分子吸引作用所产生的剪切阻力的总和。即

$$F = \alpha A_r + \beta P \tag{6-5}$$

式中：F——摩擦力；

A_r——真实接触面积；

P——负荷；

α 与 β——系数。

上式称为摩擦二项定律。其中 α 与 β 分别为由摩擦表面的物理和力学性能所决定的系数。根据摩擦系数数的定义，

$$F = \beta\left(\frac{\alpha}{\beta}A_r + P\right) \tag{6-5a}$$

或

$$\mu = \beta + \alpha\frac{A_r}{P} \tag{6-5b}$$

式中，β 是一个定值，它是根据纯机械啮合理论确定的摩擦系数，α 是分子引力引起的一个变量。研究表明：对于塑性材料，由于真实接触面积与负荷成正比，摩擦系数与负荷无关；对于弹性材料，由于真实接触面积因负荷增高而缓慢增大，因此，摩擦系数因负荷增大而减小。

6.4.2　影响摩擦系数的因素

摩擦系数是摩擦材料的主要性能之一，它与材料、材料的表面状况、介质或环境等因素

密切相关。所以，在测量一种材料的摩擦系数时，必须同时注明得出该数值的条件和所用的测试设备。

6.4.2.1　干式摩擦材料摩擦系数的影响因素

制动速度、温度、压力等应用于无润滑的状态下的摩擦副，在工作状态，也会发生物理与化学的反应。例如：由于摩擦温度提高，金属或合金基体会产生一种氧化膜。与此同时，摩擦副两表面会发生物质转移，甚至焊接现象。所有这些都可能影响材料的摩擦系数。除速度、温度、压力对摩擦材料的摩擦磨损性能有影响之外，还有下列因素也对摩擦系数有影响：

(1) 表面膜的影响。表面膜通常由两方面形成，一是材料中固有的润滑组元，在摩擦热作用下形成摩擦表面膜状形式。例如在粉末冶金铜基摩擦材料中加入的铅往往反复形成膜状铅分布在材料表面。二是由于摩擦时摩擦材料发生热氧化金属表面形成的薄膜。表面膜阻碍了摩擦副两表面之间的直接接触，因此实际上摩擦副两表面中间存在表面膜这种称为“第三体”的物质。

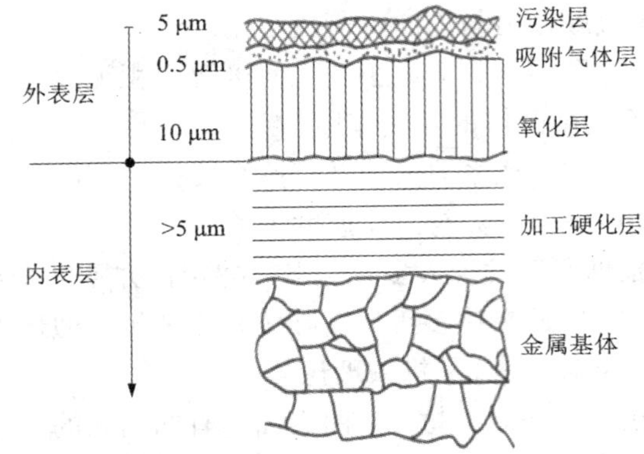

图 6－22　摩擦表面横剖面组成示意图

为了描述真实表面的组成，早在1936年Schmalty就把“内表层”(即基体材料和加工硬化层)和“外表面”(即污染物、吸附层)区分开来，图6－22为摩擦表面横剖面组成示意图。

表6－12为几种摩擦副的氧化膜和硫化膜的减摩作用数据。从表中看出，在干摩擦条件下，表面膜减摩作用十分明显，由此可知，当表面膜破坏以后摩擦系数将急剧增加。

表6－12　氧化膜和硫化膜的减摩作用

摩擦条件	摩擦副	摩擦系数		
		纯净表面	氧化膜	硫化膜
干摩擦	钢－钢	0.78	0.27	0.39
	铜－钢	1.21	0.76	0.74
硬脂酸润滑	钢－钢	0.11	0.19	0.16

表面膜的存在可防止或减少黏着胶合现象的产生，从而降低了材料的磨损，并促进摩擦系数和摩擦力矩的稳定。希望表面膜比较软，有一不定期变形能力，表面膜与金属有较强的连接力。干摩擦副的摩擦过程就是表面膜生成和剥落的过程。假如表面膜塑性和机械强度比金属材料差，摩擦过程中，膜先破坏，表面不发生黏结，摩擦系数降低，磨损小。假如负荷增大，摩擦表面温度升高，膜松弛、脱落，污染物脱附，发生真实金属表面的黏结，即发生焊接现象。摩擦副表面产生共同塑性形变，发生金属焊接，形成一层结合牢固的胶合层，这种现象称为胶合现象。胶合现象是材料破坏的主要因素。当胶合层强度小于两种金属的强度时，

磨损小，且在表面磨损；当胶合层强度大于一种金属的强度而小于另一种金属强度时，主要是软金属破坏，软金属转移到硬金属表面，磨损厉害；当胶合层强度大于两种金属的强度时，破坏大部分在软金属中产生。

粉末冶金摩擦材料中加入高比例的非金属组元和软金属时，可以防止和减小胶合现象的产生，尤其是石墨在摩擦过程中形成的表面膜能获得稳定的摩擦系数。

(2)组成摩擦副材料性能的影响。同种金属或互溶性大的金属组成的摩擦副，在工作状态易发生黏结现象，摩擦系数增大。这种摩擦副易发生物质转移，同时会产生焊接现象，甚至在摩擦副两表面上形成一种胶合层，胶合层强度大于材料和对偶强度会对摩擦副产生严重破坏。因此，粉末冶金摩擦副，最好不采用同类金属来制造。依靠摩擦表面的黏附力来提高摩擦系数，过程很难控制，特别是大负荷时，更难控制摩擦副表面黏着状态。因此粉末冶金摩擦材料提高摩擦系数往往偏重于以摩擦组元来调节摩擦系数。选择合适的摩擦组元种类、含量乃至粒度组成及形状都可以影响摩擦副的表面机械啮合状况，从而调节摩擦系数。同时，摩擦副要尽可能匹配，不能侧重于提高某一方面的摩擦磨损性能。

(3)摩擦表面粗糙度的影响。从摩擦定义律可以看到，摩擦力与真实接触面积成正比，因此，粉末冶金摩擦材料表面粗糙度促进机械啮合增大，摩擦系数有所增加。当表面粗糙度达到表面分子吸引力有效发生作用时，机械啮合作用减弱，黏附机理起主要作用，此时表面越光洁，真实接合面积越大，摩擦系数也越大。粉末冶金摩擦材料中含有大量的摩擦组元，其粗糙度介于 1 ~2 μm 之间。为了增加摩擦副的真实接触面积，摩擦材料表面一般都需要机加工。

6.4.2.2　湿式摩擦材料摩擦系数的影响因素

粉末冶金摩擦副在湿式摩擦条件下，摩擦系数最大只能达到 0.08 ~0.10。由于有润滑油的作用，摩擦副在不同载荷、速度和黏度下，摩擦系数遵循著名的 Steibeck 曲线，即摩擦副摩擦可以表现出流体动压润滑、部分弹性流体动压润滑及边界润滑三种润滑形式。其摩擦系数的关系如图 6 -23 所示。

在状态Ⅰ，摩擦副表面被连续油膜隔开，油膜厚度 $h > R_a$，两表面不发生实际接触，摩擦阻力来源于油膜的内摩擦，此时摩擦系数应该是平稳的。润滑油黏度、流速一定时，外加载荷增加 S_0减小，摩擦系数降低。在状态Ⅱ时，即润滑油的黏度、流速变小或外加载荷增大时，润滑油膜被撕裂，摩擦副两表面发生部分微凸体的相互接触，摩擦阻力一部分来源于油膜剪切引起的，一部分由微凸体剪切引起。在状态Ⅲ，摩擦副两表面由于油膜进一步减薄，表面微凸的接触是主要控制摩擦环境，此时，摩擦进入边界润滑条件，载荷几乎全部由微凸的形变来承受。

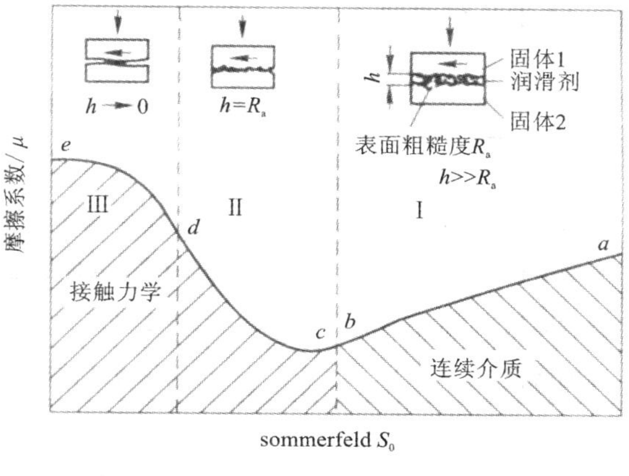

图 6 -23　Steibeck 曲线 S_0 = 粘度 × 速度/载荷

第 7 章　难熔金属与合金

7.1　引言

难熔金属一般是指熔点高于 1650℃并有一定储量的金属材料，包括钨(W、3410 ± 20℃)、钽(Ta、2980 ± 20℃)、钼(Mo、2615 ± 10℃)、铌(Nb、2467 ± 10℃)、铪(Hf、2227 ± 20℃)、钒(V、1902 ± 10℃)、铬(Cr、1890 ± 10℃)、锆(Zr、1852 ± 10℃)、钛(Ti、1667 ± 10℃)等。

7.1.1　难熔金属及其合金的特点与应用

由于具有高熔点、良好的热性能、优异的高温力学性能等一系列特性，难熔金属在航空航天、电子信息、能源、化工、冶金和核工业等国防及民用领域有着广泛应用，受到世界各国的高度重视，已成为材料科学界最为活跃的研究领域之一。难熔金属的发展为尖端技术和工业领域的发展提供了强有力的技术支持，同时尖端领域的发展又推动了难熔金属材料研究和应用的不断进步。

1. 冶金工业

难熔金属是制造高速钢、各种工模钢的主要添加元素，也是特殊应用的有色金属合金中不可缺少的重要添加元素。其中钨以纯金属和合金形式在现代科学技术中得到广泛应用，其中最重要的有用于钢铁的合金剂，碳化钨基硬质合金，耐磨、耐蚀和高温合金。

2. 航天领域

钨、钼及铌制成的合金具有良好的机械性能，可在高温下使用，现已成为宇航、火箭和导弹等方面的重要材料，如经表面涂覆的钼合金可制作喷气发动机火焰筒、涡轮盘和叶片、导弹燃烧室、火箭喷嘴、宇航飞行器的隔热板。

3. 化工行业

钨、钼由于在表面生成惰性的氧化物膜 WO_3、MoO_2，而有着非常好的耐酸性。钨钼合金因其突出的长期耐液态锌腐蚀被用来制作锌冶金工业的相关设备及部件。用钽制成腐蚀介质的加热器、热交换器等设备，可以减小设备规格，提高工作效率，延长使用期限。

4. 核工业领域

钨铼合金的强度高，密度大，抗蚀性能好，可用作原子能和核工程的核燃料贮存器、控制器以及核动力系统中液态金属钠、锂的贮存器。钨铼合金可以加工成管材，用作核反应堆中的热交换器、锅炉集管和输热管道。此外，由于钨及其合金对 X、γ 射线的衰减能力很强，是用作各种放射性源的屏蔽元件或容器的一种理想材料，在核工业领域中用作防辐射屏蔽材料。

5. 电子工业

金属钨、钼及其合金可用来制造放大器、发射管、高压整流管和气体放电器等元件中的阴极、阴极支柱、电流引线、磁控管的“端帽”和包覆零件以及电子管发射极用材、电子封装材料等。

6. 军事工业

难熔金属钨及其合金具有很高的密度、强度、塑性和硬度等特点，在军事工业中是一种很关键的材料，被广泛地用作穿甲弹的弹芯材料，如被用作枪弹中集束箭弹的小箭，聚能弹中的“火药性罩”，霰弹、子母弹、屏幕弹、穿甲弹，具有很大的杀伤威力。

7.1.2　难熔金属的发展及其特点

难熔金属的特殊物理性质在科学研究领域引起人们的很大兴趣，并为其新应用提供了广阔的前景。难熔金属的发展为尖端技术和工业领域的发展提供了强有力的技术支持，同时尖端领域的发展又推动了难熔金属材料研究和应用的不断进步。

目前，难熔金属材料新的应用发展如下：

1. 作为功能材料，发展迅速

当今材料研究的最前沿都离不开难熔金属，诸如超导材料、超塑性材料、特种陶瓷材料、形状记忆合金、超细与纳米粉末、复合材料等，难熔金属都有它应用的天地。难熔金属作为功能材料的主要应用领域见表 7－1。

表 7－1　难熔金属作为功能材料的主要应用领域

元素	特种合金	形状记忆合金	储氢合金	电子光学材料	超导材料	原子能材料	精密陶瓷	催化材料
Ti	√	√	√	√	√	√	√	√
Zr/Hf	√				√	√	√	
V	√				√			√
Nb	√				√		√	
Ta	√						√	
Mo	√						√	
W	√			√				√

近年来，随着科学技术的快速发展，难熔金属及其合金的应用领域不断扩大。例如钼作为 W－Mo 热电偶的电极材料，在进一步提高热电偶稳定性的同时，可使热电偶的使用温度提高 500℃；钨作为热离子交换器、电镜发射枪、真空管阳极等电工发射源材料，被广泛用于电子、激光、高能物理、原子能、空间等技术领域；据资料报道，难熔金属铌在超导领域有望成为加速器腔体材料。

2. 作为电子信息材料，得到不断开发与应用

难熔金属作为电子信息材料的应用，主要体现为它们在真空材料、电阻材料、电容器材

料、电光调制材料、光电子集成电路和集成光路材料中不可替代的作用。钨、钼、钛是良好的栅极、阳极材料；氮化钽膜制备的精密电阻器，具有小型化、高可靠性的特点；钽、铌制备的电解电容器具有体积小、可靠性高、漏电流少、性能稳定且比电容高等特点，可与铝电解电容器和叠层陶瓷电容器相媲美，是近年来发展速度最快的电容器；$LiNbO_3$是最先获得工业应用、光学质量优异的电光调制器材料。$LiNbO_3$、Ta_2O_5、Nb_2O_5等也是目前处于研究发展阶段的光电子集成电路和集成光路材料。

3. 作为结构材料，应用领域在不断扩大

难熔金属在化学工业、冶金工业、造纸和纺织工业中的耐腐蚀应用非常普遍。钛是最重要的航空航天材料之一，它在飞机、火箭、导弹和宇宙飞行器上的应用是别的材料无法取代的。钨、钼、钽、铌及其合金在火箭导弹和宇宙飞行器上的应用实例也非常多，主要利用它们的耐高温性能。此外，难熔金属在海洋材料、兵器材料、医用材料等方面的应用也是与日俱增。

7.2 钨及钨合金

7.2.1 概述

钨具有高熔点、高密度、高强度和热膨胀系数小的特点，是极为重要的战略金属。钨的各项物理、力学性能分别如表 7－2、表 7－3 所示。

表 7－2 钨的主要物理性质

原子系数	74
稳定同位素及其在天然钨中所占百分数/%	180(0.14), 182(26.41), 183(14.4), 184(30.64), 186(28.41)
相对原子质量	183.86
晶体结构	α－W，体心立方，a = 0.316522 + 0.000009 nm(25℃) β－W，630℃以下稳定，立方晶格，a = 0.5046 nm
熔点/K	3683 ± 20
沸点/K	5973 ± 200
密度/($g \cdot cm^{-3}$)	19.32
热导率/[$W \cdot (m \cdot K)^{-1}$]	166.2
线膨胀系数(298 ~ 2273 K) 粉末冶金棒 粉末冶金板 电弧熔铸板	 $-8.69 \times 10^{-3} + 3.83 \times 10^{-4} T + 7.92 \times 10^{-8} T^2$ $-4.58 \times 10^{-3} + 3.65 \times 10^{-4} T + 9.81 \times 10^{-8} T^2$ $-6.76 \times 10^{-3} + 3.91 \times 10^{-4} T + 8.98 \times 10^{-8} T^2$

续表

原子系数	74
电阻率/(Ω · m) 273 K 300 ~ 1240 K 电弧熔铸板	 4.89×10^{-8} $4.33471 \times 10^{-12} T^2 + 2.19691 \times 10^{-8} T - 1.64011 \times 10^{-6}$ $-4.06012 \times 10^{-12} T^2 + 4.67093 \times 10^{-8} T - 1.9410 \times 10^{-5}$

表 7 - 3　熔铸钨和粉末冶金钨的主要力学性能

材料来源	温度/℃	σ_b/MPa	$\sigma_{0.2}$/MPa	δ/%
再结晶后的熔铸钨	326 649 871	409.64 305.76 250.88	197.96 104.86 99.96	16 55 58
电弧熔铸钨	1093 1095 20	230.30 225.40 1381.80	 1.96	
1000℃, 1 h 退火后的熔铸钨	93 316 538 1093 1370	989.80 705.60 558.60 401.80 151.90	 32.34 245.00 176.40 147.00	
再结晶后的粉末冶金钨	1370 1650 1925 2205	220.50 130.34 75.46 61.74		

以钨为基(含钨量为 85% ~99%),并添加入少量 Ni、Cu、Fe、Co、Mo、Cr 等元素可制备钨基高密度合金，其密度达 16.5 ~19.0 g/cm^3，被世人通称为高比重合金、重合金或高密度合金。由于合金元素的多元化和应用领域的扩展导致钨基高密度合金涵盖的合金种类越来越多，现在较多地简称为“钨合金”。钨合金主要包括 W - Ni - Fe、W - Ni - Cu 和 W - Cu 合金，此外钨合金还包括多种新型钨基合金材料体系，如 W - Hf、W - Ta、W - Re 等合金。

钨合金具有一系列优异的物理力学性能，如密度高、强度高、硬度高、延性好、导热和导电性好、热膨胀系数小等，因而在尖端科学领域、国防工业和民用工业都得到了非常广泛的应用，如表 7 - 4 所示。其具体主要体现在以下几个方面：

表 7-4 钨合金的应用领域

航空航天	陀螺仪转子、飞机惯性旋转元件、平衡配重元件
军事工业	集束箭弹小箭、药形罩、散弹、子母弹、穿甲弹
民用工业	机械仪表中的平衡元件、电热镦粗砧块、电极材料、电接触材料、手机振子
医疗	防辐射屏蔽材料、γ 射线刀

(1)密度高。高密度钨合金的密度一般为 16.5 ~ 19.0 g/cm^3，即相对于钢密度的两倍以上。

(2)抗拉强度高。烧结态 W－Ni－Fe 高密度合金的抗拉强度为 800 ~ 1000 MPa，热处理和形变加工处理后其强度可提高到 1300 ~ 1500 MPa。

(3)延性好。W－Ni－Fe 高密度合金具有很好的延性，其烧结态的身长率可以达到 10% ~15%，经真空或气氛脱氢处理后，伸长率可提高到 20% ~30%。

(4)良好的吸收射线的能力。高密度钨合金的吸收射线的能力比铅高 30% ~ 40%，其稳定性也比铅好。

(5)良好的电性能。W－Ni－Cu、W－Ni－Fe 高密度合金具有较好的导电性、耐电蚀性、耐高压等电性能。

(6)良好的导热性及较小的线膨胀系数。其导热系数为模具钢的 5 倍，而线膨胀系数只有铁或钢的 1/2 ~ 1/3。

(7)良好的耐腐蚀性与抗氧化性。钨合金的发展自 20 世纪 30 年代起，其应用领域在不断地扩大，钨合金的年需求量和消费量呈指数增加，美国是世界上最大的钨合金消费国和生产国。80 年代末 90 年代初，美国的年产量已超过 1000 t，而我国当时最高年产量仅超过 300 t。2003 年，我国钨合金的年产量超过 1200 t。到 2008 年，我国钨合金产量已超过了 3500 t。

7.2.2 钨合金制备的理论基础

1. 经典液相烧结理论

钨合金由高熔点的钨相和具有较低熔点的 γ 相(Ni－Cu、Ni－Fe 等)两相组成，两相熔点相差很大(钨相熔点为 3410℃，γ 相的熔点较低)，因此钨合金是一种典型的液相烧结合金。经典的液相烧结认为液相烧结的驱动力来自于液相表面张力和固－液界面张力。液相烧结分为三个阶段：液相生成与颗粒重排阶段、溶解－析出阶段、固相骨架形成和晶粒长大阶段，如图 7－1 所示。

(1)液相生成与颗粒重排阶段。在此阶段，坯块内会发生一系列的变化。它包括固相烧结、颗粒粗化聚集、液相扩散、产生毛细管引力、颗粒平滑、扩散均匀化、团聚颗粒解体和分离。液相和毛细管引力导致颗粒重排和颗粒聚集。颗粒重排阶段的致密化程度取决于液体数量。

(2)溶解－析出阶段。在此阶段，固相向液相中溶解，出现晶粒长大、小晶粒溶解、晶粒圆化致密化和固相骨架的形成等。伴随着这些过程显微结构会发生很大变化，如空隙的消除和显微组织的粗化，这个颗粒粗化长大过程又称为 Ostwald ripening(即 Ostwald 长大机制)。

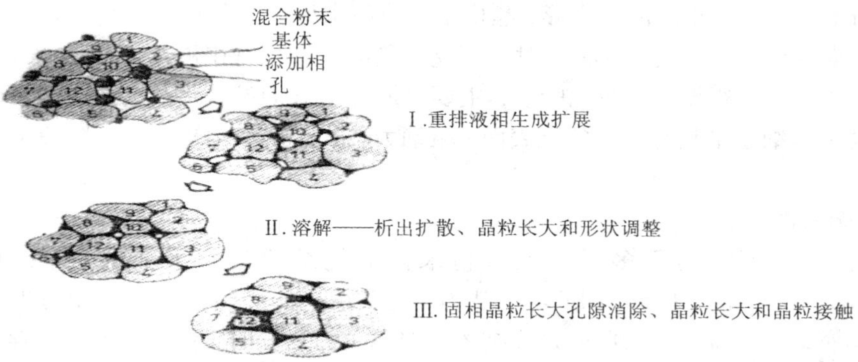

图 7－1　液相烧结过程中的三个阶段

此阶段的致密化包括三个物质迁移机制。第一，颗粒接触平滑机制，颗粒相互作用而接触产生应力。此时，产生物质迁移，坯块产生收缩和致密化。第二，小颗粒消失，析出在大颗粒表面，此时大颗粒长大和产生颗粒形状适应和协调。第三，固相扩散产生颗粒烧结颈长大。烧结颈长大导致颗粒形状发生变化。晶粒合并是溶解－析出阶段发生致密化和晶粒粗化的一种机制。随着晶粒合并，晶粒尺寸增加，晶粒数量减少。当颗粒尺寸变化较大时，晶粒合并的驱动力主要是晶界迁移。

(3)固相骨架形成和晶粒长大阶段。在此阶段，致密化较慢，烧结致密度取决于孔的特性和孔隙中的气体。固相骨架形成会阻碍颗粒重排，从而阻碍致密化。当孔的压力与表面张力相等时，不会发生进一步致密化，合金内残留一定的最终孔隙度。孔隙长大遵循 Ostwald 长大机制，即小孔隙在黏结相中因溶解度较大而优先消失，大孔隙长大。在烧结后期，固相扩散效应会使晶粒进一步长大。晶粒长大的驱动力是界面能的降低，界面能的降低通过减少固－液界面数量和固－液界面圆化而实现。

2. 液相出现以前固相烧结阶段致密化机理

经典液相烧结理论很好地论述了液相烧结致密化机理和晶粒长大机理，对液相烧结合金组织和性能可以很好地解释。近十年来国内外研究工作者对液相烧结合金的致密化研究认为，在液相形成温度即形成液相烧结以前，压坯在固相烧结阶段已通过缺陷的增生、扩散以及缺陷的相互作用、新的相生成而发生了显著的致密化。在生产液相后，通过液相在固相颗粒之间和孔隙之间渗入和流动发生颗粒重排、溶解－析出、钨颗粒球化和钨晶粒长大，从而使合金达到近完全致密和实现具有高性能的显微组织结构。因此，从致密化的角度，液相烧结的钨合金实际上应分为不可缺少的两个阶段：固相烧结阶段和液相烧结阶段。

(1)缺陷增生、扩散及缺陷的相互作用。

在固相烧结早期，即在第二相合金相形成以前，随着温度的升高，粉末体内部的缺陷、缺陷的增生、扩散以及缺陷的相互作用对早期致密化起作用，此时的致密化主要是靠位错向孔隙中运动而引起物质迁移而实现，不能用物质扩散引起物质迁移来解释。粉末中存在许多缺陷，如空位和位错等，粉末压坯中，由于粉末颗粒之间的接触，烧结时的 Laplace 应力和由晶格参数不协调引起的应力会导致许多新的缺陷的产生，如空位、位错以及空位和位错的交互作用等，从而导致烧结早期阶段致密化的产生。一般情况下，由此机制产生的致密化作用较小，当粉末体产生严重的晶格变形、晶格歪扭或粉末体在高的成形压力下产生粉末颗粒接触时，或粉末压坯中孔隙度较小时，对提高此阶段的致密化有积极作用。小的空位簇的扩散相当于原子的扩散，很明显，在此阶段，主要是原子的表面扩散占优势，表面自由能的降低为主要驱动力。细粉末具有较大的比表面，驱动力较大，致密化较快。此阶段为固相烧结的早期阶段。

(2)合金相的形成。

20 世纪 90 年代，对于多元素混和粉末体的烧结模型有了新的看法。B. Kieback，K. Brand，W. Schatt 和 A. P. Savitskii 等人认为，混合粉末体烧结的主要驱动力来自于形成合金相的化学驱动力，即新相的形成是烧结的主要驱动力。此时，化学驱动力的存在会使不同元素之间的扩散加快。加热过程中的相变会使扩散加快。原始元素粉末产生化学成分梯度，从而产生化学驱动力，化学驱动力导致形成固溶体和新相，并使成分均匀化和消除化学梯度，从而使系统的热力学处于平衡状态。对于多元体系组成的合金，化学驱动力对致密化的贡献在很大程度上超过粉末表面扩散导致自由能的降低。因此，混合粉末体系烧结的驱动力是合金相的形成，而不是表面自由能的降低。在固相烧结阶段，如果能形成合金相，则不同元素的原子间扩散大大加快，从而发生很重要的致密化，它对致密化的作用远远超过粉末体内部的缺陷、缺陷增生、扩散以及缺陷的相互作用所产生的致密化。在 W－Ni－Fe 合金中，Ni 与 Fe 的互溶度大，能形成完全固溶体，W 在 Ni 与 Fe 中的溶解度大，形成 γ－(Ni，Fe，W)基体相。因而存在化学互扩散，即存在 Ni、Fe 互扩散和 W 与 Ni、Fe 的互扩散。其致密化受化学互扩散导致形成合金和新相的影响。因此，对于 W－Ni－Fe 合金体系，合金形成是固相烧结致密化的主要因素。

3. *液相烧结阶段的致密化*

钨合金在固相烧结过程中发生显著的致密化，一般致密化程度可达到 93% 左右，但此时坯块中仍存在较大的孔隙，此孔隙的存在不能靠固相烧结进一步减少，需要靠液相烧结达到全致密。其液相烧结机制仍然大致遵循经典的液相烧结理论，即液相生成、颗粒重排，溶解－析出，颗粒合并球化与长大三个阶段。但当在固相烧结骨架已形成后，液相烧结时液相渗入晶界和孔隙填充对颗粒重排、溶解－析出、颗粒球化长大和全致密化等起重要作用。

在液相烧结时，随液相生成产生毛细管力的作用，在毛细管力的作用下液相向 W－W 晶界渗入和向孔隙中充填。由于孔隙尺寸较大，液相将优先渗入 W－W 晶界，使多晶形 W 晶粒和团聚形 W 晶粒解体成为较小的单晶粒，W 晶粒曲面圆滑，W 晶粒分开，形成连续分布的液相。而连续分布的液相和毛细管力的作用会使 W 颗粒重新产生合并，产生颗粒重排和溶解－析出，W 晶粒发生球化和长大。孔隙充填应包括 W 颗粒形状调整和适应、组织均匀化的过程。

7.2.3 钨合金制备工艺与材质研究

钨合金的制备一般是将各元素粉末机械混合，经过模压或冷等静压(CIP)成形，然后采用液相烧结达到全致密。由于 W－Ni－Fe 合金比 W－Ni－Cu 合金具有更高的延伸率和高的强韧性特点，在国防军工和民用方面获得更为广泛的应用，受到世界各国学者广泛的关注和高度重视，成为钨合金材料领域研究最多的一种材料。研究者从材质成分设计、合金化、制备工艺和烧结工艺参数、烧结后处理等方面对改善钨合金的组织结构和提高钨合金的性能进行了大量的研究。

1. 材质成分设计与研究

在钨合金中，合金成分、合金添加元素及杂质是决定合金显微组织和性能的最本质因素。人们对合金材质及其成分设计进行了大量的研究，包括钨含量镍铁比、多元合金化、新型钨合金以及杂质元素等。

（1）钨含量。由于钨合金一般要求具有较高的密度，所以钨的质量百分含量一般在80% ~99%之间。钨合金中钨含量对合金性能的影响非常复杂，它主要体现在钨含量的变化会引起烧结工艺参数和显微组织结构都会发生相应的变化，因此钨含量对合金的性能、烧结工艺和合金的显微结构都有很大的影响。钨合金由硬质脆性相 W 相和具有很好延性的软相 γ 黏结相两相组成。一般来说，当钨含量小于90%时，由于黏结相过多，合金的综合性能较低，此时性能的降低主要体现在合金的拉伸断裂强度和密度都较低，不能满足密度和强度的要求。随着 W 含量的增加，合金的抗拉强度略有增加，但同时烧结温度提高，合金中的钨晶粒粗化，合金的延性下降。当 W 含量达到93% ~95%时，合金具有较理想的显微组织结构，强度和伸长率等综合性能最好。继续增加 W 含量会导致钨晶粒很大盒钨晶粒接触大大增加，合金的强度将显著下降；而合金的伸长率几乎随 W 含量的增加而近似地呈线性降低，当 W 含量超过97%时，抗拉强度和伸长率明显下降。当 W 含量超过98%时，合金的伸长率接近于零。因此，为获得较好的综合性能，W 含量一般控制在90% ~96%之间。

（2）$w(Ni)/w(Fe)$比。在 W－Ni－Fe 合金中，$w(Ni)/w(Fe)$比对合金性能影响也很大，当$w(Ni)/w(Fe)$比例不合适时，易于生成金属间化合物。也就是说，W－Ni－Fe 合金一般是以 W 相为硬质相和以 γ 相为基体黏结相组合而成，即 bcc 结构的 W 晶粒分散于 fcc 结构的 γ(Fe－Ni, W)黏结相中，但若合金成分比例不当或工艺不当，则会产生中间相 μ、λ、Ni_4W、NiW、NiW_2（除 Ni_4W 外，其余相含量不高）和黏结相“晶内偏析”。这些相的存在使相界面的强度降低，因而大大地降低合金的力学性能。为了防止脆性相的产生，采用合理的成分比例和工艺路线，如将样品在冷却阶段快速冷却就可以避免产生 Ni_4W 相。当$w(Ni)/w(Fe)$大于7/3时，在黏结相中溶解大量的 W，易形成 Ni_4W，而$w(Ni)/w(Fe)$小于3/7时，由于 Ni 太少而不能很好地致密化，而且$w(Ni)/w(Fe)$小于1/1时，合金中易出现脆性的 μ 相。所以 $\omega(Ni)/w(Fe)$比一般要控制在2 ~4之间，这样合金的强度和延性都较好，并且随着$w(Ni)/w(Fe)$的增大，Ni 在黏结相中的固溶度和钨晶粒度稍高一些，合金的塑性提高，强度降低。

（3）多元素合金化。在合金中加入新的合金元素，使钨合金多元合金化，也会改变材料的性能。加入合金元素的主要目的包括两个方面：一方面是新的合金元素的掺入，不仅使 W 晶粒向延性转化，而且主要又使黏结相强化以提高性能，或获得其他性能；另一方面是降低烧结温度。合金元素选择的原则是：或与 Ni、Fe 等相近的过渡族元素，或与 W 相近的稀有金属，或能起特殊作用如弥散强化作用的稀土元素、稀土氧化物或稀土化合物以及其他化合物等。其中，研究得较多的主要有 Co、Mo、Nb、Re、Ta、V、Cr、Ti、Pt、Zr、Y、Hf、La、Ce 等。上述这些元素可以提高合金的某一种性能，但同时又降低其他性能，例如加入铬可提高强度，起到固溶强化作用，但塑性降低。

（4）杂质元素的影响。钨合金中的杂质元素包括 H、O、C、N、P、S、Si、Na 等，由于这些元素的原子半径较小，在合金中有很强的扩散能力，因而比较容易在晶界、相界等能量较高位置发生偏聚，甚至生成脆性相，削弱合金的界面结合强度，使合金在断裂过程中的沿晶断裂数目增加，降低合金的性能。在这些杂质元素中危害较大的是氢，当试样在氢气氛或含H气氛中烧结时，有一部分 H_2 残留在烧结体中，造成氢脆。P是对钨合金危害较大的另一种元素。钨合金中的P很容易偏析到W/黏结相界面上使合金脆化。同P伴生的另一种杂质是S。S偏析到W/黏结相的界面上，或是与K、O等形成化合物聚集在气孔内表面上，导致合金脆性。C会使合金的塑性和强度下降。当C含量超过0.001%时就可使合金的塑性下降。O也是一种含量超过0.001%时就可使合金的塑性和强度下降的元素。氧能够降低钨颗粒与液相黏结相的润湿性，且与其他元素结合使合金变脆。此外，N在钨合金中也有害。当采用 N_2 作为保护气氛进行烧结时，由于 N_2 在黏结相中的低溶解和低扩散导致 N_2 残留在合金中，合金中始终有残余孔隙而引起合金性能降低。为了消除N、O、P、S、Si等杂质的有害影响，可以通过加入诸如Ti、Y、Mo、Zr、Hf、La、Mn等元素，使之与有害杂质形成更为稳定的化合物相，改善其分布状态，减少它们在固溶体中的浓度，从而抑制其在W/黏结相界面上的偏析，提高材料的强度和塑性。

2. 钨合金制备工艺

传统钨合金的制备工艺一般是将元素金属粉末W、Ni、Fe、Cu、Co等按照所设计的比例称量、混合、模压成形，然后采用液相烧结达到全致密。再对液相烧结的产品进行真空气氛处理，最后根据产品的最终形状和尺寸精度要求进行后续加工。钨合金的显微组织与初始粉末的混合状态具有密切的关系，若原料粉末混合不均匀，容易在烧结后的组织中产生偏析和成分不均，形成孔洞，不利于合金的致密化。

(1)烧结工艺参数的影响。

a. 烧结温度

钨合金在液相烧结的过程中，烧结温度和保温时间也必须严格控制。按照W－Ni－Fe合金的平衡相图，黏结相的熔点在1435℃附近，但实际上实验证明在1465℃以上才开始产生液相。烧结温度的高低对合金的性能有很大的影响。一般烧结温度高于液相温度20～60℃，在此范围内，随烧结温度的升高，合金的密度增加，合金的抗拉性能和伸长率大大增加，但钨晶粒会发生长大。在1475℃烧结不能得到全致密的合金，合金的空隙度为1%～8%，在1500～1525℃烧结，烧结密度达到理论烧结密度。

b. 保温时间

保温时间对钨合金的性能也有一定的影响，一般最佳保温时间为60～90 min，当超过120 min时，性能明显下降。一般采用较高的烧结温度和较短的保温时间，有利于提高合金的抗拉强度和伸长率，在较低的温度下延长保温时间对合金性能的提高无明显作用。

c. 冷却速度

冷却速度对合金性能的影响与合金中 $w(Ni)/w(Fe)$ 有关。当 $w(Ni)/w(Fe)$ 不在生成脆性化合物的范围内，如 $w(Ni)/w(Fe)$ 为2～4时，采用任何冷却速度都不会生成金属间化合物，为避免氢脆和减少孔隙，采用适当低的冷却速度是有必要的。反之，采用快冷是有必要的。此外，冷却速度与合金中的钨相体积含量有关。当钨相体积高，黏结相较少时，采用快的冷却速度容易产生收缩孔隙，对合金的韧性有害；当黏结相含量较多时快冷不会产生收缩孔隙，在此情况下随冷却速度提高，晶粒细化，钨晶粒连接度降低，快冷有助于提高合金的延性。

(2)孔隙度和烧结气氛。

钨合金的延性和强度对孔隙度很敏感。烧结过程中，孔隙中残留着气体，使孔隙发生 Ostwald ripening 粗化长大，延长保温时间会使坯块产生膨胀效应。当孔隙度大于 0.5% ~ 1.0% 时，对高密度合金的性能具有严重的影响，甚至比氧的界面偏析更为有害。当合金的相对密度为 99% 时，残存的微小孔隙的形状和大小也可以引起合金性能的显著降低或不稳定。当孔隙度大于 1% 时，合金的延性急剧下降。当孔隙度为 1.0% ~1.5% 时，伸长率下降到接近于零。

孔隙的形成与烧结气氛有着密切的关系。钨合金可以采用 H_2、分解氨、惰性气体和真空作为保护气氛。惰性气氛如 Ar、N_2 由于在合金中不溶解或扩散性较差而容易残留在孔隙中。在液相烧结中残留在孔隙中的惰性气体不利于孔隙充填和全致密，甚至产生鼓泡、膨胀。当采用扩散性好的气氛或真空烧结时，这种孔隙可以消除。采用纯 H_2 比较经济，且在 H_2 中烧结后慢冷(3℃/min)时，可以避免合金中孔隙的生成，但是要控制水蒸气和氧的含量。而采用 N_2、Ar 作为保护气氛时，合金的孔隙度较大，密度较低，而且因 N_2 在黏结相中的低溶解和低扩散而导致 N_2 残留在合金中，合金中始终有残余孔隙存在。

3. 烧结后处理

另外，由于钨合金的性能对杂质、气氛、冷却速度较敏感，为了消除杂质、气氛、冷却速度等对钨合金产生的影响，提高烧结态钨合金的性能，对烧结态的钨合金进行热处理是必须的。烧结后的热处理包括淬火、快冷、气氛脱氢处理和表面硬化处理，其目的就是降低 P、S 杂质在界面的偏析，减少氢脆，提高合金性能或满足合金其他性能方面的要求。

7.2.4　钨合金的破坏机理

1. 钨合金断裂模式

高密度合金的性能与其断裂方式有着密切的关系。高密度合金的断裂方式有四种：W 晶粒解理，W - W 界面断裂，W - 黏结相界面断裂，黏结相呈延性撕裂。图 7 - 2 为钨合金的主要断裂模式示意图。W - W 界面结合力最弱，裂纹一般在此产生。

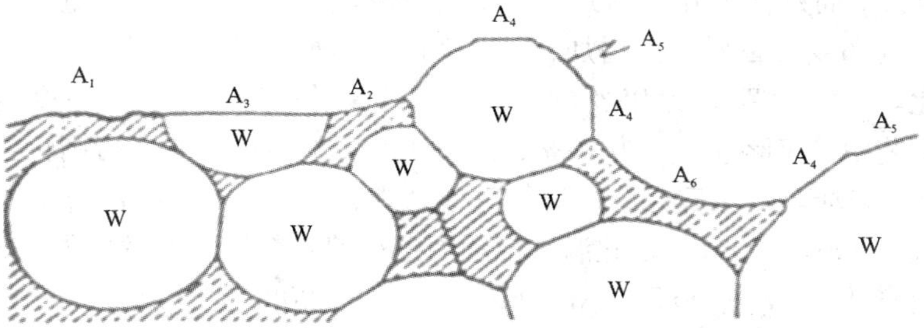

图 7 - 2　钨合金的主要断裂模式

A_1—黏结相的穿晶延性断裂；A_2—毡结相的晶间断裂；A_3—W 晶粒的穿晶解理断裂；
A_4—W 晶粒的晶间断裂；A_5—W 与黏结相界面断裂的 W 侧；A_6—W 与黏结相界面断裂的黏结相侧

合金的伸长率和断裂模式与断口上各种断裂途径所占比例有着明显的对应关系。随着

W 颗粒解理断裂方式增加和黏结相呈延性撕裂增加，合金的强度和延性增加。随着 W－黏结相和 W－W 界面断裂比例增加，合金的伸长率降低，断裂模式从延性撕裂转向脆性断裂。黏结相呈延性撕裂和钨颗粒呈穿晶解理，均标志着合金有较高断裂韧性。在高密度合金中，随 W 含量的增加，W 颗粒接触增多，W 颗粒的平均自由程度减少，沿 W－W 界面断裂增多，合金的延性降低。W 相体积含量、W 晶粒大小、金属间化合物在界面的析出，以及 C、H、O、N、P、Si 等杂质在界面的偏析对合金的断裂方式均有很大的影响。W 相体积增加、W－W 界面接触增多、W 颗粒增大和界面偏析都会使 W－W 界面和 W－黏结相界面断裂增加，合金的脆性增加。

2. 钨合金的脆断机理

脆裂是合金韧性变化的主要原因，W－Ni－Fe 合金的脆裂机理包括：①氧化物还原不完全；②残余孔隙度；③W 颗粒连接度增加；④氢脆；⑤杂质偏析；⑥钨含量高；⑦黏结相中 W 的沉积；⑧机加工和退火。孔隙、裂纹和夹杂是合金发生破坏断裂的断裂源，尤其是微裂纹和夹杂，是构成脆性断裂的断裂源。

3. 钨合金的组织、性能与工艺

钨合金的性能对工艺、杂质和显微组织十分敏感。好的性能取决于合金的成分、烧结温度、保温时间、冷却速度、烧结后处理等一系列工艺参数的控制。合金的显微组织特征与合金的断裂方式和性能有着很大的关系。W 晶粒的大小、W 颗粒的连接度、组织均匀性、孔隙、杂质偏析等显微组织决定了合金的断裂方式，从而决定了合金的性能。此外，W 相在黏结相中的溶解度大小也影响 W 晶粒的大小。

7.2.5 钨合金的形变强化

1. 形变强化原理

形变强化是利用金属(或合金)加工硬化原理，在变形压力作用下使材料变形，以改变和改善钨合金中缺陷组织的数量、分布以及合金的组织结构，从而提高材料强度的一种强化技术。

在形变强化过程中，变形量对钨合金的性能有着很重要的影响。随变形量的增加，合金的强度和硬度增加，而延性下降。刚开始变形时，强化作用明显，当变量 >15% 时，强化作用逐渐减弱。强度随变形量增加而增加，当硬度逐渐增加到某一值时，便不再随变形量的增加而有明显变化。对于含 W 量为 95% 的钨合金，当变形量为 15% 时，硬度达到最大值。在普遍变形强化工艺中，变形量一般为 15%，最大变形量不超过 25%，否则钨合金内部产生微裂纹、开裂而导致破坏。变形后对合金进行时效处理，可以进一步提高合金的强度。形变时效强化温度一般在 500～600℃。在此温度范围内退火钨颗粒和界面发生强化，从而使强度提高，对挤压形变量为 32% 的 90W－Ni－Fe 合金，在 600℃是时效 1 h，抗拉强度可达到 1530 MPa以上。在 600℃以上退火时，随退火温度升高，强度和硬度下降，延伸率回升，当退火温度达到 1200℃以上时，发生再结晶，强度和延伸回复到原始烧结热处理态的水平。

为了大幅度提高钨合金的综合力学性能，近年来发展了钨合金的大变形先进形变强化技术。大变形比普通锻造态的强度要提高 300 MPa 以上。大变形一般通过多次变形、中间退火循环变形和中间退火循环工艺而实现。中间退火的目的是消除变形加工过程中产生的应力，减少加工硬化，退火温度范围一般在 500～1000℃。此外，近年来发展了一些其他的更先进的大变形强化工艺，如静态挤压、热挤压、热轧或热挤压(热轧)与锻造的复合变形技术，它可以实现非常大的变形量，使钨合金显微组织呈现纤维状化，对合金的强化效果非常显著，从而更加引起人们的广泛重视。

2. 几种形变强化技术

目前对钨合金进行形变强化的方式包括锻造、静液挤压、热挤压、热轧或热挤压(轧)与锻造复合变形工艺。

(1)锻造。锻造包括旋转锻造和径向锻造两种锻造变形方式，其工作原理非常相似。旋转锻造的工作原理是由 2 ~4 块旋锻模环绕被锻材料高速旋转，同时对被旋锻材料的径向进行高速脉冲式锻打，使其断面收缩、长度增加。径向锻造属于精密模锻范围，其工作原理是利用坯料绕周围对称分布的一对或多对锤头中心轴旋转。因此，径向锻造与旋转锻造工作过程的最大区别就是径向锻造是坯料旋转，而旋转锻造是锤头旋转。

(2)静液挤压。静液挤压形变强化技术是一种先进的变形加工工艺，能够一次获得 60% ~80% 的大变形量，进一步变形可以获得 90% 以上的变形，其工作原理是：棒料在高压液体介质的作用下产生塑性变形，在静液挤压过程中，工件变形处于极高的三向压应力状态，钨合金材料内部组织中的固有微裂纹随挤压过程的进行而不断地发生愈合，最终使材料内部的缺陷减少而起到形变强化的作用。它与普通旋锻工艺相比的优势在于：其一，在变形量相同的条件下，静液挤压钨合金的强度要高于旋锻处理钨合金的强度；其二，在静液挤压工艺下，特别是合理地选择挤压工艺参数后，钨合金的变形能力相对而言得到了大幅度提高，仅一次挤压就能使钨合金获得 60% ~80% 的变形量；其三，静液挤压由于材料在变形过程中始终处于良好的润滑条件，挤压过程中摩擦力小，材料的变形均匀性好，挤压变形量大使得材料的心部与边缘的力学性能相差很小。因此，静液挤压工艺是钨合金目前最为有效的一种形变强化工艺。

(3)热机械加工技术。为了使高钨含量的合金具有很高的变形，而同时又不对材料造成破坏，于是发展了热机械加工技术。热机械加工技术的特点是，在变形过程中对钨合金加热，变形在一定温度下进行，一次变形量很大，比静液挤压的变形量还要大很多(最高可达到 95% 以上)，而且合金的延性很好。热机械加工技术包括热挤压、热轧和热挤压、热轧与锻造的复合变形技术。由于热挤压技术是在比较高的温度下进行，因此加工变形量更大，强化作用更大，组织不均匀性小，而且挤压压力较冷挤压小，延长了模具使用寿命。热轧或热轧 - 锻造复合变形也是在加热条件下进行，经过多次扎制和中间退火，最后扎制成所需尺寸和性能要求的材料。

3. 形变强化和断裂机制

变形前，钨晶粒呈球形状并均匀分布在纤维状黏结相中，在变形压力作用下，合金变形按滑移机制进行，变形首先发生在黏结相，黏结相产生滑移变形。随变形增加，黏结相和钨相同时发生滑移变形，钨晶粒开始产生塑性变形。当变形量达到 30% 时，钨晶粒沿轴向呈椭圆状(如图 7 -3)。随变形量进一步增大，钨颗粒被拉长，黏结相变成狭长状，出现纤维化特征(如图 7 -4)。此外，变形过程中互相挤压，不仅沿轴向变形，钨晶粒有变细和多边化的趋势。变形强化的原因是：一方面，变形使得钨相和黏结相中形成高密度位错，变形量增加使得位错不断增殖、塞积，导致位错密度进一步增大，钨晶粒强化的幅度大于黏结相强化的幅度，钨晶粒的形变强化对合金的形变强化起主导作用。另一方面，在变形过程中，黏结相不断地被挤入到钨颗粒之间，导致 W－W 界面减少，W 颗粒的径向连接度和轴向连接度都降低。这样，W 颗粒的整体连接度降低，从而使得合金强度提高。

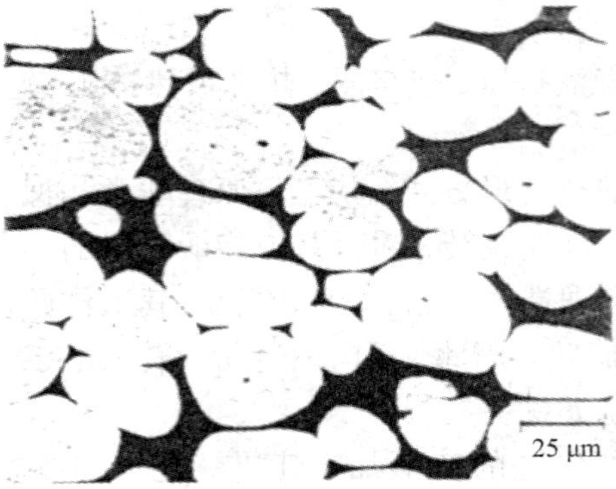

图 7－3　锻造变形 30%的显微组织特征

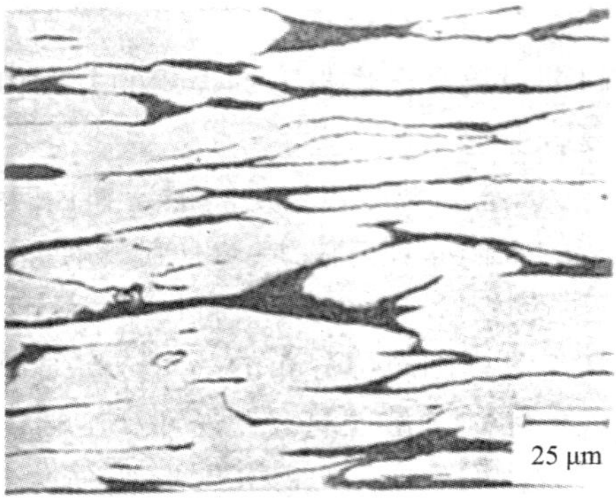

图 7－4　大变形 80%的显微组织特征

7.2.6　钨合金的制备新技术

在相当长的时间内，高密度钨合金材料的研究主要集中在合金成分、液相烧结后热处理和形变加工工艺上，已取得了显著成就，尤其是对钨合金进行形变加工处理。到目前为止，国内外高密度合金穿甲弹弹芯材料的制备一般是首先采用冷等静压、液相烧结，然后采用旋锻、液静挤压等形变处理，最后采用切削加工而成为最终形状的零件。采用这种方法有几个致命的缺点：第一，原材料利用率非常低，采用冷等静压只能制备形状非常简单的零件，其后的切削加工大大浪费了原材料。第二，在变形加工过程中由于变形量过大，零件易产生开裂。第三，由于元素粉末的机械混合难以将各元素粉末混合得十分均匀，易造成成分不均匀。第四，传统的模压成形只能满足简单形状零部件的生产要求。第五，由于液相烧结温度高，变形大，难以满足零部件的尺寸精度要求。因此，为了充分发挥我国钨资源优势，提高高密度钨合金的产品档次，开展深度加工产品，充分发挥高密度合金在军用和民用中的潜在优势和扩大高密度合金的用途，必须寻找新的成形技术。

1. 钨合金的注射成形技术

粉末注射成形（Powder Injection Molding，简称 PIM）是将热塑性有机聚合物加热到熔融态后加入一定比例的粉末，利用高剪切混料机将粉末与熔融态的有机物混合均匀、冷却，并制成粒状喂料，然后在加热状态下（100～180℃），利用黏结剂的流变性，用注射成形机以一定的注射压力和注射速度将塑料体喂料注入膜腔内，成形为各种形状的零部件，然后用化学或热分解的方法将成形坯中的黏结剂完全脱除，最后经烧结致密化和必要的后续加工工序得到最终产品。PIM 在制造几何形状复杂、组织结构均匀、高性能的近净成形零部件方面具有独特的优势，具有更为广泛的应用。PIM 工艺在难熔钨合金和硬质合金方面的应用优势主要体现在以下几个方面：

（1）钨合金和硬质合金的熔点高，只能采用粉末冶金方法制备，这一点决定了它用粉末混合方法制备零部件的唯一性与必然性。

（2）难熔钨合金和硬质合金的硬度高、脆性大、导电性差，切削加工困难，形状复杂程度的提高会使得传统 P/M 产品的切削加工成本大大增加。

(3)采用传统 P/M 方法制备硬质合金和钨合金零件在形状上受到限制，不能很好地满足形状复杂性的要求。

(4)PIM 技术具有很大的三维形状设计自由度。

(5)PIM 产品的原材料利用率高，这一点对于原材料越来越贵的钨合金和硬质合金非常重要。

(6)钨是一种战略性物资，而且钨资源越来越有限，为了充分利用钨资源和充分利用原材料，钨制品的深度加工技术具有很广阔的发展应用前景。

由此可见，PIM 技术用来制备钨合金和硬质合金制品具有其他材料无可比拟的优势，无论在军工、航空航天还是在民用各行业都具有很广阔的发展空间。

2. 细晶钨合金的制备技术

随着科学技术日新月异的发展与更新换代，对钨合金材料的力学性能提出了更苛刻的要求。材料工作者们采用了多种方法提高材料的性能，其中采用纳米粉末制备新型材料是研究发展新型高强韧钨合金材料的发展方向。一方面，材料的强度、硬度、延性等力学性能与晶粒尺寸的平方根呈反比，随着晶粒细化，材料的力学性能会大大提高。另一方面，采用纳米钨合金粉末可以大大提高烧结致密化，降低烧结温度和得到晶粒组织非常细小的纳米级或亚微米级的组织结构。合金具有非常复杂的界面结构，可以大大增加其后的形变加工量，从而在很大程度上可以提高合金的力学性能。

由于纳米粉末晶粒度很小，界面多，活性大，在烧结中极易长大。其致密化较通常微米级粉末的快，但同时晶粒聚集、合并和粗化速度很快，因而晶粒发生异常的长大，难以保持原始纳米粉末的纳米晶结构。尤其对于液相烧结的钨合金而言，情况更是如此。为了抑制晶粒长大，一般采用如下两种措施：

(1)添加晶粒长大抑制剂

为了抑制晶粒的长大，提高材料的性能，目前国内外研究人员常常在材料中添加抑制剂。最为典型的应用即是在硬质合金中，如添加 VC、Mo_2C、Cr_3C_2、NbC、TaC、TiC 等抑制剂对细化 WC 晶粒，提高硬质合金性能是非常有效的。其中，VC、Cr_3C_2是最有效的晶粒长大抑制剂。如添加 VC、Cr_3C_2可以使晶粒尺寸减少到 0.5 μm、0.3 μm 至 0.15 μm。在钨合金中添加的晶粒长大抑制剂主要是稀土及其氧化物如 Y_2O_3，La_2O_3，CeO_2等。添加 0.5% La_2O_3和 0.5% Y_2O_3的混合稀土氧化物能强烈地抑制垂熔过程中钨晶粒的长大，而且比单独添加1.0% Y_2O_3的抑制作用更为显著。

(2)特殊强化烧结技术

强化烧结，如加压烧结、等离子体活化烧结、热压、热等静压、低压热等静压、超高压烧结、烧结热锻、微波烧结、电磁场烧结、冲击波烧结、高能高速烧结、电－固结等烧结技术可望较有效地控制纳米结构。目前常用的快速烧结技术有微波烧结和等离子体活化烧结等。

等离子体活化烧结是最近发展起来的一种新型的致密化工艺。由于它融等离子体活化、热压、电阻加热为一体，具有烧结时间短、温度控制准确、易工业化等优点，仅在几分钟内就使烧结产品的相对密度接近 100% ，而且能抑制样品晶粒的长大，因此，已逐渐引起人们的关注。微波烧结同常规加热方式显著不同。常规烧结依靠发热体通过对流、传导、辐射传热，材料受热从外向内，烧结时间相对较长，晶粒较易长大。微波烧结则依靠材料本身吸收微波能转化为内部分子动能、势能，受热均匀，可将内部热应力减少到最低程度，同时又具备气压烧结的优点，可在特定的气氛保护下进行高温烧结。微波加热能使工件加热均匀，加热速度可以高达1500℃/min，高效节能。在微波电磁能的作用下，材料内部分子、离子动能增加，降低了烧结活化能，扩散系数提高，可进行低温快速烧结，使细粉末来不及长大就被烧结。

7.3 钼及钼合金

7.3.1 概述

钼是在18世纪末由P. J. Hjelm发现的，在20世纪才得到广泛应用和快速发展。钼的一个非常重要应用就是钢铁工业及催化剂工业，用作合金钢的添加剂、含钼催化剂及颜料等。钼的高熔点、低热膨胀系数、高热导率和高的高温强度，使其在电子和电工材料、汽车工业、航空和宇航等工业部门也得到广泛应用，如电子和电工材料的电子管、加热元件和半导体材料，高温测量用高温热电偶，汽车工业用涡轮增压发动机增压转子、气门阀体、火花塞和发动机零部件，以及航空和宇航工业用发动机和高温结构件等。

随着科技的不断发展，纯钼由于室温脆性大、再结晶温度低等缺点难以满足社会发展需要。为此，人们通过添加合金元素或化合物发展了多种高性能钼合金体系，如TZM合金、二硅化钼合金、钼铜合金、钼铼合金、钼钨合金和ODS钼合金等。目前，这些合金体系已在航空航天、能源、国防及电子等高科技领域得到深入应用，为社会发展和科技进步做出了重要贡献。

7.3.2 钼及钼合金的性能与用途

1. 钼的物理性质

钼是稀有高熔点金属，属于元素周期系中第五周期的VIB族。钼是一种银白色金属，外形似钢。钼的熔点高，蒸气压很低，蒸发速度也很小，它的高温延伸性能比钨好，易于压力加工，可以加工成很薄的箔材和很细的丝材。钼的硬度和强度极限比钨低，它的热膨胀系数与玻璃接近。

钼的主要物理性质见表7－5和表7－6。

表7－5 钼的主要物理性质

原子序数	42
稳定同位素及其所占百分数/%	92(14.84), 94(9.25), 95(15.92), 96(16.67), 97(9.55), 98(24.14), 100(9.63)
相对原子质量	95.94

续表

原子序数	42
晶体结构	体心立方
晶格常数/nm	0.314737
原子体积/($cm^3 \cdot mol^{-1}$)	9.42
密度/($g \cdot cm^{-3}$)	10.2
熔点/℃	2620
沸点/℃	4650
熔化热/($kJ \cdot mol^{-1}$)	27.6
蒸发热(沸点时)/($kJ \cdot mol^{-1}$)	589.66 ± 20.9
升华热(25℃)/($kJ \cdot mol^{-1}$)	664.5
比电阻/($\Omega \cdot m$), 25℃	5.2×10^{-8}
比热/[$W \cdot (g \cdot K)^{-1}$], 20℃	0.245
硬度(HB)/MPa 烧结钼条 锻打钼条 2 mm 厚钼板 退火态钼丝	 1470 ~ 1568 1960 ~ 2254 2352 ~ 2450 1372 ~ 1813
弹性模量/MPa(丝材)	$(28.5 \sim 30.0) \times 10^4$
丝材抗拉强度/MPa 未退火 退火丝(延伸率 20% ~ 25%)	 1400 ~ 2600 800 ~ 1200
热膨胀系数/K^{-1} 0 ~ 20℃ 25 ~ 700℃ 塑 - 脆转变温度/℃(大变形, 90% 以上)	 5.3×10^{-6} $(5.8 \sim 6.2) \times 10^{-6}$ −40 ~ +40

表 7 – 6　钼的蒸气压和蒸发速度(真空压力均为 6.67×10^{-3} Pa)

温度/K	蒸发速度/($kg \cdot m^{-2} \cdot s^{-1}$)	蒸气压/Pa
2151	4.142×10^{-7}	4.48×10^{-4}
2185	4.691×10^{-7}	7.60×10^{-4}
2231	13.47×10^{-7}	15.2×10^{-4}
2240	16.28×10^{-7}	18.0×10^{-4}
2260	19.06×10^{-7}	21.0×10^{-4}

续表

温度/K	蒸发速度/($kg \cdot m^{-2} \cdot s^{-1}$)	蒸气压/Pa
2300	33.11×10^{-7}	38.1×10^{-4}
2397	128.3×10^{-7}	146.5×10^{-4}
2438	195.0×10^{-7}	224.7×10^{-4}
2462	254.0×10^{-7}	297×10^{-4}

2. 钼的化学性质

钼可以呈 0、+2、+3、+4、+5、+6 价。+5 和 +6 价是其最常见的价态。钼的低氧化态化合物呈碱性，而高氧化态化合物呈酸性，钼的最稳定价态为 +6 价。常温下，钼在空气中是稳定的；当温度在 400℃时发生轻微氧化(可看到氧化色)，高于 600℃时，迅速氧化成三氧化钼；高于 700℃时，水蒸气将钼强烈氧化成 MoO_2。

钼与氢一直到它的熔化温度都不发生任何化学反应。但钼在氢气中加热时，能吸收一部分氢气生成固溶体，例如在 1000℃，100 g 金属钼能吸收 0.5 cm^3 氢，在 300℃时氢被细颗粒钼粉所吸收。

低于 1500℃以下，钼与氮不发生反应；高于 1500℃时，钼与氮发生化学反应生成氮化物。假如氮的压力低，到 2400℃都还不会发生反应。碳、碳氢化合物和一氧化碳从 800℃开始，就与钼相互作用而生成碳化钼(Mo_2C)。

3. 钼及钼合金的应用

钼主要用于钢铁行业，据统计，钼的消费比例为：合金钢占 43% ~44%，不锈钢占 22% ~33%，工具钢占 8%，铸钢占 6%，超合金占 3%，金属钼占 6%，钼化学品占 10%，其他占 1%。金属钼、钼合金和钼的化合物广泛地用于现代技术的很多领域中。其中最主要的行业所用的产品如表 7 – 7 所示。

表 7 – 7　钼合金的主要应用行业

钢铁工业	主要用作钢的添加剂，钢中添加钼可使钢具有均匀的微晶结构，降低共析分解温度，扩大热处理温度范围和淬透深度，还能提高它的硬度和韧性、抗蠕变性能
金属压力加工行业	钼合金顶头是穿制不锈钢管的重要工具，添加钼的模具可用铜、铝的型材
电光源、电真空行业	电灯泡中支撑钨丝的钩子，电子管的栅极、发射管和二极整流管阴极，封装在石英玻璃的杆，汽车业的反光罩等。它所使用的钼产品是钼杆、钼丝、高温钼丝、钼板和钼箔带等
冶金工业	用于高温炉的发热体、支承架的结构件、隔热屏和高温器皿、钨丝和钼丝配合可作热电偶。所使用的钼产品是钼丝、高温钼丝、TZM 结构材料、舟皿、坩埚、热电偶套管、钼板和钼带、硅钼棒等
建材工业	在建材工业中以钙化铂，用于生产硅酸铝纤维的钼电极棒，流口和生产玻璃纤维的钼电极板

续表

机械工业	用于高温炉的发热体、支承架的结构件、隔热屏和高温器皿、钨丝和钼丝配合可作热电偶。所使用的钼产品是钼丝、高温钼丝、TZM 结构材料、舟皿、坩埚、热电偶套管、钼板和钼带、硅钼棒等
宇航、军事工业	用于火箭、导弹部件，如喷嘴、发动机的燃气轮片、冲压发动机喷管、火焰导向器及燃烧室
核工业	钼具用热中子捕获截面小，有持久强度，对核燃料的稳定性能和抵抗液体金属的腐蚀等特性，故用作核反应堆的结构材料，如隔热屏等
化工、纺织工业	由于钼酸盐容易被还原生成钼蓝，所以钼的化合物可以作丝、毛、棉织物及毛皮的染料，因此在染料和清漆生产中广泛使用钼酸钠
农业	微量的钼可刺激植物生长，尤其对豆科植物的作用更为显著，施加微量的钼肥能使大豆增产 10% ~15%，水稻增产 20% ~25%

7.3.3　钼的合金化与强化

金属钼具有熔点高(2620℃)，导电性能好，较好的高温强度和硬度的特点，是近现代装备中一种很有前途的结构和功能材料。但是钼在高温下易氧化，再结晶温度低(1100℃)，再结晶后容易脆断和高温下的强度和硬度较差等缺陷限制了其向高尖端领域的应用。因此，为了改善钼的脆性和提高钼的高温性能，即提高其再结晶温度，通常采用向钼中掺杂其他金属元素的方法。

首先人们往钼中添加微量的钛、锆等元素，形成了微量元素合金化合金(如 Mo－Ti、Mo－Zr 等)，以通过微量元素的固溶强化，清除晶界脆化相，其生成物(TiC、ZrC)作为弥散相而对合金起到强化作用，达到提高其性能的目的。同时将钼与钨、铼等金属按一定比例配合，制成相应的合金(如 Mo－25W、Mo－5Re 等)，通过固溶体大量合金化提高其耐热强度，从而形成了钼钨和钼铼合金系列。在微量合金化基础上添加一定量的合金元素，可以改善钼合金高温的室温脆性，如 Mo－Ti－Zr－C 系列合金，这一系列中的 TZM、TZC 合金，已经成为目前人们所使用的一种非常重要的钼合金。同时有人试图将微量元素的固溶、弥散强化效果与钼钨合金的固溶体大量合金化强化效果结合起来，以求钼合金综合性能的根本突破，从而又引出了 Mo－W－Zr－Hf－C 系和 Mo－W－Hf－C 系合金。

7.3.4　TZM 钼合金及其应用

1. 合金成分与性能

TZM 合金的化学成分(质量分数)是：钛 0.4% ~0.55%，锆 0.06% ~0.08%，碳 0.01% ~0.04%，余量为钼，合金元素总量不超过 1%。加入锆不仅使合金进一步强化和提高再结晶温度，而且扩大了碳在钼中的溶解度，并使合金具有热处理敏感作用。此合金的组织结构式，在钼的 α 固溶体的基体上明显分布有块状的 Mo－C 和少量弥散的 TiC、ZrC。就是这些少量的元素使目的钼的室温或高温力学性能都大为提高，再结晶温度也比纯钼高

300℃左右。

TZM 合金的生产方法有熔炼法和粉末冶金法两种。采用粉末冶金法可以节省真空自耗电弧炉、大型挤压机和锻锤以及相应的高温加热炉等大型设备，使工序简化，生产周期缩短，消耗降低，生产能力及成品率成倍提高，因此成本大大降低。表7－8是这两种生产方法生产的钼合金板材的性能比较。

表7－8　粉末冶金 TZM、纯钼和熔炼 TZM、Mo－0.5Ti 板材的性能

性能	粉末冶金 TZM 板（0.5 mm）	粉末冶金纯钼板（1.0 mm）	熔炼 TZM 板（0.5 mm）	熔炼 Mo－0.5Ti 板（1.5 mm）
室温抗拉强度/MPa	1140～1210	980～1100	1080	900
室温延伸率/%	7.5～13.0	12.0～14.0	10.0	14.0～16.5
1000℃抗拉强度/MPa	700～720	290	630	320
1000℃延伸率/%	5.2	5.5	—	16.0
1200℃抗拉强度/MPa	320～360	约99	500	180
1200℃延伸率/%	9.0	10.0	11.0	25.0
1300℃抗拉强度/MPa	190～210	88	370	93
1300℃延伸率/%	11.5～13.5	—	8.0	50
1400℃抗拉强度/MPa	140～170	—	190	80
1400℃延伸率/%	11.0－16.0	—	21.5	23.5
1200℃持久性能/MPa	59(7.5 h)	34(15.5 h)	130(98 h)	34(120 h)
开始再结晶温度/℃	1200	950～1000	1300	约1000

2. TZM 合金的应用

TZM 合金由于具有优良的高温强度，较高的再结晶温度，良好的导热性，在航空航天领域得到广泛应用，如用来作为喷管材料、喷嘴材料、配气阀体、燃气管管道材料、电子管中的栅极材料，还可用来制造 X 射线旋转阳极零件、压铸模具和挤压模具、高温炉中的发热体材料及隔热屏等，原子能反应堆中用来制造包套材料及各种阀门；用于挤压铜基合金时，其操作温度可在879～1200℃。TZM 合金有较高的再结晶温度，再结晶时的延性较普通钼材高5倍。

此外，其他钼合金如 TZC 合金，是一种源于 TZM 而成且有较大改变的合金，具有高合金含量、高性能，对时效硬化热处理其反应。用添加元素铪代替钛，发展成两个系统的高温高强的钼合金：MHC（Mo－Hf－C 系）和 ZHM（Mo－Hf－Zr－C 系）。以铪代替钛，用形成双相组织的方法强化钼时，碳化物相对钼的高温行为影响很大，其中尤其以 HfC 最有效，ZrC 次之。TiC 由于熔点较低，有可能很快地聚集，使组织粗化，因而强化效果差些。研究表明，ZHM 比 MHC 具有更佳的性能。

在 MHC 系中，Mo－1Hf－0.05C 是代表性的合金，现已进入工业规模生产，用粉末冶金法制得的锭子重达 5 t，直径为 1300 mm。这种合金经过锻造变形量达 60% 时，在 950 ~ 1250℃温度下的抗拉强度比 TZM 的要高出 20%，各方向的伸长率约 10%。

7.3.5　钼合金的形变加工与时效

1. 形变强化机理

形变强化是指通过机械加工，如锻造、挤压、热轧等，使材料产生变形，通过形变使合金的晶格产生畸变，位错密度增加，以及产生二次晶粒等，从而使合金的力学性能发生改变。金属在塑性变形时，晶粒发生滑移，出现位错缠结，使晶粒拉长、破碎和纤维化，金属内部产生残余应力等。一般来说，钼层错能低，比层错能高的金属(如铝、铜)加工硬化更为显著。不同加工方法对钼合金棒的组织影响很大，锻造和孔型轧制的钼棒组织粗大、晶粒不均，性能较差，采用步进轧制可以获得细长的加工组织，其力学性能特别是塑性得到大幅度提高。

钼在变形过程中形成了两种主要织构：平行于(001) 轧面的织构和平行于(111) 轧面的织构。由于平行于(111) 轧面的晶粒具有较高的间隙原子溶解度，使大量的杂质偏聚到(111) 轧面上，从而极大地影响了平行于(111)轧面的晶粒表面结合能，45°裂纹便沿此方向形成并扩展。

纯钼在变形量为 30% ~90% 的冷轧变形过程中的织构变化规律如下：在变形初期，{110}〈111〉型滑移系统是具最大 Schmid 因子的一组有效滑移系统，在变形量为 30% ~60% 的冷轧过程中，晶粒绕轧向转动，晶粒取向相对轧向对称分布，形成 α 线织构，主要织构组分有{001}〈110〉和{112}〈110〉；而在变形量为 70% ~80% 的冷轧过程中，主要是非均匀变形机制起作用，形成 γ 线织构，织构组分有{111}〈112〉和{111}〈110〉。在各冷轧过程中，随变形量增加，织构强度上升，经 90% 冷轧变形时，平行轧面的(001)织构急剧减弱，而平行轧面的(111)织构被强化。由以上分析可以看出，不同的工艺路线下，织构的组分差异很大，进而导致性能的差异也较大。研究发现，钼合金的横向塑性差与〈110〉织构有很大关系，这是因为〈110〉纤维织构导致了横向大尺寸晶粒的产生，而且杂质元素极易在此晶界上偏聚，导致界面结合强度显著降低，合金横向塑性较差。

形变强化是提高钼合金综合力学性能，特别是提高强度的有效手段，不同的形变方式，如锻造、挤压、轧制，对钼合金性能和组织的影响很大。轧制开坯变形量大，利于消除或减少孔隙，且材料的变形组织沿横向断面分布的均匀得到显著改善，表面质量及尺寸形态一致性较好。旋锻开坯则为传统的开坯方法，由于是对坯料施以间断且分散的频率锻打，每次锻打变形量极小，存在一定程度的形变不均匀性，因此表层与内部的晶粒尺寸、形状差异较为明显，使材料的加工性能和力学指标下降。因轧制力远大于旋锻力，使得轧制时的压应力状态较强且轧制的受力较为均匀，故更利于塑性变形的进行。

2. 形变强化方法

(1)锻造法。锻造是利用锻压机械对金属坯料施加压力，使其产生塑性变形以获得具有一定力学性能、一定形状和尺寸锻件的加工方法。通过锻造能消除金属的铸态疏松、焊合孔洞，锻件的力学性能一般优于同样材料的铸件。对于形状较简单的板材采用轧制制备，而形状复杂、工作条件苛刻的重要零件多采用锻造。

对于大多数金属，应在再结晶温度以上进行锻造。根据钼的再结晶温变图(图 7 -5)，为保证得到细晶粒组织，在 1250 ~ 1400℃ 变形时，每道次变形量要大于 15%。在 1700℃ 和

2000℃变形时，不但在临界变形量，而且在60%～90%的大变形量下，晶粒都会明显长大。由于钼合金的再结晶温度比纯钼高300～500℃，因而合金应在1600～2000℃下进行变形加工。

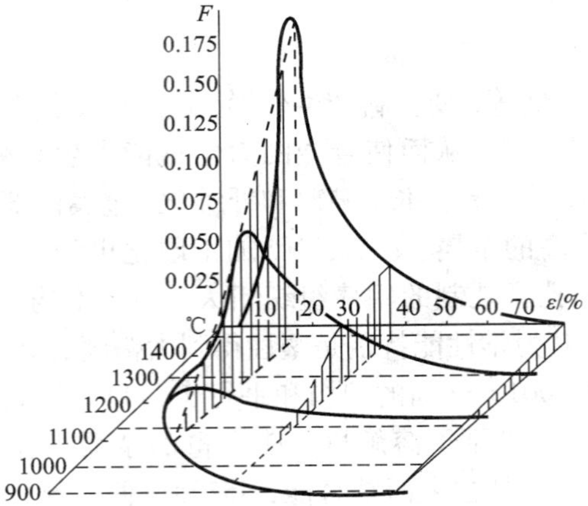

(a)纯钼的再结晶图

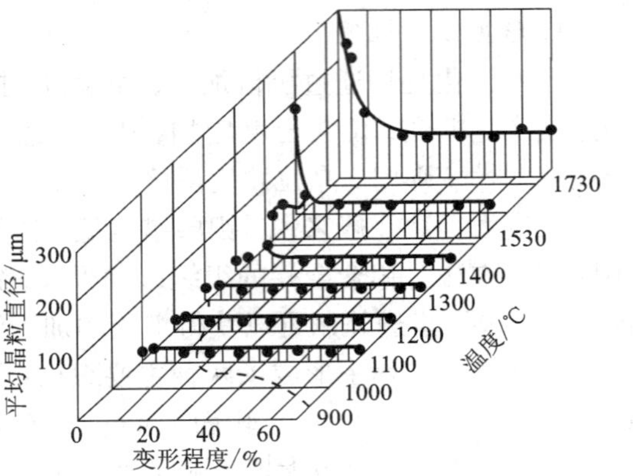

(b)真空熔炼钼的再结晶图

图7－5 钼的再结晶温变图（F为晶粒的平均面积/μm^2）

从大多数钼合金在铸态和再结晶态的塑性性能和温度关系可以看出，在1200～1700℃范围内，塑性急速下降，称为“热塑性”。对热脆现象本质的研究表明，它与塑性变形机理的改变有关。在较低温度下基本上通过滑移发生塑性变形，而在较高温度下在很大程度上是由于沿晶界滑动的结果。这时在晶界上也显示出组织的变化。变形速度与相对伸长率的温度关系示于图7－6，该图指出，随着变形速度的加快，金属的脆性减小。钼锭只有在锤头冲击加载的条件下，自由锻才能成功，而用锻造水压机，在比较低的变形速度下，金属铸锭总是开裂，可能就是这种原因。为避免开裂，可以采用其他变形方式，例如，金属在各向受压的条件下变形，即挤压变形。锻造时，如果采用缺口锤头、模锻、镦粗等方法，也能改善变形条件。

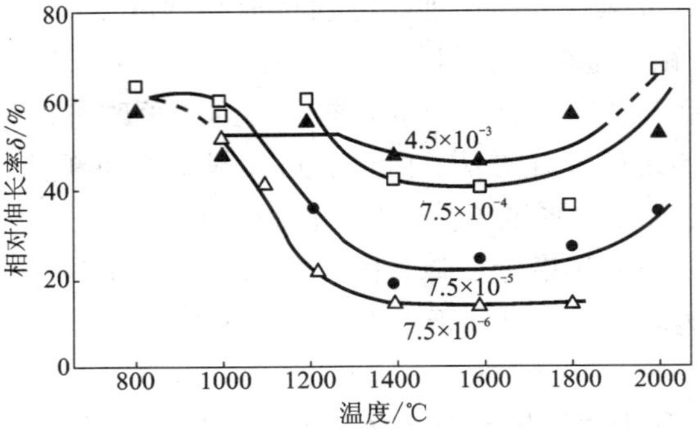

图7－6 在热脆范围内试样的变形速度（$4.5\times10^{-3}/s \sim 7.5\times10^{-3}/s$）对Mo－0.1Zr－0.1Ti合金相对伸长率的影响

（2）热挤压法。挤压时，金属形态的变化是在各向不均匀压缩的条件下进行的。这时金属沿一个轴向受拉伸变形，而另外两个轴向受压缩变形。加工塑性差的材料这种变形机理是最有利的。

制定钼合金的热挤压工艺需要同时解决由这些合金性能造成的许多复杂的技术难题。许多钼合金由于强度高，所以要在1500～1700℃或者更高的温度下进行变形。在高温变形条件下，对挤压工具、挤压和加热设备、润滑都提出了特殊的要求。

人们常用装有专用加热设备的卧式和立式水压机挤压钼合金。在加热变形时，使用保护气氛是钼合金挤压工艺的特点。经验表明，钼合金允许采用高速挤压，因此，钼合金的挤压加工宜采用具有最大挤压速度的挤压设备。采用高速挤压可以把被挤压金属和挤压工具接触的时间缩短到最小，在高温加工时，这一点具有重大意义。在这种条件下，变形时间的缩短可以大大提高受磨损最严重的挤压模的寿命。

挤压钼合金，可以采用高温加热（到1700℃甚至更高），也可采用低温加热（1000～1400℃）。低温挤压有一系列优点，但是，由于钼的塑性不好，强度又很高，因而钼合金的低温挤压并不总是成功。因此，在挤压低强度钼合金时，采用低温加热；在挤压高强度钼合金或者需要大变形量时，采用高温加热。

（3）轧制法。轧制是将金属坯料通过一对旋转轧辊的间隙，受到轧辊的压缩使材料截面减小、长度增加的加工方法，主要用来生产型材、板材、管材。影响金属坯料轧制质量的因素有轧制温度和变形量、合金成分、轧制方式和次数等。

控制合适的加热温度和变形量是制备高性能钼材的关键。低温轧制时，钼板的变形抗力大、缺陷多，轧制时易开裂或无法进行后续加工。随着轧制温度升高，钼板的塑性增加，变形缺陷减少，轧制过程中轧件开裂现象较少。但温度过高，钼的晶粒尺寸会过大而造成组织粗化，并恶化钼板的力学性能，进而影响到钼板厚度方向的导热性能，降低钼板的散热效果。这种组织的产生是由于加热温度过高和在高温下停留时间过长，致使轧件产生过热现象，这种组织将使钼板的力学性能大大降低。

钼板的轧制方式有单向轧制、交叉轧制、叠轧等，不同的轧制方式的钼板组织和性能有显著的差异。

采用单向轧制的钼板横向弯曲性能差，双向交叉轧制工艺生产出来的钼板，纵、横两个方向上的弯曲性能都很好。对要求纵横两个方向上都要弯曲成形的钼板，合理的轧制工艺是双向交叉轧制，温度在750～950℃，总的相对变形量在80%左右，纵横两个方向上的相对变形应基本相等。在再结晶温度以下，大量的冷轧变形使钼板形成强烈的(100)⟨110⟩轧制结构，这种轧制结构的存在引起钼板轧向与轧向呈45°的方向及与轧向垂直的方向的力学性能差异显著。采用换向轧制不仅可以减少板材的各向异性，还可降低板材的脆－塑转变温度。

交叉轧制与单向轧制（不换向）再结晶组织的平均晶粒度虽然相差不多，但前者均匀性和等轴性比后者好，有效地减轻材料的各向异性。交叉轧制薄钼板的组织为纤维状细长晶粒且相互搭接交错，这种组织能使深冲压加工的应力和应变分布均匀，因而该钼板的弯曲性能较好，延伸率显著提高，有利于板材的塑性变形和深冲，而单向轧制钼板的纤维组织短粗，这种短粗带状组织使钼板的力学性能产生各向异性，即沿着带状纵向的强度高、韧性好，横向的强度低、韧性差。此外，带状组织的钼板热处理时易产生变形，且硬度不均匀，交叉轧制的钼板组织较优。

第 8 章　硬质合金

8.1　引言

8.1.1　硬质合金的定义与分类

硬质合金对应的英文单词有 3 个，即 cemented carbide(s)、hardmetal(s)和 carbide(s)，其中 cemented carbide 的应用最广泛，欧洲人习惯用 hardmetal，而 carbide 主要用于商务英语。硬质合金的传统定义是：硬质合金用粉末冶金方法生产的，由过渡族难熔金属化合物(如 WC、TiC、TaC、NbC 等)和黏结金属（如 Co、Ni、Fe 等)组成的，具有硬质相 + 黏结相组织结构特征的，具有较好强度、硬度与韧性匹配性的工程复合材料。因具有较高的耐磨性，较强的抗变形、抗冲击、抗高压、耐腐蚀以及耐高温等性能，硬质合金广泛应用于各种切削刀具、凿岩工具、耐磨零件、成形模具、轧辊等。随着科学技术的不断进步，出现了超出上述传统定义范围的硬质合金，如无金属黏结相硬质合金(也称无金属黏结剂硬质合金)，硬质合金 - 金刚石复合材料等。因此，从广义来讲，硬质合金是指以过渡族难熔金属碳化物或碳氮化物作为主体成分的粉末冶金硬质材料，包括粉末冶金硬质复合材料。

根据硬质合金的成分，可将其分为以下五大类，即 WC 基、TiC/Ti(C，N)基、涂层、钢结以及其他类硬质合金。其中，TiC/Ti(C，N)基硬质合金又称为金属陶瓷。根据习惯，对一些成分、结构与性能比较特殊的硬质合金，统称为其他类硬质合金。

表 8 - 1 列出了几种硬质合金的典型成分与组织结构特征。表 8 - 2 列出了国际知名硬质合金生产企业——总部位于瑞典的 Sandvik 公司，英国硬质合金协会与德国标准协会根据合金中硬质相的平均晶粒度而制定的硬质合金晶粒度分类标准。

表 8 - 1　几种硬质合金的典型成分与组织结构特征

合金类别	合金基本成分	黏结金属含量/%	合金中硬质相平均晶粒度/μm
WC 基	WC - Co	Co：4 ~ 25	WC：0.2 ~ 14
	WC - (Ni，Cr)	Ni：4 ~ 20	WC：0.5 ~ 2
	WC - (Ti，Ta，Nb)C - Co	Co：4 ~ 15	碳化物：0.5 ~ 2
Ti(C，N)基	(Ti，Ta，Nb，W，Mo)(C，N) - (Co，Ni)	(Co，Ni)：10 ~ 20	碳氮化物：0.5 ~ 3

表 8－2　硬质合金晶粒度分类标准(μm)

标准类别	纳米系列	超细	亚微	细	中
A	0.1～0.3	0.3～0.5	0.5～0.9	1.0～1.3	1.4～2.0
B	<0.2	0.2～0.5	0.5～0.8	0.8～1.3	1.3～2.5
标准类别	中粗	粗	超粗	S—牌号	
A	2.1～3.4	3.5～4.9	5.0～7.9	8.0～14.0	
B	—	2.5～6.0	>6.0	—	

A：Sandvik 公司公布的分类标准，该标准于 1999 年公布。

B：英国硬质合金协会与德国标准协会的分类标准。

国际上一些著名硬质合金专家预言，基于目前的技术水平，硬质合金晶粒度细化的极限值在 0.1～0.2 μm 之间。正因为硬质合金难以实现真正意义上的纳米化，出现了纳米硬质合金的不同定义。按 Sandvik 公司公布的分类标准，合金晶粒度为 0.1～0.3 μm 的硬质合金属于纳米合金。按照英国硬质合金协会与德国标准协会的分类标准，合金晶粒度 <0.2 μm 的硬质合金属于纳米合金。围绕纳米硬质合金定义标准所引发的争议，德国已将合金晶粒度为 0.1～0.2 μm 的硬质合金定义为特级超细(super ultrafine)硬质合金。

8.1.2　硬质合金的主要发展历史进程

表 8－3 列出了硬质合金产业发展史上具有划时代意义的标志性成果年历。1923 年 3 月 30 日，Schröter 在德国申请了国际上公认的第一个硬质合金发明专利(申请号 DRP 420, 689)；1925 年 10 月 30 日该专利获得授权(批准号 DRP 434, 527)；同年年底，该专利转让给德国的 Friedrich Krupp 公司；1926 年，Friedrich Krupp 公司硬质合金生产线投产，从此开创了硬质合金生产的先河。

表 8－3　硬质合金的主要发展历史进程

年份	历史事件
1923—1925	德国 Osram 公司 Schröter K 申请并获得了国际上公认的第一个硬质合金发明专利——一种用粉末冶金方法生产的 WC－Co 合金
1927—1931	德国 Krupp 公司“Widia”牌 WC－Co 硬质合金于 1927 首次在德国莱比锡春节展览会上展出，所展示的硬质合金刀具较传统铸铁切削刀具的加工速率提高 2～3 倍。 1931 年 Krupp 公司“Widia”牌钢铁切削加工用 WC－TiC－Co 硬质合金投入生产。 奥地利 Schwarzkopf－Metallwerk Plansee 公司获得一系列硬质合金相关专利。 美国 Fansteel 公司开发了 TaC－Ni 硬质合金

续表

年份	历史事件
1932—1939	Krupp 公司将 WC－Co 硬质合金系列产品（最高 Co 含量达 15 %（质量百分数））进行推广应用。 Krupp 公司开发了钢铁切削加工用 WC－TiC－Co 硬质合金系列产品。 1939 年 Krupp 公司首次推出含 VC 和 TaC 晶粒生长抑制剂的细晶粒 WC－Co 硬质合金。 美国 Kennametal 公司创始人 McKenna 获得难熔金属碳化物固溶体的系列发明专利，以及冷等静压成形硬质合金复杂零件的发明专利
1940—1950	1941—1945 年，硬质合金军用穿甲弹大量生产。 40 年代后期，Sandvik 公司与 Atlas－Diesel 公司联合开发了 WC－Co 矿用硬质合金凿岩工具，使凿岩效率得到历史性突破。 1948 年，McKenna 及其同事获得了可转位刀片与刀具的发明专利。 凿岩与采煤用矿用硬质合金得到迅速发展
1951—1960	1951 年，Trent 首次发表了关于金属切削机理的论文。 在美国，金属切削加工用可转位刀片迅速取代焊接刀片，并得到广泛推广应用。 大型压缸与顶锤应用于人造金刚石的高温高压合成
1961—1970	WC－TiC－TaC（NbC）－Co 系列硬质合金可转位刀片得到广泛推广应用。 1966 年，日本的铃木寿与久保田发表了关于硬质合金控碳研究的论文，首次系统地论述了硬质合金强度与合金碳含量之间的关系。 1967—1968 年，Kennametal 公司推出了热等静压制备全致密硬质合金的生产方法，并推出了 Keziz 硬质合金新牌号。 1968—1969 年，Krupp 公司与 Sandvik 公司推出了 TiC 涂层硬质合金可转位刀片。 建立在 Rupert 和 Schwedler 共同获得的发明专利以及瑞士钟表研究所 Hintermann 研究小组工作基础上的化学气相沉积（CVD）涂层技术得到推广应用
1971—1980	1971 年，奥地利维也纳技术大学的 Lux 等获得了 CVD 法制备 Al_2O_3 涂层的发明专利。 Carboloy、Sandvik 以及 Krupp 等公司分别于 1971 年、1974 年与 1978 年相继推出 Al_2O_3 涂层牌号。 1972 年，铃木寿等发表了关于晶粒生长抑制剂的综合研究报道。 1972 年，Wimet 公司推出了新型亚微 WC－Co 硬质合金。 1973 年，Schintlmeister 获得 CVD 法制备 TiC－Ti（CN）－TiN 多层涂层的发明专利。 1978 年，日本住友公司推出了 TiC、TiN 物理气相沉积（PVD）离子镀。 20 世纪 70 年代早期相继出现了 PVD 的研究报道
1981—1990	1982 年，Grab 和 Nemeth 获得了在合金中添加 IVB 或 VB 过渡族金属氮化物、氢化物或碳氮化物制备功能梯度硬质合金的发明专利。 1983—1984 年，第一批压力烧结炉问世。 涂层硬质合金刀片的槽形与刀具设计技术日臻成熟。 日本推出主要用于 PCB 微钻加工的 WC－Co 超细晶硬质合金（晶粒度 $>0.5\ \mu m$）

续表

年份	历史事件
1991—	新型涂层技术不断涌现，使涂层的应力进一步降低。 近纳米结构的 WC－Co 硬质合金生产技术的开发，使硬质合金的综合性能得到显著改善。 可实现对硬质合金的成分、微观组织结构以及合金晶粒度的有效调控，最大程度地满足了市场的需求。 硬质合金生产技术不断提高，小至直径 <1 mm 的圆珠笔球、直径 <0.3 mm 的微钻，大至超过 250 kg 的顶锤与模具均可生产

中国的硬质合金工业起步较晚。1948 年，大华电冶厂（后改为大连钢厂）试制了中国的第一批硬质合金。1958 年，在苏联政府的援助下，中国的第一个硬质合金专业生产厂家——株洲硬质合金厂建成投产。1965，中国的第二个硬质合金专业生产厂家——自贡硬质合金厂建成投产。

作为世界钨资源大国，目前中国硬质合金产量约占世界硬质合金总产量的 40%，中国已成为世界最大的硬质合金生产国家。然而，回顾世界硬质合金的发展历史，直到 20 世纪 90 年代末期，中国硬质合金才出现了拥有自主知识产权的、能载入世界硬质合金历史发展史册的核心技术，这就是紫钨制备技术，即以紫钨为原料制备后续制品的技术。自此以后，中国硬质合金工业取得了快速的技术进步。

8.1.3　硬质合金的生产工艺

硬质合金的典型生产工艺流程见图 8－1。硬质合金的生产通常要经过湿磨、成形和烧结三个阶段。硬质合金的成形手段主要有模压成形、冷等静压成形、挤压成形与注射成形等。硬质合金模压压坯具有以下基本特征：

(1) 压坯密度为 55% ~60% 理论密度；

(2) 孔隙度为 40% ~45%（体积百分数）；

(3) 线收缩系数 $\Delta L/L_0 = 15.7\% \sim 18\%$；

(4) 成形剂主要有石蜡、PEG（聚乙二醇）、橡胶（如 SBS、丁钠橡胶）等，成形剂含量为 2% ~3 %（质量百分数），~18%（体积百分数）；

(5) 压坯中杂质总量通常 <1 %（质量百分数），杂质主要包括混合料各组元颗粒表面的氧化物、吸附水、研磨球磨损残渣等。

传统硬质合金的烧结属于典型的液相烧结，烧结过程中出现的物理化学过程主要有：

(1) 成形剂熔化（石蜡）：~60℃；

(2) 吸附水的脱附：室温 ~150℃；

(3) 成形剂挥发：150 ~400℃；

(4) 钴氧化物还原、成形剂分解产物裂解：300 ~500℃；

(5) 钨氧化物还原：700 ~900℃；

(6) 碳化物固溶体表面氧化物还原：>1000℃；

(7) 快速收缩：>1100℃，取决于原料 WC 的粒度，通常在液相出现前产生约 80% 的

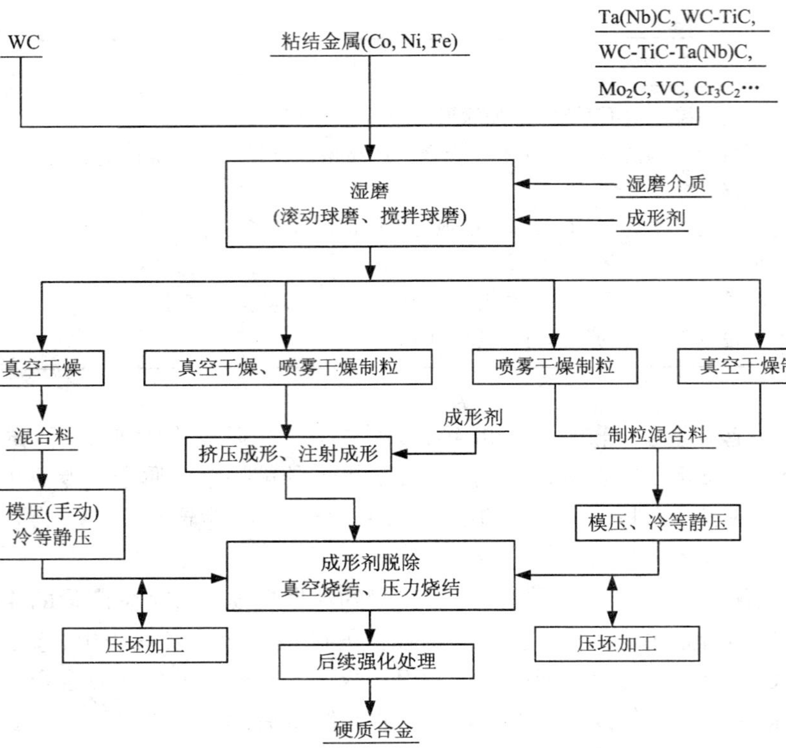

图 8-1　硬质合金的典型生产工艺流程

收缩；

(8)液相形成：1320～1400℃；

(9)溶解析出与晶粒生长：1400～1500℃。

在硬质合金生产中，可倾式球磨机、搅拌球磨机、喷雾干燥制粒设备、压力烧结设备，烧结后续热处理、深冷处理等工艺已得到广泛应用。石蜡、PEG 等非橡胶类成形剂已成为模压成形最常用的成形剂。采用聚晶金刚石(PCD)或聚晶立方氮化硼(PCBN)刀具可实现硬质合金模压压坯的直接机加工。经脱氧处理的纯净水代替有机湿磨介质的湿磨工艺正在得到推广应用。硬质合金的注射成形、挤压成形技术，硬质合金切削刀具的 CVD、PVD 涂层处理技术等已得到迅速发展。

8.2　硬质合金材料设计基础

8.2.1　概述

通过对合金中黏结相含量、种类，黏结相中固溶度，黏结相的微观组织结构，黏结相的平均自由程，合金中硬质相的种类、结构、晶粒度、晶粒分布特性、晶粒结晶的完整性，合金中硬质相的邻接度，合金中晶界、相界特性等参数的调控，可以对合金的物理力学性能与使用性能进行有效控制，以满足不同的使用需求。硬质合金的热力学、扩散动力学数据库及其烧结过程中微观组织演变的计算机模拟在硬质合金材料设计中具有重要地位。

8.2.2　润湿性、合金组元的功能与特性

几种典型的液态金属对过渡族金属碳化物的润湿性见表 8 -4。受润湿性的影响，Co 是硬质合金中最常用的黏结金属，除 Co 以外，Ni、Fe 也可以用作硬质合金的黏结金属。WC、WC - TiC、Ta(Nb)C、WC - TiC - Ta(Nb)C、Mo_2C、VC、Cr_3C_2、Ti(C，N)等是硬质合金的基本原料。硬质合金中各组元的基本功能特征见表 8 -5。

表 8 -4　几种典型液态金属对过渡族金属碳化物的润湿性

碳化物	金属	温度/℃	润湿角/(°)	备注
WC	Cu	1100	30	Ar
WC	Co	1500	~0	H_2
WC	Co	1420	~0	真空
WC	Ni	1500	~0	真空
WC	Ni	1380	~0	真空
WC	Fe	1490	~0	真空
TiC	Cu	1100 ~ 1300	70 ~ 108	真空
TiC	Fe	1550	39	H_2
TiC	Fe	1550	41	真空
TiC	Co	1500	36	H_2
TiC	Co	1500	39	He
TiC	Co	1500	5	真空
TiC	Ni	1450	17	H_2
TiC	Ni	1450	32	He
TiC	Ni	1500	~0	Ar
TiC	Ni	1450	30	真空
TiC	Ni	1300	-16	真空
TiC	Ni +10% Cr	共晶温度	23	真空
TiC	Ni +10% Mn	共晶温度	23	真空
TiC	Ni +10% Nb	共晶温度	22	真空
TiC	Ni +10% V	共晶温度	21	真空
TiC	Ni +10% Ta	共晶温度	15	真空
TiC	Ni +10% W	共晶温度	14	真空
TiC	Ni +10% Mo	共晶温度	~0	真空

续表

碳化物	金属	温度/℃	润湿角/(°)	备注
VC	Fe	1490	30	真空
VC	Co	1420	13	真空
VC	Ni	1380	17	真空
Cr_3C_2	Fe	1490	~0	真空
Cr_3C_2	Co	1420	~0	真空
Cr_3C_2	Ni	1380	~0	真空
Mo_2C	Fe	1490	~0	真空
Mo_2C	Co	1420	~0	真空
Mo_2C	Ni	1380	~0	真空
TaC	Fe	1490	23	真空
TaC	Co	1420	14	真空
TaC	Ni	1380	16	真空
NbC	Fe	1490	25	真空
NbC	Co	1420	14	真空
NbC	Ni	1380	18	真空
50WC/50TiC	Fe	1420	37.5	真空
50WC/50TiC	Co	1420	24.5	真空
50WC/50TiC	Ni	1420	16	真空
50WC/50TiC	Co-30Ni	1420	21±4	真空
50WC/50TiC	Co-70Ni	1420	24.5±1	真空
50WC/50TiC	Co-7Mo	1420	18	真空
50WC/50TiC	Ni-11Mo	1420	9	真空

表 8-5 硬质合金中各组元的基本功能特征

组元	基本功能特征
Co,(Ni),(Fe)	赋予合金韧性与强度
WC	赋予合金硬度
TiC, Ti(C, N)	具有较 WC 更高的硬度、低的热导率，在黑色金属中溶解度低
(Ta, Nb)C	改善合金韧性、高温强度与硬度，改善合金抗热冲击、抗热疲劳性能以及抗塑性变形能力，抑制合金晶粒生长
VC, Cr_3C_2	合金晶粒生长抑制剂。其中 Cr_3C_2 可明显改善合金的耐蚀性
Mo_2C	改善液态金属 Ni 对 TiC、Ti(C, N)的润湿性

表 8－6 列出了几种常见的过渡族金属碳化物的主要性质。在几种常见的过渡族金属碳化物中，WC 具有最大的弹性模量、最大的热导率与最小的热膨胀系数，TiC 具有最高的硬度。

表 8－6　几种常见过渡族金属碳化物的主要性质

碳化物	晶体结构	密度 /($g\cdot cm^{-3}$)	HV0.05 /MPa	弹性模量/GPa	热导率/ [$W\cdot(cm\cdot K)^{-1}$]	熔点 /℃	热膨胀系数/K^{-1}
WC	简单六方	15.7	2000 (0001) 1300 $\{10\bar{1}0\}$	696	1.21	2775	$a=5.2\times10^{-6}$ $a=7.3\times10^{-6}$
TiC	面心立方	4.93	3000	451	0.21	3070	7.74×10^{-6}
TaC	面心立方	14.48	1800	285	0.22	3985	6.29×10^{-6}
NbC	面心立方	7.78	2000	338	0.14	3615	6.55×10^{-6}
$\beta-Mo_2C$	密排六方	9.18	1500	533	—	2485	7.8×10^{-6}
Cr_3C_2	斜方	6.68	1350	373	—	1810	10.3×10^{-6}
VC	面心立方	5.36	2900	422	—	2650	7.2×10^{-6}

8.3　WC－Co 硬质合金

8.3.1　概述

WC－Co 硬质合金是硬质合金中应用领域最广、最重要的一类合金。因岩石的破碎效果与凿岩工具的弹性模量成正比，合金的抗热冲击与抗热疲劳性能随热导率增加而提高，随热膨胀系数降低而提高，因此矿用硬质合金的基本成分通常为 WC－Co。在硬质合金中添加 TaC 可以改善合金组织结构的均匀性，改善提高合金韧性、高温强度与硬度，改善合金的抗热冲击、抗热疲劳性能以及抗塑性变形的能力。因此某些冲击凿岩硬质合金中添加有 ~0.5% TaC。WC－Co 硬质合金还广泛用作各种耐磨零件、切削刀具、轧辊、成形模具等。

8.3.2　合金的控碳问题

控碳问题是 WC－Co 硬质合金质量控制的核心问题。图 8－2 是 1425℃下 W－C－Co 的等温截面相图。由 a 点、b 点和 WC 的单相成分点所包围的狭小区域为 WC＋β（液相）两相区。

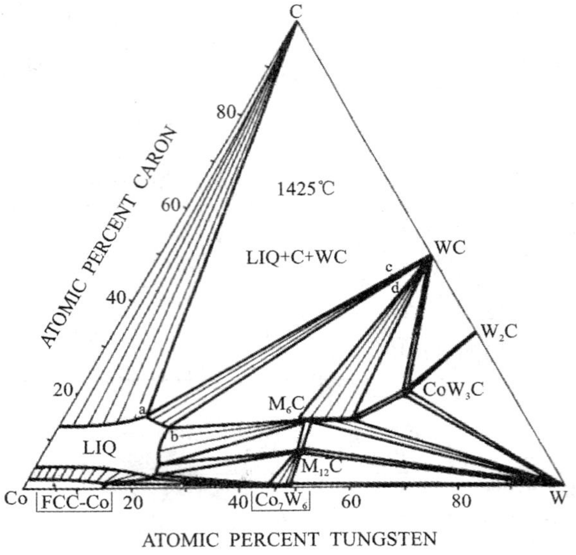

图 8－2　1425℃下 W－C－Co 三元合金的等温截面

对 WC－Co 硬质合金，合金两相区碳含量的上、下线及波动范围的计算公式如下：

$$\text{碳量上限} = 6.13\% - 0.058 \times w(\text{Co}) \quad (1)$$

$$\text{碳量下限} = 6.13\% - 0.079 \times w(\text{Co}) \quad (2)$$

根据上述公式计算出的合金二相区碳含量的上、下线及波动范围见表 8－7。可见，合金中 Co 含量越低，两相区所对应的碳含量变化范围越窄，合金的控碳难度增加。

表 8－7　WC－Co 合金二相区碳含量的上、下线及波动范围

Co 含量/%		6	8	10	11	13	15	20
碳含量/%	下限	5.656	5.498	5.340	5.261	5.103	4.945	4.550
	上限	5.782	5.666	5.550	5.492	5.376	5.260	4.970
	波动范围	0.126	0.168	0.210	0.231	0.273	0.315	0.420

图 8－3 是 WC－25Co 硬质合金的总碳含量对黏结相中的 W 含量与合金抗弯强度的影响。可见，合金的总碳含量影响合金黏结相中 W 的固溶度，当合金的总碳含量由 4.52%（质量百分数）降低至 4.25%（质量百分数）时，Co 黏结相中 W 的固溶度由 2.6%（质量百分数）迅速增加至 20.2%（质量百分数）；当合金的碳含量处于两相区之外时，合金中会出现第 3 相，即脱碳相（η 相）或渗碳相（石墨相）。当合金中出现 η 相或石墨相时，合金的强度都会降低。其中，η 相的出现对合金强度的影响更大。即使在合金的两相区，也存在一个合金的最佳控碳区。可见，控碳水平对合金性能的影响很大，要获得高性能的硬质合金，合金的控碳非常重要。

WC－Co 合金制备过程中碳含量控制手段主要有：

（1）严格控制原材料中的 C、O 含量；

（2）通过添加 W 或 C 的方式，精确控制混合料的总碳含量；

（3）对成形剂的脱除过程、混合料组元颗粒表面氧化物的还原过程进行有效控制；

（4）通过防粘涂料等手段有效避免烧结过程中硬质合金制品与石墨舟皿之间的反应；

（5）对烧结过程中炉内压力、气体类型与流量进行有效监控；

（6）特殊情况下可在烧结过程中进行气相调碳。

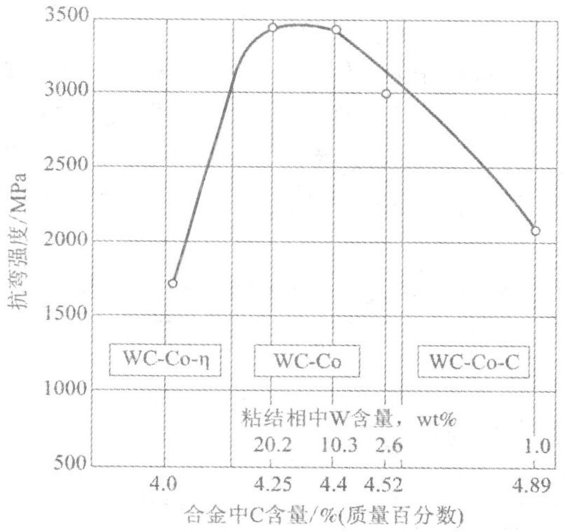

图 8－3　WC－25Co 合金中总碳含量对黏结相中 W 含量与合金抗弯强度的影响

8.3.3　超细晶粒硬质合金

8.3.3.1　概述

当合金中 WC 晶粒度 <1.3 μm 时，合金的硬度、红硬性、抗弯强度、耐磨性等性能随合金晶粒度降低而明显增加。目前亚微（晶粒度为 0.5 ~0.8 μm）、超细晶硬质合金约占硬质合金世界总产量的 40%，主要用作电子工业用加工工具（如 PCB 微钻）、整体刀具（如铣刀、铰刀）、高精度磨削加工中心用加工刀具与微型雕刻刀刀具、耐磨零件、精密模具、木工刀具等。近年来的生产实践表明，超细晶硬质合金用作高速切削刀具、干式机加工刀具以及难加工金属材料的切削刀具展示了其优越的性能。

8.3.3.2　晶粒生长抑制与合金体系液相出现温度的影响规律

粉末原料越细，其表面能越高、烧结活性越大，因此烧结过程中 WC 晶粒生长的控制问题是超细晶硬质合金制备过程中须解决的关键问题之一。抑制合金中 WC 晶粒生长通常有两种途径，一种是添加晶粒生长抑制剂；另一种是采用低温快速烧结工艺，如采用微波烧结、快速热压烧结、场辅助烧结（SPS、PAS）等。但是，因受生产规模、成本、产品形状与尺寸精度等多方面的限制，低温快速烧结工艺尚未在实际生产中得到推广应用。

日本学者 Hayashi 等早在 1972 年就对过渡族金属碳化物对 WC－Co 硬质合金中 WC 晶粒生长的抑制效果进行了系统的研究。他们采用费氏粒度为 0.6 μm 的 WC 粉为原料，以 WC－20% Co 合金为研究对象，在合金中分别添加 VC、Cr_3C_2、NbC、TaC、Mo_2C、TiC、ZrC 以及 HfC，探讨了 1400℃烧结温度下这些碳化物对合金晶粒生长的抑制效果。结果见

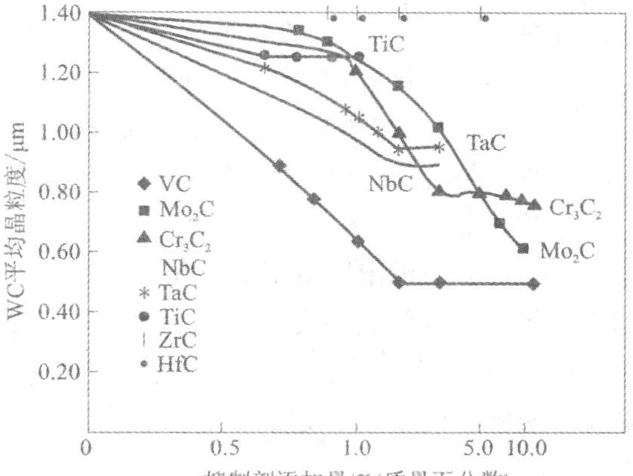

图 8－4　WC－20%Co 合金中碳化物添加量对合金平均晶粒度的影响

烧结温度 1400℃，保温时间 1 h

图 8－4 和表 8－8。烧结温度一定，当抑制剂添加量达到其在液相中的饱和浓度时，其抑制作用大小的顺序为 VC > Mo_2C > Cr_3C_2 > NbC > TaC > TiC > ZrC/HfC；当碳化物的添加量/Co≈1.5%（原子百分数）时，其抑制作用大小的顺序为 VC > NbC > TaC > TiC > Mo_2C > Cr_3C_2 > ZrC/HfC；当碳化物的添加量≤0.5%（质量百分数）时，其抑制作用大小的顺序为 VC > NbC > TaC > TiC > Cr_3C_2 > Mo_2C > ZrC/HfC。

表 8－8　1400℃液相烧结温度下 WC－20Co－XMC 合金中碳化物添加剂与 WC 在液相中的溶解度

碳化物		TiC	VC	Cr_3C_2	ZrC	NbC	Mo_2C	HfC	TaC
碳化物溶解度	质量百分数/%	~1.5	~10	~30	~10	~10	~40	~10	~10
	摩尔百分数/%	~1.5	~10	~12	~6	~6	~17	~3	~3
WC 溶解度	质量百分数/%	16	10	33	11	10	15	18	32

Morton 等以 WC－10Co 与 WC－6Co 合金为研究对象，研究在不同碳含量与烧结温度条件下，VC、Cr_3C_2、TaC、NbC 以及 TiC 等碳化物对合金中 WC 晶粒生长抑制效果的影响，碳化物添加剂在合金中的质量分数均为 0.5%，采用在湿磨过程中加入的添加方式。结果表明，对高碳侧 WC－Co 合金，VC 对合金晶粒连续生长的抑制效果不随温度而改变，而 Cr_3C_2、NbC、TaC 以及 TiC 在高温下对晶粒生长的抑制效果增强。VC 与 TiC 对 WC－Co 合金晶粒生长的抑制效果取决于合金的碳含量控制水平，而 Cr_3C_2、NbC 与 TaC 对 WC－Co 合金晶粒生长的抑制效果不受合金碳含量控制水平的影响。对低碳侧 WC－Co 合金，所有抑制剂的晶粒生长抑制效果均随烧结温度增加而增强。在 1400～1450℃温度范围内，Cr_3C_2、NbC、TaC 以及 TiC 等晶粒生长抑制剂可降低合金硬度、矫顽磁力等对烧结温度变化的敏感性。高温下，TiC 和 TaC 不具备抑制合金晶粒非连续生长的能力，而 VC 可有效抑制合金晶粒的非连续生长。因此，VC 与其他抑制剂联合添加对晶粒度≤0.5 μm 的 WC－Co 合金中 WC 晶粒生长的抑制具有较好的协同效应，能达到较好的晶粒生长抑制效果。

除晶粒生长抑制剂种类外，合金碳含量控制对晶粒生长抑制也有较大的影响。图 8－5 是碳含量对 WC－20%（质量百分数）Co－1%（质量百分数）VC 合金中 WC 平均晶粒度与 fcc 结构钴基固溶体黏结相（β 相）晶格常数的影响。可以看出，当合金的碳含量接近脱碳侧（η 相出现）时，合金的连续晶粒生长相对比较容易控制，合金平均晶粒度较低；当合金的碳含量接近渗碳侧（游离 C 出现）时，合金的连续晶粒生长相对比较难以控制，合金平均晶粒度较大。由黏结相晶格常数的变化可以看出，碳含量较低时有利于黏结相中固溶度的提高，对抑制因 W、C 原子的析出所导致的 WC 晶粒生长有利。因磁饱和能较好地反映合金的控碳水平，因此合金的磁性能是硬质合金，尤其是超细晶硬质合金质量控制的重要指标。

此外，WC 原料质量对晶粒生长抑制剂的抑制效果也有较大的影响。选用粒度分布窄、晶格畸变能低、结晶相对完整、呈等轴状形貌的 WC 为原料，有利于晶粒生长抑制剂作用的发挥。

降低液相出现温度有利于降低合金烧结温度，较好地抑制合金的晶粒生长。图 8－6 是 VC、Cr_3C_2、TaC 晶粒生长抑制剂对 WC－10%（质量百分数）Co 合金液相出现温度的影响。可以看出，晶粒生长抑制剂对合金中液相出现温度有较大的影响，抑制剂降低合金液相出现温度的能力依次为 VC + Cr_3C_2(1328℃) > VC(1346℃) > Cr_3C_2(1355℃) > TaC(1367℃)。

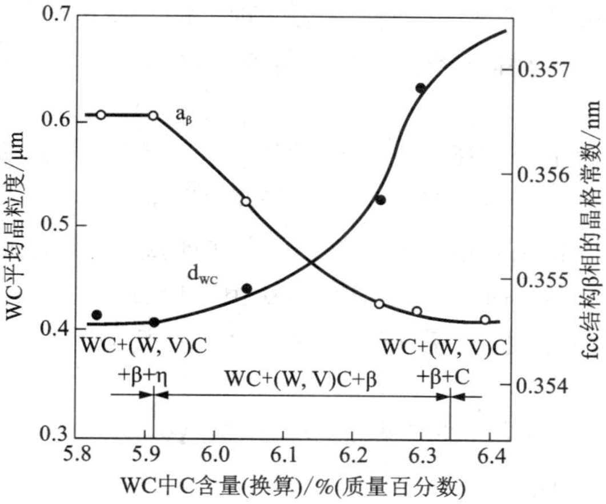

图 8－5　碳含量对 WC－20%(质量百分数)Co－1%(质量百分数)VC 合金平均晶粒度与 fcc 结构钴基固溶体黏结相(β 相)晶格常数的影响

研究用 WC 原料比表面积平均粒度为 0.34 μm，烧结温度为 1400℃，保温时间 60 min

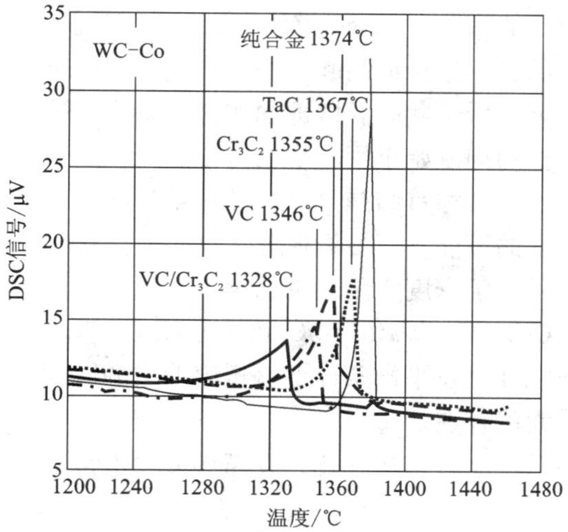

图 8－6　C、Cr_3C_2、TaC 晶粒生长抑制剂对 WC－10%(质量百分数)Co 合金液相温度的影响

WC 原料比表面积平均粒度为 0.4 μm

尽管 TaC 具有一定的晶粒生长抑制作用，而且有利于改善合金的高温性能，但是，由于其抑制合金晶粒生长的作用有限，在生产晶粒度≤0.5 μm 超细晶硬质合金时，通常同时添加 VC 与 Cr_3C_2两种晶粒生长抑制剂，VC + Cr_3C_2的添加量占合金总重量的0.8% ~1.5%；其中，VC 的添加量占合金总重量的 0.35% ~0.55%，在这种添加量下，VC 在湿磨前期加入(即 WC 制备过程中加入)与湿磨时加入(即湿磨时以单质形式加入)的抑制效果相当。

8.3.3.3　晶粒生长抑制剂在合金中的存在形式与晶粒生长抑制机理

1993 年 Egami 等首次报道了在 WC－Co－VC 合金中 WC/β 相界处存在 V 的偏析现象。自此以后，过渡族金属碳化物在 WC－Co 硬质合金晶界和相界偏析行为的研究引起了广泛关注。过渡族金属碳化物界面偏析对合金界面特性以及与此相关的晶粒特性(晶粒形貌、晶粒度、晶粒分布等)具有较大影响。过渡族金属碳化物的界面偏析行为与硬质合金中 WC 晶粒生长及其抑制机理，合金性能的影响机理密切相关。

目前，关于 WC/β 相界研究的手段主要有：高分辨透射电镜(HRTEM)、第一性原理计算以及原子探针层析法(APT)。基于 HRTEM 的 WC/β 相界研究的研究者主要有来自日本的 Egami、Yamamoto、Kawakami 和 SUGIYAMA，来自法国的 LAY 等研究团队。基于第一性原理计算的 WC/β 相界研究的研究者主要来自瑞典 Chalmers 大学的 Johansson 研究团队和来自俄罗斯科学院材料所的 Zavodinsky。基于 APT 的 WC/β 相界研究的研究者主要来自瑞典 Chalmers大学的 Weidow 研究团队。

1. 基于第一性原理的 WC/Co 相界研究

自 Egami 等首次报道 V 的相界偏析行为后，过渡族金属碳化物界面偏析成膜能力的差异，界面偏析行为对 WC 晶粒生长行为的影响，界面偏析膜在液相烧结阶段存在与否以及界面偏析膜厚度与晶粒生长抑制强弱、合金性能之间的关联等问题就成为硬质合金领域亟待解决的问题。Egami 等认为，V 的偏析仅在烧结冷却阶段才能形成，因此 V 偏析仅对固相重结晶晶粒生长抑制起作用。然而，Yamamoto、Taniuchi 等通过实验观察发现，WC - Co - VC 合金在低于共晶温度即固相烧结阶段，WC 晶粒生长过程已经被明显地抑制，VC 对 WC 晶粒生长的抑制始于固相烧结阶段。

液相重结晶是 WC 晶粒生长的重要机制。为了证实碳化物界面偏析膜在液相烧结阶段存在的可能性，在瑞典研究理事会以及 Sandvik 公司和 Seco 工具公司的资助下，Johansson 等采用基于密度泛函理论的第一性原理和热力学计算相结合的方法，计算了液相烧结温度下 VC、CrC、TiC、ZrC、NbC、MoC、HfC 和 TaC 等过渡族金属碳化物在 WC/Co 相界形成偏析膜的可能性以及平衡条件下偏析膜形成的厚度。为了简化模型，没有考虑液态 Co 中其他类合金元素的存在。

立方结构碳化物在 WC/Co 相界之间能否成偏析，取决于界面能变化量 $\Delta\gamma$：

$$\Delta\gamma = \gamma_{\text{film}} - \gamma_{\text{WC/Co}} \qquad (*)$$

$\Delta\gamma$ 为负，则可能形成偏析膜。公式（*）中，$\gamma_{\text{WC/Co}}$为 WC/Co 的界面能；γ_{film}为形成偏析膜后界面区域的能量总和，与 $\gamma_{\text{WC/M}_x\text{C}}$（WC/$M_xC$ 的界面能，M_xC：过渡族金属碳化物）、$\gamma_{\text{M}_x\text{C/Co}}$（$M_xC$/Co 的界面能）有关。

Johansson 等的计算结果表明，在液相烧结阶段，尽管 M_xC 单一物相具有热力学不稳定性，但是由于界面效应，立方结构（M，W）$_x$C 偏析膜可稳定存在于合金中 WC/Co 相界；当合金添加剂的晶格常数在 0.39 ~ 0.44 nm 之间，所形成的立方结构界面偏析膜与 WC 晶格常数之间的失配度以及弹性应变能均能达到较低水平；TiC、VC、CrC、ZrC、NbC、MoC、HfC 和 TaC 等过渡族金属碳化物在 WC 晶面偏析倾向排序如下：

WC(0001)晶面为：VC > MoC > TiC > ≈CrC；

WC{$10\bar{1}0$}晶面为：MoC≈ VC > CrC；

ZrC、NbC、HfC 以及 TaC 在任何情况下都不会形成偏析膜。

对含 VC 的合金，（V，W）$_x$C 偏析膜的形成具有各向异性，相对于{$10\bar{1}0$}晶面，偏析膜更倾向于在 WC(0001)晶面形成；在液相烧结阶段，WC(0001)晶面偏析膜的平衡厚度为 2 个原子层厚度，在{$10\bar{1}0$}晶面偏析膜的厚度为 0 层或 2 层。偏析膜的存在可显著降低界面能，阻碍 W 原子穿越偏析膜的扩散行为。正是由于（V，W）$_x$C 偏析膜的形成具有各向异性，导致了 WC - Co - VC 合金中台阶状 WC 晶粒的形成。

对含 Cr_3C_2的合金，（Cr，W）$_x$C 偏析膜不存在各向异性，WC{$10\bar{1}0$}晶面与(0001)晶面偏析膜的平衡厚度均为 1 ~ 2 个原子层厚度。由于 Cr 在 Co 中的溶解度较高，而且合金中的 C 势对 Cr 的偏析倾向存在一定程度的影响，因此对 Cr 的偏析倾向有待更精确的计算。对含 TiC 的合金，（Ti，W）$_x$C 偏析膜仅在 WC(0001)晶面形成，这种偏析膜形成的显著各向异性容易导致 WC 晶粒生长出现明显的各向异性与板状 WC 晶粒的形成。关于 TiC 添加剂诱导 WC 板状晶粒的形成已有报道。

Zavodinsky 通过构建 WC{$10\bar{1}0$}/Co/WC{$10\bar{1}0$}界面模型，采用密度泛函理论和赝势方法研究了 W、C 原子通过 Co 相迁移至另一 WC 表面的能量位垒，从能量角度研究了界面偏析膜对 W、C 原子迁移的影响。结果表明，偏析于 WC/Co 相界的 V、Cr、Ti 原子导致 W、C 原子迁移能量位垒增加(ΔE)的排序如下：V(0.33 eV) > Cr(0.21 eV) > Ti(0.05 eV)。由此可见，晶粒生长抑制效果受控于界面偏析元素的属性，界面偏析原子导致 W、C 原子迁移能量位垒增加是 WC 晶粒生长抑制的重要原因。Zavodinsky 的研究结果表明，W、C 原子的整体同步迁移较 W、C 原子独立迁移更具能量优势。依据这一研究结果可以推断，牵制 W、C 原子的整体同步迁移，有利于对 WC 晶粒生长的抑制。依据稀土元素的性能特点可以推断，稀土抑制硬质合金中 WC 晶粒连续生长的机理，与稀土可有效牵制 W、C 原子整体同步迁移密切相关。

2. 基于微观分析的 WC/β 相界研究

为了研究过渡族金属碳化物在聚集再结晶阶段与液相重结晶阶段在合金中的作用机理，Yamamoto 等采用 He 气快冷方式冻结烧结状态下合金的微观组织，利用 HRTEM 研究了 1200℃固相烧结与 1380℃液相烧结条件下 V 在 WC - 12Co - 0.5VC(质量分数，下同)合金中的存在形式。1380℃冷却至 1200℃的冷却速度为 50℃/min。观察结果表明，经固相烧结合金的晶粒度和经液相烧结合金的晶粒度两者差别很小，在固相烧结阶段晶粒生长已经受到抑制。即使在固相烧结阶段，V 的存在也导致了台阶状 WC 晶粒的形成，在 WC(0001)和 $\{10\bar{1}0\}$ 晶面存在 V 的偏析，但 V 的偏析行为存在明显的各向异性，在(0001)晶面的偏析量明显高于 $\{10\bar{1}0\}$ 晶面(~7 倍)。基于纳米探针能谱分析(探针尺寸 0.5 nm)分析结果、V - W - C 相图中 $(V, W)_2C$ 和(V, W)C 物相中 W 的固溶特性、V 在 Co 中的溶解度特性以及 WC 与 $(V, W)_2C$ 和(V, W)C 晶格常数之间的失配度，Yamamoto 等推断，WC/β 相界处偏析物的成分为 $(V, W)_2C$。Yamamoto 等认为，VC 对 WC 晶粒生长的抑制机理如下：随烧结温度的升高，VC 逐渐固溶于 Co 中，通过溶解析出效应在 WC 晶粒表面形成 V 原子富集层；随烧结温度的进一步增加，尤其是随着液相的出现，在相界处形成成分与结构稳定的 $(V, W)_2C$ 偏析膜。

在此基础上，Yamamoto 等采用 He 气快冷方式冻结烧结状态下合金的微观组织，利用 HRTEM 研究了 1380℃液相烧结条件下 Cr、Nb、Zr 在 WC - 12Co - 0.9Cr_3C_2、WC - 12Co - 0.5NbC、WC - 12Co - 0.5ZrC 合金中的存在形式及其对 WC 晶粒形貌与晶粒大小的影响。结果表明，Cr、Nb、Zr 的加入不会导致 WC 晶粒形貌特征的明显改变，Cr、Nb 对 WC 晶粒生长具有一定的抑制作用，但是其抑制效果低于 V，Zr 对 WC 晶粒生长不具抑制效果；在 WC(0001)和 $\{10\bar{1}0\}$ 晶面存在 Cr 的偏析，但是没有观察到 Cr 偏析行为的各向异性；在 WC/β 相界可以观察到 Nb 偏析现象的存在，但是能谱分析(EDS)的峰强很弱，偏析量远低于 V；Zr 在合金中以粒状第 3 相形式存在，没有观察到 Zr 在 WC/β 相界的偏析现象。研究结果表明，WC - 12Co - VC 合金中 VC 添加量对 WC 晶粒形貌存在明显影响(见图 8 - 7)，当合金中 VC 添加量质量分数为 0.1% 时，VC 的加入不会影响合金中 WC 晶粒的微观形貌特征，同时在 WC/β 相界也观察不到 V 偏析现象的存在；当 VC 质量分数为 0.3% 时，VC 的加入使 WC 晶粒呈现细小台阶特征，在 WC/β 相界处能观察到 V 偏析现象的存在；当 VC 质量分数为0.5% 时，VC 的加入使 WC 晶粒呈现明显台阶特征，在 WC/β 相界处存在明显的 V 偏析现象。

Kawakami 等以 WC - 10Co 合金为研究对象，在合金中独立添加 VC、Cr_3C_2、TiC、TaC 以及联合添加 VC 和 Cr_3C_2，系统研究了随炉冷却与极速冷却(~50℃/s)条件下 WC/β 相界处添加剂的偏析状况。其中 Cr_3C_2、VC 以及 Cr_3C_2 + VC 在合金中的质量分数分别是 0.9%、0.5% 以及 0.9%(Cr_3C_2) + (0.5%/0.9%)(VC)；TiC 和 TaC 的添加量为其在液态 Co 中溶解度极限的 1/2，即在合金中的质量分数分别是 0.075% 与 0.5%，VC、TiC、TaC 以单质形式在

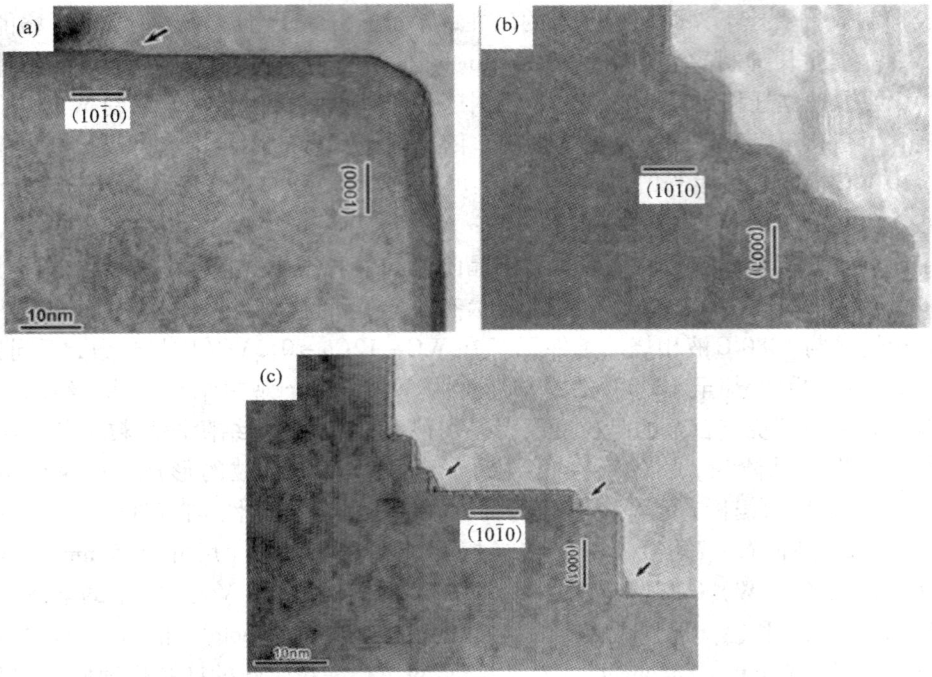

图 8－7　含 0.1VC(a)、0.3VC(b)和 0.5VC(c)的 WC－12Co 合金的高分辨透射电镜(HRTEM)照片，合金烧结温度 1380℃

湿磨过程中加入，Cr_3C_2在 WC 制备过程中加入，合金的烧结温度为 1380℃。HRTEM 与 X 射线显微分析(XMA)研究结果表明(见表 8－9 和表 8－10)，WC(0001)/β 相界偏析量呈现以下规律：随炉冷却条件下(V＋Cr)＝V＞Cr＞Ti＞Ta，极速冷却条件下(V＋Cr)＞Cr＞V；WC{10$\bar{1}$0}/β 相界偏析量呈现以下规律：随炉冷却条件下(V＋Cr)＞Cr＞V＞Ti/Ta，极速冷却条件下(V＋Cr)＞Cr＞V。随炉冷却条件下，过渡族金属碳化物在 Co 黏结相中固溶度排序为 Cr＞(Cr＋V)＞Ti/Ta/V；添加剂固溶原子在 Co 黏结相中呈梯度分布，靠近 WC/β 相界处添加剂浓度高于其在黏结相中部浓度。实验条件下过渡族金属碳化物对 WC 晶粒生长抑制效果的排序为(Cr_3C_2＋VC)＞VC＞TaC＞Cr_3C_2＞TiC。过渡族金属碳化物的相界偏析量与晶粒生长抑制效果之间并不存在明确的对应关系，达到最佳晶粒生长抑制效果的添加量取决于抑制剂在液态 Co 中的溶解度极限。Kawakami 等的实验观察结果与 Zavodinsky 的第一性原理计算结果具有较好的一致性，即晶粒生长抑制效果受控于界面偏析元素的属性。

表 8－9　随炉冷却条件下分别含 TiC、Cr_3C_2、TaC、VC 以及 Cr_3C_2＋VC 的 WC－10Co 合金中 WC(0001)/β 和 WC{10$\bar{1}$0}/β 两种相界处以及 Co 黏结相中的 X 射线显微分析(XMA)结果(摩尔分数/%)

添加剂及质量分数	WC(0001)/β 界面						WC{10$\bar{1}$0}/β 界面						Co 相					
	Ti	Ta	Cr	V	W	Co	Ti	Ta	Cr	V	W	Co	Ti	Ta	Cr	V	W	Co
0.5VC	—	—	—	20	39	41	—	—	—	5	47	48	—	—	—	1	3	96

续表

添加剂及质量分数	WC(0001)/β 界面						WC{10$\bar{1}$0}/β 界面						Co 相					
	Ti	Ta	Cr	V	W	Co	Ti	Ta	Cr	V	W	Co	Ti	Ta	Cr	V	W	Co
0.9Cr_3C_2	—	—	18	—	30	52	—	—	10	—	47	43	—	—	7	—	2	91
0.9Cr_3C_2 + 0.5VC	—	—	13	7	45	35	—	—	14	2	47	37	—	—	3	1	3	93
0.075TiC	15	—	—	—	40	45	2	—	—	—	46	52	1	—	—	—	4	95
0.5TaC	—	2	—	—	46	52	—	2	—	—	54	44	—	1	—	—	5	94

表8-10 极速冷却条件下 WC-10Co-0.9Cr_3C_2和 WC-10Co-0.5VC-0.9Cr_3C_2合金中 WC(0001)/β 和 WC{10$\bar{1}$0}/β 两种相界处 XMA 结果(摩尔分数/%)

添加剂及质量分数	WC(0001)/β 界面				WC{10$\bar{1}$0}/β 界面			
	Cr	V	W	Co	Cr	V	W	Co
0.9Cr_3C_2	14.5	—	46.0	39.5	9.0	—	42.5	48.5
0.9Cr_3C_2 +0.5VC	12.0	5.5	40.5	42.0	9.5	1.0	61.0	28.5

Kawakami 等的研究结果表明，存在相界偏析膜的情况下，过渡族金属碳化物在 WC(0001)/β 相界处偏析膜厚度与偏析量均高于 WC{10$\bar{1}$0}/β 相界。对 WC-10Co-0.5VC 合金，随炉冷却与极速冷却条件下，WC(0001)/β 相界处(V, W)$_x$C 偏析膜厚度分别是 2~4 与 1~2 个原子层厚，极速冷却使 WC(0001)/β 相界处(V, W)$_x$C 偏析膜厚度显著降低；而 WC{10$\bar{1}$0}/β 相界处(V, W)$_x$C 偏析膜厚度基本不受冷却速率的影响，两种冷却条件下均为 0~1 个原子层厚；对 WC-10Co-0.9Cr_3C_2与 WC-10Co-0.5VC-0.9Cr_3C_2合金，两种界面偏析膜的厚度与偏析量受冷却速率的影响较小。图 8-8 是极速冷却条件下 WC-10Co-0.5VC-0.9Cr_3C_2合金中两种相界的 HRTEM 照片。对 WC-10Co-0.5VC 合金，随炉冷却与极速冷却条件下 WC(0001)/β 相界处 V 偏析量与 WC{10$\bar{1}$0}/β 相界处 V 偏析量之比(A_V(0001)/{10$\bar{1}$0})分别是 4 和 3.3；对 WC-10Co-0.9Cr_3C_2合金，随炉冷却与极速冷却条件下 A_{Cr}(0001)/{10$\bar{1}$0}分别是 1.8 和 1.6；对 WC-10Co-0.5VC-0.9Cr_3C_2合金，随炉冷却与极速冷却条件下 A_V(0001)/{10$\bar{1}$0}分别是 3.5 和 5.5，A_{Cr}(0001)/{10$\bar{1}$0}分别是 0.9 和 1.3，$A_{(Cr+V)}$(0001)/{10$\bar{1}$0}分别是 1.3 和 1.7。相对 V, Cr 的界面偏析膜各向异性明显降低；由于 Cr、V 之间的协同交互作用，相界处偏析原子总量的各向异性明显降低。Cr_3C_2的加入，使相界处 V 偏析量降低，相界处 Cr 的偏析量高于 V；相界处 Cr+V 偏析总量高于单一添加状态下的 Cr/V 偏析量，这与联合添加 Cr_3C_2、VC 对晶粒生长抑制效果优于单一 VC 密切相关。对 WC-10Co-0.9Cr_3C_2合金，随炉冷却与极速冷却条件下 WC(0001)/β 相界处 Cr 偏析量之比(Cr A_N/A_R)为 1.2，WC{10$\bar{1}$0}/β 相界处 Cr A_N/A_R为 1.1。对 WC-10Co-0.075TiC 与 WC-10Co-0.5TaC 合金，在 WC(0001)/β 相界存在约 4 个原子层厚的(Ti, W)$_x$C 偏析膜，但不存在含 Ta 偏析膜，在 WC{10$\bar{1}$0}/β 相界既不存在含 Ti 偏析膜，也不存在含 Ta 偏析膜。

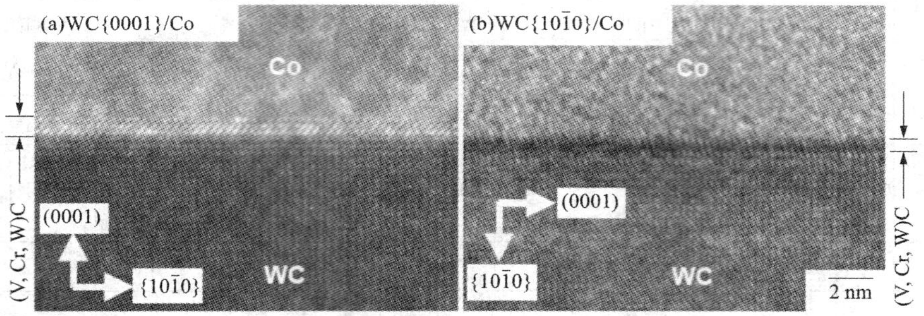

图 8－8　极速冷却条件下(~50℃/s) WC－10Co－0.5VC－0.9Cr_3C_2合金中两种 WC/β 相界的 HRTEM 照片

(a)(0001)/β; (b)WC{10$\bar{1}$0}/β

基于冷却速率对偏析膜厚度的影响，Kawakami 等提出了添加剂吸附—脱附晶粒生长抑制学说，认为偏析膜的形成主要发生在烧结冷却阶段，通过非均匀形核机制形成，偏析膜的存在与晶粒生长抑制机理之间并没有直接关联，WC 晶粒生长抑制是因添加剂的界面吸附所导致。如图 8－9 所示，以 VC 添加剂为例，通过溶解析出机制，V 从液态 Co 中析出，通过非平衡吸附机制吸附在 WC 晶粒表面，仅在 V 原子从 WC 晶粒表面发生脱附的条件下才可能发生 W 的溶解析出，V 的吸附可有效阻碍 WC 的晶粒生长。

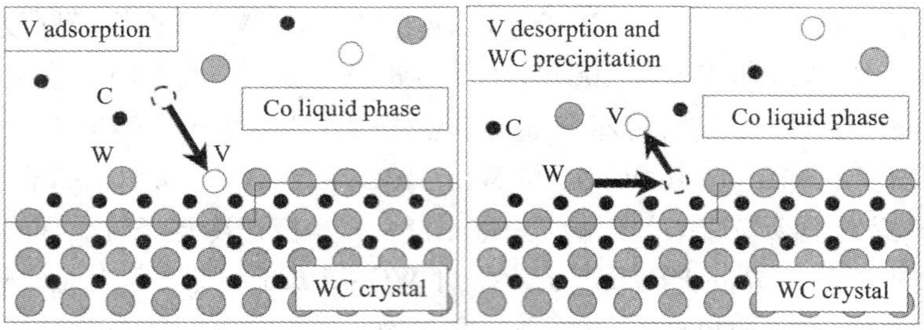

图 8－9　VC 对 WC 晶粒生长抑制作用的示意图

Sugiyama 等将 1380℃液相烧结的 WC－12Co－0.5VC 合金以 >100℃/s 的速度冷却(油淬)，以冻结其液相烧结态组织结构。根据 HRTEM 和 STEM－EDS(STEM：扫描透射电镜)观察分析结果，得出了如图 8－10 所示的 WC/β 相界处$(V, W)_xC$偏析膜分布的 3D 形貌图。

由图 8－10 可以看出，WC(0001)晶面存在呈连续分布状态的 1 ~2 个原子层厚的$(V, W)_xC$偏析膜；靠近 WC{10$\bar{1}$0}晶面的转角区域，存在依附在 WC(0001)晶面偏析膜基底上继续生长的非连续分布的岛状偏析膜；WC{10$\bar{1}$0}晶面仅存在非连续分布的≤1 个原子层厚的岛状偏析膜。偏析膜形态取决于晶格常数之间的失配度。随失配度增加，偏析膜由连续分布的平面形貌转变为平面与岛状混合态，最终转变为非连续分布的岛状。通过 HRTEM 测量$(V, W)_xC$和 WC 的晶格常数，在基础上进行计算可知，$(0001)_{WC}/(111)_{(V,W)_xC}$晶面和

$\{10\bar{1}0\}_{WC}/\{1\bar{1}0\}_{(V,W)_xC}$晶格常数之间的失配度分别是 3.9% 和 14.9%。由于$(V,W)_xC$偏析膜的非连续分布，导致了 WC $\{10\bar{1}0\}$晶面生长抑制效果的降低，从而使三角棱柱状 WC 晶粒的棱柱高度降低。在图 8－10 所示的 WC 两晶面结合处附近，由于晶格常数之间的失配度的突变，导致了转角区域 WC(0001)晶面岛状偏析膜的形成。转角区域 WC(0001)晶面偏析膜局域厚度的增加有利于抑制 WC$\{10\bar{1}0\}$晶面的生长速率，从而降低 WC 晶面之间生长速率的差异。Sugiyama 等的计算结果表明，当 WC(0001)晶面与偏析膜晶格常数之间的失配度接近 8% 时，偏析膜可以达到一个最佳的堆垛状态，从而表现出最佳的晶粒生长抑制效果。通过晶粒生长抑制剂种类及其添加量的选择以及合金碳势的调控可以实现最佳的晶粒生长抑制效果。值得指出的是，偏析膜晶格常数取决于$(M,W)_xC$的物相成分与固溶属性；由于其存在位置的特殊性以及厚度通常≤4 个原子层，偏析膜晶格常数的精确测定存在很大的难度。

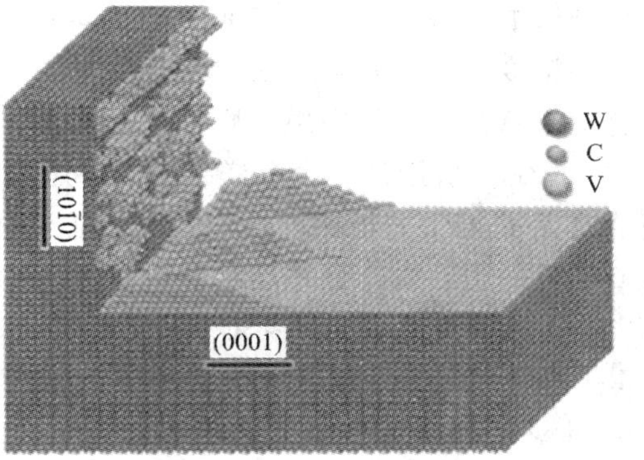

图 8－10　WC 晶粒表面台阶部位原子排列示意图

鉴于 WC$\{10\bar{1}0\}/\beta$ 相界处偏析膜的非连续性，Sugiyama 等认为，液相烧结阶段 WC $\{10\bar{1}0\}$晶面生长的抑制符合 Kawakami 等提出的吸附—脱附晶粒生长抑制学说；而 WC (0001)晶面生长的抑制应该归因于偏析膜的存在，符合 Yamamoto 等提出的偏析膜学说。

Lay 等采用 HRTEM 和 EELS(电子能量损失谱)等研究手段，对 WC－6.5/9.2Co－0.5VC、WC－10Co－1Cr_3C_2、WC－6.5/9.2Co－0.5VC－0.3Cr_3C_2、WC－9.5Co－0.3VC－0.6Cr_3C_2合金中 WC/β 界面偏析膜精细结构进行了研究。由于 WC 晶体结构属于非中心对称性的六方结构，存在 S 型与 T 型 2 类原子排列的$\{10\bar{1}0\}$晶面。

S 型晶面 W、C 原子排列为：$W(2d_{WC}/3)C(d_{WC}/3)W(2d_{WC}/3)C(d_{WC}/3)$

T 型晶面 W、C 原子排列为：$W(d_{WC}/3)C(2d_{WC}/3)W(d_{WC}/3)C(2d_{WC}/3)$

Lay 等通过 HRTEM 观察发现，立方结构 MC(M＝W，V/Cr)偏析膜仅存在于 S 型界面；T 型界面不存在偏析膜；WC/MC/Co 之间存在以下位相关系：

$\{0001\}_{WC}//\{111\}_{MC}//(111)_{Co}$；$\langle\bar{1}2\bar{1}0\rangle_{WC}//\langle\bar{1}10\rangle_{MC}$；

$\{10\bar{1}0\}_{WC}//\{001\}_{MC}//(111)_{Co}$；$\langle\bar{1}2\bar{1}0\rangle_{WC}//\langle\bar{1}10\rangle_{MC}$；$\langle 0001\rangle_{WC}//\langle\bar{1}\bar{1}0\rangle_{MC}$；

$\{10\bar{1}0\}_{WC}//\{110\}_{MC}//(111)_{Co}$；$\langle\bar{1}2\bar{1}0\rangle_{WC}//\langle 001\rangle_{MC}$。

上述位相关系的确定，奠定了第一性原理计算 WC/Co 相界建模的基础。基于 WC 晶粒内部存在含 V 纳米偏析膜的实验观察结果，Lay 等推断，在烧结早期阶段 V 在 WC 晶粒表面形成富集，但偏析膜主要形成于固相烧结阶段的后期，并在液相阶段继续存在，进而影响 W、C 的溶解析出过程。

Johansson 等采用基于密度泛函理论的第一性原理和热力学计算相结合的方法，计算了液相烧结温度下过渡族金属碳化物在 WC/Co 相界偏析的倾向，其结论是 ZrC、NbC、HfC 以及 TaC 在任何情况下都不会形成偏析膜。由于受分析精度的限制，基于 HRTEM 的 EDS、XMA

以及 EELS 等分析方法均难以检测出远低于 1 个原子层厚度的界面偏析原子的存在。APT 可以定量分析纳米级空间(20 ~ 200 nm)内各种原子的相对含量及其分布状况，对物相中固溶原子的检测精度可达 ppm 级。显然，这种方法是研究硬质合金中过渡族金属碳化物界面偏析及其在合金中赋存状态的理想检测手段。然而，由于 WC 与 Co 的耐腐蚀性能以及蒸发特性相差很大，APT 分析用硬质合金样品的制备难度很高。近年来瑞典 Chalmers 大学的 Weidow 等成功地攻克了 APT 分析用硬质合金样品制备的难关，在 WC/β 相界研究方面取得了重大突破。APT 分析用硬质合金样品制备包括：电解抛光、背抛光(back polishing)、Ga 离子溅射等步骤，样品形状为曲率为 0 ~ 50 nm 的针尖状。APT 技术尽管对少于 1 个原子层厚的原子进行定量分析优势明显，但不能分析被测物相的晶体结构。

Weidow 等采用 APT 技术分析了立方结构碳化物在 WC/β 相界的偏析情况。研究用合金分为两组，第一组合金中 Co 的质量分数均为 10%，在合金中分别添加 VC、Cr_3C_2、MnC，其中 V、Cr、Mn 在合金中的摩尔分数均为 0.5%(质量分数分别是 0.3%、0.3% 和 0.2%)，烧结温度为 1410℃，烧结温度下添加剂能完全溶解于液态 Co 中；第二组合金中 Co 的体积分数均为 10%(质量分数为 6%)，在合金中分别添加 TiC、ZrC、NbC、TaC，合金中存在 WC 与立方碳化物两种硬质相，其中合金组织中(W，M)C 立方相体积分数为 20%，烧结温度为 1430℃。两组合金均采用随炉冷却的烧结工艺。观察结果表明，在 WC/β 相界发现偏析膜的存在具有一定的概率性，即并非在任意界面均能观察到偏析膜的存在。图 8 – 11 是 WC – Co – V 合金中 WC/β 相界处 APT 重构图像。由于 V 在 Co 和 WC 中均存在一定的固溶度，图 8 – 11(b)中 V 在 WC/β 相界附近的分布存在一定的发散区域，在相界处 V 的浓度明显增加。

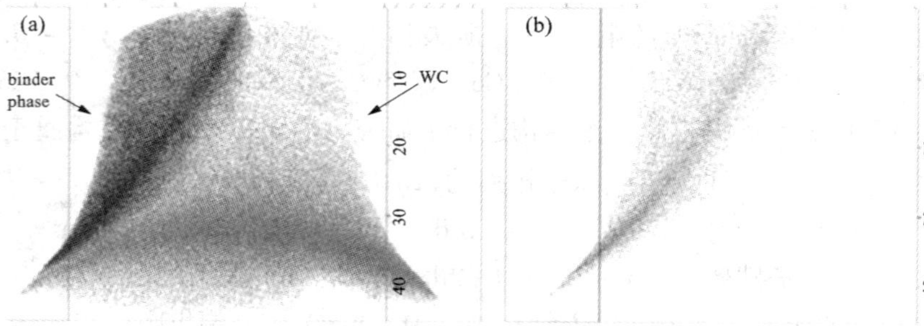

图 8 – 11　WC – Co – V 合金中 WC/β 相界处 APT 重构图像

(a) WC + β 微区；(b) WC/β 界面 V 分布图

采用 APT 检测技术得到的 WC/β 相界 M_xC(M 为 V、Ti、Ta、Cr、Nb、Mn、Zr)偏析膜厚度结果见表 8 – 11。由于 V、Ti 界面偏析的各向异性，测量结果存在波动。表 8 – 11 中原子层厚度以 M_xC 原子层为基准。研究结果表明，尽管界面偏析行为存在较大差异，但 V、Ti、Ta、Cr、Nb、Mn 以及 Zr 等均具有一定的界面偏析能力。考虑到偏析膜实际为一种同时含 W 和 M 的$(M, W)_xC$ 立方结构固溶体化合物，偏析膜的实际厚度大于表 8 – 11 中所列结果。以 V 为例，假如偏析膜的实际成分为$(V_{0.5}, W_{0.5})C$，则 1 个原子层厚的 VC 对应于 2 个原子层厚的$(V_{0.5}, W_{0.5})C$；假如偏析膜的实际成分为$(V_{0.33}, W_{0.67})C$，则 1 个原子层厚的 VC 对应于 3 个原子层厚的$(V_{0.33}, W_{0.67})C$。可以推断，$(M, W)_xC$ 化合物中 W 成分差异是导致 HRTEM 观察分析与 APT 分析两者之间在过渡族金属碳化物界面成膜厚度结论方面出现差异的主要原因。

表 8－11　采用 APT 技术测量的 WC/β 相界 M_xC 偏析膜原子层厚度

合金	WC－Co－VC	WC－Co－TiC	WC－Co－TaC	WC－Co－Cr_3C_2	WC－Co－NbC	WC－Co－MnC	WC－Co－ZrC
M_xC 膜厚	1.0～1.1	0.34～0.53	0.2	0.17	0.06	0.05	0.01

3. 关于 WC 晶粒生长抑制机理与合金性能影响机理的讨论

硬质合金中 WC 晶粒生长及其抑制机理以及合金性能影响机理与添加剂在合金中的赋存状态，即添加剂在 WC/β 相界和 WC/WC 晶界的偏析行为、添加剂在 WC 与 β 相中的固溶行为以及添加剂的本征属性等彼此密切相关。

烧结过程中，硬质合金中 WC 晶粒生长主要通过以下三种形式实现：

（1）聚集再结晶。发生在固相烧结阶段。WC 晶粒的聚集再结晶生长又称为并合生长。由于扩散和 W、C 原子在固相 Co/Ni/Fe 中的溶解析出作用，相互之间位相差较小的、相互接触的 WC 晶粒并合生长成为一个晶粒。采用超细、纳米等表面能较大的 WC 原料以及存在较多晶格缺陷的 WC 原料，聚集再结晶生长过程尤为明显。

（2）液相重结晶。发生在液相烧结阶段。液相烧结阶段，合金组元在液态 Co/Ni/Fe 中的溶解度达到最大值，来自细小 WC 以及与 Co/Ni/Fe 直接接触的 WC 晶粒边沿的高能 W、C 原子溶解于液态 Co/Ni/Fe 中，形成溶解析出的动平衡。动平衡中原子的扩散通量由合金添加剂的界面行为与溶解行为、碳化物原料粒度、合金中碳势以及原子能量等因素共同决定。原料越细（扩散系数越大）、烧结温度越高，动平衡过程原子溶解析出、自组的频率越高。通过液态 Co/Ni/Fe 实现溶质原子传输，这一行为对合金晶粒度大小及其分布、合金中 WC 的晶粒形貌等影响很大。WC 晶粒/晶面之间的能量相差越大，越容易造成 WC 晶粒的异常长大，即非连续晶粒生长。液相重结晶对 WC 晶粒生长的影响极为重要。

（3）固相重结晶。发生在烧结冷却阶段。冷却阶段，液态 Co/Ni/Fe 基溶体通过非均匀形核凝固/结晶成 Co/Ni/Fe 基固溶体黏结相，并伴随黏结相固溶度的降低与 W、C 原子的析出，析出的 W、C 原子会优先依附在高能 WC 表面或高能 WC 晶面。这一过程同样容易导致 WC 晶粒的非连续长大。WC 表面能差异的削减有利于 WC 晶粒的均匀生长。液相重结晶过程固态 WC 的溶解与液态 Co/Ni/Fe 中 W、C 原子的析出再结晶是一种双向行为，而固相重结晶过程中只有 W、C 原子从 Co/Ni/Fe 中析出凝固/结晶的单向行为。

表 8－12 列出了 Weidow 等采用 APT 技术检测到的 2.2 中所述合金中 WC/WC 晶界偏析膜的厚度。由于在 WC 晶界同时能检测到了 0.5～1 原子层厚的 Co 膜，因此添加剂的晶界偏析行为应该与其在 Co 中的溶解析出行为密切相关。由于 Ta 在 WC 晶粒中具有较高的固溶度（见表 8－12），而且在 WC 晶界处 Ta 的检测信号强度与其在 WC 晶粒内部的信号强度相当，Weidow 等认为，Ta 不会在 WC 晶界产生偏析。根据 APT 检测结果，过渡族金属在 WC 晶界偏析量的排序为 Zr > Nb > Ti > Mn/Cr > V。

表 8 – 12 采用 APT 技术测量的 WC/WC 晶界 M_xC 偏析膜的原子层厚度

合金	WC – Co – VC	WC – Co – TiC	WC – Co – TaC	WC – Co – Cr_3C_2	WC – Co – NbC	WC – Co – MnC	WC – Co – ZrC
M_XC 膜厚	0.22 ~ 0.42	0.80	0.82 ~ 0.94	0.53	0.97	0.45 ~ 0.6	1.22

表 8 – 13 列出了 Weidow 等采用 APT 技术检测到的（2）中所述合金中 WC 硬质相中的固溶度结果。值得指出的是，Weidow 等的分析结果表明，部分 WC 晶粒中不存在固溶现象。因此 Weidow 等认为，过渡族金属在 WC 中固溶行为通过溶解析出实现，这是造成过渡族金属在 WC 中固溶的非均匀性或局域性的主要原因。

表 8 – 13 采用 APT 技术测量的过渡族金属在 WC 硬质相中的固溶度（摩尔分数）

元素	Ta	Nb	Cr	V
在 WC 中固溶度	$(9.59 \pm 0.09) \times 10^{-3}$	$(6.1 \pm 0.2) \times 10^{-3}$	$(1.84 \pm 0.09) \times 10^{-3}$	$(1.60 \pm 0.07) \times 10^{-3}$
元素	Zr	Ti	Mn	Co
在 WC 中固溶度	$< 3 \times 10^{-5}$	$(1.9 \pm 0.3) \times 10^{-5}$	$(9 \pm 2) \times 10^{-6}$	$< 9 \times 10^{-6}$

由表 8 – 13 可知，过渡族金属在 WC 中的固溶度排序为 Ta > Nb > Cr > V > Zr > Ti > Mn > Co。Ta、Nb、Cr 和 V 在 WC 中的固溶度在 0.1 – 1 mol% 之间，Zr、Ti、Mn 和 Co 在 WC 中固溶度可忽略不计。因未参与溶解析出的 WC 不会产生固溶强化，因此强化溶解析出过程有利于改善 Ta、Nb、Cr 和 V 等固溶原子在 WC 中分布的均匀性。

值得注意的是，WC 中固溶原子的存在对 W、C 原子在 Co 中的溶解析出以及与此密切相关的 WC 晶粒生长及其抑制行为应该具有一定的影响。此外，Ta、Nb 在 WC 中产生固溶能实现对 WC 的改性，提高合金的红硬性和抗热冲击性能。除 W、Cr 以外，其他类过渡族金属在 Co 黏结相中的固溶度均较小。当合金添加剂的添加量超出其在界面的偏析量与物相中固溶度的总量，必然以第三相形式存在于合金中。合金添加剂的界面偏析行为、固溶行为与合金性能密切相关。

结合 V 脱附—吸附模型，可以推断，添加剂在 WC 晶粒表面脱附—吸附动平衡状态条件下，添加剂吸附原子在 WC 晶粒表面的分布状态与其在 Co/Ni/Fe 黏结金属中的溶解度特性、在 WC 晶粒中的固溶度特性、界面能特性以及合金中黏结金属分布状态等密切相关。液相烧结温度与室温条件下，添加剂在黏结金属中的溶解度反差越大，脱附激活能越大，在界面分布的有序度越高，对 W、C 原子同步迁移的牵制能力越强则越有利于其对 WC 晶粒生长的抑制。因添加剂在合金中分布的均匀性与其在黏结金属中的溶解析出行为密切相关，适当提高合金中黏结金属的含量、改善黏结金属分布的均匀性，均有利于合金微观组织结构均匀性的改善。基于 Yamamoto、Taniuchi 等的实验观察，可以推断，固态烧结条件下添加剂在固态 Co 中同样存在溶解析出过程，只是其动力学过程相对迟缓。依据添加剂吸附—脱附晶粒生长抑制机理，当晶粒生长抑制剂的加入量接近其在液态 Co 中溶解度极限时，相界处添加剂吸附原子的数量达到最大，其对 WC 晶粒生长的抑制效果可达到最佳状态。事实上，烧结过程中添加剂界面偏析是一种动平衡状态，因此抑制剂吸附—脱附晶粒生长抑制学说与界面偏析膜学说之间并没有本质区别。在界面偏析原子存在的条件下，W、C 原子迁移能量位垒的增加幅度越大，W、C 原子的整体同步迁移阻碍越大，则添加剂对 WC 晶粒生长的抑制能力越强。因 VC 和 TiC 的添加均会导致硬质合金韧性的降低，根据其在合金中的赋存状态，可以推断，快速冷却可显著降低其界面偏析膜的厚度，从而有利于合金综合性能的改善。

围绕硬质合金中 WC 晶粒生长抑制机理所展开的研究，不但使 WC 晶粒生长抑制机理的研究取得了突破性进展，也使添加剂在硬质合金中作用机理与合金性能影响机理的研究取得了突破性进展。过渡族金属碳化物在硬质合金中 WC/WC 晶界与 WC/β 相界存在偏析行为，在 WC 硬质相与合金黏结相中存在固溶行为。正是由于添加剂在硬质合金中作用行为的复杂性、样品与研究方法的差异以及研究方法的相对局限性，导致了不同研究者研究结果之间差异。综合过渡族金属碳化物在 WC－Co 硬质合金中界面偏析与固溶行为的各种研究结果，可以得到以下结论：

(1)随烧结温度的升高，过渡族金属碳化物逐渐固溶于黏结金属中，通过黏结金属中的溶解析出效应在 WC/WC 晶界与 WC/β 相界产生偏析、在 WC 硬质相中产生固溶。液相烧结阶段，尽管 M_xC 单一物相具有热力学不稳定性，但是由于界面效应，立方结构$(M, W)_xC$ 偏析膜可稳定存在于 WC 与液态黏结相界面。

(2)在 WC/β 相界，V、Ti、Mo、Ta、Cr、Nb、Mn 以及 Zr 等均具有一定的偏析能力，但其偏析成膜能力具有较大差异，其中 V 与 Mo 具有很强的界面偏析成膜能力，然而相界偏析量与晶粒生长抑制效果之间并不存在明确的对应关系，晶粒生长抑制效果受控于界面偏析元素的属性，界面偏析原子导致 W、C 原子迁移能量位垒增加是 WC 晶粒生长抑制的重要原因。牵制 W、C 原子的整体同步迁移，有利于对 WC 晶粒生长的抑制。

(3)由于 WC 晶体结构属于非中心对称性的六方结构，存在 S 型与 T 型两类原子排列的$\{10\bar{1}0\}$晶面，其中 T 型界面不存在偏析膜。因此过渡族金属碳化物在 WC(0001)晶面的偏析量均高于 WC$\{10\bar{1}0\}$晶面的偏析量，WC/β 界面偏析膜形成的各向异性排序为 $Ti > V > (Cr + V) > Cr$；对含 TiC 的合金，$(Ti, W)_xC$ 偏析膜仅在 WC(0001)晶面形成。

(4)过渡族金属在 WC 中的固溶度排序为 $Ta > Nb > Cr > V > Zr > Ti > Mn > Co$，其中 Zr、Ti、Mn 和 Co 在 WC 中固溶度可忽略不计。过渡族金属在 WC 晶界偏析量的排序如下：$Zr > Nb > Ti > Mn/Cr > V$。过渡族金属碳化物在 Co 黏结相中固溶度排序如下：$Cr > (Cr + V) > Ti/Ta/V$。添加剂通过界面偏析与固溶行为影响合金微观组织结构与性能。

(5)添加剂对 WC 晶粒生长的抑制主要通过相界偏析以及在 WC 硬质相与合金黏结相中产生固溶实现。相对 VC 的独立添加，VC、Cr_3C_2 的联合添加可达到更好的晶粒生长抑制效果。

8.3.3.4　超细晶硬质合金的生产工艺

按原料类型来分，超细晶硬质合金制备工艺主要有 WC－Co 纳米复合粉工艺与单质 WC 粉工艺。由于性价比等多方面的原因，20 世纪 90 年代国内外大量报道的纳米复合粉工艺在国外至今尚未进入产业化阶段。然而株洲硬质合金集团有限公司开创了纳米复合粉工艺批量生产晶粒度为 0.4 μm 左右的超细晶硬质合金的先河。目前国际著名的亚微、超细晶硬质合金生产企业均选择了“传统工艺”制备亚微、超细晶硬质合金，即采用高纯超细、纳米 WC 粉，与 WC 粒度相近的、以 hcp 结构为主体相成分的、近球形 Co 粉以及 VC、Cr_3C_2 等晶粒生长抑制剂为原料，经湿磨—成形—低压烧结工艺制备合金。晶粒生长抑制剂可以在湿磨过程中直接添加或在 WC 制备过程中预先添加。

紫钨工艺，即以紫钨为原料制备后续制品的工艺，是中国超细晶硬质合金制备的特色工艺。紫钨具有超细、纳米纤维状与棒状两种典型形态。紫钨工艺制备超细、纳米 W 粉与 WC 粉具有生产效率高、生产成本低、产品质量与质量稳定性可控度高等特点。采用纳米紫钨棒为原料可以制备粒度分布窄的超细、纳米 WC 粉末，采用这种 WC 粉末为超细晶硬质合金原料，烧结过程中合金中 WC 晶粒生长抑制较易控制，产品质量稳定性较好。表 8 – 14 列出了厦门金鹭特种合金有限公司采用紫钨工艺制备的超细晶硬质合金典型牌号的物理、力学与磁学性能检测结果。可以看出，金鹭公司在超细晶硬质合金的质量控制方面已经达到了很高的技术水平。图 8 – 12 为国产晶粒度为 0.3 ~ 0.4 μm 超细晶硬质合金的 SEM 照片。可以看出，国产超细晶硬质合金的微观组织结构均匀性控制已经达到了较高的水平。受原料与球磨机结构特性的影响，采用带料循环系统的搅拌球磨机制备超细晶硬质合金混合料，在合金生产成本、生产周期以及合金质量稳定性控制方面更具优势。使用搅拌球磨机应该重视硬质合金研磨球与 WC、Co 原料尺寸的匹配性问题。湿磨过程中研磨体的磨损不可避免，制备超细晶硬质合金混合料必须采用超细晶硬质合金研磨体，以避免因研磨体的磨损带来混合料的脏化。

表 8 – 14　金鹭公司几种典型牌号超细晶硬质合金的性能

牌号	Co 含量/%	硬度/HRA	硬度 HV30 /MPa	抗弯强度* /MPa	矫顽磁力 /($kA \cdot m^{-1}$)	密度 /($g \cdot cm^{-3}$)
GU10UF	6	93.4	1910	4300	38.2	14.77
GU15UF	8	93.2	1860	4460	34.1	14.52
GU25UF	12	92.8	1760	5008	31.8	14.12
GU12NF	7	93.6	1980	4440	39.1	14.73
GU15NF	8	93.5	1920	4740	38.6	14.55
GU20NF	10	93.3	1870	4680	34.1	14.25

* C 型试样。

相对传统硬质合金而言，超细晶硬质合金制备过程中所遇到的特殊工艺问题，即关键技术问题主要包括以下几个方面：

(1)烧结过程中 WC 晶粒生长的控制问题与炉内杂质元素在烧结体表面的吸附问题。由于超细、纳米粉体的高表面活性，烧结炉内微量的杂质元素很容易被吸附在合金烧结体表面，使表面脏化或在烧结体表面形成新的物相，从而影响合金的后续涂层处理。烧结炉内微量的杂质元素主要来自石墨烧结舟皿、炉体本身以及炉体杂质沉积物。

(2)湿磨过程中的研磨与分散问题。超细、纳米颗粒因具有较大的表面积和较高的表面能，产生团聚的倾向很大。因此，在超细晶硬质合金的湿磨过程中，若不采取适当的措施阻止原生粒子(一次颗粒)的再次团聚，混合料的研磨、分散与混合效率将大受影响。在湿磨过程中，只有完全破坏并分散这种团聚，才能保证粉末组元之间的有效混合。当原料 WC 的粒度降低至超细、纳米范围时，聚集再结晶对晶粒长大的贡献应该引起足够的重视。因此，提

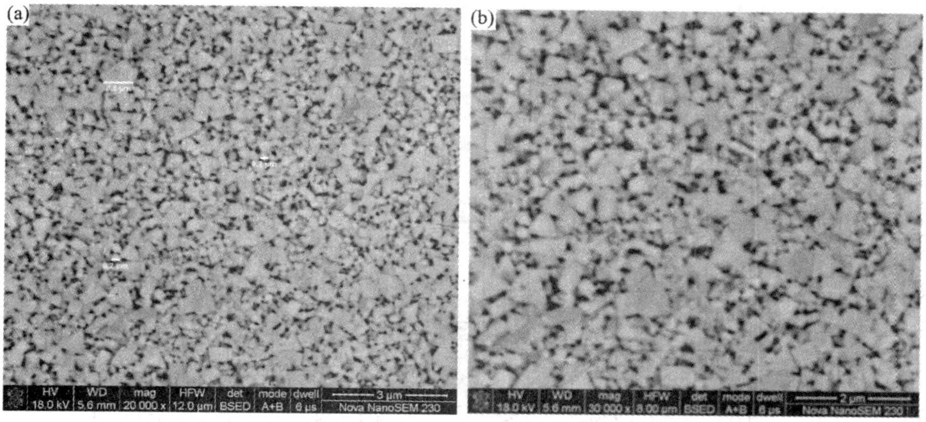

图 8－12　国产晶粒度为 0.3～0.4 μm 超细晶硬质合金的 SEM 照片

(a)放大倍数 20000；(b)放大倍数 30000

高超细晶硬质合金混合料制备过程中的研磨与分散效率，使超细晶硬质合金原料(含晶粒生长抑制剂)得到充分破碎与分散，是获得组织结构均匀的超细晶硬质合金的前提条件之一。

(3)混合料制备过程中的控氧问题。硬质合金混合料制备与储存过程中的控氧问题与合金的控碳问题密切相关。对 WC－Co 合金，在两相区范围内合金中碳含量的允许波动范围非常窄，合金中一旦出现第三相，即脱碳相(η 相)或渗碳相(石墨相)，合金性能将会急剧降低，产品会因此而报废。因对超细晶硬质合金而言，由于超细、纳米颗粒具有较大的表面积和较高的表面能，产生氧化的倾向非常大，因此对混合料进行有效控氧是实现对合金进行有效控碳的前提条件，这一问题的解决是制备质量稳定的超细晶硬质合金的基础。

8.3.3.5　超细晶硬质合金的性能变化规律

亚微、超细 WC－Co 硬质合金以及传统 WC－Co 硬质合金的硬度、抗弯强度、断裂韧性、热硬度以及热导率等性能分别见图 8－13～图 8－15。可以看出，合金的硬度与抗弯强度均随合金晶粒度降低而明显增加；无论是传统硬质合金还是亚微、超细晶硬质合金，合金的断裂韧性均随合金硬度的增加而降低，但是亚微、超细晶硬质合金断裂韧性降低的幅度略低；传统硬质合金的抗弯强度随合金硬度增加而明显降低，而对于亚微与超细晶硬质合金，合金强度变化对硬度变化不太敏感，而且在硬度相当的条件下，亚微、超细晶硬质合金的抗弯强度明显高于传统硬质合金的抗弯强度；尽管硬质合金和金属陶瓷的热硬度均随温度升高而降低，但是，在温度低于 1000℃ 的条件下超细、纳米硬质合金具有较高的高温硬度的优势依然存在；除金属陶瓷以外，各种晶粒度的硬质合金的热导率均随温度升高而降低，合金的热导率随晶粒度降低而降低。

影响合金断裂韧性的主要因素是黏结相的体积分数和平均自由程以及硬质相与黏结相相界的结合强度。在 Co 含量相同的情况下，与中、粗晶粒合金相比，超细、纳米硬质合金因合金晶粒较细，合金黏结相的平均自由程较小，因此，超细、纳米硬质合金在具有高强度、高硬度的同时，并不具有高韧性的优势；但是，通过合金添加剂与合金制备工艺的调控，超细晶硬质合金的韧性可以在一定范围内可得到改善。

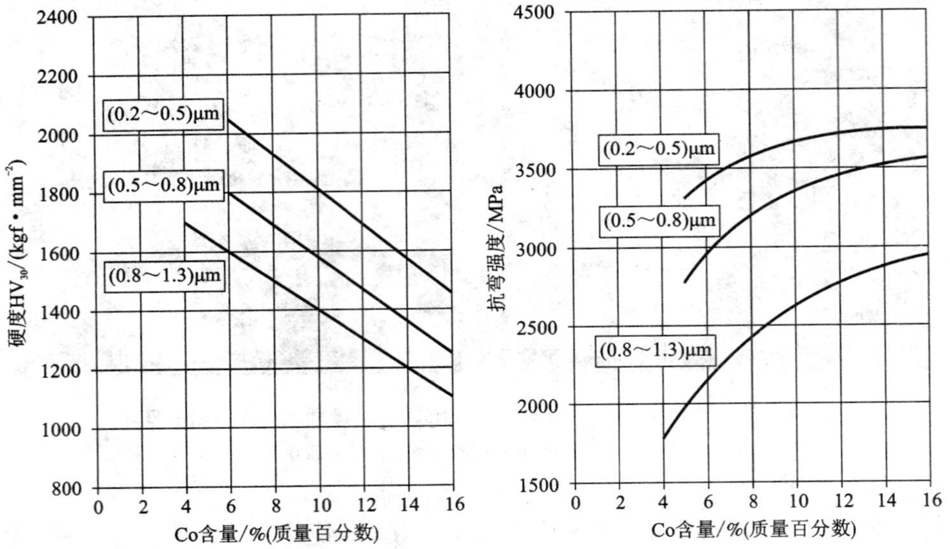

图 8-13　不同晶粒度的 WC-Co 合金的硬度(HV_{30})、抗弯强度(B 型试样)与合金中 Co 含量的对应关系

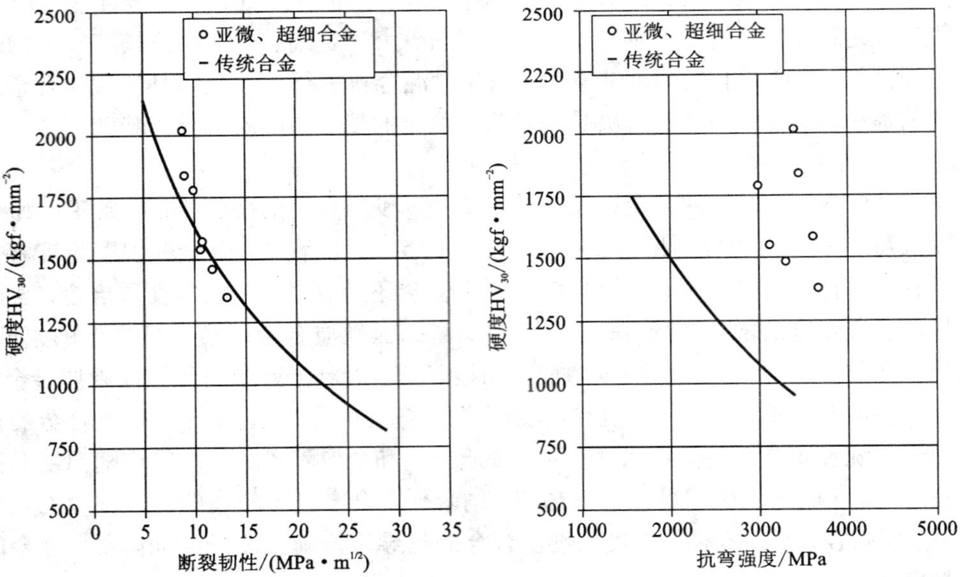

图 8-14　亚微、超细 WC-Co 合金以及传统硬质合金的硬度(HV_{30})与断裂韧性和抗弯强度(B 型试样)的对应关系

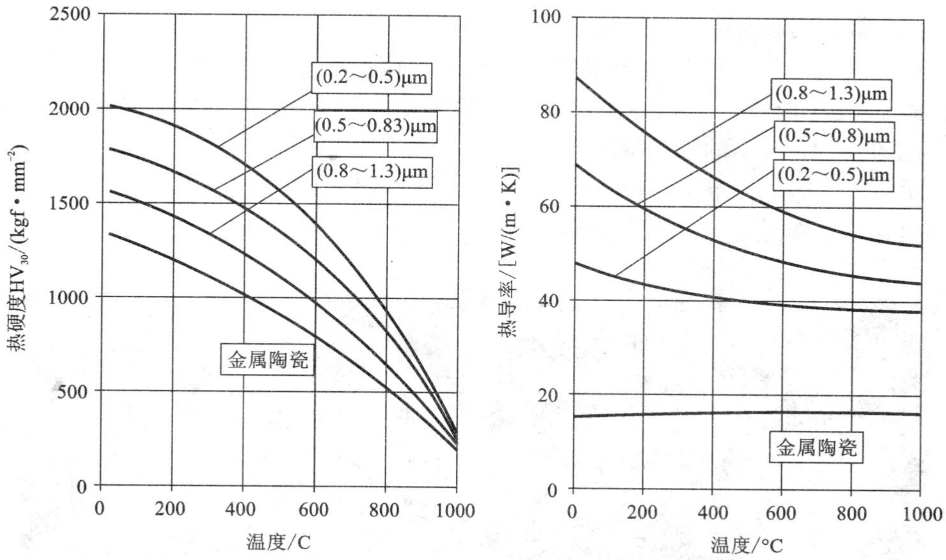

图 8－15　不同温度下不同晶粒度的 WC－Co 合金和金属陶瓷的热硬度(HV_{30})与热导率

8.3.4　超粗晶与特粗晶硬质合金

按 Sandvik 公司有关硬质合金的分类标准，合金中 WC 晶粒度为 3.5～4.9 μm、5.0～7.9 μm、8.0～14 μm 的硬质合金分别是粗晶粒、超粗晶粒和特粗晶粒硬质合金。在 Co 含量相同的条件下，与传统的中、粗晶硬质合金相比，超粗、特粗晶硬质合金具有较高的热导率、断裂韧性与红硬性，较好的抗热疲劳与抗热冲击性能，主要用于极端工况条件下软岩的连续开采(如采煤、地铁与隧道建设用截齿、盾构刀等)与现代化公路、桥梁的连续作业(如路边刨铣齿)，对韧性与抗热疲劳、抗热冲击性能要求较高的冲压模、冷镦模、轧辊等。图 8－16 为 Boart Longyear GmbH & Co. KG 生产的 WC－6.5Co 超粗晶合金的金相组织照片。

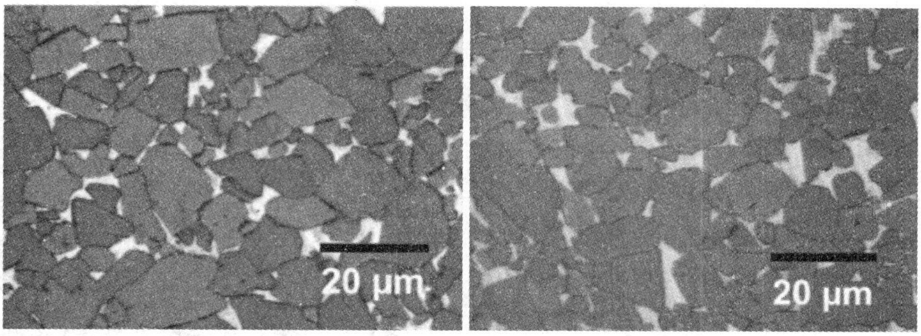

挖路齿(滚刀)　　　　采煤截齿

图 8－16　Boart Longyear GmbH & Co. KG 生产的超粗晶 WC－Co 合金的金相照片

超粗晶与特粗晶硬质合金生产过程中面临的技术问题主要有以下三个方面：原料问题、混合料制备问题、成形问题以及烧结问题。

碱金属掺杂是制备超粗 W 粉与超粗 WC 粉最常用的工艺。碱金属掺杂工艺制备的超粗 WC 粉末通常存在如图 8－17 所示的严重结晶缺陷，这种缺陷的存在会导致硬质合金中 WC 晶粒形成如图 8－18 所示的结晶缺陷，严重影响合金的耐磨性与使用寿命。为了改善超粗晶硬质合金中 WC 晶粒的结晶完整性，目前已开始采用高温还原与超高温碳化工艺制备具有较好结晶完整性的超粗晶硬质合金原材料。

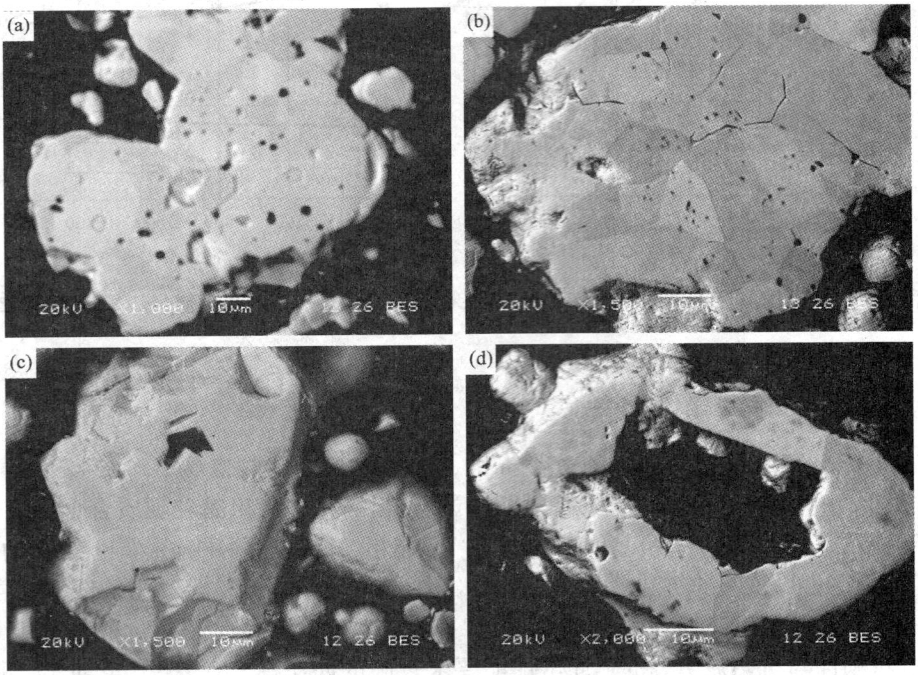

图 8－17　碱金属掺杂工艺制备的超粗 WC 粉末抛光截面的 SEM 照片

由于 WC 与 Co 密度相差较大，在重量不匹配度加大的情况下，超粗 WC－Co 混合料中 Co 分布均匀性难以控制，容易导致合金中 Co 基固溶体黏结相分布的不均匀性，严重影响合金质量的稳定性。硬质合金混合料的成形性能随混合料中粉末粒度的增大而变差，传统压制工艺条件下粗颗粒粉末压坯强度较低，压坯中容易出现粗大孔隙，这种孔隙在随后的压力烧结过程中也难以愈合，如图 8－19 所示。W、C 原子在 Co 中的溶解与析出伴随着 WC－Co 硬质合金的烧结过程。对超粗晶与特粗晶硬质合金，由于 WC 晶粒粗大，析出的 WC 与

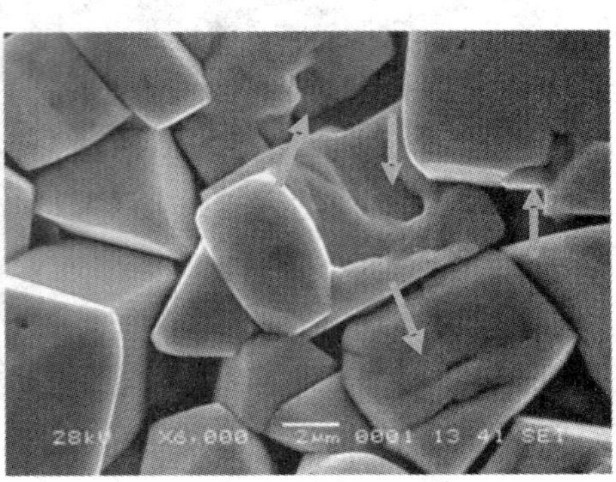

图 8－18　采用传统掺杂工艺制备的超粗晶硬质合金中 WC 晶粒结晶缺陷的 SEM 照片

初始 WC 之间极易出现界面缺陷，从而导致合金强度的降低。超粗晶硬质合金中 Co 黏结相的平均自由程较大，与传统晶粒度的硬质合金相比，Co 黏结相的耐磨性会严重影响超粗晶合金的耐磨性与使用寿命，必须强化超粗晶硬质合金中 Co 黏结相以及 Co 黏结相与 WC 硬质相之间的界面结合强度。

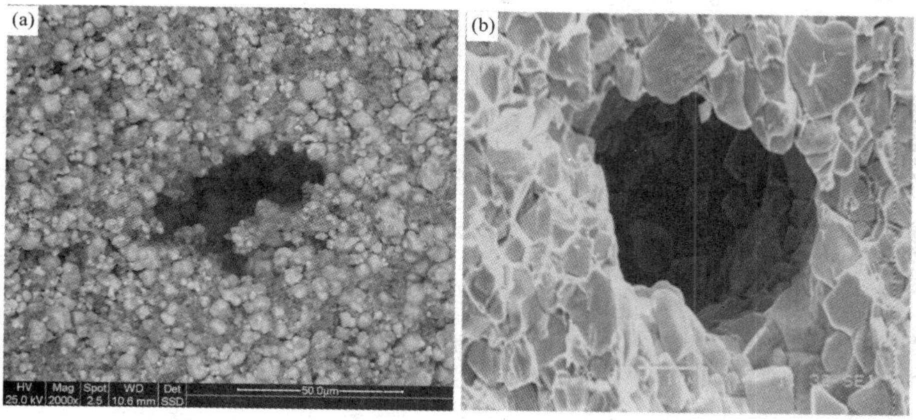

图 8-19 存在大孔洞的 WC-Co 压坯(a)与存在大孔洞的 WC-Co 合金(b)断口的 SEM 照片

在超粗晶与特粗晶硬质合金研究领域，中南大学张立课题组研究了 WC 原料与合金的制备工艺，添加剂对合金微观组织、物理力学性能以及合金耐腐蚀性能的影响，梯度组织结构的形成、性能与调控，合金整体强化技术与强化机理。利用超粗晶和特粗晶硬质合金 Co 基固溶体黏结相(Co 黏结相)的粗大平均自由程等特征，研究了硬质合金晶粒生长抑制机理研究中长期存在的争议问题，提出了溶解析出—界面偏析协同晶粒生长抑制机理；研究了困扰硬质合金学术界的淬火和深冷处理对硬质合金的强化机理，提出了基于纳米析出相、非晶化和应力调控的黏结相强化机理。在上述基础上，课题组开发了超粗晶和特粗晶硬质合金的致密包覆型复合粉工艺、合金微观组织结构均匀性调控技术以及合金中 WC 晶粒形貌调控技术。图 8-20 是张立课题组开发的合金晶粒度为 11.8 μm 特粗晶 WC-12Co 合金的 SEM 照片。

图 8-20 中南大学张立课题组开发的合金晶粒度为 11.8 μm 特粗晶 WC-12Co 合金的 SEM 照片

8.3.5 原位激发自润滑功能硬质合金

研究结果表明，在一定烧结条件下稀土在硬质合金中的作用行为具有不稳定性的特点。图 8-21(a)(b)(c)分别是混合稀土(RE，含 La 29.91%，Ce 45.84%，Pr 5.65% 和 Nd 18.20%)与 Cr_3C_2 联合添加 WC-8Co 合金烧结体表面的 SEM 照片，合金烧结体表面第三相

(图中箭头所示)所在微区的典型能谱(EDS)分析图谱以及整个合金烧结体表面的 XRD 分析图谱。由图 8－21 可知，在烧结过程中由于稀土的定向迁移，在合金烧结体表面形成了 Ce_2O_2S型晶体结构的稀土弥散相。硬质合金烧结用石墨舟皿以及烧结炉内碳毡与石墨部件中均存在杂质 S。烧结炉内气氛中 S 的存在是导致烧结过程中合金中稀土向合金烧结体表面定向迁移的重要原因。抑制硬质合金烧结过程中稀土定向迁移的方法已有专利报道。

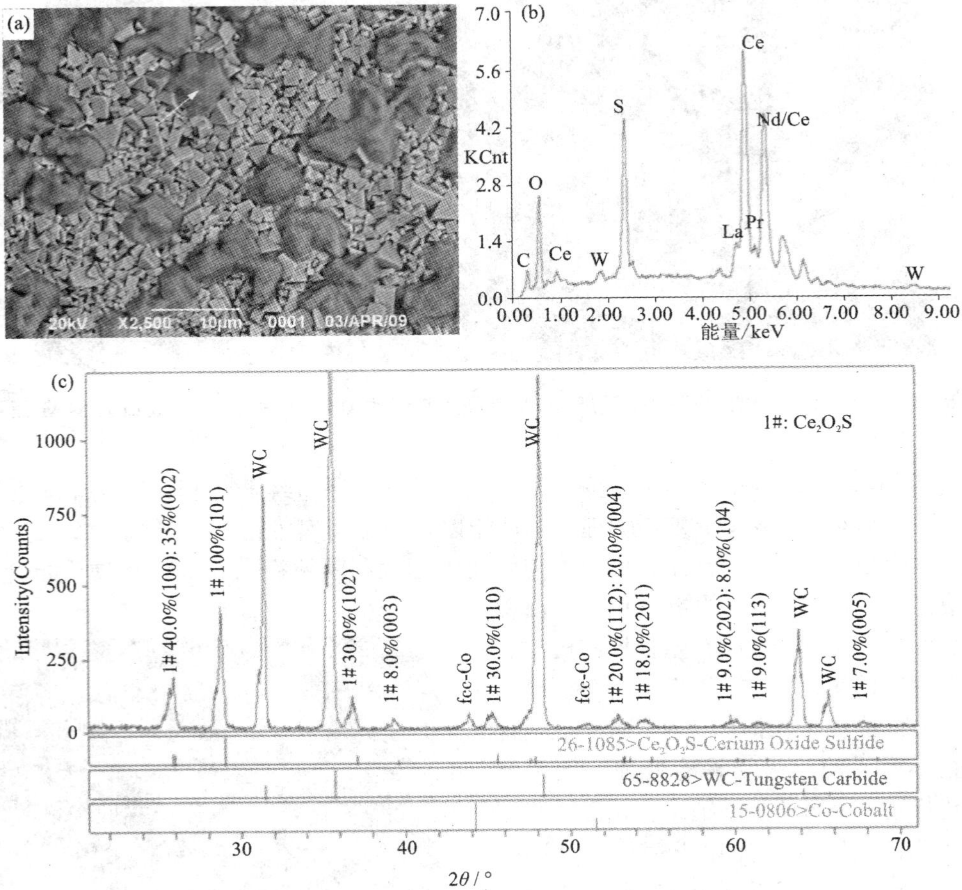

图 8－21　混合稀土与 Cr_3C_2 联合添加 WC－8Co 合金烧结体表面的 SEM 照片(a)，合金烧结体表面第三相所在微区的典型 EDS 分析图谱(b)以及整个合金烧结体表面的 XRD 分析图谱(c)

图 8－22(a)(b)(c)分别是对铸铁粗加工 35 min 后 WC－8Co－0.07RE(RE：混合稀土)合金刀片后刀面的 SEM 照片、后刀面形成的薄膜典型微区的 EDS 分析图谱以及整个后刀面的 XRD 分析图谱。由图 8－22 可知，使用过程中在合金刀片工作表面原位形成了层状晶体结构、具有自润滑功能的 La_2O_2S 型晶体结构表面膜。这种表面膜的存在是合金刀片使用性能改善的主要原因。

实现含稀土 WC－Co 合金服役过程中的原位激化自润滑功能，必须满足两个条件。首先，必须严格控制烧结工艺条件，使稀土稳定存在于合金内部，防止烧结过程中稀土向合金烧结体表面定向迁移现象的发生。其次，合金服役工况必须满足含 S(如铸铁、煤矿、硫化矿

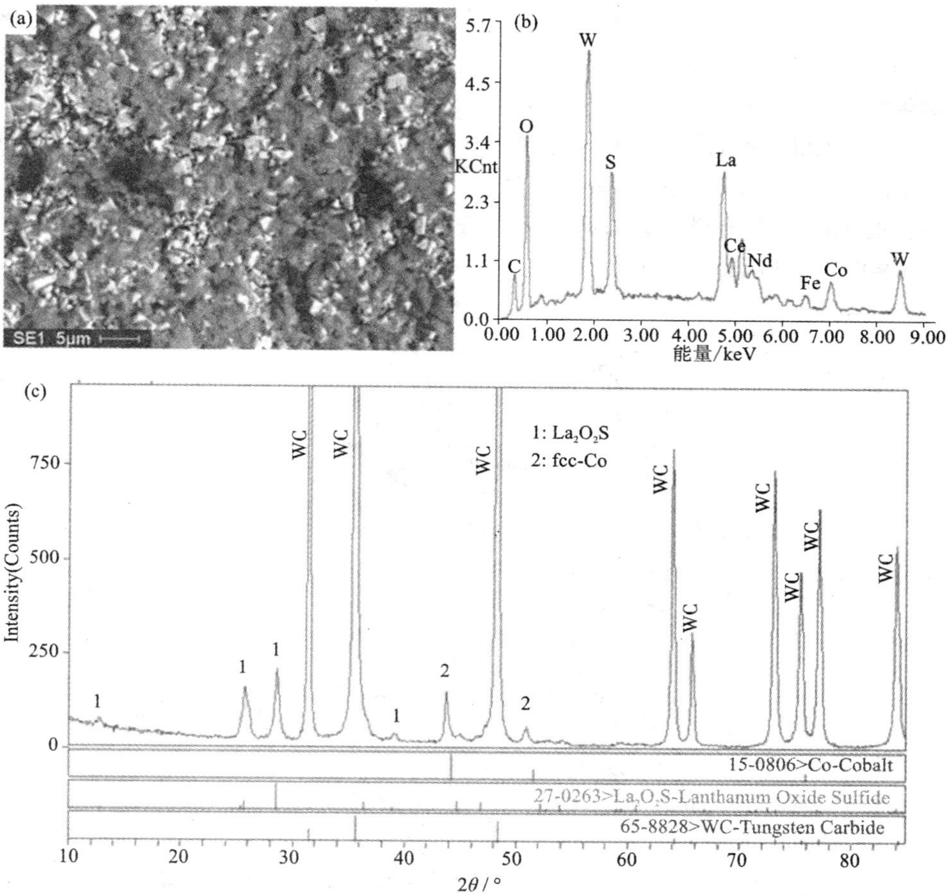

图 8-22　对铸铁粗加工 35 min 后 WC-8Co-0.07RE 合金刀片后刀面的 SEM 照片(a)，后刀面形成的薄膜典型微区的 EDS 分析图谱(b)以及整个后刀面的 XRD 分析图谱(c)

等)环境，在服役过程中工具表面必须产生明显温升。服役过程中 S 向合金工具表面迁移与合金刀片内部稀土向外扩散，这种相对扩散的结果有利于在合金工具表面形成 Ln_2O_2S 薄膜(Ln：稀土)。中南大学张立课题组开发的原位激发自润滑功能 WC-Co 硬质合金的创新之处在于，针对高温、含 S 侵蚀性强的恶劣服役工况，开发基于恶劣工况原位激化自润滑、耐高温潜能的产品，成功地将恶劣工况转化为对激发产品性能自身改善潜能有利的工况。

8.4　WC-Ni 与 WC-Co-Ni 硬质合金

铁族金属 Fe、Co、Ni 的居里点分别是 770℃、1120℃、354℃。因 Ni 的居里点较低，通过增加 Ni 基固溶体黏结相中的固溶度可以使 WC-Ni 合金转化为矫顽磁力为零的无磁合金。在 WC-Ni 合金中添加少量的 Cr_3C_2 或 VC 可得到无磁合金，在实际生产中通常采用添加 Cr_3C_2 的方法制备无磁合金。无磁硬质合金主要用作磁性材料的成形模具。此外 WC-Ni 合金因具有较 WC－Co 合金更好的耐腐蚀性还可用作耐腐蚀用密封环，如 WC－8%（质量百分数）Ni－0.7%（质量百分数）Cr－0.3%（质量百分数）Mo 就是一种典型的密封环合金成分。W－Ni－C 三元合金的等温截面与 W－Co－C 三元合金的等温截面非常类似（见图 8－23）。因 Co、Ni 能够形成连续固溶体，因此 WC－Ni 无磁硬质合金与 WC－Co 合金的生产工艺非常类似。除 WC－Ni 无磁硬质合金外，还有一类 WC－Co－Ni 合金，这种合金除具有较好的物理力学性能外，还具有较好的抗高温氧化性能与耐腐蚀性能，主要用作热轧轧辊。WC－Co－Ni 合金的硬度随合金中 Ni 含量增加而降低。表 8－15 列出了 Sandvik 公司热轧用硬质合金轧辊常见牌号的性能特征。

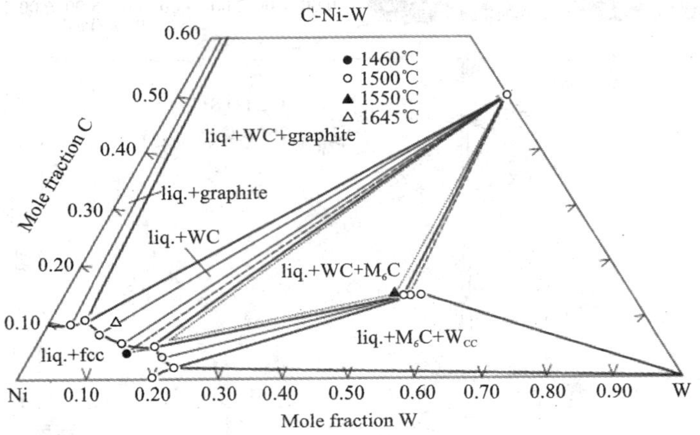

图 8－23　W－Ni－C 三元合金的等温截面

表 8－15　Sandvik 公司热轧用硬质合金轧辊常见牌号的性能

牌号	WC 含量 /%	Co 含量 /%	Ni 含量 /%	Cr 含量 /%	密度 /(g/cm³)	HRA	抗弯强度* /MPa	抗压强度 /MPa	平均晶粒度 /μm
C30T	70	13	15	2	12.7	81.5	2700	3000	5
C25C	75	12	12	1	13.0	82.5	2700	2100	4
C20C	80	9	9	2	13.5	83.5	2700	3200	4
C15C	85	7	7	1	14.0	85	2900	3400	4

*B 型试样。

8.5　WC－TiC－Co 与 WC－TiC－Ta(Nb)C－Co 硬质合金

WC－TiC－Co 与 WC－TiC－Ta(Nb)C－Co 硬质合金主要用作钢铁加工用切削刀具。WC－TiC－Co 合金通常只能加工普通钢材，而 WC－TiC－Ta(Nb)C－Co 合金可加工高合金钢、不锈钢、合金铸铁等难加工材料，是一种通用性较好的钢铁加工用切削刀具材料。WC－TiC－Co 与 WC－TiC－Ta(Nb)C－Co 合金均存在两种组织结构，即 $\gamma+\beta$（Co 基固溶体黏结相)两相组织与 WC + γ + β 三相组织，两类合金的不同之处在于合金中碳化物固溶体(γ 相)的成分，前者 γ 相成分为(Ti，W)C，后者为(Ti，Ta/Nb，W)C。当合金中 TiC 含量高于 30% 时，WC 能完全固溶于 TiC 中，形成固溶体，合金为 γ + β 两相组织。

为了提高合金组织结构的均匀性、改善合金的综合性能，通常 TiC、Ta(Nb)C 不以单质形式加入，而以固溶体形式加入。根据合金成分与碳化物固溶体原料成分的不同，烧结过程中 γ 相形成的途径主要有：

TiC + WC→γ[(Ti，W)C]

(Ti，W)C + WC→γ[(Ti，W)C]

(Ti，W)C→γ[(Ti，W)C]

(Ti，W)C→γ[(Ti，W)C] + α(WC)

TiC + (Ta，Nb)C + WC→γ[(Ti，Ta，Nb，W)C]

(Ti，Ta，Nb，W)C + WC→γ[(Ti，Ta，Nb，W)C]

(Ti，Ta，Nb，W)C→γ[(Ti，Ta，Nb，W)C] + α(WC)

图 8 - 24 是 WC - (W，Ti，Ta，Nb)C - Co 合金的 WC + γ + β 三相组织的金相照片与组织结构示意图。受价电子结构与界面能的影响，WC 与 γ 相的晶粒形貌特征明显不同。WC 为多角形形貌，而 γ 相为近圆形或卵形形貌。因 Ti - C 二元相图中 TiC 单相区 C 含量存在一定的变化范围，因此 WC - TiC - Co 与 WC - TiC - Ta(Nb)C - Co 合金不出现脱碳相与渗碳相的碳区范围较 WC - Co 合金稍宽。在制备工艺上与 WC - Co 合金的另一不同之处是，WC - TiC - Co 与 WC - TiC - Ta(Nb)C - Co 合金所需的烧结温度较 WC - Co 合金高。

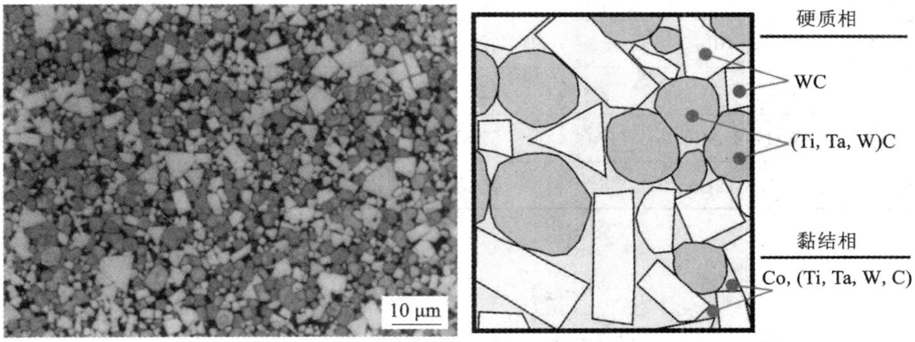

图 8 - 24　典型三相组织 WC - (W，Ti，Ta，Nb)C - Co 合金的金相照片与组织结构示意图

表 8 - 16 列出了瑞典 Sandvik 公司 WC - Co 合金典型牌号和奥地利 Plansee 公司 WC - (W，Ti，Ta，Nb)C - Co 合金典型牌号的基本性能。与 WC - Co 合金相比，在晶粒度相近的情况下，含 TiC 合金除硬度较高外，密度、抗弯强度、热导率、断裂韧性均较低。硬质合金工具的失效形式与其使用工况条件密切相关，其失效形式主要有正常磨损、月牙洼磨损、崩刃、刀瘤、永久性变形与热裂纹等。WC - Co 合金在切削加工钢铁时，由于热扩散行为严重，刀具极易产生刀瘤与月牙洼磨损而迅速失效。因此，尽管 WC - Co 合金具有较好的物理力学性能，但是未经涂层处理，不能直接用于钢铁的切削加工。

表 8-16 Sandvik 公司 WC-Co 合金与 Plansee 公司 WC-(W, Ti, Ta, Nb)C-Co 合金的基本性能对比

牌号	合金成分 /%(质量百分数)	平均晶粒度 /μm	抗弯强度* /MPa	密度 /(g·cm^{-3})	硬度 HV_{30} /(kgf·mm -2)
S22T	WC-9TiC-11Ta(Nb)C-8.5Co	1-2	1700	12.1	1570
S36T	WC-4TiC-7.5Ta(Nb)C-12Co	1~2	2100	13.0	1390
U10T	WC-5TiC-5.5Ta(Nb)C-6Co	1~2	1700	13.4	1680
U20T	WC-4TiC-10Ta(Nb)C-9Co	1~2	1800	13.2	1460
H6N	WC-6Co	1.4~2.0	2200	15.00	1600
H8N	WC-8.5Co	1.4~2.0	2400	14.65	1450
H10N	WC-9.5Co	1.4~2.0	2600	14.50	1400
H12N	WC-12Co	1.4~2.0	2800	14.30	1300
牌号	合金成分 /%(质量百分数)	抗压强度 /MPa	杨氏模量 /GPa	热导率/[W·(cm·K)$^{-1}$]	热膨胀系数 /(×10^{-6} K^{-1})
S22T	WC-9TiC-11Ta(Nb)C-8.5Co	5200	540	0.4	6.0
S36T	WC-4TiC-7.5Ta(Nb)C-12Co	5000	560	0.6	5.5
U10T	WC-5TiC-5.5Ta(Nb)C-6Co	5700	620	0.6	5.5
U20T	WC-4TiC-10Ta(Nb)C-9Co	5100	550	0.6	5.5
H6N	WC-6Co	6200	630	1.0	4.9~5.3
H8N	WC-8.5Co	5200	600	0.95	5.3~5.5
H10N	WC-9.5Co	5200	585	0.95	5.4~5.6
H12N	WC-12Co	4600	560	0.95	5.8~5.9

* B 型试样。

8.6 TiC/Ti(C, N)基硬质合金

TiC/Ti(C, N)基硬质合金，在硬质合金行业被称为金属陶瓷(Cermet)，主要有以下三种类型：TiC 基、添加其他类碳化物(如 WC、TaC 等)和金属(如 Co)的强韧 TiC 基以及 Ti(C, N)基。TiC 基硬质合金的基本成分为 TiC-Ni-Mo。添加 Mo 或 Mo_2C 可改善液态金属

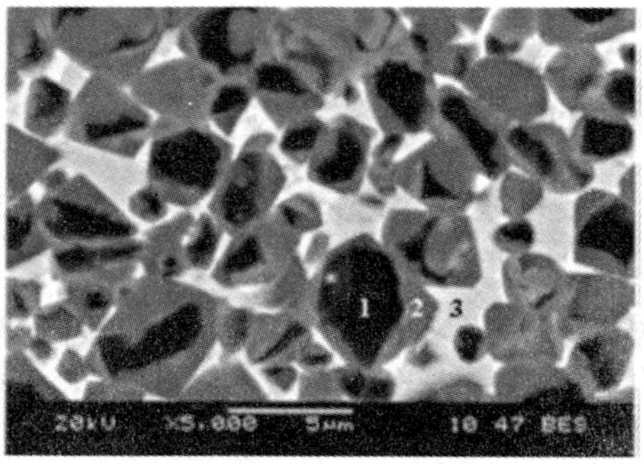

1—TiC(黑色)

2—(Ti, Mo)C(灰色)

3—Ni基固溶体黏结相

图 8-25 一种典型 TiC-Ni-Mo 合金的微观组织

Ni 对 TiC 的润湿性。图 8－25 与图8－26分别是一种典型的 TiC－Ni－Mo 合金微观组织的 SEM 照片与一种典型的(Ti, Ta/Nb, W, Mo)(C, N)－(Co, Ni)合金微观组织的 SEM 照片及其组织结构示意图。可以看出，两种合金的硬质相均具有典型的芯环结构。TiC－Ni－Mo 合金中具有两种硬质相，即 TiC 与(Ti, Mo)C，其中(Ti, Mo)C 包裹在 TiC 外面，或单独存在。(Ti, Ta/Nb, W, Mo)(C, N)－(Co, Ni) 合金中存在四种硬质相，即 TiN、(Ti, Ta, W)(C, N)(Ti 为主成分)、(Ti, Ta, W, Mo)(C, N)(Ti, W, C 为主成分)以及(Ti, Ta, W, Mo)(C, N)(Ti, N 为主成分)；合金中硬质相以单环和双环两种结构存在，其中单环硬质相由以 Ti、W、C 为主成分的(Ti, Ta, W, Mo)(C, N)（芯部），以 Ti、N 为主成分的(Ti, Ta, W, Mo)(C, N)(壳)组成，双环硬质相由 TiN（芯部），以 Ti 为主成分的(Ti, Ta, W)(C, N)(中环)，以 Ti、W、C 为主成分的(Ti, Ta, W, Mo)(C, N)(外环/壳) 组成；其黏结相为含 Ti、Ta、W、Mo、C 的 Co－Ni 基固溶体。

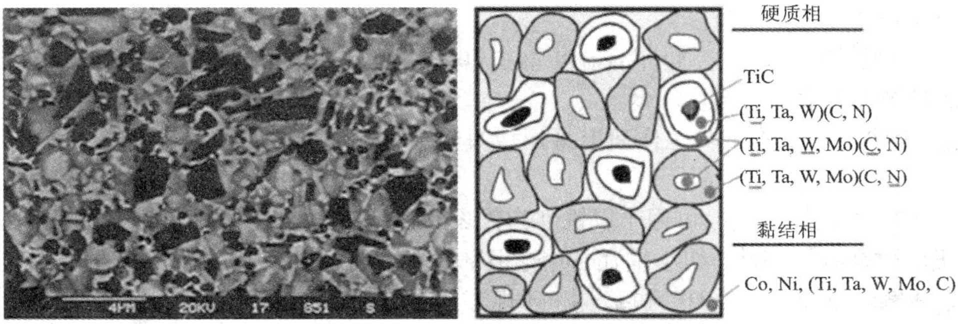

图 8－26　一种典型(Ti, Ta/Nb, W, Mo)(C, N)－(Co, Ni)金属陶瓷的微观组织及其组织结构示意图

右图中的下划线代表主元素

图 8－27 是 Ti(C, N)－Mo_2C－Ni－Co 合金、TiC－Mo_2C－Ni 合金、WC－(W, Ti, Ta)C－Co 合金以及 WC－Co 合金在 800℃ 温度下的热硬度与室温断裂韧性的关系曲线对比。可以看出，WC－Co 合金具有最佳的硬度与韧性组合，通过成分与组织结构优化的高 N 含量 Ti(C, N)基合金的硬度与韧性组合可以超过 WC－(W, Ti, Ta)C－Co 合金，TiC－Mo_2C－Ni 合金的硬度与韧性组合效果相对较差。

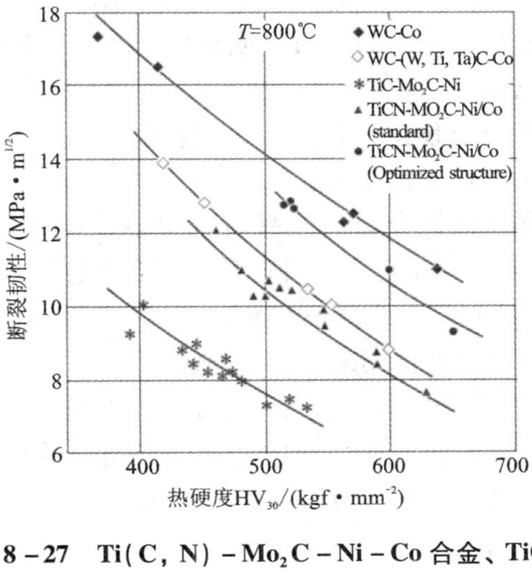

图 8－27　Ti(C, N)－Mo_2C－Ni－Co 合金、TiC－Mo_2C－Ni 合金、WC－(W, Ti, Ta)C－Co 合金以及 WC－Co 合金在 800℃温度下的热硬度与室温断裂韧性的关系曲线

尽管 TiC－Mo_2C－Ni 合金的硬度与韧性组合效果相对较差、抗塑性变形能力较低，但它具有耐磨性好，抗月牙洼磨损能力强，抗氧化、抗黏结和耐高温等性能特点。TiC 基合金的应用领域较窄，主要适用于钢材的精加工和半精加工。

在 TiC－Ni－Mo 合金中加入 WC、TaC 可以提高合金的韧性、弹性模量、抗塑性变形能力以及高温强度。此外，加入 WC 还可改善合金的导热性，防止刀尖处局部过热现象的产生；加入 TaC、NbC 后还可提高合金的抗热震性能，抑制硬质相晶粒长大，使之更适于断续切削加工。

Ti(C，N)基合金是在 TiC 基合金基础上发展起来的一种新型硬质合金。Ti(C，N)基合金的性能特点如下：

(1)高硬度：一般可达 91～93.5HRA，有些可达 94～95HRA。

(2)高耐磨性和抗月牙洼磨损：在高速切削钢材时耐磨性较 WC 基硬质合金高 3～4 倍。

(3)高抗氧化能力：一般硬质合金月牙洼磨损开始产生的温度为 850～900℃，而 Ti(C，N)基金属陶瓷为 1100～1200℃。

(4)高耐热性：在 1100～1300℃高温下尚能进行切削；一般切削速度可较 WC 基硬质合金高 2～3 倍，可达 300～400 m/min，即使加工某些高硬度材料和难加工材料，切削速度也可达 200 m/min。

(5)化学稳定好：Ti(C，N)基合金与钢在 700～900℃时也不产生黏结现象，即不产生积屑瘤，而且被加工表面粗糙度较低。

(6)切削加工时，在刀具工作面上易形成具有自润滑功能的氧化钼、氧化钛薄膜，可减少摩擦。

Ti(C，N)基硬质合金除可用于以铣削为代表的各类钢材的切削加工外，还可用于制作各类发动机的耐高温零部件，如小轴瓦、叶轮根部法兰、阀门、阀座、推杆、摇臂、偏心轮轴、热喷咀、活塞环以及各种量具，如塞规和环规等。

8.7 功能梯度硬质合金

功能梯度硬质合金可分为黏结相成分梯度、硬质相成分梯度以及晶粒度梯度等三大类。黏结相成分梯度与硬质相成分梯度硬质合金通常采用气氛化学热处理法，亦称梯度烧结法制备。通常 Co 成分梯度的 WC－Co 合金主要用作凿岩工具，晶粒度梯度 WC－Co 合金可用作拉伸模具与顶锤，硬质相成分梯度含 Ti 的 WC 基硬质合金与 TiC/Ti(C，N)基金属陶瓷主要用作刀具以及涂层刀具的基体。

传统硬质合金存在硬度与韧性之间的矛盾，通常合金硬度越高，韧性越差。1986 年 Sandvik 公司推出了一种矿用硬质合金柱齿新材质——双相结构功能梯度硬质合金，简称 DP(dual phase /dual properties)合金，成功地解决了硬质合金的耐磨性与韧性难以同时兼顾的矛盾，使合金的使用寿命得到显著提高。

DP 合金的制备包括两个步骤，首先制得 WC＋β＋η 三相组织合金(DP 合金前驱体)，在合金中呈弥散均匀分布的 η 相(脱碳相)的晶粒度必须小于 WC 的晶粒度，而且不含 WC 镶嵌结构；然后对此合金进行渗碳处理。这种合金的表层与中间过渡层为 WC＋β 两相组织结构，合金芯部为 WC＋β＋η 三相组织结构；在合金过渡层区域，黏结相含量呈梯度变化。DP 合金中黏结相梯度的形成机理主要是通过碳势差为合金中黏结相发生质量迁移提供驱动力，在渗碳过程中硬质合金中黏结相从合金表面的高碳区向合金中的低碳区迁移。

液相迁移压是液相烧结过程中液相迁移的驱动力，对 WC－Co 合金，液相数量、WC 晶粒度以及碳势等三个要素决定了合金体系的液相迁移压，可以通过如下公式计算：

$$p_m = 2048(1 - 9\Delta x_{[C]} + 155\Delta x_{[C]}^2)[(1/u - 1)^{1/3} - 1.41u]/d^{0.4}$$

式中，p_m为液相迁移压，Pa；$\Delta x_{[C]}$为液态 Co 中 C 的摩尔分数差；u 为液态 Co 的体积分数；d 为 WC 平均晶粒度，m。渗碳、正常以及脱碳体系中，$\Delta x_{[C]}$分别是正数、0 和负数。根据液相迁移压影响原理可知，合金中出现 η 相并非 Co 梯度合金形成的必要条件。

图 8－28 展示了 Sandvik 公司 DP WC－Co 合金中 Co 含量、硬度以及合金中应力的梯度变化特征，图 8－29 是 DP 合金前驱体的金相照片，图 8－30 是含 TiN、TiC 的 WC 基硬质合金刀片在脱氮性气氛中梯度烧结过程中 Ti、N 扩散与硬质相成分梯度形成示意图。含 Ti 功能梯度硬质合金的形成机理主要是通过氮势差为合金中硬质相组元与黏结相发生质量迁移提供驱动力。在渗氮气氛中烧结，合金中的 Ti 向外扩散，形成富 Ti 硬质相的外表层；在脱氮气氛中烧结，合金中的 Ti 向合金内部扩散，形成贫 Ti 硬质相或无 Ti 硬质相的外表层。

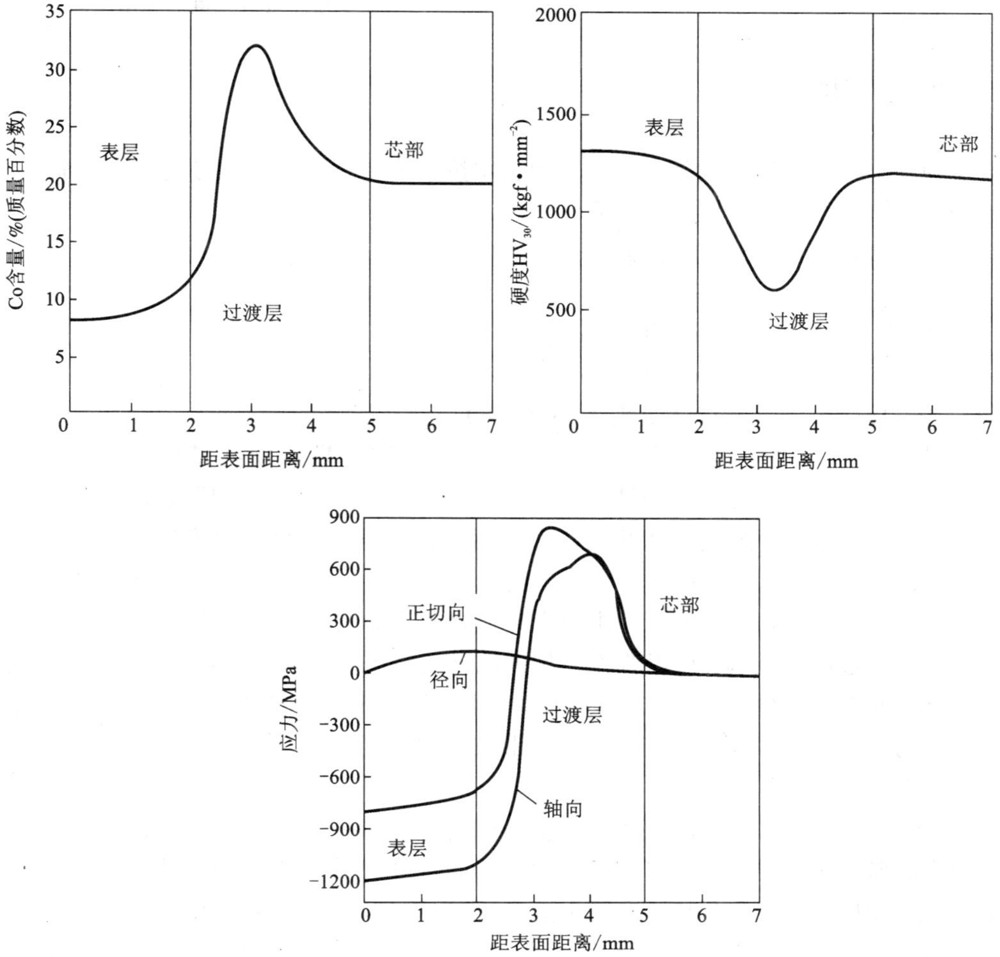

图 8－28　Sandvik 公司 DP WC－Co 合金中 Co 含量、硬度以及合金中应力的梯度变化特征

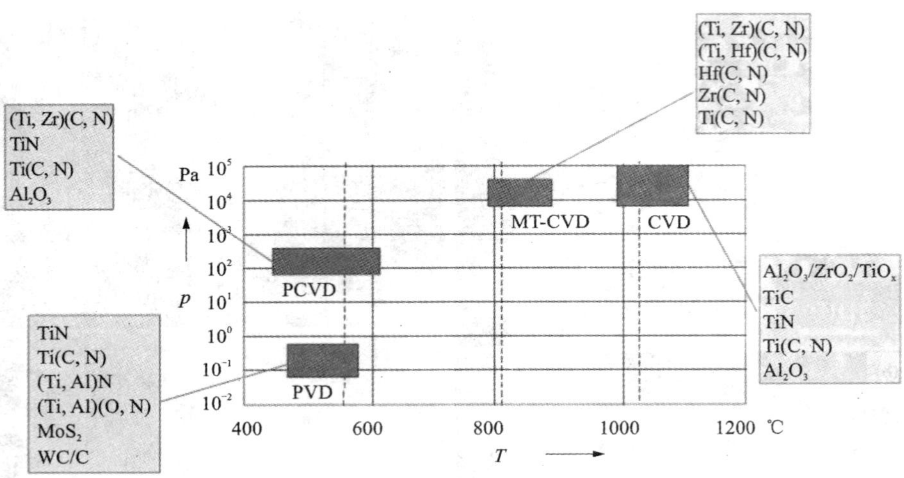

图 8-33　涂层工艺的涂层温度与压力的基本特征以及常见涂层实例

$$6TiCl_4 + 2CH_3CN + 9H_2 = 4TiC + 2TiN + 24HCl$$

20 世纪 60 年代以来，CVD 技术被广泛应用于硬质合金可转位刀片的表面处理。CVD 所需金属源的制备相对容易，可实现 TiN、TiC、TiCN、TiBN、TiB_2、Al_2O_3、金刚石等单层及多元、多层复合涂层的沉积，涂层与基体结合强度较高。尽管 CVD 涂层具有很好的耐磨性，但 CVD 工艺亦有其先天缺陷：一是工艺处理温度高，易造成刀具材料强度下降；二是薄膜内部通常呈拉应力状态，易导致刀具使用时产生微裂纹；三是 CVD 工艺排放的废气、废液易造成较大的环境污染。为了克服上述不足之处，20 世纪 80 年代末，Krupp Widia 公司开发了低温化学气相沉积(PCVD，即等离子 CVD)技术，其工艺处理温度可降至 450～650℃，可有效地抑制膜基界面 η 相的形成。20 世纪 90 年代中期，中温化学气相沉积(MT-CVD)新技术的出现使 CVD 技术发生了重大变革。MT-CVD 技术是以含 C、N 的有机物乙腈(CH_3CN)作为主要反应气体。MT-CVD 技术因具有较低的工艺温度和较快的沉积速率，可使涂层与基体界面上脆性 η 相的生成得到抑制，同时减少了在高温 CVD 涂层中常见的由高温所导致的拉伸裂纹。采用 MT-CVD 技术可获得致密纤维状结晶形态的涂层，涂层厚度可达 8～10 μm。这种涂层结构具有极高的耐磨性、抗热震性及韧性。MT-CVD 涂层刀片适于高速、高温、大负荷、干式切削条件下使用，其寿命可较普通涂层刀片提高一倍左右。

物理气相沉积的主要方法有真空蒸镀、溅射镀、电弧等离子体镀、离子镀及分子束外延等。PVD 技术出现于 20 世纪 70 年代末，其工艺处理温度可控制在 600℃以下。与 CVD 工艺相比，PVD 工艺处理温度低、薄膜内部应力状态为压应力，更适于对硬质合金精密复杂刀具的涂层；PVD 工艺对环境无不利影响，符合现代绿色制造的发展方向。目前 PVD 技术不仅提高了薄膜与刀具基体材料的结合强度，涂层成分也由第一代的 TiN 发展为 TiC、TiCN、ZrN、CrN、MoS_2、TiAlN、TiAlCN、TiN-AlN、CN_x 等多元复合涂层。ZX 涂层(即 TiN-AlN 涂层)等纳米级涂层的出现，使 PVD 涂层刀具的性能出现了新突破。这种新涂层与基体结合强度高，涂层膜硬度接近 c-BN(立方氮化硼)，抗氧化性能好，抗剥离性强，而且可显著改善刀具的表面粗糙度，有效控制精密刀具的刃口形状及精度。此外，高 Al 含量的改进型 TiAlN 的涂层使涂层的红硬性、化学稳定性和抗氧化的性能得到了进一步提高。

相对其他类系列的涂层而言，超硬涂层的制备技术较为复杂。Köpf A 等用 WC－(W，Ti)C－(Ta，Nb)C－Co 合金为基体，在含 N_2气氛中梯度烧结，使合金烧结体表面形成碳氮化物硬质相富集层，在此基础上采用热丝 CVD 法在合金基体上沉积金刚石涂层。通过调整工艺参数可以获得纳米晶金刚石涂层、粗细搭配的多层金刚石涂层，涂层厚度可高达 25 μm。图 8－34 是 WC－(W，Ti)C－(Ta，Nb)C－Co 合金在含 N_2气氛中梯度烧结，合金烧结体表面碳氮化物硬质相富集层形成过程示意图，图 8－35 是 CVD 法制备的纳米、微晶金刚石复合涂层功能梯度合金断面的微观组织照片。这种涂层在加工 AlSi 合金、纤维强化塑料等难加工材料的加工方面具有优越的加工性能。

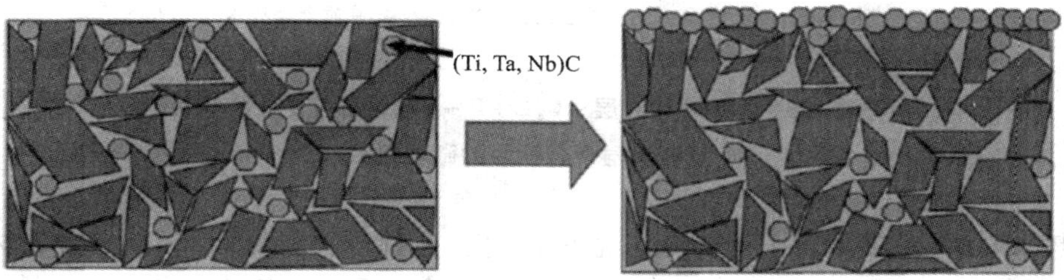

图 8－34　WC－(W，Ti)C－(Ta，Nb)C－Co 合金在含 N_2气氛中梯度烧结，合金烧结体表面碳氮化物硬质相富集层形成过程示意图

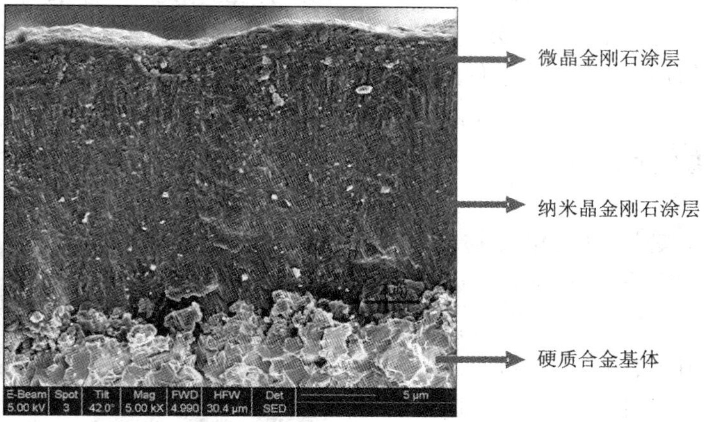

图 8－35　纳米、微晶金刚石复合涂层功能梯度合金断面的微观组织

工艺参数：基体温度 780～800℃，热丝温度 1960～2000℃，压力 10 mbar，气体 99% H_2 +1% CH_4，流量 3 dm^3/min

立方氮化硼(c－BN)的硬度仅次于金刚石，在黑色金属难加工材料的加工方面具有很大的优势。然而，由于极大的残余应力与结合力较低等原因，在硬质合金基体的立方氮化硼涂层厚度通常都很薄，目前已突破 1.2 μm 的厚度大关。Keunecke M 等采用磁控溅射 PVD 方法在硬质合金基体上进行在 TiN 或 TiAlN 预涂层处理，随后采用射频(13.56 MHz)二极管溅射

PVD 方法在预涂层上沉积 B_4C + B - C - N 梯度层 + c - BN 复合涂层，所用靶材为 B_4C。图 8 - 36是 TiAlN 预涂层 + B_4C + B - C - N 梯度层 + c - BN 复合涂层硬质合金断面的微观组织照片。

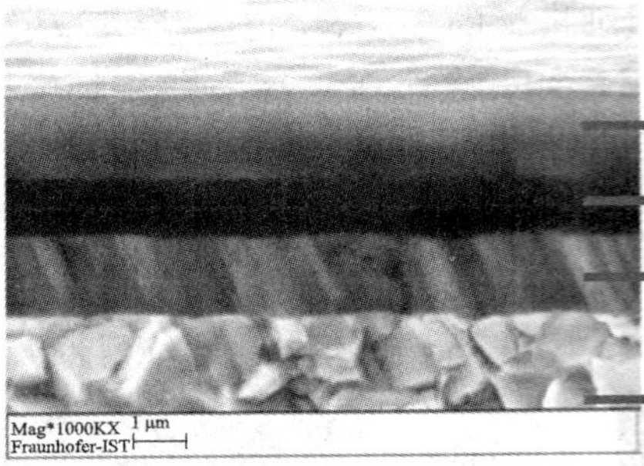

图 8 - 36　TiAlN 预涂层 + B_4C + B - C - N 梯度层 + c - BN 复合涂层合金断面的微观组织

现代刀具涂层发展的一个重要特征就是复合化，即涂层材料复合、多层复合以及 CVD 与 PVD 复合。通过 MTCVD Al_2O_3和 PVD TiAlN 涂层复合，可实现灰铸铁和球墨铸铁的高速加工。多样化是刀具涂层发展的另一个趋势，有各种氮化物、氧化物涂层材料，还有 TiB、SN 涂层、金刚石涂层、c - BN 涂层等等。多样化的深层次原因是专业化，即针对不同的需求采用不同的涂层，并能对涂层的组成、结构及厚度在较大范围内加以调控，以适应不同的被加工材料和不同的切削条件，从而显著提高刀具的切削性能。此外，涂层材料的细微化、纳米化是现代刀具涂层发展的另一个令人关注的趋势。刀具涂层是一个系统的概念，刀具涂层必须根据不断变化的现代切削应用条件来进行系统的设计与组合。

8.9　钢结硬质合金

钢结硬质合金是以硬质化合物(如 WC、TiC、TiN、TiCN 等)作硬质相，以合金钢为黏结相的一种性能介于传统硬质合金与合金钢之间的合金，可用粉末冶金法或铸造法生产。其组织结构特点是在合金钢的基体上均匀分布 30 ~ 50%(体积百分数)的硬质相。钢结硬质合金可分为 WC 基与 TiC 基两大类。与 WC 基钢结硬质合金相比，TiC 基钢结硬质合金的热导率较低、抗热疲劳性能较差。表 8 - 17 列出了国内钢结硬质合金常见牌号的成分与性能。图 8 - 37 是 GT35 钢结硬质合金的金相组织。

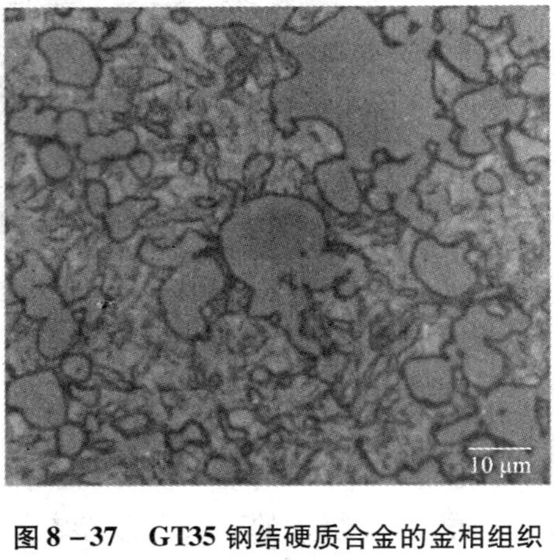

图 8 - 37　GT35 钢结硬质合金的金相组织

图中边角圆化的 TiC 硬质相弥散分布于淬火马氏体钢基体中

表 8－17　国产钢结硬质合金常见牌号的成分与性能

牌号	成分/%（重量）		性能				
	硬质相	基体	密度/(g·cm^{-3})	硬度 HRC		抗弯强度/MPa	冲击韧性/(J·cm^{-2})
				烧结态	淬、回火态		
TLMW50	50WC	1.25Cr、1.25Mo、(0.8～1.0)C、余 Fe	10.21～10.37	35～40	66～68	≥2000	≥8
GW50(洛阳)	50WC	1.1Cr、0.3Mo、0.3Ni、0.8C、余 Fe	10.30～10.60	35～42	68～72	2300～2800	1.2
Cr1Mo2W50	50WC	2Cr、4Mo、1C、余 Fe	10.30～10.35	41～44	67～71	1870	6.5
TMW50	50WC	2Mo、1C、余 Fe	≥10.00		63	1700～2500	7～10
GW50(山东)	50WC	1Cr、1Mo、0.3C、余 Fe	≥10.20	35～42	67～70	≥1800	≥12
GJW50	50WC	1Cr、0.5Mo、0.5C、余 Fe	≥10.20	35～38	68～71	2070～2560	8.5
TW50	50WC	1.0C、余 Fe	≥10.20	—	—	1830	11.2
T10W50	50WC	1.0C、余 Fe	10.23～10.35	—	—	2950	12～15
WC－高速钢	50WC	4Cr、9Mo、1V、3Co、0.85C、余 Fe	10.17	45～50	69～71	—	—
D－3	40WC	60W、18Cr、4V、余 Fe	10.60	50～54	70～72	—	—
GW40	40WC	CrMo 钢	9.7～10.0	34～40	68～70	2400～2600	≥20
W50CrMo	50 WC	0.65Cr、0.625Mo、(0.4～0.5)C、余 Fe	10.30～10.60	—	68～71	2100	18
DT	45WC	0.6C、0.8Cr、0.7Mn、1.5Mo、1.7Ni、余 Fe	9.75～9.90	32～38	62～65	2500～3600	15～25
GT35	35TiC	0.5C、2.0Cr、2.0Mo、余 Fe	6.4～6.6	39～46	68～72	1400～1800	6
R5	30～40TiC	0.6～0.8C、6.0～13.0Cr、0.5～3.0Mo、0.1～0.5V、余 Fe	6.35～6.45	44～48	70～73	1200～1400	3

钢结硬质合金的性能特点如下：

(1)良好的可加工性。钢结硬质合金最重要的工艺特性是可加工、可热处理性。因烧结态合金硬度较低，可采用车、磨、刨、铣、钻等加工方式对烧结态合金进行加工。加工后可进行各种硬化处理，且热处理变形较小。钢结硬质合金还具有可锻性及可焊接性。

(2)良好的物理、力学性能。具有较其他类硬质合金更好的塑性及韧性，良好的自润滑性、高的阻尼震荡特性等。

(3)优异的化学稳定性。通过控制钢基体成分，可赋予钢结硬质合金优异的耐高温，抗氧化，抗酸、碱、盐等介质腐蚀的特性。

钢结硬质合金的主要应用领域包括：

(1)工模具。钢结硬质合金可用于制造冷镦模、热镦模、挤压模、拉伸模、冲裁模、压印模、拉丝模、拉管模、粉末压模等。用低、中碳工具钢作黏结相的钢结硬质合金因耐热性较低，仅用于无屑金属冷加工工具。以高铬工具钢作黏结相(TiC - Cr12MoV)的钢结硬质合金，可用于制作无屑金属冷、热加工工具，可用于无动载荷工具。用马氏体时效钢作黏结相的钢结硬质合金，具有较高的强度、韧性和耐热性。用奥氏体弥散硬化钢作黏结相的钢结硬质合金，具有无磁性特性和较好的耐热性。用奥氏体耐蚀钢作黏结相的钢结硬质合金，具有较好的耐蚀性和耐热性，以及良好的韧性。

(2)耐磨零件。由于高强度和高韧性，较好的抗黏附磨损性，钢结硬质合金可用于短时无润滑的摩擦工况条件，如气体动压轴承、工作在真空中无润滑的轴承和其他类滑动表面。由于刚性高、在退火状态下能吸收振动，钢结硬质合金可作磨轮主轴、镗床主轴和钻探杆。TiC 钢结合金具有良好的耐磨性能，可用来制造采矿用钻阀、燃油喷射器、粉碎机工作机构的轮齿等。

(3)刀具。钢结硬质合金可用来制造钻头、铣刀、拉刀、滚刀等刀具，可加工不锈钢、耐热钢和有色合金。钢结硬质合金的韧性高于普通硬质合金，且在干摩擦时其摩擦系数较小，抗黏附磨损性好。

8.10 其他类特殊硬质合金

8.10.1 Cr_3C_2基硬质合金

Cr_3C_2基硬质合金用 Ni 作黏结相，具有较高的常温与高温硬度、耐磨性好、抗腐蚀性能高、抗高温氧化性能好、热膨胀系数与钢接近，可用作高温力学性能测量的支架、严重腐蚀条件下的密封耐磨零件、使用温度达 1000℃的成形模具、热挤压模具和热顶锻模具等。但因强度较低，限制了它的应用范围。围绕这一问题开展的研究取得了较大的进展。通过添加磷化物、碳化物和其他类合金元素，使合金抗弯强度由研制初期的 600 ~ 700 MPa，提高到 1000 MPa以上。研究结果表明，WC 具有抑制合金晶粒长大、强化合金硬质相，提高合金强度、抗变形性及耐热性的作用，因此 Cr_3C_2基硬质合金中可添加占合金质量分数 20% 以下的 WC 以改善合金性能。WC 添加方式影响其在合金中强化作用的正常发挥，以 Cr_3C_2 - WC 复式碳化物形式加入，因原料晶粒较小，WC 在 Cr_3C_2溶解度较大，因此合金晶粒较细，抗弯强度较高。Cr_3C_2基硬质合金的生产工艺与 WC 基硬质合金类似，但烧结温度通常低于 1300℃。由于存在 CrC，Cr_3C_2，Cr_2C，Cr_7C_3以及 $Cr_{23}C_6$等多种形式的碳化物，在 Cr_3C_2基硬质合金制备过程中要控制其他类形式碳化铬的形成，以提高合金质量的稳定性。

8.10.2　无金属黏结相硬质合金

传统硬质合金中 Co、Ni、Fe 等金属黏结剂除具有促进合金烧结全致密化的功能外，还可赋予硬质合金的韧性与强度，但也使其耐腐蚀性能、耐高温性能、热导率等降低，因而使其应用领域受到一定限制。

无金属黏结相硬质合金(binderless carbides，简称无黏结相硬质合金)属于一种特殊的硬质合金，可分为两大系列，即纯难熔金属碳化物系列，如纯 WC 系列、纯 TiC 系列、纯 TaC 系列和纯 NbC 系列，以难熔金属碳化物固溶体为黏结相系列。由于具有较传统硬质合金更高的硬度与耐磨性、更好的耐腐蚀性，通过精密抛光，其表面粗糙度可达≤15 nm，无金属黏结相硬质合金可用作特种密封材料(如核电站冷却水泵用密封材料，酸、碱腐蚀环境下石油、化工设备密封材料等)，高压介质喷嘴材料，滑动材料，精密模具材料等。据日本钨公司报道，该类产品占日本硬质合金密封环国内市场的约 60%。

以难熔金属碳化物固溶体为黏结相的 WC 硬质合金基本成分体系主要有：$WC-3TiC-TaC-Cr_3C_2-VC$ 与 $WC-Mo_2C$。为了提高烧结活性，通常选用超细 WC 作为生产原料。由于难熔金属碳化物具有高熔点，无金属黏结相 WC 硬质合金制备需要很高的烧结温度，用传统的真空烧结、气压烧结等方法难以实现近全致密化，通常需采用真空热压或有高压存在下的各种活化烧结工艺，如放电等离子烧结(SPS)、高频感应烧结、脉冲电流烧结等。图 8－38 为 SPS 烧结工艺制备的纯 WC 无金属黏结相硬质合金微观组织的 SEM 照片，图 8－39 与图 8－40 分别是 1700℃、20 MPa 热压工艺制备的 $WC-3.65TiC-2.45TaC-0.47Cr_3C_2-0.28VC$ 合金与 $WC-6Mo_xC-0.47Cr_3C_2-0.28VC$ 无金属黏结相硬质合金的 SEM 照片。$WC-3.65TiC-2.45TaC-0.47Cr_3C_2-0.28VC$ 无金属黏结相硬质合金的主相成分是含 Ti、Ta 的 WC 基固溶体，合金黏结相的物相成分是含 Ta 的 $TiWC_2$ 型固溶体。$WC-6Mo_xC-0.47Cr_3C_2-0.28VC$ 无金属黏结相硬质合金的主相成分是含 Mo 的 WC 基固溶体，合金中的黏结相物相成分是含 W 的 Mo_2C 基固溶体。

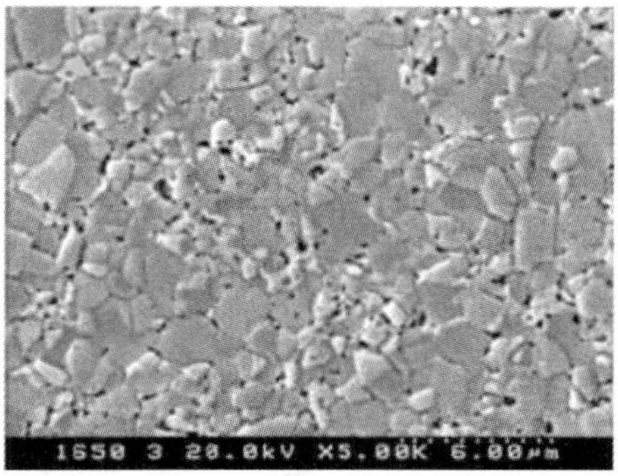

图 8－38　SPS 烧结工艺制备的纯 WC 无金属黏结相硬质合金的微观组织

WC 粉末 FSSS 为 1.8 μm，烧结温度为 1700℃，保温时间 3 min，图中可见明显的孔隙

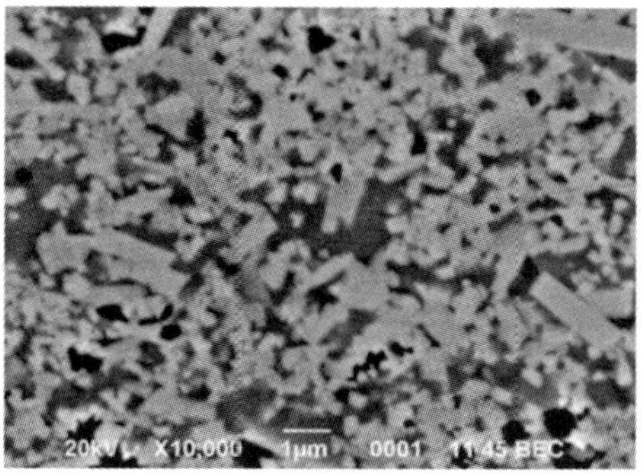

图 8－39　1700℃、20 MPa 热压工艺制备的 $WC-3.65TiC-2.45TaC-0.47Cr_3C_2-0.28VC$ 无金属黏结相硬质合金的微观组织

采用1700℃、20 MPa 高温高压固相烧结工艺制备 $WC-0.5Cr_3C_2-0.3VC$、$WC-3.65TiC-2.45TaC-0.47Cr_3C_2-0.28VC$ 和 $WC-6Mo_2C-0.47Cr_3C_2-0.28VC$ 等3种无金属黏结相硬质合金。3种合金的电化学腐蚀行为研究结果表明，在 pH = 1 的 H_2SO_4 溶液和 pH = 7 的 Na_2SO_4 溶液中，$WC-6Mo_2C-0.47Cr_3C_2-0.28VC$ 合金的耐腐蚀性能最好；在 pH = 13 的 NaOH 溶液中，$WC-3.65TiC-2.45TaC-0.47Cr_3C_2-0.28VC$ 的耐腐蚀性能最好。3种无金属黏结相硬质合金在 pH = 13 的 NaOH 溶液中的耐腐蚀性能均优于其在 pH = 1 的 H_2SO_4 溶液中的耐腐蚀性能。综合比较合金的硬度、耐腐蚀性能以及原材料价格，3种合金中 $WC-6Mo_2C-0.47Cr_3C_2-0.28VC$ 合金具有更佳的性价比。

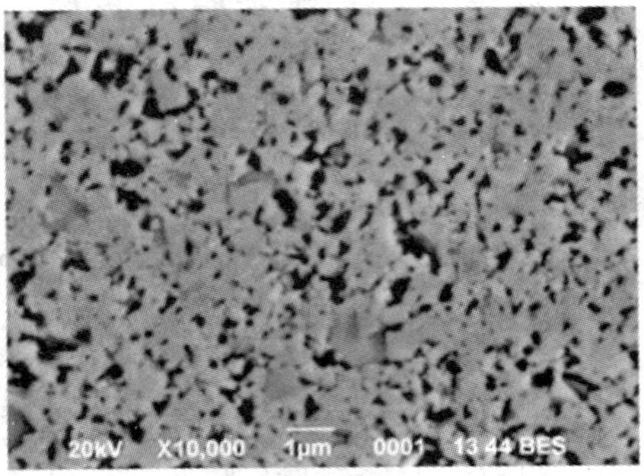

图 8-40　1700℃、20 MPa 热压工艺制备的 $WC-6Mo_xC-0.47Cr_3C_2-0.28VC$ 无金属黏结相硬质合金的微观组织

第 9 章　粉末冶金超硬材料

9.1　概述

超硬材料及制品产业是材料领域中正在迅速发展的朝阳产业。在超硬材料制品中，采用金属结合剂通过粉末冶金工艺制备的金刚石烧结制品是品种最多、用量最大、用途最广的一类，广泛应用于机械、建筑、地质、电子、国防及尖端技术领域，这类制品的制造技术越来越受到重视。

从广义上讲，金刚石烧结制品除了金属结合剂金刚石制品外，还包括采用类似工艺制备的陶瓷结合剂金刚石磨具。行业里通常所称的金刚石烧结制品专指烧结金属结合剂金刚石制品，并不包括陶瓷结合剂金刚石工具。

在目前所知的物质中金刚石的硬度最高，具有极优异的力学性能，表 9 - 1 列出了金刚石主要的力学性能。金刚石是优异的切削刀具、磨具材料和耐摩擦材料。金刚石具有较高的热导率，可达 600 ~ 2000 W/(m · K)，同时有很低的热膨胀系数($2.3\times10^{-6}/K^{-1}$)，如此优异的热学性能使得金刚石正逐步用于新型封装材料，金刚石增强金属基体复合材料的相关研究也在国内外相继展开，可成为新一代的代表性高导热复合材料。

表 9 - 1　金刚石主要力学性能数据

项目		金刚石	金刚石薄膜
熔点/K		4300	接近 4300
弹性模量/Pa		1.04×10^{12}	—
杨氏模量/GPa		1200	1050
泊松比		0.2	—
热冲击系数/($W\cdot m^{-1}$)		10^{7}	—
摩擦系数		0.08 ~ 0.1	—
断裂韧性/($MPa\cdot m^{1/2}$)		约 3.4	1 ~ 8
抗拉强度/MPa		约 3000	200 ~ 400
线膨胀系数/K^{-1}	300 K	1.0×10^{-6}	1.0×10^{-6}
	500 K	2.7×10^{-6}	2.7×10^{-6}
	1000 K	4.4×10^{-6}	4.4×10^{-6}

按照工作方式的不同，可将采用金属结合剂通过粉末冶金工艺制备的金刚石烧结制品分

为金刚石锯切工具、金刚石磨具和金刚石钻探工具三类。1885 年出现了世界上第一个金刚石圆锯片，法国人用粗颗粒天然金刚石作为锯齿，用手工嵌镶于带燕尾槽的基体周边上，再用铆钉固定牢。这种制作锯片的方法差不多沿用了四十多年。随着人造金刚石技术的发展及粉末冶金方法的日趋成熟，人们逐渐利用金属粉末冶金法制造扇形锯齿，再用焊接的方法将锯齿镶焊于钢质基体上，这就是人们所熟知的焊接圆锯片的产品形式。20 世纪 60 年代以后，圆锯片的制造技术获得了巨大的发展，适用于各种切割对象、各种不同结合剂类别、各种不同切割方法的锯片相继问世，各种制造锯片的工艺方法也日臻完善。不少国家的锯片产品已形成完整的产品序列供应市场。这种产品成为金刚石工具中的一个大类，在国内外金刚石消耗总量中占第一位。金刚石磨具的真正发展和普及是 20 世纪 60 年代以后的事。随着人造金刚石的发展，显著降低了金刚石的磨削成本，促进了金刚石磨具工业的大发展。在这一进程中，青铜砂轮在硬质合金加工领域逐渐让位于金刚石树脂砂轮和陶瓷结合剂金刚石砂轮。目前采用金属结合剂的金刚石砂轮主要用于玻璃、陶瓷、宝石等非金属材料的研磨加工，同时还继续用于硬质合金的粗磨、半精磨、深磨和成形磨等。

粉末冶金法制备金刚石钻探工具起源于 1945 年前后，这一方法一直沿用至今。随着人造金刚石技术的发展，采用金刚石聚晶制造的石油钻头得到迅速推广应用。20 世纪 90 年代以来，在全世界地质钻头和石油钻头钻探总量中，金刚石钻头工作量约占 70%。目前，用于钻探工具的金刚石数量约占工业金刚石消耗总量的 20%。

9.2 金属黏结剂及合金元素

金属黏结剂是以金属或合金粉末为黏结材料，采用粉末冶金的工艺方法制造超硬材料制品的一种结合剂。黏结剂的作用是用来固结切削元件金刚石，使之在各种工作情况下不会过早脱落。当金刚石受工件冲击时，结合剂承受和分散所产生的冲击和载荷，并充当散热体，将工作时产生的热量迅速散出去。

金属结合剂按照其在金刚石制品配方中的作用可划分成四大部分：①黏结金属；②骨架材料；③碳化物形成元素；④提高胎体机械性能的元素。黏结金属应具有良好的压制成形性、可烧结性，对骨架材料有好的相容性，对金刚石有好的润湿性，烧结胎体有一定的韧性和耐磨性。

9.2.1 常见金属黏结体系

金属黏结剂金刚石工具，有两种基本的制造方法：烧结法和电镀法。烧结金属黏结剂，按其基本成分的金属或合金种类，大致可分为以下几大类：铜基合金黏结剂（青铜基黏结剂最常用）、镍钴基黏结剂、铁基黏结剂、硬质合金为基的黏结剂等。

9.2.1.1 铜基黏结剂

青铜、白铜、黄铜结合剂都可称为铜基结合剂。实践中发现，用电解铜粉为基制成的胎体耐磨性比用 6－6－3 青铜为基的胎体好。在冷压烧结金刚石制品中，电解铜粉应用颇多，因为树枝状结晶粉末的冷压成形性好。在热压烧结金刚石工具中，也大量应用电解铜粉和雾化铜粉，热压烧结对粉末形状要求并不苛刻。

在铜基合金黏结剂中青铜基黏结剂最为常用。青铜基黏结剂的主体材料是铜和锡、锌等金属粉末，一般占 95% 以上。有时添加少量石墨等非金属粉末，加入量一般不超过 5%。

青铜基结合剂有较低的液相出现温度，能在较低温度下实现液相烧结，能较好地保护金刚石，降低金刚石热损失。该体系对采用低品级金刚石的制品十分有利，现在青铜基胎体主要用作金刚石砂轮、大理石锯片等制品。但青铜基胎体的强度及耐磨性都较低，无法保证金刚石完全充分地发挥作用，有必要在体系中加入其他类提高强度和耐磨性的成分，如镍、钴、碳化物等物质。根据合金组元的多少，青铜黏结剂可以划分为二元合金系、三元合金系和更多元合金系等几个类型。

青铜基黏结剂在金刚石工具中应用比较普遍，常用的青铜黏结剂有 6－6－3 青铜，Cu－Sn－Ti 合金，Cu－Sn－Ni 合金，Cu－Sn－Ti－Ni 合金。

6－6－3 青铜合金密度为 8.8 g/cm^3，液相点为 967℃。综合机械性能较好，多用于地质钻头、锯片刀头黏结剂。烧结温度低，可烧结性和成形性均很好，是普遍应用的金属黏结剂。金刚石工具生产中应用的 6－6－3 青铜粉采用雾化法生产。

Cu－Sn－Ti 合金，是很好的金刚石磨具黏结剂。对金刚石具有出色的润湿性，几乎完全润湿；烧结后的合金脆而不粘；对金刚石有足够的固结力和黏结力。

Cu－Sn－Ni 合金，是用 Ni 取代 Ti，机械性能有大幅度提高。但液态合金对金刚石的润湿性与 Cu－Sn－Ti 合金相差很大。Ni 的加入能强化胎体，抵制高温下烧结流失，合金的液、固相线都有稍许变化（提高）。

青铜合金在金刚石工具中的用量很大，如 6－6－3 青铜多用于地质钻头、金刚石锯片；Cu－10Sn－10Ti 合金多用于金刚石砂轮；改性后的 Cu－Sn－Ni－Ti 合金可以应用在砂轮制作上，也可以用于作金刚石锯片的黏结剂，玻璃加工工具等。

9.2.1.2　钴基黏结剂

在国外，钴粉广泛用作金刚石工具的黏结剂，在国内也曾大量使用。钴基是目前高品质金刚石制品中应用最多的体系。在金属元素中，钴是对金刚石润湿性相对较好的元素，且具有其他金属所没有的低温黏结特性，在比其熔点低得多的温度下，高钴基体就可获得很好的合金化程度，使其对金刚石形成很高的机械镶嵌力；同时钴对金刚石的侵蚀作用小，能够有效地保护金刚石。钴也具有好的耐磨性，容易设计出和金刚石磨损匹配较好的配方，从而保证金刚石较充分地发挥作用。钴基胎体还有较好的高温性能，金刚石制品在工作过程中，难免会出现局部温度过高的现象，钴基胎体红硬性好的优势就会充分发挥作用，避免金刚石制品出现瞬间磨损快而寿命严重降低的现象，也可防止胎体强度硬度下降而无法支撑金刚石，造成切割效率下降的结果。在钴基胎体中，钴的含量低于 35%（质量百分数）后，胎体性能急剧下降。

钴的线膨胀系数为 $12.5\times10^{-6}/K^{-1}$，与大多数碳化物的线膨胀系数接近，与金刚石的线膨胀系数也相差不大。在钴基黏结剂制品中，金刚石、碳化物骨架材料，因加热、冷却引起的尺寸效应，不如 Cu、Al 黏结剂那么强烈。此外，钴基黏结剂有好的成形性与可烧结性；对金刚石黏结力大，润湿好；合金不黏，韧性好、自锐性好等，是综合性能最好的金刚石制品黏结剂。在石材切割金刚石槽型圆锯片中应用十分广泛，效果极佳。钴基含金刚石孕镶柱齿，在金刚石钻头中的使用效果也令人满意。

由于钴的价格昂贵且资源匮乏，严重妨碍其大量推广应用，目前主要限于高档金刚石制品中使用，因此，许多研究者积极研究能在胎体中取代钴的元素，到目前为止还没有找到完全可以替代钴的物质。

9.2.1.3 铁基黏结剂

铁与钴同处Ⅷ副族，由于性质非常接近钴，价格非常便宜，来源亦非常广泛，用铁粉来取代钴或部分取代钴，正成为研究重点。在金刚石工具生产中，应用最广泛的是还原铁粉和雾化铁粉，其次是电解铁粉。

铁基结合剂有若干优点，其中主要有：

(1)较高的力学性能，如抗弯强度、硬度。

(2)与钴相比，对金刚石有较好的润湿性。

(3)泊松比比钴大，可成形性、可烧结性均好。

(4)成本低廉，铁粉价格约为钴粉价格的1/40。

(5)对骨架材料(碳化物)的润湿性好。

铁基结合剂因铁基胎体烧结温度高(900～1100℃)、可控工艺范围窄，在高温下金刚石被铁严重侵蚀而产生石墨化等缺点，削弱了胎体对金刚石的嵌镶作用，同时使金刚石的强度降低，这些严重限制了铁基胎体的推广应用。此外，铁的耐磨性及红硬性也不及钴基黏结剂。

研究表明，在铁中添加磷，使胎体合金的烧结温度降低到800～840℃，并扩宽了热压工艺范围，还能缓解铁对金刚石的热侵蚀作用，改善了该合金的显微结构和力学性能，提高胎体对金刚石的嵌镶能力和改善工具的自锐性，从而提高金刚石制品的使用寿命和切削效率。也有研究者采用雾化等预合金方法，将铁与其他类添加元素制成预合金粉末，可明显降低烧结温度，提高最终制品的胎体合金化程度。添加稀土元素能提高铁基胎体的综合性能，且有效地减轻铁对金刚石的侵蚀。用表面生成碳化物的表面金属化金刚石加铁基合金结合剂制成的金刚石工具，由于铁很好的润湿碳化物，黏结金属与金刚石的联系仍然是强有力的，能将金刚石与胎体完全隔离，可以阻止铁对金刚石的侵蚀。经过这些基础研究后，从目前试验结果来看，铁基胎体的金刚石工具，使用上完全可以达到要求。铁基胎体已经在低品质金刚石制品中得到了应用，尤其在我国石材切割金刚石工具中大量使用，取得了较好的经济效益。目前切割工具中铁基黏结剂中的含铁量大多在40%～60%，辅以镍、钴、锌、锡、铬等元素，进行微量多元合金化。

9.2.1.4 镍基黏结剂

在金刚石制品中，国外有镍基黏结剂的实际应用。镍基黏结剂耐磨性好，具有出色的强韧性和耐冲击性，适用于研磨性强的切割对象，更适用于工具在震动与冲击条件下工作的场合。如用作冲击加回转钻头的黏结剂，用作破碎地层的钻头黏结剂，也可用于制造切割研磨性强的石材的锯片。

金刚石工具生产中采用的镍粉主要是电解镍粉和还原镍粉，羰基镍粉价格高，只有在特殊情况下才采用。

9.2.1.5 WC－Co基黏结剂

国内用WC－Co做黏结剂的不多。WC－Co基胎体的烧结温度高、胎体硬度高、耐磨性强，制成的锯片自锐性最差，对金刚石有一定的化学作用，因此要求高耐热性金刚石与之配合使用。适用于加工研磨性很强的材料。

表 9-2　常用的金刚石金属结合剂性能特点及用途

名称	简介	用途
青铜基(Cu-Sn)	烧结性、成形性好，烧结温度低。机械强度偏低。加 Ni、Ti、Mn、Co、Fe、Cr、W 合金化	砂轮、钻头
白铜基(Cu-Ni)	Cu-Ni-Mn、Cu-Ni-Zn 加入 Co、Cr、Sn、WC 改性	石油地质钻头
黄铜基(Cu-Zn)	烧结温度低，成形性好，应用不多，加入 Sn、Pb、Al、Fe、Mn、Si 等改性	刀头
铜基	电解铜粉加 Ni、Ti、Mn、Co、Fe、Cr 等粉烧结，冷压成形性好，但易变形	钻头锯片砂轮
钴基	综合性能如成形性、烧结性、对金刚石黏结力、润湿性、韧性都好，规律是含钴越高，性能越好，但价格高，用 Ti、Ce、La、Cr 合金化	石材切割、锯片、孕镶柱齿
镍基	耐磨性、韧性好，强度高，耐冲击和铜无限互溶，加入 Fe、Cr、Ni、Al、Si、Sn 等一种或几种合金化。	冲击回转钻头、切割锯片
钨基	用作黏结剂不多见，用作胎体，含量占 40% 以上。W、WC 对金刚石、Mn、Co、Fe、Ni 等相容性好	钻头、磨块、锯片
铝基	润湿性好，熔点、成本低，韧性延展性好，铝热反应促进合金化，但膨胀系数大，强度低	砂轮

9.2.2　黏结剂中元素的行为

金属黏结剂金刚石工具中常用的金属元素有黏结金属元素，碳化物形成元素，骨架材料元素及合金，特异作用元素及合金等。常用的黏结金属有 Cu、Ni、Mn、Co、Fe、Al、Zn、Sn、Pb、Si、W、Mo 等，W、Mo 以骨架材料加入。

9.2.2.1　Cu 在黏结剂中的行为

在金属黏结剂金刚石工具中，应用最多的金属是铜和铜基合金。如金属矿地质钻头、金刚石锯片、金属黏结剂砂轮、磨块等。

铜和铜基合金之所以应用如此之广，是因为铜基黏结剂有满意的综合性能，较低的烧结温度，好的成形性和可烧结性，及与其他元素的相容性。

虽然铜对金刚石几乎不润湿，但某些元素与铜的合金能使其对金刚石的润湿性得到大幅度改善，大大降低铜合金对金刚石的润湿角。如 Cu 和碳化物形成元素 Cr、Ti、W 等中的一种制成 Cu 合金，可以大大降低铜合金对金刚石的润湿角。

铜基合金中应用较多的有白铜合金、黄铜合金、青铜合金。白铜合金具有比青铜合金、黄铜合金更高的强度，青铜合金具有对金刚石(石墨)最低的润湿角。黄铜的强度居二者之间。

铜在铁中的溶解度不高，在 γ-Fe 中溶解度为 8% 以下，在 α-Fe 中为 2.13%，铁中过量的铜急剧降低热加工性，使钢铁材料发生龟裂。另外，Cu 与 Ni、Co、Mn、Sn、Zn 等可形成多种固溶体，使基体金属得到强化。它对骨架材料钨、碳化钨、碳化钛等润湿情况比对金刚石的润湿好得多。

9.2.2.2 Sn 在黏结剂中的行为

锡是降低液态合金表面张力的元素，具有降低液态合金对金刚石润湿角的作用，是改善黏结金属对金刚石润湿的元素，可降低合金的熔点，改善压制成形性。其主要作用有两个：一是起黏结相作用，使铁、铜、锡三种金属可以更好地结合在一起；二是改善结合剂的性能，降低金刚石工具的烧结温度。所以 Sn 在黏结剂中的应用十分广泛。Sn 粉在熔化后由于毛细管力的作用会被吸入到 Fe 粉和 Cu 粉颗粒的孔隙中，形成一种黏结介质，会使三种金属相互扩散，同时会发生 Fe 粉和 Cu 粉在富 Sn 相中的溶解。当 Sn 粉熔化后，会快速地把足量的 Fe 和 Cu 溶解，从而降低金属结合剂的烧结温度，改善压制成形性。但因 Sn 的膨胀系数较大，使用受到一定的限制。

Sn 在黏结剂中不与金刚石反应，但可以与其他类金属形成固溶体或金属间化合物（中间化合物）。由于 Sn 降低共晶合金的熔点，在液相烧结中广为使用。通过液相出现后的毛细管力，使压坯收缩，实现致密化。

锡青铜合金对金刚石有很好的润湿性，就是 Sn 的作用。含锡量对其性能影响很大。当含锡量小于6%时，锡青铜塑性很大，且随含锡量的增加，塑性和强度都增大。当含锡量大于6%时，由于合金中出现硬脆的 δ 相，塑性急剧下降，硬度提高，此时强度继续提高。当含锡量大于20%后，合金组织中有大量 δ 相，使合金变得很脆，强度由最高值急剧下降。锡青铜中锡的用量选择多少才合适，要根据含锡量与合金性能之间的关系，以及不同用途对合金性能的要求来确定。

Fe－Sn－C 三元相图对研究铁基黏结剂有很大帮助，铁和金刚石可以生成两种碳化物相，使铁和金刚石的内界面张力降低，所以铁基含 Sn 合金对金刚石有较好的润湿性。

9.2.2.3 Fe 在黏结剂中的行为

铁是应用最多的元素，通过合金化，可使铁变成钢和合金。用纯净的铁粉作黏结剂，Fe 有双重作用，一是与金刚石形成渗碳体型碳化物，二是与其他元素合金化，强化胎体。铁基黏结剂的力学性能高于铜基和铝基黏结剂。与金刚石的润湿性高于铜基黏结剂和铝基黏结剂。铁与金刚石的附着功比钴高，Fe 粉具有固溶强化作用和形成渗碳体型（Fe_3C）碳化物的作用。近年来，铁基黏结剂的应用迅速扩大，主要是因为铁基黏结剂不仅性能满足要求，而且具有其他黏结剂无可比拟的经济性。

Fe 基合金溶解碳适量时将有利于它对金刚石的结合，Fe 基合金适度刻蚀金刚石可增大结合剂与金刚石间的结合力，现有实验表明，Fe 基黏结剂对金刚石的把持力略优于钴基黏结剂。通过合理地选择胎体成分及其含量，并施以恰当的烧结工艺和金刚石表面的镀覆处理，Fe 基胎体能够达到 Co 基胎体的性能指标，可以保持金刚石有较小的强度损失，结合剂对金刚石有较高的把持力。

近年来，铸铁黏结剂的开发应用也取得较大的进展，铸铁熔点低、热强性好，再加上含碳高有利于奥氏体化，对一些难以固溶强化的碳化物形成元素，一部分与金刚石发生界面反应，一部分则与铸铁中的碳直接形成碳化物增加了黏结剂与金刚石的结合力，也增加了胎体材料的耐磨性。

9.2.2.4　Co 在黏结剂中的行为

钴和铁同属过渡族元素，许多特点是相近的。钴在特定条件下能和金刚石形成碳化物（Co_2C），同时又能以极薄的钴膜铺展在金刚石表面。简言之，钴既可以降低钴和金刚石的内界面张力，液相下对金刚石又有较大的附着功，约 2550×10^{-7} J/cm^2，是铜与金刚石附着功 235×10^{-7} J/cm^{2}的十余倍。所以说钴是优秀的黏结剂材料。

纯钴粉的固相烧结，可以获得性能优异的胎体，对于发达国家，钴基黏结剂所占的比重很大。钴还可以和其他类碳化物形成元素在特定的条件下与金刚石一起反应，生成复式碳化物 W_3Co_3C、W_4Co_2C。

国内金刚石工具厂家因钴价格昂贵而使 Co 基黏结剂用量日渐减少，但 Co 基黏结剂仍不失为金刚石工具中性能出众的黏结剂。

9.2.2.5　Ni 在黏结剂中的行为

金属 Ni 是 fcc 结构，有十分好的延展性、韧性和抗氧化性，与 Cu 可以无限互溶。镍是促进奥氏体化元素，与碳反应比较困难，内界面反应几乎不发生，但液态 Ni 可以牢固的附着在金刚石表面，形成一层极薄的膜，对碳纤维的表面金属化方面已有结论。Ni 在 1550℃时对金刚石的附着功为 1700×10^{-7} J/cm^2。

镍与铁、钴同属过渡族元素，但镍又有独特的金属学特性和力学特性。在固态下，铜与镍无限固溶，其组织为单相 α 固溶体。镍能提高铜的强度、硬度、耐磨性和抗蚀性。

镍加入到 Cu – Sn 合金中，对合金能起固溶强化和弥散强化作用。它弥散于合金中，使合金晶粒得到细化。故加入镍可提高 Cu – Sn 合金的强度和耐磨性能。由于镍价格较高，只有当磨具要求强度高、抗蚀性好时，才往铜基合金黏结剂中添加镍。镍添加量一般在 20%以下。

黏结剂中 Ni 的作用越来越被人们认识，在以 Fe 代 Co 的工作中，Ni 是不可缺少的合金化元素。

9.2.3　骨架元素和化合物

常用的骨架材料以碳化物为主，如 WC、W_2C、TiC 等，也有用难熔金属 W、Mo 代替 WC 等使用，使黏结剂有好的韧性，但耐磨性稍差。

一般情况下，金属碳化物的熔点高于金属的熔点。骨架材料必须与金刚石有好的相容性，与黏结金属有好的相容性，同时还要求具有高的耐磨性。

在一些金刚石制品中，随着工艺的逐步改进，骨架材料的用量越来越少。而在地质钻头、磨头和浸渍法生产的石油钻头中，仍大量使用。

一般人们用硬度来表征耐磨性，某些情况下硬度和耐磨性近乎一致，多数情况下硬度不能完全代表耐磨性。必须注意，胎体耐磨，工具不一定耐磨，有时胎体耐磨导致工具中金刚石出刃不好。工具耐磨不仅仅是胎体耐磨的效果，而应是胎体和金刚石交联作用的结果。

胎体耐磨，但胎体对金刚石黏结不好，使金刚石过早脱落，脱落的金刚石与岩粉再度磨损工具，寿命反而降低。反之，如果对金刚石黏结牢固，延长了金刚石刻取岩石的时间，反而会延长工具的寿命，这种情况在实际中是经常遇到的。

实践中人们常常通过骨架材料粒度的变化调整耐磨性和韧性。当用 1 ~ 3 μm WC 时，耐磨性很好，但胎体发脆。如改用 44 μm WC，会发现胎体韧性大大提高，耐磨性有明显降低；

如用 W 粉代替 WC 粉，也发现韧性提高了，耐磨性降低了。生产实践中可根据现场发生的情况及时调整。

调整加入量、粒度、骨架材料的种类，都是凑效的方法。选择时要综合考虑，如原材料库存情况、经济合理性，欲达到最佳效果就要合理选择。

在金刚石工具中，骨架材料和切削工件靠黏结金属黏结，尤其在液相烧结中，黏结金属对骨架材料有良好的润湿性，才会产生足够的毛细管力，使胎体更好地收缩，实现致密化。要求液态金属不发生偏聚，易发生偏聚的 Pb 应谨慎使用，Sn 就好些。这是因为偏聚易发生坯体膨胀，即所谓的 Kikendall 效应。

9.2.4 特种元素的行为

本节所涉及的特种作用元素主要指稀土元素(如 La、Ce、Y 等)，非金属元素(Si、B)。

9.2.4.1 **镧(La)和铈(Ce)的行为**

稀土元素 La 和 Ce 是十分活泼的元素，直接制粉烧结是不可能的，必须采用含稀土元素的预合金粉。

稀土元素在金刚石工具胎体合金中有如下作用：降低合金的熔点和固、液相线温度；La、Ce 具有有效脱氧、脱氮的作用，并能抑制氧、硫、氮的偏析；稀土元素可以细化金刚石工具胎体合金的晶粒，能使晶粒内产生亚晶粒；稀土元素有出色的净化界面作用，稀土氧化物有极强的弥散能力，特别是降低界面处氧、硫、氮的浓度；稀土元素的加入可以降低 Cu 基合金对石墨的接触角；稀土元素可以提高金刚石工具胎体的机械性能，如抗弯强度等。

鉴于低成本稀土元素的有利作用，稀土在金刚石工具中的应用有必要深入开展下去。

9.2.4.2 **硅(Si)的行为**

硅在金刚石工具的金属黏结剂中已经得到应用，如金属黏结剂金刚石锯片，因为 Si 有许多特性是其他类元素取代不了的。

Si 的线膨胀系数与金刚石十分接近，比其他类金属都低。用 Si 作为金刚石工具的黏结剂元素，在加热与冷却过程中的体积效应最小。

硅能够大幅降低合金的熔点。如 Fe－Si 共晶温度为 1235℃；Co－Si 共晶温度为 1160℃；Cu－Si 包晶温度为 820℃，共晶温度为 802℃。

硅在参与合金化时 $\alpha-\gamma$ 转变使晶格产生负畸变，即发生体积收缩。在熔炼冶金中硅的脱氧效果好，硅可以强化基体，特别是强化铁素体。硅可改善材料的磁性，如变压器铁芯硅钢片。

硅是促成石墨化元素，在特定情况下也可以生成 SiC。硅与金刚石有很好的相容性，它们结构相似，SiC 是应用很广的磨料。

在金刚石工具的黏结剂中，Si 的应用开发还需进一步研究。

9.2.4.3 **硼(B)的行为**

硼的密度是 2.34 g/cm^3，熔点是 2300℃，晶系属正方晶系(也有斜方晶)。

硼可以有力降低 Fe－B 共晶合金的熔点，其共晶温度为 1174℃(含 B3.8%(质量百分数))。Fe－B 可生成两种化合物：Fe_2B、FeB。在低 B 领域，含 B 小于 0.2%(质量百分数)时有铁素体相、γ 奥氏体相、α 铁素体相和 Fe_2B 相。Fe_2B 属体心正方晶。

在 Fe－C－B 系中，700℃下平衡相有 α－Fe、$Fe_3(CB)$、Fe_2B、$Fe_{23}(CB)_6$，$Fe_3(CB)$是 B

固溶到 Fe_3C 中形成的。在 Fe－B－Cr 三元系中含有 Cr_2B 相和 $(Fe、Cr)_{23}(CB)_6$ 相。

在低合金钢中，适量的 B(约 0.0025%)可以明显地提高钢的淬透性。在金刚石制品中引入富 B 合金粉会起到很好的作用，在适当的热力学条件下，可以在金刚石表面形成 $M_3(CB)$ 型和 $M_{23}(CB)_6$ 型碳化物，M 可以是金属原子或原子团，也可能产生另一类碳化物，如 $M_3(CB)_2$ 或 $M_7(CB)_3$。

B 在金属黏结剂金刚石工具中的应用，还需要进行深入的研究。

9.3　金属和合金对金刚石的润湿

金刚石工具的主导产品是由金刚石与作为结合剂的金属粉末混合、烧结所制成的，金刚石工具中含有金刚石，不仅要求金属粉末结合剂有良好的力学性能，还要求必须黏结金刚石。金刚石与一般的金属或合金间有很高的界面能，使金刚石表面不能被一般的金属或合金所浸润，且在高温下金刚石易石墨化和氧化，很难和金属发生冶金结合，金刚石颗粒仅靠物理作用力和机械镶嵌与结合剂结合。在工具使用过程中，较高的切削应力使金刚石很容易脱落，如何提高结合剂对金刚石的把持力以及金刚石在工具中的出刃高度，成为粉末冶金方法制备金刚石工具的关键问题。金属和合金对金刚石的润湿性是提高对金刚石把持力的关键。

9.3.1　润湿的概念

固体与液体接触时，液体取代固体表面的气体而产生液－固界面的过程称为润湿。一定温度与压力下，润湿的程度可用润湿过程表面吉布斯函数的改变量来衡量，表面吉布斯函数减少得越多，则越易润湿。按润湿程度的深浅，一般可将润湿分为沾湿(Adhesion)、浸湿(Immersion)和铺展(Spreading)三类。

图 9－1(a)(b)(c)分别表示恒温恒压下沾湿、浸湿和铺展过程。

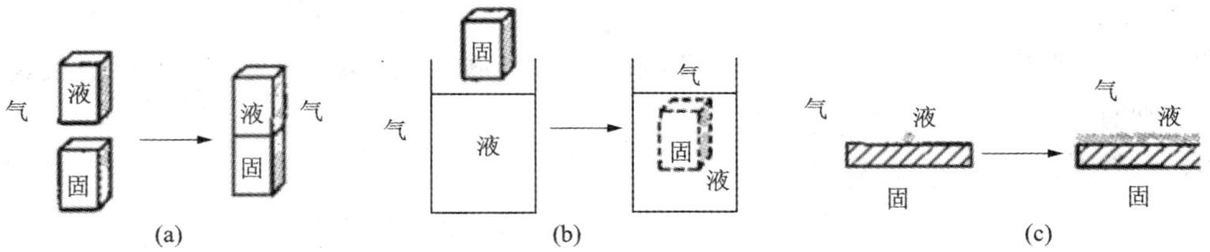

图 9－1　液体对固体的润湿过程

沾湿过程是指气－液界面和气－固界面消失，同时产生液－固界面的过程，如图 9－1(a)所示。恒温恒压下，单位面积上沾湿过程的表面吉布斯函数变为

$$\Delta G_a = \gamma_{l-s} - \gamma_{l-g} - \gamma_{s-g} \tag{9.1}$$

一定温度与压力下，若 $\Delta G_a < 0$，则沾湿过程为自发过程。

浸湿过程是将固体浸入液体，气－固界面完全被液－固界面取代的过程，如图 9－1(b)所示。恒温恒压下，单位面积上浸湿过程的表面吉布斯函数变为

$$\Delta G_i = \gamma_{l-s} - \gamma_{s-g} \tag{9.2}$$

一定温度与压力下，若 $\Delta G_i<0$，则浸湿过程为自发过程。

铺展是少量液体在固体表面上自动展开并形成一层液膜的过程，是液－固界面取代了气－固界面，同时又增气－液界面的过程，如图9－1(c)所示。若忽略少量液体在铺展前以小液滴存在时的表面吉布斯函数，则在一定温度、压力下，单位面积上铺展过程的表面吉布斯函数变为

$$\Delta G_s=\gamma_{l-s}+\gamma_{l-g}-\gamma_{s-g} \tag{9.3}$$

若铺展过程为自发的，则需满足 $\Delta G_s<0$，令

$$S=-\Delta G_s=\gamma_{s-g}-\gamma_{l-s}-\gamma_{l-g} \tag{9.4}$$

式中：S 为铺展系数。由此可见，液体能在固体表面上发生铺展的必要条件为 $S\geqslant0$；S 越大，铺展性能越好。

以上的 ΔG_a、ΔG_i、ΔG_s 及 S 的单位均为 J/m^2。

原则上，只要知道 γ_{l-s}、γ_{l-g}、γ_{s-g} 的具体数值，即可计算某一润湿过程的表面吉布斯函数，并可由此来判断该过程能否进行以及润湿的程度。目前，固－气、液－固界面张力的测定还无可靠的方法，故上述方程不能直接使用。通常可用杨氏方程和接触角的数据来解决。

固－液接触角的严格定义是：在气、液、固三相交界点，气－液与液－固界面张力之间通过液体内部的夹角 θ 称为接触角，如图9－2所示。

接触角大小取决于上述三种界面张力的数值，处于力平衡态时，它们之间的关系为

$$\gamma_{s-g}=\gamma_{l-s}+\gamma_{l-g}\cos\theta \tag{9.5}$$

式中：γ_{s-g}、γ_{l-s}、γ_{l-g} 分别表示在一定温度下的固－气、固－液及气－液之间的界面张力。式(9.5)称为杨氏方程，杨氏方程只适用于光滑的表面。

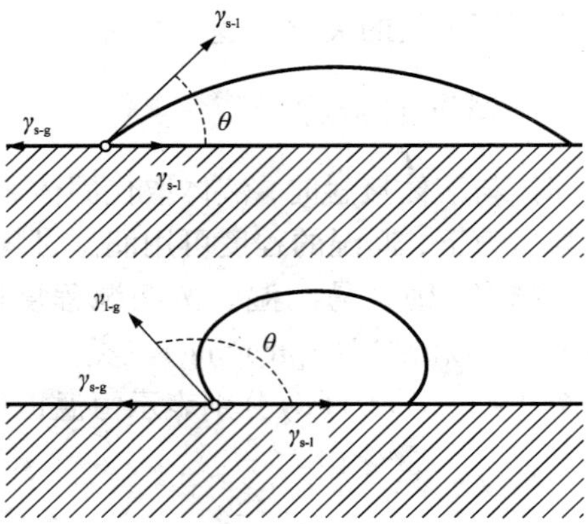

图9－2　接触角与各界面张力的关系

将杨氏方程用于式(9.1)、式(9.2)和式(9.3)，则有

沾湿过程

$$\Delta G_a=\gamma_{l-s}-\gamma_{l-g}-\gamma_{s-g}=-\gamma_{l-g}(\cos\theta+1) \tag{9.6}$$

浸湿过程

$$\Delta G_i=\gamma_{l-s}-\gamma_{s-g}=-\gamma_{l-g}\cos\theta \tag{9.7}$$

铺展过程

$$\Delta G_s=\gamma_{l-s}+\gamma_{l-g}-\gamma_{s-g}=-\gamma_{l-g}(\cos\theta-1) \tag{9.8}$$

如果某一润湿过程可以进行，必有该过程的 $\Delta G<0$，因 $\gamma_{l-g}>0$，故接触角 θ 必定满足以下条件。

沾湿过程：$\theta<180°$

浸湿过程：$\theta<90°$

铺展过程：$\theta=0°$ 或不存在

任何液体在固体上的接触角总是小于180°的，沾湿过程总是可以进行的。

从式(9.8)来看，在接触角 $\theta>0°$ 时，$\Delta G_s>0$，铺展系数 $S<0$，液体不可能在固体表面上铺展。而接触角 $\theta=0°$ 时，因 $\gamma_{s-g}=\gamma_{l-s}+\gamma_{l-g}$，当气－固界面被同样面积的液－固界面和气

－液界面代替后，总界面吉布斯函数变为零，但从图 9－1(c)看，固体上面的小液滴的表面消失了，因而可以铺展。

当 $\gamma_{s-g} > \gamma_{l-s} + \gamma_{l-g}$ 时，如仍有式(9.8)成立则需 $\cos\theta > 1$，这是不可能的，即此时无接触角可言，杨氏方程不成立，因而也不能用该式分析。但在这种情况下式(9.3)中的 $\Delta G_s < 0$，铺展系数 $S > 0$，液体可在固体表面铺展，这也正是许多铺展过程可以发生的原因。

综合上述情况，当 $90° < \theta < 180°$ 时，液体只能沾湿固体；当 $0° < \theta < 90°$ 时，液体不仅能沾湿固体，还能浸湿固体；当 $\theta = 0°$ 或不存在时，液体不仅能沾湿、浸湿固体，还可以在固体表面上铺展。习惯上用接触角来判断液体能否润湿固体：把 $\theta < 90°$ 称为润湿；把 $\theta > 90°$ 称为不润湿，把 $\theta = 0°$ 或不存在称为完全润湿；把 $\theta = 180°$ 称为完全不润湿。用接触角来判断润湿与否最大的好处是直观，但它不能反映出润湿过程的能量变化，也没有明确的热力学意义。

9.3.2　金属(或合金)对金刚石的润湿

大部分金刚石工具为液相烧结或部分液相烧结，黏结相既对胎体中的其他组元进行浸润和黏结，又要对金刚石颗粒进行浸润和黏结。但金刚石与一般金属和合金之间具有很高的界面能，不能被一般低熔点合金所浸润，使金刚石与胎体的界面部位成为薄弱环节，造成胎体对金刚石的包镶仅依靠机械卡固作用。这样在使用过程中，容易造成金刚石的脱落，使金刚石工具的寿命降低。研究发现，Al、Fe、Co 在液态时能浸润金刚石，但在能浸润的温度下，它们对金刚石的侵蚀都很严重。虽然金刚石磨料难以与一般金属形成化学结合，但它们与一些活性金属在高温的特定条件下发生化学反应，能生成相应的碳化物。通过活性元素的作用改善金属结合剂的强度与润湿性，使金刚石磨料与金属结合剂间形成化学结合，是当前提高金属结合剂对金刚石磨料把持能力的主要思路和途径。所以寻找较低熔点的合金材料作为结合剂，并考虑加入某些活性元素以改善对金刚石的浸润性和亲和性，达到既能黏结金刚石又能满足基体力学性能好的目的。在传统的多层金属结合剂金刚石烧结工具的制造中，主要采取两类工艺措施来实现磨料把持能力的增强。一是直接在烧结原料中添加活性的 Ti、Cr、稀土元素等，二是通过金刚石表面金属化，在磨料表面镀上 Ti、Cr 等活性金属或它们的合金镀层，通过高温烧结过程中与金刚石磨料和金属结合剂的反应与扩散，达到在磨料和金属结合剂间形成化学结合，提高金属结合剂对磨料的把持能力。

9.3.2.1　**铜基合金对金刚石的润湿**

1150℃条件下，Cu 对金刚石的接触角为 145°，金刚石不能被浸润。

在 Cu 中添加 Ti、Cr、W 等元素是改善 Cu 对金刚石润湿行为的有效方法。但当碳化物形成元素的含量很低时(不超过 1%(原子百分数))，碳化物形成元素全部或大部分与 Cu 形成固溶体，很难引起碳化物形成元素在内界面上的富集，很难在内界面发生碳化物形成反应，达不到改善润湿性的目的。只有当合金元素与碳发生碳化物生成反应，降低内界面张力，接触角才能降低。

采用含有强碳化物形成元素 Ti 的 Cu－Sn－Ti 合金钎料钎焊单层金刚石，钎料对金刚石的浸润性好，碳化物形成元素在金刚石表面偏聚，使金刚石和钎料与基体之间产生化学冶金接合，提高了基体对金刚石的把持力。

在 Ag－Cu－Zn 钎料合金中加入少量 Cr 粉可以明显改善钎料合金对金刚石的润湿性能，钎料与金刚石具有较大的结合强度。钎焊过程中，金刚石和钎料合金之间形成了钎料合金反应层。金刚石在靠近钎料的部分形成石墨化层。钎料合金反应层可能是 Cr 溶于钎料合金中，与金刚石反应生成的 Cr_7C_3 等 Cr 的碳化物，或者是 Cr 直接与金刚石反应生成 Cr 的碳化物（溶于钎料合金中）。钎料和钢基体之间形成的过渡层提高了钎料合金与钢基体之间的结合强度。

9.3.2.2 钴基合金对金刚石的润湿

钴是金属中与碳相容性最好的金属之一，1550℃对碳的接触角为 50°～70°，钴基胎体材料对金刚石具有较高的把持力。长期以来，国内外石材切割锯片的胎体一直采用高 Co 的方案以获得高的把持力，随着 Co 含量的下降，锯片的切割性能直线下降。金刚石与胎体 Co 之间有 Co 的碳化物和 Co－C 固溶体存在，由于它们的存在使金刚石与钴基胎体实现冶金结合，从而使钴基胎体对金刚石具有高的把持力。

在钴中加入 Ti、W、Cr、Fe 等碳化物形成元素，可使钴基合金对金刚石的润湿性进一步改善。在 Co 基结合剂中加入 Ti 或 Cr，可使胎体材料的抗弯强度提高。

纯钴和少量碳化物形成元素组成的合金，如 Co－W、Co－Mo、Co－Ti、Co－Cr 等合金，改善了对金刚石的润湿，降低 Co 和金刚石的内界面张力，所以含碳化物形成元素的钴合金对金刚石的润湿角要低于 50°。

在 Co 胎体材料中同时加入 Ti 和 Al，促进钛与金刚石热压时的反应，在金刚石表面生成碳化物层，从而改善胎体材料对金刚石的润湿和黏结。

9.3.2.3 铁基合金对金刚石的润湿

铁基合金的综合性能不如钴基合金。

在高温下 Fe 可以和石墨（金刚石）生成渗碳体（Fe_3C），液相 Fe 对金刚石的热蚀严重，可以使金刚石石墨化。在烧结温度下，铁基合金对金刚石的热蚀并不十分严重，在金刚石表面有 Fe_3C 薄膜生成，起到了降低内界面张力和接触角的作用，从而改善了对金刚石的润湿行为。

碳化物形成元素可以与铁形成固溶体，也能参与界面反应（与金刚石），达到改善合金对金刚石润湿的目的。

Sn 和 Zn 是低熔点金属，在较低的温度下就开始熔化，从而诱发 Fe 等金属的熔化，产生了较多的液相，有利于在较低的温度下实现液相烧结，促进合金化过程。但 Sn、Zn 的加入会产生一些脆性相，在不致引起金刚石工具质量下降的的前提下，适量的 Sn、Zn 能起到一定改善润湿的作用，提高黏结剂对金刚石的把持力。

9.3.2.4 镍基合金对金刚石的润湿

镍在液相下可以在金刚石表面铺展，并且在金刚石表面有较大的附着功，其测量的数据远远大于铜在金刚石上的附着功，比钴、铁在金刚石上的附着功略小。

镍在极特殊的情况下可以与碳反应生成 Ni_3C，一般情况下与碳呈惰性，但是镍在高温下（液态）与石墨（金刚石）有十分好的润湿性，如在 1550℃，镍对石墨的接触角为 57°，与铁钴相比，相差不是很大。在液相温度下，镍对石墨（金刚石）的附着功也很大，约为 2704×10^{-7} J/cm²，比钴略高，略低于铁。

在镍基黏结剂中添加少量碳化物形成元素，对改善镍基合金对金刚石的润湿起到一定的作用，少量的 Mo 对 Ni 可以起到表面活性物质的作用，在镍中加入少量的 Mo 可使液态镍对 TiC 的接触角由 30°下降到 0°。

Ni－Cr 合金中 Cr 元素是碳化物形成元素，当碳化物形成后，不仅可以降低内界面张力，而且能促进合金元素向内界面输送，在金刚石表面形成富 Cr 层，使金刚石与 Cr 持续地发生碳化物反应。合金材料正是通过金刚石界面上的碳化物层强有力地把持住金刚石。

9.3.3　高温固相金属与金刚石的作用

W、Cr、Ti 在 800～1000℃烧结之后，金刚石和部分接触的金属发生反应，生成碳化物。

在无氧状态下松装烧结可以使 W、Cr、Ti 在金刚石表面发生碳化物生成反应，反应所需的温度并不高，一般都能与工具制作时的烧结温度相吻合。通常在 800～1000℃之间即可完成。

在金刚石表面生成的碳化物层很薄，界面反应发生的结果使界面及近邻界面处的 W、Cr、Ti 的原子浓度降低，导致 W、Cr、Ti 由较远离界面的地方向界面输运。粘在金刚石表面的薄层，并非全是碳化物层，有游离金属存在，碳化物层紧贴金刚石，薄层之外有未参与反应的金属存在。这种由界面反应控制的边界层长大是线性长大，反应之后由扩散控制的次内层长大符合抛物线规律长大。过渡金属 Fe、Co、Ni 与金刚石固相烧结时，在金刚石表面有极薄的金属 Co 膜、Ni 膜存在，加 Fe 还可能有渗碳体（Fe_3C）型碳化物生成。用化学沉积法在金刚石表面沉积碳化物形成元素，经适当温度烧结或热处理，在金刚石表面形成碳化物。金属与碳化物的相容性比金属与金刚石的相容性好得多，金属对碳化物的黏结，远远高于金属对金刚石的黏结。富含碳化物形成元素的混合粉末与金刚石混合均匀后在大气下用石墨模具烧结，可以在金刚石表面形成碳化物。碳化物形成元素在充分还原的状态下，将其用机械法包覆在金刚石表面后与胎体粉末混合烧结，也能与金刚石生成碳化物。

上述几种情形中，能与金刚石表面发生界面反应的碳化物形成元素的量是很少的，剩余碳化物形成元素，可以存在于固溶体中，形成取代式固溶体；也可以形成间隙相和间隙化合物；还有一部分以纯金属原子的形式存在。金刚石胎体合金通过一定量的低熔点金属或合金维系形成合金。

热压条件下金属和合金对金刚石的固相行为，应考虑到有如下几个方面：①在合适的条件下，固相金属和金刚石发生界面反应，即碳化物形成反应；②在一定的温度以下，固相金属对金刚石会产生热蚀。

（1）部分金属在高温下（固相）使金刚石表面热蚀，形成花纹或浮凸。

铜及其合金对金刚石表面的热蚀不严重，温度高时有热蚀花纹出现。热蚀花纹的产生对金刚石工具是有影响的，若伴有石墨化发生会降低烧结体的力学性能和工具使用性能，若发生金刚石表面粗化则能使金刚石和黏结金属间的联结得到改善。

（2）在金刚石表面产生孔洞。

通常在金刚石工具的黏结金属中，有相当数量的 Ni、Fe－P、Co、Mn 等，又有少量的 Sn、Zn、Pb 等低熔点的金属，多以 Cu 或铜合金为基体。一些金刚石胎体中还有相当数量的 WC、W_2C 和 W。烧结温度过高时，金刚石表面和液相金属不连续地接触，使金刚石表面产生许多热蚀坑。

出现这种现象，对金刚石的性能影响很大，加剧金刚石在使用过程中的破坏，降低金刚石的静压强度和冲击强度。从另外角度考虑，由于热蚀孔遍布金刚石表面，使金刚石表面变得粗糙，有可能提高金刚石在胎体合金中的固结强度。

(3)固相金属或合金和金刚石之间产生缝隙。

有的裂隙在工作层断口上发现，有的裂隙在胎体合金和金刚石磨断面上发现。并不是所有的胎体合金都出现这种裂隙，只是在一少部分胎体合金中出现。

初步分析认为：①由于黏结金属或合金与金刚石的热膨胀系数差异过大，造成加热烧结与冷却过程中，黏结金属或合金与金刚石的收缩不同步，使胎体和金刚石之间产生裂隙。②由于黏结金属对金刚石的黏结不好，在工具使用过程中载荷和温度升高产生周期性变化，致使使金刚石在胎体中松动，金刚石挤压周围的胎体合金，使胎体和金刚石之间产生缝隙，并且缝隙越来越大，直至金刚石脱落。③胎体合金的塑性高，金刚石和胎体的黏结力大，可以防止金刚石和胎体间的缝隙产生。否则，即使胎体合金有较高的塑性，但金刚石和胎体间的黏结很弱，在金刚石和胎体之间也会产生缝隙，最终导致金刚石脱落。

9.4 金刚石表面金属化

金刚石表面金属化是指利用表面处理技术在金刚石表面镀覆金属，使其表面具有金属或类金属的性能。金刚石表面金属化的作用是：①提高结合剂对金刚石的黏结能力。镀层在金刚石和结合剂之间起结合桥的作用，将二者牢固结合，提高磨料与结合剂之间的结合强度。②提高磨料的颗粒强度，镀层起补强、增韧作用。金刚石内部缺陷如微裂纹、微小空洞可通过充填碳化物膜得到弥补，从而提高强度。③隔离保护作用。在高温烧结和高温磨削时，镀层可以隔离保护金刚石，使之不发生石墨化、氧化及其他化学反应。目前对金刚石颗粒表面进行金属化的方法主要有真空镀、化学镀、盐浴镀以及复合镀等。

9.4.1 金刚石表面金属化的技术

金刚石表面金属化是指通过物理或化学方法在金刚石表面镀覆某些强碳化物形成元素或者合金，在高温下这些金属或者合金能和金刚石表面的碳原子发生界面反应，使金刚石表面具有一定的金属特性从而改善金刚石黏结性能。同时，金刚石表面金属化的过渡层还能起到保护金刚石不被石墨化等侵蚀作用。为了达到金刚石与金属的强力冶金结合，需要在金刚石颗粒表面形成碳化物层，同时应避免 Fe、Co、Ni 等石墨化元素与金刚石直接接触，否则将造成碳化物层生长在石墨层上，使结合强度降低。如图 9 - 3 所示的是金刚石表面金属化的模型。

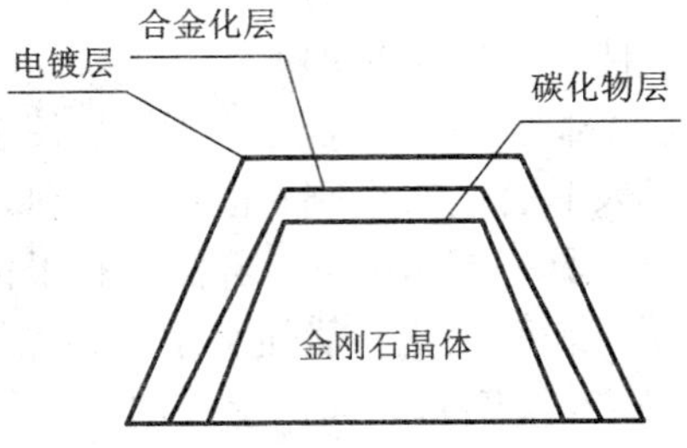

图 9 - 3 金刚石表面金属化模型

9.4.1.1 真空镀

金刚石颗粒表面镀覆碳化物形成元素，可以实现金刚石颗粒和基体的冶金结合。Ti、Cr、Mo、W、V 等这些金属可通过真空镀覆方法沉积于金刚石表面，用于金属结合剂金刚石工具如锯片、地质钻头等。目前国内外常用的真空镀覆技术有以下几种：

(1)真空物理气相沉积镀。在真空条件下，将金属气化成原子、分子或离子，直接沉积到镀件表面上，称为真空物理气相沉积(Physical Vapor Deposition，简称 PVD)。根据成膜材料气化方式不同又可分为真空蒸发镀、真空溅射镀及真空离子镀。基于真空 PVD 方法，发展了系列多层复合镀覆，首先真空溅射镀钛或镀铬，再用电化学方法镀镍、钴、铜或镀银，可以起到更好的成分过渡作用。

PVD法用于颗粒状磨料表面镀覆存在一些不足。首先，其单次镀覆量低，不能深入到内部沉积。采取料底盘超声振动或采用倾斜的料盘转动来翻动磨料可以使镀覆量有所增加，但仍不能满足工业化生产需要，而且镀层不均匀，易漏镀。其次，由于镀覆温度低，镀后镀层与金刚石之间只是物理附着，无化学冶金结合。仅凭短时热压过程中镀层与金刚石反应，不足以实现镀层与金刚石间的强力结合。改善镀层结构可以采用镀后热处理，为了得到最佳镀层结构要反复多次镀覆、热处理过程。

(2)真空化学气相镀。化学气相镀(Chemieal Vapor Deposition，简称CVD)是用气态物质在一定压力、温度、时间条件下，在固体表面上进行化学反应而形成镀层。CVD一般是将被镀金属的气态化合物导入放有镀件的反应室内，与工件接触发生热分解或化学合成反应而形成镀层。苏联的科研人员对CVD方法在金刚石或立方氮化硼镀覆活性金属进行了广泛研究，镀层金属包括Cr、Ti、Mo及其合金等。在这些CVD镀覆方法中，镀层与金刚石发生化学反应，形成了相应的碳化物结合，但反应温度一般在900～1200℃，损伤金刚石，同时与PVD一样存在反应气相难以渗入堆积的内部颗粒、单次镀覆量低、镀覆成本高的问题。

(3)真空微蒸发镀 其原理是将金刚石和镀覆金属或其化合物按一定比例均匀混合，装于镀覆室内，在一定真空度和温度下，镀覆金属或其化合物气化并在金刚石颗粒表面结晶。

图9－4为真空微蒸发镀钛的示意图。在真空微蒸发镀覆升温过程中，氯化钛挥发，并与细而分散的氢化钛粉反应，还原出金属钛原子。这些气态活性金属与金刚石有强的化学亲和力，沉积到金刚石表面形成镀层。由于镀覆温度高于碳化钛形成温度，沉积到金刚石表面的钛与金刚石反应，生成TiC。在镀覆过程中，氯化钛的挥发造成了每个金刚石颗粒周围均一的气相环境，同时可以通过控制气相压力控制钛原子沉积速度，保证在每个金刚石表面形成均匀连续的镀层。从根本上解决了堆积状磨粒镀覆不均匀、易漏镀的问题，实现了金刚石磨粒的单次大批量镀覆，目前真空微蒸发镀覆设备的镀覆量高达2000 kg/次。

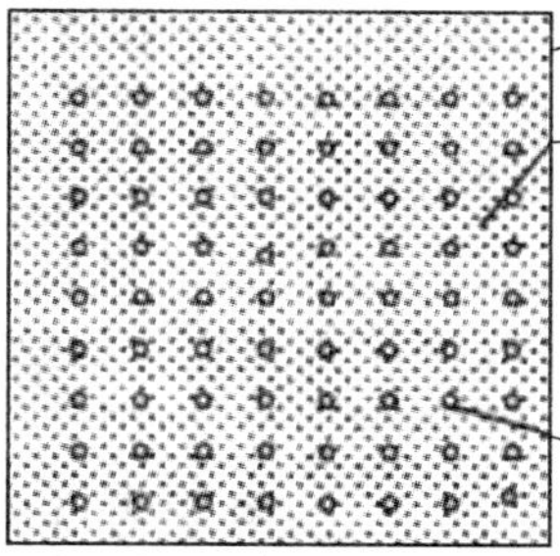

图9－4　真空微蒸发镀钛示意图

9.4.1.2　**化学镀**

化学镀是在不通电的情况下，通过自催化过程的氧化还原反应在金刚石表面沉积金属，典型的有金刚石镀Ni、Co、Cu等金属，或复合镀Ni－W、CO－W合金。

金刚石是非导体，本身对金属沉积没有催化性。在化学镀之前要对金刚石进行预处理，其具体流程如下：金刚石表面清洁、粗化与亲水处理、胶体敏化、活化处理。敏化、活化处理是整个金刚石镀前预处理过程中最关键的一步，它决定了以后化学镀金属膜与金刚石结合强弱和金属膜的连续性。

下面以化学镀铜为例说明化学镀的机理：化学镀铜发生在水溶液与具有催化活性的固体界面，由还原剂提供电子将铜离子还原成为单质金属铜并在基体上沉积成层。其氧化还原反应得失电子过程可以表达为：

具寿命提高 30% ~40%，金刚石的浓度降低 20%。美国、日本、前苏联等都较重视使用经表面金属化处理的金刚石磨料，占据相当大的比例。

20 世纪 70 年代，国内已开始了金刚石表面镀覆金属膜的方法，如在金刚石表面包覆 Cu、Ni、Co、Fe、Ni－Mo、Ni－Zr、Fe－Co、Co－W 等金属或合金，但金刚石表面镀覆金属还存在着问题，用这些方法并没有达到人们所希望的性能，因为这种镀层与金刚石表面结合微弱，可在一般的机械摩擦中剥落，特别是这种镀覆的金刚石膜在高温熔焊或粉末冶金烧结过程中。

20 世纪 80 年代，北京粉末冶金研究所林增栋教授率先进行了有碳化物形成反应的金刚石表面金属化研究，并成功地将此项技术应用到 Ti 黏结剂工具中，收到了令人满意的效果。

1987 年冶金部长沙矿冶研究院与第一地质勘查局成功地完成了低温沉积法金刚石－金属键合研究和固相接触金刚石－金属键合研究，并于 1993 年通过国家鉴定，为低温沉积法金刚石－金属化学键合研究做了有效的工作。

1987 年冶金部第一地质勘查局孙毓超、宋月清等开始对固相接触法金刚石－金属化学键合进行研究，并取得了突破性进展。采用热压烧结接触反应法，使 Cr 与金刚石、Ti 与金刚石生成碳化物；隔氧松装烧结在金刚石表面形成碳化物。

燕山大学完成了真空微蒸发法金刚石表面金属化研究。金刚石镀膜可提高 Cu 基、Co 基、Ni 基胎体材料的界面黏结强度，在四种类型胎体材料中镀膜对金刚石均有高温保护的作用，对四种类型的胎体材料的磨削性能均有不同程度的提高，对 Fe 基胎体材料尤为明显。真空微蒸发法生产表面金属化金刚石，直接成本低，设备成本较高，适用于大批量生产，同时成功研究生产了真空微蒸发法表面金属化金刚石的专用设备，并已形成系列。

在广东、山东、河北等地区进行低温沉积法表面金属化金刚石的生产检验，结果表明金属化金刚石在实践应用中性能优越。锯片中利用金属化金刚石后的效果明显改善，平均寿命比未键合金刚石锯片提高 30% 以上，金刚石出刃好，时效高。特别是金刚石和胎体黏结强度提高。

9.5 超硬材料烧结体

超硬材料烧结体是以金刚石或立方氮化硼小晶体通过静态高压高温下掺杂法烧结而成的多晶体及其复合片，可分为整体聚晶型(PCD)和带硬质合金衬底的复合体型(PDC)。

近代发展的许多结构材料，或是很硬，或是很韧，或是很耐磨。对于这类材料，硬质合金或陶瓷刀具难以进行加工，所以迫切需要更加质硬、耐磨和耐热性更高的刀具材料。满足这种需要有两种主要途径：采用以金刚石或立方氮化硼(CBN)为基的超硬材料和采用天然金刚石单晶体。大的人造金刚石或立方氮化硼单晶体，尚未进入工业化生产。而将较小的金刚石聚合起来以代替昂贵的大型天然金刚石晶体是可行的。

9.5.1 金刚石聚晶及复合片的生产方法

金刚石聚晶及复合片有以下几种生产方法：一种是生长法，以石墨及触媒为原料，在高温高压条件下，完成石墨向金刚石转变的同时合成出聚晶或复合片。这种方法所需的温度、压力条件比合成单晶要苛刻。另一种是烧结法，是以金刚石微粉和黏结剂为原料，在金刚石稳定区的高温高压条件下合成聚晶或复合片。上述两种方法中所用黏结剂(或触媒)的种类很多,有粉状,也有箔、丝、管等形状。

目前高压合成的聚晶金刚石复合体,通过加入非金刚石元素或物质,在超高压高温下使细粒金刚石相互黏结起来,这种非金刚石元素或物质起黏结作用,称为黏结剂。人造金刚石体系中有关凝聚相界面结合问题的研究表明,金刚石烧结体系中所用金刚石原料固然重要,而金刚石颗粒间的结合状态,即界面组织结构,具有更重要的作用。金刚石烧结体系中所加的非金刚石元素或物质种类很多,有的具有黏结效应,有的具有金刚石自体结合的熔媒效应,还有的具有前述兼而有之的效应。我们把它们统称为掺质效应。

9.5.1.1　金刚石聚晶与复合片的黏结剂

黏结剂的种类很多,所起的作用也是不同的。金刚石是极硬的材料,即使在高温高压下也难以塑性变形,在无黏结剂存在时,金刚石粒子之间的接触主要是点接触。在接触点的压力很高,而在其他部分的压力则很小,有的地方几乎为零。在聚晶烧结温度(约1500℃)以下就有一定数量的金刚石转变为石墨,但此时金刚石颗粒之间还没有形成键合。所以在大多数设备所允许的条件下不加黏结剂时不能生产出聚晶。在金刚石粉中加入低熔点或塑性好的物质,可以起到传压的作用,在高压烧结时阻碍金刚石向石墨转变。

一些学者认为,金刚石烧结体的性能(强度、耐磨性)取决于显微状态下金刚石与金刚石的直接黏结强度,在没有助剂存在时,金刚石之间很难键合,加入起触媒作用的金属加速了烧结,导致金刚石-金刚石的强烈自黏结(self-binding)。从这一观点出发,铁族金属(如铁、钴、镍)及其合金将是很好的黏结剂。

钴、镍及其合金在过去和现在都是很重要的一类黏结剂。采用此类黏结剂时,金刚石的烧结过程如下:在加热过程中,金刚石粉的表面部分石墨化。这种由金刚石转变过来的石墨促进了金刚石粒子的重新排列,在碳-钴共晶温度以上,石墨大量地溶解到液相钴中直至饱和。在金刚石稳定区石墨的溶解度大于金刚石的溶解度,金刚石与石墨在钴中存在溶解度差,金刚石从溶液中析出,在金刚石析出以后,溶液又可以进一步溶解石墨,然后又析出金刚石,通过这种溶解、析出的反复循环过程(动态平衡),导致了金刚石与金刚石的直接结合,因而烧结体具有比较高的强度和硬度。

对超细金刚石粉(微粉 $d \leq 1\ \mu m$),用触媒金属作黏结剂会出现金刚石粒子的异常长大。为了防止这种异常长大可以在钴中加入周期表中IVA、VA、VIA族金属碳化物、氮化物、硼化物作黏结剂。如碳化钨(WC)+钴(Co)就是一种很好的黏结剂。WC的加入,烧结体的性能较纯钴有所改进。首先由于WC与Co的共晶温度较低(1336℃),因而可以在相对较低的温度与压力下进行烧结。降低烧结温度是十分重要的,因为温度下降,所需的相应压力也下降,从而提高了设备寿命。每降低烧结温度100℃,就可减小300 MPa的压力。另一方面,由于有WC的存在,可以阻止金刚石粒子的异常长大,从而可获得比较细小、均匀的组织;WC的存在,能提高烧结体的结合强度和抗冲击性能,原因在于,一方面WC可以吸收一些冲击能量,另一方面,WC的刚性仅次于金刚石和立方氮化硼,WC同金刚石几乎有相同的膨胀系数,所以烧结体内部不会存在很高的残余应力。但由于钴的存在,烧结体内还是有热应力的。

与上述方法相类似的一种生产金刚石/硬质合金复合片的方法是扫越式催化重结晶法STCR(Sweep Through Catalysed Recrystallization)。金刚石粉料与硬质合金分层组装,金刚石中烘烤，置于干燥皿中待用。为了提高堆积密度，减少空隙尺寸及体积，提高 PDC 的致密度和耐磨性，采用粗、中、细三种粒度金刚石微粉按一定的质量比例配料。

在金刚石粉末中加入一定量的黏结剂，有助于降低烧结条件，并促进金刚石自身的键结合，赋予 PDC 一些特殊性能。

硬质合金基体、钴片、钛片等原辅材料使用前要对结合表面进行打磨和抛光处理，除去结合表面的氧化层、毛刺，露出新鲜表面，然后进行去油、水洗、超声波清洗、红外烘干，最后置于干燥皿中待用。

碳管使用前要用酒精进行清洗和烘干，并置于低温烘箱中保存待用。

组装前的叶腊石块、叶腊石环首先进行焙烧处理，以除去叶腊石中的水分。采用的焙烧工艺如下：

$120℃ \xrightarrow[\text{中途排气两次}]{6\ h} 180℃ \xrightarrow{3\ h} 280℃ \xrightarrow{3\ h} 330℃ \xrightarrow{3\ h}$ 随炉冷却至 120℃ 烘箱保温备用。

根据设计的组装结构，将金刚石粉料、基体、屏蔽材料组装成合成单元组件然后进行真空热处理，以清除金刚石表面、组装单元表面的吸附气体、杂质等。

真空热处理的条件为：$p = 2 \times 10^{-2} \sim 4 \times 10^{-2}$ Pa，$T = 600℃$，$t = 1 \sim 1.5$ h；降温时采用惰性气体进行保护。

真空处理完毕后，将压块组件置于真空烘箱（10^{-2} Pa，120℃）保存备用。

将叶蜡石块、叶蜡石环、导电钢圈、合成单元组件等按要求的组装方式进行合成块的总组装。

（2）合成单元组件的组装方式和合成块的总装结构。

组装方式直接影响 PDC 的合成效果，最终也决定了 PDC 的质量。传统的复合片一般都是由金刚石和黏结剂混合粉末在高温高压下直接复合到硬质合金基体上，由于金刚石与硬质合金的膨胀系数和弹性模量的差异，在高温下烧结而成的复合片，冷却时容易在界面出现很大的残余应力，造成复合片的强度降低。尤其在承受较强外力或温度变化较大时，金刚石层容易从基体上脱落。为了提高复合层和基体的结合强度，对 PDC 合成单元组装结构进行进一步的优化，同时为了提高 PDC 的烧结合成效果，在选择合成单元组装结构时，采取以下措施：

①将硬质合金及金刚石层作为一个整体，增加了对它的屏蔽保护；

②改善超高压合成腔内的压力分布，消除压力场梯度；

③改变金刚石层和硬质合金层的结合状态，基体表面采取锯齿形或波浪形接触；

④金刚石采取分层次的梯度组装；

⑤导电钢圈采用大直径薄壁堵头，中间充填磁化的叶蜡石芯和叶蜡石环，以保证合成腔体中反应物均匀受压不发生变形，并利用其大直径薄壁结构减小两端向顶锤方向的热传递，从而实现两端保温并避免烧锤。

将组装好的合成单元组件按图 9－7 所示的组装结构进行组装，然后上机进行超高压合成。

超高压合成设备一般采用六面顶压机进行。烧结时采用间接加热法，以保证加热系统的电阻和加热功率的稳定，烧结压力以设备实际表压通过换算而来，烧结温度采用合成时的加热电流设定来表示。一般采用先升压后送温、先停热后卸压的合成工艺（图9－8）进行PDC的合成。

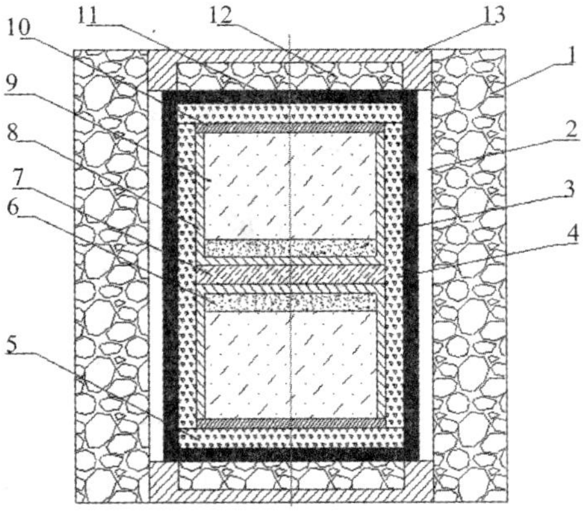

图9－7　组装方式

1—叶蜡石；2—白云石管；3—石墨发热管；4—食盐管；5—食盐片；6—Mo杯；7—绝缘组件；8—金刚石粉；9—硬质合金基体；10—Ti片；11—碳片；12—叶蜡石芯；13—导电钢圈

9.5.3　超硬材料烧结体性能检测

1. 磨耗比（Q）

磨耗比是在规定的条件下，使待测材料与砂轮在一定条件下相互磨削，砂轮的磨耗量M_s和待测材料的磨耗量M_j之比，即

$$Q = M_s / M_j \tag{9.16}$$

磨耗比反映烧结体的耐磨性，间接反映烧结体的硬度，一般来说烧结体的硬度越高其磨耗比值也就越大。磨耗比按JB3235—83标准进行测量。

由于烧结PDC的耐磨性并不均一，该法测得的结果只能代表所测局部区域的耐磨性。

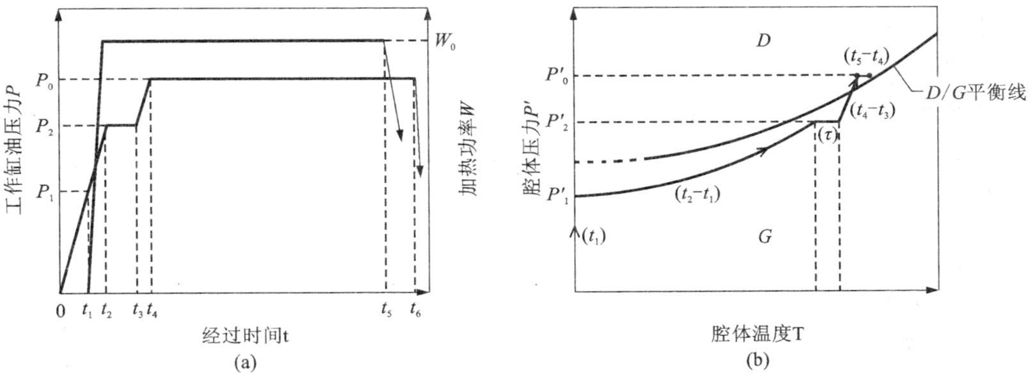

图9－8　合成工艺示意图

（a）系统加温加压程序图；（b）对应在P－T相图上位置变化图

（图中：P_1—加热压力；P_2—暂停压力；P_0—合成压力；(t_5-t_1)—加热时间；(t_5-t_4)—合成时间；$(t_3-t_2-\tau)$—升压暂停时间；$(t_4-t_1-\tau)$—升压时间；D—金刚石稳定区；G—石墨稳定区）

为使测量的结果具有代表性，采用在PDC半径方向按9－9（b）所示测量四个点的磨耗比值，然后将四个测量点的Q值求平均值，以此值作为PDC样品的平均磨耗比值Q。由于合成腔体的对称性，显然用此法求出的平均磨耗比值能反映PDC材料的整体耐磨性能。同时，此法测出的$Q(r)$值还可以作为评价PDC材料性能均匀化的依据。

国外往往采用刀削试验－车削比来进行测量，它是在车削花岗石棒一定量后测量烧结体体积磨损量与车削量的比值。

2. 抗压强度

抗压强度是指在一定形状的烧结体试样压溃时，试样单位面积上所受的力。对圆柱试样开采钻探及机械加工的多个领域中，取得了越来越好的经济效益和社会效益。怎样使 PDC 产品的性能保持稳定，直接关系到客户和生产厂家的利益。目前，国内各 PDC 生产厂家绝大多数采用的是六面顶压机进行合成 PDC，在 1400 ~ 1700℃、5.5 ~ 7.0 GPa 的高温高压下把两种不同的材料烧结在一起。PDC 的硬质合金层与金刚石层如何能结合牢固，减少内应力，在恶劣的使用环境中彼此不发生剥落、分层或断裂，保持良好的使用效果，生产工艺的稳定起着决定性的作用。

PDC 的生产组装件一般由 5 个部分组成，它们由内到外分别为：

(1)金刚石微粉和硬质合金。为了保证金刚石微粉的纯洁性，在投入使用前一般都需要重新进行酸碱处理，以尽可能地去除杂质；硬质合金的结合面也必须保证清洁，不得有任何腐蚀或粘有其他类物质。

(2)屏蔽层(又叫保护层)。要求其内壁光滑、干净、无破损、尺寸准确。

(3)均压介质。可以作为导热均压的材料有 ZrO_2、盐岩等。

(4)发热元件。通常采用发热量稳定、均匀的碳管。

(5)传压介质。传压介质主要为无机非金属材料，有叶蜡石、白云石、伊利石、高岭石等，目前在行业上主要采用的是粉压叶蜡石块。在压制成形后使用前需要进行必要的焙烧和烘烤，并保持其干燥。

PDC 产品一般是大批量重复性生产，每片产品只是在宏观条件相对相同的情况下进行合成，因而，每片产品之间在性能上必然存在着一定的分散性和差异，造成产品出现一些缺陷，这些缺陷会影响产品的成品率。

9.5.4.1 PDC 合成腔体内温度和压力分布情况

PDC 材料的制造尺寸受合成腔体尺寸、压机吨位以及硬质合金顶锤质量的限制。在六面顶设备进行的不同直径的合成实验表明：同一腔体随着合成 PDC 材料尺寸的增大，不仅必须相应地提高加热功率、延长烧结时间，而其合成 PDC 材料的质量也明显下降，成品率会大大降低。主要是存在以下问题：

(1)采用碳管旁热式发热体，合成腔体内部温度场沿径向周边高、中心低，沿轴向中心高、两端低，如图 9 - 11(a)。由于石墨管发热造成的温度分布是沿径向四周温度高，两端和中心温度低，在烧结过程中，当周边烧结好时，中心部分由于温度低常会出现“欠烧”；而当中心烧结好时，周边部分常会出现晶粒异常长大现象。另外，当中心部分因温度升高而烧结，因致密化而收缩时，多晶金刚石层容易被拉断；同时，当温度或受力不均匀时都可能造成硬质合金基底破碎，因为温度不均匀会使硬质合金的强度下降，在受力不均匀时容易断裂。

(2)碳管与硬质合金之间简单的屏蔽使 PDC 烧结的时间不能太长，如果烧结时间过长，硬质合金中的黏结金属钴将会扩散渗透出屏蔽层，一方面渗出的钴可与碳管中的石墨作用在 PDC 周边形成金刚石“瘤”，金刚石“瘤”的存在不仅造成成形加工困难，而且在加工过程中易造成 PDC 材料的缺边掉角等缺陷，另一方面由于硬质合金中的钴大量渗出会造成 PDC 材料界面结合性能差，WC - Co 层韧性差而易碎裂；如果烧结时间短，则难以使腔体中的温度场均匀化。

(3)金刚石粉层置于腔体中的中心部位(图 9 - 12 为超高压容器示意图，图中箭头表示施加压力时的受力情况)，由于腔体中的压力场的分布是四周高、中心低[如图 9 - 11(b)]，图

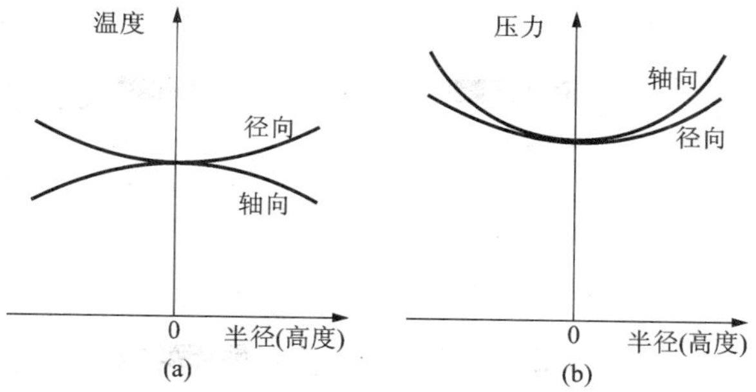

图 9－11　合成腔体内部温度、压力场分布

(a)合成腔体内部温度场沿径向的分布；(b)腔体中的压力场的分布

9－13 表示六面顶受力情况。在两面顶容器中，由压头施加压力，而压缸沿径向向外扩张。因此造成沿轴向的压力分布是两端压力高，中心压力低；沿径向的压力分布是两端压力低，中心压力高。在六面顶容器中，由于六个压头向中心施加压力，并且各压头的压力相等，因而腔体中的压力分布是四周压力高，中心压力低。在这两种压力容器中，由于压力梯度的存在和压力分布情况的不同，在施压过程中，传压介质和试样的受力和流动情况不一样。在保压加热过程中也会影响到腔体内物质的流动和扩散，这也是造成国外两面顶设备在烧结合成金刚石复合片时比六面顶设备容易控制的一个原因。

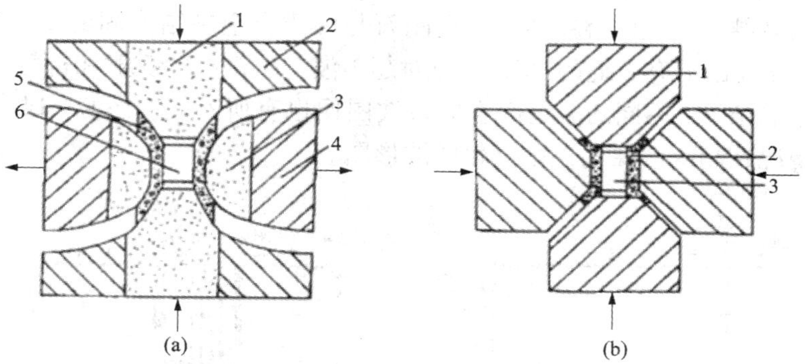

图 9－12　超高压容器示意图

(a)两面顶：1—硬质合金压头；2，4—钢环；3—硬质合金压缸；5—传压介质；6—试样

(b)六面顶：1—硬质合金压头；2—传压介质；3—试样

除超高压容器的特点外，传压介质也是一个很重要的影响因素。目前一般都采用固体传压介质，这使腔体内压力梯度的存在不可避免。要使试样均匀受压，应采用流动性好的材料作为传压介质。另外，特别是由于烧结的温度高，与碳管直接接触的叶腊石会发生相变形成“鼓形包”。该相变阻碍了径向压力向腔体中的有效传递，妨碍了反应腔体内局部区域的充分受压，导致转化中断。

因此采用传统的组装工艺合成的 PDC 材料，从宏观质量上看，常会出现同心裂纹、缺边掉角、分层开裂以及基体碎裂等缺陷；从微观上看，PDC 材料的性能不均一，聚晶金刚石层

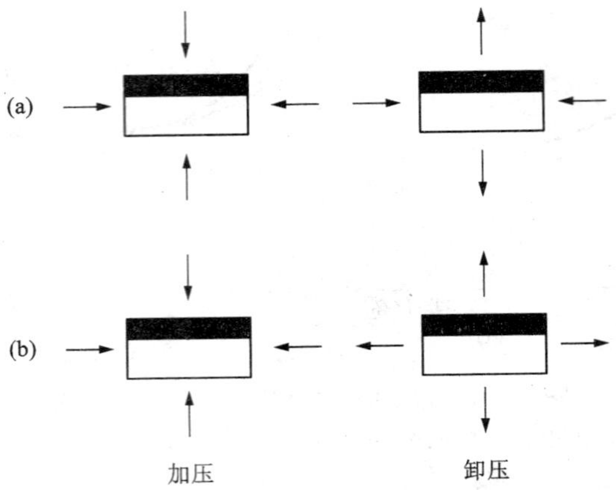

图 9－13　六面顶受力情况

沿径向方向耐磨性相差很大。这些问题产生的主要原因是合成腔体中的温度、压力分布不均匀。

9.5.4.2　PDC 产品主要缺陷及产生原因

PDC 产品的主要缺陷有分层、欠烧、针眼和黑点等，分别介绍如下：

1. 分层

分层主要表现为金刚石层与硬质合金衬底在其结合面上出现裂缝。用 50 MHz 超声波探伤仪可以检测出其结合面上的烧结情况，金刚石与硬质合金黏结牢固的 PDC 在探伤中不发生界面反射波；而界面上有裂缝的 PDC 可以对超声波产生多次的反射和折射，使其在探伤图像上出现非正常的杂波，不同的裂缝产生的杂波图像也有所不同。图 9－14、图 9－15 是两种不同的烧结情况在超声波探伤仪中产生的波形图。

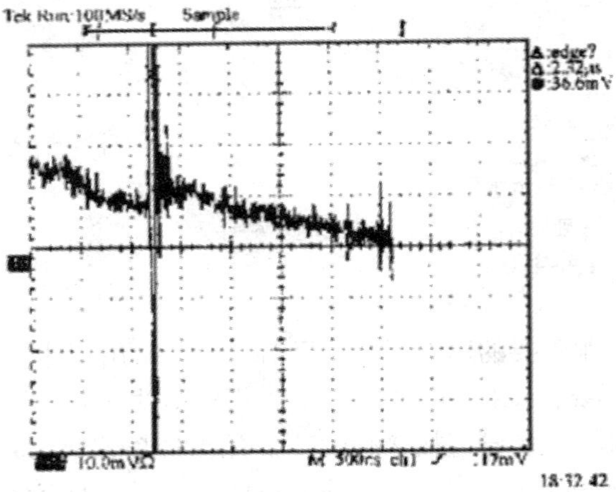

图 9－14　烧结牢固的 PDC 超声波探伤图像

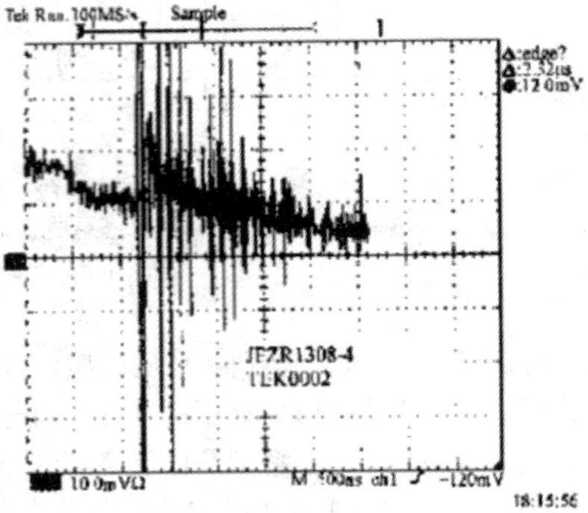

图 9－15　结合面有裂缝的 PDC 超声波探伤图像

产生分层的主要原因大致有以下几方面：

(1)高温时间过长。金刚石在烧结过程中会部分石墨化，液相钴渗入金刚石微粉层时，溶解石墨并向金刚石输送碳，使金刚石颗粒长大并搭接起来，形成金刚石－金刚石的键结合。如果烧结过程处于温度相对较高且持续时间较长时，液相钴会迅速完成溶解石墨并向金刚石输送碳的过程，金刚石颗粒也会长大并搭接起来，如果高温仍然持续，已烧结的金刚石会被碳化，严重影响金刚石层与硬质合金衬底的界面结合强度，导致界面分离。

(2)残余应力。残余应力的产生主要是由于热膨胀(冷收缩)的存在。硬质合金的热膨胀系数是金刚石的两倍。PDC的烧结属于液相烧结，当烧结结束各相开始冷却时，由于各相热膨胀不同所以收缩不一致，彼此约束，从而产生应力，这种应力过大时，便导致金刚石层从衬底上分离。

(3)硬质合金本身的质量较差。

2. 欠烧

欠烧分为全部欠烧和局部欠烧。从外观上看，主要是金刚石微粉尚未完全烧结，呈现松散的结构，在色泽上表现为灰色或带黄色斑点，磨耗比很差，基本无使用价值。

造成欠烧的主要原因有：

(1)原材料受到污染。在市购的金刚石微粉中，总会包含着叶蜡石、石墨、铁磁性物质和灰份等杂质。如果未处理干净或在存放过程中受污染，在烧结过程中，这些污染物将对金刚石产生热侵蚀，促使金刚石氧化或加速金刚石的石墨化，从而阻碍钴扫越的进行，轻则局部阻碍金刚石的自身烧结，重则只有界面处的金刚石被烧结，留下黄色斑点。

(2)温度过低或高温时间保持不够。由于PDC烧结属于液相烧结，它就要求必须有液相生成。温度过低时，不能产生足够的液相，使烧结过程无法持续，只能在界面处产生烧结，其他部分仍保持原有形态，呈现松散的结构。合成腔体达到预定温度是需要一定时间的，由于受工艺条件所限，这个时间不能过长，否则就会相应缩短后期保持高温的时间，这样，虽然也产生足够的液相，但在相对较短的时间里，扫越式再结晶进行得不很完全，而造成PDC的局部不烧结。

(3)衬底结合剂含量不足。PDC的烧结需要在衬底中的结合剂参与下有条件进行，当衬底中结合剂的含量不足时，就会影响PDC的烧结质量，轻则一般会在超硬层表面留下较深的虚点，虚点处基本上没有磨耗比；重则就只能是废品。

3. 针眼、黑点

所谓针眼就是指在PDC的金刚石表面存在像针扎过一样的小孔洞。它们有多有少或聚或散，是影响成品率的一大缺陷。研究认为小孔洞是气孔。吸附气体或蒸气是固体与气体界面上最重要的特征性质之一，合成PDC所使用的是金刚石微粉，通常只有几十微米或几微米，比表面积极大，所吸附气体的量就更为惊人。在烧结过程中，由于液相的产生气体分子逐渐聚集，形成或大或小的气泡，随着温度的升高，颗粒的粒界开始移动，粒子长大并搭接，气泡逐渐迁移到粒界上消失，烧结体密度增高，最终排除气泡，得到充分致密的烧结体。可能会有个别的气泡随着烧结结束形成气孔留在金刚石层中。

黑点实际上是一种颜色不均匀，它总是出现在PDC表面的中心部位，而且随着PDC尺寸的大小而变化，PDC的尺寸越小，它就越不明显。形成的原因是存在着压力温度梯度。在超高压、高温状态下，压力、温度在各处并不均等，且总是边缘的温度和压力高，越往中心越低。

以上列举了在PDC生产过程中经常出现的一些主要缺陷及其产生的原因，随着新技术新工艺的不断引入，这些主要缺陷的数量在不断地减少，成品率也在不断地提高。

9.6 电镀超硬工具材料

凡是用电镀方法将超硬材料固结在金属镀层中制成的一类制品，统称为超硬材料电镀制品。按制造方法来说，它属于电镀制品；按工作物质来说，它属于超硬材料制品，是超硬材料工具的一大类型。其工作层是复合材料，其中金属镀层只起结合剂的作用，超硬材料起主要作用。

目前，超硬材料电镀制品有各种砂轮、磨头、什锦锉、掏料刀、修整滚轮、钻头、扩孔器、内外圆切割片、铰刀、绳锯等各种各样的专用工具，超硬材料电镀制品在机械、电子、建筑、钻探、光学玻璃加工等工业领域得到广泛应用。

9.6.1 基体表面镀前处理

电镀层是超硬材料电镀工具的工作层。电镀层的质量好坏是决定电镀制品优劣成败的关键因素之一。实践表明，电镀生产中所发生的质量事故，大多数不是电镀工艺本身所造成的，而是基体镀前处理不当的问题。电镀制品基体表面的镀前预处理，是保证整个电镀工艺过程获得良好结果的先决条件。

基体的表面状况主要有以下几种：

(1)表面污物。电镀制品的基体是由钢材经过机械加工而成形的。在机加工和搬运、存放过程中，表面难免粘附污物。这些污物包括机加工时使用的冷却液，机床上的润滑油，金属切削细粉末，半成品库存期间涂敷的防锈油，以及人手上的油污，也包括大气腐蚀所生产的疏松的“锈”，还有热处理所生成的坚实的黑色氧化皮。即使经过磨光和抛光，除去油污、锈蚀和氧化皮之后，在电镀前各工序间的短暂时间内，金属表面上还会生成一层很薄的氧化膜。

(2)表面平整程度。基体经过车、磨加工后，仍有一定的表面粗糙度。然后经过抛光和酸浸蚀，可能变成光滑平面。酸洗有整平作用，可将凸出部位溶解掉10^5 nm。肉眼所能感觉到的凹凸面是凹凸度大于光波波长的表面。光亮镀层表面上的凹凸度小于光波波长，所以人眼看起来是光泽面。

除了加工形成的微观凹凸面以外，金属表面层可能存在着明显的划痕、毛刺、应力腐蚀裂缝，以及结晶缺陷。这些缺陷也破坏了表面的平整性，显著地影响镀层质量，因而是必须消除的。

(3)金属表面层的组织。电镀前需要清除氧化膜的工序。即使消除了氧化膜的表面，仍不能满足电镀的要求。这是由于表面层存在着不良组织。

采取酸浸蚀的方法，能除去氧化膜，还能部分地除去非结晶层甚至部分加工应变层。

镀前处理总的要求是使表面平整，除去表面污物和表面不良组织，暴露出基体金属内部的正常晶格结构，以便于溶液中的金属离子在这样纯洁的处于活化状态的金属晶体表面上实现电沉积，从而获得镀层与基体之间的良好结合。

各种处理方法，按其特点可以划分为以下四类：

(1)机械处理：磨光、抛光、滚光、刷光。磨光以磨削的方式除去表面缺陷层和降低表面粗糙度。抛光可以使细微不平的表面进一步得到整平，达到镜面粗糙度。滚光是在滚桶中进行滚磨加工的一种镀前处理过程，目的是消除小零件表面上的毛刺和粗糙不平，使表面平整光泽；同时也能除去表面上少量的锈和油。刷光是用金属丝轮或金属丝刷子在刷光机上或用手工刷光的一种表面清理加工过程。刷光可以清理掉基体表面上的金属毛刺、氧化物、浸蚀后出现的黑灰色疏松薄膜。

(2)化学处理。有机溶剂去油、碱液化学除油、化学强浸蚀和化学弱浸蚀。

各种油脂均能很好地溶解于有机溶剂，所以可以利用这种溶解作用达到除油的目的。有机溶剂除油速度快，且对钢铁一般无腐蚀作用。常用的有机溶剂为汽油、煤油、丙酮、酒精等烃类及其衍生物。其特点是毒性小或无毒，但易燃，多用于冷态浸渍或擦拭除油。

目前生产中使用的经济合理的除油方式是碱性溶液化学除油。这种方法除油时间比有机溶剂长一些，无毒不燃是其优点，所用设备也比较简单。碱性化学除油是借助皂化作用和乳化作用进行的。

(3)电化学处理。电化学除油是将待除油制品基体置于碱溶液中，作为电解槽的阳极或阴极通以直流电进行电解。电解除油溶液的组成与化学去油溶液基本相同，只是碱浓度较低，乳化剂少加或不加。电解除油过程是个电解水的过程，在阴极和阳极上分别析出大量氢气和氧气。由于析出的大量气体对油膜的强烈乳化作用，使得电化学除油常比化学除油速度高好几倍，而且除油更彻底。

(4)超声波处理。超声波清洗方法可以应用于镀前处理的除油、浸蚀、漂洗工序中，来强化基体表面的净化过程。超声波处理的原理是：在盛有碱性化学除油溶液的槽内，放入待处理的零件，将超声波引入溶液中，依靠超声波所产生的机械振动和空化作用，可以大大强化碱性化学除油时的皂化和乳化过程。

超声波除油和清洗主要应用于表面清洁度要求很高而一般方法难以净化的表面。如清除形状复杂零件的空腔内表面及狭窄凹槽内的污物，以及清除精密零件的小孔和盲孔中的研磨膏、不锈钢零件的油污和氧化物等。

9.6.2　金属电沉积

金属电沉积是通过电解方法从溶液中获取金属沉积物的过程。金属电沉积的工业范围包括电镀、电铸、电冶等。电镀的目的是制造特定成分与性能的金属覆盖层，以改变基体材料的表面特性。

金属电沉积作为一种阴极过程，也包含一般电极过程的一系列基本步骤，如液相传质、表面转化、金属离子还原为金属原子、金属原子形成金属晶体等。

金属电镀层结构和性能主要有以下几个特点：①结晶细致，强度高；②有夹杂、脆性高；③镀层在不同程度上存在着孔隙；④结晶缺陷多，硬度高。

1. 金属离子在阴极上还原的可能性

实现金属电沉积，需外部电源提供能量。电沉积的动力是过电位 $\eta_c = \varphi_{平} - \varphi_c$。原则上，只要 φ_c 足够小，任何金属离子都有可能在阴极上还原析出。但事实上一些活泼金属是难以实现电沉积的。因为金属的电沉积是在水溶液中进行，而水溶液中总存在氢离子，即使在中性溶液中和氢过电位高的材料表面上，当阴极电位负到一定值（$-1.8 \sim -2.0$ V）时，氢离子也会被还原成氢气而猛烈析出。因此，φ_c比这个数值更小的金属，就因氢的优先析出而很难实现电沉积。根据实验的事实，在水溶液中能实现电沉积的金属在周期表中的位置表示在表9－4中。

表9－4　可能电沉积的金属在周期表中的位置

周期	不能电沉积	可能电沉积	氰化物中可能电沉积
第3	Na Mg		Al
第4	K Ga Sc Ti V	Cr Mn Fe Co Ni	Cu Zn Ga
第5	Rb Sr Y Zr Nb	Mo Tc Ru Rh Pd	Ag Ca In Sn Sb
第6	Cs Ba La Hf Ta	W Re Os Ir Pt	Au Hg Tl Pb Bi Po

一般地说，金属元素在周期表中的位置愈靠左，它们在阴极上还原及电沉积的可能性就愈小；愈靠右，这些过程就愈易实现。

2. 简单金属离子的阴极还原

金属离子在不同的电解液中有不同的存在形态。在配合物电解液中，金属离子与配体形成配离子，而在简单盐电解液中，则是水化了的金属离子。水化金属离子称为简单金属离子。

简单金属离子电沉积的基本过程，一般经历以下几步：

(1)水化金属离子向阴极迁移。(液相传质步骤)

(2)水化层改组(水化数减小和水分子重排)，并在电极表面上吸附，形成吸附离子。(前置表面转化步骤)

(3)吸附离子在电极表面上获得电子，成为吸附原子。(放电步骤，即电子转移步骤)

(4)吸附原子在电极表面上扩散，脱去剩余的水化层而进入晶格。(后置表面转化与结晶步骤)

步骤(2)和(3)共同构成阴极还原反应。即使是简单的金属离子，在放电之前也要经历某些表面转化步骤，如部分脱水和吸附。上述表面转化步骤与放电步骤是难以截然分开的。

3. 金属配离子的阴极还原

电镀配方给出的电解液组成，一般是指原料组成。而配合物溶液的真实组成与原料组成并不相同。金属离子是以配离子状态存在的，而且配离子可能有不同的存在形态。配离子大多具有很高的稳定性，离解出的金属离子数量很少。

通过电化学反应级数测定表明，直接在电极上放电的总是配位数较主要存在形态低的配离子。配位数较低的配离子具有适中的浓度和适中的反应能力，因而还原反应速度比配位数最高或最低的配离子都要大。另一方面，配位数较低的配离子负电荷较少，受到带负电的阴极表面的排斥作用较小，因此配位数较低的配离子成为主要的直接放电粒子。这种主要放电粒子，是电极反应过程中在电极表面上形成的，这是主要存在形态的配离子在还原过程中经过配体改组转化而来的，只存在于电极表面上，称为表面配合物。

金属配离子的电沉积过程，大致分为以下几个步骤：

①配离子向电极迁移；

②主要存在形态的配离子发生转化，在电极表面上形成表面配合物；

③表面配合物直接在电极上放电，即电极与中心离子之间实现电子传递；

④脱去配体，进入金属晶格。

4. 金属电结晶

电结晶既要遵守从溶液中结晶的一般规律，例如表面扩散、二维晶核、高指数晶面生长、螺旋位错生长机理等；同时又有其特殊性，例如结晶组织不仅取决于金属本身的结晶学特征，还在很大程度上取决于电结晶的条件。

金属离子还原并在金属电极表面上延续生长的电结晶过程，主要经历放电(电子转移)、表面扩散和脱水三个连续的步骤。首先是金属离子失去部分水化膜，在电极表面上获得电子，形成吸附原子。然后，吸附原子在金属表面扩散，移动到能量较低的位置，并在那里全部脱除剩余的水化膜，同时进入晶格。

在不同过电位下，控制步骤不同，结晶特征也不同。当电流密度和过电位小时，表面扩散控制，生长点上的吸附原子有时间从容不迫地脱水进入晶格，晶粒长得较完整和粗大。当电流密度高、过电位大时，电化学步骤控制，表面扩散很快，大量吸附原子来不及规则地排列在晶格上，随便堆砌的结果是晶粒不够完整，内应力较大。随着活化过电位进一步增大，有可能吸附原子聚焦形成新晶格；而且活化过电位越大，生成新晶格就越多，结晶也就越细致。

按照理想情况，晶体是按顺序一层层生长的。每层晶面的长大是由生长点沿生长线一排排地完成的。每层晶面长满以后，生长点和生长线都消失了。新的一层晶面开始生长时，必须先在已长满的一层完整晶面上形成二维晶核，以作为新晶面生长的起点。

然而，绝大多数的实际晶体在生长过程中并不需要形成二维晶核。目前普遍认为，由于实际晶体中总是包含大量的位错，如果晶面绕着位错线螺旋式地生长，生长线就永远不会消失。沿着位错线生长是实际晶体的主要生长方式，就是因为这种方式消耗能量少，不需要高的过电位，而容易进行。

电结晶的动力是过电位。当过电位低时($\eta_c \leqslant 10$ mV)，原有晶面只能沿着位错(主要是螺旋位错)生长，连二维晶核也不可能形成；当过电位高时($\eta_c > 10$ mV)，电流密度大，被还原的离子多，表面上有大量吸附原子，使 $C_{吸} > Co_{吸}$，吸附原子有可能在平面上聚集成二维晶核。在具有高位错密度的表面上，当阴极过电位超过150 mV时，才有成核的可能，足够大的过电位是成核的必要条件。

根据统计力学中的波尔兹曼分布定律，晶核形成的概率 W 与晶核形成功 A(成核活化能)之间的关系是

$$W = B\exp\left(-\frac{A}{KT}\right) \tag{9.20}$$

对于二维形核，W 与过电位 η_c 之间的关系为

$$W = B\exp\left(-\frac{a}{\eta_c - c}\right) \tag{9.21}$$

对于三维晶核，形成功与过电位之间的关系为

$$W = B\exp\left(-\frac{b}{\eta_c^2}\right) \tag{9.22}$$

过电位越大，晶核形成功越小，晶粒形成速率就越大。而且过电位对三维晶核的影响比对二维晶核更显著。

5. 合金电沉积

合金电沉积，或称金属共沉积，是指几种金属在同一种电解液中同时电沉积而形成均相合金。它的工业应用主要是电镀合金获得合金镀层。合金镀层是指含有两种或两种以上金属的镀层。常见的是二元或三元合金镀层。合金组分最低含量一般不低于1%。

金属离子在平衡条件下不可能电沉积，必须在一定过电位下才能实现电沉积。每种金属离子能否在阴极上沉积出来和在什么条件下沉积出来，取决于它的标准电极电位、活度和阴极极化的大小。合金电沉积时不同金属组分是在同一电位下进行还原。如果金属电极电位不相等，电位正的必然优先放电，不可能发生共沉积而得到合金镀层。几种金属离子在阴极上共同沉积的必要条件是它们的放电电位相等。

标准电极电位、活度、阴极极化这三个因素，是实现合金电沉积以及影响合金中各种成分比例的决定性因素。作为金属共沉积的基本前提条件，要求φ^0不太负，而且φ^0相差不太大。经验证明，φ^0相差在0.02 V以内者，在简单盐溶液中就能得到合金镀层。当φ^0相差较大时，可以采用配位剂改变φ^0。φ^0相差不超过0.02 V的金属，在其简单盐溶液中，一般只需要改变金属离子浓度就可以实现共沉积。通过改变金属离子浓度，可以在一定程度内改变平衡电位，但这种作用是有限的。过电位η_c可变化范围较大，因此改变η_c是实现金属共沉积的主要途径，通过改变η_c，可以使φ^0相差较大的金属放电电位趋于一致。改变η_c可通过采用配合物溶液、采用添加剂、选择合适的电流密度等几种方法。

6. 金属电沉积过程中的阴极析氢

在电镀生产中，阴极上形成镀层的同时，常常伴随着氢气的析出。析氢往往降低镀层质量，降低电流效率，还会造成环境污染。

氢在阴极上析出的产物是气态的氢分子。但析氢过程实际上也是分步进行的。除了液相扩散之外，析氢过程中的表面反应，在酸性溶液中可能有两种历程：

① $$H^+ + e^- = H_{吸} \qquad H_{吸} + H_{吸} = H_2 \tag{9.23}$$

② $$H^+ + e^- = H_{吸} \qquad H_{吸} + H^+ + e^- = H_2 \tag{9.24}$$

不同金属上析氢的反应机理不同；即使在同一金属上，由于表面的不均匀性，各部位的反应机理也可能不同。在低电流密度区，极化小，可能是复合机理；在高电流密度区和非活化区，极化大，则可能是化学步骤或电化学脱附步骤控制。

析氢的难易程度一方面决定于氢过电位，另一方面还应考虑到，金属电沉积过程中的析氢，是伴随着金属析出而同时发生的。在这种情况下，析氢量的多少，不仅与氢过电位有关，还与金属过电位有关，就是说，析氢的多少与氢过电位和金属过电位的相对大小有关。容易析氢的条件是氢过电位小而金属过电位大，而且二者之差足以使得氢析出电位比金属析出电位为正。因此，在讨论电沉积过程中阴极析氢的各种影响因素时，应当把它们对氢过电位和金属过电位的影响予以综合考虑，主要因素有阴极材料本性、阴极表面状态、电流密度、配位剂、表面活性剂、溶液总浓度、pH、温度与搅拌等。

7. 电镀中的阳极过程

电镀中阳极的主要作用有以下几个方面：

(1) 阳极与阴极、电解液及外线路共同组成电镀回路，起导电作用。不溶性阳极主要起导电作用。

(2)通过阳极金属的电化学溶解，提供与补充电镀液中消耗的金属离子，保持其浓度稳定。

(3)通过调整阴极与阳极之间的距离以及采用象形阳极，控制电流在阴极表面上的分布，使阴极电流密度分布均匀。

电镀中一般使用可溶性阳极，在电镀时，可溶性阳极在电流作用下发生电化学溶解，成为金属离子进入溶液。这一过程是由多个步骤组成的。其中有晶格的破坏、电子转移、金属离子的水化或形成配离子等，并且还要通过对流、扩散、电迁移形式离开电极表面。其中的电子转移常常是控制步骤。因此，在正常溶解区，一般符合电化学极化规律。

当阳极极化不大时，阳极正常溶解。当阳极极化增大，电极电位达到临界钝化电位之后，随着电位继续变正，金属溶解速度不但不增加，反而突然下降。这种由阳极极化引起的钝化现象称为阳极钝化或电化学钝化。在钝化状态下，金属电流密度很小而且几乎与电极电位无关。对于可溶性阳极，总是设法防止阳极发生钝化，保证阳极正常溶解，而对于不溶性阳极，则要利用其钝化性质，使它保持在稳定钝化状态。

影响金属阳极过程的因素主要有以下几个：

(1)金属本性的影响。

不同金属，钝化的难易程度不同。最易钝化的金属有 Ni、Cr、Al、Mo 等。这些金属在空气中就能自发钝化，甚至在溶液中受到氧化的作用也会钝化。含有这些易钝化金属成分的合金也容易钝化。

(2)电镀工艺条件的影响。

电流密度是对阳极过程影响最大的一个工艺因素。温度对阳极过程也有很大影响，温度低时容易钝化，因低温下反应速度和扩散速度都较慢。搅拌可以在一定程度上延缓金属的钝化，因搅拌加速了扩散，减缓了阳极表面镀层中金属离子的积累，使浓度变化减弱，从而减少了浓差极化。

(3)电镀液的影响。

活化剂对阴极有很好的活化作用；配位剂能提高阴极极化，改善镀层质量，而且往往有利于阳极正常溶解；氧化剂能促使金属钝化；添加剂中的某些表面活性物质，在阴极表面上吸附，会阻碍金属溶解；酸性溶液中，阳极产物不易形成不溶性钝化膜。

9.6.3　超硬材料与金属的复合电镀

复合镀层是采用电化学的方法使金属(合金)与固体微粒(或纤维)共沉积，而获得复合材料的工艺过程，又称为分散电镀。这种复合材料层称为复合镀层或分散镀层。复合镀层由两部分组成：一部分是通过电化学反应而形成镀层的那种金属或合金，通常称为基质金属，基质金属是均匀的连续相；另一部分则为不溶性的固体颗粒或纤维，它们通常是不连续地分散于基质金属中，形成一个不连续相，又称为分散相。

9.6.3.1　电镀溶液的成分及其作用

超硬材料电镀制品生产中使用的电镀溶液主要是镀镍和镍钴合金电解液。镀镍溶液中应用得最广泛的是瓦特镀镍液。它由硫酸镍、氯化镍和硼酸三个基本成分组成，属于硫酸盐低氯化物型的电解液。其余类型的镀镍液都是在瓦特镀镍液的基础上根据需要变化而得。镍钴合金是在镀镍液中加入少量钴镍盐变化而来的。

1. 电镀溶液配方

(1)普通镀镍溶液配方。

镀镍按镀层可分为暗镍、光亮镍、半光亮镍、多层镍。暗镍也称为普通镀镍。

普通镀镍如果按照电解液类型划分，则主要有硫酸盐低氯化物镀镍，即瓦特镀镍，硫酸盐氯化物或硫酸盐高氯化物镀镍，全氯化物镀镍，氨基磺酸盐镀镍，氟硼酸盐镀镍等。表9－5列出了几种镀镍配方。

表9－5　镀镍液的组分及工艺参数/($g \cdot L^{-1}$)

成分	瓦特液	光亮镀液	氯化物镀液	氨基磺酸镀镍液	氯化氨镀液(普通液)
硫酸镍	240	300	—	—	150
氯化镍	45	50	300	30	—
氨基磺酸镍	—	—	—	300	—
氯化铵	—	—	—	—	15
硼酸	30	45	30	30	15
光亮剂	—	适量	—	—	—
防针孔剂	—	—	—	适量	—
pH	4～5	4～5	2	3.5～4.0	5.8～6.2
温度/℃	40～55	40～55	55～65	30～60	20～30
$i_c/(A \cdot dm^{-2})$	1～8	2～8	2～15	2～15	0.5～1.0
特征	镀层硬度低，延展性高	镀层光亮平滑(平整性好)	深镀能力好，用于冲击电镀	镀层内应力小，适宜于形成厚镀层	用于深镀、镀层较脆，深镀能力好

(2)镍钴合金镀液配方。

电镀镍钴合金可以看作是以钴盐为主要发光剂的镀镍工艺。引入钴后，镀层细致、平整、硬度高、耐磨。一般控制合金中钴含量在30%以下，为此，要求溶液中钴与镍含量之比在10%以下。

国内外在电镀生产中使用的镍钴合金镀液配方，举例于表9－6中。

表9－6

名称	1	2	3	4	5	6
七水硫酸镍	200	200	180～220	210～230	250～300	180～220
七水硫酸钴	10～20	19	5～10	15～19	7～10	5～8
氯化钠	15	15	10～12	15～17	15～17	10～13
硼酸	30	30	28～32	30～35	30～35	28～32

续表

名称	1	2	3	4	5	6
硫酸钠					0.6～1.0	25～30
柠檬酸钠				30～40		
糖精			0.5～1.0	0.8～1.0	0.8～1.0	
1，4－丁炔二醇			0.4～0.7		0.3～0.5	
香豆素				0.8～1.0		
2，7－萘二磺酸钠						4～8
十二烷基硫酸钠				0.05～1	0.05～1	
甲酸钠						20
甲醛						0.8～1.2
pH	5.6～6.0	5.6	5.8～6.2	5.0～5.8	5.0～5.6	5.6～6.0
温度/℃	室温	室温	35～40	25～35	30～45	28～30
$i_c/(A \cdot dm^{-2})$	0.8～1.5	≤1.8	0.5～1	1～1.5	1～3	1～1.2
阳极	Ni	Ni，Co	Ni	Ni	Ni	Ni

2. 电镀溶液中各种成分的作用

普通镀镍、光亮镀镍和电镀镍钴合金溶液的基本成分是相同的，每种成分在这三种镀液中所起的作用也是相同的。

（1）主盐。

主盐是电解液的主要成分，起着供给金属离子的作用。镀镍液的主盐是镍盐，用来向阴极供给镍离子。镍钴合金镀液的主盐是镍盐和钴盐，它们起着提供镍离子和钴离子的作用。

硫酸镍是镀镍液中的主盐，提供不断消耗的镍离子。当镍离子含量低时，镀层亮度不理想，镀液的整平作用差，覆盖能力也变差，镀层发雾和产生针孔，但阴极极化较高，溶液的分散能力好，镀层结晶细致。镍浓度过低（60 g/L 以下）时，镍层容易烧焦。硫酸镍含量高时，溶液中镍离子含量相对稳定，可使用较高的电流密度，提高电流效率。通常硫酸镍的含量在 250 g/L 左右。镍盐的含量可以在很大范围内变化（100～350 g/L）。

电镀镍钴合金时，在只使用镍阳极而不用钴阳极的条件下，完全依靠外加钴盐（硫酸钴）来补偿溶液中钴离子的消耗。钴盐一般是定期补充的，因此镀液中钴离子浓度呈周期性变化。为减小溶液浓度的波动，保持合金成分的稳定，补充钴盐采取少量多次添加或连续添加的办法。

（2）阳极活化剂。

氯化镍作为导电盐而存在。由于镍的特性，容易产生阳极钝化。有的文献认为氯化镍不仅增加电导，而且能去阳极极化并改善阳极溶解，防止其钝化。镀液中的氯离子通常是以氯化镍或氯化钠的形式加入。氯化镍中氯离子和镍离子都是镀镍液中的有效成分，因而可以避免使用氯化钠时由于钠离子的积累而使镀层晶格畸变，增加镀层的内应力和硬度，有利于减少镀层产生裂纹的倾向。溶液中的氯化镍能帮助镍阳极的溶解，改善由于硫酸镍的导电性能差而导致镀镍液的分散能力降低、槽端电压升高及电流密度降低。氯化镍的含量过低时镍阳极容易钝化，使镀液中镍的含量降低，影响溶液的稳定，引起镍镀层发暗。较高的氯化镍含量可提高溶液的导电性和分散能力。但氯化镍含量过高，阳极溶解异常，泥渣增多，进而使镍镀层容易产生毛刺，镀层粗糙，镀层内应力增加，也是镀层产生脆裂的潜在因素。氯化物含量，若以 NaCl 计，一般控制在 7 ~ 20 g/L。

(3)导电盐。

在广泛应用的硫酸盐低氯化物类型的电解液中，由于硫酸镍比氯化物溶液电导率低，致使分散能力较差，槽电压较高，允许的工作电流密度也较低。为此可采取加入一些局外电解质的办法来改善导电性能。

(4)缓冲剂。

对于镀镍和镍钴合金来说，电解液的 pH 是个十分重要的工艺因素。要维持镀液在一定的 pH 范围内，则必须加入适当的缓冲剂。硼酸是很弱的一元酸，镀液中电离出来的氢氧根离子很快与硼酸电离出来的氢离子发生中和作用。由于析出氢气使 pH 升高的情况下，硼酸的缓冲容量随 pH 升高而增大，所以能起有效的缓冲作用。

(5)润湿剂。

在电镀镍或镍钴合金过程中，由于阴极上析出的氢气泡在表面上滞留，镀层常常产生针孔和麻点，加入润湿剂可以防止或减少针孔和麻点。

(6)光亮剂。

光亮剂是一些有机表面活性物质，具有不饱和基团。在电镀中，光亮剂通过不饱和基团吸附在阴极表面上的活性部位，即晶粒生长点上。光亮剂吸附的结果，提高了阴极极化，使晶粒细小，对镀层起到整平和增光作用；而且光亮镀层比普通镀层硬度高，耐磨性好。

3. 电极反应

电极反应是指发生在电镀溶液与电极两相界面上的电化学反应。

在电镀中，一般都使用直流电流。因交流电流在反向电流时，电沉积的金属又被溶解，所以交流电流无法电沉积金属。以镍板作为阳极，以镀件作为阴极，形成一个回路。当电流从直流电源经过外导线引入阳极，经镀液到阴极，再由外导线流回电源。电流方向是正电荷移动的方向，而电子移动的方向与电流方向相反。带正电的阳离子和带负电的阴离子同时存在于镀液中。阳离子向阴极移动，阴离子向阳极移动。阳极上主要发生镍的溶解，阴极则发生镍的沉积。如果电源不断供给直流电，阳极镍板就会不断地溶解，以补充溶液中镍离子的不断消耗，阴极上不断沉积一层金属镍，实现镀镍。

(1)阴极反应。

目前在镀镍和镍钴合金生产中普遍采用简单盐电解液，镀液中的金属离子有 Ni^{2+}、Co^{2+}、Na^{2+}、Mg^{2+}等。由于 Na^{2+}、Mg^{2+}电极电位很低，不可能在阴极上放电，在电镀过程中放电的金属离子只有 Ni^{2+}和 Co^{2+}，反应为

$$Ni^{2+} + 2e^- = Ni \tag{9.25}$$

$$Co^{2+} + 2e^- = Co \tag{9.26}$$

由于镀镍电解液呈酸性，还存在氢离子还原为氢的副反应，即

$$2H^+ + 2e^- = H_2 \uparrow \tag{9.27}$$

氢和镍钴的标准电极电位 φ^0分别为 0 V、−0.250 V、−0.277 V。氢的 φ^0校正，理应优

先析出，但电极电位还与浓度和过电位有关。氢离子浓度很小，而且氢在镍钴上的过电位也相当大，因此氢的实际电位比镍、钴更低，氢难以析出。事实上，在电镀镍时析氢量很少，镀镍的电流效率一般都在 95% 以上，在 pH 较高的情况下，可达 98% 以上。

（2）阳极反应。

镀镍和镍钴合金一般都是采用可溶性镍阳极，阳极反应为金属镍的电化溶解，$Ni-2e^-=Ni^{2+}$。当电解液中不含阳极活化剂时，如果随着阳极电流密度提高，电极进入钝化状态。钝态下镍的溶解几乎停止，发生析氧反应。生成的氧更促进表面钝化，使表面生成一层氧化膜，阳极颜色由灰白变为棕褐色，钝态下阳极区出现气泡，同时还能闻到氯气的气味。阳极副反应如下：

$$2H_2O-4e^-=4H^++O_2\uparrow \tag{9.28}$$

$$2Cl^--2e^-=Cl_2\uparrow \tag{9.29}$$

$$4Ni+3O_2=2Ni_2O_3 \tag{9.30}$$

镀液中加入氯化物可以有效地防止阳极钝化，保持阳极的正常溶解。

如果镀镍钴合金联合采用分别供电的镍阳极和钴阳极，则在镍阳极溶解的同时，还有钴阳极的电化学溶解，$Co-2e^-=Co^{2+}$。钴阳极也有类似镍阳极的钝化行为，往溶液中加入氯离子，同样可以有效地防止钴阳极的钝化。

9.6.3.2　电镀工艺参数

电镀工艺条件是指电镀工艺规范中规定的电镀操作条件。一般包括电流密度、电解液的 pH、温度、搅拌情况、阳极类型、阴阳极面积比等。

1. pH

镍和镍钴合金电镀溶液，呈弱酸性，接近于中性。在这样的溶液中，pH 对电沉积过程及所得镀层质量有很大影响。各种镀镍和镍钴合金溶液的硫酸盐低氯化物型电解液 pH 的总范围一般在 3.5～6 之间。而对于每种不同的镀液，都规定有一个很小的 pH 范围，允许变化的幅度一般为 ±0.2 左右。

在允许范围内，维持较低的 pH，有以下一些优点：①可以获得宽的电流密度范围；②pH 低时，可相应地增加主盐含量和提高温度，从而采用较高的电流密度；③pH 低的电解液阳极溶解性好；④镀层针孔少。

在允许范围内，随着 pH 升高，镀层内应力增大，硬度提高，延伸率下降，同时电流效率较高一些，但分散能力较差。对于瓦特类镀液，当 pH 在 5 以下时，镀层机械性能变化不大。当 pH 大于 5 时，延伸率迅速下降，内应力迅速增大，硬度迅速提高，同时抗张强度也迅速升高。由此可知，在允许范围内适当提高 pH 有利于获得硬度高、耐磨损的镀层。

2. 温度

普通镀镍一般是在较低温度下进行的，温度范围为 18～35℃；快速镀镍、镀厚镍及光亮镀镍，则采用较高的温度，通常在 45～60℃之间。

温度对镀层内应力有较大影响。温度由 10℃ 升到 35℃，镀层内应力显著降低；但由 35℃ 升到 60℃，内应力降低缓慢；进一步提高温度，内应力几乎不再改变。

升高温度也会产生一些不利的影响：①随着温度升高，盐类水解及生成氢氧化合物的倾向增大，特别是铁杂质在 pH 为 4.7 时就能生成氢氧化铁沉淀，使镀层容易出现针孔；②温度升高，镀液的分散能力会有些降低。

3. 阴极电流密度

为了提高电沉积的速度，在保证镀层质量的前提下，总是希望用大电流密度。允许使用的电流密度的大小与电解液的浓度、温度、pH 以及是否搅拌等因素有关。一般地说，当电解液中主盐浓度高、pH 低，并且加热和搅拌的条件下，可以使用较高的电流密度。

电流密度选用得过高，将会使镀层内应力很大、很脆、结合不牢、出现针孔，甚至尖角边缘部位“烧焦”，成海绵状沉积物。

电流密度对电流效率也有影响。当 pH 低时，在低电流区，η 随 i_c 增大而增大，在高电流区，二者关系不大。当 pH 高时，i_c 几乎和 η 无关。

镍钴合金中的钴含量与电流密度有关。根据金属共沉积的一般原理，如果钴比镍阴极极化率小，则随着 η 的提高，钴电位向负方向移动比镍小，因此合金中钴含量应当增大。反之，钴含量应当减小。这取决于共沉积时的具体条件。

需要指出，在某一电流密度下，合金中的镍钴比例与它们的极化值的相对大小有关；而镍钴比例随电流密度提高而引起的变化，则与它们的极化率的相对大小有关。

4. 阳极与阴极面积比

镀镍采用的是可溶性镍阳极。在有活化剂存在的条件下，镍阳极可以正常溶解，补充镍离子的消耗，保持含量稳定。需注意采用适当的阴阳极面积比，一般 $S_C:S_A$ 为 1∶1 到 1∶2。如果阳极面积过小，使得 i_c 过大，就会导致阳极钝化；反之，S_A 过大，则 i_A 过小，有可能发生化学溶解，使得阳极溶解不均匀，阳极泥渣多，甚至掉块。

对于电镀镍钴合金，如果采用分别供电的镍阳极和钴阳极，当要求镀层含钴量为 30% 时，使用的 i_c 之比为 3∶1。

5. 搅拌

一般来说，搅拌可以减小浓差极化，从而提高 i_c。对于镀镍和镍钴合金而言，搅拌还可以防止阴极附近因缺镍引起大量析氢导致 pH 升高而产生氢氧化物沉淀，从而减少镀层针孔，防止镀层粗糙发脆。搅拌不仅减少氢气产生，还能促进氢气泡尽快脱离镀层，这也有利于减少针孔。

搅拌对于镍钴合金中钴含量也有影响，可以提高镀层中的钴含量。这是因为溶液中钴比镍含量低得多，搅拌对钴引起的减少浓差极化的作用比镍更为显著。

第 10 章　磁性材料

10.1　概述

10.1.1　物质的磁性

磁性是物质的最基本属性之一。物质的磁性来源于原子的磁矩。原子由原子核和核外电子组成，电子和原子核均有磁矩。但原子核的磁矩是电子磁矩的 1/2000，所以原子磁矩主要来源于电子磁矩，包括电子的轨道磁矩和电子的自旋磁矩。在所有材料中，原子磁矩并不都是排齐的。按照局部原子磁矩彼此耦合的方式如平行、反平行或不平行，物质的磁性大体分为抗磁性、顺磁性、铁磁性、反铁磁性和亚铁磁性等。表 10－1 列出各种磁性的异同点。其中铁磁性和亚铁磁性为强磁性，通常将它们广义地称为铁磁性；其余属于弱磁性。

表 10－1　物质磁性的异同点

磁性	抗磁性	顺磁性	铁磁性	反铁磁性	亚铁磁性
原子磁矩	=0	≠0	≠0	≠0	≠0
磁化率	$-(10^{-5}\sim10^{-6})$	$-(10^{-4}\sim10^{-5})$	$-(10^{2}\sim10^{6})$	$-(10^{-2}\sim10^{-4})$	$-(10^{2}\sim10^{6})$
磁化曲线	线性	线性	非线性	线性	非线性
饱和磁化场	无限大	$>10^{10}\ \mathrm{A\cdot m^{-1}}$	$10^{2}\sim10^{5}\ \mathrm{A\cdot m^{-1}}$	$>10^{10}\ \mathrm{A\cdot m^{-1}}$	$10^{2}\sim10^{5}\ \mathrm{A\cdot m^{-1}}$
磁性强弱	弱	弱	强	弱	强

10.1.2　铁磁性物质的特性

一般所说的磁性材料都是指具有铁磁性的物质，其磁化率大，即易于磁化，下面介绍一下铁磁性物质的特性。

铁磁性物质的特性主要分为两类，一是与内部原子结构和晶格结构有关的特性，也称为内禀特性；二是与磁化过程有关的特性，也称作磁化特性。

1. 铁磁物质的内禀特性

(1) 自发磁化强度 M_s：铁磁性物质的原子都具有原子磁矩，同时又具有晶格结构，原子磁矩按一定规律排列在晶格点阵中。因此，每一个原子受到周围邻近原子的强烈作用，使邻近原子的磁矩方向趋于平行某一晶轴方向，因而自发地产生磁化强度 M_s（指单位体积内磁矩的矢量和）。它决定于铁磁性物质的原子结构和邻近原子间相互作用，并随温度而变化。

(2)居里温度 T_c：铁磁性物质之所以具有自发磁化，是由于邻近原子间的相互作用。但物质的原子或分子在一定温度下总是不停地运动着，原子或分子的动能与形成物质所处的温度有关。显然这种不规则热运动是要破坏各原子磁矩趋于一致方向。当在某温度以下，迫使邻近原子取向一致的相互作用超过原子热运动的破坏作用，则在该温度以下，可以形成一定程度的自发磁化，该温度叫居里温度(或居里点)。在居里温度以上时，原子热运动超过了原子磁矩取向一致的作用，而变为混乱状态，呈顺磁性。每一种铁磁物质均有其居里点，单位为℃。

(3)磁各向异性场 Hk：铁磁性物质按具体结构讲可分晶体和非晶体两类。对晶体来说，其磁性在各个晶格方向是不一样的，这个性质叫磁晶各向异性。易于磁化的晶轴方向称易磁化方向，难于磁化的晶轴方向称难磁化方向。表示材料各向异性大小的系数称为各向异性常数 K，使晶体沿难磁化方向磁化到饱和所需的的磁场称为各向异性场 Hk。

(4)饱和磁致伸缩系数 λ_s：当铁磁物质在外磁场作用下磁化时，可观察到尺寸及形状的变化。这种现象称磁致伸缩现象。饱和磁致伸缩系数 λ_s 表示某一铁磁物质在外磁场作用下，沿磁场方向上测量到最大长度或形状的变化。

2. 铁磁物质的磁化特性

这类特性是用与物质的磁化曲线和磁滞回线直接联系的几个参数来表示的。铁磁物质在外磁场作用下的磁化过程是不可逆的，这就是磁滞现象。图 10－1 为铁磁物质典型的磁化曲线和磁滞回线。磁化曲线表征的是铁磁物质在外磁场作用下所具有的磁化规律，又称为技术磁化曲线。OC 为磁化曲线，到 C 点时，铁磁物质磁化到饱和状态。磁滞回线是当磁场在正负两个相同数值之间变化时，磁感应强度的变化回线。这个回线的大小随磁场的正负最大值而不同。从饱和磁化状态开始的磁滞回线叫基本磁滞回线。磁化曲线和磁滞回线有两种表示法：一种是磁感应强度 B 对磁场 H 的曲线，这是工程技术中常用的表示方法；另一种是磁化强度 M 对磁场 H 的曲线，这是磁学中常用的表示方法。

铁磁物质在磁化过程中的特性参数主要有：

B_s——饱和磁感应强度，是指用足够大的磁场来磁化磁性物质时，其磁化曲线接近水平不再随外磁场的加大而增加时的相应 B 值，单位为 T 或 Gs；

H_c——矫顽力，是指当磁性物质磁化到饱和后，由于有磁滞现象，故要使 B 减为零需有一定的负磁场，单位为 A/m 或 Oe；

B_r——剩余磁感应强度，是指当以足够大的磁场使磁性物质达到饱和后，又将磁场减小到零时的相应的磁感应强度，单位为 T 或 Gs。

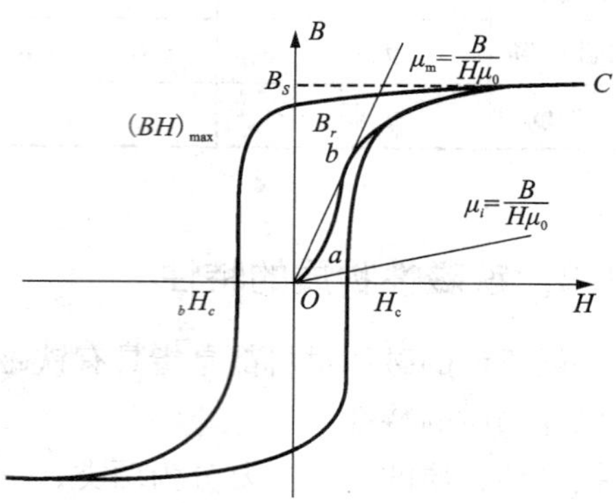

图 10－1　铁磁物质典型磁化曲线与磁滞回线

μ——磁导率，是 $B-H$ 曲线上任意一点的 B 和 H 的比值，$\mu=B/H$，单位是 Hm 或 Gs/Oe；

μ_i——初始磁导率，是指当 $H\to 0$ 时的磁导率；

μ_m——最大磁导率，是指以原点作直线与 $B-H$ 曲线相切，切线的斜率即为 μ_m。

10.1.3　磁性材料的分类

磁性材料品种繁多，有多种分类方法。从成分上分，可分为金属及合金磁性材料、铁氧体磁性材料两大类，铁氧体磁性材料又分为多晶结构和单晶结构材料。从性能上分，可分为硬磁材料、软磁材料、矩磁材料、旋磁材料、压磁材料及其他磁功能材料，如图10－2所示。软磁材料、永磁材料、磁记录、矩磁材料中既有金属材料又有铁氧体材料；而旋磁材料和高频软磁材料主要为铁氧体，因为金属在高频和微波频率下将产生巨大的涡流效应，导致金属磁性材料无法使用，而铁氧体的电阻率非常高，将有效地克服这一问题，而得到广泛应用。从形态上分，磁性材料又可分为粉体材料、液体材料、块体材料、薄膜材料等。从制备工艺上分，可分为铸造磁性材料与粉末冶金材料；前者指采用铸造技术制备的磁性材料，后者指采用粉末冶金技术制备的磁性材料。

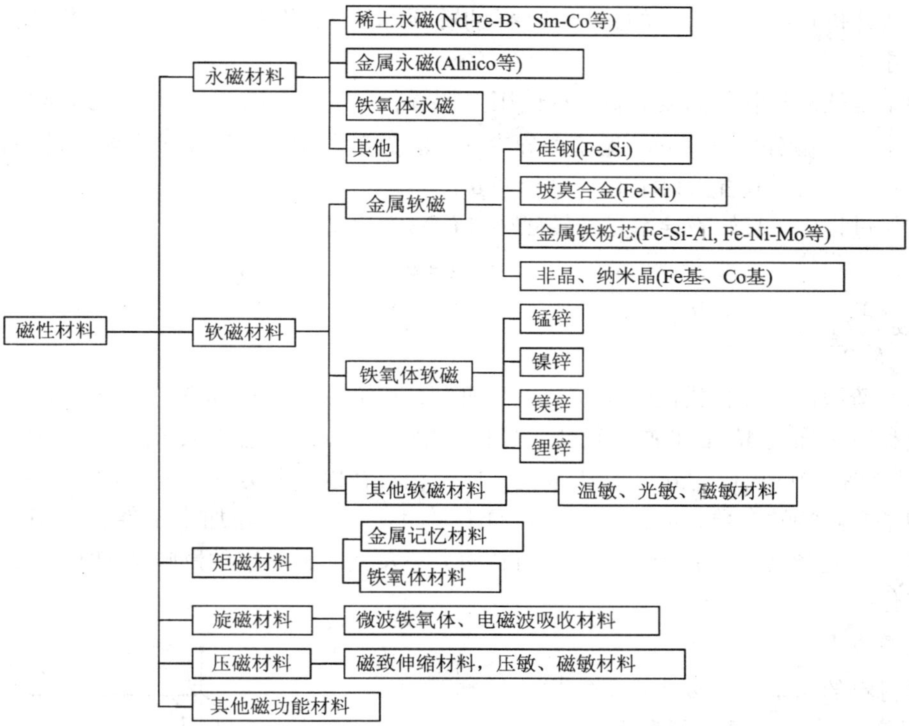

图 10－2　磁性材料的分类

粉末冶金方法被广泛应用来制备各种磁性材料；由于烧结是决定粉末冶金材料性能的关键工序，粉末冶金磁性材料也被通称为烧结磁性材料。目前市场上出售的粉末冶金磁性材料或产品中有铁氧体磁性材料、烧结铝镍钴永磁体、稀土系烧结永磁体、稀土系黏结永磁体、烧结型软磁材料或零部件等。粉末冶金工艺生产磁性材料有下列优点：

(1)能制造各种磁性材料的单晶或单畴尺寸的微粒(几个微米到数百埃)，通过在磁场下成形等工艺制成高性能的磁体。如硬磁铁氧体、稀土钴硬磁和 ESD 硬磁(Elongated Single Domain)等。

(2)能把磁性粉末与其他物质复合而制成具有某些特定性能的材料。例如能把绝缘物质覆在软磁合金粉末表面，压成颗粒间互相绝缘的磁粉芯，这种磁粉芯在中频或高频电磁场下产生的涡流很小，因而大大减少能源的损耗。还能把磁性粉末与橡胶(或塑料)复合制成磁性橡胶、磁性塑料，或与有机液体混合制成磁性液体或涂层，以满足一些专门的使用要求等。

(3)能减少加工工序，节省原料，直接制出接近最终形状的磁体，尤其是对于难加工的硬脆磁性材料而言，粉末冶金法的优越性更加突出。例如磁性能要求不高的 Alnico 异形小磁体，用粉末冶金方法生产，可以降低成本。

10.1.4　磁性材料的基础

10.1.4.1　软磁材料的基础

软磁材料为矫顽力低于几百安每米的强磁性的铁磁性或亚铁磁性物质，特指容易磁化和退磁的材料。软磁材料在反磁化过程中显示出窄的磁滞回线，如图 10－3 所示。粉末冶金软磁材料性能评价指标主要有高的磁导率、低的矫顽力、高的饱和磁感应强度、低的铁损等。

1. 磁导率 μ

磁导率是软磁材料的重要参数，从使用要求看，主要是起始磁导率 μ_i，其他类磁导率如最大磁导率 μ_m、微分磁导率 μ_d、振幅磁导率 μ_a、有效磁导率 μ_e、脉冲磁导率 μ_p 等与 μ_i 存在着内在的联系，因此下面着重讨论起始磁导率 μ_i。

在磁化过程中，起始磁导率是畴转磁化和位移磁化这两个过程的叠加，有：

$$\mu_i = \mu_{i转} + \mu_{i位}$$

其中 $\mu_{i转} \propto \frac{M_s^2}{K_1\beta^{\frac{1}{3}}}$，$\mu_{i位} \propto \frac{\mu_0 M_s^2}{3\lambda_s\sigma}$。

不论是畴壁位移磁化机制还是畴转磁化机制，起始磁导率 μ_i 都有一个共同的特点，即与材料的饱和磁化强度 M_s 的平方成正比，与材料的磁晶各向异性常数 K_1 和磁致伸缩系数 λ_s 成反比，与材料中的内应力 σ 和杂质浓度 β 成反比。在以上几方面影响因素中，M_s、K_1 和 λ_s 是材料的基本磁特性参数，是决定磁导率的主要因素，基本不随加工条件和应用情况变化。而 σ 和 β 是决定磁导率的次要因素，σ 和 β 的大小及其对磁导率的影响会随加工条件和实际情况而变化。

2. 矫顽力 H_c

软磁材料的基本性能要求是，能快速地响应外磁场变化，这就要求材料具有低矫顽力值。图 10－3 为软磁材料典型的磁滞回线示意图。图中所示材料的矫顽力 H_c 很低，在低磁场时就表现出灵敏的响应。软磁材料的磁化过程一般通过畴壁的移动来实现。材料中的多种缺陷与畴壁存在交互作用，因此对畴壁移动形成阻力。如空位、杂质原子、位错等都会造成局部晶格畸变，形成小范围的应力场，通过磁弹性能影响畴壁能的大小。各种晶面(晶界、相界、孪晶界等)对于畴壁的移动都会形成阻

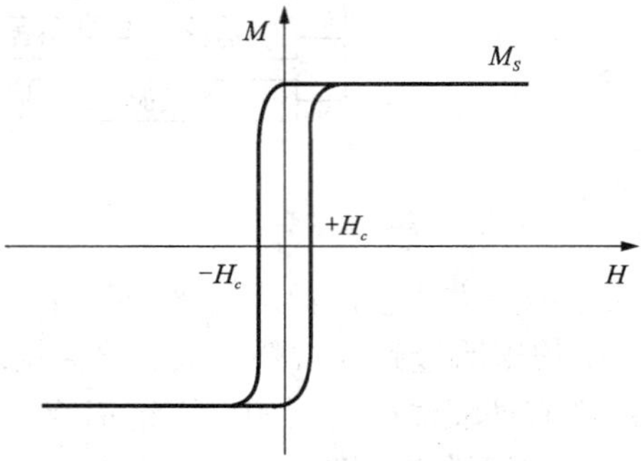

图 10－3　软磁材料的磁滞回线

力。非磁性夹杂物处于畴壁中间时，可减小畴壁的面积，从而降低总的畴壁能量。理论分析计算表明，当杂质颗粒的尺寸与软磁材料中畴壁厚度相当时，对磁性能的不利影响最严重。另一方面它还会改变材料中局部的磁畴结构，影响磁畴壁的面积等。在畴壁移动过程中，相对于这些缺陷位置的变化，使相应的交互作用能量发生变化，从而构成畴壁移动和材料磁化的阻力。材料的壁移矫顽力，是磁化时驱动畴壁移动、克服最大阻力所需的磁场。

为了降低软磁材料的矫顽力，从材料的微观组织方面着手，应当尽量减少各种缺陷密度，以降低畴壁钉扎点的密度。具有良好磁性能的软磁材料，其微观组织特征通常为单相、纯净、均匀、缺陷少。

3. 饱和磁感应强度 M_s

软磁材料通常要求具有高的饱和磁感应强度，这样不仅可以获得高的 μ_i 值，还可以节省资源，实现磁性器件的小型化。在软磁材料中可以通过选择适当的配方成分，来提高材料的 M_s 值。

4. 损耗 W_m

磁性材料的磁损耗 W_m 是指磁性材料在交变磁场中所吸收的并以热的形式耗散的能量，包括材料的磁损耗和介电损耗。在交流电情况下使用的软磁材料还须具有低的反磁化损耗（总损耗），包括磁滞损耗和涡流损耗，正比于磁滞回线面积。降低磁滞损耗的方法是减小软磁材料的矫顽力。具体措施包括控制杂质元素、添加合金元素、进行适当的热处理等。减少涡流损耗的方法包括提高软磁材料的电阻率、减小磁体厚度、细化磁畴等。

10.1.4.2　永磁材料的基础

永磁材料又称硬磁材料或恒磁材料，具有高的矫顽力，经技术磁化到饱和并去掉外磁场后，仍能保持很强的磁性。永磁体一般在开路状态下应用，在磁路的气隙内提供可利用的气隙磁场。现代工业与科学技术广泛应用的粉末冶金永磁材料有铝镍钴永磁材料、铁氧体永磁材料、稀土永磁材料和其他永磁材料等四大类。

对永磁材料的基本要求有：①剩余磁感应强度 B_r 要高；②矫顽力（H_{ci}、H_{cb}）要高；③最大磁能积 $(BH)_{max}$ 要大；④材料稳定性要好。

1. 饱和磁化强度 M_s

永磁材料均要求 M_s 越高越好，饱和磁化强度取决于组成材料的磁性原子数、原子磁矩和温度。单位体积内磁偶极矩的矢量和为磁极化强度 J_s 在室温时，M_s 和 J_s 可表示为

$$M_s = n_{eff} \cdot N \cdot \mu_B = n_{eff}\frac{N_A\rho}{M} \cdot \mu_B$$

$$J_s = \mu_0 M_s$$

式中，N_A 是阿伏加德罗常数（$N_A = 6.023 \times 10^{23}$），$\rho$ 是材料的密度，M 是相对分子质量，n_{eff} 是有效玻尔磁子，μ_0 为真空磁导率。

2. 剩磁 B_r

剩磁是组织敏感参量，它对晶体取向和畴结构十分敏感，即主要取决于 M_s 和 θ_i 角。为获得高剩磁，首先应选择高 M_s 的材料。θ_i 角主要取决于晶粒的取向与磁畴结构，通常用获得晶体织构和磁织构的办法来提高剩磁。

铁磁性粉末冶金制品的剩磁与正向畴的体积分数 A、粉末颗粒的取向因子 $\overline{\cos\theta}$、粉末制

品的相对密度 ρ/ρ_0、非铁磁性的第二相的体积分数 β 以及致密样品的磁化强度 M_s 有关，即

$$M_r = A(1-\beta)\overline{\cos\theta}\frac{\rho}{\rho_0}M_s$$

可见，提高粉末制品的取向度，提高相对密度，尽量减少非铁磁性第二相的体积分数和提高正向畴的体积分数等，是提高材料剩磁的主要途径。

3. 矫顽力

永磁体在磁化过程中，经历可逆的畴壁移动、不可逆的畴壁移动，经磁化转动最后达到饱和。材料的矫顽力主要由畴壁的不可逆移动和不可逆磁畴转动形成的。永磁材料矫顽力的大小主要由各种因素(如磁各向异性、参杂、晶界等)对畴壁不可逆位移和磁畴不可逆转动的阻滞作用的大小来决定。提高材料的矫顽力主要从畴壁不可逆位移和磁畴不可逆转动两方面来考虑。

(1)磁畴壁的不可逆转动。

有一些永磁材料是由许多铁磁性的微细颗粒和将这些颗粒彼此分隔开的非磁性或弱磁性基体组成的，这些铁磁性颗粒足够细小，以至于每一颗粒内部只包含一个磁畴，这种可以称为单畴颗粒。在这类材料中的磁化机制为畴壁的不可逆转动，其矫顽力可表达为：

$$H_c = a\frac{K_1}{\mu_0 M_s} + b(N_\perp - N_\parallel)M_s + c\frac{\lambda_s\sigma}{\mu_0 M_s}$$

式中，右边的三项依次分别为磁晶各向异性、形状各向异性和应力各向异性的贡献，$N_\perp$ 和 $N_\parallel$ 是具有形状各向异性的颗粒沿短轴和长轴所对应的退磁因子，a、b、c 是和晶体结构颗粒取向分布有关的系数。从该式可以看出，对于高 M_s 的单畴材料，最好是通过形状各向异性来提高矫顽力，这时希望离子的细长比越大越好，以增大$(N_\perp - N_\parallel)$的值。对于具有高 K_1 和 λ_s 的材料，应该利用磁晶各向导性和应力各向异性来提高矫顽力。在单畴材料中，各单畴颗粒取向是否一致直接影响着 H_c 的大小。

在由单磁畴微粒子的磁各向异性产生高矫顽力的重要永磁材料中，属于形状磁各向异性机制的有 Alnico 合金、FeCrCo 合金(析出型)，属于晶体磁晶各向异性机制的有 Nd－Fe－B、钡铁氧体等。

(2)畴壁的不可逆位移。

永磁材料的反磁化过程如果由畴壁的不可逆位移所控制，则会有两种情况：一种是反磁化时材料内部存在着磁化在反方向的磁畴，一种是不存在这种反向畴。在永磁材料中，不可避免地会有各种晶体缺陷、杂质、晶界等存在，在这些区域内由于内应力或内退磁场的作用，磁化矢量很难改变取向，以至于当晶体中其他类部分在外磁场饱和磁化以后，这部分的磁化方向仍沿着相反方向取向，因此，在反磁化时，它们就构成反磁化核。这些反磁化核在反磁场作用下将长大成反磁化畴，为畴壁位移准备了条件。在此情况下，要得到高矫顽力，关键在于反向磁场必须大于大多数畴壁出现不可逆位移的临界磁场，而临界磁场的大小则依赖于各种因素对畴壁移动的阻滞。如果永磁体在反磁化开始时，根本不存在反磁化核，那么阻止反磁化核的出现也是提高矫顽力的重要途径。

4. 磁能积

永磁体用作磁场源或磁力源，主要是利用它在空气隙中产生的磁场。图 10－4 为有气隙的环状磁体，该磁体在两极空间产生的磁场强度 H_g 为：

$$H_g = \left(\frac{B_m H_m}{\mu_0} \times \frac{V_m}{V_g} \right)^{\frac{1}{2}}$$

式中，V_g 为磁体的体积，V_m 是两极间空隙的体积，H_m 和 B_m 是永磁体工作状态的退磁场和磁感应强度。当 H_g 一定时，乘积 $B_m H_m$ 越大，磁体体积 V_m 就越小，这对于电器的小型化至关重要。永磁材料研究者们总是力图使退磁曲线上各点处的 BH 乘积尽可能的高。磁能积 BH 随退磁场 H 变化的曲线称为磁能曲线，见图 10－5 其中与 D 点对应的 B_D 和 H_D 的乘积为最大值，称为最大磁能积$(BH)_{\max}$。从量纲上来看，BH 乘积的单位是 $kJ \cdot m^{-3}$，因此可以认为 BH 表示了永磁体在气隙空间建立的磁能量密度。$(BH)_{\max}$的理论上限为：

$$(BH)_{\max} \leqslant \frac{\mu_o^2 M_s^2}{4}$$

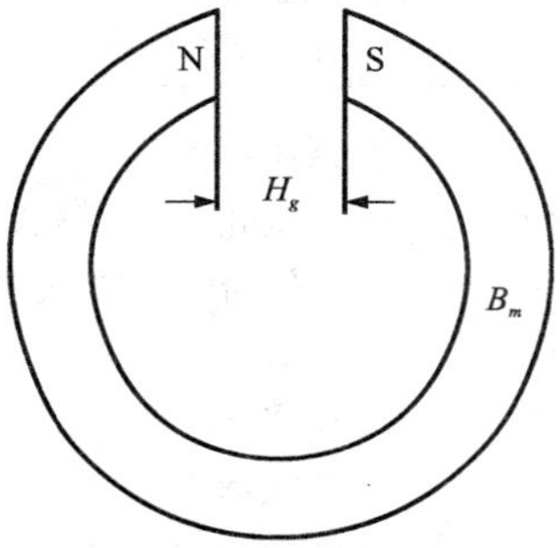

图 10－4　有气隙的永磁体

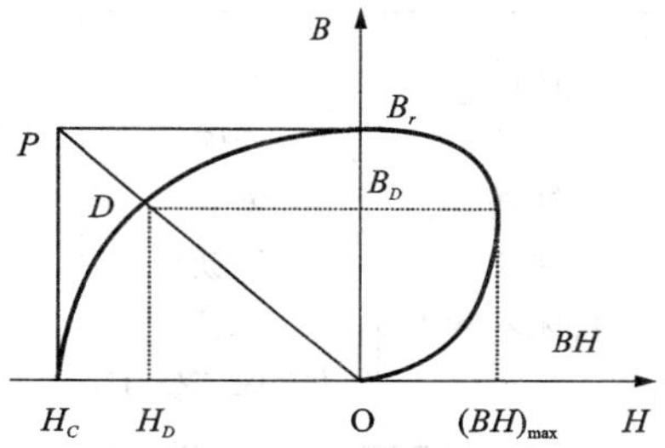

图 10－5　磁能积随退磁场 H 变化的磁能曲线

10.2　粉末冶金软磁材料

粉末冶金软磁材料有金属软磁材料与铁氧体软磁材料二大类，本节主要介绍粉末冶金金属软磁材料；而粉末冶金铁氧体软磁材料在 5.3 软磁铁氧体中进行介绍。

10.2.1　粉末冶金金属软磁材料

粉末冶金金属软磁材料也被称为烧结金属软磁材料或烧结金属软磁。

10.2.1.1　**烧结金属软磁的分类及特点**

目前工业上生产的粉末冶金金属软磁材料主要有纯铁、Fe－0.45P、Fe－3Si、Fe－Ni、Fe－Co以及不锈钢等。表 10－2 示出一些软磁合金的室温磁特性。

表 10－2　粉末冶金烧结软磁的室温磁特性

材料类型	密度 ρ/($g \cdot cm^{-3}$)	矫顽力 H_c /($kA \cdot m^{-1}$)	饱和磁化强度 /T	最大磁导率 μ_{max}	电阻率 /($\mu\Omega \cdot cm$)	相对使用成本
纯 Fe	6.8/7.2	0.12－0.2	1.0/1.3	1800/3500	10	1
Fe－0.45% P	6.7/7.4	0.10～0.16	1.0/1.4	2500/6000	30	1.2
Fe－3% Si	6.8	0.02～0.08	0.8/1.1	2000/5000	60	1.4
400SS	5.9/6.5	0.12～0.24	0.6/0.8	500/1000	50	3.5
Fe－50% Ni	7.2/7.6	0.01～0.04	0.9/1.4	5000/15000	45	10

烧结金属或合金软磁材料性能评价的指标主要有高的磁导率、高的饱和磁化强度、低的矫顽力。一般认为，这类材料适用于直流电使用，或在低频率的交流下使用。目前，粉末冶金软磁材料在汽车工业中已经获得了广泛应用。表 10 –3 是粉末冶金软磁材料的选材规则。铁磷合金适用于要求磁响应性强并有良好力学性能的零部件；铁硅和铁磷硅合金为了在磁路中达到低的铁损最为有效；铁镍合金能提供高的磁导率；410L 不锈钢具有适度的软磁性和良好的耐蚀性；430L 和 434L 不锈钢具有较好的耐蚀性，不过软磁性不如 410L。在最通用的汽车零部件之中，可采用粉冶软磁材料制造的有：磁极片，各种型式阀门中的衔铁，磁外壳，燃料喷射系统用的垫圈、传感器垫圈等。

表 10 –3　粉末冶金烧结软磁的选材规则

等级	饱和磁感	最大磁导率	矫顽力	电阻	耐蚀性	成本
最高	铁钴	铁镍	铁钴	铁硅	铁素体不锈钢	铁钴
│	纯铁	铁磷	铁素体不锈钢	铁素体不锈钢	铁硅	铁镍
│	铁硅	铁硅	纯铁	铁镍	铁磷	铁素体不锈钢
│	铁磷	纯铁	铁磷	铁磷	铁镍	铁硅
│	铁素体不锈钢	铁钴	铁硅	纯铁	铁钴	铁磷
最低	铁镍	铁素体不锈钢	铁镍	铁钴	纯铁	纯铁

10.2.1.2　烧结金属软磁的制备工艺、磁性能及应用

利用粉末冶金技术可以制作复杂形状的磁性零部件，可免去大量的机加工，从而节省大量成本；同时制备的软磁合金具有良好的磁性能和力学性能。相对于轧制或锻造法制备的软磁材料而言，粉末冶金材料或零部件的密度直接影响材料的磁特性。

该类材料的制造工艺为：金属粉末→添加润滑剂或黏结剂→压制→低温脱除润滑剂或黏结剂→高温烧结。获得常规密度软磁合金的工艺条件（normal density technology，NDT）为：压制压力为 600 ~ 800 MPa，烧结温度为 1120 ~ 1250℃，获得材料的密度为理论密度的 92% ~ 94%。由于饱和磁化强度与密度成正比，而且材料内存在的孔隙可能通过钉扎畴壁增加材料的矫顽力，从而使回线面积增大，进而导致损耗增加。所以在工业上采用高密度技术（high – density technology，HDT）来制备性能更好的软磁材料：压制压力高于 800 MPa，烧结温度为 1250 ~ 1300℃，获得材料的密度为理论密度的 95% ~ 98%。其次，材料中的碳、氮、氧和硫等杂质对磁导率、矫顽力和磁滞损耗等结构敏感特性是不利的。对于经过烧结工艺制造的粉末冶金软磁材料或零件，在烧结前应设法将其压制坯件中含有的润滑剂或聚合物去掉或降低到最低程度。另外，烧结炉的条件和保护气氛的选择也很重要，通常采用的是氢气或真空气氛。在采用水雾化的粉末时，由于含有表面氧化物，在烧结前必须将氧化物还原。粉末冶金软磁材料选用的合金大都为单相合金，第二相的析出一般会损害结构敏感磁特性。

1. 烧结纯铁软磁材料

该材料以水雾化铁粉、还原铁粉和电解铁粉为原料，通过常规烧结（1120℃，30 min）或高温烧结（ >1250℃）获得。表 10 –4 是纯铁粉在不同温度和压力下烧结后的磁性能及密度。提高烧结温度和增大压制压力有利于磁性能和密度的提高。

表 10－4　铁粉在不同温度下烧结后的磁性能(测试磁场为 119A/m)

材料*	烧结温度/℃	压制压力/MPa	烧结密度	H_c/(kA·m^{-1})	B@119 A/m /T	B_{max}/T	μ_{max}
纯铁粉	1120	410	6.82	0.23	0.73	1.06	2530
		550	7.14	0.23	0.85	1.21	3070
		690	7.30	0.23	0.92	1.29	3340
	1260	410	6.86	0.21	0.75	1.10	2730
		550	7.14	0.21	0.86	1.24	3190
		690	7.32	0.21	0.93	1.32	3570

表 10－5 是采用还原铁粉和电解铁粉作原材料时，烧结纯铁软磁材料的成分及磁性能。该材料主要适用于制造仪器仪表、电器中的磁导体。

表 10－5　烧结纯铁软磁材料的成分及磁性能(根据 JB/T4114—1999)

牌号	原料	化学成分/%		密度/(g·cm^{-3})	磁感应强度 B_{40}/T	最大磁导率 μ_{max}	矫顽力 H_c/(A·m^{-1})
		Fe	C				
FTC－H－64	还原铁粉	≥98.5	≤0.1	6.4	≥0.95	≥992	≤318
FTC－H－66				6.6	≥1.05	≥1304	≤278
FTC－H－68				6.8	≥1.15	≥1496	≤278
FTC－H－70				7.0	≥1.25	≥1696	≤238
FTC－D－70	电解铁粉	≥99	≤0.05	7.0	≥1.30	≥2000	≤160
FTC－D－72				7.2	≥1.35	≥2496	≤160

2. 烧结铁磷软磁材料

该材料以还原铁粉或雾化铁粉和磷铁合金粉(Fe_2B 或 Fe_3B)为原料，经混合、压制和烧结的粉末冶金工艺过程完成。在压制过程中，Fe_2B 或 Fe_3B 粉分布在较大的铁颗粒之间，在烧结时，铁磷金属间化合物于 1050℃熔化并扩散到铁中，在铁中形成磷的固溶体。在铁中添加磷铁合金可以降低矫顽力并增大磁体密度，提高材料的机械性能。同时烧结气氛对铁磷合金的磁性能也有较大影响，如图 10－6 所示。

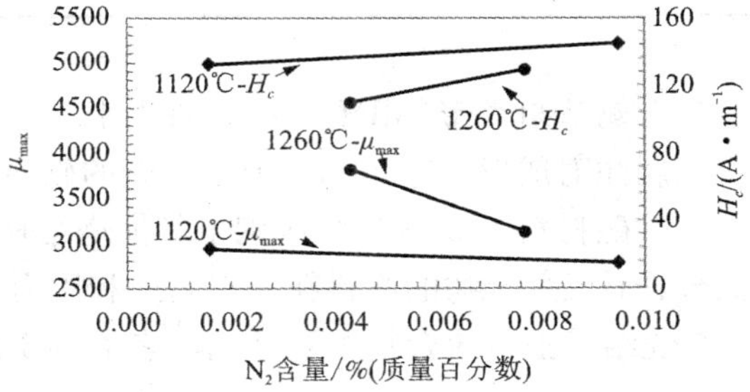

图 10－6　N_2－H_2 烧结气氛中 N_2 含量和烧结温度对 Fe－0.45%P 磁性能的影响

表 10－6 是烧结铁磷的成分及磁性

能。该类材料适用于制造电器、电机和仪表中的磁极元件。

表 10－6　烧结铁磷的成分及磁性能(根据 JB/T9132－1999)

牌号	密度/($g\cdot cm^{-3}$)	化学成分/%			磁感应强度 B_{40}/T	最大磁导率 μ_{max}	矫顽力 H_c/(A/m)
		Fe	P	其他			
F7402－U	7.0	余量	≤0.6	≤1.0	≥1.3	≥2000	≤200
F7402－V	7.2				≥1.5	≥2480	≤160
F7402－W	7.4				≥1.5	≥2960	≤120

3. Fe－50% Ni 合金

含有 50% Ni 的 Ni－Fe 合金具有高磁导率、高饱和磁感应强度和低的矫顽力。该合金通常在压制成形后须在真空或氢气中于 1260℃处理 1 h，烧结态的磁导率可达 10000、H_c 可降低至 15 A/m。对合金热处理后，最大磁导率可增至 21000，而 H_c 不变。另外，若在 Fe－Ni 合金的基础上适当添加少量 Si 可提高合金密度，并有利于磁性能的改善，如表 10－7 所示。

表 10－7　Si 的添加量对 Fe－50%Ni 磁性能及密度的影响

S_i 含量	压制压力/MPa	烧结温度/℃	烧结密度/($g\cdot cm^{-3}$)	μ_{max}	H_c/($A\cdot m^{-1}$)	B_{max}/T
0.4%	415	1120	6.60	5000	49.35	0.81
		1180	6.65	7900	45.37	0.84
		1260	6.74	11000	41.39	0.95
	690	1120	7.15	8000	54.9	1.01
		1180	7.22	9500	51.74	1.09
		1260	7.27	12000	43.78	1.14
0.3%	415	1180	6.72	8500	50.15	0.85
	690	1180	7.24	13900	50.94	1.07

4. 金属注射成形(MIM)金属软磁材料

金属注射成形工艺可制备形状复杂的软磁合金，现已用来生产 Fe、Fe－Ni、Fe－Si 等粉末冶金软磁材料。MIM 材料区别于其他烧结材料之处在于，烧结前合金粉末与聚合物等黏结剂混合，形成混合物的原料在一定温度和压力下注射到所需零件形状的模腔中，然后加热成形，在烧结前去除聚合物等黏结剂。表 10－8 是一些 MIM 合金的磁性能。

表10-8　MIM合金的磁性能

合金	密度/($g \cdot cm^{-3}$)	相对密度/%	B_m/T	B_r/T	H_c/($A \cdot m^{-1}$)
Fe-2%Ni, 1316℃	7.670	97	1.51	1.29	82
Fe-50%Ni, 1316℃	7.660	94	1.27	0.42	16
Fe-3%Si, 1316℃	7.550	98	1.50	1.21	45
Fe-3%Si, 1316℃, H_2气退火	7.550	98	1.47	1.14	47
Fe-3%Si, 1232℃	7.540	98	1.44	0.62	60
Fe-6%Si, 1316℃	7.540	99	1.32	1.12	46
Fe-6%Si, 1316℃, H_2气退火	7.410	98	1.37	1.22	46
Fe, 1371℃, 分解氨	7.600	97	1.53	1.37	294
Fe, 1371℃, 分解氨	7.550	96	1.55	1.34	183
Fe-3%Si, 1371℃, 分解氨	7.550	98	1.45	1.07	57
Fe-3%Si, 1371℃, 分解氨	7.550	98	1.50	1.21	51
Fe-6%Si, 1371℃, 分解氨	7.420	99	1.37	1.21	40
Fe-50%Ni, 1371℃, 分解氨	7.660	93	1.27	0.42	16
430L不锈钢, 1371℃, 真空	7.400	95	1.15	0.54	202

10.2.2　磁粉芯

磁粉芯是由铁磁性粉粒与绝缘介质混合压制而成的一种软磁材料，又称为软磁复合材料或压粉磁芯。常用的磁粉芯有铁粉芯、坡莫合金粉芯及铁硅铝粉芯三种。由于铁磁性颗粒很小(高频下使用的为0.5~5 μm)，又被非磁性电绝缘膜物质隔开，因此，一方面可以隔绝涡流，材料适用于较高频率；另一方面由于颗粒之间的间隙效应，导致材料具有低磁导率及恒导磁特性；又由于颗粒尺寸小，基本上不发生集肤现象，磁导率随频率的变化较为稳定。基于以上特征，磁粉芯主要应用于高频电感。磁粉芯的磁电性能主要取决于粉粒材料的导磁率、粉粒的大小和形状、它们的填充系数、绝缘介质的含量、成形压力及热处理工艺等。

与硅钢片相比，磁粉芯材料具有以下优点：①磁性能的各向同性，有利于三维磁路设计；②可制备复杂形状的零部件；③涡流损耗小；④成本低。但是，磁粉芯材料也有其普遍的缺点：①磁导率低，一般相对磁导率的最大值约为500；②磁滞损耗大；③机械强度低。所以，磁粉芯材料主要有两大类应用：一类是具有复杂形状和磁路的电机，如横向磁场电机、电枢式爪极电机、轴向磁场电机等。另一类是用于kHz~MHz范围的高频交流器件，如电源变压器、音频变压器、交流和射频滤波电感元件等。

10.2.2.1　磁粉芯的结构

由于磁介质本身是由胶合剂黏合而成的，所以可以使用模具压制成不同形状的磁芯，其工艺过程比较简单，便于生产，成本也比较低。图10-7表示几种主要的磁介质粉芯的结构，它大致可以分成以下几类：

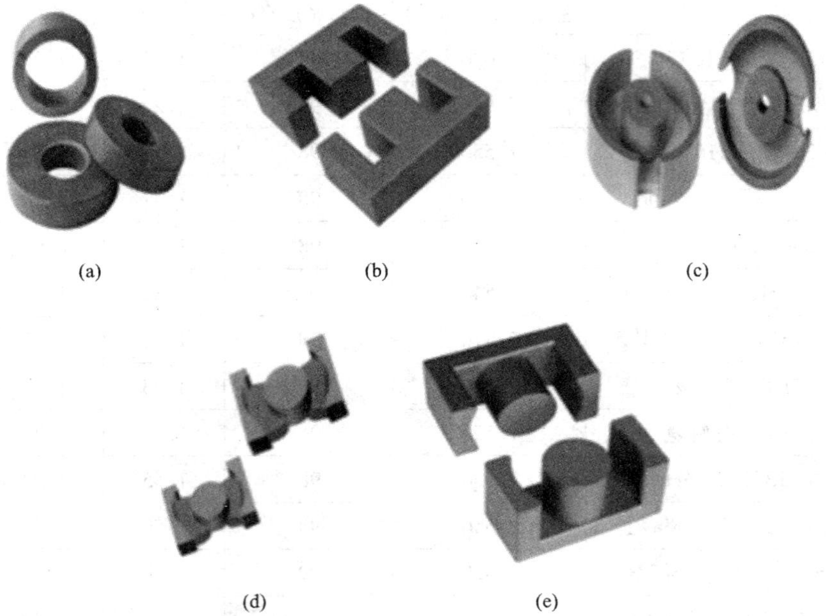

图 10－7　主要磁粉芯的结构

（a）磁环磁芯。磁环磁芯最有效地利用磁介质材料的磁性能，有效磁导率大。主要用于测试磁粉芯材料的磁性能的样品和具有大电感量的线圈。尤其是对于高磁导率的铁氧体材料，哪怕是一点点气隙都会使得磁导率显著下降。磁环主要应用于脉冲变压器、磁放大器、干扰抑制线圈（共模电感）等场合。磁环在特定功率处理能力下是最便宜的磁性元件之一。

（b）E 型磁芯。E 型磁芯较罐型磁芯便宜，不仅易于成形加工，也易于绕制，安装方便。E 型磁芯的骨架有立式和卧式两种，立式骨架占用 PCB 板面积较小但高度很大，卧式骨架正好相反。E 型成为最为常用的磁芯形状。可以说 EE 型磁芯和 EI 型磁芯具有相同的外形，相同的尺寸，相同的骨架，仅仅在漏磁场分布存在差异，适用于制作开关电源变压器。

（c）罐型磁芯。罐型磁芯最初是为通信滤波电感而设计的，磁芯几乎包围了所有的线包和骨架，这种结构很好地屏蔽了外部的电磁噪声（EMI）。罐型磁芯的成本要高于其它形状的磁芯，此外其散热性能较差。

（d）PQ 磁芯。PQ 磁芯主要是为开关电源设计的，能在最小的磁心尺寸下获得最大的电感量和线包面积，因此这种磁芯能在最小的高度与体积情况下输出最大的功率。p（e）EC 磁芯。EC 磁芯介于 E 型与罐型之间，窗口面积较大（相对罐型磁芯而言），有风道，利于散热。相同面积下圆形中心柱的周长比方形中心柱小，减少了铜损，并且绕制的时候圆形也比方形方便。

由于磁芯的磁导率一般都很高，稍加激励就容易产生磁饱和，所以在开关电源中通常通过加气隙的办法来降低有效磁导率，使得电感能够储存更多的能量。电感储能有如下关系式：

$$\frac{1}{2}LI^2 = \frac{B^2}{2\mu_0 \cdot \mu_r} \cdot V_e$$

式中：L 为电感量，I 为电感电流，B 为磁感应强度，V_e 为磁芯有效体积，μ_0 为真空磁导率，μ_r 为有效相对磁导率。

10.2.2.2　磁粉芯的制备工艺

磁粉芯的主要制备过程为：①混合：将金属粉末、合金元素、润滑剂、黏合剂等混合在一起。其中金属粉末的种类和尺寸大小最为重要，直接决定材料最后的性质和加工时的压力限制。合金元素依据工程需要添加，不同的合金元素可以使最后材料获得不同的磁性能和机械性能。②压制：将混合后的金属粉末倒入按形状要求做好的模子中，在轴向施加 300 ~ 800 MPa的压力。③热处理：压制好的部件通过热处理来加强强度和优化磁性能，具体的热处理过程要根据工程要求及润滑剂、黏合剂的成分来决定。

10.2.2.3　磁粉芯的性能及应用

1. 铁粉芯

常用铁粉芯是由羰基铁磁粉及树脂羰基铁磁粉构成，在粉芯中成本最低。饱和磁感应强度值在 1.4 T 左右，磁导率范围为 22 ~ 100，初始磁导率 μ_i 随频率的变化稳定性好，直流电流叠加性能好，但高频下损耗高。

由于羰基铁粉芯具有一系列良好的电磁性能，因此，在无线电技术中得到一定的应用。目前生产的有环形、螺纹芯、带引线铁粉芯、带嵌件铁粉芯、环形、柱形等。它们可用于滤波、谐振、振荡、耦合、补偿、陷波、延时电路等电感线圈磁芯。此外，还可以用于微压传感技术方面。

2. 坡莫合金粉芯

坡莫合金粉芯主要有钼坡莫合金粉芯及高磁通量粉芯。坡莫合金粉芯的化学成分及磁性能见表 10－9。

表 10－9　坡莫合金粉芯的化学成分及磁性能

牌号	类别	化学成分/%	有效磁导率 μ_e	有效品质因数	使用的环境条件
Ni81Mo2	FN81－60	C≤0.03%；Si≤0.30%；S≤0.02%；P≤0.02%；Mn≤0.30%；Ni：79.00 ~81.00%；Mo：1.80 ~ 2.20%；Fe 余量	60	≥15	温度：－55 ~ +125℃，相对湿度：40 ± 2℃时达98%，大气压力：666.6 ~ 213.3 × 10³ Pa
	FN81－90		90		
	FN81－125		125		
	FN81－145		145		
	FN81－170		170		
	FN81－200		200		
Ni50	FN50－70	C≤0.03%；Si≤0.30%；S≤0.02%；P≤0.02%；Mn≤0.30%；Ni：49.00 ~51.00%；Fe 余量	70	≥5	
	FN50－79		90		
	FN50－110		110		

钼坡莫合金粉芯是由81% Ni、2% Mo及Fe粉构成，主要特点是：饱和磁感应强度值在0.75 T左右；磁导率范围较大，为14～550；在粉末磁芯中具有最低的损耗；温度稳定性极佳，广泛用于太空设备、露天设备等；磁致伸缩系数接近零，在不同的频率下工作时无噪声产生。主要应用于300 kHz以下的高品质因素滤波器、感应负载线圈、谐振电路。在对温度稳定性要求高的*LC*电路上常用作输出电感、功率因素补偿电路等。

高磁通粉芯是由50% Ni、50% Fe粉构成，主要特点是：饱和磁感应强度值在1.5 T左右；磁导率范围为140～160；在粉末磁芯中具有最高的磁感应强度，最高的直流偏压能力；磁芯体积较小；主要应用于线路滤波器、交流电感、输出电感、功率因素校正电路、谐振电路等。

3. 铁硅铝粉芯

铁硅铝粉芯由9% Al，5% Si，余Fe构成。主要是替代铁粉芯，损耗比铁粉芯低80%，可在8 kHz以上频率下使用；饱和磁感在1.05 T左右；导磁率为26～125；磁致伸缩系数接近0，在不同的频率下工作时无噪声产生；比钼坡莫合金粉芯有更高的DC偏压能力；具有最佳的性能价格比。主要应用于交流电感、输出电感、线路滤波器、功率因素校正电路等，有时也替代有气隙铁氧体作变压器铁芯使用。

10.3 粉末冶金金属永磁材料

10.3.1 烧结铝镍钴永磁材料

铝镍钴系永磁合金以Fe、Ni、Al为主要成分，通过加入Cu、Co、Ti等合金元素进一步提高合金性能。粉末冶金法主要用来生产小件的、形状复杂的、均匀性一致性好的制品，用这种方法制备的Alnico又称为“烧结铝镍钴”。表10－10是烧结铝镍钴系列化学成分及磁性能。烧结铝镍钴主要用于稳定性要求高的某些特殊领域，如与精密测量、精密仪器温度变化相对应的应用等。

表10－10　烧结铝镍钴系列化学成分及磁性能

牌号	成分/%（原子百分数）					磁性能			备注
	Al	Ni	Co	Cu	Ti	Br /T	H_c/(kA·m^{-1})	$(BH)_{max}$/(kJ·m^{-3})	
Alni95	11～13	22～24	—	2.5～3.5	—	0.56	27.9	7.2	各向同性
Alno120	12～14	26～28	—	3～4	—	0.50	35.8	8.0	各向同性
Alnico100	11～13	19～21	5～7	5～6	—	0.62	34.2	10.0	各向同性
Alnico200	8～10	19～21	14～16	3.5～4.5	—	0.65	43.8	10.7	各向同性
Alnico400	8.5～9.5	13～24	24～26	2.5～3.5	—	1.0	43.8	27.9	各向异性
Alnico500	8.5～9.5	13～14	24～26	2.5～3.5	—	1.06	47.8	29.5	各向异性

粉末冶金法制备烧结铝镍钴的工艺流程为：配料→制粉→压制→烧结→热处理→性能检

测→机械加工→检验。原料一般采用 Co 粉、Fe 粉、Ni 粉和 AlFeCu 中间合金粉，Ti 粉以 TiFe 合金粉或 TiH_2 粉的形式加入。原料粉的混合常采用翼翅形混料机，而不用球磨机，以避免改变粉末的粒度和形状，对磁性带来不利影响。然后将混合粉在模具中加压成形为坯件，坯件经过烧结就成为致密的永磁体。通过控制烧结工艺制度使烧结体中的晶粒长得比较大而完整，从而获得较高的磁性能。图 10－8 是铝镍钴的热处理制度。对于钴含量足够高的合金，通过在热处理时加磁场，从而产生磁各向异性，其磁性能可在择优方向增加。

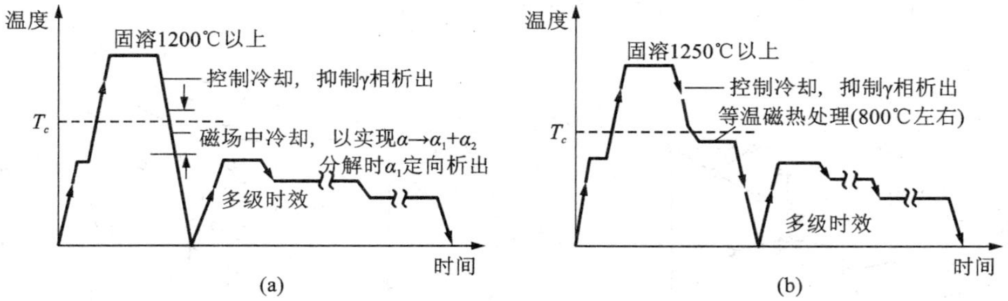

图 10－8　铝镍钴的两种热处理制度

10.3.2　烧结稀土永磁材料

稀土永磁是以稀土金属与过渡族金属所形成的金属间化合物为基的永磁材料。按主要化学成分来分，烧结稀土永磁材料可分为稀土钴系永磁材料和稀土铁系永磁材料。稀土钴系永磁材料包括 1∶5 型稀土钴系永磁材料和 2∶17 型稀土钴系永磁材料。稀土铁系永磁材料主要是指 Nd－Fe－B 永磁体，除此之外，还包括了一些新型的稀土铁系永磁材料。

10.3.2.1　稀土永磁合金的晶体结构和内禀磁性能

在稀土钴、稀土铁等合金中形成了一系列的金属间化合物，其中 RCo_5 化合物、R_2Co_{17} 化合物及 $R_2Fe_{14}B$ 化合物对永磁材料来说具有重要价值。

RCo_5 化合物具有 $CaCu_5$ 型结构，属六方晶系，如图 10－9 所示。这种结构可以看作是两个原子层沿[0001]轴(c 轴)交替堆垛而成。其中，一个原子层由一个 Ca(R)和两个 Cu(Co)组成，称为 A 层；另一个原子层由 Cu(Co)组成，称为 B 层。这种 $CaCu_5$ 结构就是由 A 层和 B 层的堆垛，即 ABABAB…组成的。每个晶胞含一个分子式单位，有 6 个原子。1∶5 型稀土钴系永磁材料具有 $CaCu_5$ 型晶体结构。

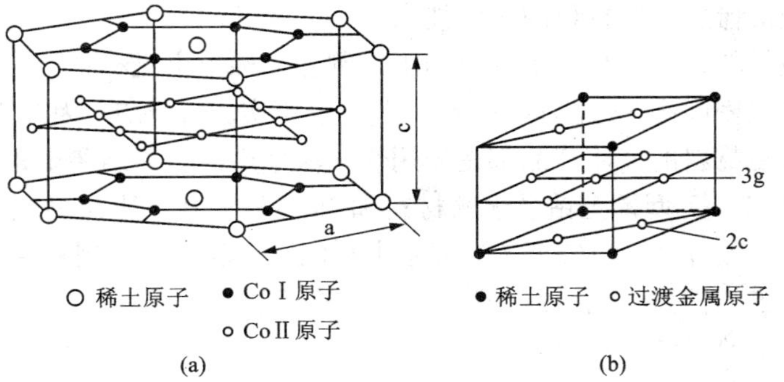

图 10－9　$CaCu_5$ 型晶体结构空间图(a)和晶胞图(b)

所有的稀土金属与钴或铁都可形成2:17型化合物R_2Co_{17}或R_2Fe_{17}。一般说来2:17型化合物在高温下具有Th_2Ni_{17}型晶体结构，在低温下转变为Th_2Zn_{17}型晶体结构。图10－10给出了Th_2Ni_{17}型晶体结构。Th_2Ni_{17}型结构属于六方晶系，其中Th(R)占据b和d晶位，Ni(Co, Fe)占据g、k、f和j晶位。一个单胞内含两个Th_2Zn_{17}分子式单位，共有38个原子。Th_2Ni_{17}型晶体结构与Th_2Zn_{17}型晶体结构相似，它们是同素异构晶体。Th_2Zn_{17}型结构属于菱方晶系，如图10－11所示。其中Th(R)占据c晶位，Zn(Co, Fe)占据d、f、h和c晶位。一个单胞内含有三个Th_2Zn_{17}分子式单位，共有57个原子。

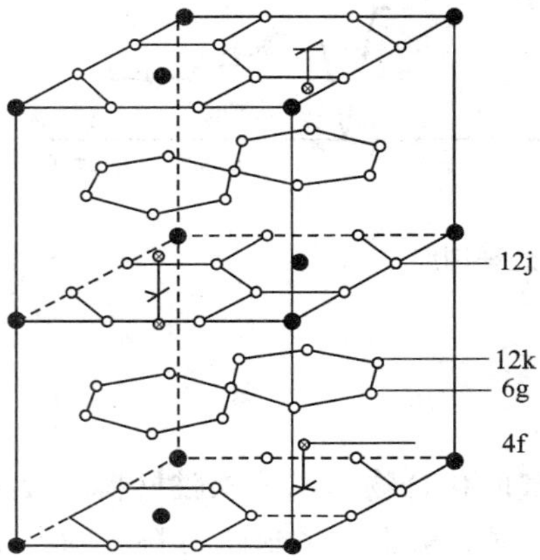

图10－10 Th_2Ni_{17}型六方晶体结构

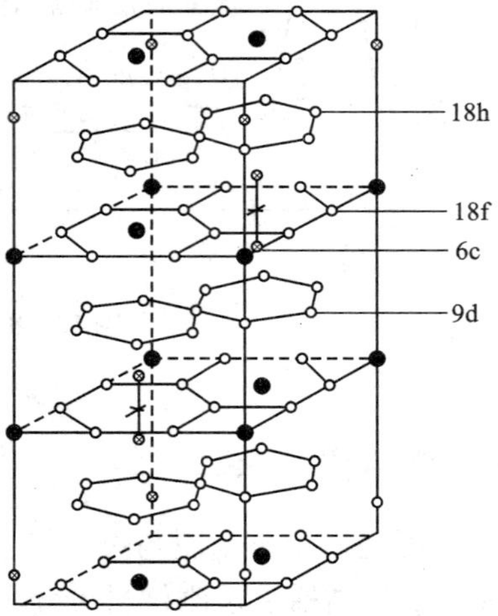

图10－11 Th_2Zn_{17}型菱方晶体结构

稀土铁硼合金系中的$R_2Fe_{14}B$化合物的晶体结构如图10－12所示。所有的稀土元素均可形成$R_2Fe_{14}B$化合物。其晶体结构属于四方晶系。其中，R占据f和g晶位，B占据g晶位，Fe占据c、e、j_1、j_2、k_1、k_2六种晶位。每个单胞含4个$R_2Fe_{14}B$分子式单位，有68个原子。

在稀土钴和稀土铁化合物中，某些RCo_5化合物(特别是$SmCo_5$、$PrCo_5$)、R_2Co_{17}化合物(Sm_2Co_{17})以及$R_2Fe_{14}B$化合物($Nd_2Fe_{17}B$, $Pr_2Fe_{14}B$)具有良好的内禀磁性能，是发展稀土永磁材料的重要稀土金属间化合物。

10.3.2.2 烧结稀土永磁材料的制备技术

烧结稀土永磁材料是指用粉末冶金烧结工艺制备的稀土永磁材料。用粉末冶金法制备的稀土永磁材料具有致密度高、磁性能好、在工业上易于实施等特点，因此工业上有广泛应用。目前大部分稀土永磁材料的商用产品都是采用烧结法生产的。烧结稀土永磁材料包括1:5型稀土钴系永磁材料、2:17型稀土钴系永磁材料和Nd－Fe－B系永磁材料三大类。这三类磁体在制备工艺上虽有差异，但制备工艺流程基本相同：合金熔炼→制粉→磁场压制成形→烧结→热处理→机加工→性能检测→成品。

1. 稀土永磁合金的熔炼及铸锭工艺

稀土永磁合金的制备主要采用真空感应电炉熔炼的方法。感应熔炼炉通常包括熔炼室、

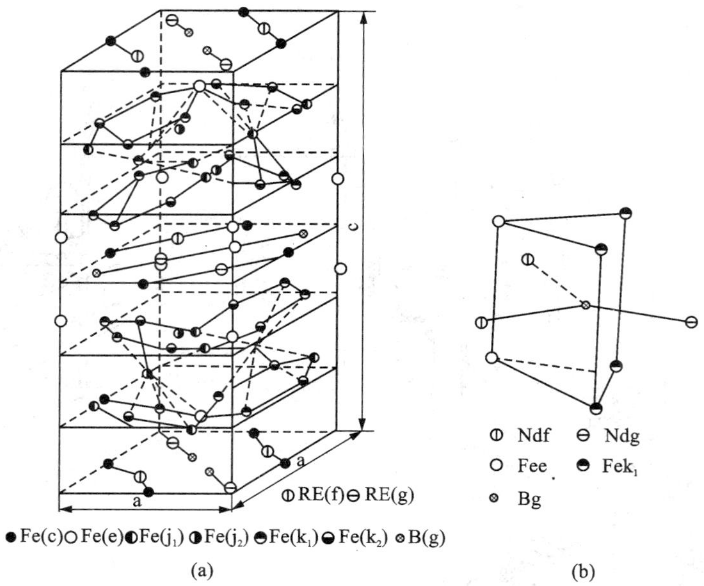

图 10－12　$R_2Fe_{14}B$ 化合物的晶体结构

(a)单胞结构；(b)单胞中含有 B 原子的三角棱柱

装料系统和辅助设备，如图 10－13 所示。真空感应熔炼稀土永磁合金，为了确保熔炼合金的成分准确，不仅原材料选择要恰当，而且要通过一定的处理使其洁净。在配料时要考虑合金元素在熔炼过程中的变化，设计合理的配方，并在实际工艺中加以调整。为了减少合金成分的偏析，在熔炼时要有充分的电磁搅拌，并应提高精炼温度和在较低温度下急冷浇铸，以获得成分均匀且有良好的柱状结晶的铸锭。

在熔炼浇铸工艺中，由于铸锭中心部与表面的冷却条件不同，对于 Nd－Fe－B 合金而言难以消除 α－Fe 的析出。而消除 α－Fe 是获得高性能烧结 Nd－Fe－B 磁体的重要手段。为了克服这一缺点，人们开发了速凝铸造工艺。其特点是采用快速冷却的方法将铸块厚度降低，成为 250～500 μm 铸片，轮辊转速大约 1～3 m/s，所得的铸片具有片状晶结构。这种铸片用于制作烧结磁体有以下一些优点：①铸片凝固速率比铸块的快，阻止了 α－Fe 枝晶在铸片中生成，因此，铸片不需像传统的工艺那样做等温热处理；②硬磁主相晶粒中有许多富 Nd 相薄层，在氢爆后会形成许多微裂纹，因此铸片的粉碎性很好，这确保了在氢爆和气流磨制粉后，可形成单晶粉末且有富 Nd 相均匀附着，使粉粒定向排列最佳，从而提高磁体的剩磁；③铸片中富 Nd 相分散得很好，使烧结时液相分布最佳，有利于在较低烧结温度下得到高密度、高矫顽力磁体；④总稀土含量得以降低，又不会形成缺稀土区域(它会使磁体矫顽力及退磁曲线方形度下降)，这对于生产高 B_r 和高$(BH)_{max}$磁体是十分重要的。

2. 稀土永磁合金的粉末制备

稀土永磁合金的粉末制备过程包括粗破碎和磨粉两个过程。

粗破碎是指将合金锭破碎至 246～175 μm(60～80 目)中等粉末。有两种粗破碎方法：机械破碎和氢破碎(HD 法)。机械破碎需使用不同的破碎机对铸锭进行了逐级破碎。首先用中型颚式破碎机将铸锭破碎至 5 mm 以下，然后用小型颚式破碎机破碎至 2 mm 以下，最后用锤

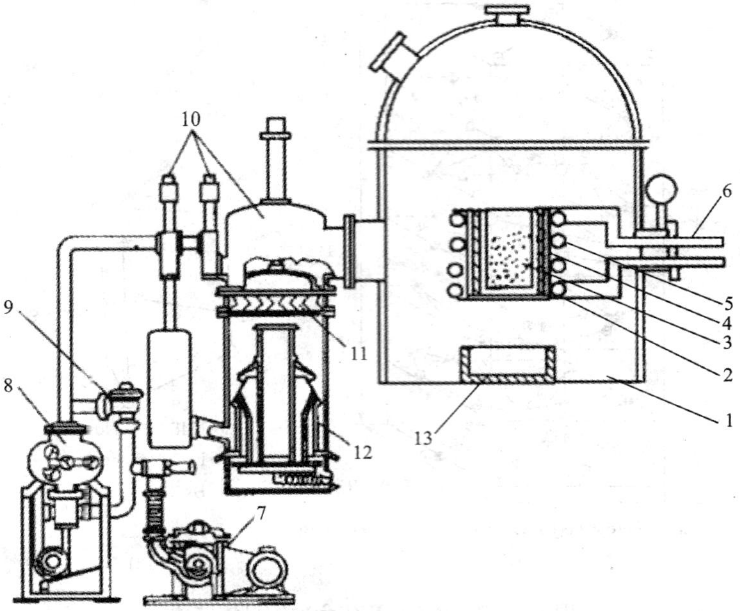

图 10－13　小容量真空感应熔炼炉炉体

1—真空室；2—坩埚；3—炉料；4 —填充料；5—感应圈；6—冷却水管；7—机械泵；
8—罗茨泵；9，10—真空阀门，11—挡油板，12—油扩散泵；13—水冷铸模

击式粉碎机、球磨机等破碎至 246～175 μm(60～80 目)。HD 法是将 Nd－Fe－B 合金吸氢后形成氢化物而使合金破碎的方法。HD 处理可将 Nd－Fe－B 合金锭破碎成 45～355 μm 范围的颗粒，大部分是 125 μm 左右的颗粒。若经过多次吸氢－抽氢处理，可使其粉末颗粒尺寸进一步降低至 10 μm 以下。

磨粉是将 246～175 μm(60～80 目)的粉末研磨至 3～4 μm 的最终粉碎作业。一般采用球磨或气流磨制粉两种方法。目前生产规模较小的厂家用滚动球磨，多数 Nd－Fe－B 生产厂家采用气流磨制粉。

图 10－14 是气流磨制粉过程原理图。气流磨制粉具有如下特点：①产品细度通常为 2～5 μm，粒度分布窄且无过大颗粒，颗粒形状规整，表面光滑，纯度高，活性大，这对于制备高性能烧结 Nd－Fe－B 磁体是很重要的。②物料与气流磨室内壁碰撞力很小，内壁无磨损，无异物进入物料，无污染，可制备高纯超细粉末。③粉磨效率高、能耗低，比其他类型气流磨节能 50%。④在粉碎室内，压缩气体膨胀吸收大量的热量，物料不致产生温升，特别适用于制备低熔点和热敏性粉末。⑤可连续自动化制粉，操作简便，安全可靠，结构紧凑，易于清洗与维修。

3. 稀土永磁粉末磁场取向与成形

粉末的磁场取向是指永磁粉末在取向场(外磁场)作用下被磁化，使其易磁化轴与取向场的方向保持一致的过程。粉末磁场取向一般包括畴壁位移和颗粒转动两个过程，如图 10－15 所示。

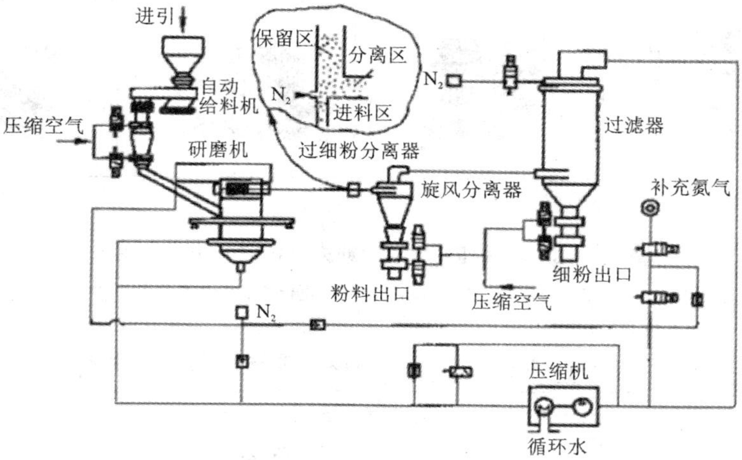

图10－14　气流磨制粉过程原理图

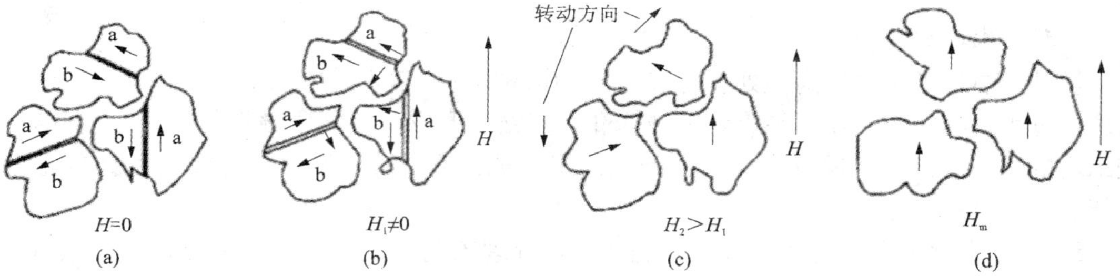

图10－15　磁性粉末磁场取向过程

(a)非取向；(b)畴壁位移；(c)颗粒转动；(d)颗粒取向

粉末中颗粒的转向程度即取向度，由作用在颗粒上的磁力 f_c 和与磁力反向的所有机械合力 $\sum f_i$ 的比值决定。

$$f_c = \mu_0 M_s \cdot \Delta V \cdot H \cdot \mathrm{d}H/\mathrm{d}L$$

式中，$\mu_0 M_s$ 是磁性颗粒的磁极化强度；ΔV 是颗粒的体积；$H \cdot \mathrm{d}H/\mathrm{d}L$ 是磁场力，$\mathrm{d}H/\mathrm{d}L$ 是磁场梯度。为了提高取向度应提高磁力 f_c、减小机械阻力 $\sum f_i$。主要表现在以下几方面：

(1)提高取向磁场强度 H、提高磁场梯度 $\mathrm{d}H/\mathrm{d}L$，尽量减小磁极漏磁引起的 $\mathrm{d}H/\mathrm{d}L$ 下降。

(2)提高粉末颗粒的球形度和表面光滑度，以降低内摩擦力和颗粒间的机械阻力。同时，为获得良好取向度，粉末的初始密度应为其松装密度。

(3)压坯中粉末颗粒的取向度还受磁场取向方向与压制方式的显著影响，如图10－16所示。传统的成形方式是模压成形，且磁场为恒磁场，这种工艺极易造成成形时粉末的取向被破坏，影响磁体的性能。而橡皮模脉冲磁场成形工艺有效地解决了磁粉取向度问题，可使取向度提高3%，磁性能提高8～24 $\mathrm{kJ \cdot m^{-3}}$。表10－11是Nd－Fe－B磁体的磁性能与压形方法的关系。

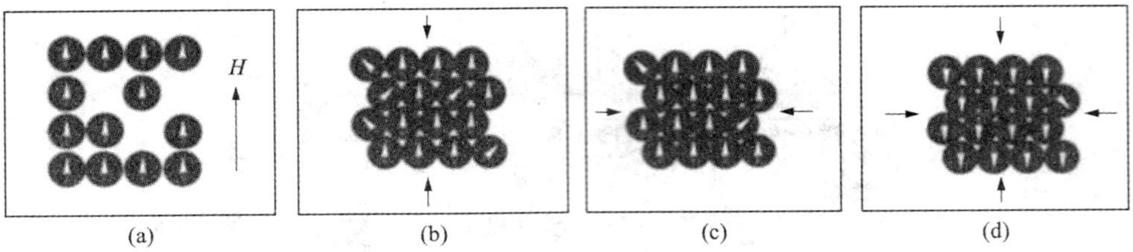

图 10-16　不同压形方法对粉末颗粒取向的破坏程度

(a)磁场取向态；(b)平行模压；(c) 垂直模压；(d) 橡胶模等静压

表 10-11　Nd-Fe-B 磁体的磁性能与压形方法的关系

压型方法	B_r/T	H_{ci}/(MA·m^{-1})	$(BH)_{max}$/(kJ·m^{-3})
平行模压	1.13	1.66	239.2
垂直模压	1.21	1.65	280.8
橡胶模压	1.27	1.63	309.0

4. 稀土永磁材料的真空烧结、热处理

烧结与热处理都属于高温处理过程，即把压坯加热到粉末基体相熔点以下某一温度进行处理的过程。通过烧结使压坯收缩前致密化，使磁体形成具有高永磁性能的显微组织特征。烧结后的热处理则是通过改变烧结体的结晶组织或晶界状态，有目的地改善磁体的某些磁性能。

$SmCo_5$磁体的烧结为液相烧结，其烧结与热处理工艺制度如图 10-17 所示。一般认为，由 $T_{烧}$ 到 $T_{后}$ 的冷却速度应慢些，即应小于 3℃/min。从 $T_{后}$ 到室温的冷却速度应快一些，即应大于 50℃/min。

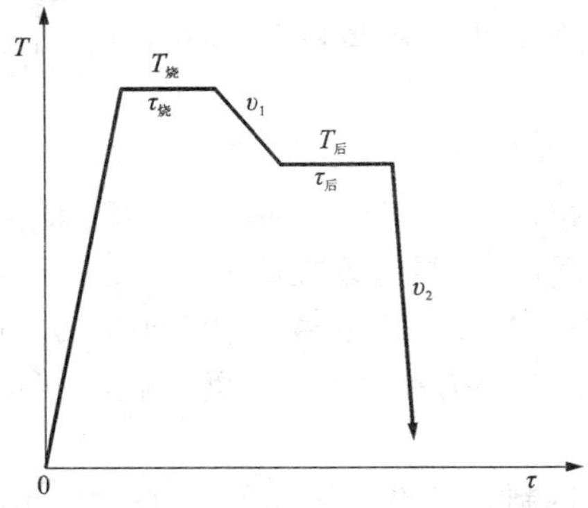

图 10-17　$SmCo_5$永磁体烧结与处理工艺

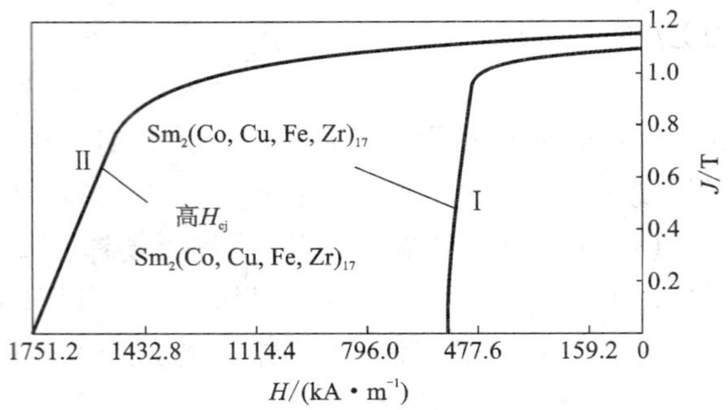

图 10-18　两种不同热处理制度下的退磁曲线

Sm_2Co_{17}型磁体是一种析出硬化型永磁合金，它的矫顽力产生于时效过程中析出的 $Sm(Co, Cu)_5$相对畴壁的钉扎。Sm_2Co_{17}型合金可通过改变热处理条件获得不同类型矫顽力的合金，其退磁曲线如图 10－18 所示。它们各自对应的热处理制度如图 10－19。

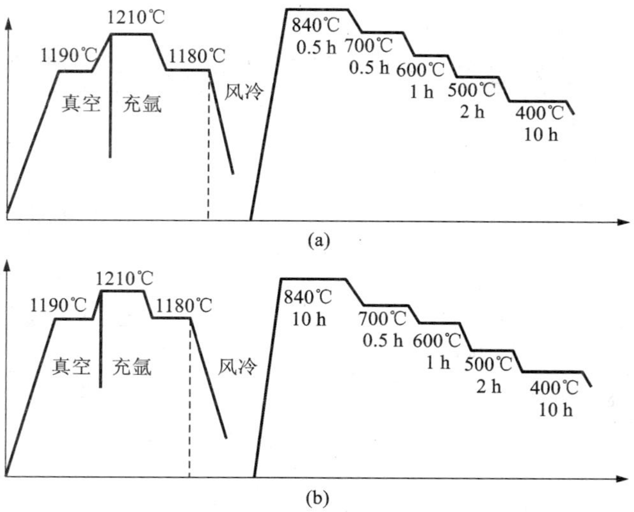

图 10－19　退磁曲线 I 对应的时效工艺(a)和退磁曲线 II 对应的时效工艺(b)

Nd－Fe－B 的烧结与热处理工艺示意图如图 10－20 所示。

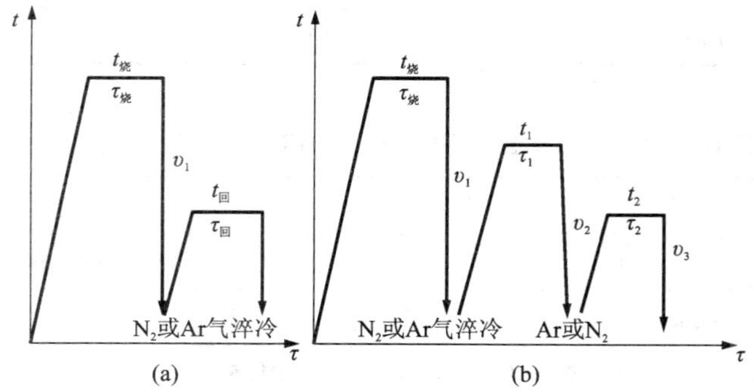

图 10－20　Nd－Fe－B 永磁体烧结与处理工艺示意图

10.3.2.3　烧结稀土永磁材料的性能及应用

1. 1∶5 型稀土钴永磁材料

1∶5 型稀土钴永磁材料是以 RCo_5 化合物为基的永磁材料。按其化学成分可以将这类永磁材料分为 $SmCo_5$、$PrCo_5$、(Sm，Pr)Co_5、(Sm，MM)Co_5、(Sm，HR)Co_5 等永磁材料。按磁性能可分为低矫顽力、高矫顽力和低磁感温度系数永磁体。表 10－12 给出了国家规定的 1∶5 型稀土钴永磁材料的磁性能。表 10－13 是低磁感温度系数($Sm_{1-x}HR_x$)Co_5 永磁体的磁性能。RCo_5 合金在电动机、发电机、陀螺马达微型步进电机等动态方面的应用具有显著优势，这些电机要求所用的永磁体能经受退磁场某种程度的动态变化。1∶5 型稀土钴永磁材料的矫顽力高、回复磁导率接近 1，磁感应强度在变动中可恢复到原有的水平，因此能满足新型高效能电机的应用需求。另一方面，1∶5 型稀土钴永磁材料还广泛应用于微波设备用行波管中的聚焦永磁体、磁性轴承等器件中。

表 10－12　RCo_5 系列烧结稀土钴永磁材料的主要磁性能（GB/4180—2000）

种类	牌号	最大磁能积	剩磁	矫顽力		温度系数		回复磁导率	典型化合物
		$(BH)_{max}$/(kJ·m^{-3})	B_r/T	H_{ci}/(kA·m^{-1})	Hcb/(kA·m^{-1})	α/(10^{-2} K^{-1})	β/(10^{-2} K^{-1})	μ_{rec}	
		范围	最小值	最小值	最小值				
低内禀矫顽力	XGS 80/36	65～90	600	360	320	－0.09	—	1.10	Ce(Co, Cu, Fe)$_5$
	XGS 100/80	80～120	650	800	500	—	—	—	$MMCo_5$
	XGS 135/96	120～150	770	960	590	－0.05	－0.3	1.05	$SmCo_5$
	XGS 165/80	150～180	900	800	640	－0.05	－0.3	1.05	(Sm, Pr)Co_5
高内禀矫顽力	XGS 135/120	120～150	770	1200	590				
	XGS 135/160	120～150	770	1600	590				
	XGS 165/120	150～180	880	1200	640	－0.05	－0.3	1.05	$SmCo_5$ 或 (Sm, Pr)Co_5
	XGS 165/145	150～180	880	1450	640				
	XGS 180/120	175～190	960	1200	730				

表 10－13　低磁感温度系数($Sm_{1-x}HR_x$)Co_5 永磁体的磁性能

重稀土含量	温度范围/℃	α/($10^{-2}$$K^{-1}$)	磁性能			
			B_r/T	H_{cb}/(kA·m^{-1})	H_{ci}/(kA·m^{-1})	$(BH)_{max}$/(kJ·m^{-3})
0.24Gd	－40～100	－0.018	0.73	567.2	＞1990	102.7
0.40Gd	－40～100	－0.004	0.63	501.5	＞1990	78.8
0.40Dy	22～47	－0.0003	0.79	334.3	—	72.4
0.40Er	2～500	0.000	0.71	469.6	—	87.6
0.10Ho	－80～100	－0.026	0.77	594.6	＞1990	117.0
0.20Ho	－90～100	0.000	0.71	546.9	＞1990	98.7
0.20Gd＋0.20Dy	77～127	0.0003	0.81	477.6	—	104.3
0.20Gd＋0.20Er	20～100	0.000	0.64	445.7	—	85.1

2. 2∶17 型稀土钴永磁材料

2∶17 型稀土钴永磁材料又可写作 Sm(CobalFe$_x$Cu$_y$Zr$_w$)$_z$ 合金，其中 z 代表（Co＋Cu＋Fe＋Zr）原子与 Sm 原子数之比，它介于 6.5～8.5 之间，y＝0.05～0.2，x＝0.07～0.30，w＝

0.01 ~0.04。2∶17 型稀土钴永磁材料也可简写为 Sm_2Co_{17} 型稀土永磁材料或 Sm_2TM_{17}（TM 代表 Co，Cu，Fe，Zr 等原子）合金。按磁性能可分为低矫顽力、高矫顽力、低磁感温度系数永磁体和高使用温度永磁体。表 10 - 14 给出了常用的 2∶17 型稀土钴永磁材料的磁性能。

表 10 - 14　Sm_2Co_{17} 系列烧结稀土钴永磁材料的主要磁性能

种类	牌号	最大磁能积 $(BH)_{max}$/(kJ·m^{-3}) 范围	剩磁 B_r/T 最小值	矫顽力 H_{ci}/(kA·m^{-1}) 最小值	矫顽力 H_{cb}/(kA·m^{-1}) 最小值	温度系数 α_{Br}/(10^{-2} K^{-1})	温度系数 β_{Hcj}/(10^{-2} K^{-1})	回复磁导率 μ_{rec}	典型化合物
低内禀矫顽力	XGS 180/50	165 ~ 195	950	500	440	-0.03	-0.3	1.10	$Sm_2(Co, Cu, Fe, Zr)_{17}$
	XGS 185/70	170 ~ 200	970	700	630				
	XGS 195/40	180 ~ 210	980	400	380				
	XGS 195/90	180 ~ 210	1000	900	680				
	XGS 205/45	190 ~ 220	1000	450	420				
	XGS 235/45	220 ~ 250	1070	450	440				
高内禀矫顽力	XGS 205/120	190 ~ 220	1000	1200	650	-0.03	-0.3	1.10	$Sm_2(Co, Cu, Fe, Zr)_{17}$
	XGS 205/160	190 ~ 220	1000	1600	650				
	XGS 235/160	220 ~ 250	1150	1600	840				

注：α，β 的测量范围从 273 ~373 K，但不妨碍这些材料在此温度范围以外使用。

用重稀土元素 HR 取代 $Sm(Co, Cu, Fe, Zr)_z$ 永磁体中的部分 Sm 可以制备出具有低磁感温度系数的 2∶17 型 $(Sm, HR)(Co, Cu, Fe, Zr)_z$ 永磁材料，其磁性能如表 10 - 15 所示。

表 10 - 15　$(Sm, HR)(Co, Cu, Fe, Zr)_z$ 永磁体的成分及磁性能

成分	磁感温度系数	磁性能 $(BH)_{max}$/(kJ·m^{-3})	磁性能 B_r/T	磁性能 H_{ci}/(kA·m^{-1})	磁性能 H_{cb}/(kA·m^{-1})
$Sm_{0.8}Er_{0.2}(Co_{0.671}Cu_{0.10}Fe_{0.215}Zr_{0.014})_{7.45}$	-0.006(50 ~ 100℃) -0.018(-50 ~ 100℃)	179.8	0.99	461.6	—
$Sm_{0.6}Er_{0.4}(Co_{0.671}Cu_{0.10}Fe_{0.215}Zr_{0.014})7.45$	0.000(50 ~ 100℃) -0.002(20 ~ 80℃)	143.2	0.94	413.9	—
$Sm_{0.8}Er_{0.2}(Co_{0.68}Cu_{0.08}Fe_{0.22}Zr_{0.02})_{7.22}$	-0.012(25 ~ 100℃) -0.002(20 ~ 80℃)	119.4 ~ 183.0	0.96 ~ 1.03	955.2 ~ 1671.6	573.1 ~ 700.4

续表

成分	磁感温度系数	磁性能			
		$(BH)_{max}$/(kJ·m^{-3})	B_r/T	H_{ci}/(kA·m^{-1})	H_{cb}/(kA·m^{-1})
$Sm_{0.6}Er_{0.4}(Co_{0.668}Cu_{0.08}Fe_{0.22}Zr_{0.02})_{7.22}$	+0.0009(25～100℃)	143.2～159.2	0.88～0.93	1273～1353.2	605～636.8
$Sm_{0.75}Gd_{0.25}(Co_{0.65}Cu_{0.078}Fe_{0.25}Zr_{0.022})7.4$	−0.008(25～100℃) −0.019(25～200℃)	161～175	0.92～0.98	1200～1360	680～720
$Sm_{0.6}Gd_{0.4}(Co_{0.65}Cu_{0.078}Fe_{0.25}Zr_{0.022})7.4$	−0.005(25～100℃) −0.013 (25～200℃)	135～143	0.85～0.87	1580	600～635

在 $Sm(Co, Cu, Fe, Zr)_z$ 永磁体中，通过降低 Fe 含量，增加 Co 含量可制备出使用温度达550℃的高温磁体。表 10－16 列出了这种高温磁体的成分及磁性能。

表 10－16　$Sm(Co, Cu, Fe, Zr)_z$ 永磁体的最高使用温度 T_m 及磁性能

合金号	T_m/℃	有效 z 值	Co 含量	磁性能									
				25℃		300℃		400℃		500℃		550℃	
				H_{ci}/(kA·m^{-1})	$(BH)_{max}$/(kJ·m^{-3})	H_{ci}/(kA·m^{-1})	$(BH)_{max}$/(kJ·m^{-3})	H_{ci}/(kA·m^{-1})	$(BH)_{max}$/(kJ·m^{-3})	H_{ci}/(kA·m^{-1})	$(BH)_{max}$/(kJ·m^{-3})	H_{ci}/(kA·m^{-1})	$(BH)_{max}$/(kJ·m^{-3})
A	250	7.9	0.64	1990.0	250.7	644.7	188.7	270.6	109.8	119.4	47.0	55.7	18.3
B	330	7.8	0.68	2626.8	218.9	923.4	167.2	429.8	132.9	230.8	69.3	95.5	27.4
C	400	7.7	0.73	2706.4	195.8	1162.2	149.6	700.5	131.3	374.1	99.5	167.2	44.6
D	500	7.6	0.78	2308.4	165.6	1329.3	124.2	987.0	105.1	581.1	82.8	286.6	54.1
E	550	7.6	0.81	1990.0	130.5	1353.2	95.5	1050.7	78.8	700.5	60.5	374.1	41.4

2∶17 型稀土钴永磁材料具有优异的综合磁性能。该类磁体的 B_r 和 $(BH)_{max}$ 均优于 1∶5 型稀土钴永磁材料，H_{ci} 与 $SmCo_5$ 相近，μ_{rec} 接近于 1，同时具有更高的居里温度和更低的磁感温度系数，在稀土永磁材料中，其温度稳定性最好，可以在较高的温度下使用，尤其是近年来开发的 2∶17 型高温磁体，最高使用温度可达 550℃甚至更高。因此，在不少领域逐渐取代了 $SmCo_5$ 永磁体和其他类一些传统永磁体，在工业上获得了较为广泛的应用。主要应用于微波通信、电机上程、仪器仪表、磁力机械、磁化和磁疗等领域，特别适用于微波器件，伺服电机、测量仪表等静态或动态磁路。

采用粉末冶金的烧结工艺制备的钐钴基稀土永磁材料具有很强的织构，力学性能较差，表 10－17 和 10－18 是 Sm－Co 基稀土永磁材料的力学性能和热学性能。由表可见，钐钴基稀土永磁材料具有极低的抗弯强度和断裂韧性。这一极低的强韧性使钐钴磁体很难加工，直接导致制造成本增加、加工精度降低；使材料在生产、加工、运输、装配等过程中容易掉边掉角，甚至断裂；同时降低了材料的抗冲击振动能力，影响了应用的稳定性和安全性。事实上，随着稀土永磁材料磁性能的不断提高，其产品越来越多地应用于小型化和高精度仪器仪表，材料的可加工性和加工精度变得越来越重要。某些应用场合对材料的抗震、抗冲击能力提出较高的要求，比如航空仪表和高速电机等。中南大学在优化合金成分和制备工艺的基础上制备了断裂韧性为 4 ~ 5 MPa · $m^{1/2}$ 的高磁能积 Sm – Co 基稀土永磁材料，其抗弯强度为 180 MPa。图 10 – 21、10 – 22 是其磁学和力学性能。

表 10 – 17　Sm – Co 基稀土永磁材料的机械性能

磁体类型	密度 /(g · cm^{-3})	硬度 Hv	抗弯强度 /Mpa	拉伸强度 /MPa	断裂韧性 /(MPa · $m^{1/2}$)	扬氏模量 /GPa
$SmCo_5$	8.4 ~ 8.5	610 ~ 670	100	90	1 ~ 2	120
Sm_2Co_{17}	8.3 ~ 8.5	500 ~ 600	80 ~ 140	120	1.5 ~ 2.5	190

表 10 – 18　Sm – Co 基稀土永磁材料的热学性能

磁体类型 /单位	居里温度/℃	热膨胀系数		电阻率 /10^{-6} Ω · cm	热导率/[kcal · (m^{-2} · h^{-1} · $℃^{-1}$)]
		垂直于磁场方向 /10^{-6} K^{-1}	平行于磁场方向 /10^{-6} K^{-1}		
$SmCo_5$	8.4 ~ 8.5	690	410	90	10
Sm_2Co_{17}	8.3 ~ 8.5	830	690	120	11

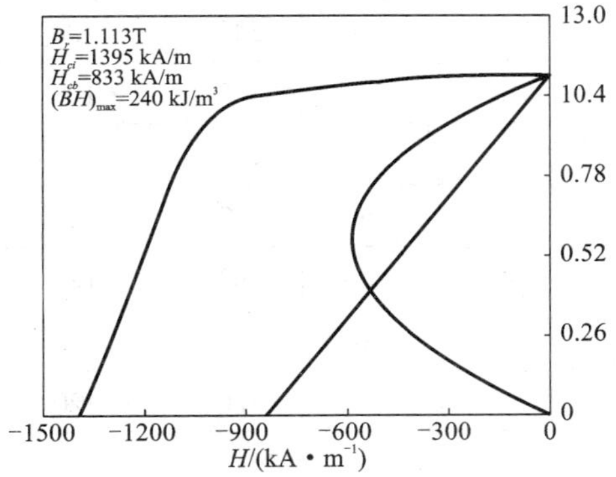

图 10 – 21　SmCo 烧结磁体的磁性能

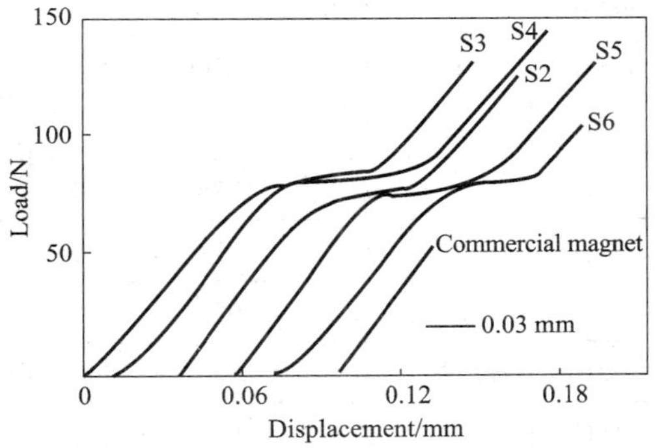

图 10 – 22　SmCo 烧结磁体的应力应变曲线

3. Nd – Fe – B 系烧结永磁材料

Nd – Fe – B 系烧结永磁材料按成分可以分为三元 Nd – Fe – B 永磁材料和以 Pr、Dy、Tb 取代部分 Nd，以 Co、Al、Cu、Nb、Gd 等取代部分 Fe 而形成的三元以上的永磁体。按磁性能可以分为矫顽力 H_{ci} 不同的 N 型、M 型、H 型、SH 型、UH 型、EH 型和 AH 型永磁体。表10 – 19 列出了企业生产的不同牌号 Nd – Fe – B 系永磁体的磁性能。表 10 – 20 是该材料的力学性能。

表 10－19　烧结 Nd－Fe－B 的磁性能标准

牌号	剩磁 B_r/T		磁感矫顽力 H_{cb}/(kA·m^{-1})		内禀矫顽力 H_{ci}/(kA·m^{-1})	最大磁能积 $(BH)_{max}$/MGOe	最大磁能积 $(BH)_{max}$/(kJ·m^{-3})		最高使用温度 ℃
	标称值	最小值	标称值	最小值	最小值	标称值	标称值	最小值	
N30	1.12	1.08	836	780	955	30	239	223	80
N33	1.17	1.14	876	820	955	33	263	247	80
N35	1.21	1.17	915	860	955	35	279	263	80
N38	1.26	1.22	915	860	955	38	303	287	80
N40	1.29	1.26	876	836	955	40	318	303	80
N42	1.32	1.26	876	836	955	42	342	326	80
N45	1.37	1.33	876	836	955	45	358	342	80
N48	1.41	1.37	876	836	955	48	383	367	80
N30M	1.12	1.08	836	780	1114	30	239	223	100
N33M	1.17	1.14	876	820	1114	33	263	247	100
N35M	1.21	1.17	915	860	1114	35	279	263	100
N38M	1.26	1.22	915	860	1114	38	303	257	100
N40M	1.29	1.26	915	860	1114	40	318	303	100
N42M	1.32	1.29	876	836	1114	42	342	326	100
N45M	1.37	1.33	976	836	1114	45	358	342	100
N48M	1.41	1.37	876	836	1114	48	383	367	100
N30H	1.12	1.08	836	780	1353	30	239	223	120
N33H	1.17	1.14	876	820	1353	33	263	247	120
N35H	1.21	1.17	915	860	1353	35	279	263	120
N40H	1.29	1.26	955	915	1353	40	318	303	120
N42H	1.32	1.29	876	836	1353	42	342	326	120
N45H	1.37	1.33	876	836	1353	45	358	342	120
N34AH	1.16	1.10	900	836	2547	34	271	247	240
N30SH	1.12	1.08	836	780	1595	30	239	223	150
N33SH	1.17	1.14	876	820	1595	33	263	247	150
N35SH	1.21	1.17	915	860	1595	35	279	263	150
N38SH	1.26	1.22	979	939	1595	38	303	287	150
N40SH	1.29	1.26	1003	955	1595	40	318	303	150

续表

牌号	剩磁		磁感矫顽力		内禀矫顽力	最大磁能积			最高使用温度
	B_r/T		H_{cb}/(kA·m^{-1})		H_{ci} /(kA·m^{-1})	$(BH)_{max}$ /MGOe	$(BH)_{max}$ /(kJ·m^{-3})		℃
	标称值	最小值	标称值	最小值	最小值	标称值	标称值	最小值	
N42SH	1.32	1.29	876	836	1595	42	342	326	150
N28UH	1.08	1.04	812	780	1990	28	223	207	180
N30UH	1.12	1.08	844	804	1990	30	239	223	180
N33UH	1.17	1.14	875	820	1990	33	263	247	180
N35UH	1.21	1.17	915	860	1990	35	279	263	180
N38UH	1.26	1.22	955	908	1990	38	303	279	180
N40UH	1.29	1.26	987	940	1990	40	319	303	180
N26EH	1.04	1.00	812	764	2388	26	207	191	200
N28EH	1.08	1.04	811	780	2388	28	223	207	200
N30EH	1.12	1.08	844	804	2388	30	239	223	200
N33EH	1.16	1.12	876	828	2388	33	263	239	200
N35EH	1.21	1.17	915	860	2388	36	287	263	200

表 10－20　Nd－Fe－B 的物理及力学性能

B_r 温度系数(20～100℃)/(%·℃$^{-1}$)	－0.11	抗弯强度/MPa	200～350
H_{ci}温度系数/(%·℃$^{-1}$)	－0.60	断裂韧性 K_{IC}/(MPa·m$^{1/2}$)	2.5～5.5
居里温度/℃	310～340	抗拉强度/MPa	70～140
密度/(g·cm^{-3})	7.4	抗压强度/MPa	800～1000
比热/(kcal·(kgoC)$^{-1}$)	0.12	弹性模量/MPa	1.5×10^5
电阻率 (μΩ·cm)	144	横向变形系数	0.24
热膨胀系数/K^{-1}	4×10^{-6}	压缩率/(m^2·N^{-1})	9.8×10^{-12}
导热系数/(kcal·m^{-2}·h^{-1}·℃$^{-1}$)	7.7	韦氏硬度(HV)	400～600

与 1∶5 型和 2∶17 型 Sm－Co 烧结永磁相比，Nd－Fe－B 烧结磁体的优点为：具有更为优异的磁性能，有利于磁性器件的小型化、轻量化；不含战略金属钴，原材料成本大幅降低；力学性能优于 Sm－Co 磁体，可进行切削及钻孔等机加工。但这种磁体的缺点是居里温度低、温度系数大、温度稳定性较差；化学稳定性差，易氧化和锈蚀，需进行表面防护处理。表 10－20 是 Nd－Fe－B 的物理及力学性能。

根据以上特点，Nd－Fe－B 磁体主要应用于计算机硬盘驱动器间圈电机(VCM)、核磁共振成像仪(MRI)。近年来烧结 Nd－Fe－B 永磁体材料在通信领域的应用增长较为迅速，这主要得益于手机用量的不断扩大。在手机中话筒、扬声器和振动马达均使用 Nd - Fe - B 永磁体。另外，在 CD、DVD 的应用也占相当大的比重。Nd - Fe - B 烧结永磁体用量增长速度最快的是在电机方面的应用。Nd - Fe - B 烧结永磁体已大量用于伺服电机、空调压缩电机及汽车用各种电机。AH 系列产品正是为了满足电动汽车、混合动力汽车发动机和驱动电机的要求而开发的。另外，Nd - Fe - B 永磁体在风力发电方面的应用需求正在进一步扩大。

10.4 黏结永磁材料

将具有一定永磁性能的永磁材料与黏结剂和其他添加剂按一定比例均匀混合，然后用压制、挤出或注射成形等方法制成的复合永磁材料，称为黏结永磁材料。黏结永磁的磁性能主要由永磁粉末赋予，强度和形状、尺寸等则通过黏结剂固化后得到。采用黏结法，能制备出高磁性能、形状复杂和高尺寸精度的磁体，这是其他类永磁产品无法比拟和替代的；所以黏结稀土永磁材料的应用迅速扩展，产品用量急剧增长。

10.4.1 黏结永磁的分类及特点

黏结永磁按粉末特点可分为黏结铁氧体磁体、黏结铝镍钴磁体、黏结稀土永磁体等，按加工方法可分为压制、注射、挤出、辗压四种黏结磁体。

黏结永磁与烧结永磁相比具有如下优点：①形状自由度大，可制成复杂形状薄型和微型产品；②尺寸精度高，由于制备过程温度低，因此塑性黏结磁体的收缩率低，一般在 0.2% ~ 0.5%，一般不需二次加工；③易于生产复合元件，可将永磁和其他类器件进行嵌件成形和复合一体成形；④机械强度好，不易破碎、掉边、掉角，可进行机加工；⑤密度小；⑥适于批量生产，采用连续自动压制成形和注射成形方法批量生产；⑦磁粉利用率高；⑧不同类型的磁粉混合性能具有可调性以及温度特性补偿。缺点是由于混入了非磁性黏结剂，因此磁性能比烧结永磁体要低；另外，其温度稳定性也较差，使用温度不高。

10.4.2 黏结永磁体的制备工艺

黏结永磁体大多采用注射成形和压制成形的方法来制备。它们的工艺流程如图 10 - 23 所示。黏结永磁材料制备的关键技术是：磁粉的制备，耦联剂与黏结剂的选择，黏结剂的添加量，成形的压力和取向磁场强度等。

1. 黏结永磁用磁性粉末的制备

(1) 铁氧体永磁粉末。铁氧体永磁粉末包括钡铁氧体和锶铁氧体。按常规陶瓷工艺制备成的煅烧料粉碎，粒度在 1 ~ 2 μm 后直接用于黏结磁体成形。在制造各向异性黏结磁体时，成形前需将煅烧料进行 950 ~ 1050℃退火，在磁场中成形，使磁粉得到高的取向度，提高黏结磁体的磁性能。

(2) 稀土钴永磁粉。Sm - Co 磁性粉末的制备可以用 Sm - Co 烧结体制粉，也可以用铸锭制粉。Sm - Co 烧结磁体的制备方法可参照 3.3.2 小节。铸锭制粉是将真空感应炉冶炼的合金浇入水冷铜模中铸成合金锭，再将其适当热处理后进行破碎来制备磁粉的方法。稀土钴合金一般采用这种方法。对于 1∶5 型 Sm - Co 合金，其铸定应在 1100 ~ 1200℃ 固溶处理数小时并于 900℃ 处理数小时。对于 2∶17 型 Sm - Co 合金而言，其铸锭则需在 1150 ~ 1250℃ 固溶处

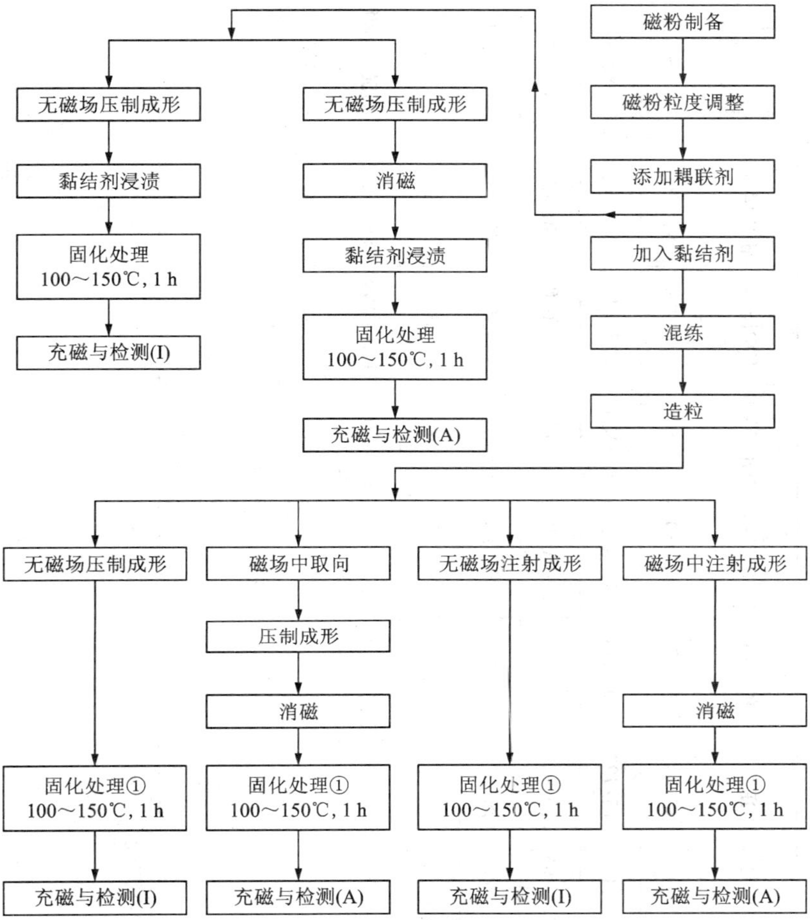

图 10－23　黏结永磁制备方法与工艺流程

理数小时后，在 850～400℃进行多级时效处理。然后将铸锭破碎，并研磨成平均粒度为 10～30 μm 的磁粉。

(3)Nd－Fe－B 永磁粉。黏结用 Nd－Fe－B 磁性粉末的制备方法包括熔体快淬法和 HDDR法。熔体快淬法(也叫急冷法)是将熔体急冷制造薄带的技术。用该技术以冷却速度高达 10^6℃/s 以上的快速冷凝，能获得在平衡或近平衡凝固条件下不可能得到的亚稳态材料——非晶材料或纳米晶材料。目前使用的熔体快淬法主要为单辊法，如图 10－24 所示。将预先熔炼好的 Nd－Fe－B 母合金放入坩埚中，用感应加热装置将其熔化，再用高压 Ar 气将熔体从坩埚下端的喷嘴喷射到高速旋转的辊表面急冷凝固。制成的 Nd－Fe－B 薄带厚度一般为 30～80 μm。薄带的宽度取决于喷嘴形状。而薄带的厚度则依辊的周速、材质、Ar 气压力、辊和喷嘴之间的间隙大小，喷射时熔体温度等而变化。表 10－21 是某公司采用熔体快淬法制备的 Nd－Fe－B 磁粉的牌号及磁性能。

表 10 – 21　某公司采用熔体快淬法制备的 Nd – Fe – B 磁粉的牌号及磁性能

磁性能	磁粉牌号										
	MQP – A	MQP – BO	MQP – B	MQP – C	MQP – D	MQP – O	MQP15 – 7	MQP13 – 9	MQP16 – 7	MQP14 – 12	MQP – S11 – 9 球状雾化制粉
B_r/mT	780/820	860/895	895/915	780/820	855/885	785/820	900/930	790/820	860/1000	825/850	730/760
$(BH)_{max}$/(kJ · m^{-3})	97/111	111/120	126/134	99/111	115/127	100/111	115/123	97/105	124/140	107/120	80/82
H_{cj}/(kA · m^{-1})	1030/1350	640/800	716/836	1190/1430	710/920	875/1100	510/640	640/800	520/600	940/1050	670/750
H_{cb}/(kA · m^{-1})	485/550	495/565	500/575	495/550	475/575	495/555	400/480	430/510	430/490	520/580	440/500
T_c/℃	305	360	360	470	470	305	325	305	345	306	305
T_{OM}/℃	130 ~ 160	120 ~ 160	120 ~ 160	125 ~ 160	130 ~ 160	150 ~ 170	110 ~ 150	120 ~ 160	110 ~ 150	150 ~ 180	150 ~ 180
T_{PM}(空气 1 h)/℃	200	200	200	200	250	300	200	300	200	300	320
ρ/(g · cm^{-3})	7.6	7.64	7.64	7.72	7.72	7.61	7.63	7.56	7.61	7.62	7.41
ρ_a/(g · cm^{-3})	2.7	2.7	2.7	2.7	2.7	2.7	2.7	2.7	2.7 ~ 2.8	2.7 ~ 2.8	3.6 ~ 4.2

注：T_{OM}为最高工作温度，T_{PM}为最高工艺温度，ρ 为密度，ρ_a 为松装密度。

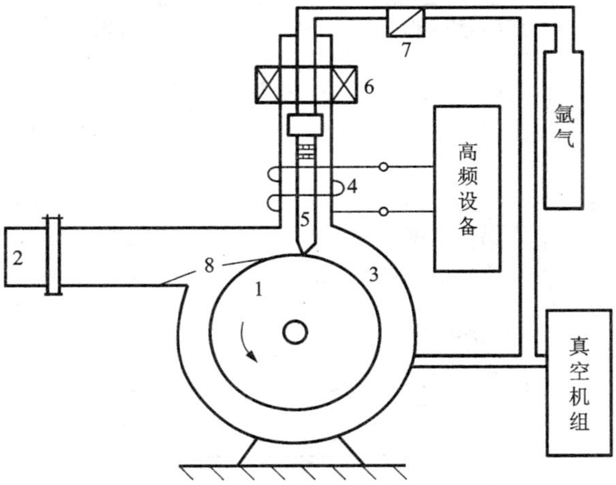

图10-24　单辊真空熔体快淬设备示意图

1—紫铜辊；2—接料筒；3—真空室；4—感应圈；5—坩埚；
6—升降机构；7—氩气阀；8—快淬薄带

HDDR法是一种氢处理法，即氢化—歧化—脱氢—再复合(HDDR)法。其过程为Nd-Fe-B在650~1000℃，一个标准大气压的氢气中形成氢化物NdFeBH，并发生歧化，歧化为NdH_2、Fe和Fe_2B。在随后1.33 Pa真空脱氢过程中，NdH_2分解为Nd、H_2，然后Nd、Fe和Fe_2B重新复合成Nd-Fe-B。通过HDDR过程，Nd-Fe-B合金原始粗大的晶粒转变为0.3 μm的细晶粒。表10-22是某公司HDDR法制备各向同性Nd-Fe-B磁粉的磁性能。

表10-22　某公司HDDR法制备各向同性Nd-Fe-B磁粉的磁性能

产品名称	B_r/T	H_{ci}/(kA·m^{-1})	$(BH)_{max}$/(kJ·m^{-3})	温度系数/$10^{-2}K^{-1}$	
				α_{B_r}	$\beta_{H_{ci}}$
HMP-1	0.73	1000	84	-0.13	-0.57
HMP-2	0.70	1080	78	-0.17	-0.65

2. 黏结剂与添加剂

黏结剂主要有热固性树脂、热塑性树脂、橡胶、低熔点金属。添加剂主要有耦联剂、润滑剂、增塑剂、助剂、软化剂、稳定剂等，如表10-23所示。黏结剂用于磁性粒子的流动和黏结。黏结剂加入量一般在2%~12%，优质磁体中黏结剂加入量少，注射成形磁体中加入相对较多。为了改善磁粉与有机黏合剂之间的相容性，需采用耦联剂对磁粉表面进行处理，提高磁粉的润湿性，使有机黏合剂更好地包覆磁粉，提高磁粉的热稳定性、抗氧化性、流动性、分散性和黏结强度。添加适量增塑剂主要使聚合物熔融黏度下降，减慢冷却固化速度，提高磁粉的取向度，此外还可以添加软化剂、热稳定剂、助剂等。

表 10－23　制备黏结永磁体常用的黏结剂和耦联剂、润滑剂、增塑剂

黏结剂	热固性树脂		环氧系树脂(EP)，酚醛树脂，尿素树脂，钛酸己二烯丙酯
	热塑性树脂	1	聚酰胺(尼龙，PA)，聚苯撑硫(PPS)，聚苯撑氧(PPO)，聚对二苯二甲醇酯(PBT)，液晶聚合物(LCP)，聚乙烯(PF)，聚丙烯(PP)，芳香族聚酯等
		2	乙烯－醋酸乙烯共聚物(EVA)，氯化聚乙烯(C－PE)，聚酰胺合成橡胶，软质聚氯乙烯(PVC)，聚氨酯合成橡胶
耦联剂			硅烷系，钛酸盐系，铝系
增塑剂			酞酸乙二酯，钛酸二丁酯，脂肪酸酯
润滑剂			硬脂酸锌，硬脂酸铝，硬脂酸镁，矿物油

3. 成形

成形方法分为压制、注射、挤出、辗压四种。压制成形和注射成形是工业生产常用的两种生产方式。

压制成形是将永磁粉末与热固性树脂均匀混合装入模具中，在一定压力下致密化并成形，制备脱模后为使环氧树脂交联反应定型需经热固化，根据树脂的不同一般固化温度在110～150℃。压制成形制备的黏结磁体磁性能较高，但孔隙率较大，机械强度较低。

注射成形是采用注射成形机将造粒料连续输入到注射成形机料筒中，料筒中的螺杆，使其一边混溶，一边沿着螺旋槽向前输送。在料桶的加热和旋转螺杆的摩擦剪切作用下逐步熔融呈黏性流动态，然后注射液压缸使螺杆头部产生的压力将流态料推至料筒端部。通过料筒端部的喷嘴、模具、主流道、分流道最后从浇口处注入到闭合的模具型腔中，充满后经压实保压和冷却，使制品固化定型，然后开启模具取出制品。注射成形适于大批量生产，成形性好，制备的黏结永磁体密度均匀，一致性好，机械强度高，耐热性能好，但磁性能低。

10.4.3　黏结永磁体的性能及应用

黏结永磁体的性能见表 10－24。稀土钴黏结永磁材料主要用于要求可靠性高、永磁体形状较为复杂的一些应用领域，包括各种小型精密电机(如步进电机、无刷电机)、小型发电机、钟表转子、定时器转子、传感器、精密仪表、行波管等。Nd－Fe－B 黏结永磁材料的主要用途是各种类型的微电机转子、汽车的传感器、仪表、制动器以及音响、影像等领域。与 Sm－Co 黏结永磁不同的是，各向同性 Nd－Fe－B 黏结磁体多应用于较为廉价及通用性强的应用领域，如计算机及外围设备，办公室自动化的步进电机及汽车配套与电机方面。

表 10－24　黏结永磁性能

类型	成形方法	B_r/T	H_{cb}/(kA·m^{-1})	H_{ci}/(kA·m^{-1})	$(BH)_{max}$/(kJ·m^{-3})	α_{B_r}/%/℃	$\beta_{H_{cj}}$/%/℃	ρ/(g·cm^{-3})	生产企业
铁氧体系	注射	0.25～0.29	159～199	199～279	11.9～15.9			3.5～3.7	—
$SmCo_5$	压缩	0.64～0.70	421.9～453.7	—	64～80	－0.04	－0.28	7.0	Epson
	注射	0.55～0.66	318.4～437.8	—	64～80	－0.04	－0.28	5.8	—
	挤出	—	—	—	64.0	－0.04	－0.28	—	Performation
Sm_2Co_{17}	压缩	0.73～0.88	477.6～541.3	—	96～136	－0.04	－0.22	7.0	Epson
	注射	0.57～0.69	350.2～437.8	—	56～96	0.04	－0.22	5.8	Epson
	压缩	0.94	652.7	—	159.2	0.04	－0.22	7.0	Epson
Nd－Fe－B	压缩（同性）	0.66～0.71	421.9～445.8	—	64～80	－0.10	－0.36	6.5	Epson
	注射（同性）	0.43～0.54	278.6～366.2	—	32～48	－0.10	0.36	5.0	Epson
	注射（同性）	0.643	412	719	69	－0.10	0.36	5.7	RNI80
	挤出（同性）	0.64	390	—	64.0	－0.09	－0.55	—	Epson
	压缩	0.81～0.85	517.4～597.0	915.4～1154.2	111.4～135.3	—	—	—	MF20
		0.98	—	1034.8	159.2	—	—	—	MF15
	注射	0.83	—	1034.8	119.4	—	—	—	MF15
Sm－Fe－N	压缩	0.71	—	2340.2	87.2	－0.04	－0.30	—	Seiemens
		1.03	—	445.8	168.0	－0.06	－0.43	—	旭化成

10.5　铁氧体磁性材料

铁氧体是一种非金属磁性材料，它是铁族和其他一种或多种适当的金属元素的复合氧化物。具有亚铁磁性的铁氧体是一种强磁性材料，通称为铁氧体磁性材料。铁氧体磁性材料可分为软磁、永磁、矩磁、旋磁和压磁等几种，它们的组成、晶体结构、特征与应用领域列于表10－25。它们的主要特征是：软磁材料的磁导率高、矫顽力低、损耗低。硬磁材料的矫顽力高、磁能积高。旋磁材料主要用于微波通信器件。旋磁材料具有旋磁特性，所谓旋磁特性是指电磁波沿着恒定磁场方向传播时，其振动面不断地沿传播方向旋转的现象。矩磁材料具有矩形的 $B-H$ 磁滞回线，主要用于计算机存储磁芯。压磁材料具有较大的线性磁致伸缩系数。

本节重点介绍硬磁和软磁铁氧体材料。

表10－25　各种铁氧体的主要特性和应用范围比较

类别	代表性铁氧体	晶系	结构	主要特征	频率范围	应用举例
软磁	锰锌铁氧体系列 ($MnO-ZnO-Fe_2O_3$)	立方	尖晶石型	高 μ_i、Q、B，低 α、DA	1 kHz～5 MHz	多路通信及电视用的各种磁芯和录音、录像等各种记录磁头
	镍锌铁氧体系列 ($NiO-ZnO-Fe_2O_3$)			高 Q、f_r、ρ，低 $\tan\delta$	1 kHz～300 MHz	多路通信电感接受器、滤波器、磁性天线和记录磁头等
	镍锌铁氧体系列 ($NiO-ZnO-Fe_2O_3$)	六角		高 Q、f_r，低 $\tan\delta$	300～1000 MHz	多路通信及电视用的各种磁芯
永磁	钡铁氧体系列 ($BaO\cdot Fe_2O_3$)	六角	磁铅石型	高 H_{ci}、$(BH)_{max}$	1 kHz～20 MHz	录音器、微音器、拾音器和电话机等各种电声器件以及各种仪表和控制器件的磁芯
	锶铁氧体系列 ($SrO\cdot Fe_2O_3$)					
旋磁	镁锰铝铁氧体系列 ($MgO-MnO-Al_2O_3\cdot Fe_2O_3$)	立方	尖晶石型	ΔH 较宽	500～1000000 MHz	雷达、通信、导航、遥测、遥控等电子设备中的各种微波器件
	钇石榴石铁氧体系列 ($3Me_2O_4\cdot Fe_2O_3$)		石榴石型	ΔH 较窄	100～10000 MHz	
矩磁	镁锰铁氧体系列 ($MgO-MnO-Fe_2O_3$)	立方	尖晶石型	高 α、R_s，低 S_w	300 kHz～1 MHz	各种电子计算机的磁性存储器磁芯
	锂锰铁氧体系列 ($LiO-MnO-Fe_2O_3$)					
压磁	镍锌铁氧体系列 ($NiO-ZnO-Fe_2O_3$)			高 α、K_r、Q 耐蚀性强	～100 MHz	超声和水声器件以及电讯、自控、磁声和计量器件
	镍铜铁氧体系列 ($NiO-CuO-Fe_2O_3$)					

10.5.1　铁氧体的晶体结构和内禀磁特性

铁氧体的磁性能与其晶体结构有密切关系。铁氧体的晶体结构主要有尖晶石型、磁铅石型、石榴石型三种。下面主要介绍与软磁铁氧体和永磁铁氧体有关的尖晶石型和磁铅石型晶体结构。

软磁铁氧体的晶体结构与镁铝尖晶石($MgAl_2O_4$)的晶体结构相同，化学组成可用 $MeO \cdot Fe_2O_3$或 $MeFe_2O_4$表示，Me 代表 +2 价的金属 Mn、Fe、Ni、Co、Cu、Mg、Zn、Cd 等离子。图 10 - 25 是镁铝尖晶石($MgAl_2O_4$)晶体的一个晶胞，它属于面心立方晶系。直径大的氧离子(0.265 nm)占据了晶体的大部分空间，直径比较小的金属离子 Mg^{2+}(0.156 nm)和 Al^{3+}(0.265 nm)镶嵌在氧离子之间的空隙里，而且有一定的规律。在 Mg^{2+}的四周有四个最近邻的 O^{2-}，如果把这四个 O^{2-}的中心连接起来，就构成了一个正四面体。Mg^{2+}处在这个四面体的中心位置，而 Al^{3+}最近邻有六个 O^{2-}，这六个 O^{2-}的中心连线构成正八面体。A^{3+}处于正八面体的中心位置，如图 10 - 26。分析晶胞中所有离子的相对位置，就会发现 O^{2-}之间的间隙只有两种。我们称四面体中心位置为 A 位置，八面体中心为 B 位置；占据 A 位置的金属离子所构成的晶格为 A 次晶格，占据 B 位置的金属离子所构成的晶格为 B 次晶格。

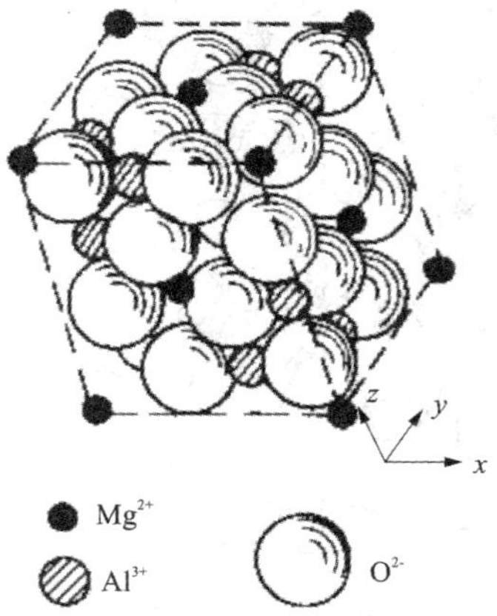

图 10 - 25　尖晶石晶体结构

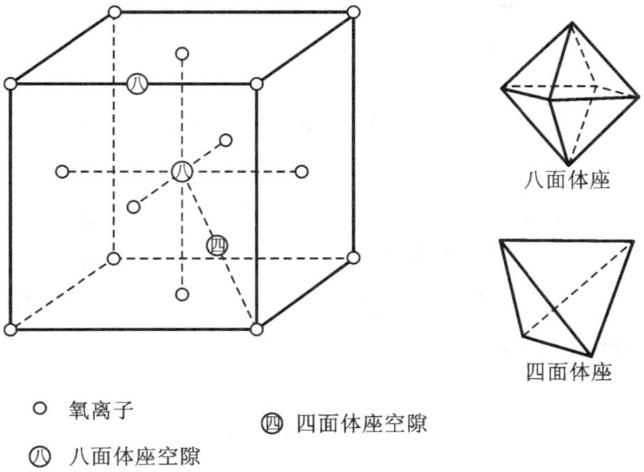

图 10 - 26　氧离子的面心立方密堆积、四面体座空隙与八面体座空隙

A 位置或 B 位置的金属离子间都要通过 O^{2-} 发生间接交换作用。A 和 B 位置上离子的磁矩是反铁磁耦合，在铁氧体中往往是 A、B 两个位置上的磁矩不等，因而出现了亚铁磁性。

永磁铁氧体与天然磁铅石 $Pb(Fe_{7.5}Mn_{3.5}Al_{0.5}Ti_{0.5})O_{19}$ 有类似的晶体结构，属六方晶系，其化学分子式为 $Me_{0.6}Fe_2O_3$，其中 Me 为 +2 价金属离子，如 Ba^{2+}、Sr^{2+}、Pb^{2+} 等。钡铁氧体 $BaFe_{12}O_{19}$ 的晶体结构如图 10 – 27 所示。一个单胞包含 2 个钡铁氧体分子 [2(BaO · $6Fe_2O_3$)]，Fe^{3+} 离子分别处于 6 个 O^{2-} 离子组成的八面体和四个 O^{2-} 离子组成的四面体的中心位置，分别称为 B 位与 A 位。此外部分 Fe^{3+} 离子外于 5 个 O^{2-} 离子组成的特殊位置上，它是钡铁氧体具有高磁晶各向异性的原因。当 Ba^{2+} 离子被 Sr^{2+} 离子全部取代时，便组成锶铁氧体；当 Ba^{2+} 离子部分被 Sr^{2+} 离子取代时，便组成钡 – 锶复合铁氧体。

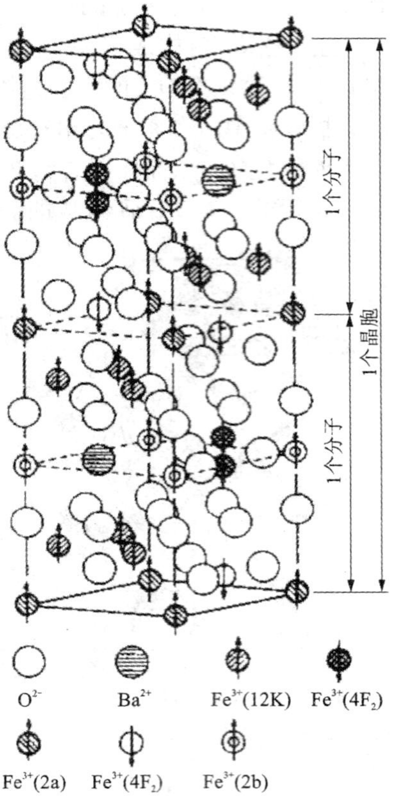

图 10 – 27　钡铁氧体 $BaFe_{12}O_{19}$ 的晶体结构

不同的晶体结构有不同的磁特性。尖晶石型面心立方晶系铁氧体如 $NiFe_3O_4$、$MnFe_2O_4$、$ZnFe_2O_4$ 是软磁和旋磁铁氧体，磁铅石型六角晶系铁氧体如 $BaFe_{12}O_{19}$ 是永磁铁氧体和高频软磁铁氧体，石榴石型立方晶系铁氧体如 $Y_3Fe_5O_{12}$ 是旋磁铁氧体。表 10 – 26 列出了几种有代表性单组分铁氧体的晶格常数和内禀磁性。

表 10－26　几种有代表性单组分铁氧体的晶格常数和内禀磁性

铁氧体	晶体结构	点阵常数/Å	M_s /(A·m^{-1})	K_1 /(J·m^{-3})	T_c /K	HA/ (kA·m^{-1})	μ
$BaFe_{12}O_{19}$	磁铅石型 六角晶系	a＝5.876，c＝23.17	380×10^3	3.2×10^5	723	1360	—
$SrFe_{12}O_{19}$	磁铅石型 六角晶系	a＝5.820，c＝23.01	380×10^3	3.5×10^5	753	1600	—
$PbFe_{12}O_{19}$	磁铅石型 六角晶系	a＝5.877，c＝23.00	320×10^3	2.2×10^5	593	1048	—
$NiFe_2O_4$	尖晶石型 立方晶系	a＝8.344	270×10^3	-6.2×10^3	—	—	270
$MnFe_2O_4$	尖晶石型 立方晶系	a＝8.5	400×10^3	-2.8×10^3	573	—	16000
$ZnFe_2O_4$	尖晶石型 立方晶系	a＝8.44	—	-7×10^2	9	—	—
$CuFe_2O_4$	—	a＝8.22，c＝8.70	135×10^3	-60×10^2	728	—	—
$Ni_{0.5}Zn_{0.5}Fe_2O_4$	尖晶石型 立方晶系	—	680×10^3	-17×10^2	—	—	5000
$Mn_{0.48}Zn_{0.5}Fe_{2.02}O_4$	尖晶石型 立方晶系	—	750×10^3	-3.8×10^2	—	—	24000

10.5.2　永磁铁氧体

永磁铁氧体是以 SrO 或 BaO 及 Fe_2O_3(或者其相应的碳酸化物)为原料，通过陶瓷工艺方法制造而成，主要包括钡铁氧体和锶铁氧体。和金属永磁材料一样，永磁铁氧体材料也要求具有高矫顽力、高剩磁和高磁能积。永磁铁氧体的磁性能与配方(成分)、工艺、显微组织结构有关。

10.5.2.1　永磁铁氧体的制备工艺

铁氧体永磁材料是由铁的氧化物和含钡、锶的化合物按一定比例混合，经预烧、破碎、制粉、压制成形、烧结和磨加工而成，如图 10－28 所示。在有或无磁场的条件下，进行粉末压制，就得到各向异性或各向同性的磁体。高性能烧结永磁铁氧体在制备和工业化大生产工艺过程中关键的工序主要有预烧料的制备工艺、成形工艺、烧结工艺等。

1. 预烧料的制备工艺

预烧料主要有三种制备方法：湿混法(图 10－29)、干混法(图 10－30)和机械合金化法。

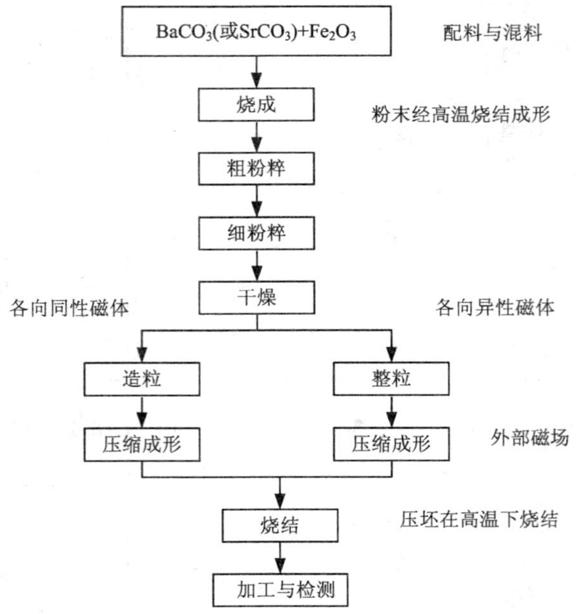

图 10－28　铁氧体永磁材料的制备工艺

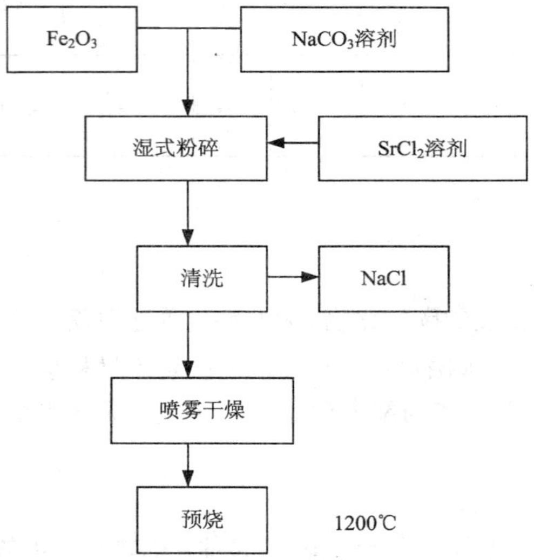

图 10－29　湿混法制备铁氧体预烧料的工艺流程

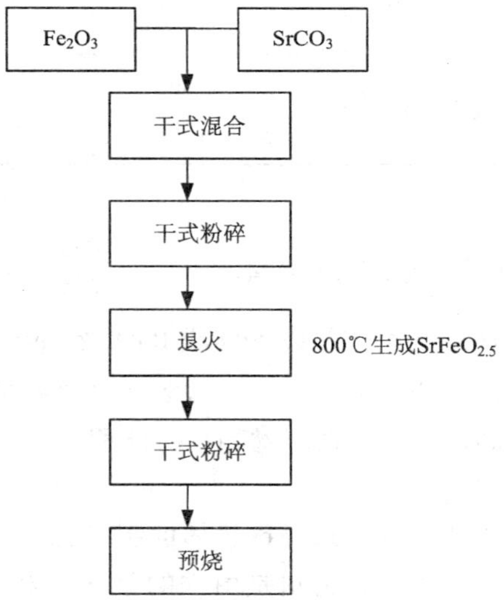

图 10－30　干混法制备铁氧体预烧料的工艺流程

2. 成形工艺

成形工艺是保证永磁铁氧体获得高性能的关键工艺之一。依据产品的形状，应尽可能地提高毛坯的压实密度和密度分布的一致性。因为毛坯密度较高，烧结温度范围较宽，磁体的 H_c 较高，则有利于工业化大生产的进行。国外则多采用水冷或油冷线圈的办法，能把定向磁场提高($H>800$ kA/m)，而这样高的磁场就能满足生产高性能的产品的要求。

3. 烧结工艺

高性能产品对烧结温度和烧结气氛都有特别的要求。在烧结过程中，特别在高温 1000℃以上，窑炉中的含氧量与升温速率、高温区的温度及保温时间、降温速率对产品磁性能有着直接的影响。这也是高性能烧结永磁铁氧体产品烧结工艺控制的难点。若烧结温度太低或保温时间过短，则固相反应不完全，晶体生长不充分，气孔多，产品的密度低、磁性能不好。若烧结温度过高或保温时间过长，则会导致异常晶粒生长，晶体中因而显著地产生畴壁，矫顽力下降，产品磁性能恶化。只有当烧结温度适当时，晶粒细而均匀，气孔呈球形，产品密度高，性能才高。另外，在烧结过程中会发生相变反应，如氧气充足会形成纯 M 相铁氧体，在还原性气氛中或缺氧状态下会产生其他类中间相变等，从而影响产品的 H_c。

10.5.2.2　**永磁铁氧体的性能及应用**

永磁铁氧体不含有 Ni、Co 以及稀土等高价格金属元素，因此成本较低。而且由于晶体对称性低造成的磁晶各向异性大，矫顽力要大于铝镍钴磁钢，且剩磁适中，化学稳定性好，相对质量较低，性价比高于其他类永磁材料，因而在市场上其生产和应用占有很大优势。永磁铁氧体主要应用于工艺品、吸附件、玩具、电机、传感器、医疗器械、扬声器等。

表 10－27 是永磁铁氧体的性能标准。表 10－28 是永磁铁氧体的磁学性能。

表 10－27　永磁铁氧体的性能标准

牌号	B_r		H_{cb}		H_{ci}		$(BH)_{max}$	
	mT	kG	$kA\cdot m^{-1}$	kOe	$kA\cdot m^{-1}$	kOe	$kJ\cdot m^{-3}$	MGOe
Y10T	200～235	2.0～2.35	125～160	1.57～2.01	210～280	2.64～3.52	6.5～9.5	0.8～1.2
Y20	320～380	3.2～3.8	135～190	1.70～2.38	140～195	1.76～2.45	18.0～22.0	2.3～2.8
Y22H	310～360	3.1～3.6	220～250	2.77～3.14	280～320	3.52～4.02	20.0～24.0	2.5～3.0
Y23	320～370	3.2～3.7	170～190	2.14～2.38	190～230	2.39～2.89	20.0～25.5	2.5～3.2
Y25	360～400	3.6～4.0	135～170	1.70～2.14	140～200	1.76～2.51	22.5～28.0	2.8～3.5
Y26H	360～390	3.6～3.9	220～250	2.77～3.14	225～255	2.83～3.21	23.0～28.0	2.9～3.5
Y27H	370～400	3.7～4.0	205～250	2.58～3.14	210～255	2.64～3.21	25.0～29.0	3.1～3.7
Y30	370～400	3.7～4.0	175～210	2.20～2.64	180～220	2.26～2.77	26.0～30.0	3.3～3.8
Y30BH	380～390	3.8～3.90	223～235	2.80～2.95	231～245	2.90～3.08	27.0～30.0	3.4～3.7
Y30－1	380～400	3.8～4.0	230～275	2.89～3.46	235～290	2.95～3.65	27.0～32.0	3.4～4.0
Y30－2	395～415	3.95～4.15	275～300	3.46～3.77	310～335	3.90～4.21	28.5～32.5	3.5～4.0
Y32	400～420	4.0～4.2	160～190	2.01～2.38	165～195	2.07～2.45	30.0～33.5	3.8～4.2
Y33	410～430	4.1～4.3	220～250	2.77～3.14	225～255	2.83～3.21	31.5～35.0	4.0～4.4
Y35	400～410	4.00～4.10	175～195	2.20～2.45	180～200	2.26～2.51	30.0～32.0	3.8～4.0

表 10－28　永磁铁氧体的磁学性能

居里温度/℃	450	拉伸强度/MPa	<100
最高使用温度/℃	250	抗弯强度/MPa	300
剩磁温度系数/(%·$℃^{-1}$)	-0.2	硬度 HV	480～580
矫顽力温度系数/(%·$℃^{-1}$)	0.3	密度/(g·cm^{-3})	4.8～4.9

10.5.3　软磁铁氧体

目前工业上广泛应用的软磁铁氧体是两种或两种以上单一铁氧体(如锰铁氧体 $MnFe_2O_4$、锌铁氧体 $ZnFe_2O_4$)组成的复合铁氧体，如 Mn－Zn 系、Ni－Zn 系，Mg－Zn 系、Li－Zn 系和 Cu－Zn 系等。软磁铁氧体材料一般要求有高磁导率 μ_i、高 M_s、低 H_c、低损耗、高电阻率和高温度稳定性等。在使用时由于用途不同，对性能的要求有所侧重。复合铁氧体的软磁性能与其成分(配方)、制造工艺和显微组织结构有密切关系。

10.5.3.1　软磁铁氧体的制备工艺

通常软磁铁氧体是多晶陶瓷材料，俗称“黑瓷”，其制备工艺过程如图 10－31 所示。铁氧体产品性能的优劣取决于两个方面的影响：①内因方面——原料的纯度(含杂量)、组成、形貌(颗粒尺寸及分布、外形)等，影响化学反应的进度、晶体的生长情况及显微结构的均匀性。②外因方面——主要指制备工艺，它影响化学反应和显微结构，并进而影响到最终产品的电磁性能。

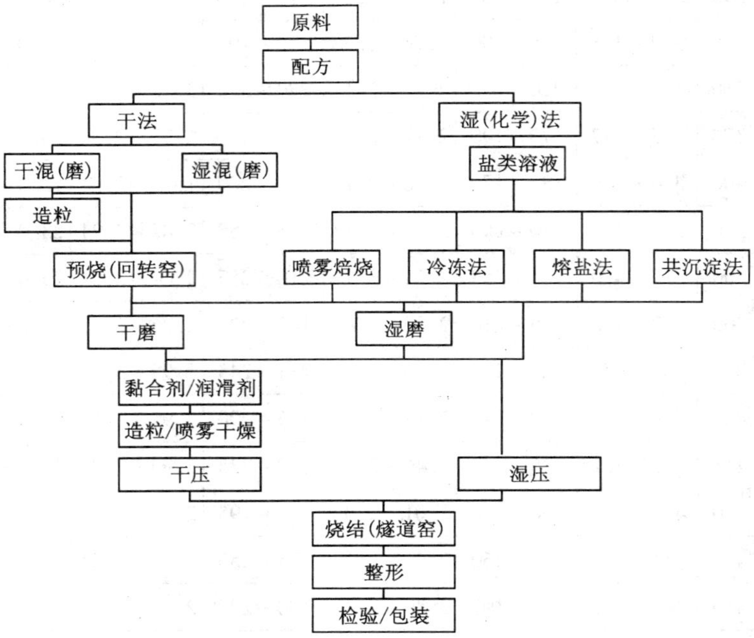

图 10－31　软磁铁氧体的制备工艺过程

1. 粉料的制备

粉料的制备方法包括混合物的固态反应和混合盐溶液的分解。后者称为湿法工艺，包括共沉淀、混合硫酸盐喷雾干燥、混合氯化物喷雾焙烧、溶胶凝胶料自蔓延燃烧及冶金萃取法等。

混合氧化物固态反应法中，原材料的纯度越高杂质越少，相应的电磁性能越好。对于原料粒度而言，并不是越细越好，平均粒度的大小有一个相对范围，原料太细，将会产生一系列不利影响：①团聚现象；②高温自烧结；③长时间研磨将导致粉料粒度分布过宽，引入有害杂质，甚至使粉体进入超顺磁状态，磁性能下降，故一般要求平均粒度在0.1～5 m。

2. 混合与粉碎

作为混合粉碎的机械有球磨机、砂磨机、强混机、气流机、粉碎机等，目前使用最多的是球磨机和砂磨机。

混合又分干混和湿混。干混一般用于各种原材料的粒度大小相似，而且很细，只要充分搅拌均匀，达到能满足固相反应要求即可。湿混是把各种金属氧化物或金属盐类，倒入分散剂中，利用机械办法进行混合。分散剂通常用水，有时也可采用其他分散剂。

3. 预烧

为了使混合料达到一个好的可塑性和稳定性，往往将其预烧结，即将混合好的料放在600～1200℃之间，保温1～2 h，然后冷却。在预烧过程中，混合料发生一系列的固相反应。其过程为：随着温度的升高，首先是颗粒表面的活性质点互相接触、扩散形成表面分子膜；温度继续升高，内部分子的活性也随之增强，整个体系内的质点扩散加强，起初形成固溶体，继而出现铁氧体相；温度再升高，铁氧体相晶化完全。

4. 破碎

把预烧好的粉末状、球状或块状料，用机械力使物料减少粒度的方法，即铁氧体的破碎工序。粉碎物料可以提高坯料的均匀性、致密坯体以及促进物化反应并降低烧结温度等。软磁铁氧体预烧料一般颗粒较小，除压坯块状物大于10 mm外，一般小于10 mm，属于中碎、细碎和超细碎。用滚动球磨机、振动球磨机和立式球磨机，采用间隙式、周期式或连续式粉碎机械破碎，是软磁铁氧体的主流。

5. 成形

将二次球磨后的粉料或颗粒按产品要求压成一定的坯件形状，称为成形。同时为了提高粉料成形时的流动性、可塑性，增加颗粒间的结合力，提高坯件的机械强度，需加入一定量的黏合剂。常用的黏合剂有水、羧甲基纤维素、聚乙烯醇、石蜡等，其中以聚乙烯醇、石蜡较为常用。为了提高成形效率与产品质量，需将二次球磨后的粉料与稀释的黏合剂混合，过筛成一定尺寸的颗粒，当颗粒表面水分稍稍烘去，而内部仍旧保持潮湿时，具有良好的分散性与流动性。工业生产中常采用喷雾干燥造粒法，以有利于进行自动化的大量生产，净化环境。

常用的成形方法有干压成形、磁场成形、热压铸成形、应力取向成形、注浆成形、流延法成形等。目前我国软磁铁氧体的成形方法以干压成形为主，下面主要讲解干压成形。

干压成形方法的特点是：生产效率高，易于自动化，制成品烧后收缩小，不易变形等。但该法只适用于横向尺寸较大、纵向尺寸较小且侧面形状简单的中小型产品，同时对模具的质量要求较高。

干压过程中，当颗粒受到的外压力大于颗粒间的摩擦力时，颗粒相互靠近并发生变形，孔隙减小，当外压力与颗粒间摩擦力平衡时，就不再移动和变形。颗粒间的连接靠黏合剂薄层间的分子或颗粒间的相互作用。颗粒变形有两种：①弹性变形。粉料中的空气、水分及本身受压而产生弹性变形，如在短期内，内压力突增较显著时，开裂由弹性变形引起。②塑性变形。颗粒表面的接触面尺寸跟着压力上升而上升，在一定范围内，压力加大，坯件成形密度增加，坯件成形密度可用下式表示：$d_p \propto d_o^{t/\eta}$，式中 d_p 为加压后坯件的成形密度；d_o 为加压前模具内粉料的填充密度，与预烧等有关；t 为加压时间；η 为颗粒的内摩擦系数，与形状、黏合剂、造粒方法等有关）。成形压力 p 的大小直接影响烧后产品的密度和收缩率。p 小，烧成后产品收缩大，变形大；加大 p，提高成形密度的效果不显著，实践证明，还易出现脆性断裂、裂纹、分层、脱模困难等现象。常用的成形压力范围为 30～200 MPa。

6. 烧结

烧结是成形体（按所需形状将料末原料成形）在常压或加压下高温（$T < T_{熔点}$）加热，使颗粒之间互相结合（黏结），从而提高成形体的强度，排除颗粒之间的气孔，提高材料的强度。软磁铁氧体的烧结方法主要有低温烧结、压力烧结、气氛烧结等。

烧结体中存在晶粒、晶界和气孔，其性质取决于构成晶粒的结晶物质的特性，而且还受微观结构（晶界、气孔）的影响。微观结构既与粉末原料特性有关，又与烧结过程相关。降低气孔率是制备高密度铁氧体烧结体的关键，其方法有：①降低原料的平均粒径，如采用共沉淀法生产的原料；②采用高纯原料并缓慢加热；③加大成形压力，如采用等静压法等；④通过掺杂抑制异常晶粒长大；⑤加压烧结；⑥控制烧结气氛并缓慢升温。

10.5.3.2　软磁铁氧体的性能及应用

目前，软磁铁氧体材料通常有以下分类方法：①按材料的主要成分划分，如 Mn－Zn 系、Ni－Zn 系、Ni－Cu－Zn 系、Mg－Zn 系、Li－Zn 系、六角晶系等；②按材料用途和特征可分为高 μ 材料、高频低功耗材料、高 B_s 低功耗材料、偏转磁芯用材料等；③按使用频段可分为低频用磁材、高频用磁材、超高频用磁材等。但据 ST/T—1766—1997 软磁铁氧体材料分类标准，软磁铁氧体分为三类：①在开路磁路中，低磁通密度下使用的 OP 类材料；②在闭磁路中，低磁通密度下使用的 CL 类材料；③在高磁通密度（功率应用）下使用的 PW 类材料。（“OP”为 OPEN 缩写，“CL”为 CLOSE 缩写，“PW”为 POWER 缩写）。这几大类材料的性能见表 10－29，表 10－30，表 10－31。

表 10－29　OP 类铁氧体材料的性能

类型	起始磁导率 μ_i（25℃）	温度因数 $\alpha/(10^{-6}$ K)（25～55℃）	相对损耗系数 $\tan\delta/\mu_i/10^{-6}$	频率 f/Hz	居里温度 T_c/℃
OP1	<20	0～250	400～800	10	>300
OP2	20～50	0～50	150～250	10	200～450
OP3	50～100	5～40	100～130	10	200～300
OP4	100～300	5～30	30～100	1	200～300
OP5	300～400	35～40	25～70	0.1	100～150

续表

类型	起始磁导率 μ_i（25℃）	温度因数 α/(10^{-6} K)（25～55℃）	相对损耗系数 $\tan\delta/\mu_i/10^{-6}$	频率 f/Hz	居里温度 T_c/℃
OP6	300～500	0～15	15～30	0.1	150～300
OP7	500～800	10～20	10～30	0.1	120～－200
OP8	800～1000	1～6	10～30	0.1	100～150
OP9	1000～1500	2～10	5～20	0.1	100～200

注：f 系测量 $\tan\frac{\delta}{\mu_i}$ 的频率

表 10－30　CL 类铁氧体材料的性能

类型	起始磁导率 μ_i（25℃）	温度因数 α/(10^{-6} K)（25～55℃）	相对损耗系数 $\tan\delta/\mu_i/10^{-6}$	频率 f/Hz	居里温度 T_c/℃
CL1	＜100	0～2	50～150	10	400～600
CL2	100～400	0～10	20～30	1	250～450
CL3	400～800	0～10	15～50	0.1	150～250
CL4	800～1200	0～10	1～10	0.1	120～200
CL5	1200～2000	0～15	1～10	0.1	100～120
CL6	1200～2500	0～10	2～7	0.1	150～250
CL7	1500～2500	－1～2	3～5	0.1	＞150
CL8	2500～3500	0～6	2～10	0.1	140～220
CL9	3500～6000	0～3	2～25	0.01	120～180
CL10	6000～8000	0～3	2～20	0.01	120～150
CL11	8000～12000	0～3	2～20	0.01	100～130
CL12	12000～16000	0～4	2～40	0.01	90～120

注：f 系测量 $\tan\delta/\mu_i$ 的频率。

表 10－31　PW 类铁氧体材料的性能

类型	最高工作频率 f_{max}/kHz	工作频率 f/kHz	磁通密度 B_m/T	振幅磁导率 μ_a	性能因数 $B\times f/mT\times kHz$	功率损耗/(kW·m^{-3})	起始磁导率 μ_i（25℃）
PW1a PW1b	100	15	300	＞2500	4500(300×15)	≤300 ≤200	2000
PW2a PW2b	200	25	200	＞2500	5000(200×25)	≤300 ≤150	200

续表

类型	最高工作频率 f_{max}/kHz	工作频率 f/kHz	磁通密度 B_m/T	振幅磁导率 μ_a	性能因数 $B \times f/mT \times kHz$	功率损耗/（kW·m^{-3}）	起始磁导率 μ_i（25℃）
PW3a PW3b	300	100	100	>3000	1000（100×100）	≤300 ≤150	2000
PW4a PW4b	1000	300	50	>2000	15000（50×300）	≤300 ≤150	1500
PW5a PW5b	3000	1000	25	>1000	25000（25×1000）	≤300 ≤150	800

注：①f_{max}是相对一个给定材料小类的可应用最大频率；

②B是相对一个给定材料小类的可应用的磁通密度；

③μ_a是100℃下，表中的$\mathit{3}$和f情况下的振幅磁导率；

④功率损耗是在100℃下和表中的B和f情况下测量。

软磁铁氧体的电阻率比金属磁性材料高，介电性能高，在高频时具有较高的磁导率，特别适宜高频使用，尤其在微波频率下使用，所以在电子信息、通信、广播电视、航空航天等领域应用广泛。

第 11 章　粉末冶金电工材料

11.1　概述

粉末冶金电工材料是指用粉末冶金方法生产的、用于电气设备和仪表以及某些特殊用途的材料和制品。如广泛应用于各种分断和接通电路用的电接触材料、各类有刷电机上用于转换和传递电流的电刷材料、电阻焊接用的电极材料、应用于真空电子器件的电子发射阴极材料以及各种电热材料和热电偶材料等。

粉末冶金法在某些电工材料的生产中有不可替代的优势。采用粉末冶金法可以将不互溶的两种及两种以上的金属、金属与金属化合物、金属与非金属制成复合材料，各组分可按任意比例组合，且粉末冶金制品具有均匀的组织和稳定的性能。采用粉末冶金方法制备某些电工材料可以获得传统方法无法或很难获得的性能。如电热材料中的铁铬铝合金，这种材料一般采用熔炼法生产。熔炼生产的铁铬铝合金具有高温强度低，塑性和韧性较差，难以加工以及高温使用后晶粒粗化严重等缺点，为了改善其性能，通常通过添加难熔金属元素和稀土氧化物来提高其高温强度和抑制晶粒粗化，但与此同时合金的塑性和韧性被进一步降低。采用粉末冶金方法制备的稀土氧化物弥散增强铁素体的铁铬铝合金便克服了以上缺点，同时还保留了原有合金体系工作温度高、抗氧化性能好的优点。对于难熔金属制品如高钨含量的触头、钨基电阻焊电极、热电子发射阴极等，采用粉末冶金工艺几乎是唯一可行的生产方法。

本章主要介绍粉末冶金电工材料的生产工艺、特点及应用。

11.2　粉末冶金电触头材料

电触头材料是最重要的电工材料之一。电触头亦称触头或接点，是各类电器开关、仪器仪表中的重要元器件，它担负着电路间接通与断开以及负载相应电路中电流的任务，直接影响到开关、电器运行的可靠性及使用寿命，所以人们将电触头称为电器的“心脏”。采用粉末冶金方法制造的触头材料称为粉末冶金触头材料，俗称烧结触头材料。

20 世纪初，西方国家在一些继电器和仪表中开始应用粉末冶金纯钨触头。到 30 年代，用粉末冶金方法分别研制成功钨 - 银、钨 - 铜类高压用触头材料和银 - 镍、银 - 氧化镉等低压用触头材料，用它们代替纯银、纯铜触头，性能有很大改善。目前主要使用的触头材料是银基、铜基、钨基和铂族金属基等各种触头材料系列，其中大部分是用粉末冶金方法生产的。70—80 年代，随着真空开关电器的发展，又研制成功粉末冶金铬 - 铜系触头。我国从 1956 年即开始生产电触头，目前可生产银基触头材料、钨基触头材料、铜基触头材料、贵金属基触头材料等。

11.2.1 电触头的工作特性和要求

根据电触头工作时闭合、断开发生的频率，可将电接触分为固定接触、接插接触、可分合接触和滑动接触四种形式。

11.2.1.1 基本电接触现象

不同类型的电接触状态，其发生的电接触现象不尽相同。固定电接触和滑动电接触主要是指电接触状态的维持。固定接触及接插件中的电接触现象主要是由于接触面焦耳热、接插磨损及工作气氛的腐蚀作用而产生接触电阻的变化；对于滑动电接触，主要由于静、动接触偶间的摩擦磨损、电弧侵蚀等的作用引起接触偶间的接触电阻变化、温升、黏着及材料耗损等。而对于可分合电接触，由于触头闭合、分断时产生电弧使触点的温度升高及分断接通电路操作过程中的机械作用，产生的电接触现象则有接触电阻的变化和温升、触点熔焊、触点材料的侵蚀及材料转移等，该类电接触存在电接触现象的产生、维持和消除等过程。

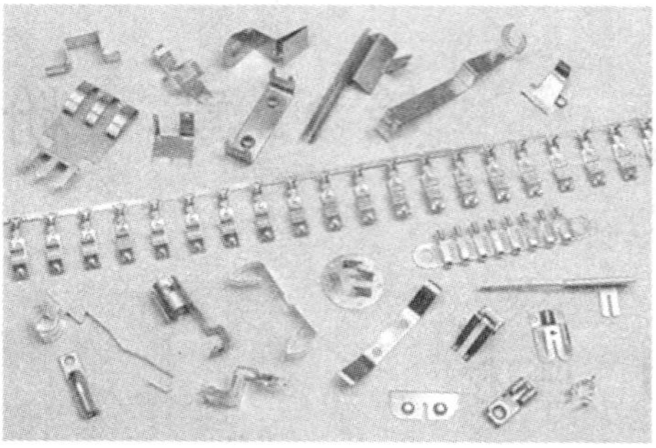

图 11－1 各种电触头

1. 接触电阻

接触电阻是指两接触元件在接触部位产生的电阻。

接触电阻受以下因素的影响：

(1)材料物理性能：相同条件下材料的电阻率高、硬度高，则接触电阻高。

(2)接触压力：为使触头能更好地导电而在触头上施加的压力称为接触压力。接触电阻随接触压力的增加而减小。因为加大接触压力可增加接触面积，并有效地破坏触头的表面膜。

(3)几何形状：触头的形状、尺寸和表面光洁程度均对接触电阻有影响。

(4)电流大小和通电时间：通过触头的电流增加和通电时间延长，将使接触电阻下降并趋于稳定。

(5)其他因素：接触材料的化学稳定性、表面膜的性质与厚度、抗电侵蚀性能和抗机械磨损性能也影响接触电阻的大小和稳定性。

触头材料希望其接触电阻较低并且稳定，在某种程度上接触电阻的稳定性更为重要。采取下列措施可降低接触电阻：增大接触压力以破坏表面膜，触头动作时产生滑动以破坏表面膜，采用硬度低、电阻率低且化学稳定性高的材料，保持接触面的清洁。

2. 电触头材料的温升

触头材料的温升是指触头闭合状态时触头间接触电阻引起的焦耳热使触头局部区域温度升高的现象。触头材料一般为正电阻温度系数，温度升高使材料本身电阻增大，同时也使接触电阻进一步升高，其焦耳热增大，严重时导致材料氧化甚至局部熔化，使触头发生静熔焊现象。有时还会使触头分离初期液态金属桥体积增加，液桥转移量增大。影响触头材料温升的因素主要有：触头材料间的接触电阻，负载类型及大小，触头热交换环境等。在负载及热交换环境确定之后，触头间接触电阻的变化是最为关键的因素。

3. 电侵蚀及金属转移

触头材料电侵蚀又称电磨损，是造成触头失效的主要原因，它使触头的接触表面破坏，接触电阻增高，直至触头完全失效。在直流电路中，触头闭合、分断过程中的电侵蚀比较严重。通常把与直流电源正极相接的触头称为阳极，与负极相接的称为阴极。触头材料的电侵蚀包括：阳极材料转移到阴极(阳极侵蚀)，阴极材料转移到阳极(阴极侵蚀)，阳极和阴极材料的喷溅和蒸发。电侵蚀是一种很复杂的物理现象，同许多因素有关，如电路的电流、电压、电感和电阻等参数及材料的物理性能，包括熔点、沸点、气化焓、热导性、起弧电流与电压、逸出功等。

金属转移的方向因材料和电流电压而异。一般地，当触头间电压低于起弧电压时，材料主要由阳极转移到阴极并在阴极上形成尖刺，在阳极上形成凹坑；在高于起弧电压的中、小电流下，则主要由阴极转移到阳极，当电压和电流都较高时，发生小熔滴由阳极飞溅到阴极的转移。

4. 电触头的黏着与熔焊

电触头的粘着是指触头接触面材料发生短程扩散而结合，致使触头分断困难的现象。在固定电接触元件中，常希望利用粘着现象维持导体间的紧密接触。

电触头的熔焊是指由于电弧放电或焦耳热的影响，致使触头接触面熔化、凝结，造成触头不能正常断开的现象，这时必须用外力才能拉开触头。

熔焊分静熔焊和动熔焊两种。静熔焊是在触头闭合时，由于触头本身的电阻和接触电阻的存在，触头表面产生局部熔化而发生的熔焊；动熔焊是在接通瞬间动触头打击静触头，引起电弧而产生的熔焊。

触头发生熔焊与电流大小，材料的熔点、强度、电导率、热导率等性能有关。各种触头材料中，Ag－C 材料的抗静、动熔焊性能均较好，碳含量越高，抗熔焊性越好，但其耐机械磨损性较差。

5. 电弧侵蚀及电弧特性

触头材料电弧侵蚀是指触头表面电弧热的作用使触头材料以蒸发、液体喷溅、固态脱落等形式引起的材料损失，电弧侵蚀是触头材料耗损的主要形式。电弧多次重复作用于触头表面产生的侵蚀改变触头材料表面成分和形貌是接触电阻升高的根本原因。开关在超过起弧极限的条件下开、闭电路时，将产生电弧。这种电弧对电触头材料的转移、损耗以及熔焊特性有很大的影响。

触头之间形成电弧首先取决于材料的电弧特性参数，即最小起弧电压 U_m 和最小起弧电流 I_m。如果电路的电压和电流低于起弧极限值，则不会发生电弧侵蚀。触头材料的 U_m 和 I_m 值取决于许多因素，如介质的类型、气压、湿度、温度以及触头表面的状态和触头形状等。温度升高和接触表面氧化等会降低 I_m，提高湿度会增大 I_m，尖形触头的 I_m 比扁平触头小。表 11－1 列出了一些元素和合金在不同介质中的电弧特性参数。

表 11－1　一些元素和合金在不同介质中的电弧特性参数

材料	介质	最小起弧电压 U_m/V	最小起弧电流 I_m/A
C	正常大气	20	0.03
Ni	干燥 N_2	14	0.5

续表

材料	介质	最小起弧电压 U_m/V	最小起弧电流 I_m/A
Cu	正常大气	13	0.43
Cu	油	15	0.4
Zn	正常大气	10.5	0.1
Mo	干燥 N_2	17	0.75
Ag	正常大气	12	0.4
Ag	油	15	0.25
Cd	干燥 N_2	11	0.1
Sn	正常大气	13.5	—
W	正常大气	15	1.0～1.1
Ag－40Ni	正常大气	13	—
Ag－10Cu	正常大气	11	0.25
W－Cu	油	18	—
WC	正常大气	14.5～16	0.65
WC	干燥 N_2	14.5	1.15

Ag－CdO 触头的最小起弧电流与 CdO 含量有关，如表 11－2 所示。

表 11－2　Ag－CdO 材料最小起弧电流与 CdO 含量的关系

CdO 含量/%	8	10	12	15
最小起弧电流 I_m/A	0.3～0.4	0.25～0.3	0.2～0.25	0.15～0.2

6. 滑动电接触的磨损

滑动电接触材料的主要问题是磨损。一般来说，即使经过精加工的光滑金属表面，其微观结构并不是完全平整的，仍存在若干突出点，因此两接触元件之间的真实接触面积远小于名义接触面积。在这样的接触面上发生相对滑动，摩擦力将集中在突出点上，突出部位由于剪切力而发生弹性形变。如进一步受摩擦动能转化为热能的影响，将引起突出部位的塑性变形，最后导致其破裂。

滑动接触材料的磨损与材料的性质及滑动摩擦副的材料搭配、滑动速度、滑动压力、气氛、电路阻抗等因素有关。单位滑动距离磨损量即磨损率 W 可用霍尔姆法则简单描述为：

$$W = k\frac{p}{p_m} \tag{1}$$

式中，p——载荷，p_m——屈服压力，k——常数。

由于触头对的屈服压力与较软的那个触头材料硬度值接近相等(即当载荷大于较软的触头硬度时，触头对将破损)，以 H 代表硬度，则式(1)可以下式表示：

$$W = k\frac{p}{H} \tag{2}$$

即磨损率基本上与两接触元件的载荷大小成正比，与其硬度成反比。在不同的气氛及使用条件下 k 值不同。

11.2.1.2　**电触头的破坏形式**

电触头在使用过程中，其破坏形式有以下几种：

(1)电弧侵蚀：分断电路时，触头对之间发生电弧；触头闭合时，触头的反跳也会引起电弧。在电弧作用下，材料产生蒸发、熔化及转移。

(2)氧化：由于电弧的热量加速了触头表面的氧化，大多数金属氧化膜是不导电的，它们使接触电阻升高。在大电流电路中，使触头的温升值增大；在低电流低电压线路中，氧化膜可能增厚到使表面完全绝缘而不导电。故氧化是引起触头失效的一个重要原因。

(3)熔焊：由前述各种原因引起触头熔焊后，只有加大分断力才可解除熔焊的危险。如果熔焊强度超过了开关装置的分断力，则触头不能分断，导致整个电气系统毁坏。

(4)桥接：当触头分断时，由于接触压力减小导致接触面积减小，故接触处的电流密度增大到能使材料局部熔化，形成金属熔桥。当继续拉开时，“桥”被拉长，两端电压升高，熔桥的温度也升高，足以使材料蒸发，熔桥变得不稳定，最后断裂，于是电路断开形成电弧，使得一个触头表面产生凹坑，另一个表面形成凸瘤。此外，形成的“桥”也可能使触头对相互连接而妨碍其机械分离。

(5)磨损：磨损是滑动触头的主要破坏形式，一般分为黏着磨损和磨粒磨损。黏着磨损是在触头的真实接触部位金属之间彼此熔焊，较软一方金属向较硬一方金属转移；磨粒磨损是在硬度差别大的材料之间相互摩擦或是软质材料间有一方含有硬质粒子时发生的磨损，这种作用是单纯的机械摩擦过程。磨粒磨损比黏着磨损的破坏作用更大，因为磨粒磨损形成的磨屑造成触头材料直接损失，而黏着磨损仅仅是发生材料的转移。

11.2.1.3　**对电触头材料的要求**

理想的电触头材料必须满足下述要求：

(1)物理性能：低的电阻率和蒸汽压，高的热导率、熔点、沸点、溶化热和升华热，并且热稳定性好，热容量大，电子逸出功高，以保证高起弧电压和最低的电流。

(2)力学性能：室温及高温强度高、硬度高、耐机械磨损，并且具有一定的塑性与韧性。

(3)电接触性能：耐电弧烧损和接触电阻低而稳定，熔焊及金属转移的倾向小。

(4)化学性能：电化学电位高，耐化学腐蚀和气体溶解的倾向小，对较宽范围的不同介质有良好的耐蚀性能，在大气中不易氧化、碳化、硫化及形成不易导电的化合物或盐渣膜层，即使形成氧化物或硫化物，其挥发性应高。

此外，电触头材料应具有较好的加工性能且容易焊接。

现实中没有一种材料能完全符合上述所有要求。银虽然有良好的导电、导热性和抗氧化性，但其耐电弧腐蚀和机械磨损性能差；钨虽耐电弧和机械磨损，但导电导热性及抗腐蚀性差。因此，只有通过合金化或粉末冶金方法将几种金属(或金属与非金属)按性能要求组合起来，才能得到较为理想的触头材料。

11.2.2 触头材料的组成与分类

11.2.2.1 **触头材料的组成元素**

周期表中有半数以上的元素都可用作触头材料，组成触头材料的基本元素在元素周期表的中部，包括第五周期中的 Mo－Ag 和第六周期中的 W－Au。它们的共同特点是晶格常数小、密度高、熔点高和原子质量大。Cr、Mo、W 属于ⅥA 族，它们都是各自周期中熔沸点相当高的金属。Cu、Ag、Au 属于ⅠB 族，属面心立方结构，延展性好，是电导率、热导率最高的金属。Ru、Rh、Pd、Os、Ir、Pt 属铂族金属，它们的原子密度大，熔沸点高，化学稳定性好，是制造高可靠性触头不可缺少的金属。

用 Ag、Au 和铂族金属等贵金属制备的纯金属触头虽有许多优点，但价格昂贵，易被有机物污染，使接触电阻显著增加且不稳定。为改善性能及节约贵金属，往往添加其他元素做成合金，或者将某些金属的氧化物粒子弥散在贵金属基体中以改善性能。

11.2.2.2 **电触头材料的分类**

电触头材料按照不同工作状态、电压等级以及材料的加工方法以及材料组合类型等有不同的分类方法，各种分类仅能反映某种材料某一方面的特点。

1. 按工作状态分类

按电触头的实际工作状态可分为：

(1)开闭触头材料：在开关电器中承担接通、断开、载流和隔离等任务，要求接触电阻低、操作可靠、使用寿命长。

(2)固定触头材料：在线路系统中承担母线和导线的固定连接，要求材料能长期耐大气腐蚀并保持良好的接触。

(3)滑动触头材料：用于电机、机车、仪表、电信装置等设备中滑动连接处，要求摩擦系数小，使用寿命长。

2. 按电流、电压等级分类

(1)高、中压触头材料：指应用于各类高压负载断路器(如空气断路器、油断路器、SF6 断路器及真空断路器等)的触头材料。这类触头开闭时产生强电弧，故要求材料耐电弧烧损、耐熔焊和有一定的机械强度和冲击韧性。常采用难熔金属 W、Mo 与良导电金属组成复合材料，如高钨或高碳化钨含量的 W－Cu、W－Ag、WC－Ag 等。

(2)低压触头材料：指工作电压 220～240 V、工作电流 5～4000 A 的触头材料。低压电器分为保护电器和控制电器两大类，前者要求在额定电流下触头温升不超过规定值，能自动开、断故障短路电流而不熔焊；后者要求有良好的抗电磨损性能，低而稳定的接触电阻，在正常工作条件下不发生熔焊。低压触头材料主要是银基假合金，如 Ag－10～40Ni、Ag－15～50W、Ag－15～30Mo、Ag－Ni－C、Ag－C、Cu－C 以及银－氧化物复合材料(如 Ag－8～15CdO、Ag－ZnO、Ag－CuO、Ag－SnO_2等)。

(3)弱电触头材料：这类触头的工作电压和工作电流都很低，电压为几伏至十几伏，电流为十几毫安至几百毫安，开断频繁，每秒动作几次至几十次。因此要求触头间接触可靠，接触电阻尽可能小而稳定，有良好的化学稳定性、抗熔焊性及高的电寿命，且金属迁移小。绝大多数弱电触头材料是贵金属(如金、铂、钯、钌、铱)、镍及镍基合金。

3. 其他分类

按加工制造方法可将触头分为熔炼加工触头材料和粉末冶金触头材料，按材料组合分类如表 11－3。

表 11－3　粉末冶金触头材料分类

材料类型	系统	基体	合金成分	结构特点
金属－金属	二元	Ag	W、Mo、Ni、Fe、Co	非均匀两相结构
		Ag	Cd、Pb	单相结构
		Cu	W、Mo、Fe	非均匀两相结构
	三元	Ag－W	Ni、Co、Cu	非均匀三相结构
		Ag－Mo		
		Cu－W	Ni、Co	
		Cu－Mo		
金属－金属氧化物	二元	Ag	CdO、ZnO、MgO、CuO	非均匀两相结构
			PbO、SnO_2、In_2O_3、NiO	
		Cu	Al_2O_3、CdO、ZrO_2、TiO_2	
金属－难熔化合物	二元	Ag	WC、Mo_2C	非均匀两相结构
		Cu		
金属－减摩材料	二元	Cu	BN、石墨	非均匀两相结构
		Ag	MoS_2	
		Cu		
	三元	Ag－Ni	石墨	非均匀三相结构
		Ag－Pd	CaF_2	非均匀两相结构

11.2.3　粉末冶金电触头的制造方法

采用粉末冶金方法可以将不互溶的两种及两种以上的金属或金属与金属化合物或金属与非金属制成复合物，而且复合物中各成分可按任意比例组合，这是熔铸冶金办不到的。粉末冶金方法适用于以下情况：①组成材料之间不互溶；②组成材料的熔沸点和相对密度等物理性能差别较大；③用熔炼、铸造法不能得到所要求的特性；④供应的原料呈粉末状；⑤形状复杂，采用粉末冶金方法比熔铸法成本低。

粉末冶金电触头材料的制造工艺有多种分类方法。按照粉末冶金传统工艺，可分为压制—烧结法、压制—烧结—后加工法、熔浸法、热压法等；按照不同粉末制备方法可分为共沉淀法、机械合金化法、合金粉末预氧化法以及反应喷雾法等。此外为了提高触头材料性能，对原有的工艺进行改进而出现的粉末冶金新工艺，如纤维强化法、等静压法、离子注入、超声波场中压制－浸渍法、电火花烧结法等。传统的制造工艺可大致归纳如图 11－2 所示。

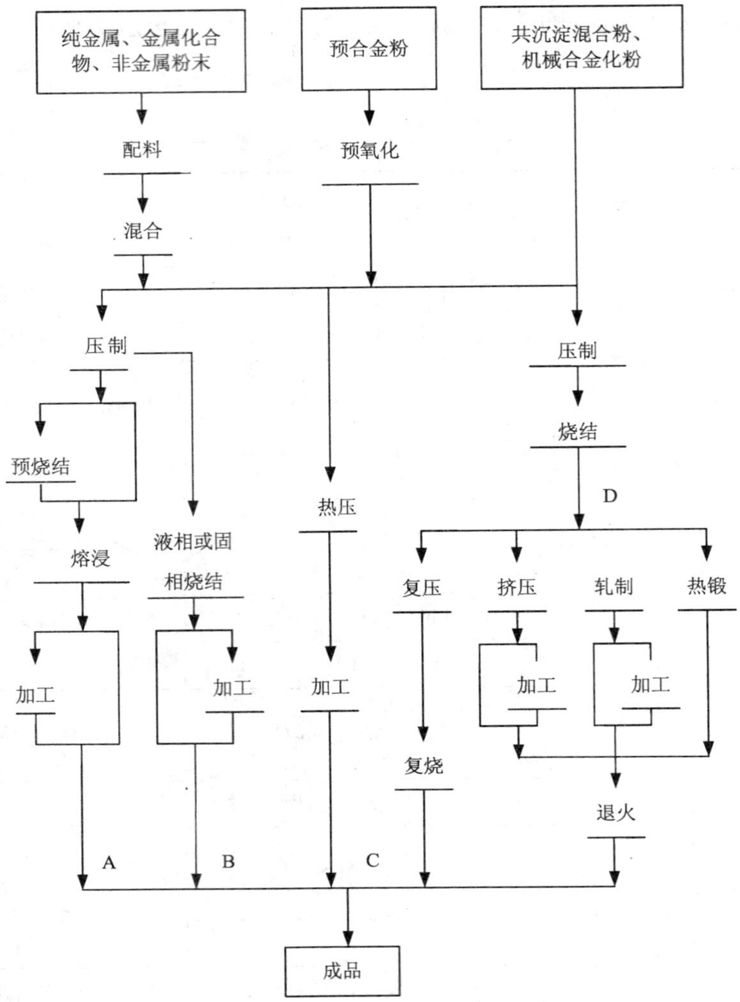

图 11－2　烧结电触头制造工艺流程图

11.2.3.1　压制－烧结法

这是一种传统的粉末冶金工艺，可用来制造尺寸较小的触头。其工艺如图 11－2 中 B，将所需成分和配比的混合粉末压制成形、烧结，经辅助加工或直接制得成品。除常采用固相烧结之外，也采用液相烧结或活化烧结，用后两种方法可获得较好的性能。W、Mo 触头材料是用这种方法制造的典型例子。

以 W 电触头材料为例，将还原钨粉在 200～300 MPa 压制压力下成形，然后在氢还原气氛中，1000～1300℃预烧结使其具有足够的强度，再在 H_2气氛中采用低电压、高电流直接通电垂熔，垂熔温度约为 3000℃，保温 15～60 min，即可获得密度为 17.5～18.5 g/cm^3的烧结坯条，再经后续加工可制成 W 触头。

11.2.3.2　压制－烧结－后加工法

该法适用于各类触头材料，是银基触头材料的主要加工方法。采用的粉末原料有纯金属粉、非金属粉、氧化物粉、共沉淀混合粉、化学包覆粉或预合金粉等。例如制备 Ag－CdO 触头时，可用 Ag－CdO 混合粉、Ag－CdO 共沉淀粉、Ag－Cd 预合金粉。采用 Ag－Cd 预合金粉时需在成形之前对粉末进行预氧化处理，并在烧结同时进行内氧化。

粉末原料经压制成形并进行烧结处理得到的坯体密度不高，还需进行后加工，后加工工艺分述如下：

1. 压制－烧结－复压－复烧(退火)

该工艺适用于多种触头材料的生产。在成形及固相烧结后，采用复压和复烧使材料致密化，也可多次复压复烧进一步提高密度。由于复压引起加工硬化，应进行中间退火或复烧以使过程顺利进行。

银基触头材料不能仅靠提高压制压力来使产品致密，因为当压制压力增大到一定程度后，制品烧结出现膨胀。表 11－4 数据表明：Ag－Ni 触头在成形压力为 100 MPa，300 MPa 时，烧结坯产生收缩，烧结坯密度高于压坯密度；当压力提高到 500 MPa 时，烧结坯密度低于压坯密度。这是由于银粉内含有一定量的气体，在烧结过程中孔隙收缩并且产生一些闭孔隙堵塞了气体出路，被密封的气体在烧结时产生膨胀，因而导致坯体产生胀大，烧结密度降低。成形压力越高，这种现象越严重。银粉的烧结膨胀从 400℃ 开始，在 700℃ 附近出现一次高峰，当温度升至熔点附近时又发生显著膨胀。因此，为了能利用同一套模具对产品进行复压，必须选择适当的压制压力与烧结温度以保证制品有足够的烧结收缩。

表 11－4　Ag－Ni 触头成形压力对密度的影响

成形压力/MPa	密度/($g \cdot cm^{-3}$)	
	成形坯	烧结坯
100	6.61	7.30
300	7.45	7.69
500	8.31	8.10

压制－烧结－复压－复烧法制取部分触头材料的工艺参数见表 11－5。目前只有在触头性能要求不高时才采取这种工艺。

表 11－5　压制－烧结－复压－复烧法工艺参数

材料	压制压力/MPa	烧结温度/℃	复压压力/MPa
Ag－C	200～300	850	600～900
Cu－C	200～300	950	600～900
Ag－Ni	300～400	850	600
Ag－40W	250～300	850～900	1000

2. 压制－烧结－挤压

在银基触头材料的制造工艺中，粉末烧结－挤压法占有很大比重。用这种方法制造的

Ag－C、Ag－Ni(Ni 含量小于 30%)、Ag－CdO、Ag－SnO_2、Ag－ZnO 等触头材料，是当前低压电器中应用最广、性能较好的触头材料。其工艺流程如图 11－3。

现以 Ag－石墨触头的制造为例来说明压制－烧结－挤压工艺。

压制－烧结－挤压生产 Ag－石墨触头对原料的要求并不严格，用银粉和石墨粉机械法混合均匀即可。混合料通过模压或等静压制成形后，于 H_2中约 850℃烧结。挤压之前将坯料在还原气氛中于 700～850℃加热。模具应预先加热，为防止脱碳，坯料应置于炭末中加热，经一次挤压便可获得成品。挤压模的定径区长度要适当，太长则使摩擦力增加，导致挤压力增高。此外，定径区的表面粗糙度不应低于▽8。挤压比的大小对 Ag－石墨材料性能的影响见表 11－6。

表 11－6　挤压比对 Ag－石墨材料性能的影响

挤压比	HB(软态)/MPa	密度/($g \cdot cm^{-3}$)	电阻率/($\mu\Omega \cdot cm$)
普通粉末冶金法	260～340	8.3	3.2
44∶1	390～420	8.5	－
66∶1	430	8.7	－
90∶1	440～460	8.67～8.74	2.12～2.19
140∶1	470	8.73	2.08
180∶1	470～490	8.76	2.02

挤压完成后将挤压的条棒切割成片状触头，切取方向应注意使纤维方向垂直于触头工作面。由于 Ag－石墨触头抗熔焊性好，难焊接，在用压制－烧结法制取时，均覆以纯银焊接层。而烧结－挤压法没有纯银覆层，因此在完成切片工艺后要采用脱碳工艺使焊接面的石墨部分烧除而获得纯银层。脱碳可在间歇式或连续式炉中进行。

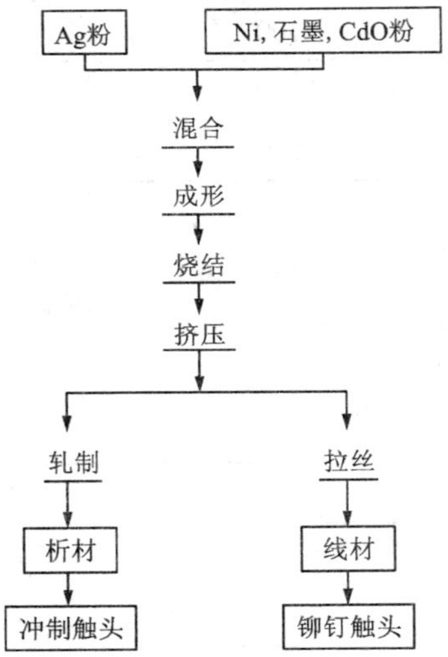

图 11－3　烧结－挤压法制备 Ag－CdO 触头材料工艺流程

烧结－挤压法的优点有：

(1)挤压后材料的致密度可高达 99%，使材料的力学性能和耐电弧烧损等性能大为提高。

(2)材料成分及质量较其他方法(如合金内氧化和共沉淀法)易于控制，保证了产品性能的一致性。

(3)挤压银基触头材料中的第二组元(石墨、镍、CdO、SnO_2、ZnO 等)成为纤维状，当纤维排列方向垂直于触头使用表面时可大大提高抗电弧腐蚀性。例如，纤维化的 Ag－C 触头的抗电弧腐蚀性比无纤维化时提高 5 倍，且电磨损量很小。

基于以上优点，目前世界各国有采用烧结－挤压法取代生产 Ag－CdO、Ag－SnO_2和 Ag

– ZnO 触头的合金内氧化工艺的趋势。合金内氧化法制得的触头虽致密无孔，但没有烧结 – 挤压所特有的定向纤维，易产生第二相晶界聚集，故电性能较差；在内氧化过程中，氧化速度十分缓慢，不适宜生产厚度大的触头。烧结 – 挤压法制备的 Ag – CdO 触头与其他工艺生产的触头性能相比，具有更好的力学性能以及抗电弧腐蚀性和耐电磨损性能，如表 11 – 7。

表 11 – 7　不同工艺制备的 Ag – CdO 触头性能比较

CdO 含量/%	制造工艺	密度 /(g/cm^3)	电导率(软态)/ ($m \cdot \Omega^{-1} \cdot mm^{-2}$)	维氏硬度 HV10 (软态，近似值)
10	半成品或成品零件合金内氧化	10.2	49	65
15	成品零件合金内氧化	10.1	44	75
10	合金单面内氧化，氧化深度约为片材的 2/3	10.2	49	65
15		10.1	44	75
10	烧结坯挤压成线材并冲制成铆钉	10.2	50	60
15		10.1	45	70
10	由带银层的烧结坯挤压成片材	10.3①	50	60
15		10.2①	45	70
12	烧结坯挤压并覆银层	10.2	48	65
12	双层压制、烧结并复压	10.1①	42	60

①包括焊接层在内。

3. 压制 – 烧结 – 轧制

银基铆钉型触头可用压制 – 烧结 – 轧制工艺制造。材料经压制、烧结后，轧制可进一步致密化。轧制板材在退火后可直接冲制铆钉，也可在型轧后拉丝，经退火后再冲制铆钉。轧制也可以得到纤维状组织，但纤维方向与触头工作面平行，其使用效果不如挤压材料那么理想。轧制分为冷轧和热轧，冷轧的道次不能太少，必须控制道次的压下量即压缩率，如 Ag – 7Fe 触头材料的冷轧压缩率不大于 20%，在两道次轧制间要进行中间退火。

4. 压制 – 烧结 – 锻造

锻造可使烧结坯料进一步致密化。塑性良好的银基材料在闭模中一次锻造便可获得尺寸与形状合乎要求的接近全致密的触头，其性能也因密度提高而得到改善，该工艺对粉末粒度的要求不如传统粉末冶金方法严格，如果采用共沉淀粉或雾化预合金粉为原料，则可以获得很均匀的结构，有利于性能的提高。

11.2.3.3　**熔浸法**

熔浸法又称熔渗法，是制备高、中压触头材料行之有效的常用方法之一，适用于制造高 W 含量的 W – Ag、W – Cu 触头，高 Mo 含量的 Mo – Ag、Mo – Cu 触头，WC – Ag、WC – Cu 等高压触头材料以及 Cu – Cr 真空触头材料等。20 世纪 50—70 年代多采用复压 – 复烧工艺制备 W – Cu 触头材料，尽管多次复压、复烧，复压压力达 100 ~ 120 MPa，所得材料的致密度和电性能仍然较差。人们在采用熔浸工艺制备这类材料时发现，熔浸法不但能使合金的相对密度提高到95% ~98%，其电性能也有大幅度提高，因此熔浸工艺在电触头材料的生产中得到广泛的应用。近代的电子封装材料、导弹喉衬材料等大量用到高 W、Mo 含量的 Cu 合金，同样采用熔浸工艺制备。

典型的熔浸法工艺流程如图 11 -4 所示。

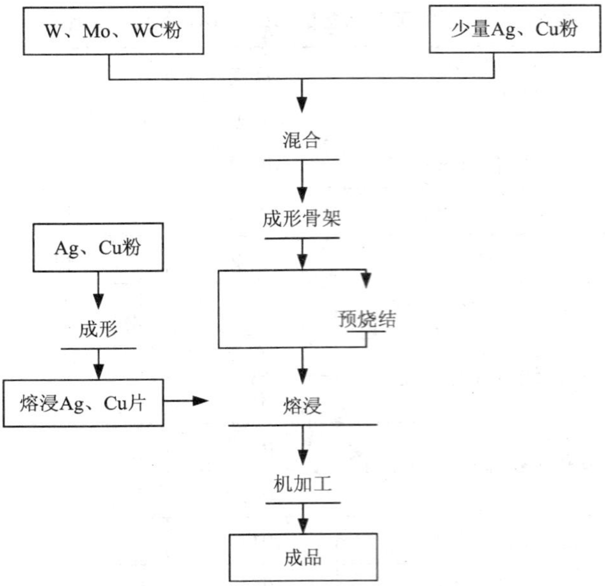

图 11 -4　典型的熔浸工艺流程

采用熔浸法时，难熔组分体积分数一般为 50% ~90% 时能较好地保持骨架的形状，但当其含量接近上限时应注意保持难熔骨架中的孔隙连通；采用下限时为保持制品固定的形状，可在混合料中预加部分低熔点组分粉末以保证压制骨架有足够的强度。难熔组分可以采用一般工业用 W 粉、Mo 粉、WC 粉等，粉末平均粒径约为 3 μm，当 Ag、Cu 含量较低时，可适当选用较粗的难熔组分粉末。为获得更好的成形性能，难熔组分也可采用粗细粉末按一定比例混合使用。

熔浸金属与难熔组分之间有良好的润湿性是采用熔浸法制备触头材料的关键，并且它们之间不能互溶或发生化学反应，否则在熔浸过程中将造成液相消失而不能达到均匀熔浸的目的。为改善熔浸金属与难熔组分间的润湿性，可在难熔组分中加入少量熔浸金属粉末（称为诱导金属），其加入量视熔浸金属的总量而定。另外一种方法是在难熔组分中加入活化金属。在 W - Cu 触头材料生产中最常用的活化金属是 Ni，加入量为粉末总质量的 0.1% ~0.5%，Ni 的加入可显著改善 Cu 对 W 的润湿性。为了保证 Ni 的均匀加入，最好是采用化学法加入方式，即以镍盐溶液形式加入，这样比机械混入镍粉效果更好。

制备孔隙度要求严格的骨架是熔浸工艺十分重要的一环，骨架制备方法通常有压制成形、挤压成形以及注射成形等。对于 W - Cu、W - Ag 等触头材料，由于 W 与 Ag、Cu 之间不互溶，也不生成化合物，因此这类材料体积具有“机械加和”的特征，即合金的体积大致等于两种组元体积的加和，可用以下经验公式表达：

$$V_{W-Cu}=V_W+V_{Cu}=\frac{m_W}{\rho_W}+\frac{m_{Cu}}{\rho_{Cu}}$$

式中：V 为体积，m 为质量，ρ 为理论密度。

在生产中，确定了 W 和 Cu 的质量后，便可根据上述公式计算出其产品的体积，然后可根据其体积计算出骨架的高度或体积，在压制熔浸骨架时，可以采用高度限制器严格控制压坯的高度，从而保证骨架有足够的孔隙度，使得熔浸金属能充分浸入。值得注意的是，当 W 含量高至 90% 时，采用一般的冷压成形很难得到孔隙符合要求的骨架。有研究表明对冷压坯加热到 850℃后，再用快速冲击成形可使骨架的孔隙度达到设计要求。

熔浸用骨架材料在熔浸之前一般进行预烧以排除成形剂，预烧之后也可在还原气氛下进行高温烧结以保证骨架具有足够的强度和清除其表面的氧化物，使随后的熔浸过程更顺利进行。熔浸温度一般应控制在超过熔浸金属熔点 50～100℃，但在连续推舟炉中进行生产时，要严格控制推舟速度，在接近熔浸金属熔点时升温速率要缓慢。若升温过快，熔浸金属会迅速熔化而覆盖在骨架表面，使骨架表面形成一层密封层，外部熔化金属无法进入，内部残余气体则无法排出，造成“黑心”即未浸透现象。同时，升温太快会使骨架内部气压过大，导致样品产生崩裂现象。

熔浸金属片放置的位置也十分重要。一般熔浸片放在骨架的下部，这样有利于熔浸时骨架内气体的排出。较高的制品也可将熔浸金属片分别置于骨架的上、下两端。

熔浸制品很难达到 100% 的相对密度，因此为了提高其致密度与综合性能，熔浸制品还可经冷、热加工处理。对于含钨量小于 60% 的塑性较好的材料，可以使用冷加工，而含钨量大于 60% 的材料加工温度为 600～800℃，为避免开裂宜采用不锈钢包套。

11.2.3.4　热压法

热压法是把粉末装在模腔内，在加压的同时使粉末加热到较正常烧结温度低一点的温度，经短时间烧结成致密均匀制品的方法。热压时的成形压力和烧结温度都较压制－烧结法时低，并可保证被加工粉料的化学成分稳定，材料组织均匀，可获得密度极高和晶粒极细的大型触头材料。但是其生产效率低，模具损耗大。宜用于生产大型及特殊要求的触头材料。

热压法可制造 WC 基、W 基等难熔组分含量较高的触头材料，如 Ag－70WC 触头，采用石墨模具在感应加热的热压炉中进行热压，其工艺过程包括混粉→预压→装炉→升温→保温→加压→保压，热压温度 1200℃，压制压力 2.5～5.0 MPa，保温 30 min，可获得密度为 13.0 g/cm^3、电阻率为 6.5 μΩ·cm、硬度为 HB2500 MPa 的组织均匀的触头。

某些在压制－烧结过程中易产生膨胀，难以烧结致密的触头材料，也可采用热压工艺来提高其致密度，如高密度钨铜合金触头。有研究以机械合金法制备的 W－15Cu 超细复合粉末为原料，在 30 MPa、1500、2 h 的条件下，可以制备出相对密度 99.8%、断裂强度 1290.6 MPa、硬度 44.8HRC 的高密度钨铜合金。

11.2.3.5　共沉淀法

所谓共沉淀是选择一种沉淀剂（一般是盐类如 Na_2CO_3、NaOH、$(NH_4)_2C_2O_4$等），加入含有两种或两种以上金属离子的混合盐溶液中，使其中的几种金属同时以盐的形式沉淀析出，经洗涤、焙烧或还原处理制取均匀分散的混合粉。共沉淀粉粒度细、成分分布均匀，用它制备的触头如 Ag－CdO，其 CdO 颗粒粒径约 5 μm，经挤压、轧制或锻造等后加工工序提高密度后能进一步提高其电性能，由于共沉淀粉末粒度细，成形压力不宜太高，否则压坯易分层或开裂。共沉淀法可制取多种银基触头材料，如 Ag－CdO、Ag－CuO、Ag－SnO_2、Ag－Fe、Ag－Ni、Ag－W 等。其制备 Ag－CdO 触头的工艺流程如图 11－5。

对于目前研究较多的 Ag－SnO_2 触头材料，化学共沉淀法制备复合粉有多种工艺且各具特色，因氧化物种类及颗粒大小、沉积体系及还原过程不同而存在较大差异。常见的制备方法有以下三种：①在含悬浮 SnO_2 颗粒的 $AgNO_3$ 溶液中，使 $AgNO_3$ 以 Ag_2O 的形式沉积在 SnO_2 颗粒上，得到 Ag_2O、SnO_2 混合粉，再加热使氧化银还原为银，从而得到 Ag-SnO_2 复合粉；②将含悬浮 SnO_2 的 $AgNO_3$ 溶液喷射到含还原剂（水合肼）的容器中，或者将水合肼喷射到含悬浮 SnO_2 的 $AgNO_3$ 溶液中，还原得到复合粉，经粉碎、研磨后得到分布均匀、流动性好的粉体；③在 TiO_2 掺杂纳米 SnO_2 粉末的水溶液中，滴加水合肼后，加入到合适量 $AgNO_3$ 的水溶液中，充分搅拌，同时加入少量氨水，得到银包覆 SnO_2 颗粒沉淀。

影响共沉淀法粉末粒度的主要因素有：金属盐溶液与沉淀剂溶液的浓度、沉淀剂的种类、沉淀反应的 pH 及温度、焙烧或还原温度及粉末洗净程度等。

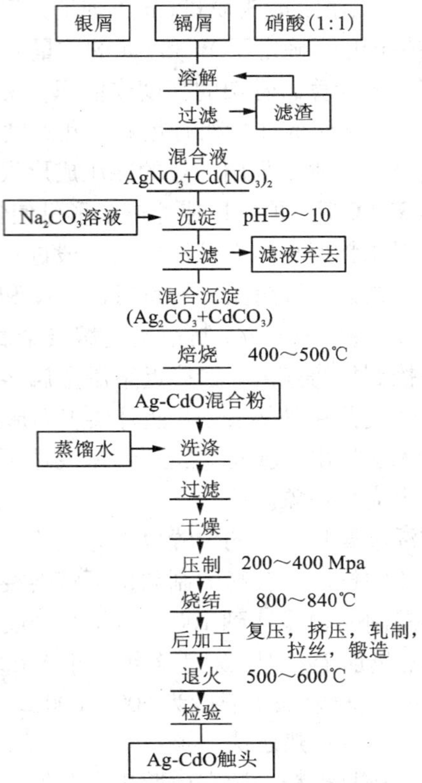

图 11－5　共沉淀法制备 Ag－CdO 触头工艺流程

共沉淀法制备的银基触头材料其第二相分散均匀，电性能良好，但粉末造价偏高，各批粉末质量的稳定性较难控制。此外，由于涉及湿法化学反应过程，在粉体制备过程中存在着酸、碱、盐的污染问题，同时生产过程产生大量滤渣、滤液，会对环境造成一定影响，必须采取严格的处理措施。

11.2.3.6　机械合金化技术

机械合金化是一种制备合金粉末的新技术，该技术利用高能球磨，在固态下合成平衡相、非平衡相或混合相，可以达到元素间原子级水平的合金化。这项技术对于制备混合均匀、性能更高的触头材料具有十分重要的意义。目前，用于生产的触头材料品种很多，在二元或多元体系中，大部分触头材料形成的是假合金，而机械合金化则可以使它们形成过饱和固溶体，并使它们之间合金化。

机械合金化制备电触头材料具有以下特点：(1)可制备过饱和固溶体，使非互溶体系合金化，提高材料的力学和电性能；(2)可制备第二相（金属氧化物、难熔金属、硬质相）弥散分布的电触头材料，该材料显示出较好的性能；(3)可制备性能优异的纳米、纳米晶电触头材料。此外，由于高能球磨极大地细化了复合粉末的粒度，从而提高了烧结活性，降低了烧结温度，在较低温度下即可获得较高的烧结密度。

以 Ag－MeO 触头材料为例，Ag－MeO 触头的物理和电性能主要由所采用的制粉工艺决定，即与粉末混合的均匀程度以及氧化物相在银基上的分布有关。机械合金化可使 MeO 颗粒和银基体产生固态相变，最终形成部分或完全的固溶，从本质上提高 MeO 和银基体的结合强度，并且 MeO 分散得极其均匀。采用机械合金化法可以制备具有较高强度和良好导电性的 Ag－MeO 触头材料。表 11－8 所示为普通粉末冶金法与机械合金法制备的 Ag－SnO_2材料的性能比较。

表 11－8　普通粉末冶金法与机械合金法制备的 Ag－SnO_2材料性能对比

工艺	硬度/MPa	密度/($g\cdot cm^{-3}$)	电导率/IACS%
普通粉末冶金 Ag－SnO_2	710	9.60	64.0
机械合金化法 Ag－SnO_2	985	9.81	74.8

机械合金化法在 Cu－Cr 系合金触头的制备方面也显示了其优越性。采用机械合金化制备的高度合金化的过饱和固溶体粉末进行压制－烧结等工艺，可制备性能优异的 Cu－Cr 触头材料。Cu－Cr 系合金是目前应用最为广泛的真空断路器触头材料，其不仅有大的工作电流和良好的开断能力，而且有较好的耐压和抗熔焊性能，但是 Cu、Cr 在低温下几乎不互溶，液相合金凝固时，Cr 有共晶化的倾向，易造成成分偏析。采用机械合金化方法制备的 Cu－Cr 合金性能提高有两方面的原因：一方面，在机械合金化过程中形成了 Cr 在 Cu 中的超饱和固溶，其在随后的热挤压制备过程中产生沉淀强化；另一方面，机械合金化过程使 Cu、Cr 颗粒细化和均匀化，未固溶的 Cr 细化后起到弥散强化的作用。但目前采用机械合金化制备 Cu－Cr 合金触头存在着氧含量偏高和致密度低的问题，氧含量偏高将会使触头的电流分断能力有所降低。

此外机械合金化方法还可制备纳米晶触头材料，如 W－20Cu，采用预设配比的钨粉(6～8 μm)和铜粉(50 μm 左右)在氩气保护下进行高能球磨 6～24 h，然后在 1000～1200℃进行真空热压可获得纳米晶 W－20Cu 材料，晶粒尺寸为 80 nm 左右，其致密度为理论密度的 99.5%，高于传统的熔浸法 W－20Cu 触头材料。因此采用机械合金化法可获得比熔浸法性能更优的触头材料，并且工艺过程简单，可获得形状复杂制品，这一点是熔浸法很难做到的。

11.2.3.7　反应喷雾法

反应喷雾法又称为喷雾热分解法，是一种源于喷雾干燥制备粉末的新技术。所不同的是喷雾干燥过程中仅仅发生物理反应，而反应喷雾过程中化学反应和物理反应都会发生。该方法以所需复合粉化学计量比精确配制的金属盐溶液为原料，经喷雾干燥得到颗粒细小、成分均匀的复合粉末。反应喷雾法特别适合制备多组元复合粉末，如 W－Cu、Ag－SnO_2、掺杂 SnO_2等。图 11－6 为反应喷雾法制备超细钨铜复合粉的工艺流程。

采用反应喷雾钨铜复合粉经压制－烧结制备的 W－10Cu 触头材料与熔渗法制备的 W－10Cu 材料相比，具有相对密度高(99%)、电导率高(19 mS/m)且组织均匀等优点。反应喷雾法在制备 Ag－MeO 触头方面也有较广泛的应用。以 Ag－SnO_2为例，为了获得较好的力学性能以及耐电弧腐蚀性能，通常采用 SnO_2掺杂其他金属或金属氧化物的方法，反应喷雾制备的掺杂 SnO_2成分均匀，掺杂 SnO_2粉末与 Ag 粉混合，经压制、烧结制造成新型 Ag－SnO_2触点材料，具有良好的力学与电学性能。此外还可采用 Ag、Sn 的硝酸盐溶液经反应喷雾直接制备

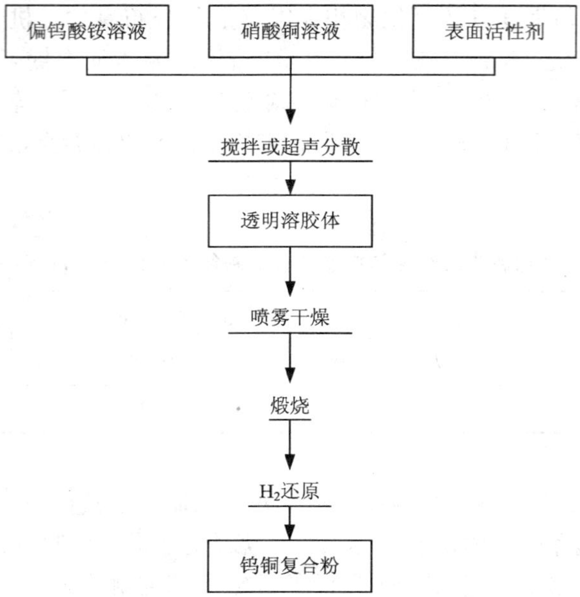

图 11－6　反应喷雾法制备超细钨铜复合粉工艺流程

$Ag-SnO_2$复合粉末，其工艺与钨铜复合粉的制备类似。反应喷雾法是近年来兴起的一种制备粉体材料的新方法，易得到综合性能优良的粉末材料，但由于其设备复杂，基础理论尚未研究透彻，若要大规模推广应用还需深入研究。

11.2.3.8　**其他方法**

为了获得高性能的触头材料，相继开发出了各种粉末冶金新工艺，如纤维强化法、等静压制、离子注入、电火花烧结等，这些工艺是对原有粉末冶金工艺的补充和完善。

11.2.4　粉末冶金电触头材料的性能与应用

触头材料种类较多，光是强电触头品种就多达数十种，因此很难对各种触头进行一一归类，以下仅对一些常用的触头材料进行简要介绍。

11.2.4.1　**触头材料的性能**

触头材料的主要性能一般指密度、硬度、熔点以及导电、导热性能等，部分常用触头材料的性能如表 11－9 所示。

表 11－9　常用触头材料的性能

材料	密度 /($g \cdot cm^{-3}$)	硬度 (HB) 软态	硬度 (HB) 硬态	硬度 (HV) 软态	硬度 (HV) 硬态	硬度 HR－15T	电导率 /IACS%	热导率/($W \cdot m^{-1} \cdot K^{-1}$)	熔点 /℃
Ag	10.55	40		32	73		106	418	960
细晶银	10.50				90		98		960

续表

材料	密度 /(g·cm^{-3})	硬度					电导率 /IACS%	热导率/(W·m^{-1}·K^{-1})	熔点 /℃
		(HB)		(HV)		HR－15T			
		软态	硬态	软态	硬态				
硬银(Ag－Cu)	10.48	70						394	950
Ag－CuO	10.30			60	113		76		1032
Ag－28Cu	10.00					64～75	82		779
Ag－10CdO	10.2	55	75				73		960
Ag－12CdO	10.1	65	85				73		960
Ag－15CdO	10.0		105				60		960
Ag－10Ni	9.9～10.3	55	75	58	78		80		960
Ag－15Ni	9.9～10.1					HRF－50	76		
Ag－20Ni	9.8～10.1		65	55	90		73～52	342	1065
Ag－30Ni	9.7～10.0	65	80	68	83		62		
Ag－40Ni	9.7～9.9		80	75	120		70～44	276	1100
Ag－7Fe	10.0～10.3	53	73	56	76		84		
Ag－29Ni－3C	8.9	45	65				37		
Ag－5C	8.0～8.5	40	55			45	52		
Ag－10C	7.0	40					50		
Cu－5C	7.0	40	55				50		
Ag－30W	11.8～12.2	55	80	55	83		73	339	
Ag－40W	12.5～12.8	60	90	63	94		64		
Ag－50W	13.2～13.5	75	110	78	115		73～56	286	
Ag－60W	14.0～14.4	95	135	99	141		60～50		
Ag－65W	14.5～14.9	110	155	115	161		50		
Ag－70W	14.7～15.1	120	175	125	183		48		
Ag－75W	15.4～15.8	137	195	140	200		52～45	222	
Ag－80W	16.1～16.5	155	195	162	203		37		
Ag－30Mo	10.50	180					84	335	
Ag－40Mo	10.47	100					76	310	
Ag－50Mo	10.44	130					70	280	
Ag－75Mo	10.38	170					50	213	
Cu－30W	10.6～10.8	100					80	316	

续表

材料	密度/(g·cm^{-3})	硬度					电导率/IACS%	热导率/(W·m^{-1}·K^{-1})	熔点/℃
		(HB)		(HV)		HR－15T			
		软态	硬态	软态	硬态				
Cu－50W	12.0～12.5	105	130	109	136		67～56		
Cu－60W	12.8～13.0	120	160	125	167		48		
Cu－70W	14.0～14.4	145	185	152	193		41		
Cu－75W	14.6～15.0	160	200	167	209		47～37		
Cu－80W	15.2～15.5	180	220	188	230		37～32		
Cu－W90	17.1	240					36～30		
Ag－20WC	11.1					HRF63	71		
Ag－30WC	11.5					88	65		
Ag－35WC	11.7					93	60		
Ag－40WC	12.0					98	58		
Ag－50WC	12.3					HRF103	50		
Ag－60WC	12.5					108	45		
Ag－39.5WC－0.5Co	12.0					98	53		
Ag－40WC－3C	10.0					70	38		
Ag－60WC－C	11.9					106	32		
W	19.1～19.3						30	188	3400
Mo	10.0～10.3						35～30	145	2650

11.2.4.2　常用触头材料的特点及应用

1. 细晶银

在银中添加微量镍(约0.15%)，能保持良好的导电、导热性，而电阻率和接触电阻几乎与纯银相当。微量镍使银晶粒大大细化，硬度提高，增加了耐机械磨损及电磨损的能力，故使用寿命长。细晶银适用于10 A以下的电器，如交流接触器辅助触头以及各种继电器等。

2. 银－镍

银－镍触头，含镍为10%～40%，具有良好的导电、导热性，接触电阻低而稳定。随含镍量增加，材料的导电、导热性及接触电阻均降低。镍含量低的主要用于中小电流等级的接触器、继电器、控制开关等；镍含量高的主要用于铁路开关、保护开关、中等容量的空气开关等。由于这种触头在大电流下抗熔焊性差，一般与Ag－CdO、Ag－SnO_2触头配对使用可获得良好的性能。此外，在Ag－Ni中添加少量(0.5%～3%)石墨可提高其抗熔焊性，用于100～600 A空气开关时抗电磨损性较低。烧结－挤压法制取的银－镍触头具有纤维结构，可提高材料的抗电磨损性及导电性。

3. 银 - 石墨与铜 - 石墨

这类材料是在银或铜的基体中加入约 5% 的石墨，当石墨含量更高时可作润滑触头。银 - 石墨和铜 - 石墨触头具有良好的抗熔焊性。银 - 石墨的接触电阻低而稳定。由于石墨与银的润湿性差，故材料的抗电磨损性较差。随石墨的含量增加，电磨损量增加，机械强度降低。烧结 - 挤压法制取的银 - 石墨触头具有纤维结构，使抗电磨损性改善。由于这两种材料的抗熔焊性较好，但较难焊接，故在制造触头时必须附加纯银或纯铜的焊接层。银 - 石墨用于低压断路器，特别是电弧不严重的场合。银 - 石墨与铜 - 石墨常和 Ag - 30 ~ 40Ni 配对应用于空气开关。

4. 银 - 金属氧化物材料

(1) Ag - CdO：Ag - CdO 具有良好的抗电弧侵蚀性，接触电阻低而稳定，抗熔焊、导电、导热性接近纯银。它是一类用途广泛的材料，使用电流从几安到几千安，常用 Ag - 10CdO、Ag - 12CdO、Ag - 15CdO 三种成分。Ag - CdO 是一种 CdO 弥散强化银基复合材料，但与一般的弥散强化结构材料不同，后者主要是靠硬的弥散相粒子强化基体，且弥散相数量少，约 1%（质量），粒子为 0.01 ~ 0.1 μm。而在 Ag - CdO 中，弥散粒子 CdO 的作用主要是防止触头熔焊和熄灭电弧。CdO 粒子质软，大小可达微米级，含量也高，为 2.5% ~ 25%（质量）。CdO 能使材料抗熔焊和耐电弧烧损是因为它能吸收大量电弧热而分解，通过 Cd 的挥发冷却基体并熄灭电弧。同时，CdO 的存在提高了表面熔融物的黏度，可防止银被电弧吹离基体。此外，CdO 相当于夹杂聚集在固 - 液界面，使形成的熔焊物变脆，减少了熔焊的危险。在银基氧化物触头材料中，Ag - CdO 是抗电弧腐蚀和抗熔焊性最好的一种材料。Ag - CdO 材料的性能还取决于制造工艺。试验表明，压制 - 烧结的 Ag - CdO 有较好的抗熔焊性，但抗电磨损性较差；合金内氧化的 Ag - CdO 抗电磨损性较好，而抗熔焊性较差；烧结 - 挤压法制备的 Ag - CdO 触头具备了二者的优点。Ag - CdO 材料在电器中的适应性广，可用于各种电流等级的接触器，单级、双级和多级开关，100 A 以下的塑壳空气开关，漏电保护开关和直流快速开关等。

Ag - CdO 触头由于上述优良特性而作为中等负载的“万能触头”被广泛采用，但是镉对人体有害，无论是镉蒸气或镉离子均危害人体健康。镉元素进入人体引起骨痛病，并对肾和呼吸道有影响，而且镉中毒是一种积累性中毒。此外，由于电器使用性能要求的提高，Ag - CdO 触头材料在抗熔焊、耐电弧侵蚀等性能方面越来越难以满足电器开关对触头材料的小型化、高可靠性、长寿命等性能要求。因此，人们研制了无镉的银 - 金属氧化物材料。几种常见的银 - 金属氧化物材料的性能如表 11 - 10 所示。

表 11 - 10 几种常见 Ag - MeO 材料的性能

触头材料	氧化物含量/%（质量分数）	密度/($g \cdot cm^{-3}$)	硬度 HV	电导率/($S \cdot m \cdot mm^{-2}$)
Ag - CdO	5	10.25	820	54
	10	10.02	850	59
	15	9.75	880	45
	20	9.60	830	39
	25	9.48	900	31

续表

触头材料	氧化物含量/%(质量分数)	密度/(g·cm⁻³)	硬度 HV	电导率/(S·m·mm⁻²)
Ag - CuO	5	10.13	780	53
	10	9.82	820	42
	15	9.51	850	38
	20.5	9.25	870	29
$Ag - SnO_2$	5	10.11	820	52
	10	9.85	840	45
	15	9.48	880	38
	20	9.26	880	32
Ag - ZnO	4	10.20	840	52
	11.2	9.85	850	45
	15	9.12	830	38
	20	8.69	820	37
Ag - PbO	5	10.41	380	57
	10	10.32	490	51
Ag - NiO	5	10.12	600	52
	10	9.75	670	45
$Ag - Al_2O_3$	2.5	9.66	450	57
	5	9.18	600	48
Ag - MgO	2.5	9.95	740	52
	5	9.35	880	44
$Ag - ZrO_2$	5	10.18	650	52

(2) $Ag - SnO_2$：$Ag - SnO_2$是众多代 Ag - CdO 材料中最有希望的一种，从 20 世纪 70 年代开始，国外研究者用合金内氧化法制备 $Ag - SnO_2$材料。在 Ag - Sn 合金内氧化时，合金表面生成一层 SnO_2，会阻碍其继续氧化，加入 In 则可加速氧化。合金内氧化法制备的 $Ag - SnO_2 - InO_2$材料可用来取代某些开关用的 Ag - CdO 触头，但 In 储量少，不宜大量推广。同时，用合金内氧化法制造的 $Ag - SnO_2 - InO_2$触头的温升也比 Ag - CdO 高。用粉末烧结 - 挤压法制备 $Ag - SnO_2$可避免上述缺点，若同时再添加少量 W、WC、WO_3、Mo 等，则 $Ag - SnO_2$受电弧烧蚀产生的熔渣易于分解，能起到降低接触电阻和温升的作用。这种材料应用于电流大于 75 A的交流接触器时，电寿命比 Ag - CdO 触头提高一倍，温升却和 Ag - CdO 差不多。

由于烧结 - 挤压法制备的 $Ag - SnO_2$性能可与 Ag - CdO 媲美，因此目前在空气开关、微型开关、中等电流的接触器、空气开关及仪器仪表中用 $Ag - SnO_2$来取代 Ag - CdO 材料。$Ag - SnO_2$之所以具有优良的耐磨损特性，是由于纤维状 SnO_2镶嵌物按垂直于触头表面的方向排列，对电弧区触头熔焊表面起到纤维强化效果，因而喷溅电磨损减小；由强烈热交变所引起的机械应力，沿纤维产生裂缝而消除，避免了平行于表面的大块材料的开裂和脱落。因此 $Ag-SnO_2$是一种有前途的代 Ag－CdO 材料，但烧结－挤压法 $Ag-SnO_2$材料的缺点是塑性和延性差，不易制成铆钉或片材这类需要大变形的产品，因而使其应用受到一定限制。

(3) Ag－ZnO：Ag－ZnO 电接触材料采用合金内氧化法或粉末冶金法制造。ZnO 的热稳定性比 CdO 高，熔点为 1975℃，所以 Ag－ZnO 具有抗大电流冲击、分断性好、燃弧时间短、耐电腐蚀、无毒等特点，是分断电流为 3000～5000 A 低压电器的首选材料，特别适合制造尺寸规格较大的触点，目前已在 DW17 型(ME)断路器上获得良好的应用。在 Ag－ZnO 的制备方面，粉末冶金法 Ag－ZnO 主要采用共沉淀制粉或雾化制粉，再通过等静压、烧结、挤压等工艺制造。

(4) $Ag-SiO_2$：$Ag-SiO_2$系电接触材料中，氧化物和银基体主要以机械混合物的形式存在，所以其电阻率与纯银相似，且由于氧化物质点很小，氧化物每一微小的接触区又分离为若干个接触点，因而有利于降低接触电阻。$Ag-SiO_2$电接触点的接触电阻不因焦尔热、电弧作用、环境气氛影响而产生显著变化，保持了较好的稳定性。$Ag-SiO_2$材料中具有弥散的氧化硅质点，在电弧的高温作用下，虽然接触表面局部形成熔融状态，但由于 SiO_2等氧化物粒子悬浮在熔体中，增加了熔融液的黏度，从而抑制了金属液滴的飞溅。

5. 银－铁

Ag－7Fe 是我国在 20 世纪 60 年代为节银而研制的一种触头材料，它的导电、导热性较好，抗熔焊性比 Ag－Ni 高，有较好的抗电磨损性，电寿命比纯银高数倍，经济而且无毒。它在我国一直作为 CJ10－20A、CJ10－40A 交流接触器的主触头使用，效果良好。该触头的缺点是铁在空气中易氧化，使接触电阻不稳定，而且铁生锈后影响外观。所以在制造时，应尽量使银包覆铁粉。

6. 铜(银)－难熔组分触头材料

这类材料是由高熔点、高硬度的钨或碳化钨和高导电、高导热并有较高分断能力的铜或银组合而成。此类触头中，高钨或高碳化钨含量的材料一般采用熔浸法制造。铜及铜合金渗钨材料在电弧作用下，易熔组分熔化，降低了钨骨架的温度，减少了电弧腐蚀。多孔钨的毛细管力又使熔融铜保持在骨架中，抑制了它的蒸发损耗。因而它具有良好的耐电弧侵蚀性、抗熔焊性和高强度等优点。在油和 SF_6及其他惰性气氛的开关断路器中使用不易氧化，对 SF_6分解影响较小，触头消耗也少。在 SF_6 高压断路器中采用 W－20Cu 触头，极限开断电流可达 63～80 kA，电压达 72.5～785 kV，额定电流达 2500～3150 A。

银钨系触头材料广泛应用于自动开关、大容量断路器、塑壳断路器中，它具有良好的热、电传导性，耐电蚀性，抗熔焊性等优点。接触电阻不稳定是银钨触头的主要缺点，为解决这一问题，可在银钨触头材料中添加镉、锌、镁及铁等金属元素。添加镍对减轻磨损有利，在镍含量低于 13% 时，可使硬度增加，耐电弧腐蚀性也增加。银、钨含量的多少，粉末的粒度及触头的制造方法对银钨触头性能都有影响。在高银含量的银钨合金中，钨含量越高，接触电阻越大；钨颗粒越粗，硬度越低，耐损蚀性越差，但在电弧作用下触头龟裂减少，材料损耗降低。

Cu－WC 触头材料中 WC 粒子主要用来达到颗粒增强铜基的目的，常用作具有高导电性、高耐磨性、高硬度及抗氧化性的大电流滑动触头用耐磨材料。过高 WC 含量的 Cu－WC

材料由于硬度、电阻率太高而不适宜做触头。Ag－WC 系电接触材料具有良好的抗电弧及抗熔焊性，应用也较广，但在接触压力小、断开力小以及接点间隙小的工作条件下，存在 WC 氧化、飞溅增多、温升加大、易熔焊等问题。为此，可在 Ag－WC 系中添加石墨，在电弧作用下石墨形成还原气氛，可防止 WC 氧化，抑制温度升高，石墨还起到润滑作用，提高抗熔焊性。Ag－WC 常用于空气自动开关、真空开关等。

7. 铜铬系电触头材料

Cu－Cr 合金是目前世界上公认的可以满足真空开关基本要求的最佳触头材料之一。该材料具有优越的综合性能，结合了触头材料几种关键的电性能，即耐电压高、分断容量大、很强的吸气能力、良好的抗电弧熔蚀性、抗表面熔焊能力以及优良的的载流能力等。

Cr 与 Cu 在固态时的互溶度很小，材料几乎为假合金。电弧作用时，由于 Cu 与 Cr 的蒸发气压相当，二者熔化与蒸发的量大致相等，凝固后的触头表面较为平整光滑，成分亦与蒸发前相同，能保持原开断能力不降低，且有较高的介质强度，有利于减小触头和灭弧室的尺寸。此外，Cr 与氧的亲和力大，吸气作用好，使断路器的真空度可维持在较低的恒定值。

部分常用的真空触头材料的性能及用途见表 11－11。

表 11－11　真空触头材料的物理性能和用途

材料	密度最小值/($g \cdot cm^{-3}$)	电阻率最大值/($\mu\Omega \cdot cm$)	HB/MPa		抗弯强度最小值/MPa	用途
			硬态	软态		
Cu－50W	12.00	3.00	1300	1050	570	高压断路器 真空断路器等
Cu－60W	12.80	3.50	1600	1150	600	
Cu－70W	14.00	4.10	2000	1600	650	
Cu－80W	15.10	5.20	2200	1800	700	
Ag－20WC	11.20	2.50	800			
Ag－40WC	12.00	3.60	900			
Ag－60WC	12.50	5.50	1100			
Cu－50Cr	7.90		1100～1200		1200～1600	高压大容量 真空断路器

11.2.4.3　粉末冶金电触头材料的选用和配对

为了提高电器性能，正确选用触头材料是很重要的。为此，必须充分考虑触头使用时的电气条件、机械条件和工作环境介质，同时要掌握材料的特性及使用的技术经济性。

研究表明，触头材料合适的配对使用比采用同一种触头材料时耐电磨损和抗熔焊性能有显著提高，而且接触电阻下降。部分推荐的触头对配对方案如表 11－12。

表 11－12　推荐的触头配对材料

电流负载/A	触头对
>1000	Ag－35W(Mo)与 Ag－50W(Mo) Ag－35WC 与 Ag－50WC 或 Ag－50W
10～1000	Ag 与 Ag－5C；Ag－30Ni 与 Ag－32Ni－C Ag－15CdO 与 Ag－42Ni－C；Cu－50W 与 Cu－5C Ag－10CdO 与 Ag－50WC；Ag－30Ni 与 Ag－10C Ag－10CdO 与 Ag
10^{-4}～10	Ag 与 Ag－40Ni；Ag 与 Ag－5C

11.3　粉末冶金电刷材料

11.3.1　电刷材料

电刷是在各类有刷电机中用来转换和传导电流的一类零件，同时在宇航机械中，相对移动部件的电传递与信号传递也是通过电刷－滑环系统完成的。电刷是电机的重要组成部分，被称为电机的心脏。电机中电刷与滑环或换向器组成相应的滑动电接触机构，在工作状态下，电刷与滑环在一定接触压力中始终处于导电和滑动状态，因而制造元件的材料除了要求其电性能优良之外，还应具有良好的耐磨性和稳定性。一般来说，高可靠性电刷材料主要性能要求是：①较低的磨损率和较长的使用寿命；②在动力传递过程中具有较低的接触电阻，使摩擦热所导致的温度升高保持在低水平；③电噪音低，以保证电信号的稳定性；④摩擦系数低，以使传动力矩较小。

11.3.1.1　电刷材料的分类

按电刷材料的成分、制造工艺和应用范围的不同，可分为 4 类。

(1)石墨电刷材料：在天然石墨粉中加入沥青或煤焦油等黏结剂混合后经压制、焙烧或固化而成，但未经石墨化处理。其电阻率为 8～20 $\Omega\cdot mm^2/m$，硬度 100～350 MPa，摩擦系数不大于 0.20。这类电刷应用于整流正常、负荷均匀、电压为 80～120 V 的直流电机以及小容量交流电机等。

(2)电化石墨电刷材料：以石墨、焦炭和炭黑等粉末为原料，加沥青或煤焦油等黏结剂混合后经压制、焙烧，再经高温(2500℃)石墨化处理而成。材料中的无定形碳转化为人造石墨，有良好的耐磨性，易加工。电阻率为 6～60 $\Omega\cdot mm^2/m$，硬度 30～500 MPa，摩擦系数 0.15～0.30。电化石墨电刷广泛用于各类电机，如整流正常，负荷均匀，电压 80～230 V、120～440 V 的直流电机，高速汽轮机、同步电机、小型快速电机等。

(3)金属－石墨电刷材料：这类电刷是以 Cu 或 Ag 及少量 Sn、Pb 等金属粉末为主要成分，加入石墨粉经混合、压制和烧结而成。金属－石墨电刷电阻率低、导电性好、载流量大，允许的电流密度为 0.9～2.5 A/cm^2，适用于大电流交流电机，低电压高电流密度的电解、电镀用直流电机，也适用于低压小型牵引电机和汽车的起动电机等。

(4)新型电刷材料：普通的碳质电刷或金属－石墨电刷不适宜在宇航设备或高真空环境下使用，为此人们在金属－石墨电刷材料的基础上开发出以银为基体，以 $MoSi_2$、$NbSe_2$、WSe_2、Ta 等为主要润滑成分，适用于宇航设备的新型自润滑电刷材料。

11.3.2　电刷材料的制造

制造金属－石墨电刷的工艺流程如图 11－7 所示。混合料的制备可将原料粉末直接混合，或将石墨粉与黏结剂拌合均匀后磨碎，再与金属粉末混合。

(1)直接压制成形为电刷零件(如图 11－7 中 A)，如汽车用小电刷可在自动压力机上直接成形。

(2)在压力机上压实为一定密度的坯料，再破碎并压制成形为零件(如图 11－7 中 B)。

(3)先压成大毛坯，烧结后再加工成所需尺寸和形状的零件(如图 11－7 中 C)。大尺寸的电刷可用这种方式成形。

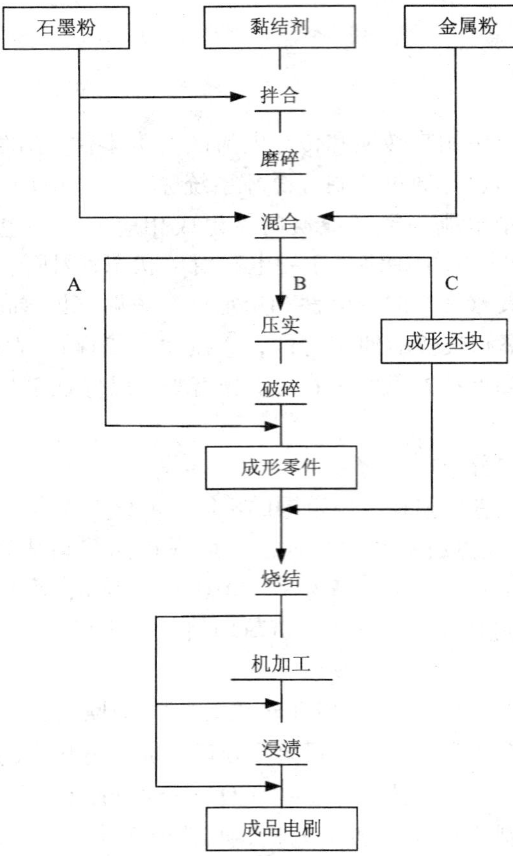

图 11－7　金属－石墨电刷制造工艺流程

按电刷材料的成形温度可分为热成形和冷成形两种。根据电刷中金属含量的不同，成形压力一般为 100～200 MPa，压块密度为 2.0～8.0 g/cm³。压坯在 500～1000℃烧结，一般地，金属含量低的材料在间断式炉中烧结；金属含量高或尺寸小的零件，产量较大时可在连续炉中烧结。金属含量少、尺寸大的零件要控制以较慢的速度冷却以防止开裂。烧结气氛有分解氨、吸热型和放热型气氛。金属含量高的金属－石墨电刷材料烧结完后还可再经挤压、轧制等后加工工艺获得片材、异型材、棒材等。并且可用各种有机液体如油、树脂浸渍，以改善其摩擦性能，浸渍时应在真空环境并施加一定的浸渍压力，确保浸渍完全。

新型电刷材料的制备工艺与金属－石墨电刷的制备工艺基本相同，使用常规的压制－烧结或热压等方法，烧结的过程在惰性气体保护下或在真空条件下进行。以 $Ag-MoSi_2-NbSe_2$ 复合材料制备为例，先将平均粒度为 10 μm 的 $MoSi_2$ 粉末同平均粒度为 3 μm 的 $NbSe_2$ 粉末以 1∶1 的比例进行湿式混合，再将平均粒度为 5 μm 的 Ag 粉同含量占 5% ~50%（质量）的上述混合粉也采用湿式方法混合均匀。然后，将这些制备好的混合料经干燥处理后装入石墨模中，用真空热压的方法制成复合材料。热压的条件为抽真空后（1.33 kPa），以每分钟 4℃ 的速度升温，升到 800℃ 后保温 15 min，并加压到约 35 MPa，在该状态下大约保持 45 min，待炉温降至 500℃ 时解除压力，在真空中冷却到常温即可制得复合电刷材料。

11.3.3　粉末冶金电刷的特点和应用

1. 金属－石墨电刷的特点

金属－石墨电刷有 Ag－石墨电刷和 Cu－石墨电刷，并可向其中添加 Pb、Sn、Zn、Fe、Co 等金属以及氧化物、硫化物或碳化硅等抗磨材料构成性能各异的金属－石墨电刷材料。金属－石墨电刷的导电率比添加多种组元的电刷高。加入少量金属组元的目的有：在铜基电刷中加入 Sn、Zn、Pb，在烧结时产生液相，促进致密化；加入 Fe、Ni、Cr 则可使电刷具有适宜的摩擦特性；加入 Zn、Sn、Al、Pb 可提高电刷的耐弧性、韧性以及降低摩擦系数；加入 Co 可以有效提高电刷的抗氧化性，有利于电刷的磨损量减小，使电机运转更稳定。加入氧化物、碳化物、硫化物可减少电刷的氧化和换向器的磨损，从而保证接触电阻小和减少火花。各种电刷中均有石墨，可改善其摩擦特性。表 11－13 列举了几类金属－石墨电刷的性能。

表 11－13　金属－石墨电刷特性

牌号	材料组成	密度/(g·cm^{-3})	电阻率/(Ω·m)	最大电流密度/(A·cm^{-2})	常用电压/V	肖氏硬度
261C	Cu－79C	2.2	0.024	12.5	<72	28
261D	Cu－66C	2.5	0.016	12.5	<72	28
FQ	Cu－50C	2.75	0.006	13.0	<36	28
179P	Cu－35C	3.5	0.0016	19.0	<18	20
179V	Cu－25C	4.0	0.0008	23.5	<15	18
22A－S	Ag－60C	2.7	0.008	15.0	<36	30
246	Ag－35C	2.8	0.001	19.0	<18	20
2－S	Ag－20C	4.6	0.0008	23.5	<9	23
1－S	Ag－7C	7.0	0.0001	27.0	<6	10

2. 新型电刷材料的特点

所谓新型电刷材料是指在传统的金属－石墨电刷基础上，添加润滑性能更加优异的减磨材料以取代其中的部分石墨而制成的电刷材料。这类电刷主金属一般为 Ag，其润滑成分为 MoS_2、$NbSe_2$、WSe_2以及少量石墨。主要用于超高真空中运行的人造卫星、宇宙飞船上相对旋转、滑动的电力或电气信号设备等。传统的金属－石墨电刷材料，虽然可以在通常的使用条件下能保持住所含石墨的润滑特性，但是，在高温度(150℃以上)、低湿度(水蒸气含量 2 g/m^3以下)及高真空(1.33 Pa)的条件下，由于吸收的水分不足而引起电刷的粉尘性磨损。为此，人们开发出了添加层状结构固体润滑剂类物质的银基复合电刷，常见的此类电刷材料有：Ag－12MoS_2－3C、Ag－15MoS_2、Ag－12$NbSe_2$－3C、Ag－15$NbSe_2$等。MoS_2具有很好的润滑性能，采用热压法制备的 Ag－MoS_2复合电刷材料，磨损量随 MoS_2含量的增加而减少，但是电气噪声则随 MoS_2含量的增加而增大；冷压法制造的 Ag－MoS_2复合电刷材料，随 MoS_2的含量增加，电气噪声减小，磨损增大。如采用低电阻率的 $NbSe_2$粉代替 MoS_2粉，可以有效降低电刷的电气噪声，但是在真空环境下含 $NbSe_2$的电刷材料摩擦性能比 MoS_2差。

3. 粉末冶金电刷材料的应用

Cu－石墨、Ag－石墨电刷是按电阻和摩擦系数的要求来选择的，电刷的拉伸强度和压缩强度只在必须承受操作力的场合才显得重要。电刷可用作旋钮开关(集电环)或旋钮接触(滑环)的零件。集电环电刷不仅要将功率传递到转子上，而且当附近的整流片短路时要能将转子线圈的热量散失，因此其需有良好的导热性能，而滑环电刷只需传送电流。集电环电刷传送的电流密度一般为 20 A/cm^2，滑环电刷传送的电流密度则高达 30 A/cm^2，这就要求它们的接触电阻小，有良好的滑动性能且不易磨损。

Cu－石墨电刷一般在 36 V 以下的低电压范围使用，个别可用于 76 V 的电压，例如电池、整流器或者传感装置(如热电偶)输出的直流电源。一般电压较高时，要求电刷的金属含量低一些，反之则高一些。例如输入电压在 9 V 以下时，要求金属含量大于 80%；而输入电压在 18 V 以上时，金属含量大都低于 50%。在汽车工业中，使用电刷的产品种类占汽车电器产品的比例为 35%，是汽车电机类产品不可缺少的关键部件。如汽车起动电机采用高金属含量的电刷，它们导电性好，能在短时间内传送极高电流密度的电流；而空气压缩机电刷则使用金属含量小于 65% 的材料，其工作寿命可达几千小时。汽车门锁和雨刮器电机用的电刷，金属含量在压气机电机与起动器电机电刷之间。

Ag－石墨电刷一般用于低电压条件，要求电刷能长时间稳定工作。一些元件如转数表传感器必须传送小电流密度(0.015 A/cm^2)，而外科手术锯可能传导高达 50 A/cm^2的大电流密度。Ag－石墨电刷还应用于计算机辅助设备、航空设备等。

Ag－MoS_2、Ag－$NbSe_2$等复合电刷材料由于具有良好的电性能和摩擦性能，可使电刷尺寸小型化，从而极大程度地缩小电机相关元件的尺寸，而其工作精度及可靠性则大大提高，可使电机，尤其是微电机的小型化、微型化成为可能。目前该类电刷主要应用于宇航设备，如通信卫星中的电机、人造卫星消旋天线、各种高性能控制微电机、旋转变压器、多级变压器、测速发电机、感应同步器等。卫星在超高真空中工作几年到十多年，期间不允许进行维修工作，这样就要求滑环机组保证电力和电气信号稳定的输出，即电刷材料性能必须稳定。在真空环境下，这些含有固体润滑剂的复合电刷的摩擦系数比在大气中的摩擦系数要低，磨损量极小，可以长期在高速转动、高真空的工作环境下正常运转，其运行温度区间为－157～

+121℃，工作寿命可高达 5～10 年。

11.4　其他粉末冶金电工材料

除了电触头、电刷材料外，采用粉末冶金方法还可制备性能优异的焊接电极材料、热电子发射材料、电热材料以及热电偶材料等。以下对这些常见材料制备方法及应用等进行简要介绍。

11.4.1　焊接电极材料

11.4.1.1　电阻焊接的特点与焊接电极的要求

电阻焊接是使电流通过被焊接的工件，并同时对工件施加压力，使接头接触区金属发热变形而被焊接在一起的方法。常用的电阻焊有点焊、缝焊和凸焊。电阻焊中用来导电的电极即焊接电极。图 11－8 为一种电焊装置示意图。

低电压、高电流密度的电流脉冲由焊接电极传送至工件，在一对电极的作用力下，工件间的接触表面被电流加热形成熔核。当电流中断时，电极的作用力保持，熔融金属迅速冷凝使工件焊接在一起，一次点焊约需时零点几秒。由此可知，点焊接的电极有以下作用：传送焊接电流，传递压力，使焊区热量迅速散失。

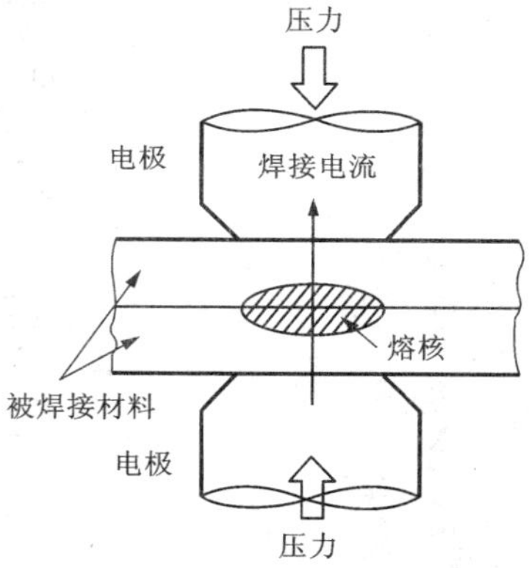

图 11－8　点焊接装置示意图

由于焊接电极既经受高温又承受大的应力，电极顶部易变形，成为蘑菇状。顶部直径增大将使焊接区的电流密度降低，从而使焊接质量降低且不稳定。若经常修整电极顶部将造成生产停顿，对自动化生产不利。同时，电极材料和工件金属间的合金化会大大加快电极变形的速度，若工件中含有 Zn、Sn、Al 等能与铜迅速合金化的金属时，铜合金电极将与工件发生严重黏附，导致焊接中断。因此，要求制造电极的材料有足够的电导率、热导率和高温硬度，电极在工作温度下必须有足够的强度和刚度。此外，电极与工件间的接触电阻应足够低，以防止工件表面熔化或电极与工件表面之间的合金化。

11.4.1.2　焊接电极材料的分类

根据材料状态可将焊接电极分为两组：A 组——铜和铜合金，B 组——粉末冶金材料。按照电极材料不同的制造工艺可将其分为熔铸材料和粉末冶金材料。常用的电极材料有镉铜、锆铌铜、铬铜、铬锆铜、铬锆铌铜、钨、钼、钨铜、钨银以及氧化铝弥散强化铜等。

11.4.1.3　粉末冶金焊接电极材料的制造

1. 氧化铝弥散强化铜电极

氧化铝弥散强化铜是一种在铜基体中弥散分布超细氧化铝粒子的复合材料。弥散强化铜电极材料的质量很大程度上取决于制造方法。目前，制备氧化铝弥散强化铜复合材料的工艺主要有粉末内氧化法、共沉淀法、机械混合法以及机械合金化法等。就弥散物细小均匀而言，粉末内氧化法能得到最好的制品。由于 Al_2O_3 粒子与铜的湿润性很差，用传统方法制备这种材料较困难，采用内氧化法，不仅可得到细小弥散分布的Al_2O_3粒子，而且生成的Al_2O_3还有高的热稳定性。其制造工艺如下：将铝含量很低的Cu－Al合金熔化，并用高压N_2雾化成粉末，为了使Cu－Al合金粉中Al氧化而Cu不氧化，可混入一种主要成分为氧化亚铜的氧化剂。混合物加热至870℃并保温1 h，氧化亚铜分解，氧向Cu－Al合金粉中扩散，Al优先氧化而Cu不氧化。粉末中过剩的氧可以通过分解氨中氢还原来消除，因为铜的氧化物可以被还原而氧化铝不能。

内氧化法制备氧化铝弥散强化铜的工艺如图11－9所示。其烧结必须在真空烧结炉或保护气氛中进行，烧结温度为850～1050℃，保温1～4 h，在保证制品性能的基础上应尽量选取较低温度烧结，以获得细小的基体铜晶粒。为进一步改善力学性能，烧结坯还可通过热挤压、锻造、冷加工等方法提高致密度，其中热挤压是主要手段。

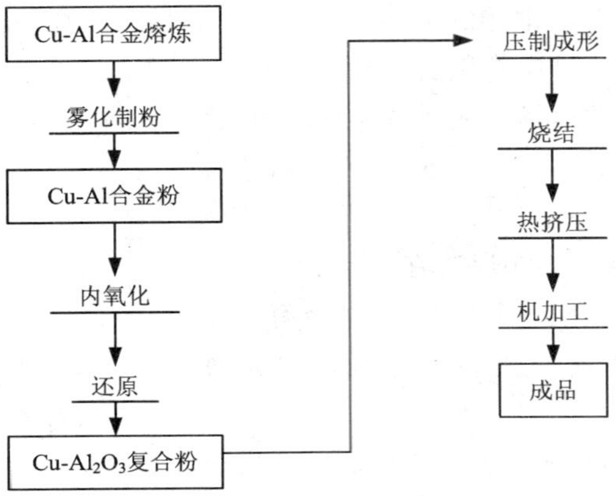

图11－9　内氧化工艺流程

2. 难熔金属电极

难熔金属电极材料有纯W、纯Mo、W－Cu（Cu的体积含量可达65%）、W－Ag和WC－Cu等。

（1）纯W、Mo电极材料：其制造工艺与纯W、Mo触头材料相同。

（2）W－Cu复合电极材料：其制造工艺与W－Cu触头材料相同，多采用熔浸法，也可采用沉淀硬化型铜合金来浸渗多孔钨，相比于纯铜浸渗钨材料，其在500℃以下的强度和承载能力有所提高，但电导率有所降低。

难熔金属除做成整体电极外，也可以做成以难熔金属为工作表层的电极。难熔金属的表层厚度为3.8～15 mm。可采用银－铜焊接将难熔金属或复合材料与铜基体焊接在一起，这样可以保证导电的连续性。

11.4.1.4　粉末冶金电极材料的性能与应用

1. 弥散强化铜电极

现代工业生产中，自动焊机、焊接机器人的广泛使用，要求电阻焊过程在高速、高频率下完成，对电极材料的力学性能和导电性能提出了更高的要求。氧化铝弥散强化铜材料具有高强度、高导电和导热率等综合性能，更重要的是当工作温度接近铜基体熔点时，上述性能仍可大部分保持。表 11 - 14 列出了国内外常见的几种弥散强化铜电阻焊电极材料的性能。

表 11 - 14　常见的几种弥散强化铜电阻焊电极材料的性能

牌号	Al_2O_3 含量/%（质量分数）	硬度	导电率/% IACS	熔点/℃	软化温度/℃
C15715	0.30	76HRB	92	1083	930
C15760	1.10	83HRB	78	1083	930
LGT20	0.24	126HBS	93	1083	800
LGT60	0.60	147HBS	86.5	1083	930

为了解电极材料抵抗变形的能力，应研究材料在高温下硬度的变化规律。图 11 - 10 说明了粉末冶金法制备的 C15760 弥散强化铜合金与熔铸法制备的 Cu - Cr 合金（C18200）的退火硬度特性。

从图中可以看出，C15760 合金随退火温度升高硬度变化很小，而 C18200 合金在 450℃ 以上温度时，硬度急剧下降，这是由于在此温度下，第二相 Cr 粒子长大并失去沉淀硬化的效果；而 C15760 合金中的 Al_2O_3 粒子即使在高温下也不长大，仍能保持弥散强化效果。实际的点焊试验表明弥散强化铜电极焊接 15000 次后的磨损比 Cu - Cr 合金电极（C18200）焊接 2500 次后的磨损量还要少，说明前者抵抗变形的能力好得多。弥散强化铜电极（C15760）与熔铸型 Cu - Cr 合金（C18200）的部分性能比较如表 11 - 15。

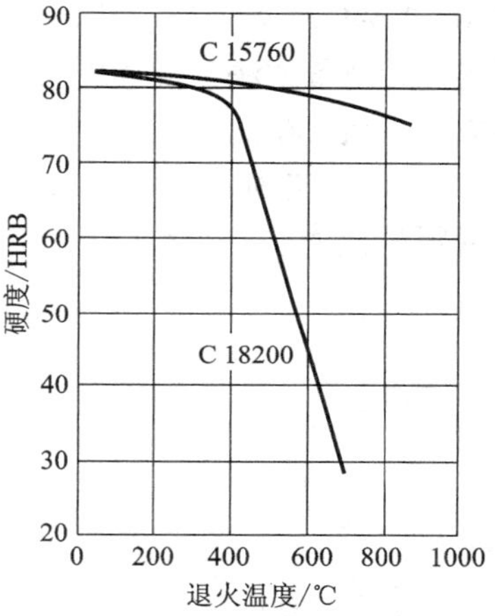

图 11 - 10　退火温度对弥散强化铜和 Cu - Cr 合金硬度的影响

表 11 - 15　两种电极材料性能的比较

材料	硬度/HRB	抗拉强度/MPa	导电率/% IACS	软化温度/℃
C18200	80	460	80	500
C15760	83	572	78	930

在汽车工业中，用 Cu - Cr 电极焊接镀锌钢工件时，由于 Zn 与 Cu 形成合金，电极易黏附在工件上，经常需要修复或者更换电极，使用弥散强化铜电极就克服了上述弊病，用弥散强化铜电极焊接镀锌钢时，由于弥散强化铜导电导热性好、强度高，软化温度达 900℃，可承受更高的电流、压力及温度。更主要的是弥散强化铜电极中弥散分布着细小的氧化铝颗粒，可阻止锌向电极中扩散，从而大大减轻了黏结所带来的电极损耗。目前弥散强化铜电极已广泛应用于汽车和仪表工业，用来焊接镀锌钢、冷轧钢等。图 11 - 11 为对镀锌钢板焊接时弥散强化铜电极与熔铸 Cu - Cr 电极的寿命比较。

在电子、电器、电真空、电池等行业的组装点焊中，针对铜、银、铝、镍等有色金属的焊接，弥散强化铜电极显示出优异的焊接性能：焊接时电极不易变形、不黏结、焊接质量好以及焊点无痕迹。特别是显像管外壳、电池极片、极耳等部件的焊接，对于焊接电极的要求高，普通的 Cu－Cr 电极基本无法进行，弥散强化铜电极是该类焊接作业普遍选择的材料。

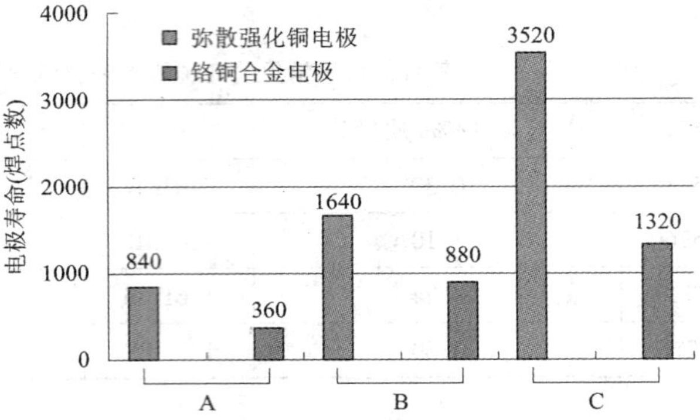

图 11－11　对镀锌钢板焊接时电极的寿命比较

2. 难熔金属电极

难熔金属焊接电极材料包括 W、Mo、W－Cu、W－Ag、WC－Cu 等材料，其制备方法与前述电触头制备方法一致，在此不再赘述。表 11－16 列出了五种常见难熔金属电极材料的性能及应用范围。

表 11－16　难熔金属电极材料的性能及适用范围

材料	硬度/HV30	电导率/$mS \cdot m^{-1}$	软化温度/℃	适用范围
W	420	17	1000	焊接高导电有色金属(Ag、Cu)时用作复合电极镶块材料
Mo	150	17	1000	
W75Cu	220	17	1000	复合电极镶块材料，凸焊、对焊时的镶嵌电极
WC70Cu	300	12	1000	
W65Ag	140	29	900	

W、Mo 电极主要用于熔焊和电钎焊。难熔金属电极工作时一般应提供水冷条件，这样可以防止热量在电极中积存，并可防止电极与铜基体间的铜焊重熔。对于多点凸焊、电弧焊或对缝焊、十字交叉线材的焊接，以及高导电材料如铜和黄铜的钎焊，应优先采用难熔金属电极材料。Cu－60W 也可用来作不锈钢的点焊，当对电极施加的力较大时，则材料中的难熔金属含量要增加。值得一提的是，这类焊接电极材料通常还可用于制造电锻、电镦等电热加工部件，如电镦模用的砧块，与合金钢砧块相比，难熔金属及合金砧块具有更高的使用寿命，有效降低了生产成本。

11.4.2　阴极材料

阴极是真空电子器件的主要元件之一，利用它在真空中发射电子进行工作，其广泛应用于广播、电视、通信、雷达、宇航、制导等系统。真空电子器件常用的阴极分为热电子发射阴极、次级电子发射阴极以及光电子发射阴极等。如真空管、X 射线管、阴极射线管等真空器件的阴极以及电子显微镜的电子源等都属于热电子发射阴极；光电倍增管和电子倍增器、雷达微波放大管中的阴极则属于次级电子阴极，次级电子可以使非常微弱的电流放大几百万倍。光电阴极则主要应用于微光夜视领域的像增强器，是像增强器的核心部分。粉末冶金方法在阴极材料方面的应用主要涉及以钨、钼为基的热电子、次级电子阴极材料的制备。

热电子发射阴极是通过升高阴极材料温度，导致部分电子克服束缚而逸出阴极表面而工作，对热阴极材料的一般要求是在较低温度下获得较大的发射电流密度；次级电子发射阴极则是利用在电子或离子的轰击下，从阴极表面逸出的次级电子工作，因此冷阴极材料必须具有良好的次级电子发射性能，能在高温下工作并且耐高能电子或离子的轰击。热电子发射材料的发展经历了纯钨阴极、钍钨阴极(原子膜阴极)、氧化物阴极以及目前广泛使用的储备式阴极、难熔化合物阴极等。次级电子发射虽然与热电子发射具有不同的机理，但从材料的结构以及制备工艺上来说，两者是大致相同的，其同样有氧化物阴极、钍钨阴极和储备式阴极等。下面将对部分热电子阴极材料的制备以及性能特点做扼要介绍。

大功率电子装置的阴极材料要求电导率、热导率和熔点高，蒸发速率低，高温及热循环载荷下力学强度高，耐离子轰击。难熔金属钨、钼、钽及以它们为基的合金、复合材料和某些无氧难熔化合物，特别是硼化物和稀有金属与稀土金属的碳化物都能在一定程度上满足上述要求。

1. 纯金属热电阴极材料

电子管发明的初期，阴极是由纯金属制作的。在几种难熔金属(W、Mo、Re、Ta、Nb)中，W 的熔点最高，蒸气压低，逸出功 4.52 eV，热电子发射能力强，所以很早就被用作热电子发射材料。钨阴极的工作温度常为 2200 ~ 2400℃，此温度下的发射电流密度为 0.25 ~ 1.0 A/cm^2，高真空条件下的使用寿命达 10000 h。

金属热电阴极的制造与一般难熔金属的粉末冶金工艺相同，一般不需要掺杂，制成丝、棒、条、带及螺线管，用作大功率高压电子装置——振荡器电子管、X 射线管、阴极射线管中的阴极元件。

2. ThO_2 - W 阴极和稀土 - 钼阴极

由于纯金属阴极发射效率太低，即使对钨阴极进行惰性气体离子轰击处理，其逸出功也只能降低 0.2 ~ 0.25 eV。1913 年，在改善 W 丝高温下垂和再结晶问题时，意外地发现在 W 中添加 1.5% ~ 2.0%(质量分数)的 ThO_2 后，其电子发射能力比纯钨阴极大得多，由此出现了覆钍钨阴极，它的发射效率几乎是纯钨阴极的 10 倍。覆钍钨阴极是将氧化钍粉与钨粉混合、压制、烧结而成的。其中氧化钍的加入量为 0.5% ~ 2%。在钍钨阴极工作前，要对阴极进行碳化处理。碳化是把已定形装好的阴极放在碳氢化合物(如苯)的蒸气中加热，当碳氢化合物的蒸气和高温的钨接触时，分解成碳和氢，碳附着在钨阴极表面，并向钨内部扩散形成碳化钨。在工作温度下，发生如下氧化还原反应：

$$ThO_2 + 2W_2C = Th + 4W + 2CO$$

还原出的钍原子按钨的点阵排列，在钨表面形成了一层钍原子薄膜，使逸出功大大降低，因此又称其为原子膜阴极。ThO_2 - W 阴极工作温度为 1950 ~ 2000 K，发射电流密度为 2 ~ 3 A/cm^2，在良好真空条件下寿命可达 10000 h 以上，目前主要用于大电流整流管、电视、雷达、粒子加速器等电子器件。但是 Th 元素具有放射性，在生产、使用过程中以及废弃后均会造成放射性污染。

稀土 - 钼阴极如 La_2O_3 - Mo 是有望取代传统 ThO_2 - W 阴极的一种新型阴极材料。其工作原理与 ThO_2 - W 阴极相似，可采用固液掺杂方式制备 La_2O_3 掺杂 Mo 粉，经压制、烧结、拉拔，制得 La_2O_3 – Mo 丝材，再经碳化、激活、后处理得到具有稳定发射性能的阴极。

3. 氧化物阴极

氧化物阴极是在基体金属上涂覆一层碱土金属 Ba、Sr、Ca 的氧化物所制成的电子发射材料。阴极电子的发射能力取决于涂层中的 Ba，而 Ba 主要依靠激活剂与 BaO 反应生成。因此，在基体金属中要加入适量激活剂。作为阴极的基体金属本身的化学稳定性要好，有较高的高温强度、高熔点，蒸发率、热导率和总辐射系数应该小，材料易于除气，从而保证器件的工作稳定性。纯镍作为基体金属基本上能满足上述要求。加有 Si、Mg、Zr 等激活元素的高纯镍是常用的氧化物阴极基体材料，但其强度较差，可通过添加 Ca、Al、W 等激活元素来改善其强度。

基体金属上 Ba、Sr、Ca 的氧化物层是通过在镍基体上涂覆碳酸盐来实现的。涂覆的碳酸盐形成均匀的膜层，在真空条件下加热至727℃以上，碳酸盐分解，在金属 – 氧化物界面上产生氧空位和游离 Ba 或 Sr 原子，使材料变成 n 型半导体。金属原子的过剩保证了阴极有适当的导电性并能进行热电子发射。

氧化物阴极不能暴露在大气中，因为空气中的氧和水分会与阴极作用而产生不可逆钝化。这类阴极大多用于低功率的电子仪器。

4. 储备式阴极

这类阴极是由难熔金属与发射物质组成的复合材料。发射物质不是涂覆在基体的表面，而是储存在金属骨架的孔隙里，所以称它为储备式阴极（如图 11 – 12）。阴极工作时，发射物质不断扩散至表面，在表面形成一层活性薄膜层，从而降低了逸出功，增大了阴极的发射电流密度。它能提供较大的直流发射电流密度，耐离子轰击，能暴露于大气中，寿命长。此类阴极材料主要有钡钨阴极、钪酸盐阴极等。

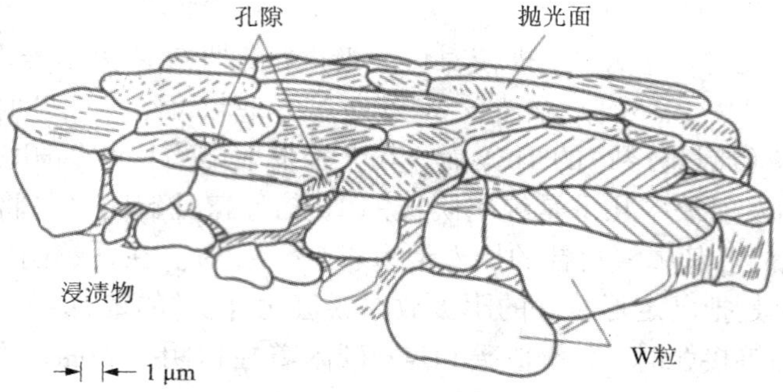

图 11 – 12　储备式阴极材料结构示意图

(1) 钡钨阴极。

钡钨阴极是在多孔钨的孔隙内浸渍有电子发射盐的一种阴极材料。可分为 B 型（电子发射盐由氧化铝、氧化钡、氧化钙组成，其比例为 5:3:2，简称为 532 盐）、S 型（浸渍 411 盐）、M 型（B 型或 S 型阴极表面涂覆锇、铱、钌等贵金属）。各类电子发射盐具有不同的蒸发速率与发射电流密度，应根据不同的需要选择合适的电子发射盐。为了制造性能良好，特别是发射均匀的钡钨阴极，其关键是制备孔径大小合适、分布均匀，并且单位面积上孔数适中的多孔钨体，多孔钨的孔径大小决定了小孔内表面的总面积和钡在钨表面上的扩散路程、钡输送通道的大小和长短。这些因素对钡钨阴极的工作性能有极大影响。

为获得多孔钨基体，可采用 1.5 ~ 2.5 μm 的球形钨粉为原料，添加 20% 石蜡，在 150 ~ 180 MPa 压力下成形。压坯于 H_2 中 400 ~ 500℃ 排除石蜡，然后在 1700℃ 保温 2 h 进行预烧结，最后在 2000 ~ 2100℃ 保温 20 ~ 40 min 完成最终烧结。为改善机加工性能，孔隙度17% ~ 20% 的坯块应先浸入塑性填料或在 1300 ~ 1400℃ 渗铜，机加工后于 250℃ 焙烧以排除塑性填料，在真空中于 1600 ~ 1700℃ 加热除铜，得到阴极的多孔钨骨架。下一步是浸渍电子发射物质。从多孔钨的下部送入活性物质——固定配比的碳酸钡、碳酸钙和氢氧化铝，它们在高温下分解形成 BaO、CaO、Al_2O_3。在阴极的活化过程中（1150 ~ 1200℃ 真空加热），BaO 与 W 作用生成金属钡。工作时，多孔体内不断供应 Ba 至阴极表面，从而使阴极元件的活性不断恢复。通过调整孔隙的渗透性可以控制阴极的发射电流密度与寿命。

钡钨阴极的逸出功为 1.9 ~ 2.0 eV，在 1150 ~ 1200℃ 时的直流发射电流密度可达 10 A/cm^2，并且具有一定耐离子轰击能力，有较好的次级电子发射性能。主要应用于真空仪器如调速管中。当发射电流密度为 2 ~ 5 A/cm^2 时，其寿命超过 1000 h；发射电流密度为 0.4 ~ 2 A/cm^2 时，其寿命为 3000 ~ 5000 h。

（2）钪钨阴极。

钡钨阴极在现代真空电子器件的应用中存在工作温度过高引起 Ba 的蒸发速率偏大，发射电流密度难以满足需求等问题。20 世纪 70 年代，人们发现在钨基体内掺入一定量的氧化钪能有效降低钡钨阴极的工作温度，并极大地提高阴极的发射电流密度，因此开发出了一系列含钪钡钨阴极，称为钪钨阴极。钪钨阴极通常可以分为钪酸盐阴极、“顶层”含钪阴极、钪钨基阴极。

所谓钪酸盐阴极，就是在钡钨阴极基础上，在电子发射盐中添加一定含量的氧化钪，然后浸渍到多孔钨基体内，或者直接将 W 粉与钪酸盐混合进行压制烧结，如 $W + Ba_3Sc_4O_9$；“顶层”含钪阴极则是在多孔钨基体上压制一层含 Sc 化合物与 W 的混合物，然后浸渍电子发射盐，或者在钡钨浸渍阴极表面沉积一层含 Sc 的氧化物薄膜，如 $W + Sc_2O_3$，$W + Sc_2W_3O_{12}$ 等；钪钨基阴极是将氧化钪和钨粉混合进行压制、烧结，制成含钪多孔 W 基，然后再浸渍电子发射盐。

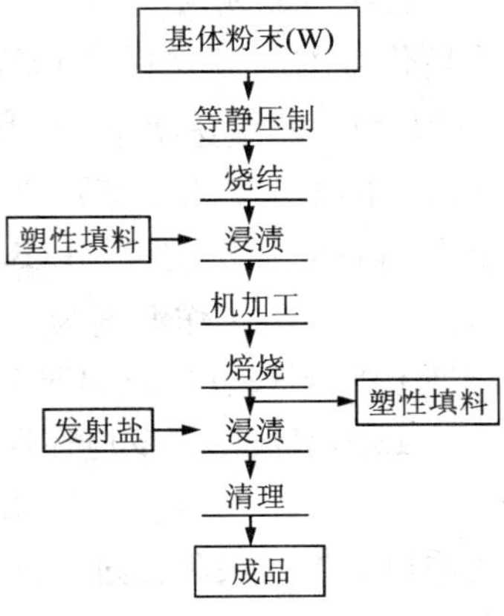

图 11 - 13 浸渍阴极制备工艺流程

根据上述几类钪钨阴极的特点，从制造工艺来说，钪钨阴极材料有压制 - 烧结型和压制 - 烧结 - 浸渍型之分。浸渍型阴极生产的基本工艺与钡钨阴极生产工艺相同（如图 11 - 13）。压制 - 烧结型阴极的基本工艺如图 11 - 14 所示。发射混合物通常为含有两种或三种碱土金属如 Ba、Ca 或 Sr 的氧化物、铝酸盐或碳酸盐。压制压力为 140 ~ 1400 MPa，烧结在 H_2 中进行，应选用足够高的烧结温度使碳酸盐转变为氧化物。烧结坯的相对密度为 50% ~ 70%。精加工可以封闭表面孔隙，使 Ba 的蒸发速率降低。

对于钪钨基阴极制备，可将 W 粉和 Sc_2O_3 粉末混合，制成多孔钪钨基体，随后浸渍电子

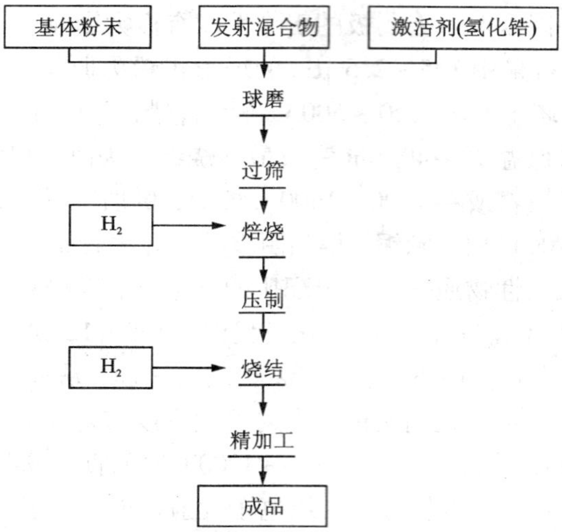

图 11－14　压制阴极制备工艺流程

发射盐获得钪钨基阴极。为了实现钪与钨的均匀混合，可将金属钪在真空中熔融，包覆于钨粉颗粒上，然后在 H_2 气氛中将 Sc 转化为 ScH_3，包覆了 ScH_3 的 W 粉经破碎后压制成形，再通过部分氧化处理，获得最终需要的 Sc_2O_3 包覆 W 粉。

钪钨阴极的电子逸出功为 1.5～1.6 eV，与传统的钡钨阴极相比，在获得相同电流密度的情况下，阴极工作温度降低 200～300℃，从而降低了 Ba 的蒸发速率。钪钨阴极可应用于各种电子装置，如磁控管、调速管、高分辨率显示器和寿命要求长的真空微波电子器件。

5. 难熔化合物阴极

难熔化合物阴极材料有 CaB_6、SrB_6、BaB_6、LaB_6、TiC、HfC 等，其特点是熔点高、硬度高、耐磨性好、蒸发速率小，电导、热导率高，抗氧化性较好，适用于需要高发射电流密度和高工作温度的情况，以及有强离子轰击的场合，通常应用于各种高功率的阴极射线装置中，目前最常用的是 LaB_6 阴极。LaB_6 是一种类金属难熔化合物，其电子逸出功为 2.68 eV，熔点 2540℃。LaB_6 阴极工作温度为 1600～2000℃，此温度下的发射电流密度为 40 A/cm^2。

制造 LaB_6 阴极首先应制取 LaB_6 粉，其工业制备方法可采用碳化硼法，用 B_4C 为还原剂，在 1500～1800℃按以下反应还原：

$$La_2O_3 + 3B_4C = 2LaB_6 + 3CO$$

还原以后加盐酸除去过量的 La_2O_3，得到纯净的 LaB_6 粉末。除碳化硼法外，还可用硼热法制取。

LaB_6 阴极可以粉末、致密产品和涂层三种形式使用。以粉末形式应用时，是用硝化纤维素在醋酸戊酯中的溶液作为黏结剂，将 LaB_6 粉黏结在金属 Mo 或 Ta 芯上。这种方式往往由于黏结强度不高而不能充分体现 LaB_6 耐离子轰击的主要特点，因而寿命不够理想。致密的 LaB_6 有两种制造工艺：粉末冶金法和熔铸法。粉末冶金法又有冷压成形－高温烧结和热压两种工艺。冷压－烧结是将粉末压制成形后于真空或惰性气氛中 1900～2100℃烧结，制品孔隙度为 10%～15%；热压法是将粉末于石墨模具中，在 2000～2200℃加热，加热的同时施加一定压力，热压制品的孔隙度小于5%。两种粉末冶金工艺以热压为优。LaB_6阴极的主要应用领域是金属焊接及各种电子显微镜用的电子射线枪，包括磁控管型放大器、超高频发射管、气体放电管、大功率电子束设备、加速器等，在气体放电管中可替代 ThO_2-W 阴极。

11.4.3　电热材料

利用本身电阻发热作为加热体的材料称为电热材料，电热材料可以获得从室温到接近3000℃的工作温度。作为电热材料应当具备以下特点：电阻率高、电阻温度系数小，电阻均匀稳定；热膨胀系数小，以保证电热元件的体积变化小；化学稳定性好，抗氧化能力强；高温强度高，质量稳定等。任何一种电热材料不可能完全满足上述要求，在实际应用中主要根据使用温度和气氛来选择材料。

11.4.3.1　电热材料的分类

电热材料可分为电热合金、高熔点金属、非金属和高温熔体四大类，或简单地分为金属电热材料和非金属电热材料。每个类别包含的材料如图 11－15。

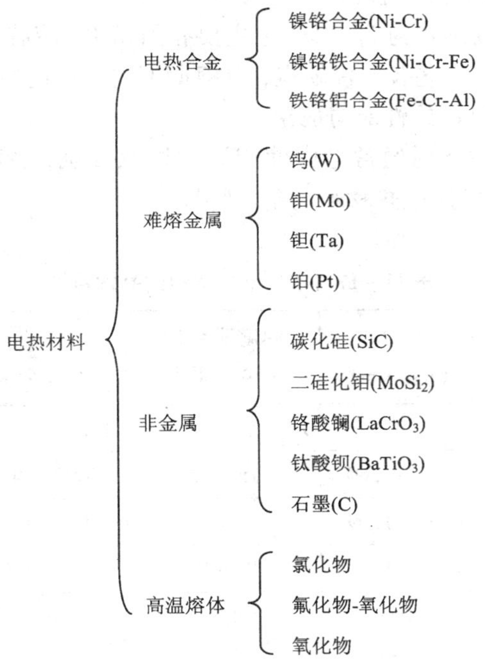

图 11－15　电热材料的分类

11.4.3.2　粉末冶金电热材料的制造

1. Fe－Cr－Al 合金

Fe－Cr－Al 合金可采用熔炼法和粉末冶金方法制造。熔炼加工的 Fe－Cr－Al 电热合金存在三大缺点：①高温强度低，易产生蠕变变形；②性脆，塑性和韧性比较差，不利于加工；③经高温使用后，晶粒长大、合金变脆，温度愈高，保温时间愈长，冷却后脆化愈严重，这种现象被称为高温脆性。为了改善其性能，通常通过添加难熔金属元素和稀土氧化物来提高其高温强度和抑制晶粒长大，但与此同时合金的塑性和韧性被进一步降低。

粉末冶金工艺制取 Fe – Cr – Al 电热合金可以有效改善传统工艺难以消除的缺陷，它可以制备晶粒细小、组织均匀的材料，并且有效提高了其高温强度，使 Fe – Cr – Al 合金的应用范围可由电热材料推广到辐射管、燃烧嘴等领域中用作耐热材料。其制备通常采用混粉烧结法，即将铁粉、铬粉、铝粉等金属及金属氧化物粉末按所需比例混合，经等静压制、高温烧结得到钢坯，随后进行热轧或冷轧、拉丝等工艺生产出成品钢丝或钢带。为了获得更好的高温性能，可采用机械合金化方法将稀土氧化物与原始粉末一起进行高能球磨，使稀土氧化物高度弥散于原始粉中。

2. 难熔金属

包括 W、Mo、Ta、Pt 等难熔金属，采用典型粉末冶金工艺制造，在此不再赘述。

3. 非金属电热材料

碳化硅、二硅化钼、铬酸镧、钛酸钡以及难熔金属碳化物的块体材料均可以粉末压制 - 烧结方法制造。比如，$MoSi_2$ 电热材料是用粒度小于 1 μm 的 $MoSi_2$ 粉末与膨润土混合，经挤压成形并烧结和氧化焙烧的方法制造。非金属电热材料的原料粉末制备是获取高性能块体材料的关键，以铬酸镧粉末的制备为例，其工艺主要有固相法、溶胶凝胶法、化学沉淀法、联胺法和水热法等，不同的制备工艺各有优缺点，可根据不同需求选择合适的生产工艺。

11.4.3.3 常用电热材料的性能与应用

如前所述，电热材料的选用通常考虑使用温度以及气氛，各种电热材料具有不同的特点，表 11 – 17 所示为几类常用电热材料的基本特性。

表 11 – 17 常用电热材料的基本特性

类别	材料名称	熔点/℃	电阻率(20℃)/(μΩ·m)	热膨胀系数/(10^{-6} K^{-1})	不同介质中最高使用温度/℃				
					空气	氢气	氮气	氩气	真空 1.33 Pa
金属	铁铬铝(粉冶)	1500	1.45	—	1420	1420	1050	1420	不适用
	铁铬铝合金	1500	1.23 ~ 1.60	15 ~ 16	1400	1400	1050	1400	不适用
	镍铬合金	1400	1.07 ~ 1.09	18	1100	1100	950	1100	不适用
	镍铬铁合金	1400	1.04 ~ 1.12	17 ~ 19	1000	1000	950	1000	不适用
	钨	3410	0.052	4.3	500	2000	2000	2200	2000
	钽	2996	0.124	6.5	500	1600	—	2200	—
	钼	2625	0.050	4.9	400	1800	1800	1800	1700
	铂	1773	0.110	8.9	1600	—	—	1600	-
非金属	石墨	3500	8 ~ 13	2.5	400	2500	2500	2500	2000
	二硅化钼	2030	0.25 ~ 0.30	7.5	1700	1350	1400	1700	1300
	碳化硅	2400	600 ~ 1400	5.0	1600	1400	1300	1600	1200
	铬酸镧	2490	1100	9.7	1800	不适用	不适用	不适用	不适用

（1）金属类电热材料：最常用的是 Ni – Cr、Fe – Cr – Al 合金以及金属 W、Mo、Pt、Ta 等。Ni – Cr 合金的工作温度为 1000 – 1100℃，其塑性及韧性好，电阻率较高，高温下强度高、寿命长，在加热精度和使用寿命要求高的环境中应用较广泛，如 Cr20Ni80、Cr30Ni70。

Fe – Cr – Al 合金是我国应用最广泛的金属电热元件材料，密度小，电阻系数小，使用温度较高，耐热性能较好，最高使用温度为 1400℃。常用的 Fe – Cr – Al 合金材料牌号有 0Cr25Al5、0Cr21Al6 和 0Cr27Al7Mo2 等，可作为 Ni – Cr 的代用材料，它能满足大部分工业热处理设备的需要。更高工作温度可用 W、Mo 等高熔点金属作为发热体。

（2）非金属类电热材料：包括石墨、碳化硅（SiC）、二硅化钼（$MoSi_2$）、铬酸镧（$LaCrO_3$）、钛酸钡（$BaTiO_3$）以及难熔金属碳化物等。

碳化硅是常用的发热元件，尤其广泛应用于陶瓷、玻璃、耐火材料等高温工业领域。但其在 1350℃ 以上高温氧化气氛中使用时，碳化硅元件容易发生强烈氧化而烧损，因此其使用受到一定限制。

二硅化钼是一种高熔点金属间化合物，具有很高的弹性模量和硬度，当其温度高于 900℃时，$MoSi_2$表面便形成 SiO_2薄膜，使其本身获得高温和热循环保护。因此，$MoSi_2$兼具金属和陶瓷材料优良的性能，可用于制造 1400 ~ 1750℃ 氧化气氛陶瓷超高温烧结炉、热处理炉的加热元件，其最高使用温度可达到 1800℃ 左右。但它的电阻率较低，耐热震性以及力学性能较差，工作温度下有蠕变的趋势，这些不足使 $MoSi_2$难以制成很稳定的加热器。

铬酸镧发热材料是 20 世纪 70 年代开发研究出的一种新型高温陶瓷发热材料，是钙钛矿型稀土过渡金属氧化物中结构最为稳定的材料之一。掺杂铬酸镧在高温氧化和还原气氛中都具有良好的抗高温、耐腐蚀性、力学性能及电性能，其主要优点如下：表面最高使用温度为 1900℃，在高温氧化气氛下稳定；室温下可直接通电；由于老化引起的电阻变化率小，在高温下电阻的温度变化系数很小；可以精确控制温度；高温下可连续长时间使用，使用寿命可达 3000 h 以上。

钛酸钡（$BaTiO_3$）通常通过添加微量稀土元素制成半导体陶瓷（PTC 材料）。它与一般的半导体材料随温度升高而电阻下降现象不同，当温度上升到相变温度附近时，电阻急剧增大，可达到近似于绝缘体的电阻值，因此可以实现自动恒温。它具有高效、恒温、节能、安全等特性，可广泛应用于汽车工业、家用电器、工业自动化及测量仪表等诸多领域。

难熔金属碳化物是现代高温技术中最有前途的电热材料。它的热稳定性及高温强度高，以 NbC 为例，其熔点为 3500 ± 150℃，抗弯强度为 160 ~ 200 MPa，在真空中最高工作温度为 2600 ~ 2700℃。

11.4.4　热电偶材料

热电偶是工业上最常用的温度检测元件之一，现代各工业部门都需要能在真空、氧化性、还原性及中性介质中工作的热电偶，它们无论是对腐蚀性气体还是熔融金属、盐及渣都应稳定。与其他测温元件相比，其优点是：测量精度高，因热电偶直接与被测对象接触，不受中间介质的影响；测量范围广，常用的热电偶从 – 50 ~ 1600℃ 均可连续测量，某些特殊热电偶最低可测到 – 269℃，如 NiCr/ AuFe，最高可达 2800℃，如 W5Re/W26Re；构造简单，使用方便。

4.4.1 热电偶及热电偶材料的分类

常用热电偶可分为标准热电偶和非标准热电偶两大类，国际电工委员会(IEC)制定了七种标准热电偶，并采用B、E、N、K、R、S、T等字母作为标准热电偶的代号，我国还增加了镍铬－金铁、铜－金铁热电偶材料作为标准热电偶；非标准热电偶是指在某些特殊场合如高温环境使用的热电偶，如钨铼系热电偶。按照热电偶材料的使用情况可将其分为常用热电偶材料和特殊热电偶材料，其具体分类见表11－18。常用热电偶材料的工作温度及主要用途列于表11－19。

表11－18　热电偶材料的分类

类别		品种
常用热电偶材料	高温	W5Re/W20Re，W5Re/W26Re，W3Re/W25Re，W/W26Re，Ir40Rh/Ir，Pt40Rh/Pt20Rh，Pt30Rh/Pt6Rh，Pt13Rh/Pt6Rh，Pt10Rh/Pt
	中温	Pd31Pt14Au/Au35Pd，NiCr/NiSi，NiCr/NiAl，Fe/康铜(Cu40Ni1.5Mn)，NiCr/康铜，Cu/康铜
	低温	NiCr/考铜(Cu43～45Ni0.5Mn)，NiCr/NiAl，Cu/康铜，NiCr/康铜，Ni10Cr－Au0.07Fe，Cu－Au0.07Fe
特殊热电偶		铠装热电偶，薄膜热电偶，非金属热电偶

表11－19　常用热电偶材料特性

	分度号	材料	推荐工作温度/℃	适用气氛[①]	主要用途
标准热电偶材料	B	Pt30Rh/Pt6Rh	1300～1600	O，N，V	钢液测温及各种高温炉的测控
	R	Pt13Rh/Pt	1000～1300	O，N，V	有色金属熔炼、热处理炉等高温测量
	S	Pt10Rh/Pt	1000～1300	O，N，V	
	N	NiCrSi/NiSi	0～1300	O，N	温控及低温至高温的循环测量
	K	Ni10Cr/NiSi	600～1250	O，N	热处理炉、加热炉温度控制
	E	Ni10Cr/CuNi	0～600	O，N	温度控制及石油化工生产过程测温
	T	Cu/CuNi	0～300	O，R，N，V	温度测量，尤其是电机电器的温升测量
		Ni10Cr/Au0.07atFe	－270～0	O，R，N，V	深低温测量
		Cu/ Au0.07atFe	－270～－196	O，R，N，V	宇航、核反应等低温测量

续表

	分度号	材料	推荐工作温度/℃	适用气氛①	主要用途
非标准热电偶		W3Re/W25Re	0～2320	R，N，V	钢液快速测温，核反应堆温度测控
		W5Re/W20Re	0～2500	R，N，V	
		W5Re/W26Re	0～2320	R，N，V	

表中：① O——氧化性气氛，R——还原性气氛，N——中性气氛，V——真空。

11.4.4.2　钨铼系高温热电偶

钨铼系热电偶是采用粉末冶金方法制备的最有代表性的一种高温热电偶。其应用较广的型号有 W/W26Re、W3Re/W25Re、W5Re/W26Re 和 W－5Re/W－20Re 等，长期使用温度为 2000～2400℃，短期使用最高可达 3000℃。

1. 钨铼系热电偶的特性

钨的熔点为 3410℃，属体心立方结构，铼的熔点为 3180℃，属密排六方结构，二者构成的合金具有耐高温、高温热电势高且稳定、灵敏度高等特点。一般以纯钨或铼含量低的 W－Re丝作正极，以铼含量高(25%～26%)的 W－Re 丝作负极。W－Re 热电偶的应用性能如表 11－20。

表 11－20　W－Re 热电偶的应用性能

特性		W/W26Re	W3Re/W25Re	W5Re/W26Re
正常工作温度/℃	还原性气氛	建议不用	建议不用	建议不用
	潮湿 H_2	建议不用	建议不用	建议不用
	干燥 H_2	2760	2760	2760
	惰性气氛	2760	2760	2760
	氧化性气氛	建议不用	建议不用	建议不用
	真空	2760	2760	2760
短时最高工作温度/℃		3000	3000	3000
熔点/℃	正电极	3410	3360	3350
	负电极	3120	3120	3120
热循环稳定性		良好	良好	良好
高温拉伸强度		良好	良好	良好
机加工性能		中等	中等	中等
延展性(使用后)		差	由使用气氛决定	由使用气氛决定
操作时抗污染能力		良好	良好	良好

W－Re 热电偶(特别是 W/W26Re)在开始使用时有相当高的测量精度，但很快就出现误

差。钨极在再结晶温度(1200℃)以上发脆(W－Re 极不发脆)，为克服此缺点可用掺杂的 W3Re 电极取代纯 W 电极或未掺杂的 W5Re 电极。所谓掺杂是在制备 W 粉(或 Re 含量较低的 W－Re 合金粉)时添加 K、Si、Al 的化合物。这些添加物具有挥发性，在热加工过程中几乎全部挥发，掺杂钨丝形成大而伸长的晶粒结构，留下含有 K 的微气孔(称为钾泡)，阻碍退火时晶界的横向移动。所谓“不下垂”钨丝具有这种典型显微结构。掺杂的 W3Re 合金丝的再结晶温度高，且再结晶以后仍具有明显的延展性和较好的力学性能，并能保持较高的热电势。W－Re 热电偶的另一个问题是高温下两组元的蒸发速率不同，如 2400℃时，Re 的蒸气压约为 W 的 20 倍，高温时 Re 优先蒸发，使合金成分变化，从而产生很大的测量误差，故只能在高温下短时间使用。

2. 钨铼热电偶材料的制造

采用粉末冶金方法生产钨铼合金，粉末的预合金化方法对合金成分的均匀程度起着关键作用。制取钨铼预合金粉末的方法较多，分为固－固混料法、固－液混料法、液－液混料法以及高能球磨法，大致如图 11－16。采用液－液混料法制得的粉末是比较理想的包覆粉，适宜制取钨铼热电偶材料。此方法，先分别配制钨酸铵和高铼酸铵的水溶液并混合，将混合液喷雾干燥成 W－Re 化合物的混合粉末，再于 H_2 中约 600℃还原成蓝色氧化物。对于铼含量较低的钨铼合金粉，在此步要进行掺杂，掺杂剂由钾盐水溶液、铝酸、硅酸及氧化物组成。掺杂后烘干，在 H_2 中约 750℃将蓝色氧化物还原为 W－Re 合金粉。粉末用盐酸和氢氟酸酸洗除去碱金属夹杂及残余氧化物。酸洗后的粉末应补充还原从而得到成分均匀的钨铼预合金粉。随后采用一般难熔金属粉末冶金工艺(如图 11－17)制成 W－Re 合金坯，预烧结温度为 1200℃，最终烧结(垂熔)温度约 3000℃，合金坯可经旋锻或拉拔制成热电偶丝。所得合金的性能如表 11－21 所示。

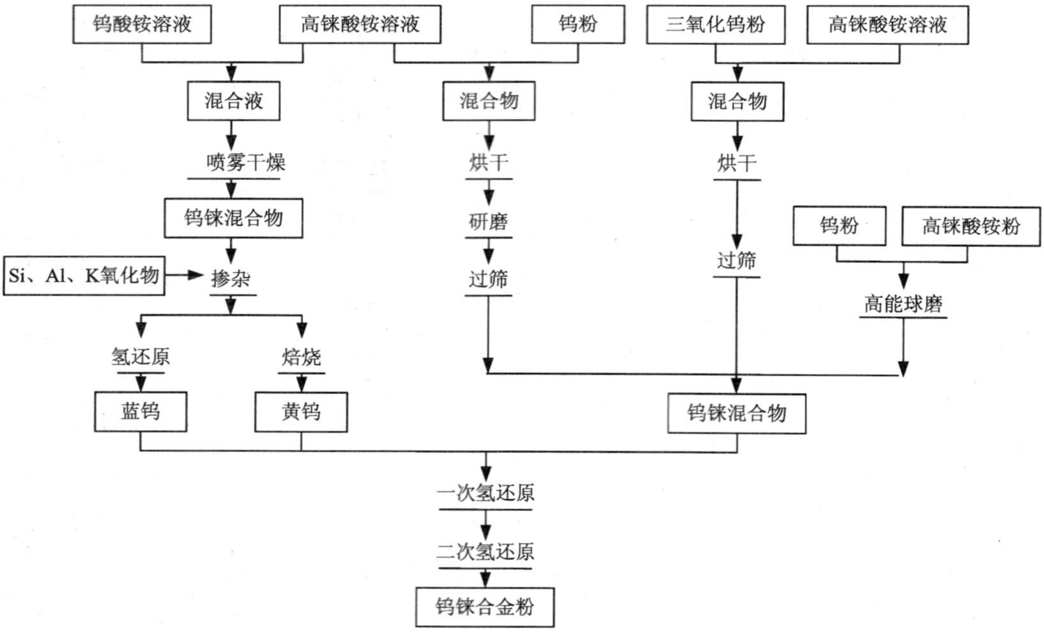

图 11－16　钨铼预合金粉制备工艺流程

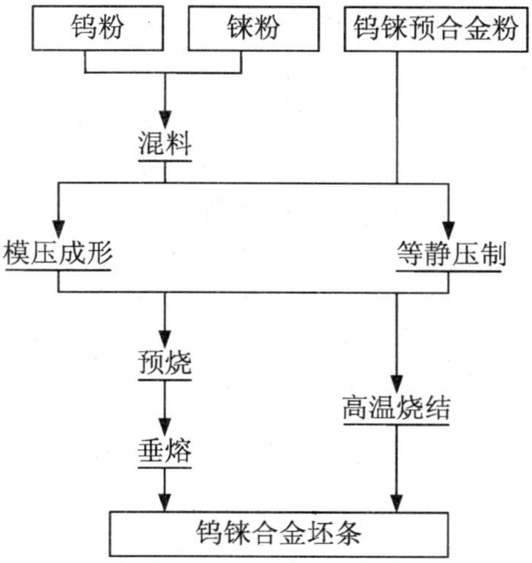

图 11-17　钨铼合金生产工艺流程

表 11-21　W-Re 合金性能

处理状态	材料	密度/(g·cm^{-3})	硬度 HV/MPa
垂熔后	W3Re	17.4~18.3	2500~3000
	W25Re	18.2~19.2	3200~4000
旋锻后	W3Re	—	3000~3400
	W25Re	—	3500~4000

3. W-Re 热电偶的应用

W-Re 热电偶在航空、原子能、冶金、化工和轻工等领域用作高温测温元件，它是测量与控制核反应堆温度唯一实用的测量工具，可以测量燃料棒的中心温度(2200℃)，还可用于测量喷气发动机喷口的排气温度。此外，针对 W-Re 热电偶高温易氧化的缺点，采取一系列防氧化措施(如偶丝表面涂层、石英管或氧化铝管密封组装等)，使 W-Re 热电偶的应用范围得到扩展，在氧化气氛中可以部分替代铂、铑等贵金属热电偶，尤其在钢水的快速测温方面，W-Re 热电偶具有显著的经济效益。

11.4.4.3　**难熔化合物热电偶材料**

金属热电偶材料在高温下如与熔融介质和侵蚀性介质接触时，电极的化学成分和物理性能会发生变化，产生测量误差。非金属热电偶材料耐腐蚀，稳定性高，可在这种场合应用。这类材料有石墨、碳化硼、碳化硅、氧化物和无氧难熔化合物。其中难熔化合物属于类金属化合物，具有纯金属的性能，导电性好，热电动势系数低。$MoSi_2$ 与 WSi_2、SiC 可用于氧化性介质；TiC、ZrC、NbC、TaC 及石墨可用于渗碳性、还原性、中性介质和真空环境。

11.5 粉末冶金电工材料的发展趋势

随着国民经济与国防建设现代化的迅猛发展，对电器提出愈来愈多的要求。电器结构与工作原理不断地改进和创新，品种与规格日益繁多，因此，对于电工材料的性能要求也是越来越高。粉末冶金方法在电工材料制备方面的大规模应用便是这一趋势的体现。以触头材料的发展为例，早期的触头材料多采用纯钨，纯钼，纯铜，贵金属金、银、铂及其合金，这些材料往往在单一性能上较出众，如贵金属的导电性、化学稳定性。但随着高压输变电向大容量超高压发展,低压配电系统与控制系统对自动化水平、灵敏程度要求的提高以及电子工业产品的更新换代,要求触头材料具备良好的物理性能、力学性能、电接触性能、化学稳定性能、加工制造性能等。这是单一组分材料难以达到的要求，为此开始采用各组分性能互相补充的复合材料。同样，要获得一种各项性能均能满足要求的材料，传统的触头制造工艺在这方面显然存在着巨大困难，而粉末冶金方法在制备多组元复合材料方面优势明显。

为了充分发挥粉末冶金技术的优势，在电工材料领域的研发中，预计在以下几个方面将成为研究热点：

(1)超低温、高真空等特殊工作条件下的新型电工材料的研发。

随着航空、航天技术的飞速发展，必然会需要适用于超低温、高真空条件下的电接触材料、测温材料、温控材料等，这就需要人们去积极开发新型的适用于特殊条件的电工材料。

(2)电工材料制备工艺的改进。

由于超细、纳米粉末制备技术的不断发展，必然会对传统的粉末冶金工艺产生一定的推动作用。此外，新技术、新工艺的不断出现，能有效减少工序，缩短生产时间，从而极大地提高生产效率，特别是对材料性能的提高具有重要意义，于整个粉末冶金行业来说，也将是未来研究的重中之重。

第 12 章　粉末冶金多孔材料

12.1　概述

粉末冶金多孔材料是以金属或合金粉末为主要原料，通过成形和烧结而成、具有刚性结构的材料。

粉末冶金多孔材料组织特征是内部含有大量的孔隙，孔隙可以是连通、半连通或封闭的。孔隙的大小、分布以及孔隙度大小取决于粉末的种类、粒度组成与制备工艺。

一般认为，粉末冶金多孔材料的孔隙度大于 15%，从多孔材料制品的用途讲，应该属于机械零件，但是，它与一般的结构零件不同，多孔材料中的孔隙不被视为削弱材料强度等性能的缺陷，而是一种有用的结构。

粉末冶金多孔材料具有质量轻、比表面积大、能量吸收性好、热导率低、换热散热能力高、吸声性好、渗透性好、电磁波吸收性优异、阻焰性好、使用温度高、抗热震性好、再生与加工性能好等一系列与致密材料不同的性能。

常见的粉末冶金多孔材料体系有青铜、不锈钢、铁、镍、钛、钨、钼以及难熔金属化合物等，其中获得大量生产与应用的主要是不锈钢、铜合金、镍及镍合金、钛及钛合金等。

从多孔材料孔隙结构的作用来看，粉末冶金多孔材料主要有两方面用途：

(1)孔隙作为流体的“通道”。

过滤器——使被过滤的流体通过多孔材料，利用其多孔的过滤分离作用净化液体和气体。例如用来净化飞机和汽车上的燃料油和空气、化学工业上各种液体和气体的过滤、原子能工业上排出气体中放射性微粒的过滤等。

(2)孔隙作为流体的“仓库”。

利用其多孔结构存储在材料使用过程中能够发挥重要作用的流体(未使用状态下可能是固体)。

含油轴承(自润滑轴承)，在含连通孔隙为 10% ~30% 的多孔材料中填充润滑油，使其在使用过程中能够自己润滑。这是一类孔隙中含浸有润滑油的多孔性合金制品。当轴旋转时，因轴与含油轴承之间的摩擦使含油轴承的温度升高和泵吸作用，润滑油含渗出于含油轴承之内径或外径的摩擦表面；当轴停止转动时，润滑油又回流于含油轴承内部。因此，润滑油的消耗量非常小，可在不从外部供给润滑油的情况下长期运转使用，非常适合于供油困难与避免润滑油污染的场合。

多孔电极，主要在电化学方面应用。

防冻装置，利用其多孔性，可通入预热空气或特殊液体，用来防止机翼和尾翼结冰。

发汗材料，利用表面发汗而使热表面冷却的原理的耐高温喷嘴。

国外粉末冶金多孔材料的主要生产厂家有美国 Pall 公司和 Mort 公司、德国 GKN 公司、法国 Sintertech 公司、比利时 Bekeart 公司、日本 Nippon Seisen 公司等。国内粉末冶金多孔材料的主要生产厂家有安泰科技股份有限公司、西安菲尔特过滤材料有限公司、西安宝德粉末冶金有限责任公司、厦门市粉末冶金制品厂、北京粉末冶金有限公司、上海中国纺织机械厂等。从事金属多孔材料生产的单位主要有西北有色金属研究院、中国钢研科技集团公司(原钢铁研究总院)、中南大学、昆明理工大学、北京有色金属研究总院、广州有色金属研究院、上海材料研究所和北京市粉末冶金研究所等。表 12－1 是世界上主要公司生产的粉末冶金多孔材料的规格与性能。

表 12－1　世界上主要公司生产的粉末冶金多孔材料的规格与性能

公司	材料	精度等级	精度范围/μm
法国 Sintertach	青铜	9	5～270
	不锈钢	8	4.5～130
德国 GKN	青铜	8	8～200
	不锈钢	15	0.5～200
美国 Pall	不锈钢	5	12～55
	蒙乃尔	4	5～35
俄罗斯 Former	青铜	7	10～35
	碳钢	13	10～100
中国	青铜	7	2～90
	不锈钢	9	5～100
	镍及其合金	10	3～100
	钛	5	15～160

12.2　粉末冶金多孔材料的制备方法

粉末冶金多孔材料的典型制备工艺示于图 12－1。

12.2.1　粉末的制备

粉末冶金多孔材料所使用的粉末的制备方法主要有雾化法、羰基法和还原法。可参考《粉末冶金原理》中相应的章节。各种方法制备粉末的特点示于表 12－2。

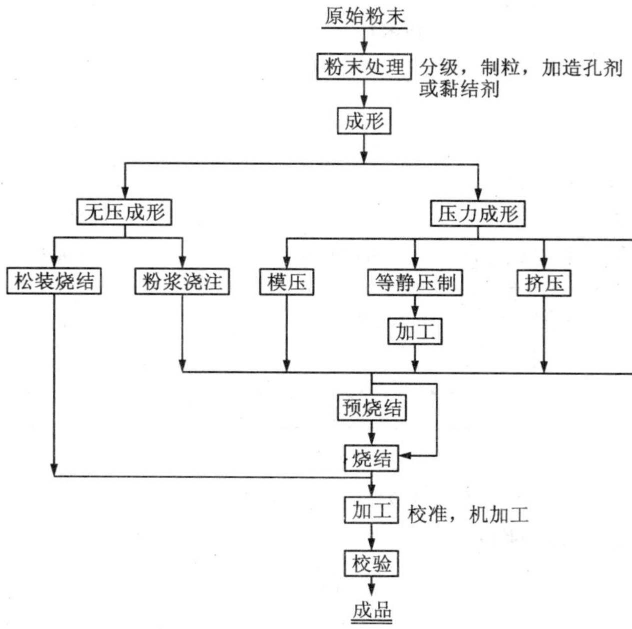

图 12－1　粉末冶金多孔材料的典型制备工艺

表 12－2　粉末冶金多孔材料用粉末的制备方法及特点

制备方法		粉末种类		特点	
		金属粉末	合金粉末	形状	粒度/μm
雾化法	气体雾化	锡、铅、铝、铜、铁	黄铜、青铜、不锈钢	球形	20～400
	液体雾化	铜、铁、银、镍	黄铜、青铜、合金钢	近球形	20～400
	电弧喷枪	铁、镍	镍铜合金、不锈钢	球形	20～400
	旋转圆盘	铁、铜	黄铜、青铜、高温合金	球形、近球形	
	旋转电极	铁、镍、钴、钛	钛合金、铝合金、不锈钢	球形	30～500
	旋转坩埚	铁、镍、钴、钛、铝	钛合金、超合金	球形、片状	150～1000
	真空雾化	铁、钴、镍	以镍、钴、铝为基的合金	球形	较粗
	超声雾化	铝、锡、铅	镍基、钴基高温合金	球形	10～100
	辊筒雾化			片状、丝状	
机械研磨	旋转研磨	铁、镍、铝、铜、铅	铁镍合金、合金钢	碟状、角状	100～600
	冷气流粉碎		不锈钢、超合金、不锈钢	不规则	较细、均匀
气相沉积	气相沉降凝聚	锰、镉、锌、铅、锑		球形	0.1～10
	电弧蒸发	锌、铅、锑		球形	0.1～5
	羰基法	铁、镍、钴		球形	0.1～10

续表

<table>
<tr><th colspan="2" rowspan="2">制备方法</th><th colspan="2">粉末种类</th><th colspan="2">特点</th></tr>
<tr><th>金属粉末</th><th>合金粉末</th><th>形状</th><th>粒度/μm</th></tr>
<tr><td colspan="2">晶间腐蚀</td><td></td><td>不锈钢</td><td>粒状</td><td>较细</td></tr>
<tr><td rowspan="3">还原法</td><td>气体还原</td><td>钨、钼、铁、钴、镍</td><td>铁钴合金，钨铼合金</td><td>海绵状</td><td></td></tr>
<tr><td>碳还原</td><td>铁、钨</td><td></td><td>海绵状</td><td></td></tr>
<tr><td>金属热还原</td><td>钽、铌、钛、锆</td><td>钴镍合金</td><td>海绵状</td><td></td></tr>
<tr><td rowspan="3">粉末球化法</td><td>惰性填料中</td><td>铁、钴、镍</td><td>青铜</td><td>球形</td><td>30 ~ 600</td></tr>
<tr><td>等离子体枪</td><td>钽、钨、钼</td><td></td><td>球形</td><td>100 ~ 150</td></tr>
<tr><td>垂直炉</td><td>钛、钼</td><td>碳化物、不锈钢</td><td>球形</td><td>≤500</td></tr>
</table>

非球形粉末可以通过以下方法处理成为球形粉末：

(1)等离子枪球化法：将待球化的粉末送入高温等离子束中熔化，然后喷入水中，得到球形粉末。由于等离子弧温度极高，所以该方法适用于高熔点金属或难熔化合物粉末的球化。

(2)垂直炉球化法：使待球化的粉末通过一竖炉加热熔化，在自由降落过程中，熔融金属液滴由于自身表面张力的作用而球化。易氧化粉末应在保护气氛中进行。

(3)惰性填料球化法：将待球化的粉末与惰性填料(例如 Al_2O_3 粉末)，在无氧状态下加热至金属粉末熔化，依靠金属表面张力使其球化，冷却后与填料分离，得到球形粉末。不同的金属采用不同的填料，如铜粉使用炭黑，铁粉与镍粉使用 MgO 和 Al_2O_3。

12.2.2 模压成形与烧结

模压成形烧结工艺具有生产效率高和产品尺寸精度高等优点，适于制作小型片状和管状多孔性元件。材质包括不锈钢、钛、镍、青铜和某些难熔金属化合物等。

混料时的注意事项有：选用适当粒度的粉末，加入适量的润滑剂、黏结剂、造孔剂和增塑剂等添加剂。润滑剂可以选用油、甘油、硬酯酸及硬酯酸盐、凡士林、硫化物、氧化物和石墨等物质。黏结剂可以选用树脂、淀粉和聚乙烯醇。造孔剂有碳酸氢铵、硫酸铵、碳酸钠和有机纤维。增强剂可以选用石蜡和黄蜡等。选择添加剂的依据是粉末的特性与压制工艺的要求。一般地，添加剂都应以溶液形式加入混合料，可以溶入有机溶剂如汽油、丙酮、酒精和四氯化碳中，这样可以使添加剂分布均匀。添加剂的加入量应该根据粉末的种类、粒度及粒度分布、压制压力、颗粒与模壁间的摩擦力等来决定。黏结剂、造孔剂和增塑剂的加入量一般都比润滑剂多。

小型杯状、筒状和棒状材料的成形压力一般为 50 ~ 200 MPa。烧结温度及烧结气氛应根据材质而决定，粗粉的烧结温度通常比细粉高，球形粉的烧结温度通常比不规则粉高。采用各种活化烧结方法可降低烧结温度和缩短烧结时间。最常用的方法是化学活化法，不仅会加速烧结过程，而且有利于孔隙球化。添加少量的镍等合金元素也可大大降低钨、钼的烧结温度。

粉末冶金多孔材料的烧结条件见表 12－3。

表 12－3　粉末冶金多孔材料的烧结条件

材料	烧结温度/℃	烧结气氛
青铜	750～850	工业纯氢、分解氨等还原性气氛
Fe	1100～1200	工业纯氢、分解氨等还原性气氛
Ni	1200～1250	工业纯氢、分解氨等还原性气氛
不锈钢	120～1350	低露点氢气、真空
Ti	1000～1350	真空、高纯氩等惰性气体
W	190～2300	氢气
Ta	2000	真空

模压成形与烧结方法的缺点是压坯密度不均匀，特别是长管元件。虽然采用双向压制可一定程度地改善均匀程度，但长管的尺寸较长时，密度均匀程度仍不够理想，所以会影响成品性能。此外，模压制品的尺寸受压机的限制，尺寸不能太大，且难以制备复杂形状的零件。改用等静压成形的方法后能克服上述缺点。

12.2.3　等静压成形

冷等静压(CIP)成形适用于制取长径比大的多孔性零件与异型制品。制品的密度与孔隙分布均匀，但尺寸精确较差，且生产效率低。冷等静压成形的混合料中一般加有 2%～6% 的酚醛树脂等物质作黏结剂，成形性好的粉末也可不加黏结剂。成形压力一般为 50～300 MPa。对同粒度的粉末，成形压力增大时，制品的孔隙度和透过率都降低。

12.2.4　松装烧结

松装烧结又称重力烧结，是将粉末松散地或经振实装入模具中，连同模具一起烧结，出炉后再将制品从模具取出的方法。松装烧结法依靠烧结过程中粉末颗粒间的相互黏结形成多孔性烧结体，由于孔隙度较大，所以主要用于透气性要求较高，但净化要求不高的情况，例如可以用于过滤汽油、润滑油，也可以用于隔音和绝热的泡沫材料以及某些密封材料等。为提高制品的孔隙度，常加入疏松剂，它可在烧结时分解或挥发，也可通过溶解去除，加入疏松剂能够使孔隙度提高到 70%～90%。球形颗粒间形成烧结颈使制品具有足够的强度。松装烧结法除了能够制取管状、杯状过滤器以外，还可制取薄片。将粉末置于宽而浅的料盘中松装烧结就可得到这种薄片，它们可以被剪切和焊接成各种形状的多孔性零件。松装烧结模具应具有足够高的高温强度和刚性，不与粉末发生任何反应。常用的模具材料有石墨、铸铁、碳素工具钢和不锈钢等。模具设计应有利于脱模，通常，将零件设计成一端带 1 度左右斜度。此外，考虑到烧结收缩，应留有适当的公差。

12.2.5　粉末轧制

粉末轧制是一种连续成形工艺，能够生产多孔性带材。粉末由给料漏斗送入辊缝间被轧制成具有一定孔隙度的生坯，经烧结可制取多孔性的或半致密的材料。

12.2.6 粉末增塑挤压

在金属粉末中加入适量的增塑剂，使其成为塑性良好的混合料，然后挤压成形，制造截面不变的长形件，如管材、棒材及五星形、梅花形等复杂断面形状的长形元件。由于挤压成形压力低，物料中又含有大量可挥发增塑剂，所以适于生产有大量连通孔隙、透气性能好的多孔性材料，如钨、钼、镍及镍合金、不锈钢和钛等。

粉末增塑挤压工艺包括混料、预压、挤压、切割和整形等工序。增塑剂约占混合料体积的50%，几乎充满颗粒间的所有孔隙，其性质好坏直接影响挤压工艺与制品性能。

常用的增塑剂有石蜡、淀粉、聚乙烯醇等，以石蜡较好，在空气中烧结时几乎没有残留物，且工艺性能好。

12.2.7 注浆成形

注浆成形是一种最古老的成形工艺，是在石膏模中进行的，即把一定浓度的浆料注入石膏模中，与石膏相接触的外围层首先脱水硬化，粉料沿石膏模内壁成形出所需形状。

以上的制备方法也称为传统的方法，其优缺点对比见表12－4。

表12－4　粉末冶金多孔材料传统制备方法的对比

成形方法	优点	缺点	应用范围
模压	尺寸精度高 生产效率高	孔隙分布不均匀 尺寸与形状受限	尺寸不大的圆筒、片状等制品
等静压	孔隙分布均匀 适于大尺寸制品	尺寸公差大 生产效率低	大尺寸管材及异形产品
挤压	适于细长的管材 孔隙沿长度方向均匀、生产效率高	形状受限、需加入较多的增塑剂，烧结工艺复杂	细长的管材、棒材、某些异形截面的管材
轧制	长且孔隙度高的带材，孔隙度小、精度高、性能均匀地的箔材，效率高	形状简单，带材宽度受限，难以适用于粗粉及球形粉末	各种厚度的带材 多层过滤器
粉浆浇注	各种复杂形状的粉末或纤维制品	生产效率低	复杂形状制品 多层滤器
松装烧结	简单，可主产复杂形状	生产效率低	可用球形粉末 复杂形状零件

12.2.8 注射成形

金属粉末注射成形技术（metal injection molding，MIM）是一门新型成形技术，它是传统粉末冶金与塑料注射成形技术相结合而发展成的一种粉末冶金近终成形技术。与传统工艺相比，MIM 技术具有精度高、组织均匀、性能优异、生产成本低等特点。

粉末注射成形结合了传统粉末冶金和塑料注射成形技术的优点，突破了传统金属粉末模压成形工艺在产品形状上的限制。粉末注射成形利用粉末冶金技术特点烧结生产出致密的、力学性能及表面质量良好的机械零件，利用塑料注射成形技术大批量、高效率地生产形状复杂的零件。

粉末注射成形技术能制造出传统粉末冶金方法不能达到的复杂形状的制品，而其制造成本远低于机加工和精密铸造等技术。粉末注射成形技术的主要优势主要表现在如下几个方面：

(1)卓越的成形能力。粉末注射成形能一次成形复杂形状的制品，无须或只须少量后续加工。粉末注射成形能制造许多具有复杂形状特征的零件，如各种外部切槽、锥形外表面、交叉孔、盲孔、表面滚花等，具有以上特征的零件都是常规粉末冶金方法不能制造的。

(2)优良的材料性能。由于所采用的原料粉末较细，烧结的致密化程度高，一般的固相烧结即可获得 95% 以上的理论密度，而液相烧结可达 99% 以上，其显微组织细小均匀，性能可与锻造材料相比。

(3)制品表面光洁度高。粉末注射成形制品的表面光洁度优于精密铸造制品，在没有后续加工的情况下，粉末注射成形制品的表面光洁度可达到 Ra 3.2。

(4)尺寸精度高。粉末注射成形注射料在注射过程中处于等静压状态，所得成形坯的密度均匀，保证了烧结时的均匀收缩。因此粉末注射成形制品尺寸精度高，尺寸公差一般为 ±0.3%，且批量零件的一致性高。

(5)适用材料范围广。粉末注射成形不但能应用于基于粉末冶金工艺的传统材料——钢、不锈钢、氧化铝、硬质合金和钨基重合金，而且可以生产陶瓷基或金属基复合材料。

(6)生产成本低。粉末注射成形为粉末冶金近净成形技术，可最大限度地制得最终形状的零件而无须后续机加工，或只用最少量的机加工，因而减少了生产步骤，大大降低了后续加工费用。粉末注射成形混合料可反复使用，材料利用率接近 100%，适合大批量生产，有利于降低生产成本。

(7)粉末注射成形设备投资较小，并能自动控制整个工艺。此外粉末注射成形模具的使用寿命长达 30 万件，而模具成本仅为压制模具的 1/4，还可采用多模腔模具，生产效率高，可获得较高的利润。

粉末注射成形的技术现状主要集中于原料粉末、黏结剂、脱脂方法、制品的尺寸精度及性能等。

原料粉末要求有利于混炼、注射成形、脱脂和烧结。因此，在粒度及粒度分布、颗粒形状、比表面等方面有一定的要求。理想的粉末注射成形用粉末具有如下的特征：适宜的粒度分布，以保障高的固体粉末装载量；颗粒无团聚、无内部孔隙；形状为球形或等轴形；足够的颗粒间摩擦以维持脱脂坯形状，安息角大于 55°；粒度小于 20 μm，以保证快速烧结；无毒，表面清洁，不与黏结剂发生有害反应。

黏结剂是影响粉末注射成形生产的关键因素，它会直接影响工艺能否成功。不同的粉末注射成形工艺，主要是黏结剂成分以及脱脂技术的不同。黏结剂具有两个最基本的功能：增加粉末流动性和维持产品形状。增加流动性是黏结剂最本质的功能，黏结剂的加入增加了粉末的流动性，使得粉末在注射压力下能充填复杂形状的模腔。维持产品形状是黏结剂的另一项重要功能，坯块从模腔中脱出后，黏结剂使之具有一定的强度，保持一定的形状，便于转移搬运操作；良好的成形性可以避免成形缺陷；良好的保形性能防止脱脂时坯块变形。

黏结剂决定脱脂方式。脱脂工艺对于保证产品质量极为重要，工艺上要求脱脂时间尽量短，脱脂过程中不产生缺陷和变形，碳含量能控制在所要求的范围内。

12.2.9 三维打印成形技术

三维打印(Three－Dimensional Printing，3DP)，也称粉末材料选择性黏结，是近年来发展起来的一种先进制造技术。三维打印具有设备简单、材料便宜、材料类型广泛、工作过程中无污染等优点。该技术无须激光系统，造价低廉，使用成本很低且可靠性高，设备体积小，成形速度快。

三维打印成形是先在加工平台上铺上一层很薄的粉末原料，喷嘴依照3D电脑模型切片后获得的二维层片信息，喷出黏结剂，黏着粉末使部分粉末黏结形成截面乾廓。做完一层后，加工平台自动下降一点，在加工平台上重新铺一层粉末，再喷黏结剂，如此循环便可得到所要的三维多孔实体结构。

三维打印成形过程完成后，制作室中三维多孔部件的周围会分布着一些松散的粉末，这些粉末用于支撑该部件。材料经过一段时间定形后，即可将部件从制作室中取出，然后将未使用的松散粉末送回供给平台，以待重新使用。之后，可以利用强迫通风将多余粉末吹离成形的部件。三维打印成形过程中不需要使用实体或附加支持，并且所有未使用的材料都可再利用，可以大大增加使用的方便性。

12.2.10 激光快速成形技术

选区激光烧结技术(Selective Laser Sintering，SLS)是近年来发展起来的，集新材料、激光技术、计算机技术于一体的快速原型制造技术，也是快速成形技术中少有的几种不需添加任何黏结剂能直接加工成形的技术之一。

SLS技术制备金属多孔材料首先也需要建立材料的三维数值模型，然后将模型分解为一系列二维层片结构。不同的是，SLS技术是由计算机控制激光束移动，在逐层烧结的细粉上建构三维的多孔金属实体。工作时，先在工作台上铺上一层粉末材料，激光束在计算机的控制下，按照截面轮廓的信息，对制件的实心部分所在的粉末进行烧结。一层完成后，工作台下降一个层厚，再进行后一层的粉末烧结。如此循环，最终形成具有宏观孔隙结构的三维产品。

激光快速成形技术系统中主要包含：

(1)激光源和扫描控制系统。主要作用是产生激光束，并根据加工零件的形状自动控制激光束的移动。

(2)粉末摊铺系统。激光束根据计算出的二维层片结构逐层扫描，然后叠加成三维立体模型。粉末摊铺系统的主要作用是在每层扫描结束后，迅速铺下一层粉末，用于紧接着的激光束烧结。粉末松装密度越高，越易实现烧结致密化；铺粉厚度越薄，零件制作精度越高，但是制作时间也越长，生产效率降低。

(3)气氛控制系统。主要作用是防止粉末在烧结过程中被氧化等现象。

激光快速成形技术的优点主要有以下几个方面：①原材料选择广泛、工件易于清理、应用范围广，适用于原型及功能零件的制造；②直接成形零件或近形件，加工周期短、成本低，一般制造费用降低 50%，加工周期缩短 70% 以上；③CAD 原型可随时根据需要调整，灵活性高；④制造工艺受制造原型的几何形状限制很小；⑤高度技术集成，实现设计制造一体化。

不足和主要缺点为：①系统的速度、精度(零件表面光洁度)和可靠性有待提高；②激光与金属粉末间的相互作用比较复杂，新材料的加工工艺参数需要较长时间摸索；③设备成本比较昂贵；④可制造零件的尺寸有一定限制。

激光快速成形技术与常规粉末冶金工艺的异同如下：常规粉末冶金工艺的第一步是制取金属粉末、合金粉末、金属化合物粉末以及包覆粉末，第二步是将原料粉末通过成形、烧结以及烧结后的处理制得成品。随着技术的发展，各种新工艺，如等静压成形技术、注射成形技术、温压技术相继出现并得到广泛的应用，不过，这些工艺的主要流程仍为：制粉—混料—压制成形—烧结—后处理。

作为一种新型的粉末冶金成形技术，激光快速成形技术在继承了常规粉末冶金工艺的特点之外，在诸多方面都有不同，其最大的特点就是自由成形，无须模压过程，有效地弥补了从产品设计试验到大批量生产的环节，使得产品开发大大缩短了耗时，而且 SLS 还能直接制造模具，更有效地促进了常规粉末冶金技术的发展。两者的主要异同见表 12－5。

表 12－5　激光快速成形技术与常规粉末冶金技术的对比

工艺方法	常规粉末冶金	激光快速成形
原材料	元素粉末、合金粉末、陶瓷粉	基本相同
粉末预处理	制粒、表面处理等	基本相同
成形	模压成形	自由成形、无须模具与压制
烧结机制	固相烧结、液相烧结	液相烧结、焊接
烧结气氛	还原、惰性等保护气氛	惰性气体
后续处理	锻打、拔丝、精整等	基本相同
生产周期	较长，需要设计、加工模具	短，从 CAD 设计到零件加工，成形过程数字化，可随时修正，即时制造
件复杂程度	对模具要求高，难以制备更复杂的零件	可以制备任意几何形状的零件
设备	混料机、压机、烧结炉	混料机、激光成形机

12.2.11　电子束快速成形技术

该技术具有能量利用率高、无反射以及真空环境无污染等优点，可实现近净成形与快速制造。电子束选区熔化成形与激光选区烧结类似，利用金属粉末在电子束轰击下熔化的原理，先在铺粉平面上铺展一层粉末并压实；然后，电子束在计算机的控制下按照截面轮廓的信息进行有选择的熔化或烧结，层层堆积，直至整个零件全部熔化或烧结完成；最后，去除多余的粉末便得到所需的三维多孔产品。电子束快速成形技术采用高能电子束作为加工热源，扫描成形可通过操纵磁偏转线圈进行，没有机械惯性，且电子束具有的真空环境还可避免金属粉末在液相烧结或熔化过程中被氧化。

目前激光快速成形技术制备三维多孔金属材料多数在气体保护下进行金属粉末的烧结或熔化。激光作为一种金属材料的加工手段，技术比较成熟、可控性好，便于实现数控，能够较好地实现材料的“离散或堆积”，成形激光烧结在小功率范围内应用比较经济，但是当烧结或熔化诸如钨、钛及高温合金特种性能金属材料关键件时有强度不够高的缺点。而电子束加工作为另一种高能束加工手段，它是采用高能电子束作为加工热源，成形可通过操纵磁偏转线圈进行，因此显示出了一系列独特的优势。

(1)功率能量利用率高。电子束可以很容易地做到几千瓦级的输出，而激光器的一般输出功率在 1 ~5 kW 之间。电子束加工的最大功率能达到激光的数倍，其连续热源功率密度比激光高很多。电子束的能量利用率要高很多，可达到75%，远高于激光 15% 的能量利用率。

(2)对焦方便。电子束则可以通过调节聚束透镜的电流来对焦，束径可以达到 0.1 nm，远小于激光的理论光斑直径 1 nm，因而可以做到极细的聚焦。加工出的产品粒度高，纯度高，性能更优越。

(3)可加工材料广泛。电子束可以不受加工材料反射的影响，很容易加工用激光难以加工的材料，而且，高真空工作环境可以避免金属粉末在液相烧结或熔化过程中被氧化。特别适合于钛及钛合金的加工。

(4)成形速度高，运行成本低。电子束设备可以进行二维扫描，扫描频率可达到 20 kHz，无机械惯性，可以实现快速扫描，且不像激光那样消耗诸如 N_2、CO_2、H_2 等气体，价格相对比较低廉。

典型的电子束快速成形设备通常是由电子枪、工作室、真空系统、电源及电气控制系统组成。电子枪是烧结设备中用以产生和控制电子光学系统的总称。现多采用三级电子枪，其电极系统由阴极、偏压电极和阳极组成。阴极处于高的负电位，它与接地的阳极之间形成电子束的加速电场。偏压电极则可以通过调节其相对于阴极负电位的大小和改变偏压电极形状以及位置来调节电子束流的大小和改变电子束的形状。其中阴极的形状及其与偏压电极的相对位置是影响电子束斑点位置的重要因素，工作室多采用低碳钢板制成以屏蔽外部磁场对电子束轨迹的干扰。工作室表面通常镀镍或作其他处理，以减少表面吸附气体、飞溅及油污等，缩短抽真空时间和便于工作室的清洁工作，形状应根据用途和被加工零件来确定。真空系统是对电子枪室和工作室抽真空用的，该系统多采用两种类型的真空泵，一种是活塞式或叶片式机械泵，也被称为低真空泵，它用于将电子枪室和工作室抽到压强为 10 Pa 左右。它应与双转子真空泵(也称罗茨泵)配合使用以提高速度，并使工作室压强降到 1 Pa 以下。另一种是油扩散泵，用于将电子枪室和工作室压强降到 0.01 Pa 以下。电源系统包括高压电源、阴极加热电源和偏压电源。控制系统是指工作台、夹具、转台等辅助设备。电子束快速成形技术的设备原理如图 12 -2 所示。

电子束烧结与快速制造技术相结合作为一种金属零件快速成形技术，不仅可以充分利用电子束真空加工环境、高能量密度及扫描速度快等优点，而且可以发挥快速制造无须工模具、开发周期短及制造成本低等优势，还有机地结合了电子束熔炼、粉末冶金及快速制造等诸多工艺的优点，必将在汽车、航空航天和医疗等领域得到快速发展和应用，具有非常广阔的应用前景。但目前该技术尚处于发展初期，基础问题的研究仍是当前研究的重点之一。

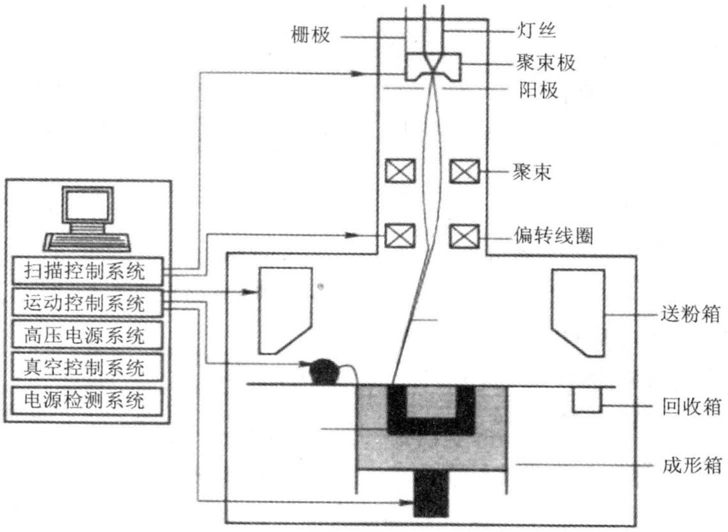

图 12－2　电子束烧结成形设备原理示意图

12.3　粉末冶金多孔材料的性能

了解有大量孔隙存在的材料的孔隙特性、透过性能、力学性能与耐腐蚀性能，对于多孔材料来说是十分重要的。

12.3.1　孔隙特性

孔隙度与密度。多孔材料的孔隙可分为闭孔隙和开孔隙两种。孔隙度较高时，开孔较多；当孔隙度降低到约20%，闭孔开始增多；孔隙度降至约8%，则孔隙基本上是封闭的。对于过滤元件，贯通的开孔隙才是有用的；发汗冷却材料和含油轴承也只有开孔才有意义；对隔热元件来说，全部孔隙都是有用的。通常将开孔体积对表现体积之百分比称为开孔隙度，闭孔体积对表现体积之百分比称为闭扎隙度，两者之和称总孔隙度。在未预先说明的情况下，孔隙度一般指开孔隙度。多孔材料的密度一般是指包括全部孔隙在内的表现密度。

孔径分布。根据毛细现象，如果液体不润湿多孔材料，则表面张力将阻止液体进入孔隙。然而，当对液体施加一定压力后，外力就可克服表面张力使液体进入孔隙。通过测量孔隙吸收的液体体积与外加压力的关系便可测定多孔材料的孔隙度与孔径分布。由于水银对大多数材料不润湿，所以选择水银作为浸入的液体介质。这种方法称为汞压入法，简称汞压法。汞压法应用的基本方程式为：

$$p = -4\gamma\cos\theta/d$$

式中：p——使水银进入孔隙所需施加的压力，Pa；

θ——水银与多孔材料间的接触角，(°)；

γ——水银的表面张力，Pa；

d——孔障直径，m。

压入孔隙内的汞体积即试样开孔体积，由它可计算孔隙度和表现密度。每对应一个压力 p 值就可由式求得一个孔径 d 值。当压力足够高，孔隙中全部充以汞，则可求得开孔隙总体积 $V_{开}$。由于直接测量的是直径大于 d 的孔隙体积，它可以用 $V_{开}$ 与直径小于 d 的开孔体积 V 之差($V_{开}-V$)来表示。将($V_{开}-V$)/$V_{开}$ 对压力 p 或直径 d 作图，得到孔径分布的累积曲线(图 12－3)。

过滤精度。过滤精度又称净化精度，可用过滤时透过多孔体的最大固体微粒的尺寸表示，也可用过滤时过滤元件所能截留的最小固体微粒的尺寸表示。为了测量方便和更好地模拟使用情况，通常采用前者作为过滤精度。过滤精度取决于过滤元件的孔径大小，一般用过滤法或气泡法测定其最大孔径值来表示，更常用的是过滤法。

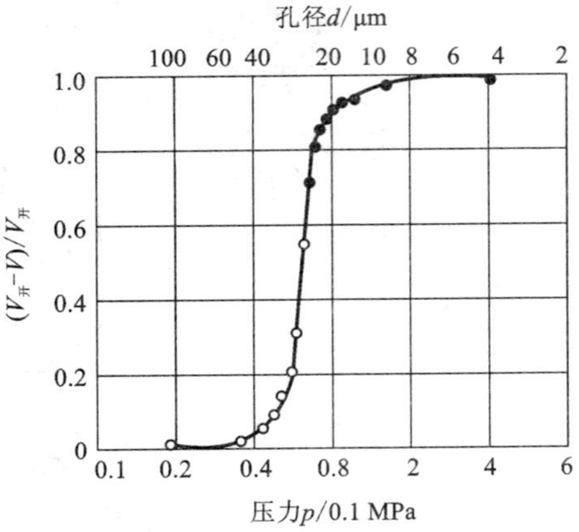

图 12－3　过滤器孔径分布累计曲线

金属粉末过滤器具有弯曲复杂的孔道，能有效地阻止固体颗粒通过，能较精确地控制过滤精度，比金属丝网，滤纸、滤布都好。丝网、滤布等的孔道平直且易于变形，其过滤精度难以控制。金属粉末过滤器的过滤精度受粉末粒度、生产工艺和过滤过程等因素的影响。随粉末粒度增大，过滤精度值呈直线增加(图 12－4)；成形压力增加，烧结温度提高，烧结时间延长，添加剂含量减少都会使过滤精度值变小，特别是成形压力的影响最明显(图 12－5)。控制上述因素可以制作不同过滤精度的过滤元件。

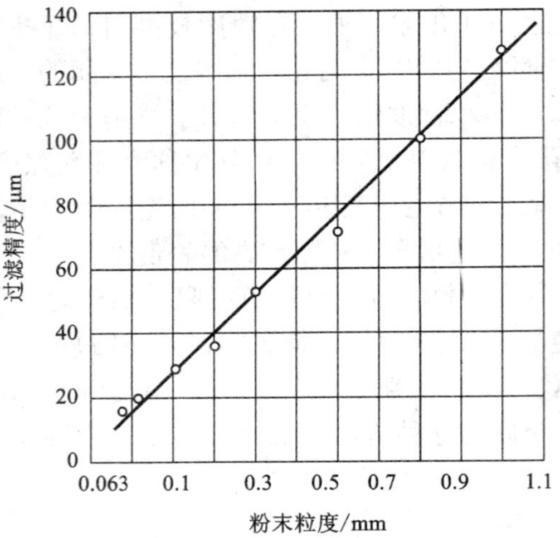

图 12－4　粉末粒度对过滤精度的影响

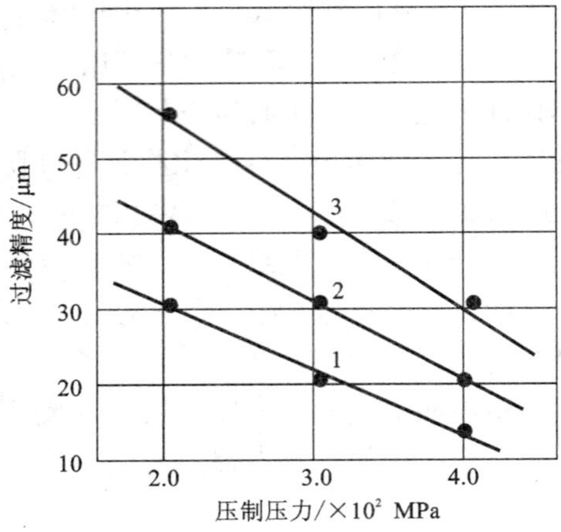

图 12－5　低碳钢过滤管过滤精度与压制压力的关系

12.3.2　透过特性

利用流体透过多孔体是多孔材料应用的一个重要方面。研究透过性能将为设计和使用提供依据。

流动形式。在大多数情况下，流体流过多孔金属通常涉及三种流动：滑移流动，黏性流动和惯性流动。低压下，气体分子平均自由程与孔隙直径相当或者更大时，呈滑移流动。此时，气体分子与孔隙管壁碰撞引起的流动阻力增加，成为决定流速的主要因素。滑移流动对处于低压或高温的气体和孔径很小的多孔体是很重要的。压力增加，气体分子平均自由程减小，或者当孔隙平均直径较大时，孔径比气体分子平均自由程大得多，流体呈黏性流动。此时，气体分子在孔隙管壁处的速度为零，管壁对气体流动不造成阻力。流速仅取决于层流中各层流体分子之间的碰撞阻力。当压力进一步增加，或者孔隙直径再增大时，由于流体在弯曲迂回的孔隙中流动方向改变会引起能量损失，而且孔隙中产生局部紊流也引起能量损失，这时，流体呈惯性流动。对于室温、常压下的气体应考虑这种流动形式，大多数多孔材料的工程应用都处于这种流动形式。

流体渗透性。透过性能是用流体渗透性表征的. 流动形式不同，表征渗透性的方法也不同。黏性流动可用达西公式来描述，即流体的流速与压力梯度成正比，与流体黏度成反比，其比例常数是反映材料特征的参数，称为透过系数，单位为 cm^2。为了区别起见，流体为气体或液体时相应地称为透气系数或渗透系数。为使用方便，将透过系数与试样厚度和液体黏度乘积之商定义为相对透过系数。对于气体和液体同样有相对透气系数与相对渗透系数之分。黏性流动时，透过系数与相对透过系数表征透过性能。

当流体在室温、常压下流过多孔体时，已不仅出现黏性流动状态，还存在惯性流动。此时的流动阻力是由黏性流动和惯性流动两者所造成的。流体透过性能应该用黏性渗透系数和惯性渗透系数表征。黏性渗透系数表示仅由于黏性损失造成流动阻力时，在单位压力梯度作用下通过单位面积多孔金属的单位黏性流体的体积流动流速，单位为 m，惯性渗透系数表示仅由于惯性损失造成流动阻力时，在单位压力梯度作用下通过单位面积多孔金属的单位密度流体的流动速率，单位为 m。

影响透过性能的主要因素有：

(1)粉末性能。球形粉制成的多孔材料具有最好的透过性能，粒状或等轴状的粉末次之，粉末形状愈不规则，透过性能也愈差，因此，要提高透过性能则应采用球形粉末。粉末粒度对透过性也有重要影响。过滤器的渗透性随原始粉末粒度增大而提高（见图12-6）。

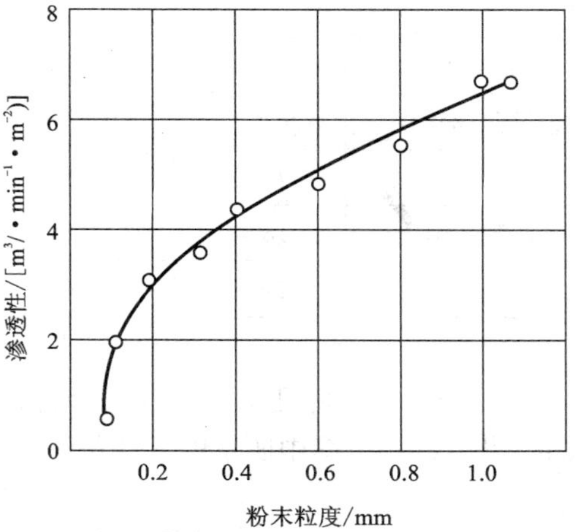

图12-6　球形青铜粉末对过滤器渗透性的影响

(2)孔隙度。孔隙度对透过性能的影响十分明显。透过性随孔隙度增大而迅速增加，两者的关系符合公式 $B=ke^n$，即透过系数 B 与孔隙度 e 的 n 次方成正比。指数 n 为 2～8。球形粉 n 为 2 左右，粒状粉约为 4。

多孔材料中对流体透过有作用的只是贯通孔，闭孔不起作用。用球形粉制造的多孔材料其闭孔隙度一般很小。材料的制造工艺参数(如压制压力和烧结温度等)都影响孔隙度，所以对渗透性也有明显影响。一般，随压制压力增加，烧结温度提高，材料的孔隙度降低，过滤器的渗透性降低。

(3)材料厚度。为了制造方便，往往希望过滤器的厚度大些，尤其是对于过滤管更是如此。但是，过滤器厚度的增减直接影响透过性的大小。图 12－7 表明透过性随厚度的增加而明显下降。

(4)工作条件。由于流体的透过速度随其黏度的提高而减小，所以流体黏度对生产率有很大影响。工作温度和介质压力影响介质的黏度，因而也影响透过性能。

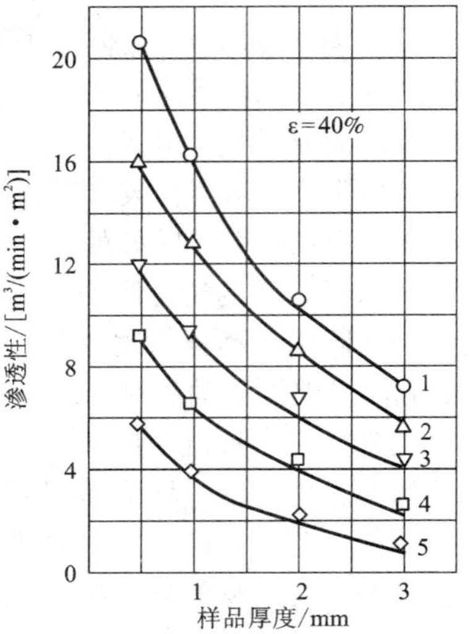

图 12－7　厚度对透过性的影响

12.3.3　力学性能

多孔材料由于存在大量孔隙，其力学性能如强度、弹性模量、疲劳寿命、塑性和韧性等均较致密材料明显降低。孔隙度为 10% ～15% 的材料的强度，塑性和弹性值仅为相应致密材料的 1/6 ～1/2。在保证孔隙度和透过性能的前提下，多孔过滤器必须具有尽可能高的强度。烧结不好的材料在工作时微粒易脱落，进入被过滤的流体中。烧结过滤器也必须有一定的塑性，能承受机械振动或耐热震。除特殊情况外，多孔材料一般不承受很高的载荷，所以，过滤器的强度指标仅为几十兆帕，破坏压力常为 0.1 ～1 MPa，相对延伸率为 1% ～5%。表 12－6 是几种多孔材料的力学性能。

表 12－6　一些多孔材料的性能

性能 \ 种类	青铜	不锈钢		锌白铜	镍	钛
		粉末制造	纤维制造			
孔隙度/%	30～40	30～40	60～70	30～40	30～40	30～40
抗拉强度/MPa	36～70	30～55	28～56	18～25	80～120	50～100
延伸率/%	4～6	2～5	0.8～1.0	2～3	2～4	1.5～2.0
膨胀系数/(10^{-6})	18.4	18.5	17.6	10.6	8.5	7～8
导热率/[W·(m·K)$^{-1}$]	21.5	6.3	6.3	19.7	12.7	5.43

多孔材料的强度随孔隙度增加而降低，316L 型不锈钢多孔材料的剪切强度与孔隙度的关系示于图 12－8。图中所示的线性关系只是对剪切强度而言，而其他强度值则不符合线性关系。

多孔材料的抗拉强度、抗压强度和抗弯强度之间的差别很大，且这种差别随材料的脆性和孔隙度的增加而急剧增大。多孔材料的抗拉强度总比抗压强度小。

多孔材料的强度受颗粒间烧结颈大小的控制。当烧结温度提高，烧结颈长大，接触面积增加，强度提高。同样，细粒度粉末接触面积大，故强度提高。此外，孔隙形状也影响强度。由于粉末冶金材料中的孔隙能引起应力集中，是材料中的薄弱环节。尖锐的孔隙其应力集中程度大，所以会明显降低强度和塑性；反之，较为光滑均匀的孔隙结构对机械性能的改善是有利的。因此，通过改变粉末形状，调整烧结工艺或采用活化烧结可以调整孔隙形状，获得较高的力学性能。但是，孔隙几何形状的变化将使透过性能改变。因此，应综合考虑各方面的性能要求。

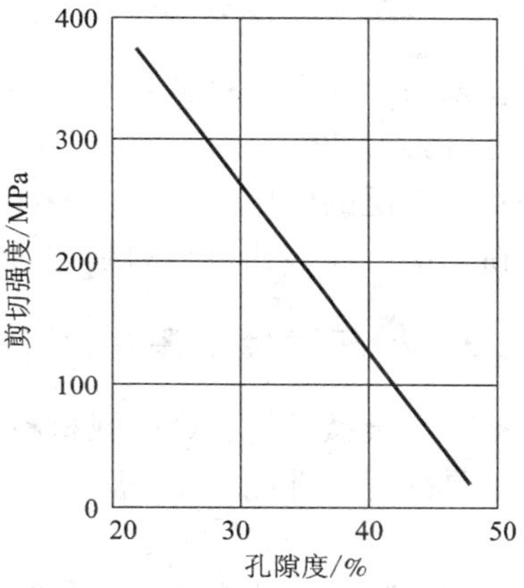

图 12－8　316L 型不锈钢多孔材料的剪切强度与孔隙度的关系

与强度不同，孔隙大小和形状对弹性模量的影响较小。抗疲劳性能也随孔隙度增高而降低，粉末粒度减小可使疲劳极限提高；圆滑的孔隙结构对改善耐疲劳性有利。塑性和韧性更强烈地依赖于孔隙度，它们也受孔隙形状的限制。

12.3.4　其他性能

包括物理性能(如导电、导热性)，耐腐蚀性和电化学性能。物理性能主要取决于孔隙度，热物理性能与孔隙度的关系曲线与强度和孔隙度的关系曲线相类似。多孔体中热量的传递是通过对流、辐射及接触热传导的方式来实现的，但主要的是接触热传导。耐蚀性首先取决于多孔制品的材料类型及孔隙度。腐蚀性介质的作用会使多孔制品的强度略为降低，且酸性介质的作用比碱性介质更为强烈。对于强腐蚀性介质来说，钛、铌、钽及难熔化合物是特别有前途的材料。

12.4　粉末冶金多孔材料的主要体系

12.4.1　粉末冶金不锈钢多孔材料

粉末冶金不锈钢多孔材料是研究和应用得最为广泛的一类粉末冶金多孔材料，具有优异的耐腐蚀性、抗氧化性、耐磨性、延性和冲击强度等，并且具有外观好、无磁性等优点，可用于消音、过滤与分离、流体分布、限流、毛细芯体等等，被广泛应用于食品生产、医药、化工、冶金等领域。目前国内常采用的烧结粉末不锈钢多孔材料的不锈钢材质牌号有：1Cr18Ni9、1Cr18Ni9Ti、0Cr18Ni9、00Cr19Ni10、0Cr17Ni12M02、00Cr17Ni14M02 等。

成形与烧结是粉末冶金不锈钢多孔材料的两个最重要的制造工序，与铁基粉末相比，不锈钢粉末需要的压制压力较高，且压制坯的强度较低。为了挥发和烧除压制时加入的润滑剂，压坯通常 425～540℃进行预烧结。烧结不锈钢多孔材料的平均烧结温度范围是 1120～1150℃。当进一步要求改善其力学性能和耐腐蚀性能时，使用的烧结温度曾高达 1315℃或更高的温度。

12.4.2 粉末冶金镍多孔材料

粉末冶金镍多孔材料具有耐蚀、耐磨、高温和低温的力学强度高、热膨胀、电导性和磁导性好等独特的性能，在核能工业、石油化工等行业的高温精密过滤，充电电池的电极等领域得到了广泛的应用。

粉末冶金镍多孔材料的制备通常采用球形粉末进行烧结。

12.4.3 粉末冶金钛多孔材料

粉末冶金钛及钛合金多孔材料具有密度小、比强度高、耐蚀性和良好的生物相容性等金属钛独具的优异性能，被广泛应用于航空、航天等军工部门及化工、冶金、轻工、医药等民用部门。

钛多孔材料的粉末冶金制备方法具有生产工艺简单、成本低的优点，能控制制品的孔隙度和孔径并且能够得到组织结构均匀的多孔钛。金属钛化学活性高，容易形成很稳定的氧化物和氮化物，但在烧结温度下钛能够溶解自身的表面氧化物。因此这些氧化物不必使用活性气氛来还原。在普通的烧结中采用高真空或高纯惰性气氛。

12.4.4 粉末冶金铜多孔材料

粉末冶金铜多孔材料主要包括青铜、黄铜和镍黄铜多孔材料等。其中以青铜粉末烧结多孔材料的应用最早、最普遍。

粉末冶金铜多孔材料具有过滤精度高、透气性好、机械强度高等优点，广泛用于气动元件、化工、环保等行业中的压缩空气除油净化、原油除沙过滤、氮氢气(无硫)过滤、纯氧过滤、气泡发生器、流化床气体分布等领域。

粉末冶金青铜多孔材料的使用温度在空气中可达200℃，在油中接近200℃，低温可降到-200℃。因此，青铜过滤器比有机滤材优越得多。青铜过滤器通常是用球形青铜粉末重力烧结制造。这些粉末通常都含有90%~92% Cu 和8%~10% Sn。由雾化青铜粉末制造的过滤器，烧结密度为5.0~5.2 g/cm^3。一般使用粒度均一的粉末颗粒。粉末冶金青铜多孔材料的另一重要用途是用于制造自润滑轴承。这些轴承中的多孔性结构用作蓄油器。

典型的烧结炉的温度范围为815~860℃，烧结保温时间为15~30 min。必须是保护性和还原性的烧结气氛，加快烧结速率得到更加均匀的组织结构。

12.4.5 粉末冶金金属间化合物多孔材料

金属间化合物具有低密度、高强度、高耐腐蚀及抗氧化性等优点，一些金属间化合物材料还具有形状记忆、储氢、生物相容性、触媒等其他独特性能。粉末冶金金属间化合物多孔材料不但具有多孔材料的功能特性，还继承了金属间化合物的一系列优异性能，是一类重要的金属多孔材料。

1. Fe_3Al 基金属间化合物

Fe_3Al 基金属间化合物由于其良好的耐热性、优良的力学性能和优异的高温抗氧化和抗硫腐蚀性能，由此展开了高温多孔过滤材料的研制。粉末冶金 Fe_3Al 基金属间化合物多孔材料具有很好的耐高温性能，其工作温度可达600~700℃，并且高温耐腐蚀性能优异，其抗氧化和抗硫腐蚀性能都优于 304 和 316L 不锈钢材料。

粉末冶金法制备 Fe_3Al 基金属间化合物的重要工艺参数是烧结温度，烧结使 Fe_3Al 粉末颗粒之间由简单的机械接触向冶金结合转变。随着烧结的进行，压坯收缩，密度增加，从而使得材料的强度和韧性都有提高。

粉末冶金 Fe_3Al 多孔材料在 600℃时，抗拉强度保持约 70 MPa；在 700℃时，抗拉强度约为 30 MPa，仍高于陶瓷过滤材料的强度（一般在 20 MPa 左右）。另外，随着温度的提高，Fe_3Al 多孔材料的伸长率加大。Fe_3Al 多孔材料的腐蚀虽然随着时间的延长，但材料的腐蚀增重速率逐步减慢。材料表面形成的一层薄而致密的氧化膜能够阻碍材料的进一步氧化。

2. TiNi 金属间化合物多孔材料

TiNi 金属间化合物多孔材料具有形状记忆特性、优良力学性能、耐蚀性和人体相容性，作为一种重要人体植入物材料，在生物材料领域有广阔的应用前景，特别是准弹性和整体记忆效应使其非常适合用作人体骨骼植入材料，并且多孔 TiNi 合金具有优良的生物相容性和高的力学性能，是一种具有良好应用前景的生物医用材料。

粉末冶金制备 TiNi 金属间化合物多孔材料的方法主要有元素粉末混合烧结法、预合金粉烧结法、自蔓延高温合成法等。这些方法都能够克服传统熔铸方法容易产生严重偏析的现象，使合金成分更加均匀。同时，可制备形状复杂、加工困难的元件，减少加工程序，获得最终产品。

Ti、Ni 粉末混合体经冷热成形后烧结，可制得具有优良记忆效应的 TiNi 金属间化合物多孔材料。元素粉末混合烧结法制备的 TiNi 金属间化合物多孔材料的孔隙度为 30% ~40%，孔隙小于 100 nm，开孔率 95% 以上。

预合金化技术可以显著提高粉末冶金产品的力学性能。目前，制备(预)合金粉的方法主要有以下三种：氢化研磨制粉法、快速凝固和机械合金化。氢化法制备过程中粉末会被氧化污染，因此该工艺有待进一步完善。快速凝固法直接从熔融合金快速凝固制取预合金粉，该法能缩短制备过程，降低成本，获得细晶粒预合金粉。这种合金粉经过烧结可获得孔隙度高达 57% 的 TiNi 金属间化合物多孔材料。机械合金化是近年来发展的一种合成材料新技术，它将 Ti、Ni 元素混合粉末高能球磨，得到非晶态合金，再经过长时间球磨，非晶体产生晶化，得到 TiNi、Ti_2Ni、Ti_3Ni_4 等混合物，再经过一定的热处理，成形烧结可获得 TiNi 金属间化合物多孔材料。

自蔓延高温合成法是在一定的温度下和一定的气氛中点燃粉末压坯使之产生化学反应，反应放出的热量使临近粉末坯层处温度骤然升高，引起新的化学反应，这些化学反应以燃烧波的形式蔓延通过整个粉末压坯而生成新物质。利用燃烧合成法制取的 TiNi 金属间化合物多孔材料的孔隙度可达到 70%，开孔率 95% 以上，孔径多介于 100 ~300 μm 之间，且孔隙均匀分布，三维相互连通。

TiNi 合金因具有独特的形状记忆效应、超弹性等优异的力学性能和比较好的耐蚀性，从而成为目前应用较为广泛的一类金属植入材料。TiNi 金属间化合物多孔材料与普通生物医用材料相比，具有更好的生物力学相容性，且 TiNi 金属间化合物多孔材料由于具有独特的记忆效应和多孔特性，使其在生物医学尤其是作为硬组织替换材料具有很好的医用前景。多孔合金的结构与木材及骨头等的结构多孔性类似，在强度、刚度、密度分布等方面具有最合理的组合。

12.4.6 粉末冶金耐高温多孔材料

难熔金属多孔材料是重要的金属多孔材料之一，其中以钨和钼多孔材料最令人瞩目。

1.粉末冶金多孔钨

粉末冶金多孔钨制作的各种元件广泛用于航空航天、电力电子及冶金工业。如：汞离子火箭发动机的汽化器、离子发动机的发射体、多孔钨基体渗冷却剂制作火箭喷管喉衬、大功率充气闸流管阴极骨架、电工触头材料的基体、熔融稀土金属过滤等。多孔钨的孔隙度影响着其使用性能及其制作的各种元件性能。影响多孔钨孔隙度的因素很多，如粉末粒度、形状、化学成分，成形方式、成形压力、烧结温度、时间及气氛等。

多孔钨的烧结需在氢气等保护气氛下进行，烧结温度为1400～1800℃。对同一粒度粉末，压坯孔隙度随着成形压力增大而减少。在压制压力相同情况下，粗粉压坯的孔隙度小于细粉压坯的孔隙度。同一粒度粉末压坯随烧结温度的升高，其孔隙度减小；在相同烧结温度下，细粉多孔钨的孔隙度要小于粗粉多孔钨的孔隙度。

2.粉末冶金多孔钼

钼具有一系列优异的性能，粉末冶金多孔钼在表观密度、电磁屏蔽性、碰撞能吸收性、气水渗透性、吸声性、低热导和低电导性等方面具有许多独特的性质。所以在钢铁、电子、石油、农业科技、环保，尤其是具有军事和高科技背景的应用等方面使用粉末冶金多孔钼。例如，在一般工业上可用于冲击碰撞减震器、微粒流体过滤器、发动机噪声消声器、阻火器以及催化剂载体等。

12.4.7 粉末冶金泡沫金属

泡沫金属是一种结构功能一体化的重要材料，具有低密度、高孔隙度、闭孔或开孔的结构特征，其性能表现为能量吸收、吸声、电磁屏蔽、低的热导率和电导率、结构阻尼性能、高比刚度等，是不同结构仪器或装置的可选材料。泡沫金属以其独特的结构而具有许多优异的性能，已经被广泛地应用于航天、航空、运输、环保、能源、生物等各种高科技领域以及一般工业领域中用作催化剂载体，多孔性电极，阻火器，消声减震器，灯芯材料，扬声器的振动器和热交换器等。

泡沫金属材料把低密度、高孔隙度、高比表面积、高连通孔隙度和均匀性等人们期望的指标综合在了一起，是许多多孔性金属材料望尘莫及的。泡沫金属材料在20世纪70年代就已经开始批量生产和应用，在80年代得到迅速发展，国外已研制出泡沫铝、镍及Ni-Cr、Ni-Cr-Al、铜、钨、不锈钢和铸铁等材料，目前得到大规模批量生产的典型产品是泡沫铝、泡沫镍和泡沫铜。

泡沫金属材料的特性包括密度小、比强度大，能量吸收性好，吸声效果好，比表面积大，良好的电磁波吸收，对气体敏感等。

粉末冶金法是制备泡沫金属材料的重要方法之一。

(1)粉浆法。将金属细粉和发泡剂分散于有机载体中制成浆液，将其倾入模具，干燥，经烧结制成多孔材料。这种方法主要用于制作泡沫铍、镍、铁、铜、不锈钢、铝等材料。

(2)悬浮液发泡烧结技术。在有机载体中加入金属粉末与发泡剂，制成悬浮液。将混合液搅拌成泡沫状，干燥，经烧结制成多孔材料。该方法适合于制备泡沫铍、镍、铜、铁、不锈钢和青铜等多孔金属材料。

(3)松散粉末烧结法。松散粉末烧结法是将制好的金属粉末填入金属模具中，然后进行加热烧结。

(4)成形粉末烧结法。将金属粉末与发泡剂混合，形成泡沫，在还原气氛中加热，使颗粒扩散和结合，分解泡沫并烧结金属粉末而得到多孔性金属体。

(5)浸浆海绵烧结法。将海绵状有机材料加工成所需形状，然后将其浸入含有金属粉末的浆液中，浆液载体可以是水或有机液体。将吸饱的海绵干燥以去除浆液载体，再将所得到的海绵加热到足够的高温使海绵分解，随后再进一步加热残余无机物，并使金属颗粒相互之间烧结接合，得到高孔隙度且孔隙互联的泡沫金属。

(6)混合烧结法。将金属粉末混合到发泡树脂中，形成发泡体。经焙烧热分解除去树脂，然后烧结除去氧化物，即得到多孔性泡沫金属。

12.5　粉末冶金多孔材料的应用

1. 含油轴承

含油轴承使用的是粉末冶金多孔材料。但是由于一般将烧结金属含油轴承划分为结构零件，所以在此不做介绍。

2. 过滤与分离

液体或气体的过滤与分离是粉末冶金多孔材料最为重要的应用，材料的流体透过性能是影响过滤分离效果的关键因素，也是粉末冶金多孔材料的关键性能之一。粉末冶金多孔材料中闭孔的数量对材料的透过性能影响很大，只有那些具有通孔结构的烧结金属粉末多孔材料才具有流体透过性能。

粉末冶金多孔材料的透过性能受孔道大小的限制，烧结金属粉末多孔材料在透过流体的同时，对固体颗粒还具有拦截作用。利用烧结金属粉末多孔材料的孔道对流体中固体颗粒的阻碍作用和捕集作用，可将气体或液体进行过滤与分离，从而达到对流体的净化或分离作用。

以青铜、不锈钢、镍过滤器净化空气已被广泛地应用于各种厌氧细菌的生产，如在制药行业中的四环素、红霉素的生产，食品行业的味精生产和制革行业酵母菌的培养和生产等领域，金属过滤材料几乎取代了原用的活性炭加脱脂棉的空气过滤器。大输液制取中的脱碳，采用了多孔性不锈钢或钛，使过滤效率提高数倍，维护费用降低，已取代了原用的砂滤棒。在冶金工业的湿法冶金钽粉生产中，熔融金属钠的过滤采用镍过滤器。熔融铝、镁、铜的过滤采用氮化硼、氧化铝多孔性材料。锌冶炼中硫酸锌溶液的过滤采用多孔性钛。钢铁厂中高炉煤气的净化采用了不锈钢过滤器。

在原子能工业中，UF_6 提炼及氧铀基硝酸盐脱硝中流化床尾气过滤用镍、蒙乃尔合金、不锈钢过滤器，使放射性粉尘得以回收并使其排放剂量符合国家标准允许值。低碳钢、渗铬多孔性铁、不锈钢以及钼过滤器用于核电站中 CO_2 冷却气体的过滤和反应堆中液态金属载体用钠和钾合金的过滤，铅和铋及中子发射装置用靶材熔融汞等的过滤，还用于反应堆净化液中细小放射性污染物的去除。强腐蚀性介质和高温气体的过滤使用了碳化钛、碳化钨及其他金属的碳化物和硼化物、硒化物，钛、钒、钨、钼、钽、金及铬等金属氮化物制取的过滤器。

在宇航工业中，多孔性不锈钢用于航空器及制导陀螺中液压油的净化和在自动燃料管路中净化气体以及在碳氢化合工艺中回收催化剂。宇航器中宇航员用废水净化装置利用多孔性不锈钢为支撑体，采用反渗透膜完成水和污染物的分子态分离。

在纺织行业，烧结粉末不锈钢管用于喷丝头的前置过滤和分散及纺织厂热洗水中去除染料颗粒。在造纸行业，316L、317LN 镍及镍合金、钛多孔材料用于纸浆漂洗和污水处理。

在石化行业，石油钻井中用低碳钢和不锈钢多孔材料排除泥沙；石油提炼中油蜡分离使用铁过滤器；天然气过滤用低碳渗铬钢过滤器和多层金属网；聚丙烯生产中的液体过滤、聚酯薄膜等高分子聚合物的过滤用不锈钢粉末多孔材料；邻苯二甲酐、己内酰胺生产中催化剂粉尘收集和液氨、氨气过滤等，均用烧结粉末不锈钢过滤器；液体硫黄及丁酸制取工艺的过滤用钍过滤器。

在化工行业，硝酸、96%硫酸、醋酸、硼酸、亚硝酸、草酸、碱、硫化氢、乙炔、蒸汽、海水、熔融钠、氢氧化钠、气态氟化氢等，均用不锈钢、钛等耐蚀烧结金属粉末多孔材料进行过滤，以达到净化或回收的目的。

3. 流体分布与控制

烧结金属粉末多孔材料作为一种流体分布装置也得到了广泛应用，如用多孔不锈钢对火箭鼻锥体偏航指示仪外壳的冷却气体或液体进行控制；多孔粉末冶金材料在磁带处理设备漂浮塑性膜气浮辊筒中得到了大量的应用，这些气浮辊筒必须在高速条件下工作以精确地制导磁带而不接触润滑的膜：90 mm × 800 mm 的薄壁管用于合成纤维喷丝时的布气元件。一些布气元件被用液体中分布入气体，如用多孔性钛管给啤酒充气，用不锈钢或钛发泡板在医用氧合器中将氧气均匀充入血液中等。

在石油化工、冶金等工业中，广泛采用流态化床技术。该技术需要配置各种气体分布板，以便气体均匀地进入床体完成各种反应。已广泛采用的流态分布板有青铜、镍、蒙乃尔合金、不锈钢等烧结粉末多孔性板。为提高分布板的强度，粉末中可用同种金属丝网补强。

4. 防撞与防震

多孔金属在承受压应力时其应力 - 应变曲线上的塑性变形阶段的应力几乎恒定不变，它们在变形时大量的能量被转变为塑性能，以热量形式耗散，是用作撞击防护的优良材料。此外，多孔金属还是典型的韧性材料，可以防止多孔金属构件存在裂纹和缺陷时发生瞬间的灾难性破坏，有利于人们监测其损伤及发展。

利用金属多孔材料的减震、阻尼性能，可以制作缓冲器、吸振器，例如宇宙飞船的起落架、升降机传送安全垫、各种包装箱，特别是空运包装箱，机床床身、底座、减小齿轮振动和噪声的阻尼环、高速磨床吸能内衬。

5. 导热与隔热

开孔的金属多孔材料在强迫对流下是优良的传热介质，可以作为承受高密度热流的结构和微电子器件的散热装置。具有通孔结构的金属多孔材料置于流动的空气或液体之中时，由于其大的表面积、复杂的三维流动，使之具有很好的散热能力，在自然对流的条件下，在一定范围内增大孔径、孔隙率均有利于提高对流换热能力。因其散热性能优异，已用其制作了散热器等部件。

金属多孔材料具有较高的强度，可达到隔热与承载的双重目的，在航天结构隔热部件、电子设备热防护层、核电厂交换器隔热层等领域有广泛应用。

6. 消声降噪

与其他的消声材料相比，金属多孔材料把连续相金属的特性与分散气孔相的特性有机地结合在一起，具有其他材料无法比拟的优良性能。金属多孔材料耐高温性能好，且受热时也不会释放有毒物质，非常有利于环境保护；而且金属多孔材料的刚性相当大，可制成独立的消声板材；还有，不受潮，不易污染，即使受到污染也很容易清洗，可恢复原貌；回收再生性强，对资源的有效利用与保护环境极为有利，且它是一种超轻型材料，便于运输、施工与装配。利用这些性能特点可以制作各种环保消声材料，如用作建筑、管道、车辆、舰船等的吸声降噪材料。

金属多孔材料在解决阻抗匹配以及水温水压影响方面则具有不可多得的优势，同时还避免了化学纤维的易污染性；由于轻质高强的特点，在汽车、船舶以及航空飞行结构中的阻尼减震方面也具有相当的应用前景。

7. 生物医用材料

钛或 Co－Cr 合金多孔材料具有与人体的生物相容性，可用作人体骨骼或牙齿的替代材料，镁泡沫也有望作为人工骨头的材料。多孔 TiNi 形状记忆合金具有优良的形状记忆效应、伪弹性、生物相容性、耐腐蚀性能和高的力学性能，是人体骨骼替代物的理想材料，多孔的结构使得植入物的固定更可靠，有利于人体体液营养成分的传输，可大大缩短病人的康复期。多孔 TiNi 形状记忆合金作为骨关节和牙等硬组织的修复和替换外科植入材料，在生物材料领域有广阔的应用前景。多孔 TiNi 记忆合金用于人体骨组织缺损的修复和替代，其多孔性使植入物和骨组织间的结合更加牢固，避免了材料植入后由于纤维组织的包覆而造成的植入松动失效。其独特的形状记忆效应又使植入变得简单，减轻了病人的痛苦。多孔 TiNi 记忆合金还可用于替代脸部骨架组织缺陷，如额头、腔隔膜、耳朵内声音通道壁、眼颧骨等缺陷的替代，尤其是用于颌骨修复，因为多孔的 TiNi 合金高的压缩强度满足了其力学上的要求，这是其他多孔材料无法比拟的。关节是人体中多动的部位，尤其需要植入物和人体骨组织的牢固结合。可以用多孔 TiNi 形状记忆合金制成人工颈椎椎间关节、手指、脚趾、膝关节等。这些植入物能促进骨组织与软骨组织及血管的生长，而且材料的伪弹性保障了植入物与肌体组织间的生物力学相容性。多孔 TiNi 合金还适合作牙齿植入体、珊瑚和动物兽骨的承重骨架等其他用途。

8. 其他

多孔性镍可以作为各种蓄电池、燃料电池、空气电池的电极。多孔钽电极制作的电容器具有高度可靠的电容量值，可用于飞机中伺服控制机构的集成反馈电容器。

泡沫铝对电磁波具有优良的屏蔽作用，特别是对高频电磁波的屏蔽效果更好，可以用来建造电子装备室、电子设备等。

泡沫金属材料具有轻质、高比强度的优点，可用其制作浮水器、运动器材（如雪橇等）、航空航天飞行器的相应零件。

多孔铜镍合金和青铜零件还可用作止火器，减小压力波动的缓冲器、在气动时间延迟装置和消声器中都利用了多孔性金属的流动阻力。

用多孔铁作为除臭材料，除臭能力比活性炭高 10～20 倍。

主要参考文献

[1] 黄培云. 粉末冶金原理(第2版). 北京：冶金工业出版社，2006

[2] 曾德麟. 粉末冶金材料. 北京：冶金工业出版社，1989

[3] 杜桂馥. 粉末冶金与省材节能. 北京：冶金工业出版社，1983

[4]韩凤麟. 粉末冶金机械零件. 北京：机械工业出版社，1987

[5]周作平，申小平. 粉末冶金机械零件实用技术. 北京：化学工业出版社，2006

[6]徐润泽. 粉末冶金结构材料学. 长沙：中南大学出版社，2002

[7]韩凤麟. 粉末冶金基础教程：基本原理与应用. 广州：华南理工大学出版社，2005

[8]王盘鑫. 粉末冶金学. 北京：冶金工业出版社，1997

[9]C. Capdevila and H. K. D. H. Bhadeshia, Manufacturing and Microstructural Evolution of Mechanauically Alloyed Oxide Dispersion Strengthened Superalloys, Advanced Engineering Materials, 2001, 3: 647 – 656

[10]H. K. D. H. Bhadeshia, Directional recrystallizatin & its exploitation in mechanical ly alloyed metals, Proceedings of the 21st Riso International Symposium on Materials Science, published by Riso National Laboratory, Denmark, 2000: 15 – 28

[11]刘平，田保红，赵冬梅. 铜合金功能材料. 北京：科学出版社，2004

[12]王成蓓. 铝合金材料的应用与技术开发. 北京：冶金工业出版社，2004

[13]Tolbert R G, Swami Ganesh, Differentially heattreated article and apparatus and process for the manufacture thereof . US Patent No. 5527020. 1996

[14]Mathey G F. Method of making superalloy turbine disks having graded coarse and fine grains. US Patent No. 5312497. 1994

[15]John Gayda. Cyclic Spin Testing of Superalloy Disks With a Dual Grain Microst ructure, NASA/ TM2 2005 – 213810, Washington, D. C. ,2005

[16]刘静安，谢水生. 铝合金材料应用与开发. 北京：冶金工业出版社，2011

[17]宋晓辉，吕新宇，谢水生. 铝及铝合金粉材生产技术. 北京：冶金工业出版社，2008

[18]刘咏，汤慧萍. 粉末冶金钛基结构材料. 长沙：中南大学出版社，2012

[19]H. M. 费多尔钦科等著，徐润泽 主译. 现代摩擦材料. 北京：冶金工业出版社，1983

[20]Sandvik Hard Materials. Technical info Understanding cemented carbide grain size. http://www. sandvik. com. 2004 – 11 – 04

[21]Grearson A, James M, Tillman M. The future of finer grain hard metals. Proceedings of the 16th International Plansee Seminar. Reutte, Austria: Plansee Holding AG, 2005. 2: 314 – 337

[22]Beiss P, Ruthardt R, Warlimont H. Powder Metallurgy Data. Refractory, Hard and Intermetallic Materials. Springer – Verlag. 2002

[23]Henk van den Berg. Hardmetals: trends in development and application. Powder Metallurgy, 2007, 50 (1): 7 – 10

[24]温世铸，黄干. 摩擦学原理. 北京：清华大学出版社，2002

[25]富山嘉孝等. 烧结摩擦材料介绍集. 日本粉末冶金工业会，1995

[26]曲在纲，黄月初. 粉末冶金摩擦材料. 北京：机械工业出版社，2005

[27]黄伯云，李成功，石力开等.中国材料工程大典.北京：化学工业出版社，2006
[28]中南矿冶学院有色金属合金教研组.钽铌及其合金.北京：冶金工业出版社，1960
[29]王国栋.硬质合金生产原理.北京：冶金工业出版社，1988
[30]王秦生.金刚石烧结制品.北京：中国标准出版社，2000
[31]方啸虎.超硬材料科学与技术.北京：中国建材工业出版社，1998
[32]李华为.电镀工艺－试验方法和技术.北京：科学出版社，2006
[33]殷景华.功能材料概论.哈尔滨：哈尔滨工业大学出版社，2002
[34]Dreyer K, R? diger K, Berg H, Kassel D, Orths S. Powder metallurgy and applications of hardmetals. DGM－Seminar "Powder metallurgy", Aachen: EPMA. 2000
[35]Gille G, Szesny B, Dreyer K, et al. Submicron and ultrafine grained hardmetals for microdrills and metal cutting inserts. International Journal of Refractory Metals and Hard Materials, 2002, 20(1): 3－22
[36]Morton C W, Wills D J, Stjernberg K. The temperature ranges for maximum effectiveness of grain growth inhibitors in WC－Co alloys. International Journal of Refractory Metals & Hard Materials, 2005, 23: 287－293
[37]龙毅，张正义.新功能磁性材料及其应用.北京：机械工业出版社，1997
[38]严密.磁学基础与磁性材料.杭州：浙江大学出版社，2006
[39]田民波.磁性材料.北京：清华大学出版社，2001
[40]张世远，路权，薛荣华.磁性材料基础.北京：科学出版社，1988
[41]马如璋，蒋民华，徐祖雄.功能材料学概论.北京：冶金工业出版社，2006
[42]朱中平，薛剑峰.中外磁性材料实用手册.北京：中国物资出版社，2004
[43]石富.稀土永磁材料制备技术.北京：冶金工业出版社，2007
[44]Kawakami M, Terada O, Hayashi K. Segregation amount of dopants at WC/Co interface in Cr_3C_2 and VC＋Cr_3C_2 doped WC－Co submicro－grained hardmetals. In: Kneringer G, Rödhammer P, Wildner H, eds. 16th International Plansee Seminar. Reutte, Austria: Plansee Holding AG, 2005. 2:653－667
[45]Yamamoto T, Ikuhara Y, Sakum T. High resolution transmission electron microscopy study in VC－doped WC－Co compound. Science and Technology of Advanced Materials, 2000(1): 97－104
[46]Yamamoto T, Ikuhara Y, Watanabe Y. High resolution microscopy study in Cr_3C_2－doped WC－Co. Journal of Materials Science, 2001, 36: 3885－3890
[47]孙光飞，强文江.磁功能材料.北京：化学工业出版社，2007
[48]周寿增.稀土永磁材料及其应用.北京：冶金工业出版社，1998
[49]李金伴，陆一心.电气材料手册.北京：化学工业出版社，2005
[50]A·凯尔，W·A·默尔，E·维纳里库，赵华人，陈昌图，陶国森译.电接触和电接触材料.北京：机械工业出版社，1993
[51]Milenko Braunovic, Valery V. Konchits, and Nikolai K. Myshkin. Electrical Contacts: Fundamentals, Applications and Technology, CRC Press: 2007
[52]郭凤仪，陈忠华.电接触理论及其应用技术.北京：中国电力出版社，2008
[53]中国机械工程学会焊接学会.焊接手册——焊接方法及设备(第3版).北京：机械工业出版社，2008
[54]王振东，宫元生.电热合金.北京：化学工业出版社，2006
[55]Francis G. Hanejko, Howard G. Rutz and Christopher G. Oliver. Effects of processing and materials on soft magnetic performance of powder metallurgy part. 1992 Powder Metallurgy World Congress, San Francisco, CA, June 21－26,1999
[56]H G Rutz, F G Hanejko. High density processing of high performances. 1994 International Conference and Exhibition on Powder Metallurgy and Particulate materials, Toronto, Canada, May 8－11, 1994
[57]Aikun Li, Liya Li, Yuandong Peng, Jianhong Yi. Fracture toughness and magnetic properties of Sm2Co17－

based magnets, Advanced Materials Research 2013,645: 81 – 84

[58] B H Rabin, A Bose and R M German, Characteristics of liquid phase sintered tungsten heavy alloys, The International Journal of Powder Metallurgy, 25(1), 21 – 27.